计算机科学丛书

原书第3版

U0394791

Python程序设计

[美] 凯·霍斯特曼（Cay Horstmann） 兰斯·尼塞斯（Rance Necaise） 著

江红 余青松 余靖 译

Python for Everyone

Third Edition

机械工业出版社

China Machine Press

图书在版编目（CIP）数据

Python 程序设计：原书第 3 版 /（美）凯·霍斯特曼（Cay Horstmann），（美）兰斯·尼塞斯（Rance Necaise）著；江红，余青松，余靖译 . -- 北京：机械工业出版社，2021.5（计算机科学丛书）

书名原文：Python for Everyone, Third Edition

ISBN 978-7-111-67881-6

I.①P… II.①凯… ②兰… ③江… ④余… ⑤余… III.①软件工具 – 程序设计 IV.① TP311.561

中国版本图书馆 CIP 数据核字（2021）第 056411 号

本书版权登记号：图字 01-2020-2988

本书面向 Python 初学者，采用模块方式呈现知识要点，而非百科全书式的语法大全。书中介绍了数值、字符串、列表、字典、集合、控制结构、函数、递归、排序、面向对象编程、文件操作等基础知识，通过大量案例来演示这些技术，重视计算思维的培养，由浅入深地将解决问题的完整方案一步步呈现在读者面前。本版新增了面向数据科学的程序示例和练习，扩展了有关字符串和列表的内容，并引入了海龟图形和游戏编程等新的数据包。

本书既可作为高等院校计算机专业第一门程序设计课的教材，也可供 Python 爱好者自学参考。

出版发行：机械工业出版社（北京市西城区百万庄大街 22 号　邮政编码：100037）

责任编辑：曲　熠　　　　　　　　　　　　　责任校对：马荣敏

印　　刷：北京诚信伟业印刷有限公司　　　　版　次：2021 年 5 月第 1 版第 1 次印刷

开　　本：185mm×260mm　1/16　　　　　　印　张：37.5

书　　号：ISBN 978-7-111-67881-6　　　　　定　价：169.00 元

客服电话：（010）88361066　88379833　68326294　　　投稿热线：（010）88379604

华章网站：www.hzbook.com　　　　　　　　　　　读者信箱：hzjsj@hzbook.com

文艺复兴以来，源远流长的科学精神和逐步形成的学术规范，使西方国家在自然科学的各个领域取得了垄断性的优势；也正是这样的优势，使美国在信息技术发展的六十多年间名家辈出、独领风骚。在商业化的进程中，美国的产业界与教育界越来越紧密地结合，计算机学科中的许多泰山北斗同时身处科研和教学的最前线，由此而产生的经典科学著作，不仅擘划了研究的范畴，还揭示了学术的源变，既遵循学术规范，又自有学者个性，其价值并不会因年月的流逝而减退。

近年，在全球信息化大潮的推动下，我国的计算机产业发展迅猛，对专业人才的需求日益迫切。这对计算机教育界和出版界都既是机遇，也是挑战；而专业教材的建设在教育战略上显得举足轻重。在我国信息技术发展时间较短的现状下，美国等发达国家在其计算机科学发展的几十年间积淀和发展的经典教材仍有许多值得借鉴之处。因此，引进一批国外优秀计算机教材将对我国计算机教育事业的发展起到积极的推动作用，也是与世界接轨、建设真正的世界一流大学的必由之路。

机械工业出版社华章公司较早意识到"出版要为教育服务"。自1998年开始，我们就将工作重点放在了遴选、移译国外优秀教材上。经过多年的不懈努力，我们与Pearson、McGraw-Hill、Elsevier、MIT、John Wiley & Sons、Cengage等世界著名出版公司建立了良好的合作关系，从它们现有的数百种教材中甄选出Andrew S. Tanenbaum、Bjarne Stroustrup、Brian W. Kernighan、Dennis Ritchie、Jim Gray、Afred V. Aho、John E. Hopcroft、Jeffrey D. Ullman、Abraham Silberschatz、William Stallings、Donald E. Knuth、John L. Hennessy、Larry L. Peterson等大师名家的一批经典作品，以"计算机科学丛书"为总称出版，供读者学习、研究及珍藏。大理石纹理的封面，也正体现了这套丛书的品位和格调。

"计算机科学丛书"的出版工作得到了国内外学者的鼎力相助，国内的专家不仅提供了中肯的选题指导，还不辞劳苦地担任了翻译和审校的工作；而原书的作者也相当关注其作品在中国的传播，有的还专门为其书的中译本作序。迄今，"计算机科学丛书"已经出版了近500个品种，这些书籍在读者中树立了良好的口碑，并被许多高校采用为正式教材和参考书籍。其影印版"经典原版书库"作为姊妹篇也被越来越多实施双语教学的学校所采用。

权威的作者、经典的教材、一流的译者、严格的审校、精细的编辑，这些因素使我们的图书有了质量的保证。随着计算机科学与技术专业学科建设的不断完善和教材改革的逐渐深化，教育界对国外计算机教材的需求和应用都将步入一个新的阶段，我们的目标是尽善尽美，而反馈的意见正是我们达到这一终极目标的重要帮助。华章公司欢迎老师和读者对我们的工作提出建议或给予指正，我们的联系方法如下：

华章网站：www.hzbook.com
电子邮件：hzjsj@hzbook.com
联系电话：（010）88379604
联系地址：北京市西城区百万庄南街1号
邮政编码：100037

华章科技图书出版中心

译者序

Python for Everyone, Third Edition

在计算和数据时代,每个人都应该掌握一门计算机语言。本书适合作为立志成为计算机科学家、工程师以及其他学科领域专家的学生学习第一门程序设计课程的教材。本书也面向对程序设计感兴趣的其他读者,不需要读者有任何程序设计经验,只需要有少量的高中数学知识即可。

本书采用循序渐进的方式讲述程序设计的基础知识,以帮助学生树立学习的信心,开阔解决实际问题的思路。书中通过模块的方式来呈现知识要点,而不是像百科全书那样的编程语言语法大全。本书每章中的"语法"部分重点阐述对应知识要点所涉及的语法信息;"常见错误"部分突出强调对应知识要点可能的错误信息;"编程技巧"部分总结对应知识要点的编程方法和技巧;"问题求解"部分强调设计和规划的重要性;"操作指南"部分帮助学生完成常见的程序设计任务;"实训案例"部分演示如何应用相关概念以解决有趣的问题;"专题讨论"部分讨论相关的计算机科学背景知识,以拓展学生的视野;"工具箱"部分引入并讨论解决问题的相关库及其应用。

本书在最恰当的时候引入问题求解的相关策略,以帮助学生设计和评估程序设计问题的解决方案。本书涉及的问题解决策略包括:基于伪代码的算法设计、手工演算、流程图、测试用例、手工跟踪程序的执行过程、故事板、首先求解简单的问题、设计可复用的函数、逐步求精、自适应算法、通过操作实体对象发现算法、跟踪对象、对象数据的模式、递归思维、估测算法的运行时间等。

本书强调动手实践,以巩固和拓展所学的知识。每章都包含海量的练习题,要求学生逐步执行复杂度递增的任务:跟踪书中代码并了解其运行效果,根据准备好的材料生成程序片段,最终完成简单的程序。在每章的最后还提供了复习题和编程题,其中包含来自图形学、数据科学和商业等领域的应用问题。这些练习题旨在激发学生的学习兴趣,同时展现程序设计在应用领域中的价值。

本书提供了一套完整的在线资源,包括书中的示例程序、工具箱和实训案例的源代码,还包括仅供教师使用的幻灯片以及复习题和编程题的答案等。

本书由华东师范大学江红、余青松和余靖共同翻译。衷心感谢本书的编辑曲熠积极帮我们筹划翻译事宜并认真审阅翻译稿件。翻译也是一种再创造,同样需要艰辛的付出,感谢朋友、家人以及同事的理解和支持。感谢我们的研究生刘映君、余嘉昊、刘康、钟善毫、方宇雄、唐文芳、许柯嘉等对译稿的认真通读及指正。在本书翻译的过程中,我们力求忠于原著,但由于时间和学识有限,且本书涉及各个领域的专业知识,故不足之处在所难免,敬请诸位同行、专家和读者指正。

江红、余青松、余靖

2021 年 2 月

本书是基于 Python 语言的计算机程序设计导论教科书，重点是介绍 Python 语言的基础知识，目的是提供有效的 Python 语言学习方法。本书面向具有不同兴趣和能力的广大学生群体，适用于计算机科学、电子工程和其他学科首次接触程序设计的学生的初级课程。本书不需要读者有任何程序设计经验，只需要有少量的高中数学知识即可。出于教学上的原因，本书采用 Python 3，因为 Python 3 比 Python 2 更为规范。

本书的主要特点如下。

夯实基础。本书采用了传统的方法，首先强调控制结构、函数、过程分解以及内置数据结构的重要性。在前几章中，只在适当的时候才使用对象。第 9 章才开始学习设计和实现自定义的类。

使用操作指南和实训案例引导学生走向成功。初级程序员经常会有这样的疑问："我该如何开始？现在应该怎么办？"当然，像程序设计这样复杂的活动不能简化为菜谱式的指令。然而，循序渐进的指导非常有助于学生树立学习的信心，也有助于为解决手头的任务提供思路。本书每章中的"问题求解"部分强调设计和规划的重要性，"操作指南"环节帮助学生完成常见的程序设计任务，大量的"实训案例"则演示如何应用相关概念以解决有趣的问题。

清晰明确地制订问题的解决策略。实用的、循序渐进的技术演示有助于学生设计和评估程序设计问题的解决方案。这些策略将在最恰当的时候引入，以为学生扫清成功道路上的障碍。本书涉及的问题解决策略包括：

- 算法设计（借助伪代码加以展示）
- 编程前首先进行手工演算（手工计算示例）
- 流程图
- 测试用例
- 手工跟踪程序执行过程
- 故事板
- 首先求解简单的问题
- 可复用的函数
- 逐步求精
- 自适应算法
- 通过操作实体对象发现算法
- 跟踪对象
- 对象数据的模式
- 递归思维
- 估测算法的运行时间

熟能生巧。很显然，学习程序设计的学生需要能够实现复杂的程序，但他们首先需要树立成功的信心。本书每章都包含许多练习题，要求学生逐步执行复杂度递增的任务：跟踪程序代码并了解其运行效果，根据准备好的材料生成程序片段，最终实现简单的程序。在每章的结尾还提供了额外的复习题和编程题。

重点突出，技术准确。百科全书式的知识覆盖对于初学者的帮助不大，同样，把材料简化成一个简洁的要点列表对初学者的帮助也微乎其微。在本书中，知识要点是以易于理解的模块来呈现的，当读者准备好接受进一步的信息时，则通过单独的注释引导他们深入最佳实践或者语言特性中。

第 3 版的新特色

对数据科学的关注。数据科学的方法变得如此重要，以至于许多学科的学生（不仅仅是计算机科学）都迫不及待地希望学习程序设计的基础知识。Python 由于其逻辑结构、可供探索的交互式编程库以及大量用于数据操作的库，被定位为初出茅庐的数据科学家的唯一"入门"语言。

本书采用了一种行之有效的教学方法，而不仅仅局限于计算机科学专业的程序设计教学。在第 3 版中，我们提供了更多聚焦于数据科学各个方面的程序示例和练习题。

适量的 Python 语言知识。在编写第 3 版时，我们的目标是教授学生良好的程序设计方法和计算机科学知识。Python 语言本身的使用并不是目的，我们将其作为达成目标的教学手段。

根据本书以前版本读者的建议，在第 3 版中，我们扩展了有关字符串和列表的简便操作方法。

更多的工具箱。在第 2 版中，广受欢迎的一项扩展内容是引入了供读者参考的"工具箱"模块。在"工具箱"中，我们介绍了 Python 库作为一种奇妙的"生态系统"，提供了许多实用的数据包。这些扩展包使得学生可以执行一些有用的工作任务，例如统计计算、绘制图表、发送电子邮件、处理电子表格和分析网页等。Python 库被置于计算机科学原理的背景之下，学生将学习如何将这些原理应用于解决现实世界中的实际问题。每个工具箱都涉及许多新的复习题和编程题。

第 3 版新引入的工具箱包括海龟图形工具箱和游戏编程工具箱。

章节结构

图 1 显示了本书各章节之间的相互关系，以及各个主题的组织方式。本书的核心内容是第 1～8 章。第 9 章和第 10 章涵盖面向对象的程序设计，第 11 章和第 12 章介绍算法设计和分析（学生在其他课程中将深入学习这些知识）。

图形和图像处理。通过编写程序来创建图形或者处理图像，可以为学生提供复杂主题的有效可视化。第 2 章介绍了开源库 EzGraphics，以及如何使用 EzGraphics 绘制基本图形。这个库比 Python 的标准库（Tkinter）更易于使用，同时支持简单的图像处理。第 5 章包含一个可选的海龟图形工具箱。整本书中提供了诸多图形处理的实训案例以及练习题（复习题和编程题），所有这些内容都可以选择性地用于教学。

练习题。各章结尾包含大量的复习题和编程题，涉及来自图形学、数据科学和商业等应用领域中的实际问题。这些练习题可供选用，旨在激发学生的学习兴趣，同时展现程序设计在实际应用领域中的价值。

网络资源[⊖]。本书提供了一套完整的在线资源。读者可以通过本书官网 www.wiley.com/

⊖ 关于本书教辅资源，只有使用本书作为教材的教师才可以申请，需要的教师可向约翰·威立出版公司北京代表处申请，电话 010-84187869，电子邮件 ayang@wiley.com。

　　此外，作者 Cay Horstmann 的个人主页 www.horstmann.com 也提供了关于本书的丰富资源，欢迎读者访问并下载。——编辑注

go/pfe3 访问本书在线资源。在线资源网站包括以下内容：

- 本书所有的示例程序、工具箱和实训案例的源代码。
- 授课演示幻灯片（仅供教师使用）。
- 所有章节结尾的复习题和编程题的答案（仅供教师使用）。
- 一个侧重于技能而不仅仅是术语的测试题库（仅供教师使用）。测试题库包括数量众多的多项选择题，可以使用文字处理器进行编辑，也可以导入课程管理系统中使用。
- CodeCheck 是一项创新的在线服务，允许教师自行设计自动评分的编程练习题。

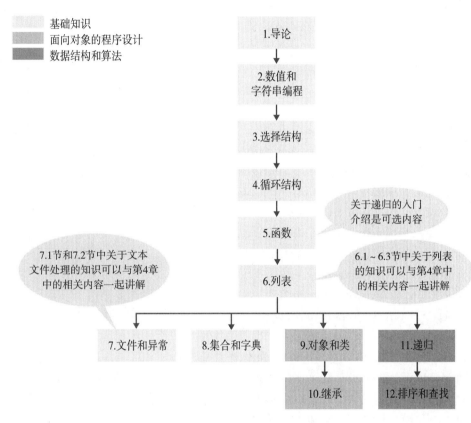

图 1　本书各章节之间的相互关系

致谢

非常感谢 John Wiley & Sons 公司的 Joanna Dingle、Crystal Franks、Graig Donini 和 Michael MacDougald 以及负责出版服务的 Vickie Piercey 对本项目的帮助。特别感谢 Cindy Johnson 的辛勤工作，感谢她的正确判断力和对细节惊人的关注力。

同时感谢卡尔加里大学的 Ben Stephenson 在准备和评审补充材料方面所做的出色工作。

非常感谢为本书第 3 版的出版发行而辛勤工作的每个人，他们审阅了手稿，提出了宝贵的建议，并提醒我们关注本书的错误和遗漏。他们是：

William Bulko, *University of Texas, Austin*

John Conery, *University of Oregon*

Lee D. Cornell, *Minnesota State University, Mankato*

VIII

Mike Domaratzki, *University of Manitoba*

Rich Enbody, *Michigan State University*

Jackie Horton, *University of Vermont*

Winona Istre, *University of Louisiana, Lafayette*

Swami Iyer, *University of Massachusetts, Boston*

ToniAnn Marini, *North Carolina State University*

Melinda McDaniel, *Georgia Institute of Technology*

Shyamal Mitra, *University of Texas, Austin*

Ben Stephenson, *University of Calgary*

Mehmet Ulema, *Manhattan College*

David Wilkins, *University of Oregon*

每一个新版本都建立在以前版本的评论者、贡献者和读者的建议之上。我们感谢以下诸位所做的宝贵贡献：

Claude Anderson, *Rose Hulman Institute of Technology*

Jim Carrier, *Guilford Technical Community College*

Gokcen Cilingir, *Washington State University*

Lee Cornell, *Minnesota State University, Mankato*

Akshaye Dhawan, *Ursinus College*

Dirk Grunwald, *University of Colorado Boulder*

Andrew Harrington, *Loyola University Chicago*

Byron Hoy, *Stockton University*

Debbie Keen, *University of Kentucky*

Nicholas A. Kraft, *University of Alabama*

Aaron Langille, *Laurentian University*

Maria Laurent-Rice, *Orange Coast College*

John McManus, *Randolph-Macon College*

Shyamal Mitra, *University of Texas Austin*

Chandan R. Rupakheti, *Rose-Hulman Institute of Technology*

John Schneider, *Washington State University*

Amit Singhal, *University of Rochester*

Ben Stephenson, *University of Calgary*

Amanda Stouder, *Rose-Hulman Institute of Technology*

Dave Sullivan, *Boston University*

Jay Summet, *Georgia Institute of Technology*

James Tam, *University of Calgary*

Krishnaprasad Thirunarayan, *Wright State University*

Leon Tietz, *Minnesota State University, Mankato*

Peter Tucker, *Whitworth University*

Frances VanScoy, *West Virginia University*

Dean Zeller, *University of Northern Colorado*

导　　论

本章目标

- 学习有关计算机和程序设计的基础知识
- 编写并运行第一个 Python 程序
- 识别编译时错误和运行时错误
- 使用伪代码描述算法

实施一个项目时通常采用的方法如下：收集适当的工具，研究项目的内容，制订一个解决问题的计划。同样，在本章中，我们将开始学习程序设计所需的基础知识。在简单介绍通用的计算机硬件、计算机软件和程序设计知识之后，我们将学习如何编写和运行第一个 Python 程序。我们还将学习如何诊断和修复程序设计错误，以及在规划计算机程序时如何使用伪代码来描述算法。算法用于描述解决问题的具体步骤。

1.1　计算机程序

在工作或者娱乐中，我们都有使用计算机的经历。许多人使用计算机处理日常工作，例如登录电子银行、撰写学期论文。计算机完全胜任这样的工作，它们可以孜孜不倦地处理重复的任务，例如计算若干数字的累加和、文字排版，等等。

计算机的灵活性是相当惊人的。仅仅一台计算机就可以胜任诸如账单结算、学期论文版面设计、玩游戏等各项任务。相比之下，其他机器可以执行的任务范围要狭隘得多：汽车仅用于驾驶，烤面包机仅用于烘焙。计算机可以执行各种各样的任务，因为它们能执行不同的程序，所以每一个程序都指示计算机处理特定的任务。

计算机本身是一台存储数据（数值、文字、图片等）、与外围设备（显示器、音响系统、打印机等）交互并执行程序的机器。**计算机程序**（computer program）详细地告知计算机完成一项任务所需的一系列步骤。物理计算机和外围设备统称为**硬件**（hardware）。计算机执行的程序称为**软件**（software）。

当今的计算机程序非常复杂，以至于很难相信程序是由一系列极其原始的指令组成的。典型的指令可以是下列指令之一：

- 在给定的屏幕位置处输出一个红点。
- 两个数值相加。
- 如果该值为负，则继续执行程序的特定指令。

因为程序中包含大量这样的指令，而且计算机能够以很快的速度执行这些指令，所以计算机用户会产生一种平滑交互的错觉。

设计和实现计算机程序的行为称为**程序设计**（programming）。在本书中，我们将学习如何为一台计算机编写程序，即如何指示计算机执行任务。

编写一个带有运动和声音效果的计算机游戏，或者编写一个支持各种炫酷字体和图片的文字处理程序，都是一项复杂的任务，需要一个由许多高技能程序员组成的团队共同完成。我们尝试编写的第一个程序相对简单。在本书中，我们所学到的概念和技能只为了构成一个重要的基础，所以即便我们编写的第一个程序不能与我们所熟悉的复杂软件相媲美，也不应该感到失落。实际上，我们会发现即使是在简单的程序设计任务中，也存在极大的刺激和挑战。程序设计是一种令人惊奇的体验，我们能够让计算机精确而快速地执行一项任务（而该任务如果由人工操作则需要花费数小时的苦力），我们可以通过对程序进行微小的修改而使之立即得到改进，我们还能深深感受到计算机成为个人精神力量的延伸。

1.2 计算机组成结构

为了理解程序设计的过程，我们需要了解计算机的基本结构。这里将讨论个人计算机的组成结构。大型计算机具有更快、更大、更强的组件，但其设计结构与个人计算机基本相同。

计算机的核心是**中央处理器**（Central Processing Unit，CPU）（参见图 1）。CPU 的内部电路非常复杂。在撰写本书时，个人计算机所用的 CPU 由数亿个称为晶体管（transistor）的结构化元器件组成。

CPU 用于执行程序控制和数据处理。也就是说，CPU 用于定位并执行程序指令；它执行诸如加法、减法、乘法和除法等算术运算；它从外部存储器或者设备中获取数据，并将处理后的数据存放到存储器中。

计算机中有两种存储设备。**主存储器**（primary storage）是由内存芯片构成的，内存芯片是加电后可以存储数据的电子电路。**辅助存储器**（secondary storage）通常是指**硬盘**（hard disk）（参见图 2），它提供的存储速度较慢，成本较低，而且断电后依旧可以保留数据。硬盘由涂有磁性材料的旋转盘片和读写磁头组成，读写磁头可以检测和改变盘片上的磁通量。

© Amorphis/iStockphoto.

图 1　中央处理器

© PhotoDisc, Inc./Getty Images, Inc.

图 2　硬盘

计算机同时存储数据和程序。数据和程序位于辅助存储器中，在程序启动时加载到内存中。然后，程序更新内存中的数据，并将修改后的数据写回辅助存储器。

为了与用户交互，计算机需要外围设备。计算机通过显示器、扬声器和打印机向用户传输信息（称为输出（output））。用户可以使用键盘或者鼠标等定点设备为计算机输入信息（称为输入（input））。

　　有些计算机是独立的单元，而另一些是通过**网络**（network）互连的。通过网络连线，计算机可以从中央存储单元读取数据和程序，或者将数据发送到其他计算机。对于联网计算机的用户而言，哪些数据驻留于计算机本身，哪些数据通过网络传输，可能并不是显而易见的。

　　个人计算机体系结构的示意图如图 3 所示。程序指令和数据（例如文本、数值、音频或者视频）存储在硬盘、光盘（或者 DVD）或者网络等其他地方。当启动一个程序时，程序被载入内存中，CPU 可以读取程序。CPU 一次读取一条指令。按照这些指令的指示，CPU 读取数据、修改数据并将数据写回内存或者硬盘。一些程序指令会使 CPU 在显示器或者打印机上打印输出点或者振动扬声器。当这些动作以极快的速度多次发生时，用户将感知图像和声音。一些程序指令从键盘或者鼠标读取用户输入。程序分析这些输入的性质，然后执行下一条适当的指令。

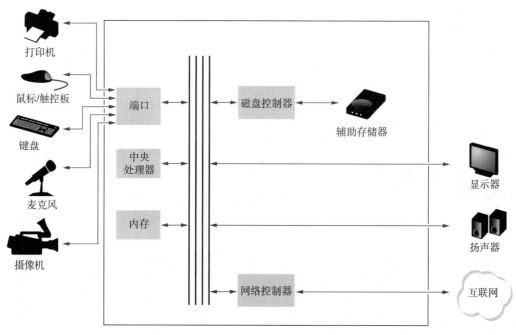

图 3　个人计算机体系结构示意图

计算机与社会 1.1　计算机无处不在

　　当计算机在 20 世纪 40 年代首次被发明时，仅一台计算机就占据了整个房间。下图显示的是 1946 年在宾夕法尼亚大学完成的计算机 ENIAC（Electronic Numerical Integrator And Computer，电子数字积分器和计算机）。ENIAC 被军方用来计算炮弹的弹道。如今，搜索引擎、互联网商店和社交网络等计算设施充斥着被称为数据中心的巨大建筑中。另一方面，计算机无处不在。我们每个人的手机里就有一台计算机，许多信用卡和公共交通卡里也包含一台计算机。而现代汽车里则包含若干台计算机，分别用于控制发动机、刹车、车灯和音响设备。

© UPPA/Photoshot.

普适计算的出现改变了我们生活的方方面面。过去，工厂雇用工人进行重复性的装配工作，现在这些工作由计算机控制的机器人完成，而机器人则由一些知道如何使用这些计算机的人操作。如今，人们经常通过计算机阅读书籍、聆听音乐和观看电影，而它们的制作过程基本上离不开计算机。如果不使用计算机，本书也无法顺利出版。

了解计算机的工作原理以及如何实现计算机程序设计已经成为许多职业的基本技能。工程师设计由计算机控制的汽车以及用以维持生命的医疗设备。计算机科学家开发的社交程序可以帮助人们团结起来支持社会事业。

随着大大小小的计算机越来越多地融入我们的日常生活，对每个人而言，了解计算机是如何工作的，以及如何借助计算机完成任务变得越来越重要。当我们使用本书来学习如何为一台计算机编写程序时，应对计算机的基本原理有很好的理解，这将使我们成为一名更有见识的公民，也许还会成为一名计算机专业人士。

1.3　Python 程序设计语言

为了编写计算机程序，我们需要提供一系列 CPU 可以执行的指令。计算机程序是由大量简单的 CPU 指令组成的，逐一确定这些指令是烦琐的，并且很容易出错。因此，人们发明了许多**高级程序设计语言**（high-level programming language）。这些语言允许程序员在较高的层次上指定所需的程序操作。然后，高级指令被自动转换为 CPU 所需的更详细的指令。

在本书中，我们将使用一种名为 Python 的高级程序设计语言，它是由吉多·范罗苏姆（Guido van Rossum）在 20 世纪 90 年代早期开发的。当时，范罗苏姆需要执行重复的任务来管理计算机系统，其他可用的语言（这些语言是为编写大型的、快速运行的程序而优化的）都不能满足他的要求。范罗苏姆需要编写更小的程序，而不必以最佳速度运行。对他来说，重点是可以快速编写程序，并在需要改变时快速更新程序。因此，他设计了一种新的程序设计语言，使得处理复杂数据变得非常容易。Python 自诞生以来经历了长足的发展。在本书中，我们使用 Python 3。范罗苏姆仍然是这门语言的主要作者，但现在这项工作由许多志愿者协助完成。

Python 已经成为商业、科学和学术应用领域的流行程序设计语言，并且非常适合初级程序员。Python 成功的原因有很多。首先，Python 具有比其他流行语言（例如 Java、C 和 C++）更简洁的语法，这使得人们更容易学习。此外，我们还可以在交互式环境中尝试执行简短的 Python 程序，这有助于进行实验和快速更新。Python 也非常便于在多种计算机系统之间移植。同一个 Python 程序不需要做任何更改就可以在 Windows、UNIX、Linux 和 Macintosh 上运行。

目前，许多程序员选择 Python 的原因是存在大量可用的 Python 包（解决特定问题的代码集合）。我们可以找到大量的适用于各个领域的 Python 包，例如计算生物学、机器学习、统计学、数据可视化和许多其他领域。专业开发人员制作并发布这些包，而且这些包通常都是免费的。通过使用包，我们可以在自己的项目中利用这些专业知识。例如，可以使用机器学习包来查找数据中的模式，使用可视化包来可视化显示分析结果。在本书中，我们将在各章节的工具箱（toolbox）模块中向读者介绍一些 Python 包，供有需求的读者参考。

1.4　熟悉程序设计环境

许多学生会发现，程序员所需要的工具与其他日常熟悉的软件有很大差别。所以我们应该花些时间，首先熟悉一下计算机的程序设计环境。由于计算机系统差异很大，本书只能概述需要遵循的步骤。这里有一个不错的建议，建议读者参加一堂程序设计实验课，或者请求一个熟悉程序设计的朋友给我们演示一遍。

➡ **步骤 1**　安装 Python 开发环境。

在上课之前，授课教师可能已经给学生提供了一些安装说明，用以创建课程中所使用的环境。如果没有，请按照在 http://horstmann.com/python4everyone/install.html 上提供的安装说明进行操作。

➡ **步骤 2**　启动 Python 开发环境。

计算机系统在 Python 开发环境方面差别很大。在许多计算机上都有一个集成的开发环境，我们可以在其中编写和测试程序。在其他计算机上，首先启动一个文本编辑器，这是一个类似文字处理器的程序，我们可以在其中输入 Python 指令；然后打开一个终端窗口，键入命令来执行程序。请按照授课教师或者 http://horstmann.com/python4everyone/install.html 上的说明进行操作。

➡ **步骤 3**　编写一个简单的程序。

学习一门新的程序设计语言，按惯例编写的第一个程序是显示一句简单问候语："Hello, World!"。让我们遵循这一惯例。Python 程序 "Hello, World!" 的代码如下所示：

```
# 我的第一个 Python 程序
print("Hello, World!")
```

我们将在下一节分析该程序。

无论使用哪种程序设计环境，编程行为都是通过在编辑器窗口中键入程序指令开始的。

在我们所使用的程序设计环境中，创建一个新文件并将其命名为 hello.py。（如果我们的环境要求除了文件名之外还要提供项目名，请使用 hello 作为项目名称。）输入与上面给出的程序代码完全相同的内容。或者，在本书的配套代码中找到对应的文件并将其内容复制到编辑器中。

在编写此程序时，请特别注意各种符号，并牢记 Python 源代码是**区分大小写的**（case sensitive）。我们必须输入与程序源代码清单中显示的完全相同的大小写字母内容。例如不能键入 Print 或者 PRINT。如果粗心大意，就很容易出现错误。有关错误信息，请参见"常见错误 1.1"。

➡ **步骤 4**　运行程序。

运行程序的过程在很大程度上取决于具体的程序设计环境。可能需要单击按钮或者输入一些命令。当运行测试程序时，将在屏幕上的某个地方（请参见图 4 和图 5）显示以下内容：

```
Hello, World!
```

图 4　在终端窗口运行 hello.py 程序

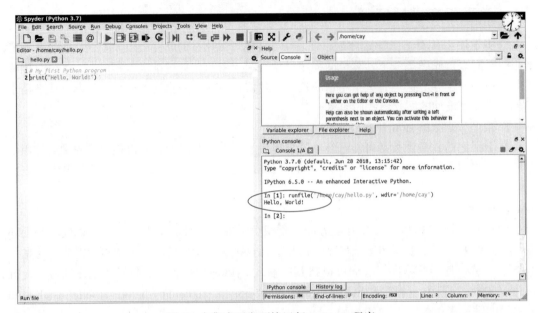

图 5　在集成开发环境运行 hello.py 程序

Python 程序是通过 Python **解释器**（Python interpreter）执行的。Python 解释器读取程序并执行其所有步骤。（"专题讨论 1.1"详细地阐述了 Python 解释器的工作原理。）在某些程序设计环境中，单击"运行"按钮或者从菜单中选择"运行"选项时，Python 解释器会自动启动。在其他环境中，必须显式启动解释器。

➡ **步骤 5**　利用文件夹的层次结构组织工作任务。

作为程序员，我们需要编写程序，然后测试程序，再然后改进程序。如果想保留自己编写的程序，或者把自己编写的程序提交给评分系统进行评分，则可以把它们存储在**文件**（file）中。Python 程序可以存储在任何扩展名为 .py 的文件中。例如，可以将第一个程序存储在名称为 hello.py 或者 welcome.py 的文件中。

文件存储在**文件夹**（folder）或者**目录**（directory）中。文件夹可以包含文件和其他文件夹，这些文件夹本身可以包含更多的文件和文件夹（参见图 6）。文件夹的层次结构可能非常复杂，但我们不必关心文件夹的所有分支结构，而是应该创建用于组织工作任务的文件夹。最好为编程课创建一个单独的文件夹。在该文件夹中，为每个程序创建一个单独的子文件夹。

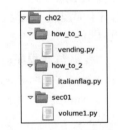

图 6　文件夹层次结构

如果不指定文件夹，某些程序设计环境会将程序存放到默认位置。在这种情况下，需要找出这些文件所在的位置，以确保我们了解文件在文件夹层次结构中的位置。当我们提交用于评分和制作备份的文件时，此信息非常重要（请参见"编程技巧 1.2"）。

编程技巧 1.1　交互模式

编写一个完整的程序时，我们将程序指令放在一个文件中，并让 Python 解释器执行该程序文件。另外，Python 解释器还提供了一种交互模式。在交互模式下，可以一次输入一条 Python 指令并执行。为了从终端窗口启动 Python 交互模式，可以输入以下命令：

```
python
```

（在安装了多个 Python 版本的系统上，请使用命令 `python3` 运行 Python 3。）交互模式也可以从大多数 Python 集成开发环境中启动。

在交互模式下工作的界面称为 **Python shell**。首先，我们会观察到类似如下内容的提示消息：

```
Python 3.1.4 (default, Nov 3 2014, 14:38:10)
[GCC 4.9.1 20140930 (Red Hat 4.9.1-11)] on linux
Type "help", "copyright", "credits" or "license" for more information.
>>>
```

输出信息底部的符号 `>>>` 是命令提示。它表示等待用户输入 Python 指令（命令提示符可能不同，例如有的提示符为 "In [1]:"）。键入 Python 指令并按 Enter 键后，Python 解释器立即执行代码。例如，如果键入代码指令

```
print("Hello, World!")
```

解释器将执行函数 `print` 并显示输出结果，然后显示另一个提示符：

```
>>> print("Hello, World!")
Hello World!
>>>
```

开始学习程序设计时，交互模式非常有用。它允许我们尝试和测试各个 Python 指令，以查看运行的结果。我们也可以把交互模式作为一个简单的计算器。只需使用 Python 语法输入数学表达式：

```
>>> 7035 * 0.15
1055.25
>>>
```

在尝试新的语言构造时，建议读者养成使用交互模式的好习惯。

编程技巧 1.2　备份文件

我们将花费大量时间来创建和修改 Python 程序。一不小心就很容易误删除文件，有时由于计算机故障也会造成文件丢失。重新键入丢失文件的内容会令人非常沮丧，并且耗时耗力。因此，学会保护文件并养成在灾难来临前备份文件的习惯至关重要。对许多人来说，把文件备份到 U 盘上是一种简单快捷的存储方法。另一种越来越流行的备份形式是互联网文件存储（即网盘）。

关于文件备份，请牢记以下几个要点：
- **经常备份**。备份一个文件只需要几秒钟，但是如果不得不花很多时间重新创建那些本应该轻松保存的工作，我们会追悔莫及。建议每三十分钟备份一次工作内容。

- **轮换备份**。使用多个目录进行备份，并轮流使用它们进行备份。换而言之，首先备份到第一个目录，然后备份到第二个目录，再备份到第三个目录，最后返回备份到第一个目录。这样，我们总是有三个最近的备份。如果最近的修改使情况更糟，则可以返回到旧版本。
- **注意备份方向**。备份是将文件从一个位置复制到另一个位置。关键点在于我们要正确地执行此操作，即从工作位置复制到备份位置。如果错误地执行此操作，则可能会用旧版本覆盖新文件。
- **偶尔检查一下备份**。仔细检查备份是否在我们认为的位置。没有什么比在需要备份时发现它们并不在所在位置更令人沮丧了。
- **放松，然后恢复备份**。当丢失了一个文件并需要从备份中恢复它时，我们可能会处于一种不愉快的、紧张的状态。深呼吸，在开始之前请仔细考虑一下恢复过程。对于一个焦躁不安的计算机用户来说，在试图恢复一个损坏的文件时，错误地删除最后一个备份的情况并不少见。

专题讨论 1.1 Python 解释器

当使用 Python 解释器执行程序时，我们可以想象解释器一次一步地读取并执行程序。然而，事实并非如此。因为一个程序通常需要运行多次，所以 Python 解释器采用分工操作。读取程序和理解程序指令是一件非常耗时的任务，这个任务是由一个称为**编译器**（compiler）的组件一次性执行完成的。编译器读取包含**源代码**（source code，即我们编写的 Python 指令）的文件，并将指令转换为**字节码**（byte code）。字节码是**虚拟机**（virtual machine）可以理解的非常简单的指令。虚拟机是一个独立的程序，类似于计算机的 CPU。编译器将程序转换为虚拟机指令后，这些指令将由虚拟机执行，并且可以多次执行（参见图 7）。

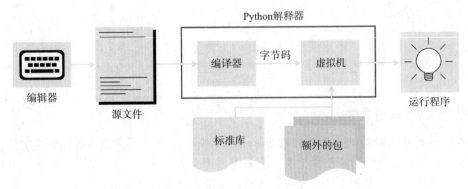

图 7 从源代码到可运行程序

源代码不包含虚拟机所需的所有信息。例如，源代码不包含 print 函数的实现。虚拟机在标准 Python 库中定位 print 等函数。为了访问标准库中的函数，我们不需要做任何特殊的操作。但是，当需要执行特殊任务（例如图形编程）时，可能需要安装所需的包。安装细节取决于 Python 环境。

　　我们可以在文件系统中找到包含虚拟机指令的文件，这些文件的扩展名为 .pyc，由编译器生成。我们不必太关注这些文件，但也千万不要把这些文件提交给评分系统。这些文件只适用于 Python 虚拟机，不适合进行人工评分。

1.5　分析我们的第一个程序

　　在本节中，我们将详细分析第一个 Python 程序。这个 Python 程序的代码如下：

sec04/hello.py

```
1  # 我的第一个 Python 程序
2  print("Hello, World!")
```

Python 程序包含一行或者多行指令或者**语句**（statement），这些指令或者语句将由 Python 解释器翻译和执行。第一行代码是一条**注释**（comment）：

```
# 我的第一个 Python 程序
```

注释以 # 开头，不是语句。注释向程序员提供描述性信息。注释将在 2.1.5 节中详细讨论。
　　第二行代码包含一条打印或者显示一行文本（即 "Hello, World!"）的语句：

```
print("Hello, World!")
```

在这个语句中，我们调用一个名为 print 的函数，并将要显示的信息作为参数传递给该函数。**函数**（function）是执行特定任务的编程指令的集合。我们不必实现这个函数，它是 Python 语言的一部分。我们只希望函数执行其预期任务，即打印一个值。
　　为了使用或者调用 Python 中的函数，需要指定如下内容：
　　1. 所用函数的名称（在本例中为 print）。
　　2. 函数执行其任务所需的任何值（在本例中为 "Hello, World!"）。这个值的技术术语称为**参数**（argument）。参数使用括号括起来；多个参数之间使用逗号分隔。所需参数的数量取决于函数定义。
　　使用引号括起来的字符系列称为**字符串**（string），例如：

```
"Hello, World!"
```

我们必须将字符串的内容括在引号内，以明确其字面值表示 "Hello, World!"。这是有原因的。假设我们需要使用单词 print，则需要用引号将其括起来，以明显指示 "print" 是字符序列 print，而不是 print 函数。规则很简单，就是必须将所有文本字符串括在一对单引号或者双引号中。
　　我们也可以打印数值。例如，以下语句先对表达式 3 + 4 求和，然后显示结果数值 7。

```
print(3 + 4)
```

我们可以向函数传递多个值。例如：

```
print("The answer is", 6 * 7)
```

　　结果显示 The answer is 42。传递给 print 函数的各个值都将按给定的顺序依次显示，并用一个空格分隔。默认情况下，print 函数在打印参数后开始新的一行。

语法 1.1

Syntax   print()
              print($value_1$, $value_2$, ..., $value_n$)

所有的参数都是可选参数。如果没有提供参数，则打印一行空行。

print("The answer is", 6 + 7, "!")

传递给print函数的各个参数值都将按给定的顺序依次显示，并用一个空格分隔。

例如：

```
print("Hello")
print("World!")
```

将打印如下两行文本：

```
Hello
World!
```

如果没有传递任何参数给 print 函数，则将开始新的一行。这类似于在文本编辑器中按回车键。例如：

```
print("Hello")
print()
print("World!")
```

将打印三行文本，包含一行空行。

```
Hello

World!
```

Python 程序中的语句必须从同一列开始。例如，下列程序会导致错误，因为缩进不一致。

```
print("Hello")
   print("World!")
```

下面是一个演示 print 函数使用方法的示例程序。

sec05/printtest.py

```
 1  ##
 2  #   演示 print 函数使用方法的示例程序
 3  #
 4
 5  # 打印 7
 6  print(3 + 4)
 7
 8  # 分两行打印"Hello World!"
 9  print("Hello")
10  print("World!")
11
12  # 使用一条 print 函数调用打印多个值
13  print("My favorite numbers are", 3 + 4, "and", 3 + 10)
14
```

```
15  # 打印三行文本内容，其中有一行空行
16  print("Goodbye")
17  print()
18  print("Hope to see you again")
```

程序运行结果如下：

```
7
Hello
World!
My favorite numbers are 7 and 13
Goodbye

Hope to see you again
```

1.6　错误信息

尝试运行程序 hello.py。如果输入类似如下的错误代码，结果会如何？

```
print("Hello, World!)
```

（注意问候语句末尾故意缺少一个结束引号。）当我们尝试运行该程序时，解释器将停止并显示以下提示信息：

```
File "hello.py", line 2
    print("Hello, World)
                       ^
SyntaxError: EOL while scanning string literal
```

这是一个**编译时错误**（compile-time error）（将 Python 指令转换为可执行形式的过程称为编译，具体请参见"专题讨论 1.1"）。根据语言规则，有些代码是错误的，并且在程序实际运行之前会检测到该错误。因此，编译时错误有时又称为**语法错误**（syntax error）。当发现这样的错误时，不会创建可执行程序。我们必须修复错误并再次尝试运行程序。解释器非常严格，在程序首次运行之前，需要经过好几轮修复编译错误的过程是很常见的。在本例中，修复方法很简单：在字符串末尾添加一个结束引号。

不幸的是，解释器并不是很聪明，在识别语法错误时常常无法提供足够的帮助信息。例如，假设我们忘记了在字符串前后需要输入两个引号，例如：

```
print(Hello, World!)
```

编译器给出的错误报告如下所示：

```
File "hello.py", line 2
    print(Hello, World!)
                ^
SyntaxError: invalid syntax
```

这需要程序员自己分析并判断原因：需要用引号把字符串括起来。

有些错误只有在程序执行时才能被发现。例如，假设程序中包含如下代码：

```
print(1 / 0)
```

该语句不违反 Python 语言的规则，程序将开始运行。但是，当遇到除以零的情况时，程序将停止并显示以下错误消息：

```
Traceback (most recent call last):
```

```
File "hello.py", line 3, in <module>
ZeroDivisionError: int division or modulo by zero
```

这种类型的错误称为**异常**（exception）。与编译时错误（在分析程序代码时报告）不同，异常在程序运行时发生。异常是**运行时错误**（run-time error）。

还有一种运行时错误。考虑一个包含以下语句的程序：

```
print("Hello, Word!")
```

程序在语法上是正确的，运行时也没有引发异常，但它没有产生我们预期的结果。程序预期的结果是打印 "Hello, World!"，但实际上程序打印的是 "Word"，而不是 "World"。

有时我们也使用术语**逻辑错误**（logic error）代替运行时错误。毕竟，当程序行为不当时，程序的逻辑就有问题。一个设计良好的程序将确保没有被零除，并且也没有错误的输出。

在程序开发过程中，错误是不可避免的。一旦程序的代码长度超过几行，就需要超人的专注才能确保正确输入，从而避免错误。我们会发现自己拼错了单词、省略了引号，或者多次尝试执行一个无效操作。幸运的是，这些问题是在编译时报告的，我们可以修复这些问题。

运行时错误则相对比较麻烦。它们更难排查和修复，因为编译器无法为我们标记运行时错误。测试程序并防止任何运行时错误是程序员的职责。

常见错误 1.1　单词拼写错误

如果不小心拼错了一个单词，那么就可能会发生奇怪的事情，而且从错误信息中可能并不总能完全弄清楚问题的所在。下面是一个很好的例子，说明了简单的拼写错误是如何造成麻烦的：

```
Print("Hello, World!")
print("How are you?")
```

第一条语句调用 Print 函数。这与正常的 print 函数不同，因为 Print 以大写字母开头，但是 Python 语言区分大小写。大小写字母被认为是完全不同的，对解释器而言，就像不匹配 pint 一样，Print 并不匹配 print。解释器给出的错误信息是 Name 'Print' is not defined，提示我们去哪里查找错误的线索。

如果我们接收到一条错误消息，似乎表明 Python 解释器出错了，那么一条好建议是检查拼写错误以及大小写是否一致。

1.7　问题求解：算法设计

我们将很快学习如何通过 Python 程序设计来实现计算和决策。但是在下一章讨论实现计算的机制之前，我们先讨论如何描述找到问题解决方案所需的步骤。

我们可能收到过这样的广告：鼓励我们花钱购买一种匹配浪漫伴侣的计算服务。可以思考一下如何达到此目的。我们填写一张个人信息表并提交给系统，其他人也提交个人信息给系统。然后由计算机程序处理这些个人信息数据。请问你认为计算机系统能帮我们找到最佳伴侣吗？

假设不是计算机而是你的弟弟在处理桌子上所有提交上来的表格，那么你应该如何指导他进行操作呢？你不能说"找一个漂亮的、喜欢直排轮滑和浏览互联网的人"。外貌是没有客观评判标准的，你弟弟（或者是分析数字照片的计算机程序）的审美观可能与你不同。如果我们不能写出解决问题的书面指示，计算机就不可能神奇地找到正确的解决方案。计算机只能按照我们的指令执行任务。计算机执行任务的速度非常快，而且不会感到无聊或者疲倦。基于上述分析，计算机化的婚姻匹配服务不能保证为我们找到最佳伴侣。

将寻找最佳伴侣的问题与以下问题进行比较：

我们把 1 万美元存入银行账户，假设年利率为 5%，请问需要多少年账户余额才能翻一番？

我们能手工解决这个问题吗？当然可以。计算账户余额的方法如下：

年份	利息	账户余额
0		10000
1	10000.00 x 0.05 = 500.00	10000.00 + 500.00 = 10500.00
2	10500.00 x 0.05 = 525.00	10500.00 + 525.00 = 11025.00
3	11025.00 x 0.05 = 551.25	11025.00 + 551.25 = 11576.25
4	11576.25 x 0.05 = 578.81	11576.25 + 578.81 = 12155.06

按照上述方法继续计算，直到账户余额大于或者等于 2 万美元。年份一栏中的最后一个数字就是答案。

当然，执行这种计算对你（以及你弟弟）而言是非常无聊的。但计算机非常擅长快速且完美地进行重复计算。对计算机来而言，关键是描述寻求解决方案的具体步骤。每一步都必须清晰并且明确，不需要猜测。

计算步骤的描述如下：

设置年份的初值为 0，账户余额的初值为 1 万美元

年份	利息	账户余额
0		10000

当账户余额小于 2 万美元时，重复以下步骤：

　　年份递增 1
　　设置利息等于账户余额 x 0.05（即 5% 的利息）
　　将利息累加到账户余额中

年份	利息	账户余额
0		10000
1	500.00	10500.00
14	942.82	19799.32
(15)	989.96	20789.28

返回年份一栏中的最后一个数字作为答案

当然，这些步骤并不是使用计算机能够理解的语言编写的，但是我们很快就会学会如何用 Python 语言明确地表达这些步骤。这种非正式的描述称为**伪代码**（pseudocode）。

对伪代码没有严格的要求，因为伪代码是供人类阅读理解的，伪代码并不是计算机程序。以下是我们将在本书中使用的伪代码语句。

● 使用以下语句描述如何设置或者更改值：

总成本 = 采购价格 + 运营成本
将账户余额乘以 1.05
删除单词的第一个字符和最后一个字符

● 使用以下语句描述选择和循环：

If 总成本 1 < 总成本 2
While 账户余额小于 2 万美元
For 序列中的每一幅图

使用缩进形式以指示应该选择执行或者循环重复执行的语句：

For 每辆车
　　运营成本 = *10* x 年度燃料成本
　　总成本 = 采购价格 + 运营成本

这里，缩进形式表示应该为每辆车执行这两条语句。

- 使用以下语句表示结果：

选择 *car2*
返回年份作为结果

伪代码的确切措辞并不重要，重要的是必须描述一系列具有如下特征的步骤：
- 步骤必须具有明确性
- 步骤必须可执行
- 步骤必须可终止

算法步骤的明确性（unambiguous）是指使用精确的指令指示每一步的操作和下一步的跳转，不允许有任何猜测和个人偏好。算法步骤的可执行性（executable）是指实际上可运行。如果算法中使用的是未来几年将要收取的实际利率，而不是每年 5% 的固定利率，那么这一步骤就无法执行，因为任何人都无法知道将来的利率是多少。算法步骤的可终止性（terminating）是指操作最终会结束。在我们的例子中，需要稍微考虑一下，以避免操作序列不会永远持续下去：操作每执行一步，账户余额至少增加 500 美元，所以最终必将达到20 000 美元。

一系列明确的、可执行的和可终止的步骤称为**算法**（algorithm）。我们已经找到了一个算法来求解投资问题，因此可以通过程序设计来找到解决方案。算法的存在是程序设计任务的必要前提。在开始编程之前，首先需要发现并描述所要解决任务的算法（参见图 8）。

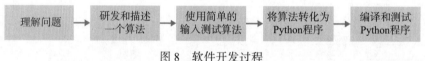

图 8　软件开发过程

计算机与社会 1.2　数据无处不在

人类的智慧促使我们分析环境数据和提出问题，例如"球会落向何处？"或者"在市场上人们会购买什么？"随着数据收集手段的不断改进，需要寻找新的方法来帮助我们理解数据。

在 18 世纪和 19 世纪，科学家和工程师学会了如何通过数学模型来理解物理世界。由于当时的计算能力有限，他们选择的工具是微积分。20 世纪带来了统计学方法，并且，随着数字计算机的出现，可以使用计算机对无法用微积分处理的系统进行建模。

如今，数据收集的便利性和计算能力的可用性催生了数据分析的新方法，这些方法通常统称为"数据科学"（data science）。数据科学的一个方面是"数据挖掘"（data mining），即在大量数据中发现模式的能力。利用数学工具，可以找到相关数据点的簇。统计学方法可以提供"分类"（classification）算法，将数据分成不同的类别。例如，一家企业可以根据客户过去的购物行为识别出不同的客户群，然后为每个客户群提出具体的购买建议。数据挖掘也有助于识别异常行为，这些异常行为可能是欺诈或者迫在眉睫的危险迹象。

数据科学的另一个重要组成部分是"机器学习"（machine learning），即建立一个大致模仿人类大脑处理过程的系统。这些系统可以通过预先分类的特定模式进行训练。经过训练阶段后，系统能够识别相似的模式。例如，我们可以建立一个"神经网络"（neural net），用数千张猫的照片来训练神经网络，然后再训练相同数量的狗的照片。随后，神经网络可以非常准确地识别出给定的图片是狗还是猫。乍一看，这可能不那么令人印象深刻。但是考虑一下在给定一个彩色像素网格的情况下，如何编写这样一个任务。我们应该如何系统地设计一个仅使用类似"如果位于 __ 位置的像素颜色为 __，则 __"这样的语句，就能区分出狗和猫的算法呢？

数据科学带来了许多科技进步，例如自动驾驶、计算机辅助医疗诊断。应用数据科学方法的能力对许多学科的实践者都有帮助。为了应用这种方法，需要积累一定的程序设计知识。在该应用领域，Python 是一种优秀的程序设计语言。大量高质量的 Python 包提供了数据科学工具。读者将在本书的"工具箱"模块中看到一些简单的例子。此外，Python 支持探索性程序设计风格。我们可以在交互式环境中快速尝试各种想法，直到在数据中找到合适的模式为止。在本书中，读者将学习成为一名成功的数据科学家所需的所有 Python 基础知识。

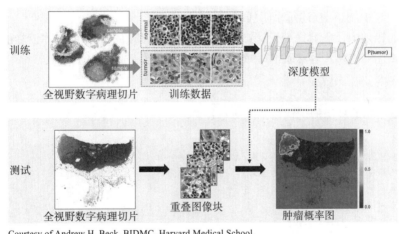

Courtesy of Andrew H. Beck, BIDMC, Harvard Medical School.

机器学习可以辅助内科医师检测恶性肿瘤

操作指南 1.1　使用伪代码描述算法

本书包括众多的"操作指南"模块，这些模块为读者提供了在开发计算机程序时执行重要任务的详细操作步骤。

在准备使用 Python 编写程序之前，首先需要设计算法（一种为特定问题寻找解决方案的方法）。我们使用伪代码描述算法：使用自然语言描述的一系列精确步骤。

问题描述　假设可以从两款车型中选择购买一款。其中一款车型比另一款车型省油，但价格也更贵。假设已知这两款车型的价格和燃油效率（每加仑汽油能行驶的英里数），并且我们打算使用这款车型十年。假设每加仑汽油 4 美元，每年行驶 15 000 英里。假设我们采用现金支付，并且融资成本不是问题，请问哪款车型具有较高的性价比？

➡️ 步骤 1   确定输入和输出。

在我们的示例问题中，输入数据如下：

- 购买价格 *1* 和燃油效率 *1*：第一款车型的购买价格和燃油效率（单位为英里 / 加仑）。
- 购买价格 *2* 和燃油效率 *2*：第二款车型的购买价格和燃油效率。

我们希望判断哪款车型更值得购买，这是期望的输出。

➡️ 步骤 2   把问题分解成更小的子任务。

对于每款车型，我们需要知道总的驾驶成本。分别计算每款车型的总成本。一旦计算出每款车型的总成本，就可以决定哪款车型更值得购买。

每款车型总成本的计算公式为：*购买价格 + 运营成本*。

假设十年的里程数和汽油价格不变，所以运营成本取决于一年的驾驶成本。

运营成本的计算公式为：*10 x 每年的燃油成本*。

每年燃油成本的计算公式为：*每加仑的燃油价格 x 每年燃油的消耗量*。

每年燃油消耗量的计算公式为：*每年行驶的英里数 / 燃油效率*。

例如，如果每年驾驶汽车行驶 15 000 英里，燃油效率为 15 英里 / 加仑，则每年的汽车燃油消耗为 1 000 加仑。

➡️ 步骤 3   使用伪代码描述每个子任务。

在我们的描述中，需要仔细设计操作步骤，以便在其他计算需要中间值之前计算出这些中间值。例如，先计算"运营成本"，然后描述使用"运营成本"的步骤：

> *总成本 = 购买价格 + 运营成本*

决定购买哪款车型的算法的伪代码如下所示：

```
对于每款车型，计算其总成本的方法如下：
    每年燃油消耗量 = 每年行驶的英里数 / 燃油效率
    每年燃油成本 = 每加仑的燃油价格 x 每年燃油的消耗量
    运营成本 = 10 x 每年燃油成本
    总成本 = 购买价格 + 运营成本
If 汽车 1 的总成本 < 汽车 2 的总成本
    选择汽车 1
Else
    选择汽车 2
```

➡️ 步骤 4   通过处理一个具体测试问题来测试伪代码。

我们将使用以下测试样本值：

- 汽车 1：25 000 美元，50 英里 / 加仑。
- 汽车 2：20 000 美元，30 英里 / 加仑。

以下是第一款车型的总成本计算步骤：

```
每年燃油消耗量 = 每年行驶的英里数 / 燃油效率 = 15000/50 = 300
每年燃油成本 = 每加仑的燃油价格 x 每年燃油的消耗量 = 4 x 300 = 1200
运营成本 = 10 x 每年燃油成本 = 10 x 1200 = 1200
总成本 = 购买价格 + 运营成本 = 25000 + 12000 = 37000
```

同样，可以计算出第二款车型的总成本为 40 000 美元。因此，算法的输出结果是：汽车 1。

实训案例 1.1　设计一个铺设地板的算法

问题描述　计划用 4 英寸 × 4 英寸黑白相间的瓷砖为一个矩形浴室铺设地板。假设浴室地板的测量尺寸以英寸为单位，并且是 4 的倍数。

➡ **步骤 1**　确定输入和输出。

输入为地板的尺寸（长 × 宽），测量单位为英寸。输出是铺好瓷砖的地板。

➡ **步骤 2**　把问题分解成更小的子任务。

一个自然的子任务是铺设一排瓷砖。如果能够解决这个问题，那么我们就可以从一堵墙开始，一排挨着一排铺设瓷砖，直到到达对面的墙为止。

如何铺设一排瓷砖呢？从一面墙开始铺设一块瓷砖。如果该瓷砖白色的，则在其旁边铺设一块黑色的瓷砖。如果瓷砖是黑色的，则在其旁边铺设一块白色的瓷砖。一直铺设到对面的墙。这一排将包含的瓷砖数量为：宽度 /4。

➡ **步骤 3**　使用伪代码描述每个子任务。

在伪代码中，我们需要更精确地知道瓷砖铺设的确切位置。

```
在西北墙角铺设一块黑色的瓷砖
重复以下步骤，直到地板铺设完成：
    重复以下步骤"宽度 /4 -1"次：
        If 前一块铺设的瓷砖为白色
            选择一块黑色的瓷砖
        Else
            选择一块白色的瓷砖
        把所选择的瓷砖铺设到前一块铺设好的瓷砖的东边
    定位到刚刚铺设的行的开始位置，如果其南边有空间，
    则铺设一块颜色相反的瓷砖
```

➡ **步骤 4**　通过处理一个示例问题来测试伪代码。

假设我们要铺设一块 20 英寸 × 12 英寸的区域。第一步是在西北角铺设一块黑色的瓷砖。

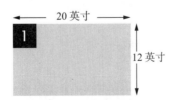

接下来，交替铺设 4 种不同颜色的瓷砖，直到抵达东墙（宽度 /4 - 1 = 20/4 - 1 = 4）。

南边还有空间。定位到已完成行的开始位置的瓷砖，该瓷砖为黑色。因此在它的南面铺一块
白色的瓷砖。

继续完成该行的铺设。

南边还有空间。定位到已完成行的开始位置的瓷砖，该瓷砖为白色。因此在它的南面铺一块
黑色的瓷砖。

继续完成该行的铺设。

至此，整个地板的瓷砖铺设完毕，算法完成。

本章小结

定义"计算机程序"和程序设计。

- 计算机连续快速地执行非常基本的指令。
- 计算机程序是一系列的指令和决策。
- 程序设计是设计和执行计算机程序的行为。

描述计算机的组成结构。

- 中央处理器（CPU）执行程序控制和数据处理。
- 存储设备包括主存储器和辅助存储器。

描述 Python 语言的优点。

- Python 语言具有可移植性、易学和易用的特点。
- Python 包提供解决特定领域问题的代码解决方案。

熟悉 Python 程序设计环境。

- 磨刀不误砍柴工——首先熟悉课程所使用的程序设计环境。
- 文本编辑器是用于输入和修改文本（例如 Python 程序）的程序。

- Python 程序源代码区分大小写，因此我们必须严格区分大小写字母。
- Python 解释器读取 Python 程序并执行程序指令。
- 为编程工作制订灾难备份策略。

描述一个简单程序的构成部分。

- 注释向程序员提供描述性信息。
- 函数是执行特定任务的指令集合。
- 通过指定函数名及其参数可以调用函数。
- 字符串是包含在一对单引号或者双引号中的字符序列。

程序错误可以分为编译时错误和运行时错误。

- 编译时错误违反程序设计语言规则，将在代码转换为可执行格式时被检测到。
- 指令语法正确但无法正确执行时，会引发异常。
- 运行时错误是程序能正常编译后运行时发生的错误，会产生预期之外的结果。

编写伪代码实现简单的算法。

- 伪代码是对解决问题的一系列步骤的非正式描述。
- 解决问题的算法是一系列明确的、可执行的且可终止的步骤。

复习题

- ■ R1.1　解释使用计算机程序和编写计算机程序之间的区别。
- ■ R1.2　计算机的哪些部分可以存储程序代码？哪些部分可以存储用户数据？
- ■ R1.3　计算机的哪些部分用于向用户提供信息？哪些部分接收用户输入？
- ■■■ R1.4　烤面包机是一种单功能设备，但计算机可以通过编程来执行不同的任务。请问我们使用的手机是单功能设备，还是可编程计算机？（答案将取决于具体的手机型号。）
- ■ R1.5　本章中提到了哪些程序设计语言？它们是什么时候发明的？是谁发明的？（请在网上查找答案。）
- ■■ R1.6　在我们自己的计算机或者实验室的计算机上，查找以下内容的准确位置（文件夹或者目录的名称）。

  a. 使用编辑器编写的示例文件 hello.py。

  b. Python 程序的启动程序 python、python.exe 或者 python.app。
- ■■ R1.7　以下程序的打印结果什么？

  ```
  print("39 + 3")
  print(39 + 3)
  ```
- ■■ R1.8　以下程序的打印结果什么？请特别注意空格。

  ```
  print("Hello", "World", "!")
  ```
- ■■ R1.9　以下程序的编译时错误是什么？

  ```
  print("Hello", "World!)
  ```
- ■■ R1.10　编写三个包含不同编译时错误的 hello.py 程序版本。编写一个包含运行时错误的 hello.py 程序版本。
- ■ R1.11　请问如何发现编译时错误？如何发现运行时错误？
- ■■ R1.12　编写一个算法来解决以下问题：有一个初始包含 10 000 美元的银行账户。假设利息为每月复利 0.5%。每月提取 500 美元用于支付大学费用。请问多少年后，该银行账户的账户余额将使用完？
- ■■■ R1.13　重新考虑上一道题中的问题。假设这些数字（10 000 美元、5%、500 美元）是用户可选择的。在我们开发的算法中，是否存在不会终止的值？如果是，请更改算法以确保该值肯定会终止。

■■■ R1.14 为了估算粉刷房屋的成本，粉刷匠需要了解外墙的表面积。开发计算该值的算法。输入包括房屋的宽度、长度和高度、门窗数量及其尺寸。（假设门窗尺寸一致。）

■■ R1.15 假设我们需要决定是开车上班还是坐火车上班。假设已知从家到工作单位的单程距离，以及汽车的燃油效率（单位为英里 / 加仑）。还假设已知火车票的单程票价，汽油每加仑 4 美元，汽车保养每英里 5 美分。请编写一个算法，以决定哪种通勤方式更经济实惠。

■■ R1.16 假设我们需要了解我们的小汽车哪些时间用于上下班，哪些时间用于个人用途。假设已知从家到工作单位的单程距离。在一个特定的时间段内，我们在里程表上记录了开始和结束的里程数以及工作天数。请编写一个算法来解决这个问题。

■■ R1.17 在"实训案例1.1"中，为了比较汽车的成本，我们对汽油价格和每年使用的里程数进行了假设。理想情况下，我们希望在不做这些假设的前提下，了解哪辆车更值得购买。请问为什么计算机程序不能解决这个问题？

■■■ R1.18 可以根据以下公式计算 π 的值：

$$\frac{\pi}{4} = 1 - \frac{1}{3} + \frac{1}{5} - \frac{1}{7} + \frac{1}{9} - \cdots$$

请编写一个计算 π 的算法。上述公式是一个无穷级数，而算法必须在有限步数后停止。要求结果精度到 6 位有效数字之后，算法停止运行。

■■ R1.19 假设让你弟弟负责备份工作。请编写一套执行任务的详细说明，指示他应该多久备份一次，以及需要从哪个文件夹复制哪些文件到哪个位置，并指示应该如何验证备份是否正确执行。

■ 商业应用 R1.20 假设你和一些朋友去一家豪华餐厅，付账时你希望大家均摊餐费和小费（假设小费占餐费的15%）。请编写伪代码来计算每个人必须支付的金额。要求程序打印账单总金额、小费金额、总成本以及每个人应支付的总金额，还要求打印出每个人分别支付的账单金额和小费金额。

编程题

■ P1.1 编写一个程序，打印出一句问候语（问候语内容由用户自己选择），可以选择打印非英语的问候语。

■■ P1.2 编写一个程序，打印前 10 个正整数之和：$1 + 2 + \cdots + 10$。

■■ P1.3 编写一个程序，打印前 10 个正整数的乘积：$1 \times 2 \times \cdots \times 10$。（Python 语言中，使用 * 号表示乘法。）

■■ P1.4 假设一个银行账户的初始余额为 1 000 美元，存款利率为每年 5%。请编写一个程序，打印第一年、第二年和第三年后的账户余额。

■ P1.5 编写一个程序，在屏幕上的一个矩形框中显示用户的姓名，结果类似于：

```
| Dave |
```

可以尝试使用诸如"|、-、+"之类的字符来近似表示矩形框的框线。

■■■ P1.6 编写一个程序，用大字母打印用户的名字，结果类似于：

```
*   *  **   ****   ****   *
*   * *  *  *   *  *   *  *
***** *  *  ****   ****   * *
*   * ******  *   *   *   *
*   *  *   *  *   *   *   *
```

■■ P1.7 编写一个程序，打印一张类似于（但不同于）以下形式的笑脸：

P1.8 编写一个程序，打印一幅皮特·蒙德里安（Piet Mondrian）绘画的仿制品。（如果不熟悉他的画，请在网上搜索。）使用诸如"@@@ 或：：："之类的字符序列表示不同的颜色，并使用"- 和 |"组成线条。

P1.9 编写一个程序，打印出一栋与以下形式一模一样的房子：

P1.10 编写一个程序，打印出一只会说问候语的动物，类似于（但不同于）以下内容：

```
 /\_/\      -----
( ' ' )   / Hello \
(  -  ) < Junior  |
 | | |    \ Coder!/
(_|_)       -----
```

P1.11 编写一个程序，分别在三行上打印三项内容，比如三个最好朋友的名字或者最喜欢的三部电影的名称。

P1.12 编写一个程序，打印用户最喜欢的一首诗歌。如果用户没有最喜欢的诗，则在网上搜索"Emily Dickinson"或者"e e cummings"。

P1.13 请使用"* 和 ="字符，编写打印美国国旗的程序。

商业应用 P1.14 编写一个程序，打印朋友出生日期的两列列表。在第一列，打印最好朋友的名字；在第二列，打印他们的出生日期。

商业应用 P1.15 在美国没有联邦销售税，因此每个州都可以征收自己的销售税。在互联网上查找美国任意五个州征收的销售税，然后编写一个程序，打印用户所选择的五个州的销售税税率。

```
Sales Tax Rates
-----------
Alaska: 0%
Hawaii: 4%
  . . .
```

商业应用 P1.16 在当今的劳动力市场上，能说多种语言是一项很有价值的技能。基本技能之一是学会问候别人。编写一个程序，用下表所示的问候语打印两列列表：在第一列中，用英语打印问候短语；在第二列中，用我们所选择的语言打印问候短语。如果我们不熟悉英语以外的任何语言，请使用在线翻译或者询问朋友。

List of Phrases to Translate

Good morning.

It is a pleasure to meet you.

Please call me tomorrow.

Have a nice day!

数值和字符串编程

本章目标

- 变量和常量的定义和使用
- 理解整数和浮点数的特点及其局限性
- 了解注释和良好代码布局的重要性
- 编写表达式和赋值语句
- 编写程序读取和处理输入以及输出结果
- 学习如何使用 Python 字符串
- 使用基本形状和文本编写一个简单的图形程序

数值和字符串是所有 Python 程序中的重要数据类型。在本章中，我们将学习如何处理数值和文本，以及如何编写简单的程序来执行实用的任务。

2.1 变量

当程序执行计算时，我们希望存储某些值，以便稍后可以使用这些值。在 Python 程序中，使用变量（variable）存储值。在本节中，我们将学习如何定义和使用变量。

为了说明变量的用途，我们将开发一个解决以下问题的程序。饮料以易拉罐装和瓶装形式出售。一家商店售卖一包 6 个 12 盎司的易拉罐装饮料，与 2 升瓶装饮料的售价相同。请问应该买哪一种？（12 盎司液体约等于 0.355 升）。

在程序中，我们将为每包易拉罐的数量和每个易拉罐的容量定义变量，然后计算出 6 罐的总容量（单位为升），并打印出结果。

2.1.1 定义变量

变量（variable）是计算机程序中的存储单元。每个变量都有一个名称并存有一个值。

变量类似于停车库中的停车位。停车位具有标识符（例如 "J 053"），并且可以容纳车辆。变量有一个名称（比如 cansPerPack），可以保存一个值（比如 6）。

使用**赋值语句**（assignment statement）将值放入变量中。下面是一个例子：

```
cansPerPack = 6  ❶ ❷
```

赋值语句的左侧是一个变量。右边是结果为一个值的表达式。赋值语句右侧的值存储在左侧的变量中。

第一次给变量赋值时，将使用该值创建和初始化该变量。变量定义后，可以在其他语句中使用。例如，以下语句将打印存储在变量 cansPerPack 中的值。

```
print(cansPerPack)
```

如果一个现有变量被赋予一个新值，则该新值将替换先前存储的值。例如，以下语句将变量 cansPerPack 的值从 6 改变为 8。

```
cansPerPack = 8    ❸
```

语法 2.1   赋值语句

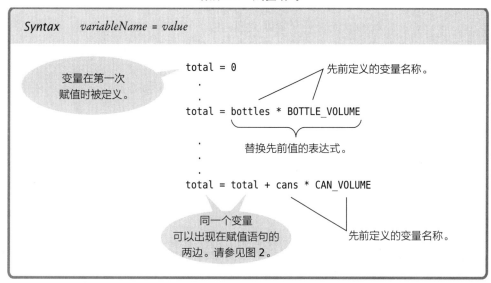

图 1 是上述两条赋值语句的示意图。

图 1   执行两条赋值语句

等号 "=" 并不意味着等式的左边等于右边，而是将右边的值赋给左边的变量。

不要将这里的赋值运算符（assignment operator）的等号与代数中用于表示相等的符号相混淆。赋值是一种执行某种操作的指令，即把一个值放入一个变量中。

例如，在 Python 中，以下语句书写完全合法：

```
cansPerPack = cansPerPack + 2
```

该语句表示首先查找存储在变量 cansPerPack 中的值，然后把该值加上 2，最后将结果放回 cansPerPack 中（参见图 2）。执行此语句的最终效果是将 cansPerPack 增加 2。如果 cansPerPack 在执行该赋值语句之前是 8，则在执行赋值语句之后设置为 10。当然，在数学中，等式 $x = x + 2$ 没有意义，因为任何值都不能等于其自身加上 2。

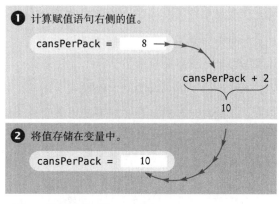

图 2   执行赋值语句 cansPerPack = cansPerPack + 2

2.1.2　数值类型

计算机操作表示信息的数据值，这些值可以属于不同的数据类型。实际上，Python 程序中的每个值都属于特定的数据类型。值的**数据类型**（data type）决定了数据在计算机中的表示方式以及可以对该数据执行哪些操作。由语言本身提供的数据类型称为**基本数据类型**（primitive data type）。Python 支持若干数据类型，包括：数值、文本字符串、文件、容器和许多其他类型。程序员还可以定义自己的**用户自定义数据类型**（user-defined data types），我们将在第 9 章中详细介绍。

在 Python 中，存在几种不同类型的数值。**整数**（integer）值是没有小数部分的数值。例如，任何一包易拉罐中都必须有整数个易拉罐，不能包含小数数量的易拉罐。在 Python 中，这种类型称为 int。当需要小数部分时（例如数值 0.355），则需要使用**浮点数**（floating-point number），在 Python 中称为 float。

在 Python 程序中，类似于 6 或者 0.355 这样的值被称为**数值字面量**（number literal）。如果数值字面量中包含小数点，则是浮点数；否则是整数。表 1 显示了如何在 Python 中书写整数值字面量和浮点数值字面量。

表 1　Python 中的数值字面量

数值	类型	说明
6	int	整数没有小数部分
−6	int	整数可以为负
0	int	0 是整数
0.5	float	包含小数部分的数值属于浮点类型
1.0	float	一个包含小数部分 .0 的整数属于浮点类型
1E6	float	使用指数表示法表示的数：1×10^6 或 1000000。 使用指数表示法表示的数值总是属于浮点类型
2.96E-2	float	负指数：$2.96 \times 10^{-2} = 2.96 / 100 = 0.0296$
⊘100,000		**错误**：不能使用逗号作为十进制分隔符
⊘3 1/2		**错误**：不能使用分数表示法；可以使用小数表示法，如 3.5

在 Python 中，变量可以存储任何类型的值。数据类型与值（value）相关联，而不是与变量相关联。例如，考虑以下使用 int 类型的值进行初始化的变量：

```
taxRate = 5
```

同一个变量稍后可以保存一个 float 类型的值：

```
taxRate = 5.5
```

该变量甚至可以存储一个字符串：

```
taxRate = "Non-taxable"   # 不推荐
```

然而，不推荐这样的操作。如果使用该变量并且它包含预期类型之外的值，则程序运行时将出错。因此，使用特定类型的值初始化变量后，应注意在该变量中保持存储相同类型的值。

例如，因为税率不一定是整数，所以最好用浮点数初始化 taxRate 变量，即使它碰巧是一个整数：

```
taxRate = 5.0   # 税率可以包含小数部分
```

这有助于我们记住 taxRate 可以包含浮点数,即使初始值没有小数部分。

2.1.3 变量名称

定义一个变量时,我们需要给它取一个名字来解释其用途。无论何时,在 Python 中命名都必须遵循如下一些简单的规则:

1. 名称必须以字母或者下划线(_)开头,其余字符必须是字母、数字或者下划线。

2. 名称中不能使用其他符号(例如"?"或者"%"),也不允许包含空格。我们可以使用大写字母来表示单词边界,例如 cansPerPack。这种命名约定被称为驼峰式命名规范(camel case),因为名字中间的大写字母看起来像骆驼的驼峰。

3. 名称**区分大小写**(case sensitive),即 canVolume 和 canvolume 是两个不同的名称。

4. 不能使用 if 或者 class 之类的**保留关键字**(reserved word)作为名称,这些关键字是专门为其特殊的 Python 含义保留的。

以上是 Python 语言中关于名称的严格规则。除此以外,我们还应该遵守两个"优雅规则"。

1. 使用描述性名称(例如 cansPerPack)比使用简洁的名称(例如 cpp)要意义明确。

2. 大多数 Python 程序员使用以小写字母开头的名称作为变量名(例如 cansPerPack)。与之对应,使用全大写的名称表示常量(例如 CAN_VOLUME)。以大写字母开头的名称通常用于用户自定义的数据类型(例如 GraphicsWindow)。

表 2 给出了 Python 中合法变量名和非法变量名的示例。

表 2　Python 中的变量名

变量名称	说明
canVolume1	变量名称包含字母、数字和下划线
x	在数学上,我们可以使用类似于 x 和 y 的变量名称。这在 Python 语言中也合法,但是不常见,因为这会降低程序的可读性(参见"编程技巧 2.1")
⚠ CanVolume	**警告**:变量名称区分大小写。变量名称 CanVolume 与 canVolume 不同,而且违反了变量名称应该以小写字母开头的规范
⊘ 6pack	**错误**:变量名称不能以数字开头
⊘ can volume	**错误**:变量名称不能包含空格
⊘ class	**错误**:变量名称不能使用保留关键字
⊘ ltr/fl.oz	**错误**:变量名称不能包含特殊符号(例如"."或者"/")

2.1.4 常量

常量变量(或者简称**常量**(constant))是一种变量,其值在被赋初始值后不会更改。有些程序设计语言提供显式的机制,用于将变量标记为常量;如果尝试为常量变量赋一个新值,则会产生语法错误。Python 将责任交给程序员,程序员应该确保常量不会被更改。因此,通常的做法是使用全大写字母的名称来指定常量变量的名称。例如:

```
BOTTLE_VOLUME = 2.0
MAX SIZE = 100
```

通过遵循此规范,我们可以向自己和其他人提供信息,以保证全大写字母名称的变量在整个程序中保持不变。

在程序中使用命名常量来表示数值是一种良好的编程风格。例如,比较以下两条语句:

```
totalVolume = bottles * 2
```

和

```
totalVolume = bottles * BOTTLE_VOLUME
```

程序员阅读第一条语句时，可能无法理解数字 2 的含义。第二条语句使用命名常量，使得计算的逻辑更加清晰。

2.1.5 注释

随着程序变得越来越复杂，我们应该为代码添加**注释**（comment），即为了增加代码可读性的解释性描述。例如，以下语句包含一条注释，解释常量中使用的值的含义：

```
CAN_VOLUME = 0.355    # 12 盎司易拉罐的容量（单位为升）
```

这条注释为代码的阅读者解释了 0.355 的含义。解释器不会执行任何注释，将忽略从注释符 # 到行尾的所有内容。

在源代码中添加注释是一种良好的编程习惯。这有助于阅读代码的程序员理解我们的意图。此外，当重新审阅自己的程序时，注释也会为我们提供帮助。在源文件的开始添加一条注释以说明程序的用途。在本书中，我们采用以下注释方式：

```
##
#   此程序用于计算一包 6 个易拉罐装饮料的容量（单位为升）
#
```

至此，我们已经学习了变量、常量、赋值语句和注释。接下来我们准备编写一个程序，以解决本章开头提出的问题。这个程序显示了一包 6 个易拉罐装饮料的总容量，以及 6 个易拉罐装连同一个 2 升瓶装饮料的总容量。我们用常量表示易拉罐和瓶子的容量。变量 totalVolume 初始化为易拉罐的容量。使用赋值语句，加上瓶装饮料的容量。从程序输出结果中可以看出，6 个易拉罐装中包含多于 2 升的饮料。

sec01/volume1.py

```
 1  ##
 2  #   此程序用于计算一包 6 个易拉罐装饮料的容量（单位为升）
 3  #   以及 6 个易拉罐装连同一个 2 升瓶装饮料的总容量
 4  #
 5
 6  # 12 盎司易拉罐的容量和一个 2 升瓶子的容量（单位为升）
 7  CAN_VOLUME = 0.355
 8  BOTTLE_VOLUME = 2.0
 9
10  # 每包中易拉罐的数量
11  cansPerPack = 6
12
13  # 计算一包 6 个易拉罐装饮料的总容量
14  totalVolume = cansPerPack * CAN_VOLUME
15  print("A six-pack of 12-ounce cans contains", totalVolume, "liters.")
16
17  # 计算 6 个易拉罐装连同一个 2 升瓶装饮料的总容量
18  totalVolume = totalVolume + BOTTLE_VOLUME
19  print("A six-pack and a two-liter bottle contain", totalVolume, "liters.")
```

程序运行结果如下：

```
A six-pack of 12-ounce cans contains 2.13 liters.
A six-pack and a two-liter bottle contain 4.13 liters.
```

常见错误 2.1　使用未定义的变量

在首次使用一个变量之前，必须先创建该变量并进行初始化。例如，如果一个程序包含以下列语句开始的序列语句，则该程序是不合法的：

```
canVolume = 12 * literPerOunce    # 错误：literPerOunce 未定义
literPerOunce = 0.0296
```

在程序中，按顺序依次执行各语句。当虚拟机执行第一条语句时，它并不知道下一行将创建 literPerOunce，因此报告一条 "undefined name"（未定义的名称）错误。补救方法是对语句重新排序，以便在使用每个变量之前，先创建和初始化该变量。

编程技巧 2.1　使用描述性的变量名称

通过使用较短的变量名，我们可以节省大量的输入，例如：

```
cv = 0.355
```

但是，将此声明语句与前面程序中实际使用的声明语句进行比较，请问哪一条语句的可读性更好？两者根本不能相提并论，因为 canVolume 的意义直接明了，而 cv 则需要费力猜测才可能揣摩出其代表 "can volume" 的含义。

当程序由多个人编写时，这一点尤为重要。虽然对我们而言，cv 代表的可能是易拉罐的容量（can volume），而不是当前的速度（current velocity），但是对于那些需要在几年后维护代码的人而言，cv 是否是显而易见的呢？平心而论，三个月后当我们重新阅读代码的时候，还会记得 cv 是什么意思吗？

编程技巧 2.2　不要使用幻数

幻数（magic number）是指出现在代码中的没有任何说明的数值常量。例如：

```
totalVolume = bottles * 2
```

为什么是 2？瓶子的容量是易拉罐容量的 2 倍吗？不，这里的 2 表示每瓶饮料的容量为 2 升。使用命名常量可以实现代码的自文档化：

```
BOTTLE_VOLUME = 2.0
totalVolume = bottles * BOTTLE_VOLUME
```

使用命名常量还有另一个优点。假设情况发生变化，瓶子容量现在是 1.5 升。如果使用命名常量，则只需进行一次更改即可完成。否则，我们必须查看程序中所有包含 2 的值，并思考它是否表示瓶子容量或者其他东西。在一个超过几页的程序中，这是令人难以置信的乏味和容易出错的工作。

即使是最合理的宇宙常数终有一天也会改变。你是否认为一年有 365 天？你在火星上的朋友会对你愚蠢的偏见很不满意。因此建议定义一个常量：

```
DAYS_PER_YEAR = 365
```

2.2 算术运算

在接下来的内容中，我们将学习如何在 Python 中执行算术计算。

2.2.1 基本的算术运算

与计算器一样，Python 同样也支持加、减、乘、除四种基本算术运算，但是使用不同的符号来进行乘法和除法运算。

我们必须采用 a*b 的书写方式来表示乘法。与数学上的符号不同，我们不能书写成 a b、a·b 或 a×b。同样，除法使用符号 / 表示，而不是使用符号 ÷ 或者分数表示。

例如，$\dfrac{a+b}{2}$ 写成 (a + b)/2。

用于算术运算的符号 +、−、*、/ 称为运算符（operator）。变量、字面量、运算符和括号的组合称为**表达式**（expression）。例如，(a+b)/2 是一个表达式。

圆括号的用法和代数中一样：用以表示表达式各个部分的计算顺序。例如，在表达式 (a+b)/2 中，首先计算 a+b 之和，然后将得到的和除以 2。相反，在以下表达式中：

```
a + b / 2
```

先计算 b 除以 2，然后才计算 a 和 b/2 之和。与常规代数一样，相对于加法和减法，乘法和除法具有较高的优先级（higher precedence）。例如，在表达式 a+b/2 中，即使 + 操作出现在更左侧，也会先执行 / 操作。同样，和代数中一样，具有相同优先级的运算符按照从左到右的顺序执行。例如，10−2−3 的结果是 8−3 或者 5。

如果在算术表达式中混合使用整数和浮点数，则结果为浮点数。例如，7+4.0 的结果是浮点数 11.0。

2.2.2 乘幂

Python 使用指数运算符 ** 表示幂运算。例如，与数学表达式 a^2 等价的 Python 表达式为 a**2。注意两个星号之间不能有空格。在数学中，指数运算符的优先顺序高于其他算术运算符。例如，10*2**3 的结果为 $10 \times 2^3 = 80$。与其他算术运算符不同，乘幂运算符是从右到左计算的。因此，Python 表达式 10**2**3 等价于 $10^{(2^3)} = 10^8 = 100\ 000\ 000$。

在代数中，使用分数和指数将表达式排列成紧凑的二维形式。在 Python 中，必须以线性方式编写所有的表达式。例如，数学表达式

$$b \times \left(1 + \frac{r}{100}\right)^n$$

对应的 Python 表达式为：

```
b * (1 + r / 100) ** n
```

图 3 展示了如何解析这个表达式。

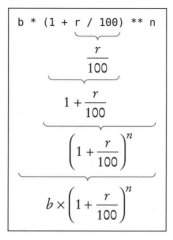

图 3　解析一个表达式

2.2.3　整除和余数

两个整数使用运算符 / 执行除法运算时，结果为一个浮点数。例如：

`7 / 4`

结果为 1.75。然而，我们也可以使用运算符 // 执行**整除运算**（floor division）。

对于正整数，整除运算计算商并舍弃小数部分。整除运算

`7 // 4`

的求值结果为 1，因为 7 除以 4 等于 1.75，小数部分为 0.75（将丢弃）。

如果我们对整除运算的余数感兴趣，可以使用运算符 %。表达式

`7 % 4`

的结果为 3，这是 7 整除 4 后的余数。符号 % 在代数中没有对应的符号。之所以选择这个符号，是因为它看起来类似于符号 /，而取余数操作与除法相关。这个运算符称为**取模**（modulu）。（有时也称为 modulo 或者 mod。）这里的取模（或称求余）运算与某些计算器上的百分比运算符没有任何关系。

下面是运算符 // 和 % 的典型用法。假设小猪存钱罐里有很多硬币（便士）：

`pennies = 1729`

我们需要计算这些便士总共折合为多少美元和多少美分。我们把便士总数整除 100，以求得美元的数量：

`dollars = pennies // 100　　# 设置 dollars 为 17`

整数整除运算将舍弃余数。为了求得余数，可以使用运算符 %：

`cents = pennies % 100　　# 设置 cents 为 29`

其他的示例请参见表 3。

同样存在负整数和浮点数的整除运算和取模运算的定义。然而，这些定义具有相当的技术性，我们在本书中不涉及这些运算。

表 3　整除运算和求余数运算

表达式 （其中 n=1729）	值	说明
n%10	9	对于任何正整数 n，n%10 的结果是 n 的个位数字
n//10	172	结果是除个位数字外的 n
n%100	29	结果是 n 的最后两位数字
n%2	1	假设 n 不为负数，则当 n 是偶数时，n%2 为 0；否则为 1
-n//10	−173	−173 是小于或等于 −172.9 的最大整数。在本书中，我们不会使用负数的整数运算

2.2.4　调用函数

在第 1 章中了解到，函数是执行特定任务的编程指令的集合。我们一直在使用 print 函数来显示信息，但是 Python 中还包含许多其他可用的函数。在本节中，我们将学习更多用于处理数值的函数。

大多数函数会返回一个值。也就是说，当函数完成任务时，会将一个值传递回调用该函数的地方。示例函数是 abs 函数，它返回其数值参数的绝对值，即不带符号的数值参数的值。例如，调用 abs(-173)，结果返回值 173。

语法 2.2　调用函数

函数返回值可以存储在变量中，例如：

distance = abs(x)

实际上，函数返回值可以在任何使用相同类型的值的地方使用，例如：

```
print("The distance from the origin is", abs(x))
```

abs 函数需要数据来执行任务，即需要计算绝对值的数值。如前所述，提供给函数的数据是调用的参数。例如，在以下函数调用中：

```
abs(-10)
```

值 −10 是传递给 abs 函数的参数。

调用一个函数时，我们必须传递正确数量的参数。abs 函数只带一个参数。因此函数调用

```
abs(-10, 2)
```

或者

```
abs()
```

都会导致程序产生错误信息。

有些函数包括可选参数，可以在需要的情况下才指定。示例函数是 round 函数。可以使用一个参数调用 round 函数，例如：

```
round(7.625)
```

此时函数返回最相近的整数，结果为 8。如果使用两个参数调用 round 函数，则第二个参数用于指定希望保留的小数位数。例如：

```
round(7.627, 2)
```

结果为 7.63。

描述可选参数有两种常用的方式。其中一种方式是分别显示带可选参数和不带可选参数的函数调用（本书采用该方式）。

```
round(x)       # 返回 x 四舍五入后的整数值
round(x, n)    # 返回 x 四舍五入到第 n 位小数位置后的值
```

另一种形式使用方括号表示可选参数（Python 标准文档采用该方式）。

```
round(x[, n])   # 返回 x 四舍五入后的整数值或者四舍五入到第 n 位小数位置的值
```

另外，有些函数（例如函数 max 和 min）带任意数量的参数。例如函数调用

```
cheapest = min(7.25, 10.95, 5.95, 6.05)
```

设置变量 cheapest 为函数参数中的最小值，在示例中为 5.95。

表 4 总结了本节介绍的函数。

表 4　内置数学函数

函数	返回值
abs(x)	返回 x 的绝对值
round(x)	返回浮点数 x 四舍五入后的整数值
round(x, n)	返回浮点数 x 四舍五入到第 n 位小数后的值
max(x_1, x_2, …, x_n)	返回所有参数中的最大值
min(x_1, x_2, …, x_n)	返回所有参数中的最小值

2.2.5　数学函数

Python 语言本身相对简单，但是 Python 包含一个标准库，可以用来创建强大的程序。**库**（library）是由其他人编写和移植的代码集合，可以用于我们自己编写的程序中。**标准库**被视为 Python 语言的组成部分，因此必须包含在所有的 Python 系统中。

Python 的标准库被组织成模块（module）。彼此相关的函数和数据类型被组织到同一个模块中。在模块中定义的函数必须显式加载到程序中才能使用。Python 的 math（数学）模块包含许多数学函数。若要使用此模块中的任何函数，必须首先导入（import）该函数。例如，为了使用 sqrt 函数（用于计算其参数的平方根），首先在程序文件的开头包含如下语句：

```
from math import sqrt
```

然后我们才可以直接调用该函数，例如：

```
y = sqrt(x)
```

表 5 列举了 math 模块中定义的其他一些函数。

表 5   math 模块中定义的部分函数

函数	返回值
sqrt(x)	返回 x 的平方根（x ≥ 0）
trunc(x)	将浮点数 x 截断为整数
cos(x)	返回 x（单位为弧度）的余弦值
sin(x)	返回 x（单位为弧度）的正弦值
tan(x)	返回 x（单位为弧度）的正切值
exp(x)	返回 e^x
degree(x)	把 x（单位为弧度）转换为角度，即返回 $x \cdot 180/\pi$
radians(x)	把 x（单位为角度）转换为弧度，即返回 $x \cdot \pi/180$
log(x)	返回 x 的自然对数（底为 e）
log(x, base)	返回以 base 为底的 x 的对数

虽然大多数函数都是在模块中定义的，但是可以在不导入任何模块的情况下使用少量函数（例如 print 和前文中介绍的一些函数）。这些函数称为**内置函数**（built-in function），由于它们被定义为语言本身的组成部分，因此可以直接在程序中使用内置函数。

表 6 给出了一些算术表达式示例。

表 6   算术表达式示例

数学表达式	Python 表达式	说明
$\dfrac{x+y}{2}$	(x+y)/2	括号是必需的；x+y/2 计算 $x+\dfrac{y}{2}$
$\dfrac{xy}{2}$	x*y/2	括号不是必需的；优先级相同的运算符通常从左向右求值
$\left(1+\dfrac{r}{100}\right)^n$	(1+r/100)**n	括号是必需的
$\sqrt{a^2+b^2}$	sqrt(a**2+b**2)	必须从 math 模块中导入 sqrt 函数
π	pi	pi 是 math 模块中定义的一个常量

常见错误 2.2   舍入误差

在使用浮点数进行计算时，舍入误差是一个无法避免的事实。我们可能在手工计算中遇到过这种现象。如果计算 1/3 并且结果保留两位小数，结果会得到 0.33。如果把结果再乘以 3，得到的是 0.99，而不是 1.00。

在处理器的硬件中，数字使用二进位数制系统表示，即只使用数字 0 和 1。与十进制数字一样，当二进制数字丢失时，也会出现舍入误差。舍入误差可能会出现在各种不同的地方，防不胜防。例如：

```
price = 4.35
quantity = 100
total = price * quantity   # 结果应该为 100 * 4.35 = 435
print(total)    # 打印输出为 434.99999999999994
```

在二进制系统中，无法精确表示 4.35，正如十进制中无法精确表示 1/3 一样。因为计算机使用的表示法会略小于 4.35，所以其 100 倍的值会略小于 435。

我们可以通过舍入到最接近的整数或者在小数点后固定位数来处理舍入错误（请参见 2.5.3 节）。

常见错误 2.3   括号不匹配

考虑以下表达式：

```
((a + b) * t / 2 * (1 - t)
```

上述表达式存在什么语法错误？让我们数一数其中的括号，该表达式包含 3 个左括号和 2 个右括号，即括号不匹配。这种类型的输入错误在复杂的表达式中十分常见。接下来再考虑以下表达式：

```
(a + b) * t) / (2 * (1 - t)
```

虽然该表达式包含 3 个左括号和 3 个右括号，但语法还是不正确。在表达式的前半部分包含 1 个左括号和 2 个右括号，这是一个语法错误：

```
(a + b) * t) / (2 * (1 - t)
            ↑
```

在表达式的任何一点上，左括号的计数必须大于或者等于右括号的计数，并且在表达式的末尾，左右括号的计数必须相等。

这里有一个简单的技巧，不使用纸和笔就可以轻松地计数。大脑很难同时进行两项计数，扫描表达式时，我们只保留一个计数。从第一个左括号开始，从 1 开始计数。接下去，看到左括号时计数器加 1，看到右括号时计数器减 1。扫描表达式时大声说出计数值。如果计数器减少到 0 以下，或者到达表达式结尾处时计数值不为 0，则表明括号不匹配。例如，当扫描上一个表达式时，我们可以低声嘀咕计数值并发现错误所在。

```
(a + b) * t) / (2 * (1 - t)
1      0  -1
```

编程技巧 2.3   在表达式中使用空格

很显然，下面第一个表达式的可读性比第二个表达式要好：

```
x1 = (-b + sqrt(b ** 2 - 4 * a * c)) / (2 * a)
```

和

```
x1=(-b+sqrt(b**2-4*a*c))/(2*a)
```

只需在所有运算符（+、-、*、/、%、=，等等）左右加上一个空格。但是，不要把空格放在一元（unary）负号运算符后面：运算符 –（例如 -b）用于返回一个值的相反数。这样，负号运算符就很容易与二元减法运算符（例如 a - b）区分开来。

通常不在函数名后面加空格。也就是说，请采用书写方式 sqrt(x)，而不建议采用书写方式 sqrt (x)。

专题讨论 2.1　导入模块的其他方式

Python 提供了几种不同的方法，用于将函数从模块导入程序中。可以从同一模块导入多个函数，例如：

```
from math import sqrt, sin, cos
```

还可以将模块的全部内容导入程序中：

```
from math import *
```

或者，可以使用以下语句导入模块：

```
import math
```

使用上述 import 语句导入模块后，在调用函数时需要在函数的前面添加模块名和英文句点，例如：

```
y = math.sqrt(x)
```

有些程序员偏向于使用这种风格，因为它使特定函数所属的模块非常明确。

专题讨论 2.2　赋值语句和算术运算符有机结合

在 Python 语言中，我们可以结合使用赋值语句和算术运算符。例如，语句

```
total += cans
```

是以下语句的简写方式：

```
total = total + cans
```

同样，语句

```
total *= 2
```

是以下语句的简写方式：

```
total = total * 2
```

许多程序员认为这是一种非常方便的书写方式，特别是当某个变量递增 1 或者递减 1 时：

```
count += 1
```

如果喜欢的话，尽可以在自己的代码中使用这种书写方式。简单起见，我们不会在本书中使用这种书写方式。

专题讨论 2.3　代码续行

如果表达式太长，无法适合一行的宽度，则可以继续另起一行书写，前提条件是换行符出现在括号内。例如：

```
x1 = ((-b + sqrt(b ** 2 - 4 * a * c))
    / (2 * a))   # 正确
```

然而，如果省略了最外层的括号，则会导致语法错误：

```
x1 = (-b + sqrt(b ** 2 - 4 * a * c))
    / (2 * a)    # 错误
```

上述第一行为一个完整的语句，Python 解释器可以正确处理。第 2 行语句（/ (2 * a)）本身没有意义。

可以使用第二种续行方式把长语句分成多行。如果行的最后一个字符是反斜杠（\），则该行与它后面的行连接在一起：

```
x1 = (-b + sqrt(b ** 2 - 4 * a * c)) \
    / (2 * a)   # 正确
```

必须注意的是，反斜杠后面不能包含任何空格或者制表符。在本书中，我们仅使用第一种形式的续行。

2.3　问题求解：先手工演算

在上一节中，我们学习了如何使用 Python 表示计算。在要求编写解决问题的程序时，我们可能会自然而然地想到用于计算的 Python 语法。然而，在开始编程之前，我们应该首先完成一个非常重要的步骤：手工执行演算。如果自己都不能手工演算出结果，则也不太可能写出一个自动计算的程序。

为了演示手工计算的用法，可以考虑以下问题：要求沿墙铺设一排黑白瓷砖。出于美观原因，建筑师规定第一块瓷砖和最后一块瓷砖应为黑色。

我们的任务是计算所需的瓷砖数量和每端的间隙（第一块瓷砖以及最后一块瓷砖分别距墙的间距），假设已知可用空间的总宽度和每块瓷砖的宽度。

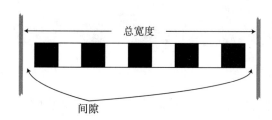

为了使问题具体化，我们假设有以下尺寸：

- 总宽度：100 英寸。
- 瓷砖的宽度：5 英寸。

最明显的解决办法是用 20 块瓷砖填满空间，但这不满足要求，因为最后一块瓷砖是白色的。

换一种方式思考该问题：第一块瓷砖必须为黑色，然后我们添加一些白色 / 黑色瓷砖对：

第一块瓷砖占用 5 英寸，剩下 95 英寸需要使用白 / 黑瓷砖对进行覆盖。每对白 / 黑瓷砖的宽度为 10 英寸。因此，需要白 / 黑瓷砖对的数量为 95 / 10 = 9.5。但是，我们需要舍弃小数部分，因为不能有白 / 黑瓷砖对的小数部分。

因此，将使用 9 对白 / 黑瓷砖或者 18 块瓷砖，加上最初的黑色瓷砖。我们总共需要 19 块瓷砖。瓷砖总宽度为 19 × 5 英寸 = 95 英寸，总间隙为 100 英寸 − 19 × 5 英寸 = 5 英寸。间隙应在两端均匀分布，因此每端的间隙为 (100 英寸 −19 × 5 英寸) / 2 = 2.5 英寸。

对上述手工计算的分析提供了足够的信息，从而可以设计出可用空间的总宽度和每块瓷砖的宽度为任意值的瓷砖铺设算法。

白 / 黑瓷砖对的数量 = (总宽度 − 瓷砖的宽度) / (2 x 瓷砖的宽度) 的整数部分
瓷砖的数量 = 1 + 2 x 白/黑瓷砖对的数量
每端的间隙 = (总宽度 − 瓷砖的数量 x 瓷砖的宽度) / 2

如我们所见，手工计算可以让我们对需要求解的问题有足够的了解，从而使得开发算法变得十分容易。

示例代码：完整的程序请参见本书配套代码中的 sec03/tiles.py。

实训案例 2.1　计算行程时间

问题描述　机器人需要取回一个物品，该物品位于道路旁边的岩石地带。机器人在道路上的行进速度比在岩石地带上的行进速度快，因此机器人希望在直线移动到物品之前先移动一定的距离。手工计算机器人到达物品所处位置需要的时间。

我们的任务是计算机器人到达目标所需的总时间，给定以下输入：

- 机器人与物品之间在 x 和 y 方向上的距离（d_x 和 d_y）
- 机器人在道路上和岩石地带上的速度（s_1 和 s_2）
- 第一段线路（道路上）的长度 l_1

为了使问题更具体化，假设给定以下具体数据：

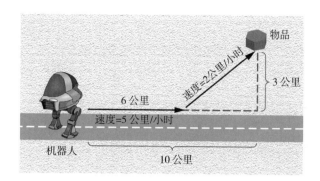

总行程时间是机器人经过两段线路的时间之和。穿越第一段线路的时间为路段长度除以速度：6公里除以5公里／小时，即1.2小时。

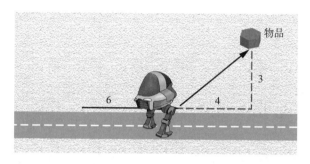

为了计算第二段线路上的时间，首先需要知道该段线路的长度。它是边长为3和4的直角三角形的斜边。

因此，该段线路的长度是$\sqrt{3^2+4^2}=5$。机器人以每小时2公里的速度，穿越该段线路需要2.5小时。因此总行程时间为3.7小时。

上述计算分析提供了足够的信息，因此可以设计出一种具有任意参数的总行程时间算法：

第一段线路上的时间 = l_1 / s_1
第二段线路的长度 = $[(d_x - l_1)^2 + d_y^2]$ 的平方根
第二段线路上的时间 = 第 2 段线路的长度 / s_2
总行程时间 = 第一段线路上的时间 + 第二段线路上的时间

把上述算法的伪代码转换成 Python 代码，计算的算法如下：

```
segment1Time = segment1Length / segment1Speed
segment2Length = sqrt((xDistance - segment1Length) ** 2 + yDistance ** 2)
segment2Time = segment2Length / segment2Speed
totalTime = segment1Time + segment2Time
```

请注意，我们使用的变量名比 d_x 或者 s_1 长，并且更具描述性。手工计算时，使用较短的名称比较方便，但应在程序中将其更改为描述性名称。在现实生活中，程序通常是由多个人共同开发的。我们可能知道名为 s_1 的变量的含义，但对于以后维护程序的其他人员则可能不容易理解其含义。

示例代码：完整的程序请参见本书配套代码中的 worked_example_1/traveltime.py。

2.4   字符串

　　许多程序需要处理文本，而不是数字。文本由**字符**（character）组成：字母、数字、标点符号、空格等。**字符串**（string）是一个字符序列。例如，字符串 "Hello" 是由 5 个字符组成的序列。

2.4.1   字符串类型

　　前文中我们已经在打印语句中使用了字符串，例如：

```
print("Hello")
```

字符串可以存储在变量中：

```
greeting = "Hello"
```

随后，在需要时访问该变量的值：

```
print(greeting)
```

　　字符串字面量（string literal）表示特定的字符串（例如 "Hello"），这和数值字面量（例如 2）表示特定的数值一样。在 Python 中，字符串字面量是通过在一对匹配的单引号或者双引号中括起来的一系列字符来指定的：

```
print("This is a string.", 'So is this.')
```

在 Python，允许有这两种类型的分隔符，以使在字符串中包含单引号或者双引号变得容易。例如：

```
message = 'He said "Hello"'
```

在本书中，我们使用双引号括起来的方式表示字符串，因为这是许多其他程序设计语言中的常见约定。但是，交互式 Python 解释器总是显示带单引号的字符串。

　　字符串中包含的字符数称为字符串的长度（length）。例如，字符串 "Harry" 的长度是 5。我们可以使用 Python 的 len 函数计算字符串的长度：

```
length = len("World!")    # 长度为 6
```

长度为 0 的字符串称为空字符串（empty string）。它不包含任何字符，写为 "" 或者 ' '。

2.4.2   字符串的拼接和重复

　　给定两个字符串，例如 "Harry" 和 "Morgan"，可以将它们连接起来构成一个长字符串。结果包含第一个字符串中的所有字符，后跟第二个字符串中的所有字符。在 Python 中，使用 + 运算符拼接两个字符串。例如，

```
firstName = "Harry"
lastName = "Morgan"
name = firstName + lastName
```

结果字符串的内容为：

```
"HarryMorgan"
```

如果希望在名字和姓氏之间加一个空格，则使用以下方式：

```
name = firstName + " " + lastName
```

上述表达式把 3 个字符串（firstName、字符串字面量 " " 和 lastName）拼接在一起，结果为：

```
"Harry Morgan"
```

当 + 运算符左边或者右边的表达式是字符串时，则另一边也必须是字符串，否则将发生语法错误。不能将字符串与数值拼接在一起。

还可以生成一个字符串，该字符串是多次重复某个字符串的结果。例如，假设需要打印虚线。我们可以使用 * 运算符创建一个由字符 "-" 组成的字符串，重复 50 次，而不是用 50 个破折号来指定一个字符串字面量。例如，

```
dashes = "-" * 50
```

结果字符串的内容为：

```
"--------------------------------------------------"
```

任何长度的字符串都可以使用 * 运算符重复多次。例如，语句

```
message = "Echo..."
print(message * 5)
```

结果为：

```
Echo...Echo...Echo...Echo...Echo...
```

字符串重复的次数必须是整数值。重复次数可以出现在 * 运算符的任意一侧，但通常将字符串放在左侧，将整数重复次数放在右侧。

2.4.3 数值和字符串之间的相互转换

有时需要将数值转换为字符串。例如，假设需要在字符串的末尾添加一个数字。Python 不允许拼接字符串和数字：

```
name = "Agent " + 1729    # 错误: 只能拼接字符串
```

由于字符串拼接只能拼接两个字符串，因此我们必须把数值转换为字符串。

可以使用 str 函数把一个数值转换为字符串。语句

```
str(1729)
```

把整数值 1729 转换为字符串 "1729"。因此可以使用 str 函数解决前面提出的问题：

```
id = 1729
name = "Agent " + str(id)
```

str 函数还可以用于将浮点数转换为字符串。

反之，可以使用 int 函数和 float 函数将包含数值的字符串转换为数值，例如：

```
id = int("1729")
price = float("17.29")
```

当字符串来自用户输入时，此转换非常重要（请参见 2.5.1 节）。

传递给 int 或者 float 函数的字符串只能由包含所示类型的字面量值的字符组成。例如，语句

```
value = float("17x29")
```

将产成运行时错误，因为字母"x"不能是浮点数字面量的一部分。

字符串的前面或者后面的空格将被忽略，例如 int(" 1729 ") 的结果仍然是 1729。

2.4.4 字符串和字符

字符串是 Unicode 字符序列（请参见"计算机与社会 2.1"）。我们可以根据字符串中各个字符的位置来访问字符，这个位置称为字符的索引（index）。

第一个字符的索引为 0，第二个字符的索引为 1，以此类推。

```
H a r r y
0 1 2 3 4
```

可以使用特殊的下标符号访问单个字符，该符号的位置用方括号括起来。例如，如果变量 name 定义为：

```
name = "Harry"
```

则语句

```
first = name[0]
last = name[4]
```

从字符串中提取两个不同的字符。第一条语句提取第一个字符作为字符串 "H"，并将其存储在变量 first 中。第二条语句提取位置 4 处的字符（在本例中是最后一个字符），并将其存储在变量 last 中。

```
H a r r y
0 1 2 3 4

first = H          last = y
```

索引值必须在字符位置的有效范围内，否则将在运行时引发"index out of range"（索引超出范围）异常。len 函数可以用于确定字符串中最后一个索引或者最后一个字符的位置。

```
pos = len(name) - 1    # 字符串 "Harry" 的长度为 5
last = name[pos]   # last 设置为 "y"
```

下面的程序将以上概念付诸实践。程序首先使用字符串初始化两个变量，一个为你的名字，另一个为你爱人的名字。然后打印出你们名字的首字母。

sec04/initials.py

```
 1  ##
 2  # 本程序打印一对名字的首字母
 3  #
 4
 5  # 设置一对夫妻的名字
 6  first = "Rodolfo"
 7  second = "Sally"
 8
 9  # 计算并打印名字的首字母
10  initials = first[0] + "&" + second[0]
11  print(initials)
```

程序运行结果如下：

R&S

表达式 first[0] 的结果是由 first 的第一个字符组成的字符串。表达式 second[0] 执行相同的操作。最后，我们将得到的单个首字母字符串与字符串字面量 "&" 拼接起来，结果得到一个长度为 3 的 initials 字符串（参见图 4）。

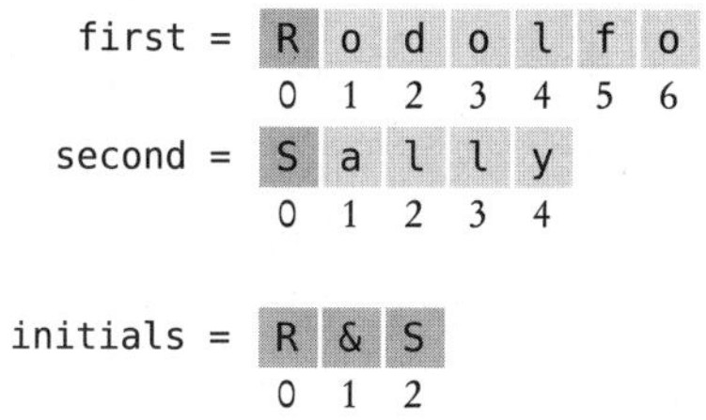

```
first  = | R o d o l f o |
           0 1 2 3 4 5 6

second = | S a l l y |
           0 1 2 3 4

initials = | R & S |
             0 1 2
```

图 4　构建 initials 字符串

表 7 总结了常用的字符串操作。

表 7　常用的字符串操作

语句	结果	说明
string = "Py" string = string + "thon"	String 被设置为 "Python"	操作数为字符串时，运算符 + 表示字符串拼接运算
print("Please" + 　　" enter your name: ")	打印输出 Please enter your name:	使用拼接运算符把超过一行的代码分成两个字符串
team = str(49) + "ers"	team 被设置为 "49ers"	因为 49 是整数，所以必须转换为字符串
greeting = "H & S" n = len(greeting)	n 被设置为 5	每个空格代表一个字符计数
string = "Sally" ch = string[1]	ch 被设置为 "a"	注意第一个索引位置为 0
last = string[len(string) - 1]	last 被设置为字符串 string 的最后一个字符	字符串的最后一个索引位置为 len(string) - 1

2.4.5　字符串方法

在计算机程序设计中，**对象**（object）是一个软件实体，表示具有某种行为的值。值可以是简单的类型，例如字符串，也可以是复杂的类型，例如图形窗口或者数据文件。我们将在第 9 章展开讨论有关对象的知识，本节我们将讨论少量用于处理字符串对象的表示方法。

对象的行为通过其**方法**（method）指定。方法和函数一样，是执行特定任务的编程指令的集合。但与独立操作的函数不同，方法只能应用于其定义类型的对象。例如，我们可以将 upper 方法应用于任何字符串，如下所示：

```
name = "John Smith"
uppercaseName = name.upper()    # 设置 uppercaseName 为 "JOHN SMITH"
```

注意，方法名跟在对象后面，并且使用英文句点（.）分隔对象名和方法名。

还有一个名为 lower 的字符串方法，结果把字符串转换为小写：

```
print(name.lower())    # 打印 john smith
```

关于什么时候需要调用函数（例如 len(name)）或者方法（例如 name.lower()），没有严格的规定，我们只需要记住函数或者方法相应的语法，或者查阅印刷版的 Python 参考手册或在线 Python 参考文档。

就像函数调用一样，方法调用也可以传递参数。例如，字符串的方法 replace 创建一个新字符串，把给定子字符串的每个匹配项都替换为第二个字符串。以下示例是对该方法的调用，其中包含两个参数：

```
name2 = name.replace("John", "Jane")    # 把 name2 设置为 "Jane Smith"
```

注意，所有的字符串方法调用都不会更改调用它们的字符串的内容。在调用 name.upper() 之后，name 变量仍然保留 "John Smith"。方法调用返回大写版本。类似地，replace 方法返回带有替换项的新字符串，而不修改原始字符串的内容。

表 8 列出了本节介绍的字符串方法。

表 8 常用的字符串方法

方法	返回值
s.lower()	返回字符串 s 的小写版本
s.upper()	返回字符串 s 的大写版本
s.replace(old, new)	返回字符串 s 中所有子字符串 old 替换为字符串 new 后的版本

专题讨论 2.4　字符值

字符在计算机内部存储为整数值。表示给定字符的特定值基于一组标准编码集。例如，如果查找字符 "H" 的值，可以发现它实际上被编码为数值 72。

Python 提供了两个与字符编码相关的函数。ord 函数返回表示给定字符的数值编码。chr 函数返回与给定编码相关联的字符。例如，语句

```
print("The letter H has a code of", ord("H"))
print("Code 97 represents the character", chr(97))
```

将打印如下输出结果：

```
The letter H has a code of 72
Code 97 represents the character a
```

专题讨论 2.5　转义字符

有时可能需要在文本字符串中同时包含单引号和双引号。例如，为了在文字字符串"You're Welcome"中的 Welcome 一词周围包含双引号，需要在双引号前面加上反斜杠（\），如下所示：

```
"You're \"Welcome\""
```

字符串中不包含反斜杠。反斜杠表示后面的引号应该是字符串的一部分，而不是标记字符串的结尾。序列 \" 称为**转义序列**（escape sequence，又称转义字符）。

为了在字符串中包含反斜杠，需要使用转义序列 \\，如下所示：

```
"C:\\Temp\\Secret.txt"
```

另一个常见的转义序列是 \n，它表示**换行符**（newline）。打印换行符会导致显示时开始一

个新行。例如，语句

```
print("*\n**\n***")
```

分别在三行中打印字符：

```
*
**
***
```

计算机与社会 2.1   国际字母和 Unicode

英语字母表很简单：大写字母 A ～ Z 和小写字母 a ～ z。其他欧洲语言有重音符号和特殊字符。例如，德语中有三个所谓的元音变音字符 ä、ö、ü，以及一个双 s 字符 ß。这些不是可有可无的装饰，书写一篇德语文章时，肯定需要多次使用这些字符。德国键盘包含了这些字符的按键。

许多国家不采用罗马字体。俄语、希腊语、希伯来语、阿拉伯语和泰语（仅举这几个例子）字母的形状完全不同。更复杂的是，希伯来语和阿拉伯语是从右向左打字的。这些字母表中的每一个都有和英语字母表一样多的字符。

汉语以及日语和韩语都使用中文字符。每个字符代表一个想法或者事物。词语由这些表意字符中的一个或者多个组成。已知的表意字符超过 70 000 个。

从 1988 年开始，一个由硬件和软件制造商组成的委员会开发了一种称为 Unicode 的统一编码方案，它能够对世界上几乎所有书面语言的文本进行编码。

Python 3 完全支持 Unicode。可以在字符串中包含任何 Unicode 字符。例如：

```
str = "🎺 £100"
```

注意喇叭的表情符号 🎺 和英镑的符号。字符串中的每个索引位置都对应一个 Unicode 字符：

```
trumpet = str[0]  # "🎺"
space = str[1]  # " "
britishPound = str[2]  # "£"
code = ord(trumpet)  # 127930
```

目前，Unicode 定义了超过 100 000 个字符。甚至有计划为已经消失的语言（例如埃及象形文字）添加编码。

2.5 输入和输出

大多数有趣的程序要求用户提供输入值，然后根据用户输入生成对应的输出结果。在下面的内容中，我们将讨论如何读取用户输入，以及如何控制程序生成的输出结果。

2.5.1 用户输入

通过向用户请求输入而不是使用固定值，可以使程序更加灵活。例如，考虑 2.4.4 节中的 initials.py 程序，该程序打印一对夫妻的名字首字母缩写。从中派生首字母的两个名字被指定为文本值。如果程序允许用户输入名字，则程序可以打印任何一对夫妻的名字首字母缩写。

当程序要求用户输入时，应该首先打印一条消息，提示用户需要输入什么内容。这样的消息称为**提示信息**（prompt）。在 Python 中，显示提示信息和读取键盘输入合并在一条操作语句中。

```
first = input("Enter your first name: ")
```

输入函数在控制台窗口中显示字符串参数，并将光标放在同一行上，紧跟在字符串后面。

```
Enter your first name: █
```

注意冒号和光标之间的空格。这是一种常见的做法，以便直观地将提示信息与输入内容分隔开来。程序显示提示信息后，将等待用户键入姓名。在用户键入内容之后，按回车键确认输入。

```
Enter your first name: Rodolfo█
```

然后 input 函数以字符串的形式返回用户键入的字符序列。在示例中，我们首先将用户键入的字符串存储在变量 first 中，以供稍后使用。然后程序继续执行下一条语句。

改进版本的 initials.py 程序如下所示，以从用户处获取一对夫妻的名字。

sec05_01/initials2.py

```
 1  ##
 2  #   本程序获取用户输入的两个名字，并打印输出这一对夫妻的名字首字母缩写
 3  #
 4
 5  # 获取用户输入的两个名字
 6  first = input("Enter your first name: ")
 7  second = input("Enter your significant other's first name: ")
 8
 9  # 计算并打印输出这一对夫妻的名字首字母缩写
10  initials = first[0] + "&" + second[0]
11  print(initials)
```

程序运行结果如下：

```
Enter your first name: Sally
Enter your significant other's first name: Harry
S&H
```

2.5.2 数值输入

input 函数只能通过用户获取文本字符串，但是如果我们需要获取数值呢？例如，考虑一个询问饮料的单价和数量的程序。为了计算总金额，饮料的数量必须是整数值，每瓶或者每罐饮料的价格则是浮点数值。

为了读取整数或浮点数，可以使用 input 函数读取作为字符串的数据，然后使用 int 函数将字符串转换为整数值。例如：

```
userInput = input("Please enter the number of bottles: ")
bottles = int(userInput)
```

在上述示例中，userInput 是一个临时变量，用于存储整数值的字符串表示形式（参见图 5）。将输入字符串转换为整数值并存储在变量 bottles 中之后，就不再需要临时变量 userInput。

为了通过用户输入来读取浮点值，可以使用相同的方法，但输入的字符串必须转换为浮点值。

```
userInput = input("Enter price per bottle: ")
price = float(userInput)
```

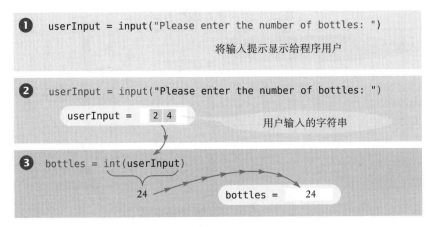

图 5　抽取一个整数值

2.5.3　格式化输出

当我们打印计算的结果时，通常需要控制其显示效果。例如，当打印以美元和美分为单位的金额时，通常希望将其四舍五入为小数点后面两位有效数字。也就是说，我们希望输出的形式如下所示：

```
Price per liter: 1.22
```

而不是如下形式：

```
Price per liter: 1.215962441314554
```

以下命令显示金额的格式为小数点后面保留两位有效数字：

```
print("%.2f" % price)   # 打印 1.22
```

我们还可以指定字段宽度（字符总数，包括空格），如下所示：

```
print("%10.2f" % price)
```

则价格使用 10 个字符右对齐打印：6 个空格后跟 4 个字符 1.22。

▮▮▮▮▮▮ 1 . 2 2

传递给 print 函数的参数指定如何格式化字符串：

```
"%10.2f" % price
```

结果是一个字符串，可以打印输出，也可以存储到变量中。

前文我们讨论过，% 符号用于计算整除的余数部分，但其条件是仅当 % 运算符的左、右值都是数字时才是取余数运算。如果 % 运算符左边的值是字符串，则 % 符号将作为**字符串格式运算符**（string format operator）。

类似于 %10.2f 的构造称为**格式说明符**（format specifier）：它描述值的格式化方式。格式说明符末尾的字母 f 表示正在格式化浮点值。用 d 表示整数值，s 表示字符串；有关格式说明符的示例，请参见表 9。

语法 2.3   字符串格式运算符

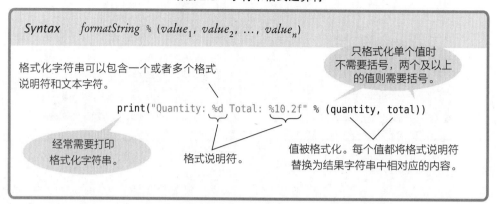

表 9   格式说明符示例

格式字符串	示例输出	说明
"%d"	2 4	使用 d 表示整数
"%5d"	⬚⬚⬚2 4	前面加空格使得结果字段的宽度为 5
"%05d"	0 0 0 2 4	如果在字段宽度前面添加 0，则使用 0（而不是空格）填充，使得结果字段的宽度为 5
"Quantity:%5d"	Q u a n t i t y : ⬚⬚⬚2 4	格式字符串中的非格式说明符直接显示在结果中
"%f"	1 . 2 1 9 9 7	使用 f 表示浮点数
"%.2f"	1 . 2 2	打印小数点后面的 2 位数
"%7.2f"	⬚⬚⬚1 . 2 2	前面加空格使得结果字段的宽度为 7
"%s"	H e l l o	使用 s 表示字符串
"%d %.2f"	2 4 ⬚ 1 . 2 2	可以同时格式化多个值（例如，整数和浮点数）
"%9s"	⬚⬚⬚⬚H e l l o	字符串默认右对齐
"%-9s"	H e l l o	使用负的字段宽度，实现字符串左对齐
"%d%%"	2 4 %	为了在输出结果中添加一个百分号，需要使用符号 %%
"%+5d"	⬚⬚+ 2 4	使用符号 +，以显示正数的正号

　　格式字符串（字符串格式运算符左侧的字符串）可以包含一个或者多个格式说明符和文本字符。任何不是格式说明符的字符都会直接显示在输出结果中。例如，命令

```
"Price per liter:%10.2f" % price
```

输出以下字符串：

```
"Price per liter:      1.22"
```

我们可以使用单个字符串格式设置多个值的格式，但必须将它们括在括号中并用逗号分隔。下面是一个典型的例子：

```
print("Quantity: %d Total: %10.2f" % (quantity, total))
```

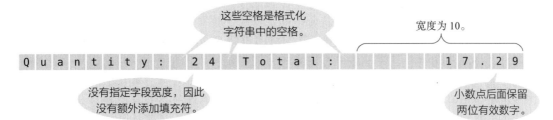

需要格式化的值（本例中为 quantity 和 total）按位置顺序进行格式化。也就是说，第一个值是基于第一个格式说明符（%d）进行格式化，第二个值（total）是基于第二个格式说明符（%10.2f）进行格式化，以此类推。

当指定字段宽度时，值在给定的列数内右对齐。虽然这是以表格格式打印数值时的常见布局，但不是字符串数据常见的输出样式。例如，语句

```
title1 = "Quantity:"
title2 = "Price:"
print("%10s %10d" % (title1, 24))
print("%10s %10.2f" % (title2, 17.29))
```

的输出结果为：

```
 Quantity:         24
    Price:      17.29
```

然而，如果标题左对齐，则输出结果会更加美观。为了实现左对齐，可以在字符串的格式化说明符的字段宽度前面添加负号：

```
print("%-10s %10d" % (title1, 24))
print("%-10s %10.2f" % (title2, 17.29))
```

输出结果将更加美观：

```
Quantity:         24
Price:         17.29
```

下一个示例程序将提示用户输入一包 6 罐装的饮料的价格和每罐容量，然后打印饮料每盎司的价格。这个程序把我们刚学到的关于输入和格式化输出的知识付诸实践。

sec05_03/volume2.py

```
 1  ##
 2  #   本程序为一包 6 罐装的饮料打印每盎司的价格
 3  #
 4
 5  # 为罐装饮料定义常量
 6  CANS_PER_PACK = 6
 7
 8  # 输入 6 罐装的饮料的价格和每罐容量（单位：盎司）
 9  userInput = input("Please enter the price for a six-pack: ")
10  packPrice = float(userInput)
11
12  userInput = input("Please enter the volume for each can (in ounces): ")
13  canVolume = float(userInput)
14
```

```
15  # 计算一包 6 罐装饮料的总容量
16  packVolume = canVolume * CANS_PER_PACK
17
18  # 计算并打印饮料每盎司的价格
19  pricePerOunce = packPrice / packVolume
20  print("Price per ounce: %8.2f" % pricePerOunce)
```

程序运行结果如下：

```
Please enter the price for a six-pack: 2.95
Please enter the volume for each can (in ounces): 12
Price per ounce:      0.04
```

编程技巧 2.4   及时实现数据转换

在从输入处获取数值后，应在输入操作之后立即将字符串表示形式转换为相应的数值。

获取字符串并将其保存在临时变量中，然后由下一条语句将其转换为数字。虽然我们可以保存字符串表示形式，但建议不要在每次计算需要时才将其转换为数值：

```
unitPrice = input("Enter the unit price: ")
price1 = float(unitPrice)
price2 = 12 * float(unitPrice)    # 糟糕的编程风格
```

多次重复相同的计算是一种糟糕的编程风格。如果不及时进行类型转换，稍后可能会忘记类型转换操作。因此，建议及时把字符串输入转换为数值：

```
unitPriceInput = input("Enter the unit price: ")
unitPrice = float(unitPriceInput)   # 读取输入后，及时转换为数值
price1 = unitPrice
price2 = 12 * unitPrice
```

或者，更好的建议是把对 input 和 float 函数的调用组合在一条语句中：

```
unitPrice = float(input("Enter the unit price: "))
```

input 函数返回的字符串直接传递给 float 函数，无须保存在临时变量中。

操作指南 2.1   编写一个简单的程序

本操作指南将向读者展示如何将问题描述转换为伪代码，并最终使用 Python 程序实现。

问题描述   编写一个模拟自动售货机的程序。顾客选择要购买的商品并将钞票插入自动售货机。自动售货机吐出购买的商品，并吐出要找的零钱。假设所有商品的价格都是 25 美分的倍数，自动售货机会以 1 美元硬币（dollar）和 25 美分硬币（quarter）找零。我们的任务是计算找零的每种类型硬币的数量。

➡ **步骤 1**   理解问题：输入是什么？期望的输出是什么？

在这个问题中，有两个输入：

- 客户插入钞票的票面金额
- 所购买商品的金额

有两个期望的输出：

- 机器找零的 1 美元硬币数量
- 机器找零的 25 美分硬币数量

➡️ **步骤 2**　手工演算我们的示例。

这一步非常重要。如果不能手工计算出几个解，也不可能写出一个程序来实现自动计算。

假设一位顾客购买了一件价格为 2.25 美元的商品，并插入了一张 5 美元的钞票。则应该找零 2.75 美元给客户，即找零 2 个 1 美元硬币和 3 个 25 美分硬币。

这很容易理解，但是 Python 程序如何得出相同的结论呢？关键是使用美分作为单位，而不是用美元作为单位。给客户的找零金额是 275 美分。除以 100 得到 2，即 1 美元硬币的数量。将余数（75）除以 25 得到 3，即 25 美分硬币的数量。

➡️ **步骤 3**　为求解问题编写伪代码。

在上一步中，我们求解了问题的特定实例。现在需要设计出一个通用的方法。

给定任意商品的价格和付款金额，如何计算找零的硬币？首先，计算需要以美分为单位的找零金额：

找零金额 = 100 × 付款金额 - 商品价格（单位为美分）

为了计算找零金额的 1 美元硬币数量，把找零金额整除 100（舍弃小数部分）：

1 美元硬币数量 = 找零金额整除 100（舍弃小数部分）

如果愿意的话，可以使用 Python 的整除符号：

1 美元硬币数量 = 找零金额 // 100

但也并不一定采用这种书写方法。伪代码是对计算过程的描述，其目的是供人阅读理解，因此不需要使用特定程序设计语言的语法。

可以通过两种方式计算剩下的找零。如果我们知道如何计算整除的余数部分（在 Python 中，使用模运算符），那么可以通过以下方法简单地计算：

找零金额 = 找零金额整除 100 的余数

或者，从找零金额中减去硬币的金额。

找零金额 = 找零金额 - 100 × 硬币数量

为了计算找零金额的 25 美分硬币的数量，把找零金额整除 25：

25 美分硬币数量 = 找零金额 // 25

注意，我们这里使用整除运算意味着如果商品价格不是 25 的倍数，则任何额外的美分找零将忽略不计。

➡️ **步骤 4**　声明需要的变量和常量，并确定其存储的值的类型。

这里，我们使用以下 5 个变量：

- `billValue`
- `itemPrice`
- `changeDue`

- dollarCoins

- quarters

是否应该引入常量 PENNIES_PER_DOLLAR 和 PENNIES_PER_QUARTER 来分别表示 100 和 25 呢？
这样处理有助于将该程序推广到国际市场，因此我们将采取这一步骤。

因为我们使用整除和模运算符，所以要求所有值都是整数类型。

➡ **步骤 5**　将伪代码转换为 Python 语句。

如果我们详细地编写了伪代码，则这一步应该很容易实现。当然，我们必须知道如何在
Python 中表示数学运算（例如整除运算和模运算）。

```
changeDue = PENNIES_PER_DOLLAR * billValue - itemPrice
dollarCoins = changeDue // PENNIES_PER_DOLLAR
changeDue = changeDue % PENNIES_PER_DOLLAR
quarters = changeDue // PENNIES_PER_QUARTER
```

➡ **步骤 6**　提供输入和输出。

在具体执行计算之前，程序将提示用户输入付款金额和商品价格：

```
userInput = input("Enter bill value (1 = $1 bill, 5 = $5 bill, etc.): ")
billValue = int(userInput)
userInput = input("Enter item price in pennies: ")
itemPrice = int(userInput)
```

当计算完成之后，程序将显示结果。如果想要更完美的话，我们可以通过字符串格式化实现
输出的美观整齐。

```
print("Dollar coins: %6d" % dollarCoins)
print("Quarters:     %6d" % quarters)
```

➡ **步骤 7**　编写实现 Python 程序。

所有的计算需要放入一个程序中。首先为程序取一个名字，以描述计算的目的。在示例
中，我们将选择名称 vending。

在程序中，需要声明常量和变量（步骤 4），执行计算（步骤 5），并提供输入和输出（步
骤 6）。很显然，首先需要获取输入，然后执行计算，最后显示输出。在程序开始时定义常
量，并在需要之前定义每个变量。

完整的实现程序如下所示。

how_to_1/vending.py

```
 1  ##
 2  #  本程序模拟自动售货机找零
 3  #
 4
 5  # 定义常量
 6  PENNIES_PER_DOLLAR = 100
 7  PENNIES_PER_QUARTER = 25
 8
 9  # 从用户处获取输入
10  userInput = input("Enter bill value (1 = $1 bill, 5 = $5 bill, etc.): ")
11  billValue = int(userInput)
12  userInput = input("Enter item price in pennies: ")
13  itemPrice = int(userInput)
14
15  # 计算找零金额
16  changeDue = PENNIES_PER_DOLLAR * billValue - itemPrice
```

```
17  dollarCoins = changeDue // PENNIES_PER_DOLLAR
18  changeDue = changeDue % PENNIES_PER_DOLLAR
19  quarters = changeDue // PENNIES_PER_QUARTER
20
21  # 打印找零金额
22  print("Dollar coins: %6d" % dollarCoins)
23  print("Quarters:     %6d" % quarters)
```

程序运行结果如下：

```
Enter bill value (1 = $1 bill, 5 = $5 bill, etc.): 5
Enter item price in pennies: 225
Dollar coins:      2
Quarters:          3
```

实训案例 2.2　**邮票自动售货机**

问题描述　模拟邮票自动售货机。一位顾客把钞票插入自动售货机，然后按下"购买"按钮。自动售货机根据顾客所付的钱，吐出尽可能多的一等邮票（写这本书的时候，一张一等邮票售价 49 美分），并吐出若干售价一美分的邮票作为找零。

➡ **步骤 1**　理解问题：输入是什么？期望的输出是什么？

在这个问题中，有一个输入：

- 客户插入的钞票的票面金额

有两个期望的输出：

- 机器吐出的一等邮票的数量
- 机器吐出的一美分邮票的数量

➡ **步骤 2**　手工演算我们的示例。

假设一等邮票售价 49 美分，顾客插入的钞票为 1 美元。1 美元可以购买两枚一等邮票（共 98 美分），但不够购买三枚一等邮票（共需 1.47 美元）。因此，邮票自动售货机吐出 2 枚一等邮票和 2 枚一美分邮票。

➡ **步骤 3**　为求解问题编写伪代码。

给定付款金额和一张一等邮票的价格，如何计算用付款金额能买到多少张一等邮票？显然，答案与除法有关：

$$\frac{付款金额}{一等邮票的价格}$$

例如，假设顾客的付款金额为 1 美元。使用计算器计算二者相除的商，即 1.00/0.49 = 2.04。

但是，如何从 2.04 中获取"2 枚邮票"呢？很显然，需要舍弃小数部分后的数。在 Python 语言中，如果两个参数都是整数，则计算十分简单。因此，我们可以转换成以美分为单位。然后执行计算：

一等邮票的数量 = 100 / 49（舍弃余数）

如果用户的付款金额为 2 美元呢？此时分子为 200。如果邮票涨价了呢？因此可以采用以下更一般的计算公式：

一等邮票的数量 = 100 x 美元数量 / 以美分为单位的一等邮票的单价（舍弃余数）

如何计算找零？一种计算方法是，顾客的付款金额减去购买的一等邮票的总金额。在示例中，100 减去 2×49，结果为 2 美分的找零。则一般的计算公式为：

找零 = *100 x* 美元数量 – 一等邮票的数量 *x* 一等邮票的单价

➡️ **步骤 4** 声明需要的变量和常量，并确定其存储的值的类型。

这里，我们使用以下 3 个变量：

- dollars
- firstClassStamps
- change

包含一个常量 FIRST_CLASS_STAMP_PRICE。通过使用该常量，我们可以在程序中的某个位置更改价格，而不必搜索和替换程序中每一个使用 49 作为一等邮票单价的语句。

因为 firstClassStamps 的计算使用的是整除运算，所以变量 dollars 和 FIRST_CLASS_STAMP_PRICE 必须是整数。其余变量也必须是整数，一等邮票和一美分邮票的数量也是整数。

➡️ **步骤 5** 将伪代码转换为 Python 语句。

我们的计算基于用户所输入的付款金额（美元）。把算术运算转换为 Python 代码，结果为以下语句：

```
firstClassStamps = 100 * dollars // FIRST_CLASS_STAMP_PRICE
change = 100 * dollars - firstClassStamps * FIRST_CLASS_STAMP_PRICE
```

➡️ **步骤 6** 提供输入和输出。

在具体执行计算之前，程序将提示用户输入付款金额：

```
dollarStr = input("Enter number of dollars: ")
dollars = int(dollarStr)
```

当计算完成之后，程序将显示结果。

```
print("First class stamps: %6d" % firstClassStamps)
print("Penny stamps:       %6d" % change)
```

➡️ **步骤 7** 编写实现 Python 程序。

完整的实现程序如下所示。

worked_example_2/stamps.py

```
 1  ##
 2  #  本程序模拟邮票自动售货机
 3  #  接收美元钞票，吐出一等邮票和一美分邮票
 4  #
 5
 6  # 以美分为单位定义一张一等邮票的单价
 7  FIRST_CLASS_STAMP_PRICE = 49
 8
 9  # 获取美元钞票数量
10  dollarStr = input("Enter number of dollars: ")
11  dollars = int(dollarStr)
12
13  # 计算并打印吐出的邮票数量
14  firstClassStamps = 100 * dollars // FIRST_CLASS_STAMP_PRICE
15  change = 100 * dollars - firstClassStamps * FIRST_CLASS_STAMP_PRICE
16  print("First class stamps: %6d" % firstClassStamps)
17  print("Penny stamps:          %6d" % change)
```

程序运行结果如下：

```
Enter number of dollars: 5
First class stamps:    10
Penny stamps:          10
```

计算机与社会 2.2   芯片中的缺陷

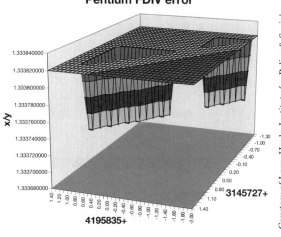

Pentium FDIV error

最早的英特尔公司奔腾处理器计算错误商的数量

1994 年夏天，弗吉尼亚州林奇堡学院的托马斯·尼斯利（Thomas Nicely）博士使用最新发布的英特尔奔腾处理器进行了大量计算，分析了某些素数序列的倒数之和。尽管他考虑到不可避免的含入误差，但结果并不总是符合理论预测。随后，尼斯利博士发现，同样的程序在英特尔生产线生成的奔腾芯片之前较慢的 486 处理器上运行时，结果却是正确的。这种情况不应该发生。浮点计算的最优含入行为已经由电气与电子工程师协会（IEEE）标准化，并且英特尔公司声称在 486 和奔腾处理器上都遵循 IEEE 标准。经过进一步的检查，尼斯利博士发现确实有一组非常小的数字，两个数字的乘积在两个处理器上的计算方式并不相同。例如：

4 195 835 − ((4 195 835/3 145 727)× 3 145 727)

该表达式数学计算结果为 0，在 486 处理器上计算结果为 0，但在奔腾处理器上计算结果为 256。

事实证明，英特尔公司在测试中已经独立发现了这个错误，并开始生产解决这个问题的芯片。该错误是由用于加速处理器浮点乘法运算的表出现了错误而引起的。英特尔认为这个问题非常罕见。他们声称，在正常使用情况下，普通用户每 27 000 年才会注意到这个问题。不幸的是，对于英特尔来说，尼斯利博士并不是一个普通用户。

英特尔不得不更换有缺陷的芯片，耗资约 4.75 亿美元。

2018 年，安全研究人员发现，在过去 20 年里，几乎每一块计算机芯片都存在缺陷。这些芯片利用了一种称为"预测执行"的优化策略——提前计算结果并丢弃那些不需要的结果。通常，一个程序不能读取属于另一个程序的数据。但是，攻击者可以让处理器预测性地读取数据，然后以可测量的方式使用数据。细节很复杂，需要 芯片制造商在处理器设计上做出根本性的改变。

2.6 图形应用：简单绘图

有时我们可能希望在程序中包含简单的绘图，例如图形、图像或者图表。尽管 Python 库提供了一个创建完整图形应用程序的模块，但它超出了本书的范围。

为了帮助读者创建简单的绘图，我们在本书中包含了 ezgraphics 模块，它是 Python 更复杂的库模块的简化版本。模块代码和使用说明包含在本书的配套代码中。

在以下内容中，我们将讨论有关此模块的所有信息，以及如何使用此模块创建由基本几何图形和文本组成的简单绘图。

2.6.1 创建窗口

图形应用程序在桌面上的**窗口**（window）中显示信息，窗口包含一个矩形区域和一个标题栏，如图 6 所示。在 ezgraphics 模块中，此窗口称为图形窗口（graphics window）。

图 6　图形窗口

为了使用 ezgraphics 模块创建图形应用程序，可以执行以下操作：

1. 导入 GraphicsWindow 类：

```
from ezgraphics import GraphicsWindow
```

将在第 9 章中讨论类定义其对象的行为。我们将创建 GraphicsWindow 类的一个对象，并在对象上调用方法。

2. 创建一个图形窗口。

```
win = GraphicsWindow()
```

新窗口将自动显示在桌面上，并包含一个 400 像素（宽）× 400 像素（高）的画布。为了使用特定大小的画布创建图形窗口，我们可以将画布的宽度和高度指定为如下参数：

```
win = GraphicsWindow(500, 500)
```

创建图形窗口时，将返回表示该窗口的对象，该对象必须存储在变量中，因为在以下步骤中将需要该窗口对象。表 10 列举了 `GraphicsWindow` 对象支持的若干方法。

　　3. 访问图形窗口中所包含的画布:

```
canvas = win.canvas()
```

为了创建绘图,我们可以在画布上绘制几何图形,就像艺术家创建绘图一样。创建 `GraphicsWindow` 对象时,会自动创建一个 `GraphicsCanvas` 类的对象。`canvas` 方法允许我们访问表示该画布的对象。在下一步中将使用该画布对象。

　　4. 创建绘图。使用 `GraphicsCanvas` 类中定义的方法在画布上绘制几何图形和文本。这些方法将在随后的章节中描述。现在,我们将绘制一个矩形:

```
canvas.drawRect(15, 10, 20, 30)
```

　　5. 等待用户关闭图形窗口:

```
win.wait()
```

在画布上绘制场景后,必须停止或者暂停程序,等待用户关闭窗口(通过单击"关闭"按钮)。如果没有这条语句,程序将立即终止,图形窗口也将立即消失,无法看到所绘制的图形。

　　生成图 6 所示的图形窗口的简单程序如下所示。

sec06_01/window.py

```
 1  ##
 2  #  本程序创建一个图形窗口并绘制一个矩形
 3  #  本程序为本书涉及的所有图形程序提供一个模板
 4  #
 5
 6  from ezgraphics import GraphicsWindow
 7
 8  # 创建窗口并访问画布
 9  win = GraphicsWindow()
10  canvas = win.canvas()
11
12  # 在画布上绘图
13  canvas.drawRect(5, 10, 20, 30)
14
15  # 等待用户关闭窗口
16  win.wait()
```

表 10　GraphicsWindow 的方法

方法	描述
`w = GraphicsWindow()` `w = GraphicsWindow(`*width, height*`)`	创建一个包含空画布的新图形窗口。除非指定大小,否则画布的大小为 400×400
`w.canvas()`	返回包含在图形窗口中的表示画布的对象
`w.wait()`	保持图形窗口为"打开"状态,等待用户单击"关闭"按钮后关闭图形窗口

2.6.2　直线和多边形

　　为了在画布上绘制形状,我们可以调用为画布定义的"绘图"方法。以下调用在画布上绘制一条从 (x_1, y_1) 到 (x_2, y_2) 的直线:

```
canvas.drawLine(x1, y1, x2, y2)
```

以下调用在画布上绘制一个左上角坐标为 (x, y) 且具有给定宽度和高度的矩形：

```
canvas.drawRect(x, y, width, height)
```

通过在二维离散笛卡儿坐标系中指定点，可以在画布上绘制几何图形和文本。然而，坐标系与数学中使用的坐标系有所不同。原点（0，0）位于画布的左上角，y 坐标向下增长。

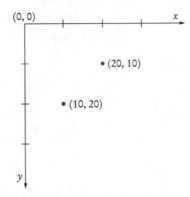

画布上的点对应于屏幕上的像素。因此，画布的实际大小和几何图形取决于屏幕的分辨率。

下面是一段简单程序的代码，该程序绘制如图 7 所示的条形图。

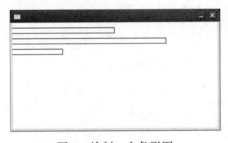

图 7   绘制一个条形图

sec06_02/barchart1.py

```
 1  ##
 2  #   本程序在画布上绘制三个矩形
 3  #
 4
 5  from ezgraphics import GraphicsWindow
 6
 7  # 创建窗口并访问画布
 8  win = GraphicsWindow(400, 200)
 9  canvas = win.canvas()
10
11  # 在画布上绘图
12  canvas.drawRect(0, 10, 200, 10)
13  canvas.drawRect(0, 30, 300, 10)
14  canvas.drawRect(0, 50, 100, 10)
15
16  # 等待用户关闭窗口
17  win.wait()
```

2.6.3　填充形状和颜色

　　画布存储用于绘制形状和文本的绘图参数（当前颜色、字体、线宽等）。当第一次开始在画布上绘制时，所有形状都采用黑色画笔进行绘制。

　　为了更改画笔颜色，可以使用以下任意一种方法：

```
canvas.setOutline(red, green, blue)
canvas.setOutline(colorName)
```

上述方法中指定颜色值的参数可以是 0 ～ 255 的整数，或者是表 11 中列举的颜色名称之一。

表 11　常用的颜色名称

颜色名称	颜色名称	颜色名称	颜色名称
"black"	"magenta"	"maroon"	"pink"
"blue"	"yellow"	"darkblue"	"orange"
"red"	"white"	"darkred"	"seagreen"
"green"	"gray"	"darkgreen"	"lightgray"
"cyan"	"gold"	"darkcyan"	"tan"

　　例如，为了绘制一个红色的矩形框，可以调用方法

```
canvas.setOutline(255, 0, 0)
canvas.drawRect(10, 20, 100, 50)
```

或者

```
canvas.setOutline("red")
canvas.drawRect(10, 20, 100, 50)
```

可以使用以下三种样式绘制几何形状：轮廓，填充，轮廓和填充。

轮廓　　　　填充　　　轮廓和填充

用于绘制特定形状的样式取决于画布中设置的当前填充颜色和轮廓颜色。如果使用默认设置（不更改填充或者轮廓），则形状的轮廓为黑色，并且没有填充颜色。

　　为了设置填充颜色，可以使用以下任意一种方法：

```
canvas.setFill(red, green, blue)
canvas.setFill(colorName)
```

以下语句绘制一个轮廓为黑色、填充为绿色的矩形框：

```
canvas.setOutline("black")
canvas.setFill(0, 255, 0)
canvas.drawRect(10, 20, 100, 50)
```

为了绘制只有填充色而没有轮廓的形状，可以调用不带参数的 setOutline 方法：

```
canvas.setOutline()    # 清除轮廓颜色
```

也可以通过调用不带参数的 setFill 方法来清除填充颜色。如果设置了填充颜色以绘制填充形状，但随后希望绘制无填充的形状，则必须这样操作。

　　最后，可以使用 setColor 方法将填充颜色和轮廓颜色设置为相同的颜色。例如，调用

以下方法将把填充颜色和轮廓颜色同时设置为红色。

```
canvas.setColor("red")
```

表 12 总结了 Graphics Canvas 类的颜色设置方法。

表 12　GraphicsCanvas 的颜色设置方法

方法	描述
c.setColor(*colorName*) c.setColor(*red*, *green*, *blue*)	设置填充颜色和轮廓颜色为同一种颜色。可以使用 colorName 设置颜色，或者使用颜色分量 red、green 和 blue 设置颜色（有关 RGB 值的更多信息，请参见 4.10 节相关内容）
c.setFill() c.setFill(*colorName*) c.setFill(*red*, *green*, *blue*)	设置用于填充形状的颜色。如果不带参数，则清除填充色
c.setOutline() c.setOutline(*colorName*) c.setOutline(*red*, *green*, *blue*)	设置用于绘制形状轮廓的颜色。如果不带参数，则清除轮廓色

以下是程序 barchart1.py 的改进版本，用于绘制三个填充的矩形，结果如图 8 所示。

sec06_03/barchart2.py

```
 1  ##
 2  #   本程序在画布上绘制三个有颜色填充的矩形
 3  #

 4
 5  from ezgraphics import GraphicsWindow
 6
 7  # 创建窗口并访问画布
 8  win = GraphicsWindow(400, 200)
 9  canvas = win.canvas()
10
11  # 在画布上绘图
12  canvas.setColor("red")
13  canvas.drawRect(0, 10, 200, 10)
14
15  canvas.setColor("green")
16  canvas.drawRect(0, 30, 300, 10)
17
18  canvas.setColor("blue")
19  canvas.drawRect(0, 50, 100, 10)
20
21  # 等待用户关闭窗口
22  win.wait()
```

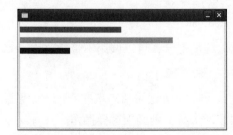

图 8　绘制三个有颜色填充的条形图

2.6.4　椭圆、圆和文本

我们已经讨论了如何绘制直线和矩形，接下来将讨论如何绘制其他图形元素。

为了绘制椭圆，可以使用与指定矩形相同的方式指定其边界框（参见图 9），即通过左上角的 x 和 y 坐标以及框的宽度和高度来指定椭圆。可以使用以下方法调用：

```
canvas.drawOval(x, y, width, height)
```

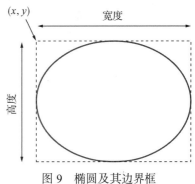

图 9　椭圆及其边界框

与矩形一样，椭圆可以使用填充、轮廓或两者都包含的样式进行绘制，具体取决于当前的绘图环境。为了绘制圆，可以将宽度和高度设置为相同的值：

```
canvas.drawOval(x, y, diameter, diameter)
```

注意，(x, y) 是边界框（bounding box）左上角的坐标，不是圆的中心点的坐标。

我们常常希望在图形中绘制文本，例如绘制文本以标记某些内容。使用画布的 `drawText` 方法可以在画布上的任意位置绘制字符串。我们必须指定字符串和边界框左上角的 x 和 y 坐标（即"锚点"坐标，具体请参见图 10）。例如：

图 10　边界框和锚点

```
canvas.drawText(50, 100, "Message")
```

表 13 列举了可以用于画布对象的绘制方法。

表 13　GraphicsCanvas 的绘制方法

方法	结果	说明
c.drawLine(x_1, y_1, x_2, y_2)	╱	(x_1, y_1) 和 (x_2, y_2) 是直线的两个端点
c.drawRect($x, y, width, height$)	▭	(x, y) 是矩形左上角点的坐标
c.drawOval($x, y, width, height$)	⬭	(x, y) 是椭圆边界框左上角点的坐标；为了绘制圆，需要使用相同的 width 和 height 值
c.drawText($x, y, text$)	Anchor point **Message**	(x, y) 是锚点的坐标

操作指南 2.2　图形：绘制图形形状

假设我们要编写一个程序来显示图形（例如汽车、外星人、图表或者任何可以利用矩形、直线和椭圆构造的图像）。以下说明提供了将图形分解为多个部件并实现生成图形程序的详细步骤。

问题描述　编写一个绘制国旗的程序。

➡ **步骤 1**　确定需要绘制的各种形状。

我们可以使用以下形状：

- 正方形和矩形
- 圆和椭圆

- 直线

这些形状的轮廓可以用任意颜色绘制，也可以用任意颜色填充这些形状的内部。还可以使用文字标记图形的各个部分。

有一些国旗图案包括三个等宽的不同颜色的并排排列部分，我们可以使用三个长方形来绘制这样的旗帜。但是如果中间的矩形是白色的，例如意大利国旗（绿色、白色、红色），那么在中间部分的顶部和底部各画一条直线会更容易，结果看起来也更好。

➡️ **步骤 2** 确定各形状的坐标。

接下来，需要确定各个几何图形精确的坐标位置。

- 对于矩形，需要确定左上角的 x 和 y 位置、宽度和高度。
- 对于椭圆，需要确定边界框的左上角、宽度和高度。
- 对于直线，需要确定起点和终点的 x 和 y 位置。
- 对于文本，需要确定锚点的 x 和 y 位置。

窗口的常用大小是 300×300 像素。我们可能不希望旗帜挤到顶端，所以可以把旗帜的左上角设置在点（100，100）处。

许多旗帜（例如意大利国旗）的宽高比为 3:2，如果我们将旗帜设置为 90 像素宽，那么它应该是 60 像素高。

至此，我们可以计算各形状的所有关键点的坐标：

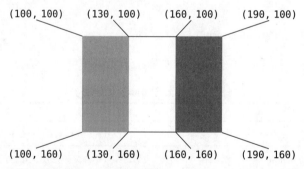

➡️ **步骤 3** 编写一个 Python 程序，绘制各形状。

在示例程序中，需要绘制两个矩形和两条直线。

```
canvas.setColor("green")
canvas.drawRect(100, 100, 30, 60)

canvas.setColor("red")
canvas.drawRect(160, 100, 30, 60)

canvas.setColor("black")
canvas.drawLine(130, 100, 160, 100)
canvas.drawLine(130, 160, 160, 160)
```

如果想要更完美的话，可以使用几个变量来表示坐标。对于旗帜，我们任意选择左上角和宽度。所有其他坐标都可以通过计算求得。如果采用更通用的方法，则矩形和直线的绘制方法如下所示：

```
canvas.drawRect(xLeft, yTop, width / 3, width * 2 / 3)
...
canvas.drawRect(xLeft + 2 * width / 3, yTop, width / 3, width * 2 / 3)
...
```

```
canvas.drawLine(xLeft + width / 3, yTop, xLeft + width * 2 / 3, yTop)
canvas.drawLine(xLeft + width / 3, yTop + width * 2 / 3,
                xLeft + width * 2 / 3, yTop + width * 2 / 3)
```

➡ **步骤 4**　编写程序，创建图形窗口，并在模板的合适位置加入绘制指令。

```
win = GraphicsWindow("The Italian Flag", 300, 300)
canvas = win.canvas()
```

Drawing instructions

```
win.wait()
```

完整的绘制旗帜实现程序如下所示。

how_to_2/italianflag.py

```
 1  ##
 2  #   本程序使用 ezgraphics 模块绘制一面意大利旗帜
 3  #
 4
 5  from ezgraphics import GraphicsWindow
 6
 7  win = GraphicsWindow(300, 300)
 8  canvas = win.canvas()
 9
10  # 使用左上角位置和大小定义变量
11  xLeft = 100
12  yTop = 100
13  width = 90
14
15  # 绘制旗帜
16  canvas.setColor("green")
17  canvas.drawRect(xLeft, yTop, width / 3, width * 2 / 3)
18
19  canvas.setColor("red")
20  canvas.drawRect(xLeft + 2 * width / 3, yTop, width / 3, width * 2 / 3)
21
22  canvas.setColor("black")
23  canvas.drawLine(xLeft + width / 3, yTop, xLeft + width * 2 / 3, yTop)
24  canvas.drawLine(xLeft + width / 3, yTop + width * 2 / 3,
25                  xLeft + width * 2 / 3, yTop + width * 2 / 3)
26
27  # 等待用户关闭窗口
28  win.wait()
```

工具箱 2.1　使用 SymPy 实现符号处理

　　本书包括许多供读者参考的"工具箱"模块。Python 不仅是一种非常优秀的程序设计语言，而且还包含一个由众多实用包组成的大型生态系统。如果我们需要在一个特定的问题领域进行复杂的计算，幸运的是，很可能已经有人编写了该领域的代码库，因而我们可以直接基于代码块开始解决问题。Python 的第三方包涉及各种问题领域，包括统计分析、绘制图表、发送电子邮件、分析网页以及许多其他任务领域。其中许多包是由志愿者开发的，可以在互联网上免费获取。

　　在本节中，将介绍用于符号数学的 SymPy 包。在 2.2 节中，我们讨论了如何使用

Python 计算数学表达式的值, 例如对于特定值 x, 计算 x ** 2 * sin(x) 的值。SymPy 包提供更加强大的功能以用于绘制函数的图形和计算各种公式。如果我们选修过微积分课, 就会知道如何使用公式来计算乘积的导数。SymPy 了解这些规则, 并且可以代替手工演算来执行所有烦琐的常规操作, 就像一台封装了整门微积分课程的机器一样!

当然, 能够处理数学公式的程序已经有 50 多年的历史了, 但是 SymPy 具有两大优势。第一, SymPy 不是一个单独的程序, 而是在 Python 中使用的包。第二, 其他数学程序都有自己的程序设计语言, 这些语言与 Python 大不相同。如果我们学了使用 SymPy, 那么学习 Python 的努力就得到了回报。

SymPy 入门

在使用 SymPy 等软件包之前, 必须将其安装在系统上。你的课程指导老师可能已经为你提供了具体的安装说明。如果没有, 建议你按照 http://horstmann.com/python4everyone/install.html 上的说明进行操作。

在交互模式下运行本节中的实践题效果最佳 (请参阅 "编程技巧 1.1")。如果使用 IPython 控制台, 显示结果也很不错。如果遵循我们提供的安装说明, 则可以在 Spyder IDE 中使用 IPython 控制台。

第三方代码包 (例如 SymPy) 的功能组织在一个或者多个模块中。我们需要导入所需的模块, 如 "专题讨论 2.1" 所述。在这里, 我们导入 sympy 模块中的全部内容:

```
from sympy import *
```

接下来, 我们就可以访问模块中提供的功能函数。

处理表达式

模块 sympy 中包含一个有用的函数 sympify, 它将字符串中包含的表达式转换为 SymPy 形式。例如:

```
f = sympify("x ** 2 * sin(x)")
```

如果打印 f, 结果为:

```
x**2*sin(x)
```

结果是一个符号表达式, 而不是 Python 代码。显示结果中的字母 x 不是 Python 变量, 而是 SymPy 操作的特殊数据类型 symbol。我们可以通过显示 sympify(x*x**2) 理解该概念。结果如下:

```
x ** 3
```

SymPy 知道 $x^2 \cdot x = x^3$。

或者, 我们可以先定义符号表达式 x 并将其存储在变量中。也可以方便地将该变量命名为 x。

然后使用运算符和函数构建一个 SymPy 表达式:

```
x = sympify("x")
f = x ** 2 * sin(x)
```

sympy 模块含有数学运算符的定义和符号表达式的函数, 我们可以用同样的方式组合符号, 这和 Python 表达式一样。

如果使用 IPython 笔记本 (IPython notebook), 则可以通过以下命令, 使用数学符号显示结果：

```
init_printing()
```

结果参见图 11。从现在开始，本节将使用数学符号。如果你没有安装使用 IPython 笔记本，所有的结果依然正确，但公式表示为普通的计算机表达式形式。

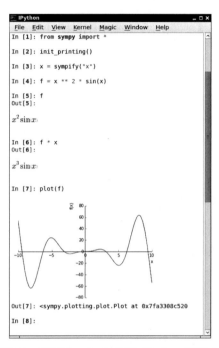

图 11　使用 SymPy 计算的 IPython 笔记本

如上所述，符号处理可以用于化简代数表达式。这里列举几个其他示例：

```
expand((x - 1) * (x + 1)) # 结果为 x²−1
expand((x - 1) ** 5) # 结果为 x⁵−5x⁴+10x³−10x²+5x−1
```

解方程

SymPy 可以解二次方程和许多其他方程。如果我们将表达式传递给 solve 函数，会得到一个值列表，将值列表中的值代入表达式，表达式结果等于零。

```
solve(x**2 + 2 * x - 8) # 结果为 [−4, 2]
solve(sin(x) - cos(x)) # 结果为 [−3π/4, π/4]
```

要想更好地理解这个结果，需要了解一些数学知识。第二个方程有无穷多个解，因为我们可以把 π 加到任何一个解上，这样就会得到另一个解。SymPy 给出了两个解，我们可以从中得到其他的解。

SymPy 可以计算导数：

```
diff(f) # 结果为 x² cos(x) + 2x sin(x)
```

也可以很容易地计算积分：

```
g = integrate(f) # −x² cos(x) + 2x sin(x) + 2 cos(x)
```

在典型的微积分问题中，我们通常得到一个函数的导数或者积分，然后计算给定值 x 的结果表达式。使用 subs 方法把变量替换为值，然后用 evalf 方法将表达式转换为浮点值：

```
result = g.subs(x, 0).evalf() #结果为2.0
```

最后，我们还可以绘制函数图形。调用 plot 函数，将绘制 x 位于 $-10 \sim 10$ 的函数图形。例如：

```
plot(-x**2 * cos(x) + 2 * x * sin(x) + 2 * cos(x))
```

结果为：

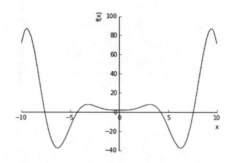

也可以指定 x 的不同范围，例如指定 x 的范围为 $-20 \sim 20$：

```
plot(-x**2 * cos(x) + 2 * x * sin(x) + 2 * cos(x), (x, -20, 20))
```

结果如下：

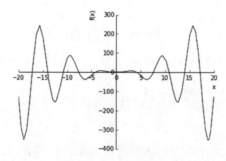

如果使用 IPython 笔记本，则可以把绘图功能集成到笔记本中。如果绘制图形显示在一个独立的窗口，则可以使用以下指令使得绘制图形直接显示在笔记本中：

```
%matplotlib inline
```

如你所见，SymPy 可以快速完成微积分作业。这也是学习 Python 库的一个重要原因。SymPy 的创造者已经将大量的专业知识（即数学符号处理）打包成一种可以轻松使用的形式。我们将在本书中陆续介绍可以在程序中调用的其他专业领域的 Python 包。

本章小结

使用合适的名称和类型声明变量。

- 变量是具有名称的存储单元。

- 赋值语句将值存储在变量中。
- 变量在第一次赋值时被创建。
- 把一个值赋给现有变量，将替换其先前存储的值。
- 赋值运算符中的等号（"="）并不表示数学等式。
- 值的数据类型指定该值在计算机中的存储方式以及可以对该值执行的操作。
- 整数是没有小数部分的数值。
- 浮点数包含小数部分。
- 变量一旦被初始化为一个特定类型的值，它应始终存储相同类型的值。
- 按惯例，变量名称应该以小写字母开头。
- 使用常量表示在整个程序中保持不变的值。
- 使用注释为代码的阅读者添加解释。解释器将忽略注释。

编写 Python 算术表达式。

- 在算术表达式中混合整数和浮点数，计算结果为浮点数。
- 运算符 // 用于计算整除运算，其中余数部分被舍弃。
- 运算符 % 用于计算整除运算的余数。
- 函数可以返回一个值，该值可以像字面量一样使用。
- Python 语言包含一个标准库，为代码提供基本函数和数据类型。
- 库函数必须先导入程序中，然后才能使用。

设计一个算法时，首先进行手工演算。

- 手工计算时，为典型情况选择具体的值。

编写程序来处理字符串。

- 字符串是字符序列。
- 字符串字面量表示特定的字符串。
- len 函数返回字符串中包含的字符数。
- 使用运算符 + 连接字符串，即将两个字符串拼接在一起构成更长的字符串。
- 可以使用 * 运算符多次重复字符串。
- str 函数将整数或者浮点数转换为字符串。
- int 和 float 函数将包含数值的字符串转换为数值。
- 字符串位置从 0 开始计数。

编写程序来读取用户输入和打印格式化输出。

- 使用 input 函数读取键盘输入。
- 为了读取整数值或者浮点值，可以使用 input 函数，然后使用 int 或者 float 函数。
- 使用字符串格式运算符可以指定值的格式化方式。

创建简单的图形绘制。

- 图形窗口用于创建图形绘制。
- 绘图窗口包含画布，几何形状和文本绘制在画布上。
- 画布对象包含绘制直线、矩形和其他形状的方法。
- 画布存储当前用于绘制形状和文本的绘图参数。
- 可以使用颜色名称或者红色、绿色和蓝色的颜色分量来指定颜色。

复习题

■ R2.1　执行以下语句序列后，变量 mystery 的值是多少？

```
mystery = 1
mystery = 1 - 2 * mystery
mystery = mystery + 1
```

■ R2.2   执行以下语句序列后，变量 mystery 的值是多少？

```
mystery = 1
mystery = mystery + 1
mystery = 1 - 2 * mystery
```

■■ R2.3   把以下数学表达式转换为 Python 表达式。

$$s = s_0 + v_0 t + \frac{1}{2} g t^2 \qquad \mathrm{FV} = \mathrm{PV} \cdot \left(1 + \frac{\mathrm{INT}}{100}\right)^{\mathrm{YRS}}$$

$$G = 4\pi^2 \frac{a^3}{p^2(m_1 + m_2)} \qquad c = \sqrt{a^2 + b^2 - 2ab\cos\gamma}$$

■■ R2.4   把以下 Python 表达式转换为数学表达式。

```
a.dm = m * (sqrt(1 + v / c) / sqrt(1 - v / c) - 1)
b.volume = pi * r * r * h
c.volume = 4 * pi * r ** 3 / 3
d.z = sqrt(x * x + y * y)
```

■■ R2.5   以下各表达式的值是多少？假设：

```
x = 2.5
y = -1.5
m = 18
n = 4
```

```
a. x + n * y - (x + n) * y
b. m // n + m % n
c. 5 * x - n / 5
d. 1 - (1 - (1 - (1 - (1 - n))))
e. sqrt(sqrt(n))
```

■ R2.6   以下各表达式的值是多少？假设 n 是 17，m 是 18。

```
a.n // 10 + n % 10
b.n % 2 + m % 2
c.(m + n) // 2
d.(m + n) / 2.0
e.int(0.5 * (m + n))
f.int(round(0.5 * (m + n)))
```

■■ R2.7   以下各表达式的值是多少？假设：

```
s = "Hello"
t = "World"
```

```
a. len(s) + len(t)
b. s[1] + s[2]
c. s[len(s) // 2]
d. s + t
e. t + s
f. s * 2
```

■ R2.8　指出以下程序的编译错误（至少3处）。

```
int x = 2
print(x, squared is, x * x)
xcubed = x *** 3
```

■■ R2.9　指出以下程序的两个运行时错误。

```
from math import sqrt
x = 2
y = 4
print("The product of ", x, "and", y, "is", x + y)
print("The root of their difference is ", sqrt(x - y))
```

■ R2.10　阅读以下代码片段：

```
purchase = 19.93
payment = 20.00
change = payment - purchase
print(change)
```

该代码片段打印找零的结果为：0.07000000000000028。请解释原因。请给出改进建议，以消除用户的困惑。

■ R2.11　请解释2、2.0、'2'、"2"和"2.0"的区别。

■ R2.12　请指出以下各代码片段的计算结果。

```
a. x = 2
   y = x + x
b. s = "2"
   t = s + s
```

■■ R2.13　为如下程序编写伪代码：读取一个单词，然后打印该单词的第一个字符、最后一个字符和中间位置的字符。例如，如果输入的单词是Harry，程序将打印H y r。如果单词的长度是偶数，则打印在中间位置之前的字符。

■■ R2.14　为如下程序编写伪代码：提示用户输入一个姓名（例如Harold James Morgan），然后打印一个由名字、中间名字和姓氏的首字母组成的姓名缩写（例如HJM）。

■■■ R2.15　为如下程序编写伪代码：计算出数值的第一位和最后一位数字。例如，如果输入是23456，程序应该打印2和6。提示：使用%和log(x, 10)。

■ R2.16　修改"操作指南2.1"中程序的伪代码，以便程序能够找零25美分硬币、10美分硬币和5美分硬币。我们可以假设价格是5美分的倍数。为了设计伪代码，首先使用几个特定的值进行手工演算。

■■ R2.17　鸡尾酒摇瓶（cocktail shaker）由三个圆锥体部分组成。高度为h、顶部和底部半径为r_1和r_2的圆锥体的容积为：

$$V = \pi \frac{(r_1^2 + r_1 r_2 + r_2^2)h}{3}$$

先手动计算已知半径和高度的一组真实值的鸡尾酒摇瓶总容积。然后设计一个适用于任意尺寸的算法。

■■■ R2.18　按下图所示的方式切馅饼，其中c是直线部分的长度（称为弦长），h是该部分的高度。计算该区域面积的近似公式如下：

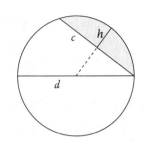

$$A \approx \frac{2}{3}ch + \frac{h^3}{2c}$$

然而，h 并不容易测量，但馅饼的直径 d 通常是已知的。计算馅饼直径为 12 英寸、弦长为 10 英寸的区域的面积。请推广到生成任意直径和弦长的面积的通用算法。

■■ R2.19 以下伪代码算法描述如何获取给定星期编号所对应的星期名称。假设星期编号为 0= 星期天，1= 星期一，以此类推。

定义一个包含星期名称的字符串 *"SunMonTueWedThuFriSat"*
计算开始位置：*3 x 星期编号*
获取字符串位置 *position*、*position + 1*、*position + 2* 处的字符
拼接这些字符

使用星期编号 4 来验证伪代码算法。绘制计算的字符串图，类似于图 4 所示。

■■ R2.20 以下伪代码算法描述如何交换一个单词中的两个字母。

给定一个字符串 *myString* 和两个字母 *l₁* 和 *l₂*
把字符串 *myString* 中的所有字母 *l₁* 替换为字符 *
把字符串 *myString* 中的所有字母 *l₂* 替换为字符 *l₁*
把字符串 *myString* 中的所有字母 * 替换为字符 *l₂*

使用字符串 "marmalade" 以及字母 a 和 e，验证上述伪代码算法。

■■ R2.21 如何提取一个字符串的第一个字符、最后一个字符、中间位置的字符（假设字符串长度为奇数）、中间两个位置的字符（假设字符串长度为偶数）？

■ R2.22 本章包含了一些有关使用变量和常量的建议，这些建议使程序更易于阅读和维护。简要总结这些建议。

■ R2.23 给出在边界框内绘制椭圆轮廓的指令，边界框使用绿线绘制。

■ **工具箱应用 R2.24** 在 SymPy 中，如何计算函数 $f(x) = x^2$ 的导数和积分？

■ **工具箱应用 R2.25** 在 SymPy 中，`diff(integrate(f))` 的结果是什么？

■ **工具箱应用 R2.26** 如何编写一个 Python 程序，使用 SymPy 显示任意一元二次方程（$ax^2 + bx + c = 0$）的解？

■ **工具箱应用 R2.27** 如何使用 SymPy 绘制曲线 $y = \sin(1/x)$，其中 x 的取值范围为 $-0.5 \sim 0.5$。

■ **工具箱应用 R2.28** 绘制函数 $\sin(x) / x$ 的图形时，当 x 趋近于 0 时，请猜测函数的极限。

编程题

■ P2.1 编写一个程序，以毫米为单位显示一张 A4（$210\text{mm} \times 297\text{mm}$）纸的尺寸。要求在程序中使用常量和注释。

■ P2.2 编写一个程序，计算并显示一张 A4（$210\text{mm} \times 297\text{mm}$）纸的周长和对角线长度。

■ P2.3 编写一个程序，读取一个数值，显示其平方、立方和四次方的值。要求仅计算四次方时使用 ** 运算符。

■■ P2.4 编写一个程序，提示用户输入两个整数，然后打印以下内容：
- 两个整数的和
- 两个整数的差
- 两个整数的乘积

- 两个整数的平均值
- 两个整数的距离（差的绝对值）
- 最大值（两个整数中的最大值）
- 最小值（两个整数中的最小值）

提示：Python 定义了 max 和 min 函数，它们接受一系列值作为参数，每个值用逗号分隔。

■■ P2.5 改进上一道题的输出结果，按以下方式整齐排列结果数值：

```
Sum:            45
Difference:     -5
Product:        500
Average:        22.50
Distance:       5
Maximum:        25
Minimum:        20
```

■■ P2.6 编写一个程序，提示用户输入以米为单位的测量值，然后将其转换为英里、英尺和英寸。

■ P2.7 编写一个程序，提示用户输入半径，然后打印：
- 具有该半径的圆的面积和周长
- 具有该半径的球体的体积和表面积

■■ P2.8 编写一个程序，要求用户输入矩形的长度和宽度。然后打印：
- 矩形的面积和周长
- 矩形对角线的长度

■ P2.9 改进"操作指南 2.1"中讨论的程序，除了可以插入纸币外，还允许插入 25 美分硬币。

■■■ P2.10 编写一个程序，帮助人们决定是否购买混合动力汽车。要求程序输入以下内容：
- 新车的价格
- 每年行驶的英里数（估计）
- 汽油的价格（估计）
- 燃油效率（单位：英里 / 加仑）
- 五年后的转售价值（估计）

计算车辆的五年总拥有成本。（为了简单起见，我们将不考虑融资成本。）从网上搜索新混合动力汽车、二手混合动力汽车以及一辆可用于比较的汽车的实际价格。使用当天的油价，假设里程数为每年 15 000 英里。提交你的作业，同时包含伪代码和所实现的程序。

■■ P2.11 编写一个程序，要求用户输入
- 油箱中的汽油量（单位：加仑）
- 燃油效率（单位：英里 / 加仑）
- 每加仑汽油的价格

然后打印出每 100 英里的费用和油箱里的汽油能行驶的距离。

■ P2.12 文件名和扩展名。编写一个程序，提示用户输入驱动器号（C）、路径（\Windows\System）、文件名（Readme）和扩展名（txt）。然后打印完整的文件路径 C:\ Windows\System\Readme.txt。（如果我们使用的是 UNIX 或者 Macintosh，请跳过驱动器名并使用 / 而不是 \ 来分隔目录。）

■■■ P2.13 编写一个程序，通过用户读取一个 10 000 ～ 99 999 的数字，用户可以输入逗号。然后打印不带逗号的数字。下面是一个示例对话：

```
Please enter an integer between 10,000 and 99,999: 23,456
23456
```

提示：将输入作为字符串读取。将由前两个字符和后三个字符组成的字符串转换为数字，并将它们组合起来。

■■ P2.14 编写一个程序，通过用户读取 1 000 ~ 999 999 的数字，然后打印使用逗号作为千分位分隔符号的数字。下面是一个示例对话：

```
Please enter an integer between 1000 and 999999: 23456
23,456
```

■ P2.15 打印网格。编一个程序，打印以下用于井字棋游戏的棋盘网格。

```
+--+--+--+
|  |  |  |
+--+--+--+
|  |  |  |
+--+--+--+
|  |  |  |
+--+--+--+
```

当然，可以简单地通过编写以下形式的 7 条语句来实现：

```
print("+--+--+--+")
```

不过，我们可以改进方法。声明字符串变量来保存两种模式：梳状模式和底线模式。然后打印梳状模式字符串 3 次，打印底线模式字符串 1 次。

■■ P2.16 编写一个程序，读取一个五位的正整数，并将其分解成单独的数字序列。例如，输入 16384，结果显示为：

```
1 6 3 8 4
```

■■ P2.17 编写一个程序，以军用格式（如 0900、1730）读取两个时间，并打印两个时间之间相差的小时和分钟数。以下是一个运行示例：

```
Please enter the first time: 0900
Please enter the second time: 1730
8 hours 30 minutes
```

如果想要更完美的话，程序应该能够处理第一个时间在第二个时间之后的情况：

```
Please enter the first time: 1730
Please enter the second time: 0900
15 hours 30 minutes
```

■■■ P2.18 输出大写字母。大写字母可以输出为以下形式：

```
*   *
*   *
*****
*   *
*   *
```

可以定义为一个字符串字面量：

```
LETTER_H = "*   *\n*   *\n*****\n*   *\n*   *\n"
```

（转义字符 \n 表示"换行"，使后续字符打印在新行上。）对字母 E、L 和 O 执行同样的操作，然后以大写字母形式输出以下信息：

```
H
E
L
L
O
```

■■ **P2.19** 编写一个程序,将数字 1, 2, 3, …, 12 转换成相应的月份名称 January, February, March, …, December。提示:定义一个很长的字符串 "January February March…",在各月份名称的后面添加空格,使每个月的名称具有相同的长度。然后拼接所需月份的字符。如果要除去月份名称后面的空格,可以使用 strip 方法。

■■ **P2.20** 编写一个程序,打印一棵圣诞树:

```
        /\
       /  \
      /    \
     /      \
     --------
        " "
        " "
        " "
```

记住使用转义字符。

■■ **P2.21** 复活节是春天第一轮满月之后的第一个星期天。为了计算复活节的日期,可以使用由数学家卡尔·弗里德里希·高斯(Carl Friedrich Gauss)在 1800 年发明的算法:

1. 设 y 为年份(例如 1800 或者 2001)。
2. 把 y 除以 19,令余数为 a。忽略商。
3. 把 y 除以 100,得到商 b 和余数 c。
4. 把 b 除以 4,得到商 d 和余数 e。
5. 把 $8b + 13$ 除以 25,得到商 g。忽略余数。
6. 把 $19a + b - d - g + 15$ 除以 30,得到余数 h。忽略商。
7. 把 c 除以 4,得到商 j 和余数 k。
8. 把 $a + 11h$ 除以 319,得到商 m。忽略余数。
9. 把 $2e + 2j - k - h + m + 32$ 除以 7,得到余数 r。忽略商。
10. 把 $h - m + r + 90$ 除以 25,得到商 n。忽略余数。
11. 把 $h - m + r + n + 19$ 除以 32,得到余数 p,忽略商。

结果第 y 年的复活节的日期是第 n 个月的第 p 天。例如,如果 y 是 2001,则:

```
a = 6          g = 6          m = 0     n = 4
b = 20, c = 1  h = 18         r = 6     p = 15
d = 5, e = 0   j = 0, k = 1
```

因此 2001 年复活节的日期为 4 月 15 日。编写一个程序,提示用户输入年份,然后打印出复活节所在的月和日。

■■ **P2.22** 编写一个程序,初始化一个字符串变量,然后打印前 3 个字符,然后打印 3 个句点,再打印最后 3 个字符。例如,如果字符串初始化为 "Mississippi",则打印 Mis…ppi。

■■ **图形应用 P2.23** 编写一个图形程序,使用红色绘制你的名字,并将姓名包含在一个蓝色的矩形框中。

■■ **图形应用 P2.24** 编写一个图形程序,绘制两个填充正方形:一个用粉红色填充,一个用紫色填充。要求其中一个使用标准颜色,另一个使用定制颜色。

■■ **图形应用 P2.25** 编写一个程序,绘制以下表情。

■■ **图形应用 P2.26** 绘制一个"靶心"图案:一组黑白相间的同心圆。

■■ **图形应用 P2.27**　编写一个程序，绘制一所房子。它可以简单到如下图所示，如果读者喜欢的话，可以让它更精致（例如 3D 房子、摩天大楼、入口的大理石柱，等等）。要求至少使用三种不同的颜色。

■■ **图形应用 P2.28**　绘制 2.6.2 节中的坐标系统。

■■ **图形应用 P2.29**　修改"操作指南 2.2"中的程序 italianflag.py，以绘制带有三条水平彩色条纹的旗帜，例如德国国旗。

■■ **图形应用 P2.30**　编写一个程序，显示奥运五环旗。使用奥运颜色进行着色。

■■ **图形应用 P2.31**　创建一个条形图，绘制以下数据集，并标记各数据条的数据标签。

Bridge Name	Longest Span (ft)
Golden Gate	4200
Brooklyn	1595
Delaware Memorial	2150
Mackinac	3800

■■ **商业应用 P2.32**　下面的伪代码描述了书店如何根据订购的图书总价和图书数量计算订单的总额。

　　　读取图书总价和图书数量
　　　计算消费税（图书总价的 *7.5%*）
　　　计算运输费用（每本图书为 *2* 美元）
　　　订单总额 = 图书总价 + 消费税 + 运输费用
　　　打印订单总额

把上述伪代码算法转换为 Python 程序。

■■ **商业应用 P2.33**　以下伪代码描述了如何将包含 10 位电话号码（例如"4155551212"）的字符串转换为可读性更好的带括号和破折号格式的字符串，例如"（415）555-1212"。

提取字符串的前 *3* 个字符，并在这 *3* 个字符的前后分别加上"（"和"）"。结果是电话区号。
把电话区号、字符串接下来的 *3* 个字符、破折号、字符串的最后 *4* 个字符拼接在一起，结果是格式化后的电话号码。

把上述伪代码算法转换为 Python 程序，读取一个电话号码到一个字符串变量中，计算其格式化表示，然后打印出结果。

■■ **商业应用 P2.34**　下面的伪代码描述如何从给定的浮点数中提取美元和美分。例如，2.95 美元的提取结果是 2 美元和 95 美分。

把价格转换为整数并存储在变量 *dollars* 中。
把价格与 *dollars* 的差乘以 *100*，然后加上 *0.5*。

把结果转换为一个整数，并存储在变量 *cents* 中。

把上述伪代码算法转换为 Python 程序。读取一个价格，打印出美元和美分。使用输入值 2.95 和 4.35 测试程序。

■■ **商业应用 P2.35** 找零。编写一个程序，帮助出纳找零。要求程序有两个输入：应收金额和从客户处收到的金额。显示应该给顾客找零的美元数量、25 美分硬币数量、10 美分硬币数量、5 美分硬币数量和 1 分硬币数量。为了避免舍入错误，程序用户应该以美分为单位提供这两个输入值，例如，输入 274 而不是 2.74。

■ **商业应用 P2.36** 一家网上银行希望你为他们编写一个程序，向潜在客户展示他们的存款将如何增长。要求程序读取初始账户余额和年利率，利息按月复利，打印出三个月后的余额。下面是一个运行示例：

```
Initial balance: 1000
Annual interest rate in percent: 6.0
After first month:     1005.00
After second month:    1010.03
After third month:     1015.08
```

■ **商业应用 P2.37** 影视俱乐部希望奖励最佳会员，奖励标准是根据会员的电影租赁数量和推荐的新会员数量给予会员一定的折扣。折扣等于租赁数量和推荐数量总和的百分比，但不能超过 75%。编写一个程序来计算折扣率。

下面是一个运行示例：

```
Enter the number of movie rentals: 56
Enter the number of members referred to the video club: 3
The discount is equal to:     59.00 percent.
```

■ **科学应用 P2.38** 考虑以下电路：

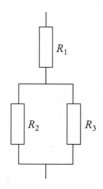

编写一个程序，读取 3 个电阻的阻值，使用欧姆定律计算电路的总阻值。

■■ **科学应用 P2.39** 露点温度 T_d 可以根据相对湿度 RH 和实际温度 T 计算（近似）：

$$T_d = \frac{b \cdot f(T, \mathrm{RH})}{a - f(T, \mathrm{RH})}$$

$$f(T, \mathrm{RH}) = \frac{a \cdot T}{b + T} + \ln(\mathrm{RH})$$

其中，$a = 17.27$，$b = 237.7\,℃$。编写一个程序，读取相对湿度（介于 0～1）和温度（以摄氏度为单位），并打印露点值。提示，使用 Python 函数 log 计算自然对数。

■■■ **科学应用 P2.40** 管夹式温度传感器是一种可靠的传感器，可以直接夹在铜管上测量管内液体的温度。每个传感器都包含一个称为热敏电阻（thermistor）的装置。热敏电阻是一种半导体器件，其电阻随温度变化，计算公式如下：

$$R = R_0 e^{\beta\left(\frac{1}{T} - \frac{1}{T_0}\right)}$$

式中 R 是温度为 T（单位 °K）时的电阻（单位 Ω），R_0 是温度为 T_0（单位 °K）时的电阻（单位 Ω）。β 是一个常数，取决于用于制作热敏电阻的材料。热敏电阻通过提供 R_0、T_0 和 β 的值来指定。用于管夹式温度传感器的热敏电阻在 T_0 = 85℃ 且 β= 3969°K 时，R_0 = 1075Ω。（注意，β 的单位为 °K。以 °K 为单位的温度是通过在以℃为单位的温度上加上 273.15 来获得的。）液体温度（单位℃）由电阻 R（单位 Ω）确定，计算公式如下：

$$T = \frac{\beta T_0}{T_0 \ln\left(\dfrac{R}{R_0}\right) + \beta} - 273$$

编写一个 Python 程序，提示用户输入热敏电阻 R，并打印一条给出液体温度（单位℃）的消息。

■■■ **科学应用 P2.41**　下图所示的电路说明了电力公司与客户之间的连接。客户由 V_t、P 和 pf 三个参数表示。V_t 是通过插入墙上的插座而获得的电压。客户依赖于 V_t 的可靠值，以确保他们的电器设备能正常工作。因此，电力公司对电压互感器的值进行了严格的监管。P 表示客户使用的电量，是确定客户电费账单的主要因素。功率因数 pf 则不太常见（功率因数被计算为某个角度的余弦，因此它的值总是在 0 ~ 1）。本题将需要你编写一个 Python 程序，研究功率因数的重要性。

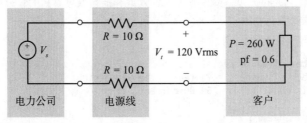

在图中，电源线直接表示为电阻（单位欧姆）。电力公司被表示为交流电压源。在电压为 V_t 且功率为 P 的条件下，向客户提供的源电压 V_s（单位为 Vrms）的计算公式如下：

$$V_s = \sqrt{\left(V_t + \frac{2RP}{V_t}\right)^2 + \left(\frac{2RP}{pfV_t}\right)^2 (1 - pf^2)}$$

这个公式表明 V_s 的值取决于 pf 的值。请编写一个 Python 程序，提示用户输入功率因数值，然后使用上图所示的 P、R 和 V_t 值，计算并打印出相对应的 V_s 值。

■■■ **科学应用 P2.42**　考虑以下连接到天线的调谐电路，其中 C 是电容范围从 C_{min} 到 C_{max} 的可变电容器。

调谐电路选择频率 $f = \dfrac{1}{2\pi\sqrt{LC}}$。为了在给定的频率下设计这个电路，取 $C = \sqrt{C_{min}C_{max}}$，并从 f 和 C 中计算出所需的电感 L。现在电路可以调谐到以下范围内的任何频率：

$$f_{min} = \frac{1}{2\pi\sqrt{LC_{max}}} \sim f_{max} = \frac{1}{2\pi\sqrt{LC_{min}}}$$

编写一个 Python 程序以设计给定频率的调谐电路，使用具有给定范围 $C_{min} \sim C_{max}$ 的可变电容器。（典型的输入为 $f = 16.7MHz$，$C_{min} = 14pF$，$C_{max} = 365pF$。）要求程序读取 f（单位 Hz）、C_{min} 和 C_{max}（单位 F），并打印所需的电感值和通过改变电容可调谐电路的频率范围。

■ **科学应用 P2.43**   根据库仑定律，相距为 r 的两个电荷 Q_1 和 Q_2 的带电粒子之间的作用力为 $F = \dfrac{Q_1 Q_2}{4\pi\varepsilon r^2}$ 牛顿，其中 $\varepsilon = 8.854 \times 10^{-12} F/m$。编写一个程序，根据用户输入的 Q_1（单位库仑）、Q_2（单位库仑）和 r（单位米），计算并显示一对带电粒子上的作用力。

选择结构

本章目标

- 使用 if 语句实现选择结构
- 比较整数、浮点数和字符串
- 使用布尔表达式编写语句
- 设计测试程序的策略
- 验证用户输入

计算机程序的一个基本特征是它们的决策能力，就像列车根据道岔的设置改变轨道一样，程序可以根据输入和其他情况实现不同的行为。

在本章中，将学习如何编程实现简单和复杂的决策。我们将把所学的知识应用到验证用户输入的任务中。

3.1 if 语句

if 语句用于实现决策（具体请参见"语法 3.1"）。当满足一个条件时，执行一组语句；否则，执行另一组语句。

下面是一个使用 if 语句的示例：在许多国家，13 被认为是一个不吉利的数字。为了避免冒犯迷信的房客，建筑商有时会跳过楼层 13；楼层 12 上面紧接着是楼层 14。当然，楼层 13 通常不是空层，或者像一些阴谋论者所认为的那样，楼层 13 充满了秘密办公室和研究实验室。楼层 13 实际上就是楼层 14。控制大楼电梯的计算机需要弥补这一缺陷，并调整楼层 13 以上的所有楼层号。

让我们用 Python 模拟这个过程。首先要求用户输入所需的楼层号，然后计算实际楼层。当输入大于 13 时，需要把楼层减 1 以获得实际楼层。

例如，如果用户输入 20，则程序确定实际楼层为 19。否则，直接使用用户提供的楼层数。

```
actualFloor = 0

if floor > 13 :
    actualFloor = floor - 1
else :
    actualFloor = floor
```

分支行为的流程图如图 1 所示。

在我们的示例中，if 语句的每个分支都包含一条语句。可以在每个分支中包含任意多条语句。有时，在语句的 else 分支中，碰巧不需要执行任何操作，因此可以完全省略 else 子句，示例如下：

```
actualFloor = floor
```

```
if floor > 13 :
   actualFloor = actualFloor − 1
```

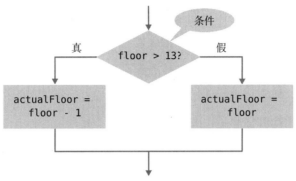

图 1 if 语句的流程图

其流程图如图 2 所示。

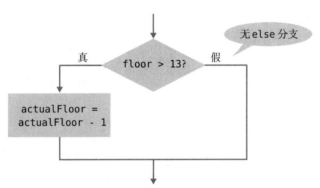

图 2 无 else 分支的 if 语句流程图

语法 3.1 if 语句

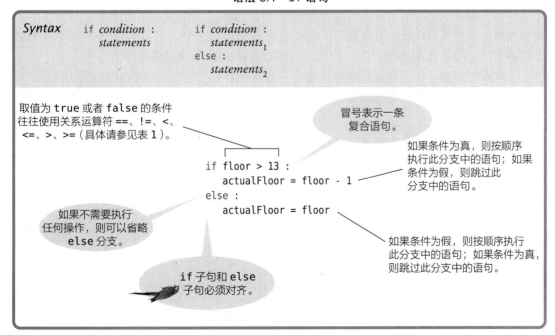

以下程序把 if 语句付诸实践。该程序要求用户输入所需的楼层，然后打印出实际楼层。

sec01/elevatorsim.py

```
 1  ##
 2  #   本程序模拟一个跳过 13 楼的电梯控制面板
 3  #
 4
 5  # 根据用户输入获取楼层号 (整数)
 6  floor = int(input("Floor: "))
 7
 8  # 如果需要, 调整楼层
 9  if floor > 13 :
10      actualFloor = floor - 1
11  else :
12      actualFloor = floor
13
14  # 打印结果
15  print("The elevator will travel to the actual floor", actualFloor)
```

程序运行结果如下:

```
Floor: 20
The elevator will travel to the actual floor 19
```

到目前为止，我们使用的 Python 指令都是简单语句，简单语句必须包含在一行中（或者显式指定续行到下一行，具体请参见 "专题讨论 2.3"）。Python 中的一些语句结构是**复合语句**（compound statement），它跨越多行，由**语句头**（header）和**语句块**（statement block）组成。if 语句是复合语句的一个示例。

```
if totalSales > 100.0 :    # 语句头以冒号结束
    discount = totalSales * 0.05   # 语句块中每一行的缩进相同
    totalSales = totalSales - discount
    print("You received a discount of", discount)
```

复合语句需要在语句头的末尾加上冒号。语句块由一条或者多条语句组成，所有语句都缩进到同一缩进级别。语句块从语句头后面的一行开始，一直到缩进小于块中第一条语句的语句结束。我们可以使用任意数量的空格来缩进语句块中的语句，但语句块中的所有语句都必须具有相同的缩进级别。注意，注释不是语句，因此可以缩进到任何级别。

语句块可以嵌套在其他语句块中，表示一条或者多条语句是给定复合语句的一部分。在 if 构造的情况下，语句块指定条件为真时将执行的指令，或者条件为假时将跳过的指令。

常见错误 3.1   制表符

块结构代码具有嵌套语句按一个或者多个级别缩进的属性。

```
if totalSales > 100.0 :
↑   discount = totalSales * 0.05
|   totalSales = totalSales - discount
|   print("You received a discount of $%.2f" % discount)
else :
↑   diff = 100.0 - totalSales
|   if diff < 10.0 :
|   ↑   print("If you were to purchase our item of the day you can receive a 5% discount.")
|   else :
|   ↑   print("You need to spend $%.2f more to receive a 5% discount." % diff)
```

```
| |  ↑
| |  |
0 1  2  缩进级别
```

Python 要求块结构代码作为语法的一部分。Python 程序中的语句对齐方式指定哪些语句属于给定语句块的一部分。

如何将光标从最左边的列移动到适当的缩进级别？一个完全合理的策略是键入空格键若干次。对于大多数编辑器，可以使用 Tab 键代替键入若干次空格键。Tab 键可以将光标移动到下一个缩进级别。有些编辑器甚至可以选择自动填充制表符。

虽然 Tab 键使用起来很方便，但是有些编辑器使用制表符对齐时效果并不好。Python 对如何在语句块中对齐语句非常挑剔。所有语句都必须与空格或者制表符对齐，但不能将两者混合使用。此外，当我们将文件发送给其他人或者打印机时，制表符可能会引发一些问题。对于制表符的宽度没有统一的规定，一些软件会完全忽略制表符。因此，文件中最好使用空格而不是制表符。大多数编辑器都有一个将所有制表符自动转换为空格的设置。请查看开发环境中的文档，以了解如何激活这个有用的设置。

编程技巧 3.1　在分支中避免重复

查看在各分支中是否存在重复代码。如果存在，请将其移出 if 语句。下面是存在重复代码的一个示例：

```
if floor > 13 :
    actualFloor = floor - 1
    print("Actual floor:", actualFloor)
else :
    actualFloor = floor
    print("Actual floor:", actualFloor)
```

两个分支中的打印语句完全相同，这不是错误，程序是可以正确运行的。但是，我们可以通过移动重复语句来简化程序，如下所示：

```
if floor > 13 :
    actualFloor = floor - 1
else :
    actualFloor = floor
print("Actual floor:", actualFloor)
```

当程序的维护时间很长时，删除重复代码尤其重要。当存在两组具有相同效果的语句时，很容易发生程序员修改一组而忘记修改另一组的情况。

专题讨论 3.1　条件表达式

Python 包含一个条件运算符，其形式如下所示：

value$_1$ if *condition* else *value*$_2$

如果条件（condition）为 true，则该表达式的值为 value1；如果条件为 false，则该表达式的值为 value2。例如，我们可以使用以下语句计算实际楼层数：

```
    actualFloor = floor - 1 if floor > 13 else floor
```

该语句等效于：

```
    if floor > 13 :
        actualFloor = floor - 1
    else :
        actualFloor = floor
```

请注意，条件表达式是一条语句，必须包含在一行或者续行到下一行中（请参阅"专题讨论 2.3"）。还要注意，它不需要冒号，因为条件表达式不是复合语句。

可以在任何需要值的地方使用条件表达式，例如：

```
    print("Actual floor:", floor – 1 if floor > 13 else floor)
```

我们在本书中不使用条件表达式，但它是一个方便的语句结构，在某些 Python 程序中可以见到该语句。

3.2 关系运算符

在本节中，我们将学习如何比较 Python 中的数值和字符串。

每个 if 语句都包含一个条件表达式。在许多情况下，条件表达式用于比较两个值。例如，在前面的示例中，我们测试 floor > 13。比较符号 > 称为**关系运算符**（relational operator）。Python 有 6 个关系运算符（参见表 1）。

如上所述，只有两个 Python 关系运算符（> 和 <）看起来与数学符号一致。计算机键盘上没有 ≥、≤ 或者 ≠ 这几个键，但是可以使用 >=、<= 和 !=，这些运算符很容易让人记住，因为它们看起来与对应的数学符号很相似。可能 == 运算符一开始时会让大多数 Python 新手感到困惑。

表 1　关系运算符

Python 中的符号	数学符号	说明
>	>	大于
>=	≥	大于或等于
<	<	小于
<=	≤	小于或等于
==	=	等于
!=	≠	不等于

在 Python 中，= 运算符已经有了一个含义，就是赋值。== 运算符表示相等判断的测试：

```
floor = 13      # 把 13 赋值给 floor
if floor == 13 :    # 测试 floor 是否等于 13
```

必须记住，在测试条件中使用 == 运算符，在测试条件之外使用 = 运算符。

还可以使用 Python 的关系运算符比较字符串。例如，为了测试两个字符串是否相等，可以使用 == 运算符。

```
if name1 == name2 :
    print("The strings are identical.")
```

或者，为了测试两个字符是否不相等，可以使用 != 运算符。

```
if name1 != name2 :
    print("The strings are not identical.")
```

如果两个字符串相等，则它们必须具有相同的长度并包含相同的字符序列。

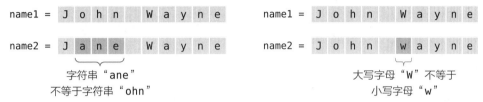

只要有任意一个字符不相同，则两个字符串就不相等。

表 1 中的关系运算符的优先级低于算术运算符。这意味着可以在关系运算符的任意一侧使用算术表达式，而无须使用括号。例如，在表达式中：

```
floor - 1 < 13
```

先对 < 运算符两侧的表达式（floor - 1 和 13）分别求值，然后再比较其结果。

表 2 总结了如何比较 Python 中的两个值。

表 2　关系运算符示例

表达式	值	说明
3 <= 4	True	3 小于 4；<= 用于测试"小于或等于"
⊘ 3 =< 4	**Error**	"小于或等于"运算符为 <=，不是 =<。小于符号在左边
3 > 4	False	> 与 <= 相反
4 < 4	False	左边值必须严格小于右边值
4 <= 4	True	两边值相等；<= 用于测试"小于或等于"
3 == 5 - 2	True	== 用于测试相等性
3 != 5 -1	True	!= 用于测试不等性。3 不等于 5-1 成立
⊘ 3 = 6 / 2	**Error**	使用 == 运算符测试相等性
1.0/3.0 == 0. 333333333	False	虽然两个值彼此非常接近，但并不完全相等。具体请参见"常见错误 3.2"
⊘ "10" > 5	**Error**	不能比较字符串和数值

下面的程序演示如何使用逻辑表达式进行比较。

sec02/compare.py

```
1  ##
2  #   本程序演示数值和字符串的比较
3  #
4
5  from math import sqrt
6
7  # 比较整数
8  m = 2
```

```
 9 n = 4
10
11 if m * m == n :
12     print("2 times 2 is four.")
13
14 # 比较浮点数
15 x = sqrt(2)
16 y = 2.0
17
18 if x * x == y :
19     print("sqrt(2) times sqrt(2) is 2")
20 else :
21     print("sqrt(2) times sqrt(2) is not two but %.18f" % (x * x))
22
23 EPSILON = 1E-14
24 if abs(x * x - y) < EPSILON :
25     print("sqrt(2) times sqrt(2) is approximately 2")
26
27 # 比较字符串
28 s = "120"
29 t = "20"
30
31 if s == t :
32     comparison = "is the same as"
33 else :
34     comparison = "is not the same as"
35
36 print("The string '%s' %s the string '%s'." % (s, comparison, t))
37
38 u = "1" + t
39 if s != u :
40     comparison = "not "
41 else :
42     comparison = ""
43
44 print("The strings '%s' and '%s' are %sidentical." % (s, u, comparison))
```

程序运行结果如下：

```
2 times 2 is four.
sqrt(2) times sqrt(2) is not two but 2.000000000000000444
sqrt(2) times sqrt(2) is approximately 2
The string '120' is not the same as the string '20'.
The strings '120' and '120' are identical.
```

常见错误 3.2   浮点数的精确比较

浮点数的精度有限，计算时会引入舍入误差。在比较浮点数时，必须考虑这些不可避免的舍入误差。例如，下面的代码将 2 的平方根相乘。理想情况下，我们希望得到答案 2。

```
from math import sqrt

r = sqrt(2.0)
if r * r == 2.0 :
    print("sqrt(2.0) squared is 2.0")
else :
    print("sqrt(2.0) squared is not 2.0 but", r * r)
```

程序显示结果如下：

```
sqrt(2.0) squared is not 2.0 but 2.0000000000000004
```

在大多数情况下，精确比较浮点数没有意义。相反，我们应该测试它们是否足够接近。也就是说，它们之间的差应该小于某个阈值。从数学上讲，对于一个非常小的数 ε（ε 是希腊字母 epsilon，用于表示一个非常小的值），如果 x 和 y 满足如下条件：

$$|x - y| < \varepsilon$$

则表明 x 和 y 足够接近。比较浮点数时，通常将 ε 设置为 10^{-14}。

```
from math import sqrt

EPSILON = 1E-14
r = sqrt(2.0)
if abs(r * r - 2.0) < EPSILON :
    print("sqrt(2.0) squared is approximately 2.0")
```

专题讨论 3.2　字符串的字典顺序

如果两个字符串彼此不相同，我们可能仍然想知道它们之间的关系。Python 的关系运算符按"字典"顺序比较字符串。这种排序方式与字典中单词的排序方式非常相似。如果

```
string1 < string2
```

那么在字典中，字符串 string1 出现在字符串 string2 之前。例如，如果 string1 是"Harry"，而 string2 是"Hello"，就满足这种情况。如果

```
string1 > string2
```

则按字典顺序 string1 在 string2 之后。

如上一节所述，如果

```
string1 == string2
```

则 string1 和 string2 相同。

在字典中的排序和 Python 中的字典顺序排序之间有一些技术上的差异。

在 Python 中：

- 所有大写字母都在小写字母之前，例如，"Z"在"a"之前。
- 空格字符位于所有可打印字符之前。
- 数字先于字母。

比较两个字符串时，先比较每个单词的第一个字母，然后比较第二个字母，以此类推，直到其中一个字符串结束或者找到不匹配的字母对。

如果其中一个字符串结束，则较长的字符串被视为是"较大"字符串。例如，比较"car"和"cart"。前三个字母匹配，然后到达第一个字符串的末尾。因此，在字典顺序排序中，"car"出现在"cart"之前。

当达到两个字符串不匹配之处时，包含"较大"字符的字符

字典顺序排序

串将被视为"较大"。例如，比较"cat"和"cart"。前两个字母匹配。因为 t 出现在 r 之后，所以，在字典顺序排序中，字符串"cat"出现在"cart"之后。

操作指南 3.1 使用 if 语句

本操作指南指导我们如何使用 if 语句。

问题描述 大学书店每年 10 月 24 日都会举行"Kilobyte Day"大促销活动，如果购买的所有电脑配件的价格低于 128 美元，则打 8% 的折扣；如果价格超过或者等于 128 美元，则打 16% 的折扣。编写一个程序，要求收银员输入原价，然后打印出折扣价。

➡ **步骤 1** 确定分支条件。

在我们的示例问题中，很明显可以选择以下条件：

原价 < 128 ?

很好，我们将在解决方案中使用这个条件。

但如果选择相反的条件（"原价超过或者等于 128 美元吗？"），则同样可以设计出一个正确的解决方案。如果把自己放在一个想知道什么时候折扣力度大的顾客的位置上，则可能会选择这个条件。

➡ **步骤 2** 当条件为真时，为需要执行的操作提供伪代码。

在此步骤中，列出在"正"分支中（即条件成立时）要执行的一个或者多个操作。细节取决于具体的问题。我们可能希望打印提示消息、计算值，甚至退出程序。

在我们的示例中，需要应用 8% 的折扣：

折扣价 = 0.92 x 原价

➡ **步骤 3** 当条件不为真时，为需要执行的操作（如果存在）提供伪代码。

如果不满足步骤 1 中的条件，需要执行什么操作？有时候不需要执行任何操作，在这种情况下，请使用不带 else 分支的 if 语句。

在我们的示例中，条件测试为"价格是否低于 128 美元"。如果不满足该条件，价格至少是 128 美元，所以商品应该打更高的折扣（16%）：

折扣价 = 0.84 x 原价

➡ **步骤 4** 再次检查关系运算符。

首先，确保测试方向正确。常见的错误是混淆 > 和 <。接下来，考虑是否应该使用 < 运算符或者与其相似的 <= 运算符。

如果原价刚好是 128 美元，结果会怎么样？仔细思考这个问题，我们发现如果原价低于 128 美元，折扣低；如果原价至少为 128 美元，折扣高。因此，128 美元的价格不符合我们的条件，必须使用运算符 <，而不是 <=。

➡ **步骤 5** 删除重复语句。

检查两个分支共用的操作，然后将它们移到外部。

在我们的示例中，存在两个相同形式的语句：

折扣价 = ___ x 原价

这条语句只是在折扣率上有所不同。最好只在分支中设置折扣率，然后再进行计算：

If 原价 *< 128*
　　折扣率 = *0.92*
Else
　　折扣率 = *0.84*
折扣价 = 折扣率 x 原价

➡ **步骤 6**　测试两个分支。

制订两个测试用例，一个满足 if 语句的测试条件，另一个不满足测试条件。问问你自己在每一种情况下应该发生什么，然后按照伪代码执行每个操作。

在我们的示例中，考虑原价的两种情况：100 美元和 200 美元。我们预计第一个价格的折扣为 8 美元，第二个价格的折扣为 32 美元。

当原价为 100 时，条件 100 < 128 为真，我们得到：

折扣率 = *0.92*
折扣价 = *0.92* x *100* = *92*

当原价为 200 时，条件 200 < 128 为假，我们得到：

折扣率 = *0.84*
折扣价 = *0.84* x *200* = *168*

在这两种情况下，结果都符合预期。

➡ **步骤 7**　用 Python 实现 if 语句。

键入代码框架

```
if :
else :
```

并填写需要的语句，具体请参照"语法 3.1"。如果不需要 else 分支，则省略它。

在我们的示例中，完整的 if 语句如下：

```
if originalPrice < 128 :
    discountRate = 0.92
else :
    discountRate = 0.84
discountedPrice = discountRate * originalPrice
```

how_to_1/sale.py

```
 1  ##
 2  # 计算给定购买商品的折扣价
 3  #
 4
 5  # 获取原价
 6  originalPrice = float(input("Original price before discount: "))
 7
 8  # 确定折扣率
 9  if originalPrice < 128 :
10      discountRate = 0.92
11  else :
12      discountRate = 0.84
13
```

```
14  # 计算和打印折扣价
15  discountedPrice = discountRate * originalPrice
16  print("Discounted price: %.2f" % discountedPrice)
```

实训案例 3.1　抽取字符串中间位置的字母

问题描述　我们的任务是从给定字符串中提取包含中间字符的字符串。例如，如果字符串是 "crate"，则结果是字符串 "a"。但是，如果字符串包含偶数个字母，则提取中间两个字符。如果字符串是 "crates"，则结果是 "at"。

➡ **步骤 1**　确定分支条件。

对于长度为奇数或偶数的字符串，我们需要执行不同的操作。因此，分支条件是：

字符串的长度是否为奇数？

在 Python 中，使用除以 2 的余数来确定数值是偶数还是奇数。因此，确定字符串长度是否为奇数的测试如下：

```
if len(string) % 2 == 1
```

➡ **步骤 2**　当测试条件为真时，为需要执行的操作提供伪代码。

我们需要查找中间字符的位置。如果长度是 5，则中间位置是 2。

```
c r a t e
0 1 2 3 4
```

一般情况下，

位置 = len(字符串) / 2（舍弃余数）
结果 = 字符串 [位置]

➡ **步骤 3**　当测试条件不为真时，为需要执行的操作（如果存在）提供伪代码。

同样，我们需要查找中间字符的位置。如果长度是 6，则开始位置是 2，结束位置为 3。因此，我们需要执行：

结果 = 字符串 [2] + 字符串 [3]

```
c r a t e s
0 1 2 3 4 5
```

一般情况下，

位置 = len(字符串) / 2 - 1（舍弃余数）
结果 = 字符串 [位置] + 字符串 [位置 + 1]

➡ **步骤 4**　再次检查关系运算符。

真的需要执行 len(string) % 2 == 1 吗？例如，当长度为 5 时，5 % 2 是除法 5/2 的余数，即 1。一般而言，奇数除以 2，余数为 1。因此，我们的条件是正确的。

➡ **步骤 5**　删除重复语句。

我们设计的代码语句如下：

If 字符串的长度为奇数
    位置 = *len*（字符串）/ 2（舍弃余数）
    结果 = 字符串［位置］
Else
    位置 = *len*（字符串）/ 2 – 1（舍弃余数）
    结果 = 字符串［位置］+ 字符串［位置 + 1］

每个分支中的第一条语句几乎相同。可以把二者统一起来吗？当然可以，如果调整第二个分支的位置，则有：

If 字符串的长度为奇数
    位置 = *len*（字符串）/ 2（舍弃余数）
    结果 = 字符串［位置］
Else
    位置 = *len*（字符串）/ 2（舍弃余数）
    结果 = 字符串［位置 – 1］+ 字符串［位置］

接下来，我们可以把重复代码移动到 if 语句的外面：

位置 = *len*（字符串）/ 2（舍弃余数）
If 字符串的长度为奇数
    结果 = 字符串［位置］
Else
    结果 = 字符串［位置 – 1］+ 字符串［位置］

➡ **步骤6**　测试两个分支。

我们将使用不同的字符串进行测试。测试长度为奇数的字符串时，使用字符串"monitor"，结果为：

位置 = *len*（字符串）/ 2 = 7 / 2 = 3（舍弃余数）
结果 = 字符串［3］= "*i*"

测试长度为偶数的字符串时，使用字符串"monitors"，结果为：

位置 = *len*（字符串）/ 2 = 4（舍弃余数）
结果 = 字符串［3］+ 字符串［4］= "*it*"

➡ **步骤7**　用 Python 实现 if 语句。

完整的代码片段如下：

```python
position = len(string) // 2
if len(string) % 2 == 1 :
    result = string[position]
else :
    result = string[position - 1] + string[position]
```

示例代码：完整的程序请参见本书配套代码中的 worked_example_1/middle.py。

3.3　嵌套分支

常常需要在一个 if 语句中包含另一个 if 语句，这种语句结构称为嵌套语句集。

这里有一个典型的例子：在美国，根据纳税人的婚姻状况采用不同的税率。单身和已婚的纳税人有不同的纳税要求。已婚的纳税人把夫妻二人的收入加在一起,然后按总数纳税。表 3 给出了税率计算表,使用了 2008 纳税年度执行的税率的简化版本。每个"等级"适用不同的税率。在该表中,第一级的收入按 10% 纳税,第二级的收入按 25% 纳税。每个等级的收入限制取决于婚姻状况。

表 3 联邦所得税计算表

婚姻状况为单身时,应纳税收入为	应纳税	超出以下金额的部分
最多 32 000 美元	10%	0
超过 32 000 美元	3 200 + 25%	32 000 美元
婚姻状况为已婚时,应纳税收入为	应纳税	超出以下金额的部分
最多 64 000 美元	10%	0
超过 64 000 美元	6 400 + 25%	64 000 美元

现在根据婚姻状况和收入情况计算应纳税额。关键是有两个方面需要进行决策。首先,必须区分婚姻状况;然后,对于每种婚姻状况,必须基于收入水平实现另一个选择。

两级决策过程反映在以下程序的两级 if 语句中。(流程图请参见图 3。)理论上,嵌套可以超过两层。一个三级决策过程(首先按州,然后按婚姻状况,再然后按收入水平)需要 3 个嵌套级别。

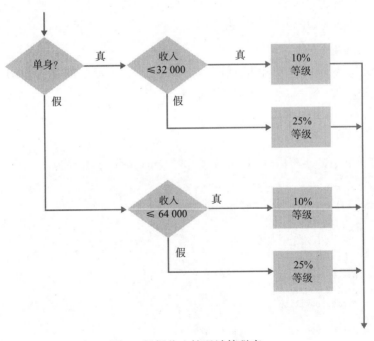

图 3 根据收入情况计算税率

sec03/taxes.py

```
1  ##
2  #  本程序使用简化的所得税计算表计算所得税
3  #
4
5  # 初始化常量,用于税率和税率收入限制
```

```
 6  RATE1 = 0.10
 7  RATE2 = 0.25
 8  RATE1_SINGLE_LIMIT = 32000.0
 9  RATE1_MARRIED_LIMIT = 64000.0
10
11  # 读取收入和婚姻状况
12  income = float(input("Please enter your income: "))
13  maritalStatus = input("Please enter s for single, m for married: ")
14
15  # 计算所得税
16  tax1 = 0.0
17  tax2 = 0.0
18
19  if maritalStatus == "s" :
20      if income <= RATE1_SINGLE_LIMIT :
21          tax1 = RATE1 * income
22      else :
23          tax1 = RATE1 * RATE1_SINGLE_LIMIT
24          tax2 = RATE2 * (income - RATE1_SINGLE_LIMIT)
25  else :
26      if income <= RATE1_MARRIED_LIMIT :
27          tax1 = RATE1 * income
28      else :
29          tax1 = RATE1 * RATE1_MARRIED_LIMIT
30          tax2 = RATE2 * (income - RATE1_MARRIED_LIMIT)
31
32  totalTax = tax1 + tax2
33
34  # 打印结果
35  print("The tax is $%.2f" % totalTax)
```

程序运行结果如下：

```
Please enter your income: 80000
Please enter s for single, m for married: m
The tax is $10400.00
```

编程技巧 3.2　手工跟踪

理解程序是否运行正确的一种非常有用的技术称为手工跟踪（hand-tracing），即在一张纸上模拟程序的行为。可以将此方法与伪代码或者 Python 代码一起使用。

拿一张索引卡，一张鸡尾酒餐巾纸，或者手头可以拿到的任何一张纸。为每个变量创建一列，准备好程序代码。使用标记物（例如回形针）标记当前语句。在你的头脑中，每次执行一条语句。每次变量值发生变化时，划掉旧值并将新值写在旧值的下面。

让我们跟踪前面 3.3 节中的 taxes.py 程序，使用其后运行的程序的输入。在代码的第 12 行和第 13 行中，变量 income 和 maritalStatus 由 input 语句初始化。

```
 5  # 为税率和税收限制初始化常量
 6  RATE1 = 0.10
 7  RATE2 = 0.25
 8  RATE1_SINGLE_LIMIT = 32000.0
 9  RATE1_MARRIED_LIMIT = 64000.0
10
11  # 读取收入和婚姻状态
12  income = float(input("Please enter your income: "))
13  maritalStatus = input("Please enter s for single, m for married: ")
```

tax1	tax2	income	marital status
		80000	m

在代码的第 16 行和第 17 行，tax1 和 tax2 被初始化为 0。

```
16  tax1 = 0.0
17  tax2 = 0.0
```

tax1	tax2	income	marital status
0	0	80000	m

由于 maritalStatus 不是 "s"，因此程序跳转到外层 if 语句的 else 分支（第 25 行）。

```
19  if maritalStatus == "s" :
20      if income <= RATE1_SINGLE_LIMIT :
21          tax1 = RATE1 * income
22      else :
23          tax1 = RATE1 * RATE1_SINGLE_LIMIT
24          tax2 = RATE2 * (income - RATE1_SINGLE_LIMIT)
25  else :
```

由于 income 不小于等于 64000，因此程序跳转到内层 if 语句的 else 分支（第 28 行）。

```
26      if income <= RATE1_MARRIED_LIMIT :
27          tax1 = RATE1 * income
28      else :
29          tax1 = RATE1 * RATE1_MARRIED_LIMIT
30          tax2 = RATE2 * (income - RATE1_MARRIED_LIMIT)
```

tax1 和 tax2 的值被更新。

tax1	tax2	income	marital status
0̷	0̷	80000	m
6400	4000		

```
28      else :
29          tax1 = RATE1 * RATE1_MARRIED_LIMIT
30          tax2 = RATE2 * (income - RATE1_MARRIED_LIMIT)
```

计算并打印 totalTax，程序结束。

tax1	tax2	income	marital status	total tax
0̷	0̷	80000	m	
6400	4000			10400

```
32  totalTax = tax1 + tax2
    . . .
35  print("The tax is $%.2f" % totalTax)
```

程序跟踪显示了预期的输出（$10 400），所以它成功地证明了这个测试用例是可行的。

计算机与社会 3.1　功能失调的计算机系统

决策是所有计算机程序的重要组成部分。在机场辅助分拣行李的计算机系统中，决策尤为重要。系统扫描行李识别码后，对行李进行分类，并将其传送到不同的传送带。然后，人工操作员将物品放在卡车上。丹佛市在建造一个巨大的机场来取代过时且拥挤的机场时，行李系统承包商做了更进一步的改进。新系统的设计目的是用机器人推车代替人工操作人员。不幸的是，这个系统显然无法正常运作。该系统饱受机械问题的困扰，比如行李掉到轨道上、推车卡住等。同样令人沮丧的是软件故障。当其他地方需要手推车时，手推车却会堆积在一些无人使用的地方。

Lyn Alweis/Contributor/Getty Images.

丹佛机场原来有一个全自动行李运送系统，用于将人工操作员替换为机器人推车。不幸的是，该系统从未工作过，并且在机场开放之前被拆除了

机场原计划于 1993 年投入使用，但是由于行李系统无法正常工作，在承包商试图解决问题期间，机场的开放被推迟了一年多。承包商最终还是失败了，机场安装了一个手动系统。这一延误使丹佛市和航空公司损失了近 10 亿美元，这家曾经是美国领先的行李系统供应商破产了。

显然，若把从未在较小规模上尝试过的技术直接构建在大型系统中是非常危险的。2013 年，一个由功能失调的网站提供的选择保险计划，使得美国全民医疗服务的推出面临危险。该系统承诺提供类似于预订航空公司航班的保险购物体验。但是，HealthCare.gov 网站并没有简单地提供可用的保险计划。该网站还必须检查每个申请人的收入水平，并利用这些信息来确定补贴水平。事实证明，这项任务比检查信用卡是否有足够的信用额度支付机票要困难得多。

3.4　多分支结构

在 3.1 节中，我们讨论了如何使用 if 语句实现双向分支结构。在许多情况下，存在两种以上的情况。在本节中，我们将讨论如何使用多分支结构实现决策。

例如，考虑一个使用里氏震级来衡量地震破坏程度的程序（参见表 4）。

里氏震级是地震强度的量度。震级每增加一级（例如从 6.0 到 7.0）地震强度增加 10 倍。

在这种情况下，存在 5 个分支，其中 4 个描述不同的破坏程度，1 个描述没有破坏。图 4 显示了这个多分支语句的流程图。

表 4　里氏震级

震级	破坏程度
8	绝大多数建筑物倒塌
7	许多建筑物被破坏
6	许多建筑物严重受损，有些倒塌
4.5	质量差的建筑物受损
< 4.5	不破坏建筑物

我们可以使用多条 if 语句来实现多分支结构，如下所示：

```
if richter >= 8.0 :
    print("Most structures fall")
else :
    if richter >= 7.0 :
        print("Many buildings destroyed")
    else :
        if richter >= 6.0 :
            print("Many buildings considerably damaged, some collapse")
        else :
            if richter >= 4.5 :
```

```
    print("Damage to poorly constructed buildings")
else :
    print("No destruction of buildings")
```

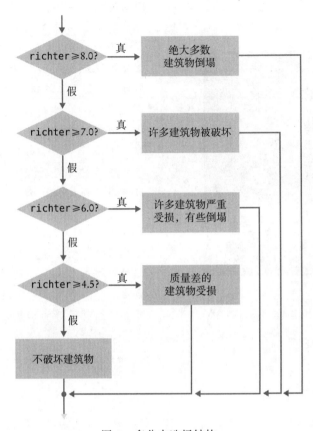

图 4   多分支选择结构

但这种代码结构不便于阅读，并且随着分支数量的增加，由于需要缩进，因此代码开始越来越向右移动。Python 提供了用于创建包含多分支 if 语句的特殊结构：elif。使用 elif 语句，上面的代码片段可以重写为：

```
if richter >= 8.0 :
    print("Most structures fall")
elif richter >= 7.0 :
    print("Many buildings destroyed")
elif richter >= 6.0 :
    print("Many buildings considerably damaged, some collapse")
elif richter >= 4.5 :
    print("Damage to poorly constructed buildings")
else :
    print("No destruction of buildings")
```

一旦 4 个测试中的任何一个成功，就会显示效果，并且不再尝试进一步的测试。如果这 4 种情况都不适用，则应用最后一条 else 子句，并打印默认消息。

在这里，我们必须先对条件进行排序，然后根据最大截止值进行测试。假设颠倒测试顺序：

```
if richter >= 4.5 :    # 测试顺序错误
    print("Damage to poorly constructed buildings")
elif richter >= 6.0 :
    print("Many buildings considerably damaged, some collapse")
elif richter >= 7.0 :
    print("Many buildings destroyed")
elif richter >= 8.0 :
    print("Most structures fall")
```

结果不正确。假设地震强度是里氏 7.1 级。该值大于等于 4.5，与第 1 种情况匹配。其他的测试永远不会被尝试。

补救办法是先测试更具体的条件。这里，条件 richter >= 8.0 比条件 richter >= 7.0 更具体，条件 richter >= 4.5 比前两个条件中的任何一个更一般（也就是说，可以满足更多的值）。

在本例中，使用 if/elif 序列也很重要，而不仅仅是多个独立的 if 语句。考虑以下独立测试序列。

```
if (richter >= 8.0) :    # 不使用 else
    print("Most structures fall")
if richter >= 7.0 :
    print("Many buildings destroyed")
if richter >= 6.0 :
    print("Many buildings considerably damaged, some collapse")
if richter >= 4.5 :
    print("Damage to poorly constructed buildings")
```

现在，各个条件分支项不再具有排他性。如果 richter 是 7.1 级，那么最后三个测试都匹配，结果会打印三条消息。

下面提供了对给定里氏震级的地震强度进行描述的完整程序。

sec04/earthquake.py

```
 1  ##
 2  #  本程序打印给定里氏震级的地震描述
 3  #
 4  #
 5
 6  # 获取用户输入
 7  richter = float(input("Enter a magnitude on the Richter scale: "))
 8
 9  # 打印地震描述
10  if richter >= 8.0 :
11      print("Most structures fall")
12  elif richter >= 7.0 :
13      print("Many buildings destroyed")
14  elif richter >= 6.0 :
15      print("Many buildings considerably damaged, some collapse")
16  elif richter >= 4.5 :
17      print("Damage to poorly constructed buildings")
18  else :
19      print("No destruction of buildings")
```

工具箱 3.1　发送电子邮件

假设你是一名助教，必须将考试成绩通知给许多学生。在电子邮件中键入每封邮件的内容将是一项繁重的工作。幸运的是，你可以使用 Python 的 email 模块自动执行此过程。

组装电子邮件的信息

首先，需要组装电子邮件的信息。通常，电子邮件的信息可以有正文和附件（例如图像和文件）。缩写为 MIME（Multi-Purpose Internet Mail Extensions，多用途互联网邮件扩展）的规范描述了如何格式化电子邮件信息。幸运的是，我们不必知道格式化的具体细节，直接使用 Python 提供的 MIME 类即可。使用以下语句导入 MIME 的格式化规范：

```
from email.mime.multipart import MIMEMultipart
from email.mime.text import MIMEText
from email.mime.image import MIMEImage
from email.mime.application import MIMEApplication
```

然后创建一个包含多个部分的消息：

```
msg = MIMEMultipart()
```

指定发送人地址以及一个或者多个收件人地址：

```
msg.add_header("From", sender)
msg.add_header("To", recipient1)
msg.add_header("To", recipient2)
```

如果需要抄送或者密送收件人地址，请使用语句

```
msg.add_header("Cc", recipient3)
msg.add_header("Bcc", recipient4)
```

使用以下语句，设置主题行内容：

```
msg.add_header("Subject", subjectLine)
```

现在我们已经准备好包含消息的正文。如果是纯文本字符串，请调用：

```
msg.attach(MIMEText(body, "plain"))
```

如果是 HTML 版本的内容，请调用：

```
msg.attach(MIMEText(htmlBody, "html"))
```

如果两者都提供，则收件人的邮件程序将显示其中一个或者另一个，具体取决于用户的首选项和接收设备的功能。

如果想要包含图像，则需要先从文件中读取图像。我们将在第 7 章中详细讨论文件输入，但是在这里这一点很容易实现。打开"二进制数据"文件，读取数据，并生成一个 **MIMEImage** 对象。然后关闭文件并将图像附加到邮件：

```
file = open("myimage.jpg", "rb")
img = MIMEImage(file.read())
file.close()
msg.attach(img)
```

对于其他附件，例如 PDF 文件或者电子表格，可以从该文件中创建一个 MIME-Application 对象。添加一个标题以告诉收件人此文件是一个可以保存的附件。

```
fp = open("/somedir/myfile.pdf", "rb")
attachment = MIMEApplication(fp.read())
fp.close()
attachment.add_header("Content-Disposition",
    "attachment; filename=myfile.pdf")  # 没有目录的文件
msg.attach(attachment)
```

然后，收件人可以通过单击某个图标来保存文件。默认情况下，文件将具有给定的名称，但对于大多数电子邮件阅读器，收件人可以更改文件名称。（不要在附件标题中包含目录名，因为收件人可能与发件人的目录不同。）

当然，并不是每封电子邮件都有图像和文件附件。如果只发送文本消息，则可跳过这些步骤。

发送消息

一旦组装好电子邮件消息，需要使用 smtplib 模块发送消息。SMTP 是"简单邮件传输协议"（Simple Mail Transport Protocol）的英文缩写，是与邮件服务器通信的规范。首先导入模块：

```
import smtplib
```

然后连接到邮件服务器，指定主机名和"端口号"。这里以谷歌的 Gmail 服务为例。对于 Gmail(以及大多数其他邮件服务器)，可以使用端口 587 来实现"传输层安全"。换而言之，计算机和邮件服务器之间的通信是加密的。如果使用不同的电子邮件服务，则需要确定对应的主机名和端口号。

```
host = "smtp.gmail.com"
port = 587
server = smtplib.SMTP(host, port)
```

SMTP 函数返回与服务器通信的对象。首先，打开安全通信：

```
server.starttls()
```

然后使用电子邮件的用户名和密码登录（对于上面指定的电子邮件服务）。

```
server.login(username, password)
```

接下来就可以使用 send_message 方法发送电子邮件，并退出会话。

```
server.send_message(msg)
server.quit()
```

电子邮件程序示例

如上所述，使用 Python 程序发送电子邮件很容易。我们可以组装一条消息，并将其发送到服务器。让我们继续讨论前面那个想通知学生考试成绩的助教面临的问题。如果学生作业完成得很好，则发送一封表扬邮件；如果学生需要辅导，则在邮件中包括建议该生去辅导中心的内容。

编写这样的程序时，应该在程序中包含相关的信息（电子邮件地址、账户名、服务器名等），这样就不必每次都键入这些信息。不过，最好不要在程序中存储密码。相反，仅在程序运行时通过键盘输入它。

以下是准备工作的代码：

```
from email.mime.multipart import MIMEMultipart
from email.mime.text import MIMEText
import smtplib

sender = "sally.smith@mycollege.edu"
username = "sallysmith"
password = input("Password: ")
host = "smtp.myserver.com"
port = 587
```

然后提示输入收件人的电子邮件地址和考试成绩，根据分数创建消息正文。

```
recipient = input("Student email: ")
score = int(input("Score: "))
body = "Your score on the last exam is " + str(score) + "\n"
if score <= 50 :
    body = body + "To do better next time, why not visit the tutoring center?"
elif score >= 90 :
    body = body + "Fantastic job! Keep it up."
```

现在组装消息。在这里，我们只需发送一条纯文本消息。有关改进建议，请参见本章中的编程题 P3.53~P3.56。

```
msg = MIMEMultipart()
msg.add_header("From", sender)
msg.add_header("To", recipient)
msg.add_header("Subject", "Exam score")
msg.attach(MIMEText(body, "plain"))
```

最后，发送消息。

```
server = smtplib.SMTP(host, port)
server.starttls()
server.login(username, password)
server.send_message(msg)
server.quit()
```

至此，一封自定义的邮件正在发送给收件人。

这个程序只发送一封电子邮件。在第 4 章中，我们将学习如何编写可以发送多条消息的循环程序。第 7 章将讨论程序如何从电子表格中读取数据。我们可以改进此程序，以自动向电子邮件地址和考试成绩都存储电子表格中的所有学生发送消息。

示例代码： 完整的程序请参见本书配套代码中的 toolbox_1/mail.py。

3.5 问题求解：流程图

我们已经在本章前面看到了流程图的示例。流程图显示了解决问题所需的决策和任务的结构。在解决一个复杂的问题时，最好画一个流程图来可视化控制流。基本流程图包含的元素如图 5 所示。

图 5 流程图包含的元素

流程图的基本思想非常简单。将任务和输入 / 输出框按执行顺序连接在一起，当需要做出决策时，绘制一个包含两个结果的菱形框（参见图 6）。

每个分支都可以包含一系列任务，甚至包括其他决策。如果一个值有多个选择，请按图 7 所示的方式排列这些选择。

在绘制流程图时，需要注意一个问题。无约束的分支和合并可能导致"意大利通心粉"式的代码，即程序中包含多条混乱的路径。

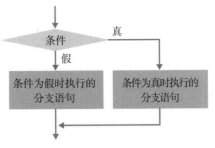

图 6　包含两个结果的流程图

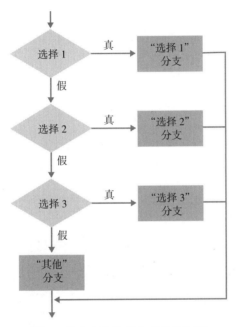

图 7　具有多个选择分支的流程图

为了避免"意大利通心粉"式的代码,有一个简单的规则:永远不要把一个箭头指向另一个分支内的语句。

为了理解这个规则,请考虑一个例子:在美国境内,运输费用是 5 美元,但到夏威夷和阿拉斯加的运输费用是 10 美元。国际运输费用也是 10 美元。

最初,流程图可以如下所示:

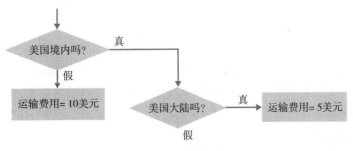

现在,如果尝试重用任务"运输费用 =10 美元"(shipping cost = $10):

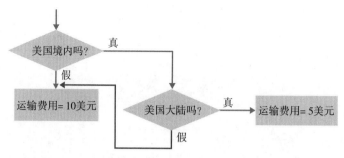

千万别这样做！黑色箭头指向另一个分支内的语句。相反，添加另一个将运输费用设置为 10 美元的任务，如下所示：

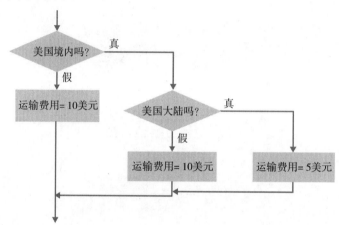

我们不仅避免了"意大利通心粉"式的代码，而且这还是一个更好的设计。未来很有可能发生的情况是，国际运输费用与阿拉斯加和夏威夷的运输费用不同。

流程图对于直观地理解算法流程非常有用。但是，当添加更多细节时，流程图会迅速变得很大。在这种情况下，有必要从流程图切换到伪代码。

计算运输费用的完整程序如下。

sec05/shipping.py

```
 1  ##
 2  #   本程序用于计算运输费用
 3  #
 4
 5  # 获取用户输入
 6  country = input("Enter the country: ")
 7  state = input("Enter the state or province: ")
 8
 9  # 计算运输费用
10  shippingCost = 0.0
11
12  if country == "USA" :
13      if state == "AK" or state == "HI" :    #有关 or 运算符，请参见本书 3.7 节
14          shippingCost = 10.0
15      else :
16          shippingCost = 5.0
17  else :
18      shippingCost = 10.0
19
20  # 打印结果
21  print("Shipping cost to %s, %s: $%.2f" % (state, country, shippingCost))
```

程序运行结果如下：

```
Enter the country: USA
Enter the state or province: VA
Shipping cost to VA, USA: $5.00
```

3.6　问题求解：测试用例

考虑如何测试 3.3 节中计算所得税的程序。当然，我们不能测试所有可能的婚姻状况和收入水平作为输入的情况。即使可以，也没有必要全部尝试。如果程序正确地计算了给定等级内的一个或者两个税额，那么我们有充分的理由相信所有的税额都是正确的。

我们希望目标能完全覆盖所有决策点。以下是获得一组完整测试用例的规划：

- 婚姻状况有两种可能性，每种状况有两个税率等级，因此需要 4 个测试案例。
- 测试若干个边界条件，例如位于两个等级之间的边界收入和零收入。
- 如果我们负责错误检测（将在 3.9 节中讨论），也要测试无效输入，例如负收入。

列出测试用例和预期输出：

测试用例	预期输出	说明
30 000 s	3 000	10% 等级
72 000 s	13 200	3 200 + 40 000 的 25%
50 000 m	5 000	10% 等级
104 000 m	16 400	6 400 + 40 000 的 25%
32 000 s	3 200	边界用例
0 m	0	边界用例

在我们开发一组测试用例时，程序流程图可以提供很大的帮助（参见 3.5 节）。检查每个分支都需要一个测试用例，每个决策的边界也都需要一个测试用例。例如，如果决策检查输入是否小于 100，则使用输入值 100 进行测试。

建议在开始编写代码之前先设计测试用例。通过测试用例，我们可以更好地理解即将实现的算法。

编程技巧 3.3　制订计划，为意外问题留出时间

商业软件因交付时间比承诺时间要晚而臭名昭著。例如，微软公司最初承诺其 Windows Vista 操作系统将于 2003 年年底发布，然后承诺 2005 年发布，之后又承诺 2006 年 3 月发布；最终于 2007 年 1 月发布。早期的一些承诺可能无法兑现，让潜在客户期待产品即将上市符合微软公司的利益。如果客户知道实际的交货日期，他们可能会在这段时间内换用一种不同的产品。不可否认的是，微软公司并没有预料到所要解决任务的全部复杂性。

微软公司可以推迟产品的交付，但很可能你不能。作为一名学生或者程序员，你应该明智地管理时间，按时完成作业。你也许想在截止日期的前一天晚上完成一项看起来很简单的编程练习，但实际上作业可能是预期难度的 2 倍，可能需要的时间是预期所需时间的 4 倍，因为可能会出现很多状况。所以，无论何时开始编程项目，都应该制订一个日程计划表。

首先，实事求是地预估以下任务大概需要花多少时间：

- 设计程序逻辑。
- 开发测试用例。
- 输入程序并修复语法错误。
- 测试和调试程序。

例如，对于计算所得税的程序，可以预估设计时间为 1 个小时，开发测试用例需要 30 分钟，输入程序并修复语法错误需要 1 小时，测试和调试程序需要 1 小时，总共需要 3.5 小时。如果每天在这个项目上工作 2 个小时，则差不多需要花 2 天时间。

然后考虑到可能出现的状况，例如电脑可能出故障了，我们可能被计算机系统的问题难住了等。（对于初学者来说，这是一个特别重要的问题。为一个小问题而浪费一天时间是很常见的，因为找到一个懂得如何解决该魔法命令问题的人需要时间。）根据经验法则，需要的时间是预估时间的 2 倍。也就是说，我们应该在截止日期前 4 天（而不是前 2 天）开始工作。如果没出什么问题，则万事大吉；我们可以提前两天完成这个工作任务。当不可避免的问题发生时，我们也有一段缓冲时间，从而避免手忙脚乱和一败涂地。

3.7　布尔变量和运算符

有时，需要在程序当中评估逻辑条件并使用它。若要存储可能为真或假的条件，可以使用布尔变量（Boolean variable）。布尔变量以数学家乔治·布勒（George Boole，1815—1864）命名，他是逻辑研究的先驱者。

在 Python 中，bool 数据类型正好有两个值，分别表示为 False 和 True。这些值不是字符串或者整数，它们是特殊值，仅用于布尔变量。以下语句把变量初始化为 True：

```
failed = True
```

稍后可以在程序中使用该值来做出决策：

```
if failed :    # 仅当 failed 设置为 True 时才执行
    . . .
```

当进行复杂的决策时，常常需要组合布尔值。组合布尔条件的运算符称为**布尔运算符**（Boolean operator）。在 Python 中，仅当两个条件都为真时，and 运算符的结果才为 True。如果至少有一个条件为真，则 or 运算符的结果为 True。

假设我们编写了一个处理温度值的程序，希望测试给定的温度是否对应液态水。（在海平面上，水在 0℃结冰，在 100℃沸腾。）如果温度大于 0 且小于 100，则水是液态的。

```
if temp > 0 and temp < 100 :
    print("Liquid")
```

测试条件包括两个部分，由 and 运算符连接。每个部分都是一个布尔值，可以为 True 或者 False。如果两个部分的表达式均为 True，则组合表达式为 True。如果其中任何一个表达式为 False，则结果也是 False（参见图 8）。

布尔运算符 and 和 or 的优先级低于关系运算符。因此，可以在布尔运算符的任意一侧使用关系表达式，而无须使用括号。例如，在以下表达式中：

```
temp > 0 and temp < 100
```

A	B	A and B
true	true	true
true	false	false
false	true	false
false	false	false

A	B	A or B
true	true	true
true	false	true
false	true	true
false	false	false

A	not A
true	false
false	true

图 8 布尔真值表

首先对表达式 temp > 0 和 temp < 100 求值，然后使用 and 运算符组合求值结果。（然而，对于复杂表达式，建议使用括号以提高代码的可读性。）

相反，让我们来测试在给定温度下水是否非液态。这种情况下，温度最高为 0 或者至少为 100。使用 or 运算符组合表达式：

```
if temp <= 0 or temp >= 100 :
    print("Not liquid")
```

图 9 显示了这些示例的流程图。

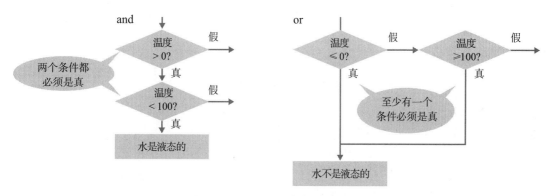

图 9 and 和 or 组合条件流程图

有时需要使用 not 布尔运算符反转条件。not 运算符接受单个条件，如果该条件为 False，则求值结果为 True；如果该条件为 True，则求值结果为 False。在本例中，如果布尔变量 frozen 的值为 False，则会执行输出语句：

```
if not frozen :
    print("Not frozen")
```

表 5 描述了布尔运算符求值的其他示例。

表 5 布尔运算符示例

表达式	值	说明
0 < 200 and 200 < 100	False	只有第一个表达式为 True
0 < 200 or 200 < 100	True	第一个表达式为 True
0 < 200 or 100 < 200	True	or 并不是"非此即彼"的测试。如果两个条件都为 True，则结果为 True
0 < x and x < 100 or x == -1	(0 < x and x < 100) or x == -1	and 运算符的优先级高于 or 运算符

（续）

表达式	值	说明
not (0 < 200)	False	0<200 为 True，因此其反转为 False
frozen == True	frozen	不需要将布尔变量与 True 进行比较
frozen == False	not frozen	建议使用 not，比与 False 进行比较更清楚

以下程序演示了布尔表达式的用法。

sec07/compare2.py

```
1  ##
2  #  本程序使用布尔表达式演示数值的比较
3  #
4
5  x = float(input("Enter a number (such as 3.5 or 4.5): "))
6  y = float(input("Enter a second number: "))
7
8  if x == y :
9     print("They are the same.")
10 else :
11    if x > y :
12       print("The first number is larger")
13    else :
14       print("The first number is smaller")
15
16    if -0.01 < x - y and x - y < 0.01 :
17       print("The numbers are close together")
18
19    if x > 0 and y > 0 or x < 0 and y < 0 :
20       print("The numbers have the same sign")
21    else :
22       print("The numbers have different signs")
```

程序运行结果如下：

```
Enter a number (such as 3.5 or 4.5): 3.25
Enter a second number: -1.02
The first number is larger
The numbers have different signs
```

常见错误 3.3 混淆 and 和 or 条件

令人惊讶的是，混淆 and 和 or 的条件是常见的错误。如果值至少为 0 且最多为 100，则该值范围为 0 ~ 100。如果值小于 0 或者大于 100，则该值位于该范围之外。没有金科玉律，我们只要仔细思考即可。

通常只要清楚地描述 and 或者 or，其实现并不太难。但是有时措辞不够明确。通常我们会使用项目符号列表分开描述各个条件，但是很少说明这些条件应该如何组合。请考虑以下申报纳税的说明。如果下列任何一项属实，则可以声明为 "单身"（single）状态：

- 你从未结过婚。
- 你在纳税年度的最后一天合法分居或者离婚。
- 你离过婚，并且没有再婚。

因为如果其中任何一个条件为真，则测试通过，所以必须使用 or 将这些条件组合在一起。同样，如果以下 5 个条件都是真的，则可以使用更有利的"夫妻联合申报"（married filing jointly）状态：

- 你的配偶去世不超过 2 年，并且你没有再婚。
- 你有一个孩子，并且你是孩子的抚养人。
- 你抚养的那个孩子整个纳税年度都住在你家里。
- 你为这个孩子支付了一半以上的抚养费用。
- 你与配偶在他或者她去世那年提交了一份夫妻联合申报表。

因为要通过测试，所有条件都必须为 True，所以使用 and 运算符将这 5 个条件组合在一起。

编程技巧 3.4　程序的可读性

程序不仅仅是计算机执行的指令，一个程序实现一个算法，并且通常被其他人阅读。因此，程序不仅要正确，而且要易于他人阅读。虽然许多程序员只关注代码布局的可读性，但语法的选择也会影响可读性。

为了提供具有可读性的代码，永远不要在逻辑表达式中与布尔字面量（True 或者 False）进行比较。例如，考虑以下 if 语句中的表达式：

```
if frozen == False :
    print("Not frozen")
```

阅读此代码时，人们容易混淆执行 if 语句的条件。相反，我们应该使用更容易接受的形式：

```
if not frozen :
    print("Not frozen")
```

这种形式更易于阅读，并且明确地指明了条件。

对于包含布尔值的变量，合适的命名也很重要。选择诸如 done 或者 valid 之类的名称，以便指明当变量设置为 True 或者 False 时应采取的操作。

专题讨论 3.3　级联关系运算符

在数学中，常常结合多个关系运算符比较变量与多个值之间的关系。例如，考虑表达式：

```
0 <= value <= 100
```

Python 同样允许我们以这种方式级联关系运算符。当对表达式求值时，Python 解释器会自动插入布尔运算符 and 并形成两个独立的关系表达式：

```
value >= 0 and value <= 100
```

关系运算符可以任意级联。例如，表达式 a < x > b 是完全合法的，它等价于 a < x and x > b。换而言之，x 必须同时大于 a 和 b。

大多数程序设计语言不允许以这种方式组合多个关系运算符，它们需要显式地使用布尔运算符。因此，在第一次学习编程时，最好显式地插入布尔运算符。这样，如果以后必须更改为其他程序设计语言，则可以避免在逻辑表达式中因级联关系运算符而产生语法错误。

专题讨论 3.4   布尔运算符的短路求值

and 和 or 运算符使用**短路求值**（short-circuit evaluation）。换而言之，逻辑表达式从左到右求值，并在确定真值后立即停止。当对 and 求值，并且第一个条件为假时，第二个条件不求值，因为第二个测试的结果是什么并不重要。

例如，考虑表达式：

```
quantity > 0 and price / quantity < 10
```

假设数量 quantity 的值为零，则测试 quantity > 0 失败，并且不尝试第二个测试。这种处理非常合理，因为一个数除以零是不可以的。

类似地，当 or 表达式的第一个条件为 true 时，剩下的将不再继续求值，因为结果肯定为 True。

专题讨论 3.5   德 · 摩根定律

人们通常很难理解把 not 运算符应用于 and/or 表达式的逻辑条件。德 · 摩根定律（De Morgan's Law），以逻辑学家奥古斯都 · 德 · 摩根（Augustus De Morgan，1806—1871）命名，可以用来简化这些布尔表达式。

假设在美国大陆以外运输货物时，需要收取更高的运输费用。

```
if not (country == "USA" and state != "AK" and state != "HI") :
    shippingCharge = 20.00
```

这个测试有点复杂，我们必须仔细思考其逻辑。如果不满足国家是美国并且不是阿拉斯加州也不是夏威夷州，则收取 20 美元。啊？肯定会有人会被这段代码弄糊涂吧。

虽然计算机理解这个测试逻辑没有任何问题，但程序代码需要人类程序员来编写和维护。因此，了解如何简化这样的条件非常有用。

德 · 摩根定律有两种形式：一种是否定 and 表达式，另一种是否定 or 表达式：

not (A and B) 等价于 not A or not B

not (A or B) 等价于 not A and not B

请特别注意这样一个事实，即 and 和 or 运算符是通过将 not 向内移动实现反转的。例如，否定"是阿拉斯加州 or 是夏威夷州"：

```
not (state == "AK" or state == "HI")
```

结果是"不是阿拉斯加州 and 不是夏威夷州"。

```
state != "AK" and state != "HI"
```

接下来，把德·摩根定律应用到运输费用的计算上：

```
not (country == "USA" and state != "AK" and state != "HI")
```

等价于：

```
not (country == "USA") or not (state != "AK") or not (state != "HI")
```

由于否定之否定等于肯定，因此结果可以进一步简化为如下测试：

```
country != "USA" or state == "AK" or state == "HI"
```

换而言之，当目的地在美国境外或者阿拉斯加州、夏威夷州时，适用更高的运费标准。

为了简化 and 或者 or 表达式的否定条件，建议应用德·摩根定律将否定移到最内层。

3.8　分析字符串

有时需要确定一个字符串中是否包含另一个给定的子字符串。也就是说，一个字符串包含与另一个字符串完全匹配的字符串。给定以下代码片段：

```
name = "John Wayne"
```

则表达式

```
"Way" in name
```

的结果为 True，因为子字符串 "Way" 出现在存储变量 name 的字符串中。

Python 还提供了 in 运算符的逆运算——not in：

```
if "-" not in name :
    print("The name does not contain a hyphen.")
```

有时，我们不仅需要确定一个字符串中是否包含另一个给定的子字符串，还需要确定字符串是否以该子字符串开始或结束。例如，假设给定一个文件的名称，并且需要确保它具有正确的扩展名。

```
if filename.endswith(".html") :
    print("This is an HTML file.")
```

endswith 字符串方法应用于存储在 filename 中的字符串，如果这个字符串以该子字符串 ".html" 结尾，则返回 True，否则返回 False。表 6 列举了可以用于测试子字符串的其他字符串方法。

表 6　测试子字符串的运算方法

运算方法	说明
substring in s	如果字符串 s 包含子字符串 substring，则返回 True，否则返回 False
s.count(substring)	返回字符串 s 中子字符串 substring 的不重叠出现次数
s.endswith(substring)	如果字符串 s 以子字符串 substring 结尾，则返回 True，否则返回 False
s.find(substring)	返回字符串 s 中子字符串 substring 出现的第一个索引位置。如果不包括 substring，则返回 -1
s.startswith(substring)	如果字符串 s 以子字符串 substring 开头，则返回 True，否则返回 False

我们还可以通过检查字符串测试特定的性质，例如，islower 字符串方法检查字符串并

确定是否字符串中的所有字母都是小写的，如以下代码片段：

```
line = "Four score and seven years ago"
if line.islower() :
    print("The string contains only lowercase letters.")
else :
    print("The string contains uppercase letters.")
```

因为 line 中的字符串以大写字母开头，所以输出结果为：

```
The string also contains uppercase letters.
```

如果字符串包含非字母，则它们将被忽略，并且不会影响布尔结果。但是如果我们需要确定一个字符串是否只包含字母表中的字母呢，该怎么办？同样存在一个字符串方法：

```
if line.isalpha() :
    print("The string is valid.")
else :
    print("The string must contain only upper and lowercase letters.")
```

Python 提供了若干种字符串方法用于测试表 7 中描述的特性。

表 7   测试字符串特性的方法

方法	说明
s.isalnum()	如果字符串 s 只包含字母数字字符（字母或者数字），并且至少包含一个字符，则返回 True，否则返回 False
s.isalpha()	如果字符串 s 只包含字母且至少包含一个字符，则返回 True，否则返回 False
s.isdigit()	如果字符串 s 只包含数字字符且至少包含一个字符，则返回 True，否则返回 False
s.islower()	如果字符串 s 至少包含一个字母并且字符串中的所有字母都是小写的，则返回 True，否则返回 False
s.isspace()	如果字符串 s 只包含空白字符（空白符、换行符、制表符），并且至少包含一个字符，则返回 True，否则返回 False
s.isupper()	如果字符串 s 至少包含一个字母并且字符串中的所有字母都是大写的，则返回 True，否则，返回 False

表 8 总结了如何分析和比较字符串。

表 8   比较和分析字符串

表达式	值	说明
"John" == "John"	True	== 也可以用于测试两个字符串的相等性
"John" == "john"	False	如果两个字符串相等，则它们必须完全相同。大写字母 "J" 不等于小写字母 "j"
"john" < "John"	False	基于字符串的字典顺序排序，大写字母 "J" 出现在小写字母 "j" 之前，因此字符串 "john" 在字符串 "John" 之后。具体请参见 "专题讨论 3.2"
"john" in "John Johnson"	False	子字符串 "john" 必须精确匹配
name = "John Johnson" "ho" not in name	True	字符串中不包括子字符串 "ho"
name.count("oh")	2	所有不重叠的子串都包含在计数中
name.find("oh")	1	查找第一个子字符串出现的位置或者字符串索引
name.find("ho")	-1	字符串中不包含子字符串 "ho"
name.startswith("john")	False	字符串以 "John" 开头，但大写字母 "J" 与小写字母 "j" 不匹配

（续）

表达式	值	说明
name.isspace()	False	字符串包含非空格字符
name.isalnum()	False	字符串还包含一个空格
"1729".isdigit()	True	字符串仅包含数字字符
"-1729".isdigit()	False	负号不是数字字符

下面的程序演示了检查子字符串的运算符和方法的使用方式。

sec08/substrings.py

```
1  ##
2  #  本程序演示测试子字符串时的各种字符串方法
3  #
4
5  # 通过用户输入获取字符串和子字符串
6  theString = input("Enter a string: ")
7  theSubString = input("Enter a substring: ")
8
9  if theSubString in theString :
10     print("The string does contain the substring.")
11
12     howMany = theString.count(theSubString)
13     print("   It contains", howMany, "instance(s)")
14
15     where = theString.find(theSubString)
16     print("   The first occurrence starts at position", where)
17
18     if theString.startswith(theSubString) :
19        print("   The string starts with the substring.")
20     else :
21        print("   The string does not start with the substring.")
22
23     if theString.endswith(theSubString) :
24        print("   The string ends with the substring.")
25     else :
26        print("   The string does not end with the substring.")
27
28  else :
29     print("The string does not contain the substring.")
```

程序运行结果如下：

```
Enter a string: The itsy bitsy spider went up the water spout
Enter a substring: itsy
The string does contain the substring.
   It contains 2 instance(s)
   The first occurrence starts at position 4
   The string does not start with the substring.
   The string does not end with the substring.
```

3.9 应用案例：输入验证

if 语句的一个重要应用是输入验证（input validation）。每当程序接受用户输入时，需要确保用户提供的值在计算之前是有效的。

考虑 elevatorsim.py 程序（参见 3.1 节）。假设电梯控制面板上包含标记为 1 ～ 20（但不包含 13）的按钮，则以下是非法输入：

- 数字 13
- 零或者负数
- 大于 20 的数字
- 不是数字序列的输入，例如 five

在上面每一种情况下，我们都希望给出一个错误消息，并退出程序。

很容易实现防止输入数字 13：

```python
if floor == 13 :
    print("Error: There is no thirteenth floor.")
```

以下代码片段确保用户不会输入超出有效范围的数字：

```python
if floor <= 0 or floor > 20 :
    print("Error: The floor must be between 1 and 20.")
```

但是，处理不是有效整数的输入是一个更重要的问题。执行语句：

```python
floor = int(input("Floor: "))
```

并且当用户的输入不是整数（例如输入的是 five）时，如果变量 floor 未被设置，则程序会引发运行时异常并终止程序。这里需要 Python 的异常机制来帮助验证整数和浮点数。我们将在第 7 章中讨论更高级的输入验证，并详细讨论有关异常处理的知识。

以下是一个改进的电梯模拟程序，具有输入验证功能。

sec09/elevatorsim2.py

```python
 1  ##
 2  #  本程序模拟跳过 13 楼的电梯控制面板
 3  #  并检测输入错误
 4  #
 5
 6  # 通过用户输入获取楼层号（整数）
 7  floor = int(input("Floor: "))
 8
 9  # 确保用户输入的正确性
10  if floor == 13 :
11      print("Error: There is no thirteenth floor.")
12  elif floor <= 0 or floor > 20 :
13      print("Error: The floor must be between 1 and 20.")
14  else :
15      # 此处可以确定输入有效
16      actualFloor = floor
17      if floor > 13 :
18          actualFloor = floor - 1
19
20      print("The elevator will travel to the actual floor", actualFloor)
```

程序运行结果如下：

```
Floor: 13
Error: There is no thirteenth floor.
```

在程序中，常常需要提示用户输入字符以执行某些操作或者指定某个特定条件。考虑 3.3 节中的所得税计算程序。系统会提示用户输入婚姻状况，并要求用户输入单个字母：

```
maritalStatus = input("Please enter s for single, m for married: ")
```

注意，婚姻状况按规范使用小写字母，但是常常用户不小心输入了大写字母，或者大写锁定键已打开。我们应允许用户输入大写字母或者小写字母，但不将其标记为错误。在验证用户输入时，我们必须比较两种情况：

```
if maritalStatus == "s" or maritalStatus == "S" :
    处理单身状况的数据
elif maritalStatus == "m" or maritalStatus == "M" :
    处理已婚状况的数据
else :
    print("Error: the marital status must be either s or m.")
```

通过简单地比较大小写字母，可以很容易地验证单个字母的输入。但如果要求用户输入多个字母的代码呢？例如，在运输费用程序中，要求用户输入国家和州或者省的代码。在程序的原始版本中，我们只检查用户输入大写字母的代码：

```
if country == "USA" :
    if state == "AK" or state == "HI" :
```

用户常常会输入小写字母或者大小写混合的多字母代码。将输入与所有可能的大小写字母组合进行比较枯燥乏味。因此，我们可以首先将用户输入转换为全部大写字母或者小写字母，然后与单个版本进行比较。可以使用 lower 或者 upper 字符串方法来完成。

```
state = input("Enter the state or province: ")
state = state.upper()

country = input("Enter the country: ")
country = country.upper()

if country == "USA" :
    if state == "AK" or state == "HI" :
        计算运输费用
```

专题讨论 3.6　终止程序运行

在基于文本的程序（那些没有图形用户界面的程序）中，如果用户输入了无效的数据，通常会中止程序。如前所述，程序检查用户输入并仅在提供了有效输入的情况下处理数据。这需要使用 if/elif/else 语句来处理数据，前提是输入有效。对于只检查一次输入值的小程序，这种方法没有问题。但在大型程序中，可能需要检查多个位置的输入值。不必每次使用输入值时都验证并显示错误消息，我们只需验证一次，然后在输入无效数据时立即中止程序。

执行标准库模块 sys 中定义的 exit 函数时，会立即中止程序。在程序中止之前，可以向终端显示一条可选消息。

```
from sys import exit

if not (userResponse == "n" or userResponse == "y") :
    exit("Error: you must enter either n or y.")
```

exit 函数作为输入验证过程的一部分，可以在发生错误时调用此函数来中止程序，从而构造更清晰、可读性更好的代码。

专题讨论 3.7　交互式图形程序

在使用 ezgraphics 模块的程序中，可以像在其他 Python 程序中一样读取和验证用户输入。只需在调用 wait 方法之前调用 input 函数即可。例如：

```
from ezgraphics import GraphicsWindow
from sys import exit

win = GraphicsWindow()
canvas = win.canvas()
x = int(input("Please enter the x-coordinate: "))
y = int(input("Please enter the y-coordinate: "))
if x < 0 or y < 0 :
    exit("Error: x and y must be >= 0".)
canvas.drawOval(x - 5, y - 5, 10, 10)
win.wait()
```

ezgraphics 模块还允许我们从用户那里获取简单的图形信息。GraphicsWindow 的方法 getMouse 暂停执行，直到用户使用鼠标按钮单击图形窗口中某个位置。

单击鼠标按钮产生的 x 和 y 坐标点作为两个元素的列表返回。如果我们在上例中的 win.wait() 语句之前插入以下代码：

```
point = win.getMouse()
x = point[0]
y = point[1]
canvas.drawRectangle(x, y, 40, 50)
```

将绘制一个矩形，其左上角位于用户鼠标按钮单击的位置。

"实训案例 3.2"展示了一个更复杂的图形应用程序，其中包含输入验证。

计算机与社会 3.2　人工智能

当人们使用一个复杂的计算机程序（例如税务筹划程序包）时，往往会认为计算机具有一定的智能。因为计算机会提出一些合理的问题，然后进行一些人们认为非常耗费心力的计算。毕竟，如果计算所得税非常容易的话，那就没有必要使用计算机来完成了。

然而，作为程序员，我们知道所有这些表象上的智能都是一种幻觉。人类程序员已经在所有可能的场景中仔细地"指导"了软件，并且软件只是简单地重复执行了软件中编码的操作和决策。

在某种意义上，有可能写出真正智能的计算机程序吗？从最早的计算机时代起，就有一种感觉，人类的大脑可能只不过是一台巨大的计算机，对计算机进行编程以

模拟人类的某些思维过程可能是可行的。对人工智能的正式研究始于 20 世纪 50 年代中期，前 20 年取得了一些令人印象深刻的成就。下象棋无疑是一项似乎需要非凡智力的活动，国际象棋程序已经变得非常优秀，以至于它们经常可以击败大多数的人类玩家（少数最优秀的人类玩家除外）。早在 1975 年，一个名为 Mycin 的专家系统程序就因为比普通医生更擅长诊断脑膜炎而声名鹊起。

从一开始，人工智能社区的一个既定目标就是开发一种软件以能够将文本从一种语言翻译成另一种语言，例如从英语翻译成俄语。事实证明，这项工作极其复杂。人类语言似乎比最初想象得更加微妙，并与人类经验交织在一起。苹果的 Siri 等系

统可以回答有关天气、约会和交通的常见问题。然而，除了有限的应用范围，它们更具娱乐性，而不是实用性。

在某些领域，人工智能技术有了长足的进步。最令人震惊的例子之一是自动驾驶汽车的出现。2004 年，美国国防部高级研究计划局（Defense Advanced Research Projects Agency，DARPA）邀请参赛者提交一辆由计算机控制的车辆，该车必须在无人驾驶或者遥控的情况下完成障碍驾驶课程。这次活动令人失望了，因为没有一个参赛者成功通过这条路线。然而，到了 2007 年，在一个"城市"环境（实际上是一个废弃的空军基地）的竞赛中，参赛车辆成功地相互交流了经验，并遵守了加利福尼亚州的交通法规。在接下来的 10 年里，部分或者完全自主驾驶的技术在商业上将变得可行。我们现在可以设想一个自驾汽车无处不在的未来。

在提供医疗建议或者驾驶车辆等活动中，当具有人工智能的系统取代人类时，一个重要的问题出现了。谁对错误负责？我们允许人类医生和司机偶尔犯下的致命错误，我们是否允许医疗专家系统和自动驾驶汽车也会偶尔犯错？

实训案例 3.2　图形应用：相交圆

问题描述　开发一个绘图程序来绘制两个圆（每个圆由圆心和半径定义），并确定两个圆是否相交。

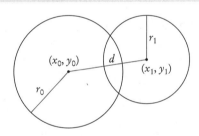

给定两个由圆心和半径定义的圆，我们可以确定这两个圆是否相交。

两个圆可以在一个点、两个点或者无限个点处相交（当两个圆重合时）。如果圆不相交，一个圆可以完全包含在另一个圆内，或者两个圆完全分离。

我们的任务是编写一个图形程序从用户那里获取两个圆的参数，在图形窗口中绘制每个圆，并显示一条消息以报告两个圆是否相交。在用户输入参数并经由程序验证后，应该立即绘制每个圆。应该在窗口的底部显示结果消息，消息为以下内容之一：

两个圆完全分离
一个圆包含在另一个圆内
两个圆相交于一个点
两个圆重合
两个圆相交于两个点

每个圆的圆心应该位于图形窗口之内，圆的半径至少为 5 个像素。

➡ **步骤 1**　确定要从用户处获取的数据和相应的输入验证测试。

为了定义和绘制圆，用户必须输入圆心的 x 和 y 坐标以及半径。由于将使用 ezgraphics

模块在图形窗口中绘制圆，因此这些参数必须是整数。

必须对从用户处获取的数据进行验证，以确保圆在窗口中可见并足够大。图形窗口的大小可以在创建时指定。

```
WIN_WIDTH = 500
WIN_HEIGHT = 500
win = GraphicsWindow(WIN_WIDTH, WIN_HEIGHT)
```

用于创建窗口的常量也可以用于验证圆心的坐标。每组输入所需的验证测试包括：

If x < 0 or x >= WIN_WIDTH or y < 0 or y >= WIN_HEIGHT
　　指出圆心坐标错误并退出程序
If radius < MIN_RADIUS
　　指出半径错误并退出程序

步骤 2 绘制一个圆。

ezgraphics 模块没有定义绘制圆的方法，但它定义了 drawOval（绘图椭圆）方法：

```
canvas.drawOval(x, y, width, height)
```

此方法需要包含椭圆的边界框左上角的坐标和边界框的尺寸（宽度和高度）。

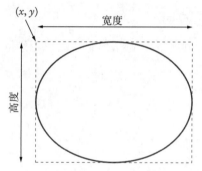

为了绘制一个圆，我们设置宽度和高度参数使用相同的值，这将是圆的直径。提醒一下，圆的直径是其半径的 2 倍：

diameter = 2 x radius

因为用户输入了圆心的 *x* 和 *y* 坐标，所以我们需要计算边界框左上角的坐标。

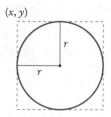

计算方法十分简单，因为圆的中心与边界框顶部的距离或者中心与左侧之间的距离均等于圆的半径。

left side = centerX - radius
top side = centerY - radius

步骤 3 确定两个圆是否相交。

为了确定两个圆是否相交，我们必须计算两个圆心之间的欧几里得距离：

$$d = \sqrt{(x_1 - x_0)^2 + (y_1 - y_0)^2}$$

然后把结果与两个圆的半径进行如下比较：

- 如果 $d > r_0 + r_1$，则两个圆不相交，且彼此完全分离。
- 如果 $d < |r_0 - r_1|$，则两个圆不相交，且一个圆包含在另一个圆中。
- 如果 $d = r_0 + r_1$，则两个圆相交于一个点。
- 如果 $d = 0$ 且 $r_0 = r_1$，则两个圆重合。
- 其他情况，两个圆相交于两个点。

基于上述分析结果，可以将数学条件转换为选择适当提示信息的算法：

设置 *dist* 为两个圆心之间的欧几里得距离
If dist > r0 + rl
　　设置 *message* 为"两个圆完全分离。"
Else if dist < abs(r0 - rl)
　　设置 *message* 为"一个圆位于另一个圆内。"
Else if dist == r0 + rl
　　设置 *message* 为"两个圆相交于一个点。"
Else if dist == 0 and r0 == rl
　　设置 *message* 为"两个圆重合。"
Else
　　设置 *message* 为"两个圆相交于两个点。"

➡️ **步骤 4** 确定在图形窗口中绘制提示信息的位置。

可以在图形窗口的任何位置绘制提示信息，但为了简单起见，我们将沿着窗口底部绘制提示信息。drawText 方法将文本左对齐到给定点的右侧和下方。x 和 y 坐标的最佳位置是距窗口底部 15 像素，距窗口左边缘 15 像素。为窗口的大小定义了常量变量之后，我们可以指定文本的位置，如下所示：

```
canvas.drawText(15, WIN_HEIGHT - 15, message)
```

➡️ **步骤 5** 在 Python 中实现我们的解决方案。

完整的程序如下所示。

worked_example_1/circles.py

```
 1  ##
 2  # 绘制两个圆，并确定它们是否相交
 3  # 通过用户输入获取两个圆的参数
 4  #
 5
 6  from ezgraphics import GraphicsWindow
 7  from math import sqrt
 8  from sys import exit
 9
10  # 定义常量变量
11  MIN_RADIUS = 5
12  WIN_WIDTH = 500
13  WIN_HEIGHT = 500
14
15  # 创建图形窗口对象，并获取画布对象
16  win = GraphicsWindow(WIN_WIDTH, WIN_HEIGHT)
```

```
17  canvas = win.canvas()
18
19  # 获取第一个圆的参数
20  print("Enter parameters for the first circle:")
21  x0 = int(input("  x-coord: "))
22  y0 = int(input("  y-coord: "))
23  if x0 < 0 or x0 >= WIN_WIDTH or y0 < 0 or y0 >= WIN_HEIGHT :
24      exit("Error: the center of the circle must be within the area of the window.")
25
26  r0 = int(input("  radius: "))
27  if r0 <= MIN_RADIUS :
28      exit("Error: the radius must be >", MIN_RADIUS)
29
30  # 绘制第一个圆
31  canvas.setOutline("blue")
32  canvas.drawOval(x0 - r0, y0 - r0, 2 * r0, 2 * r0)
33
34  # 获取第二个圆的参数
35  print("Enter parameters for the second circle:")
36  x1 = int(input("  x-coord: "))
37  y1 = int(input("  y-coord: "))
38  if x1 < 0 or x1 >= WIN_WIDTH or y1 < 0 or y1 >= WIN_HEIGHT :
39      exit("Error: the center of the circle must be within the area of the window.")
40
41  r1 = int(input("  radius: "))
42  if r1 <= MIN_RADIUS :
43      exit("Error: the radius must be >", MIN_RADIUS)
44
45  # 绘制第二个圆
46  canvas.setOutline("red")
47  canvas.drawOval(x1 - r1, y1 - r1, 2 * r1, 2 * r1)
48
49  # 确定两个圆是否相交，并选择相应的提示信息
50  dist = sqrt((x1 - x0) ** 2 + (y1 - y0) ** 2)
51
52  if dist > r0 + r1 :
53      message = "The circles are completely separate."
54  elif dist < abs(r0 - r1) :
55      message = "One circle is contained within the other.'
56  elif dist == r0 + r1 :
57      message = "The circles intersect at a single point."
58  elif dist == 0 and r0 == r1 :
59      message = "The circles are coincident."
60  else :
61      message = "The circles intersect at two points."
62
63  # 在图形窗口的底部向上显示结果信息
64  canvas.setOutline("black")
65  canvas.drawText(15, WIN_HEIGHT - 15, message)
66
67  # 等待，直到用户关闭窗口
68  win.wait()
```

工具箱 3.2   绘制简单图表

图表通过显示一组数值之间的关系来实现数据的可视化。matplotlib 模块提供了一组易于使用的工具，用于创建多种类型的图表。我们将在本书中探讨其中几个图表。

　　假设你在阿拉斯加美丽的费尔班克斯找到了一份工作，你正在考虑是否接受这份工作。也许你关心的是阿拉斯加的气候。阿拉斯加的月平均气温如下所示：

一月	二月	三月	四月	五月	六月	七月	八月	九月	十月	十一月	十二月
1.1	10.0	25.4	44.5	61.0	71.6	72.7	65.9	54.6	31.9	10.9	4.8

　　我们可以观察这些数字并尝试理解它们，或者可以创建一个图表来显示直接从原始数字中看起来不那么明显的模式。通过目测，我们可以很快判断出一年中有 6 个月的气温都在零摄氏度以下，而且夏季的气温似乎相当宜人（参见图 10）。

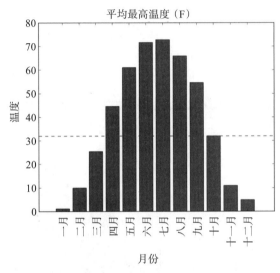

图 10　费尔班克斯每个月的平均最高温度

创建图表

为了使用 matplotlib 模块创建和显示图表，可以执行以下步骤：

1. 导入 pyplot 子模块。

```
from matplotlib import pyplot
```

pyplot 模块提供的功能是向图表添加元素和显示图表。

2. 在图表上绘制数据。

为了在图表上显示数据，可以调用 pyplot 模块中的函数。在这里，我们使用 bar 函数将多个值绘制为条形图上的条形：

```
pyplot.bar(1, 1.1)
pyplot.bar(2, 10.0)
pyplot.bar(3, 25.4)
pyplot.bar(4, 44.5)
pyplot.bar(5, 61.0)
```

作为快捷方式，我们还可以将 x 和 y 值放入方括号的值序列列表中（列表将在第 6 章讨论）。

```
pyplot.bar([1, 2, 3, 4, 5], [1.1, 10.0, 25.4, 44.5, 61.0])
```

默认情况下，每个条形的宽度为 0.8。编程题 P3.32 和 P3.35 展示了更改条形图的颜色和宽度的方法。

3. 改善图表的外观。

例如，我们可以更改坐标轴的标签：

```
pyplot.xlabel("Month")
pyplot.ylabel("Temperature")
```

本节稍后的内容将讨论更改图表外观的其他方法。

4. 显示图表。

设置完图表之后，调用 show 函数显示图表：

```
pyplot.show()
```

程序将显示图表并暂停，等待用户关闭窗口。这里允许我们在执行 Python 程序期间查看图表（参见图 11）。（如果使用 IPython 笔记本，则可以在笔记本中显示图表。有关说明请参见"工具箱 2.1"。）窗口底部的按钮是可用于图表的工具。最常用的是 Save 按钮，它允许我们以各种格式将图表保存到文件中。

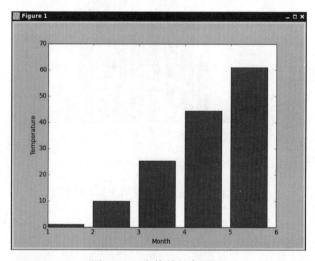

图 11   一个简单的条形图

下面的程序用于创建本示例中的简单图表。

toolbox_2/samplegraph.py

```
 1  ##
 2  #  本程序演示使用 matplotlib 模块绘制条形图的步骤
 3  #
 4  #
 5
 6  from matplotlib import pyplot
 7
 8  # 在图表上绘制数据
 9  pyplot.bar(1, 1.1)
10  pyplot.bar(2, 10.0)
11  pyplot.bar(3, 25.4)
12  pyplot.bar(4, 44.5)
13  pyplot.bar(5, 61.0)
14
15  # 添加描述信息
16  pyplot.xlabel("Month")
```

```
17  pyplot.ylabel("Temperature")
18
19  # 显示图表
20  pyplot.show()
```

示例代码：完整的程序请参见本书配套代码中的 toolbox_2/fairbanks.py。

创建折线图

折线图将数据点用线段连接起来。我们将 x 和 y 坐标的列表传递给 plot 函数：

```
pyplot.plot([1, 2, 3, 4, 5], [1.1, 10.0, 25.4, 44.5, 61.0])
```

上述语句调用将绘制一个包含 5 个数据点的折线图。

我们可以在同一图表上绘制多条折线，还可以绘制每个月的最低气温：

```
pyplot.plot([1, 2, 3, 4, 5], [1.1, 10.0, 25.4, 44.5, 61.0])   # 最高气温
pyplot.plot([1, 2, 3, 4, 5], [-16.9, -12.7, -2.5, 20.6, 37.8])  # 最低气温
```

为了区分不同的折线，matplotlib 为各折线使用不同的颜色。在这里，第一条折线是蓝色的，第二条折线是绿色的。

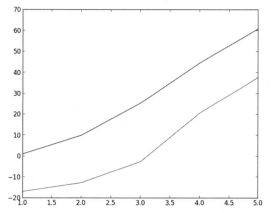

通过向 plot 函数提供格式字符串，可以更改线和点的颜色以及样式。表 9 显示了一些比较常见的样式元素。例如，调用以下语句将绘制一条红色虚线，并将每个点标记为圆。

```
pyplot.plot([1, 2, 3, 4, 5], [1.1, 10.0, 25.4, 44.5, 61.0], "r--o")
```

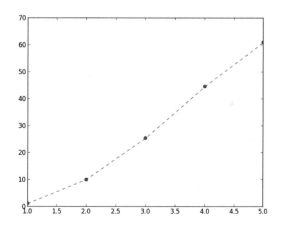

表 9 颜色代码、线条样式和标记类型

字符	颜色代码	字符	线条样式	字符	标记类型
b	蓝色	-	实线	.	点标记
g	绿色	--	虚线	o	圆标记
r	红色	:	点线	v	倒三角形标记
c	青色	-.	点划线	^	正三角形标记
m	洋红			s	正方形标记
y	黄色			*	星号标记
k	黑色			D	菱形标记
w	白色				

更改图表的外观

向图表中添加网格可以帮助观测者识别数据点。为了显示网格,可以调用语句:

```
pyplot.grid("on")
```

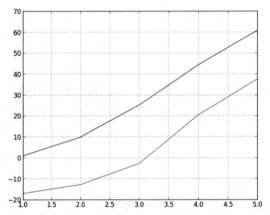

默认情况下,matplotlib 会自动为包含所有数据点的 x 轴和 y 轴选择范围。为了改变范围(例如,增加填充空白),或者选择更适合数据的范围,可以使用 xlim 和 ylim 函数,并传递期望范围的最小值和最大值。

```
pyplot.xlim(0.5, 5.5)
pyplot.ylim(-40, 100)
```

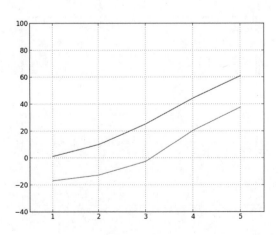

图表通常包含描述性信息，以帮助观测者了解他们所看到的内容，该信息至少应该包括标题和两个轴的标签。

```
pyplot.title("Average Temperatures in Fairbanks")
pyplot.xlabel("Month")
pyplot.ylabel("Temperature")
```

对于包含多条折线的图表，需要添加描述这些折线的图例。绘制好折线后，调用 legend 函数并提供描述列表。

```
pyplot.legend(["High", "Low"])
```

列表中的第一个字符串将与第一条折线关联，第二个字符串与第二条折线关联，以此类推。

也可以更改轴上的"刻度线"标签。例如，在图表中，标记月份可以提供进一步的帮助信息。调用 xticks 或者 yticks 函数并提供两个列表，第一个列表表示刻度位置，第二个列表表示标签名称。使用以下命令绘制费尔班克斯的 12 个月温度数据的折线图，其结果如图 12 所示。

```
pyplot.xticks(
    [1, 2, 3, 4, 5, 6, 7, 8, 9, 10, 11, 12],
    ["Jan", "Feb", "Mar", "Apr", "May", "Jun",
     "Jul", "Aug", "Sep", "Oct", "Nov", "Dec"])
```

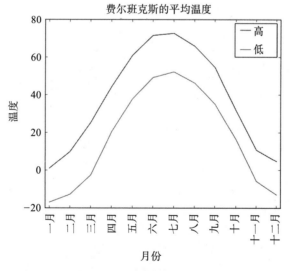

图 12   温度数据的折线图

构建图 12 所示图表的程序代码如下所示。

toolbox_2/linegraph.py

```
1  ##
2  # 本程序创建一个简单的折线图，通过本程序
3  # 演示了 matplotlib 模块的许多功能
4  #
5
6  from matplotlib import pyplot
7
```

```
 8  # 在图表上绘制数据
 9  pyplot.plot([1, 2, 3, 4, 5, 6, 7, 8, 9, 10, 11, 12],
10      [1.1, 10.0, 25.4, 44.5, 61.0, 71.6, 72.7, 65.9, 54.6, 31.9, 10.9, 4.8])
11  pyplot.plot([1, 2, 3, 4, 5, 6, 7, 8, 9, 10, 11, 12],
12      [-16.9, -12.7, -2.5, 20.6, 37.8, 49.3, 52.3, 46.4, 35.1, 16.5, -5.7, -12.9])
13
14  # 修改 x 的范围，增加填充空白
15  pyplot.xlim(0.8, 12.2)
16
17  # 添加描述性信息
18  pyplot.title("Average Temperatures in Fairbanks")
19  pyplot.xlabel("Month")
20  pyplot.ylabel("Temperature")
21  pyplot.legend(["High", "Low"])
22
23  pyplot.xticks(
24      [1, 2, 3, 4, 5, 6, 7, 8, 9, 10, 11, 12],
25      ["Jan", "Feb", "Mar", "Apr", "May", "Jun",
26          "Jul", "Aug", "Sep", "Oct", "Nov", "Dec"])
27
28  # 显示图表
29  pyplot.show()
```

图 10 总结了绘制函数。

表 10　绘制函数

函数	说明
pyplot.bar(x-value, y-value) pyplot.bar([x-values], [y-values])	在图表上绘制一个或者多个条形图，x 和 y 值作为列表来提供
pyplot.plot([x-coords], [y-coords]) pyplot.plot([x-coords], [y-coords], format)	绘制折线图。线条的颜色和样式可以用格式字符串指定
pyplot.grid("on")	在图表中添加网格线
pyplot.xlim(min, max) pyplot.ylim(min, max)	设置图表中显示的 x 或者 y 的范围
pyplot.title(text)	在图表中添加标题
pyplot.xlabel(text) pyplot.ylabel(text)	在 x 轴下方或者 y 轴的左边添加标签
pyplot.legend([label1, label2, ...])	为多条折线添加图例
pyplot.xticks([x-coord1, x-coord2, ...], [label1, label2, ...])	沿 x 轴在刻度线下方添加标签
pyplot.yticks([y-coord1, y-coord2, ...], [label1, label2, ...])	沿 y 轴在刻度线下方添加标签
pyplot.show()	显示图表

本章小结

使用 if 语句实现决策。

- if 语句允许程序根据要处理的数据性质执行不同的操作。
- 复合语句由语句头和语句块组成。
- 语句块中的语句必须缩进到同一级别。

实现数值和字符的比较。

- 使用关系运算符 (<、<=、>、>=、==、!=) 比较数值和字符串。
- 关系运算符按字典顺序比较字符串。

实现分支需要进一步决策的决策。

- 当一个选择语句包含在另一个选择语句的分支中时，这些语句是嵌套关系。
- 对于具有多层决策的问题，需要嵌套决策。

实现需要使用多条 if 语句的复杂决策。

- 可以组合多条 if 语句来评估复杂的决策。
- 当使用多条 if 语句时，先测试更具体的条件，然后测试一般条件。

绘制流程图以可视化程序的控制流程。

- 流程图由任务、输入/输出和决策等元素组成。
- 决策的每个分支都可以包含任务和进一步的决策。
- 永远不要把一个箭头指向另一个分支内的语句。

为程序设计测试用例。

- 程序的每个分支都应该被一个测试用例覆盖。
- 建议在开始编写代码之前，首先设计测试用例。

使用布尔数据类型存储和组合结果为真或者假的条件。

- 布尔类型的 bool 有两个值：False 和 True。
- Python 包含两个组合条件的布尔运算符：and 和 or。
- 为了反转条件，可以使用 not 运算符。
- and 和 or 运算符使用短路求值：一旦确定真值，就不再评估其他条件。
- 德·摩根定律用于否定 and 和 or 条件。

检查字符串的特征。

- 使用 in 运算符测试一个字符串是否出现在另一个字符串中。

应用 if 语句验证用户输入的正确性。

- 如果用户提供的输入不在预期范围内，则打印错误消息，并且不处理该输入。

复习题

- **R3.1** 执行以下 if 语句后，各变量的值是多少？

    ```
    a. n = 1
       k = 2
       r = n
       if k < n :
          r = k
    b. n = 1
       k = 2
       if n < k :
          r = k
       else :
          r = k + n
    c. n = 1
       k = 2
       r = k
       if r < k :
          n = r
       else :
          k = n
    d. n = 1
    ```

```
    k = 2
    r = 3
    if r < n + k :
        r = 2 * n
    else :
        k = 2 * r
```

- R3.2 阐述以下两个代码片段的差别：

```
s = 0
if x > 0 :
    s = s + 1
if y > 0 :
    s = s + 1
```

和

```
s = 0
if x > 0 :
    s = s + 1
elif y > 0 :
    s = s + 1
```

- R3.3 指出以下 if 语句中的错误。

a. `if x > 0 then`
   `    print(x)`

b. `if 1 + x > x ** sqrt(2) :`
   `    y = y + x`

c. `if x = 1 :`
   `    y += 1`

d. `xStr = input("Enter an integer value")`
   `x = int(xStr)`
   `if xStr.isdigit() :`
   `    sum = sum + x`
   `else :`
   `    print("Bad input for x")`

e. `letterGrade = "F"`
   `if grade >= 90 :`
   `    letterGrade = "A"`
   `if grade >= 80 :`
   `    letterGrade = "B"`
   `if grade >= 70 :`
   `    letterGrade = "C"`
   `if grade >= 60 :`
   `    letterGrade = "D"`

- R3.4 以下语句片段的打印结果是什么？

a. `n = 1`
   `m = -1`
   `if n < -m :`
   `    print(n)`
   `else :`
   `    print(m)`

b. `n = 1`
   `m = -1`
   `if -n >= m :`
   `    print(n)`
   `else :`
   `    print(m)`

```
c. x = 0.0
   y = 1.0
   if abs(x – y) < 1 :
       print(x)
   else :
       print(y)
d. x = sqrt(2.0)
   y = 2.0
   if x * x == y :
       print(x)
   else :
       print(y)
```

■■ R3.5 假设 x 和 y 是变量，每个变量都包含一个数值。编写一个代码片段，如果 x 为正，则将 y 设置为 x，否则设置为 0。

■■ R3.6 假设 x 和 y 是变量，每个变量都包含一个数值。编写一个代码片段，将 y 设置为 x 的绝对值，要求使用 if 语句实现，而不是调用 abs 函数。

■■ R3.7 解释为什么比较浮点数比整数更困难。编写 Python 代码来测试整数 n 是否等于 10，浮点数 x 是否近似等于 10。

■ R3.8 我们很容易混淆 = 和 == 运算符。编写包含以下语句的测试程序：

if floor = 13

程序产生的错误信息是什么？编写另一个包含以下语句的测试程序：

count == 0

运行程序时会发生什么情况？

■■ R3.9 国际象棋棋盘上的每个方块都可以用字母和数字来描述，例如本例中的 g5。

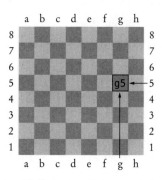

下面的伪代码描述了一种算法，该算法可以确定具有给定字母和数字的方块是深色（黑色）的还是浅色（白色）的。

If 字母为 *a*、*c*、*e*、*g*
   If 数字为奇数
      color = "black"
   Else
      color = "white"
Else
   If 数字为偶数
      color = "black"
   Else
      color = "white"

使用"编程技巧 3.2"中的过程，用输入值 g5 跟踪该伪代码算法。

■■ R3.10 为上一题设计包括 4 个测试用例的一组数据，以覆盖所有分支。

■■ R3.11 在日程安排计划程序中，我们需要检查两次约会是否重叠。为了简单起见，假设约会整点开始，并且使用军事时间（0 ～ 23 小时）。下面的伪代码描述了一种算法，该算法确定开始时间为 start1 和结束时间为 end1 的约会是否与开始时间为 start2 和结束时间为 end2 的约会重叠。

> *If start1 > start2*
>   *s = start1*
> *Else*
>   *s = start2*
> *If end1 < end2*
>   *e = end1*
> *Else*
>   *e = end2*
> *If s < e*
>   两次约会重叠
> *Else*
>   两次约会不重叠

跟踪此算法，使用 10 点 ～ 12 点的约会和 11 点 ～ 13 点的约会，然后使用 10 点 ～ 11 点的约会和 12 点 ～ 13 点的约会。

■ R3.12 为上一题中的算法绘制流程图。

■ R3.13 为复习题 R3.18 中的算法绘制流程图。

■ R3.14 为复习题 R3.20 中的算法绘制流程图。

■■ R3.15 为复习题 R3.11 中的算法设计一组测试用例。

■■ R3.16 为复习题 R3.20 中的算法设计一组测试用例。

■■ R3.17 为一个程序编写伪代码，该程序提示用户输入月和日，并打印出是否是以下 4 个节假日之一：

- 元旦（1 月 1 日）
- 独立日（7 月 4 日）
- 退伍军人节（11 月 11 日）
- 圣诞节（12 月 25 日）

■■ R3.18 为一个程序编写伪代码，该程序根据下表为测验成绩评定等级：

分数	等级
90-100	A
80-89	B
70-79	C
60-69	D
<60	F

■■ R3.19 解释了 Python 中字符串的字典顺序与字典或者电话簿中单词排序的不同之处。提示：请考虑 IBM、wiley.com、Century 21 和 While-U-Wait 等字符串。

■■ R3.20 对于以下字符串对，在字典顺序中排在前面的是哪个？

a. "Tom", "Jerry"

b. "Tom", "Tomato"

c. "church", "Churchill"

    d. `"car manufacturer"`, `"carburetor"`

    e. `"Harry"`, `"hairy"`

    f. `"Python"`, `" Car"`

    g. `"Tom"`, `"Tom"`

    h. `"Car"`, `"Carl"`

    i. `"car"`, `"bar"`

- ■ R3.21 解释 `if/elif/else` 语句序列和嵌套 `if` 语句之间的区别。请各举一个示例进行说明。

- ■■ R3.22 举出一个 `if/elif/else` 语句序列的例子，其中测试顺序无关紧要。举例说明测试顺序的重要性。

- ■ R3.23 重写 3.4 节中的条件，以使用 < 运算符而不是 >= 运算符。结果对比较顺序有什么影响？

- ■■ R3.24 为编程题 P3.25 中所得税计算程序设计一套测试用例。手动计算预期结果。

- ■■■ R3.25 查找布尔输入值 p、q 和 r 的所有组合，并计算其布尔表达式的真值，完成以下真值表。

p	q	r	(p and q) or not r	not (p and (q or not r))
False	False	False		
False	False	True		
False	True	False		
. . .				
超过 5 个的组合				
. . .				

- ■■■ R3.26 请问对于任何布尔条件 A 和 B，比较 A and B 与 B and A 是否相同？

- ■ R3.27 许多搜索引擎的"高级搜索"功能允许我们对复杂查询使用布尔运算符，例如"(cats OR dogs) AND NOT pets"。将这些搜索运算符与 Python 中的布尔运算符进行比较。

- ■■ R3.28 假设 b 的值为 `False`，x 的值为 0。以下各表达式的结果是什么？

    a. `b and x == 0`   e. `b and x != 0`

    b. `b or x == 0`   f. `b or x != 0`

    c. `not b and x == 0`   g. `not b and x != 0`

    d. `not b or x == 0`   h. `not b or x != 0`

- ■■ R3.29 化简以下表达式，其中 b 是布尔类型的变量。

    a. `b == True`

    b. `b == False`

    c. `b != True`

    d. `b != False`

- ■■■ R3.30 化简以下语句，其中，b 是包含布尔值的变量，n 是包含整数值的变量。

```
a. if n == 0 :
       b = True
   else :
       b = False
b. if n == 0 :
       b = False
   else :
       b = True
```

```
c. b = False
   if n > 1 :
      if n < 2 :
         b = True
d. if n < 1 :
      b = True
   else :
      b = n > 2
```

■ R3.31　指出以下程序中的错误。

```
inputStr = input("Enter the number of quarters: ")
quarters = int(inputStr)
if inputStr.isdigit() :
    total = quarters * 0.25
    print("Total: ", total)
else :
    print("Input error.")
```

■ **工具箱应用** R3.32　创建一个条形图，显示前 4 个数的平方值（1、4、9、16）。

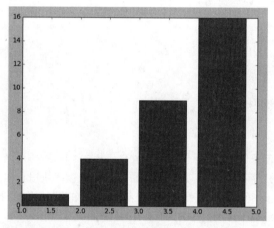

■ **工具箱应用** R3.33　在上一题的图表中，*x* 轴的刻度为 1，1.5，2，2.5，…。如何更改 *x* 轴的刻度为 1、2、3 和 4？

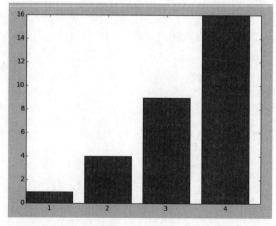

■ **工具箱应用** R3.34　在复习题 R3.32 所示的图表中，轴被缩放以包含数据点，因此看起来值的增长比较慢。如何准确地显示增长？

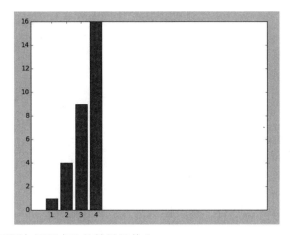

■ **工具箱应用 R3.35**   以下语句调用产生的结果是什么？

```
pyplot.plot([1, 2, 3, 4, 5], [1.1, 10.0, 25.4, 44.5, 61.0], "ro")
```

■ **工具箱应用 R3.36**   在上一题中，如何在绿色的折线上绘制红色标记。

编程题

■ **P3.1**   编写一个程序，读取一个整数，打印该整数是负数、零还是正数。

■■ **P3.2**   编写一个程序，读取一个浮点数。如果数值为零，则打印"zero"，否则，打印"positive"或者"negative"。如果数的绝对值小于1，则添加"small"的提示信息；如果超过1 000 000，则添加"large"的提示信息。

■■ **P3.3**   编写一个程序，读取一个整数，打印其包含的位数（检查数值是否 ≥ 10、≥ 100，以此类推）。（假设所有的整数都小于100亿。）如果数值为负，则先乘上 −1。

■■ **P3.4**   编写一个程序，读取3个数值。如果3个数值都相同，则打印"完全相同"；如果各不相同，则打印"各不相同"；否则，打印"其他情况"。

■■ **P3.5**   编写一个程序，读取3个数值。如果它们按递增顺序排列，则打印"升序"；如果它们按递减顺序排列，则打印"降序"；否则，打印"其他情况"。假设序列3 4 4不是按递增顺序排列的。

■■ **P3.6**   重复上一题，但在读取数据前，询问用户递增/递减规则是"严格"的还是"宽容"的。在"宽容"模式下，序列3 4 4是递增序列；序列4 4 4既是递增序列也是递减序列。

■■ **P3.7**   编写一个程序，读取3个数值。如果它们按升序或者降序顺序排列，则打印"有序"(in order)；否则打印"无序"(not in order)。例如：

```
1 2 5   in order
1 5 2   not in order
5 2 1   in order
1 2 2   in order
```

■■ **P3.8**   编写一个程序，读取4个数值。如果输入包含两个匹配的数值对（顺序可以相同也可以不同），则打印"两对"；否则，打印"不是两对"。例如：

```
1 2 2 1   two pairs
1 2 2 3   not two pairs
2 2 2 2   two pairs
```

■ **P3.9**   编写一个程序，读取温度值和一个字母C或者F（其中，C表示摄氏度，F表示华氏度）。在给定温度下，打印水在海平面上的状态（液态、固态或者气态）？

■ **P3.10**   水的沸点每升高300米（或者1000英尺）下降约1℃。改进上一题，允许用户指定海拔（单位为米或者英尺)。

■ **P3.11** 为上一题添加错误处理代码。如果用户为海拔输入一个无效的单位,则打印错误信息,并终止程序运行。

■■ **P3.12** 编写一个程序,将成绩的字母等级转换为数值等级。字母等级是 A、B、C、D 和 F,后面可能跟 + 或者 -。这些字母等级对应的数值分别是 4、3、2、1 和 0。不存在 F+ 或者 F-。+ 将数值增加 0.3, - 将其减少 0.3。但是,A+ 的值为 4.0。

```
Enter a letter grade: B-
The numeric value is 2.7.
```

■■ **P3.13** 编写一个程序,将 0 ~ 4 的数值转换为最接近的字母等级。例如,数值 2.8(可能是几个成绩等级的平均值)将转换为 B-。如果处于中间位置,则取最好的等级;例如,2.85 应该是 B。

■■ **P3.14** 编写一个程序,接受用户输入,用以下速记符号描述扑克牌:

```
A           爱司
2 ... 10    牌面值
J           骑士
Q           皇后
K           皇后
D           方块
H           红桃
S           黑桃
C           梅花
```

程序应重新打印扑克牌的全称。例如:

```
Enter the card notation: QS
Queen of Spades
```

■■ **P3.15** 编写一个程序,读取 3 个浮点数并打印 3 个输入中的最大值,要求不使用 max 函数。例如:

```
Enter a number: 4
Enter a number: 9
Enter a number: 2.5
The largest number is 9.0
```

■■ **P3.16** 编写一个程序,读取 3 个字符串,并按字典顺序进行排序。

```
Enter a string: Charlie
Enter a string: Able
Enter a string: Baker
Able
Baker
Charlie
```

■■ **P3.17** 编写一个程序,读取一个字符串,并打印出该字符串是否满足以下各条件:

- 仅包含字母
- 仅包含大写字母
- 仅包含小写字母
- 仅包含数字
- 仅包含字母和数字
- 以大写字母开头
- 以句号结束

■■ **P3.18** 当比较两个时间点时,每个时间点以小时(军事时间,范围为 0 ~ 23)和分钟的形式给出,下面的伪代码将确定哪个时间点先到。

If hour1 < hour2
　　time1 先到
Else if hour1 和 *hour2* 相同
　　If minute1 < minute2
　　　　time1 先到
　　Else if minute1 和 *minute2* 相同
　　　　time1 和 *time2* 相同
　　Else
　　　　time2 先到
Else
　　time2 comes 先到

编写一个程序，提示用户输入两个时间点，然后打印先到的时间，随后打印另一个时间。

■ **P3.19** 编写一个程序，提示用户输入字母表中的单个字符。根据用户输入，打印元音或者辅音。如果用户输入的不是字母（a～z 或者 A～Z），或者是长度大于 1 的字符串，则打印错误消息。

■■ **P3.20** 以下算法生成给定月和日所对应的季节（春季、夏季、秋季或者冬季）。

If month 为 *1, 2, 3, season = "Winter"*
Else if month 为 *4, 5, 6, season = "Spring"*
Else if month 为 *7, 8, 9, season = "Summer"*
Else if month 为 *10, 11, 12, season = "Fall"*
If month 可被 *3* 整除且 *day>=21*
　　If season 为 *"Winter", season = "Spring"*
　　Else if season 为 *"Spring", season = "Summer"*
　　Else if season 为 *"Summer", season = "Fall"*
　　Else season = "Winter"

编写一个程序，提示用户输入月和日，然后按此算法打印季节名称。

■■ **P3.21** 编写一个程序，读取两个浮点数，并测试它们保留到两位小数后是否相同。这里有两个运行示例：

```
Enter a floating-point number: 2.0
Enter a floating-point number: 1.99998
They are the same up to two decimal places.
Enter a floating-point number: 2.0
Enter a floating-point number: 1.98999
They are different.
```

■■ **P3.22** 编写一个程序，提示输入用户生日的日期和月份，然后打印所属星座，同时为用户估算星座运势并告知其星座财富信息，例如：

```
Please enter your birthday.
    month: 6
    day: 16
Gemini are experts at figuring out the behavior
of complicated programs. You feel where bugs are
coming from and then stay one step ahead. Tonight,
your style wins approval from a tough critic.
```

要求每一个生日的星座财富信息包含星座的名称。（可以在互联网上数不胜数的网站上找到星座和对应的日期范围。）

■■ **P3.23** 在 1913 年，最初的美国所得税计算方法相当简单。计算方法如下：

- 前 50 000 美元（含）的 1%。
- 50 000 美元（不含）～ 75 000 美元（含）的 2%。

- 75 000 美元（不含）～ 100 000 美元（含）的 3%。
- 100 000 美元（不含）～ 250 000 美元（含）的 4%。
- 250 000 美元（不含）～ 500 000 美元（含）的 5%。
- 超过 500 000 美元（不含）的 6%。

对于单身或者已婚纳税人，没有单独的纳税表。编写一个程序，根据这个纳税表计算所得税。

■■ P3.24 程序 taxes.py 使用 2008 年美国所得税表的简化版本。为单身和已婚申请者查找本年度的所得税等级和税率，并编写一个计算实际所得税的程序。

■■ P3.25 编写一个程序，使用以下所得税表计算所得税。

如果婚姻状况为单身，并且应纳税收入超过	但不超过	所得税为	超过以下的金额
0	8 000 美元	10%	0
8 000 美元	32 000 美元	800 美元 + 15%	8 000 美元
32 000 美元		4 400 美元 + 25%	32 000 美元
如果婚姻状况为已婚，并且应纳税收入超过	但不超过	所得税为	超过以下的金额
0	16 000 美元	10%	0
16 000 美元	64 000 美元	1 600 美元 + 15%	16 000 美元
64 000 美元		8 800 美元 + 25%	64 000 美元

■■■ P3.26 单位换算。编写一个单位换算程序，询问用户需要转换的单位（fl.oz、gal、oz、lb、in、ft、mi）和需要转换到的单位（ml、l、g、kg、mm、cm、m、km）。不允许不兼容的转换（例如 gal 到 km）。要求用户输入需要转换的值，然后显示如下结果：

```
Convert from? gal
Convert to? ml
Value? 2.5
2.5 gal = 9463.5 ml
```

■■■ P3.27 一年如果有 366 天，则被称为闰年。闰年是保持日历与太阳同步所必需的，因为地球每 365.25 天绕太阳旋转一周。实际上，这个数字并不完全准确，1582 年以后所有的日期都使用公历修正。通常可以被 4 整除的年份是闰年（例如，1996 年）。然而，可以被 100 整除的年份（例如 1900 年）不是闰年，但是可以被 400 整除的年份是闰年（例如 2000 年）。编写一个程序，要求用户输入年份，并计算该年是否为闰年。使用单个 if 语句和布尔运算符。

■■■ P3.28 罗马数字。编写一个将正整数转换成罗马数字系统的程序。罗马数字系统包含以下数字：

I	1
V	5
X	10
L	50
C	100
D	500
M	1000

数字根据以下规则组成。

a. 仅代表 3 999 以下的数字。

b. 在十进制中，分别表示千位、百位、十位和个位。

c. 数字 1 ～ 9 表示为

I	1
II	2
III	3
IV	4

V	5
VI	6
VII	7
VIII	8
IX	9

如前所述，在 V 或者 X 之前的 I 是指从值中减去 1，并且一行中的 I 不能超过 3 个。

d. 十和百采用相同的方法，但是使用字母 X、L、C 以及 C、D、M 来代替 I、V、X。

要求程序接受一个输入（例如 1978），然后把它转换成罗马数字（MCMLXXVIII）。

■■■ **P3.29** 编写一个程序，要求用户输入月份（1 代表一月、2 代表二月，以此类推），然后打印该月的天数。如果是二月，则打印"28 or 29 days"。

```
Enter a month: 5
30 days
```

不要为每个月使用单独的 if/else 分支，要使用布尔运算符。

■■■ **P3.30** 在法语中，国家名称以字母 e 结尾时是阴性，否则是阳性，但以下名称是例外，虽然以 e 结尾，但它们是阳性：

- le Belize
- le Cambodge
- le Mexique
- le Mozambique
- le Zaïre
- le Zimbabwe

编写一个程序，读取一个国家的法语名称，并添加冠词：le 代表阳性，la 代表阴性，例如，le Canada 或者 la Belgique。

但是，如果国名以元音开头，则使用 l'，例如，l'Afghanistan。

对于下列复数国家名称，则使用 les：

- les Etats-Unis
- les Pays-Bas

■■ **工具箱应用 P3.31** 将你家乡的平均最高气温和平均最低气温的曲线添加到"工具箱 3.2"所示程序的折线图中。

■ **工具箱应用 P3.32** 为了修改条形图中条形的颜色，可以调用语句

```
pyplot.bar(x, y, color="...")
```

表 9 列出了合法的颜色字符串。使用 pyplot 和颜色字符串选项创建 2.6.3 节中条形图的垂直版本。

■■■ **工具箱应用 P3.33** 重复编程题 P3.31，使用 pyplot 绘制条形图。

■■ **工具箱应用 P3.34** 修改"工具箱 3.2"中条形图的颜色，设置 32℃以下条形的颜色为蓝色，其他条形的颜色为黄色。

■■■ **工具箱应用 P3.35** 为了修改条形图中条形的宽度，可以调用语句

```
pyplot.bar(x, y, width="...")
```

可以使用此选项并结合"工具箱 3.2"中的费尔班克斯（Fairbanks）数据生成一个包含两组条形图（低温和高温时颜色不同）的图形，如下图所示。

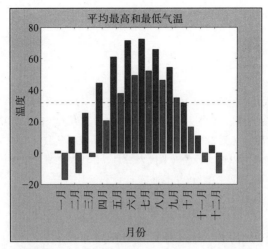

■■ **工具箱应用 P3.36**　pyplot 模块中的 pie 命令用于绘制饼图。我们需要提供一个值的列表来绘制一张各大洲面积的饼图。要求提供"工具箱 3.2"中所述图表的图例。

■■■ **商业应用 P3.37**　编写一个程序来模拟银行交易。有两个银行账户：支票（checking）和储蓄（saving）。首先，询问银行账户的初始余额；注意不允许出现负值。然后询问以下三种交易类别：存款（deposit）、取款（withdrawal）和转账（transfer）。接着询问以下两种账户类别：支票和储蓄。接着再询问金额；注意不允许透支交易。最后，打印两个账户的余额。

■■ **商业应用 P3.38**　编写一个程序，读取员工的姓名和工资。这里的工资是指时薪，例如 9.25 美元。然后询问员工在过去一周工作了多少小时。程序可以接受零碎的工作时间（即非整小时）。计算工资，加班工作（每周超过 40 小时）时的工资为正常工资的 150%，并打印员工的工资单。

■■ **商业应用 P3.39**　在自动取款机（ATM）上使用银行卡时，需要使用个人识别码（PIN）来访问账户。如果用户在输入 PIN 时失败次数超过 3 次，机器将冻结银行卡。假设用户的 PIN 为"1234"，编写一个程序，要求用户输入 PIN 的次数不超过 3 次，并执行以下操作：

● 如果用户输入了正确的识别码，则打印一条消息："你的识别码正确"，然后结束程序。

● 如果用户输入了错误的识别码，则打印一条消息："你的识别码不正确"，如果输入识别码的次数少于 3 次，则再次请求用户输入。

● 如果用户 3 次都输入了错误的识别码，则打印一条消息："你的银行卡被冻结"，然后结束程序。

■ **商业应用 P3.40**　超市根据顾客在食品杂货上消费的金额奖励优惠券。例如，如果用户消费了 50 美元，则会得到一张价值 8% 的优惠券。下表显示了用于计算不同消费金额的优惠券的百分比。编写一个程序，基于用户购买的食品杂货金额，计算并打印优惠券的数值。

下面是一个运行示例：

```
Please enter the cost of your groceries: 14
You win a discount coupon of $ 1.12. (8% of your purchase)
```

消费金额	优惠券百分比
小于 10 美元	无
10 ~ 60 美元	8%
60 ~ 150 美元	10%
150 ~ 210 美元	12%
超过 210 美元	14%

■ **商业应用 P3.41** 去餐馆时计算小费并不困难，但是餐馆希望根据顾客所得到的服务来支付小费。编写一个程序，根据用餐者的满意度计算小费，规则如下：

- 使用以下评分代表用餐者的满意度：1 = 非常满意，2 = 满意，3 = 不满意。
- 如果用餐者非常满意，按 20% 计算小费。
- 如果用餐者满意，按 15% 计算小费。
- 如果用餐者不满意，按 10% 计算小费。
- 报告满意度和消费金额（以美元和美分为单位）。

■ **图形应用 P3.42** 修改"实训案例 3.2"中的程序，使用 getMouse 方法获取两个圆的圆心坐标。

■ **科学应用 P3.43** 编写一个程序，提示用户输入一个波长值，并打印出电磁频谱相应部分的描述，如表 11 所示。

表 11 电磁波谱

类型	波长（m）	频率（Hz）
无线电（radio waves）	$> 10^{-1}$	$< 3 \times 10^9$
微波（microwaves）	$10^{-3} \sim 10^{-1}$	$3 \times 10^9 \sim 3 \times 10^{11}$
红外线（infrared）	$7 \times 10^{-7} \sim 10^{-3}$	$3 \times 10^{11} \sim 4 \times 10^{14}$
可见光（visible light）	$4 \times 10^{-7} \sim 7 \times 10^{-7}$	$4 \times 10^{14} \sim 7.5 \times 10^{14}$
紫外线（ultraviolet）	$10^{-8} \sim 4 \times 10^{-7}$	$7.5 \times 10^{14} \sim 3 \times 10^{16}$
X 射线（x-rays）	$10^{-11} \sim 10^{-8}$	$3 \times 10^{16} \sim 3 \times 10^{19}$
伽马射线（gamma rays）	$< 10^{-11}$	$> 3 \times 10^{19}$

■ **科学应用 P3.44** 重复上一题，修改程序，提示用户输入频率而不是波长。

■■ **科学应用 P3.45** 重复编程题 P3.43，修改程序，首先提示用户输入的是波长还是频率，然后提示用户输入值。

■■■ **科学应用 P3.46** 小型货车有两扇滑动门。每扇门都可以通过仪表板开关、内部把手或者外部把手打开。但是，如果起动了儿童锁开关，则内部把手不起作用。为了使滑动门打开，换挡杆必须处于停车挡处，并且必须起动主解锁开关。（作者恰好是拥有类似车辆且长期饱受烦恼的车主。）

我们的任务是模拟车辆控制软件的一部分。输入是开关和换挡的一系列值，顺序如下：

- 左右滑动门、儿童锁和主解锁的仪表板开关（0 表示关闭、1 表示激活）。
- 左右滑动门的内外把手（0 或者 1）。
- 换挡设置（P、N、D、1、2、3、R 之一）。

典型的输入是 00010100P。

根据需要打印"左门打开"或"右门打开"。如果两扇门都没有打开，则打印"两扇门都保持关闭"。

■ **科学应用 P3.47** 以分贝（dB）为单位的声音级别 L 的计算公式如下：

$$L = 20 \log_{10}(p/p_0)$$

其中 p 是声音的声压（单位为帕斯卡，缩写为 Pa），p_0 是等于 20×10^{-6}Pa 的参考声压（其中 L 为 0dB）。下表给出了某些声音级别的说明。

感觉痛的阈值	130dB
可能听力损伤	120dB
1 米处的凿岩机	100dB
10 米处繁忙的交通要道	90dB
正常交谈	60dB
安静的图书馆	30dB
小树叶沙沙声	0dB

编写一个程序，读取一个值和一个单位（dB 或者 Pa），然后打印上面列表中最接近的描述。

■■ **科学应用 P3.48**   下面所示的电路图用于测量会议厅中气体的温度。

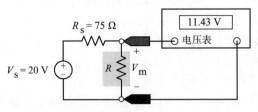

电阻器 R 表示密封在会议厅中的温度传感器。电阻 R（单位为 Ω）与温度 T（单位为℃）的关系公式如下：

$$R = R_0 + kT$$

在该装置中，假设 $R_0 = 100\Omega$、$k = 0.5$。电压表显示传感器两端的电压值为 V_m。根据以下公式，可以使用电压 V_m 计算气体的温度 T：

$$T = \frac{R}{k} - \frac{R_0}{k} = \frac{R_s}{k}\frac{V_m}{V_s - V_m} - \frac{R_0}{k}$$

假设电压表的电压限制范围为 $V_{min} = 12V \leqslant V_m \leqslant V_{max} = 18V$。编写一个程序，接受 V_m 的值，并检查它是否在 12 ~ 18 之间。当 V_m 范围为 12 ~ 18 时，程序应该返回以摄氏度为单位的气体温度，否则返回错误信息。

■■■ **科学应用 P3.49**   霜冻造成的农作物损失是农民面临的众多风险之一。下图显示了一个简单的报警电路，用于霜冻报警。当温度降到冰点以下时，报警电路使用一种叫作热敏电阻的装置来起动蜂鸣器。热敏电阻是一种半导体器件，其电阻随温度而变化，计算公式如下：

$$R = R_0 e^{\beta\left(\frac{1}{T} - \frac{1}{T_0}\right)}$$

其中，R 是温度为 T（单位为 °K）时的电阻（单位为 Ω）；R_0 是温度为 T_0（单位为 °K）时的电阻（单位为 Ω）；β 是一个常数，取决于用于制作热敏电阻的材料。

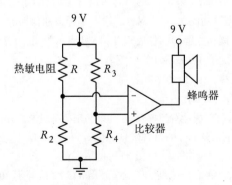

电路的设计为满足以下条件时，起动报警器：

$$\frac{R_2}{R + R_2} < \frac{R_4}{R_3 + R_4}$$

报警电路中使用的热敏电阻在 $T_0 = 40$℃时，$R_0 = 33\,192\,\Omega$，$\beta = 3\,310$K。（注意，β 的单位为 °K。单位为℃的温度上加 273 可以得到 °K 的温度。）电阻器 R_2、R_3 和 R_4 的电阻为 156.3 kΩ = 156 300 Ω。

编写一个 Python 程序，提示用户输入以华氏度（°F）为单位的温度，并打印一条信息，指示在该温度下，是否启动报警器。

- **科学应用 P3.50**　把一个质量 $m = 2\text{kg}$ 的物体，系在长度 $r = 3\text{m}$ 的绳索末端。物体高速旋转。绳索可以承受的最大张力为 $T = 60\text{N}$。编写一个程序，读取旋转速度 v，并确定这样的速度是否会导致绳子断裂。提示：$T = mv^2 / r$。

- **科学应用 P3.51**　把一个质量为 m 的物体，系在长度 $r = 3\text{m}$ 的绳索末端。物体只能以每秒 1、10、20 或者 40m 的速度旋转。绳索可以承受的最大张力为 $T = 60\text{N}$。编写一个程序，让用户输入物体质量 m 的值，然后程序确定在绳子不断裂的情况下，旋转的最大速度。提示：$T = mv^2 / r$。

- **科学应用 P3.52**　普通人可以以每小时 7 英里的速度在地表跳跃，而不必担心跳离地球。然而，如果一个宇航员站在哈雷彗星上以这样的速度跳跃，他还会回到哈雷彗星表面上吗？编写一个程序，允许用户输入从哈雷彗星表面向上跳跃的速度（以英里 / 小时为单位），并确定跳跃者是否会返回地面。如果不会返回地面，则程序应该计算出彗星的质量应该为多重时，才可以保证跳跃者能返回地面。

  提示：逃逸速度的计算公式为 $v_{\text{escape}} = \sqrt{2\dfrac{CM}{R}}$，其中 $G = 6.67 \times 10^{-11}\text{N} \cdot \text{m}^2/\text{kg}^2$ 为引力常数，M 为天体质量，R 为天体半径。哈雷彗星的质量为 $2.2 \times 10^{14}\text{kg}$，直径为 9.4km。

- **工具箱应用 P3.53**　修改"工具箱 3.1"中的程序，把所有的消息抄送给教授。

- **工具箱应用 P3.54**　修改"工具箱 3.1"中的程序，把所有需要辅导的学生消息密送给辅导实验室。在程序中设置实验室的地址（例如 cs-tutoring-lab@mycollege.edu）为常量字符串。

- **工具箱应用 P3.55**　修改"工具箱 3.1"中的程序，给成绩 90 分及以上的学生的邮件中附加一幅图片（goldstar.jpg），给成绩 50 分及以下的学生的邮件中附加一张辅导中心的地图（tutoring.jpg）。

- **工具箱应用 P3.56**　修改"工具箱 3.1"中的程序，提示用户是否需要附加一个文件到消息中；如果需要，则提示输入文件位置，并附加该文件。

循 环 结 构

本章目标

- 实现 while 循环和 for 循环
- 手工跟踪程序的执行过程
- 熟悉常用的循环算法
- 理解嵌套循环
- 处理字符串
- 使用计算机进行仿真

在循环中，程序的一部分被重复执行，直到达到一个特定的目标为止。对于需要重复步骤的计算和处理由许多数据项组成的输入，循环非常重要。在本章中，我们将学习 Python 中的循环语句，以及编写处理输入和模拟现实世界中活动的程序的技术。

4.1　while 语句

在本节中，我们将学习循环语句（loop statement），这些语句在达到目标之前重复执行指令。

回顾第 1 章的投资问题。我们把 10 000 美元存入一个年利率为 5% 的银行账户中。请问账户余额增长到原来投资额的两倍需要多少年？

在第 1 章中，我们针对这个问题开发了以下算法：

第一列为年份信息，从第 0 年开始，第二列为利息，第三列为银行账户余额 10 000 美元。

年份	利息	账户余额
0		10 000 美元

当银行账户余额低于 20 000 美元时，重复以下步骤：
年份值加 1
计算利息，它等于银行账户余额 x 0.05（即 5% 的利息）
把利息累加到银行账户余额中
返回得到的最后的年份值

现在我们已经知道了如何在 Python 中创建和更新变量。但是，还不知道如何执行"当银行账户余额低于 20 000 美元时，重复以下步骤"这个过程。

在 Python 中，while 语句实现了这种重复（参见"语法 4.1"）。其语法形式如下：

```
while condition :
    statements
```

只要条件保持为 true，while 语句中的语句就会执行。此语句块称为 while 语句的主体（body）。

在以上案例中，我们希望在银行账户余额低于 20 000
美元的目标余额时，增加年份计数并累加利息：

```
while balance < TARGET :
    year = year + 1
    interest = balance * RATE / 100
    balance = balance + interest
```

while 语句是一种**循环**。如果绘制一个流程图，则执
行流程将再次循环到测试条件语句（参见图 1）。

我们常常希望在给定次数内执行一系列语句，这可以
使用由计数器控制的 while 循环来完成，如下所示：

```
counter = 1        # 初始化计数器
while counter <= 10 :    # 检查计数器
    print(counter)
    counter = counter + 1    # 更新循环变量
```

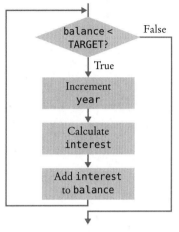

图 1　一条 while 语句的流程图

语法 4.1　while 语句

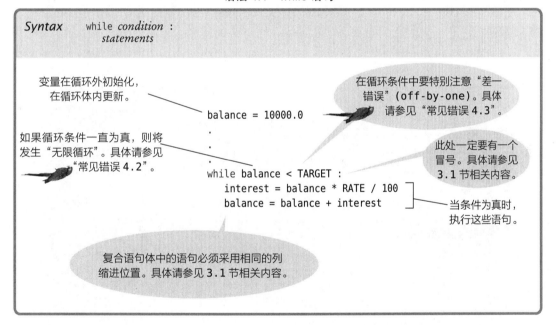

有些人把这种循环称为计数控制循环（count-controlled）。与之相对应，以下 doubleinv.py
程序中的 while 循环可以称为事件控制循环（event-controlled），因为循环一直执行到某个事
件发生；即账户余额达到目标值。计数控制循环的另一个常用术语是确定型循环（definite），
从一开始我们就知道循环体将被执行确定的次数；在我们的示例中，执行 10 次。然而，我
们并不知道累积到目标账户余额总共需要多少次迭代。因此事件控制循环又被称为不定型循
环（indefinite）。

求解投资问题的解决方案如下所示。图 2 说明了程序的执行流程。

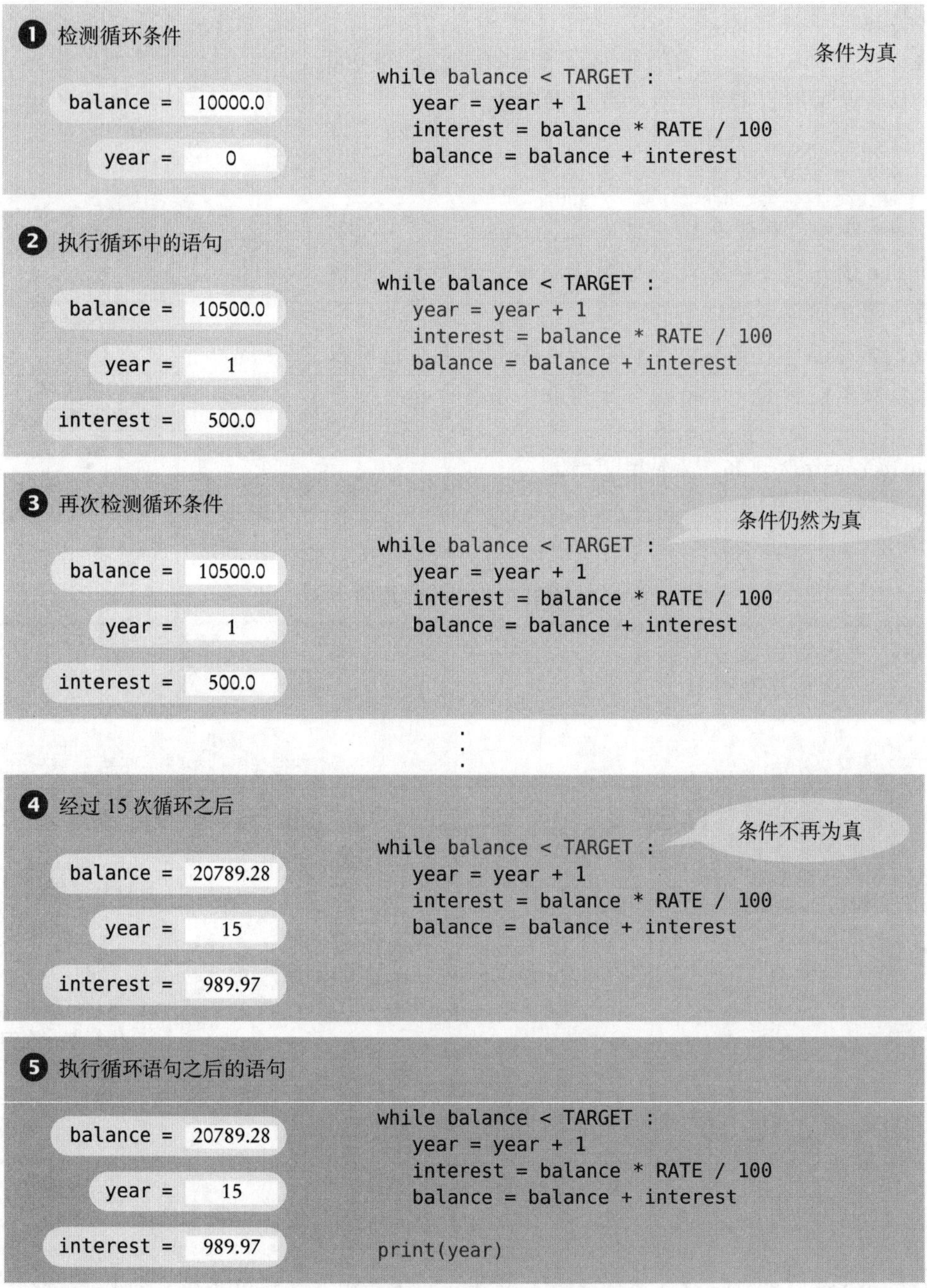

① 检测循环条件

| balance = | 10000.0 |
| year = | 0 |

条件为真

```
while balance < TARGET :
    year = year + 1
    interest = balance * RATE / 100
    balance = balance + interest
```

② 执行循环中的语句

balance =	10500.0
year =	1
interest =	500.0

```
while balance < TARGET :
    year = year + 1
    interest = balance * RATE / 100
    balance = balance + interest
```

③ 再次检测循环条件

balance =	10500.0
year =	1
interest =	500.0

条件仍然为真

```
while balance < TARGET :
    year = year + 1
    interest = balance * RATE / 100
    balance = balance + interest
```

⋮

④ 经过 15 次循环之后

balance =	20789.28
year =	15
interest =	989.97

条件不再为真

```
while balance < TARGET :
    year = year + 1
    interest = balance * RATE / 100
    balance = balance + interest
```

⑤ 执行循环语句之后的语句

balance =	20789.28
year =	15
interest =	989.97

```
while balance < TARGET :
    year = year + 1
    interest = balance * RATE / 100
    balance = balance + interest

print(year)
```

图 2   doubleinv.py 程序中循环的执行步骤

sec01/doubleinv.py

```
1  ##
2  #   本程序计算投资收益翻倍所需的时间
3  #
4
5  # 创建常量变量
6  RATE = 5.0
7  INITIAL_BALANCE = 10000.0
```

```
 8  TARGET = 2 * INITIAL_BALANCE
 9
10  # 初始化用于循环的变量
11  balance = INITIAL_BALANCE
12  year = 0
13
14  # 计算投资收益翻倍需要的年份
15  while balance < TARGET :
16      year = year + 1
17      interest = balance * RATE / 100
18      balance = balance + interest
19
20  # 打印结果
21  print("The investment doubled after", year, "years.")
```

程序运行结果如下：

```
The investment doubled after 15 years.
```

表 1 列举了一些简单循环的示例。

表 1   while 循环示例

循环	输出	说明

`i = 0`
`total = 0`
`while total < 10 :`
`    i = i + 1`
`    total = total + i`
`    print(i, total)`
	`1  1`
	`2  3`
	`3  6`
	`4  10`
		当 total 为 10 时，循环条件为 False，循环结束

`i = 0`
`total = 0`
`while total < 10 :`
`    i = i + 1`
`    total = total - i`
`    print(i, total)`
	`1  -1`
	`2  -3`
	`3  -6`
	`4  -10`
	`. . .`
		total 永远不会为 10，这是"无限循环"（具体请参见"常见错误 4.2"）

`i = 0`
`total = 0`
`while total < 0 :`
`    i = i + 1`
`    total = total - i`
`    print(i, total)`
	（无输出）	第一次检查循环条件时，total < 0 为 False，因此循环从不会被执行

`i = 0`
`total = 0`
`while total >= 10 :`
`    i = i + 1`
`    total = total + i`
`    print(i, total)`
	（无输出）	程序员可能会想，"总和至少为 10 时停止"。然而，循环条件用于控制何时执行循环，而不是控制何时结束循环（具体请参见"常见错误 4.1"）

`i = 0`
`total = 0`
`while total >= 0 :`
`    i = i + 1`
`    total = total + i`
`print(i, total)`
	（无输出，程序不会终止）	因为 total 总是大于或等于 0，所以循环将一直持续下去。该程序不产生输出，因为根据缩进，print 函数在循环主体之外

常见错误 4.1   千万不要思考"什么时候实现目标"

当执行重复性操作时，大多数人都想知道什么时候终止任务。例如，可能会想，"我想至少得到 20 000 美元"，并将循环条件设置为：

```
balance >= TARGET
```

但是 while 循环却恰恰相反，它表示：什么条件下允许执行继续循环？因此，正确的循环条件是：

```
while balance < TARGET :
```

换而言之，"在账户余额低于目标金额的情况下继续执行。"

常见错误 4.2   无限循环

非常麻烦的循环错误是一个无限循环（infinite loop）：一个一直执行的循环，只能通过终止程序或者重新启动计算机来停止无限循环。如果无限循环中有输出语句，那么屏幕上会闪过许多行输出。否则，程序仅保存挂起的状态，似乎什么也没做。在某些系统上，可以通过按下 Ctrl+C 组合键来终止挂起的程序。在其他系统上，可以关闭程序运行的窗口。

无限循环的一个常见原因是忘记更新控制循环的变量：

```
year = 1
while year <= 20 :
    interest = balance * RATE / 100
    balance = balance + interest
```

在上述代码片段中，程序员忘记在循环中添加一个命令 year = year + 1。因此，year 一直保持为 1，循环永远不会结束。

无限循环的另一个常见原因是意外地递增一个应该递减的计数器（反之亦然）。考虑以下示例：

```
year = 20
while year > 0 :
    interest = balance * RATE / 100
    balance = balance + interest
    year = year + 1
```

变量 year 实际上应该是递减的，而不是递增的。这是一个常见的错误，由于递增计数器比递减计数器常见得多，以至于我们可能会下意识地键入 +。因此，year 总是大于 0，循环永远不会结束。

常见错误 4.3   差一错误（off-by-one）

考虑对投资收益翻倍所需年份的程序：

```
year = 0
while balance < TARGET :
```

```
        year = year + 1
        interest = balance * RATE / 100
        balance = balance + interest
    print("The investment doubled after", year, "years.")
```

变量 year 应该从 0 开始还是从 1 开始？应该测试 balance < TARGET，还是测试 balance <= TARGET？在这些表达式中很容易犯"差一错误"(off-by-one)。

有些人试图通过随机插入 +1 或者 −1 直到出现正确运行结果的方法来解决**差一错误**，但这是一个糟糕的策略。测试所有可能性可能需要很长时间。花费少量的脑力劳动可以节省大量的时间。

幸运的是，"差一错误"很容易避免。只要仔细考虑几个测试用例，并使用来自测试用例的信息以进行理性的决策。

变量 year 应该从 0 开始还是从 1 开始？考虑一个取简单值的场景：初始账户余额为 100 美元，利率为 50%。第一年后，账户余额为 150 美元，第二年后为 225 美元，或者说超过 200 美元。所以投资在两年后翻了一番。循环执行两次，每次递增一年。因此，年份必须从 0 开始，而不是从 1 开始。

年份	账户余额
0	100 美元
1	150 美元
2	225 美元

换而言之，变量 balance 表示年末的账户余额。开始时，变量 balance 包含 0 年之后的账户余额，而不是 1 年之后的账户余额。

接下来，应该在测试中使用 < 还是 <= 进行比较呢？这个问题有些复杂，因为很少有一个账户余额正好是初始余额的两倍。有一种情况是这样的，即利率为 100%，循环执行一次。现在 year 是 1，账户余额正好等于 2 * INITIAL_BALANCE。一年后投资收益翻倍了吗？是的。因此，循环不应再次执行。如果测试条件为 balance < TARGET，则循环应该停止。如果测试条件是 balance <= TARGET，则循环将再次执行。

换而言之，在账户余额尚未翻倍的情况下，继续增加利息。

专题讨论 4.1   **print 函数的特殊形式**

Python 提供了 print 函数的一种特殊形式，可以防止在显示打印内容后开始新的一行。

$$print(value_1, value_2, . . ., value_n, end="")$$

例如，以下两条语句：

```
print("00", end="")
print(3 + 4)
```

输出结果为 1 行：

007

通过将 end="" 作为第一个 print 函数的最后一个参数，可以在打印内容之后打印空字符串，而不是开始新的行。下一个 print 函数的输出从上一个函数停止的同一行开始。

参数 end="" 称为命名参数（named argument）。命名参数允许用户为函数或者方法定义的特定可选参数指定内容。尽管命名参数可以与许多的 Python 内置函数和方法一起使用，但在本书中将它们的使用限制在 print 函数上。

计算机与社会 4.1   第一个计算机错误

根据传说，第一个计算机错误（bug）是在哈佛大学的大型机电一体化计算机 Mark II 中发现的。该错误真的是由一只虫子引起的——一只蛾子被困在一个继电器开关里。

实际上，根据操作员在记录本上虫子旁边留下的注释来看（见下图），似乎"错误"（bug）一词当时已经在使用了。

计算机科学家的先驱莫里斯·威尔克斯（Maurice Wilkes）写道："不知何故，在摩尔学校，后来人们一直以为，让程序正确运行并不是一件特别困难的事。当我意识到未来生活的很大一部分时间将花在发现程序中的错误上，那一时刻我依旧能记得。"

第一个计算机错误

4.2   问题求解：手工跟踪

在"编程技巧 3.2"中，我们学习了手工跟踪的方法。手工跟踪代码或者伪代码时，将变量的名称写在一张纸上，在脑子里执行代码的每个步骤，然后更新变量。

最好把代码写在或者打印在一张纸上。使用标记物（例如回形针）标记当前行。每当变量发生变化时，划掉旧值并在下面写入新值。当一个程序产生输出时，也要在另一列写下输出。

考虑这个示例，请问结果显示什么值？

```
n = 1729
total = 0
while n > 0 :
    digit = n % 10
    total = total + digit
    n = n // 10
print (total)
```

程序包括 3 个变量：n、total 和 digit。

n	total	digit

进入循环之前，前 2 个变量分别被初始化为 1729 和 0。

```
    n = 1729
⊂⊃  total = 0
    while n > 0 :
        digit = n % 10
        total = total + digit
        n = n // 10

    print(total)
```

n	total	digit
1729	0	

由于 n 大于 0，因此进入循环。变量 digit 被设置为 9（1729 除以 10 的余数）。变量 total 被设置为 0 + 9 = 9。

```
    n = 1729
    total = 0
    while n > 0 :
        digit = n % 10
⊂⊃      total = total + digit
        n = n // 10

    print(total)
```

n	total	digit
1729	0̸	
	9	9

最后 n 变为 172。（回想一下，因为 // 运算符执行整除运算，所以 1729//10 除法中的余数被丢弃。）

划掉变量的旧值，把新值写在旧值的下面。

```
    n = 1729
    total = 0
    while n > 0 :
        digit = n % 10
        total = total + digit
⊂⊃      n = n // 10

    print(total)
```

n	total	digit
1729̸	0̸	
172	9	9

接下来，重新检查循环条件。

```
      n = 1729
      total = 0
⊂⊃    while n > 0 :
          digit = n % 10
          total = total + digit
          n = n // 10

      print(total)
```

由于 n 依旧大于 0，因此重复循环过程。现在 digit 变为 2，total 被设置为 9 + 2 = 11，n 被设置为 17。

n	total	digit
1729	0	
172	9	9
17	11	2

再次重复循环过程。设置 digit 为 7，total 为 11 + 7 = 18，n 为 1。

n	total	digit
1729	0	
172	9	9
17	11	2
1	18	7

最后一次进入循环过程。现在 digit 被设置为 1，total 被设置为 19，n 变为 0。

n	total	digit
1729	0	
172	9	9
17	11	2
1	18	7
0	19	1

```
n = 1729
total = 0
while n > 0 :
    digit = n % 10
    total = total + digit
    n = n // 10

print(total)
```

因为 n 等于 0，
所以条件不为真

此时，循环条件 n > 0 为 False。程序继续执行循环语句之后的语句。

```
n = 1729
total = 0
while n > 0 :
    digit = n % 10
    total = total + digit
    n = n // 10

print(total)
```

n	total	digit	output
1729	0		
172	9	9	
17	11	2	
1	18	7	
0	19	1	19

此语句是一条输出语句。输出是 total 的值，即 19。

当然，只要运行代码就可以得到相同的答案。但是，手工跟踪可以让我们了解代码的本质，如果直接运行代码则无法获得这些信息。再次考虑每次迭代中发生的情况：

- 提取 n 的最后一位数字。
- 把这个数字加在 total 上。
- 去掉 n 的最后一位数字。

换而言之，循环语句计算 n 中各个数字之和。现在我们知道此循环如何处理 n 的值了，而不仅仅是示例中的值。（计算这些数字之和的意义何在？此类操作有助于检查信用卡号码和其他身份证号码的有效性，具体请参见"编程题 P4.35"。）

手工跟踪不仅仅帮助我们理解正确执行的代码，也是在代码中查找错误的强大技术。当一个程序的运行结果不符合预期时，可以考虑使用纸和笔来跟踪变量的值。

手工跟踪不仅适用于可以执行的程序，还可以手动跟踪伪代码。事实上，在将伪代码转换为实际代码之前，建议手工跟踪伪代码，以确保其正常工作。

4.3 应用案例：处理哨兵值

在本节中，我们将学习如何编写读取和处理具有一系列输入值的循环。

每当读取一系列输入值时，我们需要使用某种方法来指示序列的结尾。有时很幸运，输入的值都不为 0。因此，可以提示用户继续输入数值，或者输入 0 来结束输入序列。如果允许输入为 0，但不允许输入为负数，则可以使用 –1 表示输入终止。

哨兵（sentinel）值不是实际的输入而是作为终止信号的值。

让我们把这项技术应用到一个计算一组工资平均值的程序中。在这个示例程序中，我们将使用负值作为哨兵。员工的工资肯定不会为负数，但可能有志愿者免费工作。

在循环中，读取一个输入。如果输入是非负值，我们就处理该值。为了计算平均数，我们需要获得所有工资的总和以及输入的个数。

```
while . . . :
    salary = float(input("Enter a salary or -1 to finish: "))
    if salary >= 0.0 :
        total = total + salary
        count = count + 1
```

任何负数都可以结束循环，但我们会提示输入 –1，这样用户就不必考虑具体输入哪个负数。注意，只要没有检测到哨兵值，程序就继续执行循环。

```
while salary >= 0.0 :
    . . .
```

目前有一个问题：第一次进入循环时，没有读取数据值。我们必须确保使用满足 while 循环条件的值来初始化 salary，这样循环至少执行一次。

```
salary = 0.0    # 任何非负值都可以
```

循环结束后，程序计算并打印平均工资。

完整的程序如下所示。

sec03/sentinel.py

```
1  ##
2  #  本程序打印以哨兵值作为结束的一系列值的平均值
3  #
```

```
 4  #
 5
 6  # 初始化变量，保存累加和和计数
 7  total = 0.0
 8  count = 0
 9
10  # 初始化 salary 为任意非哨兵值
11  salary = 0.0
12
13  # 处理数据，直到输入了一个哨兵值
14  while salary >= 0.0 :
15      salary = float(input("Enter a salary or -1 to finish: "))
16      if salary >= 0.0 :
17          total = total + salary
18          count = count + 1
19
20  # 计算工资的平均值，并打印结果
21  if count > 0 :
22      average = total / count
23      print("Average salary is", average)
24  else :
25      print("No data was entered.")
```

程序运行结果如下：

```
Enter a salary or -1 to finish: 10000
Enter a salary or -1 to finish: 10000
Enter a salary or -1 to finish: 40000
Enter a salary or -1 to finish: -1
Average salary is 20000.0
```

有些程序员不喜欢用哨兵以外的值初始化输入变量这个"技巧"。尽管哨兵值可以解决问题，但需要在循环体中使用 if 语句来测试哨兵值。另一种方法是使用两条输入语句，一条在循环之前获取第一个值，另一条在循环底部读取下一个值：

```
salary = float(input("Enter a salary or -1 to finish: "))
while salary >= 0.0 :
    total = total + salary
    count = count + 1
    salary = float(input("Enter a salary or -1 to finish: "))
```

如果用户输入的第一个值是哨兵值，则不会执行循环的主体。否则，将按前面程序中的循环方式处理该值。循环之前的输入操作称为预读取（priming read），因为它准备或者初始化循环变量。

循环底部的输入操作用于获取下一个输入。它被称为修改读取（modification read），因为它修改循环体内的循环变量。注意，这是下一次迭代循环之前要执行的最后一条语句。如果用户输入哨兵值，则循环终止。否则，循环继续，处理输入。

"专题讨论 4.2"展示了使用布尔变量处理哨兵值的第三种方法。

现在假设输入可以是任意数值（正数、负数或者零）。在这种情况下，必须使用不是数值的哨兵（例如字母 Q）。

由于 input 函数从用户处获取数据并将其作为字符串返回，因此可以在将字符串转换为数值以用于计算之前，检查该字符串是否是用户输入的字母 Q：

```
inputStr = input("Enter a value or Q to quit: ")
while inputStr != "Q" :
```

```
    value = float(inputStr)
    Process value.
    inputStr = input("Enter a value or Q to quit: ")
```

请注意，对浮点数的转换应作为循环中的第一条语句来执行。通过将它作为第一条语句，可以处理预读取和修改读取所输入的字符串。

最后考虑一下，提示输入多个字符串的情况，例如，一个名称序列。我们仍然需要一个哨兵值来标记数据提取的结束。使用 Q 这样的字符串并不是一个好主意，因为这可能是一个有效的输入，可以改用空字符串。当用户在不按任何其他键的情况下按回车键时，输入函数返回空字符串：

```
name = input("Enter a name or press the Enter key to quit: ")
while name != "" :
    Process name.
    name = input("Enter a name or press the Enter key to quit: ")
```

专题讨论 4.2　使用布尔变量处理哨兵值

也可以使用布尔变量处理哨兵值，以控制循环终止。

```
done = False
while not done :
    value = float(input("Enter a salary or -1 to finish: "))
    if value < 0.0 :
        done = True
    else :
        Process value.
```

实际的循环终止测试是在循环体的中间，而不是在顶部，这称为**中置循环**（loop and a half）。因为在知道是否需要终止循环之前，必须进入循环中。另一种方法是，使用 break 语句：

```
while True :
    value = float(input("Enter a salary or -1 to finish: "))
    if value < 0.0 :
        break
    Process value.
```

break 语句无视循环条件而终止循环。遇到 break 语句时，将终止循环，并执行循环后的语句。

在中置循环的情况下，break 语句可能会派上用场。但很难就何时安全以及何时应该避免使用 break 语句制订明确的规则。我们在本书中不使用 break 语句。

专题讨论 4.3　输入输出重定向

考虑一下 sentinel.py 程序，它计算输入序列的平均值。在使用类似的程序时，很可能需要计算值已经保存在一个文件中，此时不应该重新一个个地键入这些值了。操作系统的命令行界面提供了一种将文件链接到程序输入的方法，就好像文件中的所有字符都是由用户键入的一样。如果通过以下命令执行程序：

```
python sentinel.py < numbers.txt
```

则程序将不再期望从键盘上读取数据。程序将从文件 numbers.txt 中读取所有的输入，这个过程称为输入重定向（input redirection）。

输入重定向是测试程序的优秀工具。当我们开发一个程序并调试错误时，每次运行程序都输入相同的数据将非常无聊。建议花几分钟时间把数据存入到文件中，然后使用输入重定向。

还可以重定向输出。在本示例程序中，其用途不是很明显。如果通过以下命令执行程序：

```
python sentinel.py < numbers.txt > output.txt
```

则结果文件 output.txt 中包含了输入提示和输出结果，例如：

```
Enter a salary or -1 to finish:
Enter a salary or -1 to finish:
Enter a salary or -1 to finish:
Enter a salary or -1 to finish:
Average salary is 15000.0
```

然而，对于产生大量输出的程序，重定向输出显然是有用的。我们可以格式化或者打印包含输出的文件。

4.4　问题求解：故事板

设计一个与用户交互的程序时，我们需要制订一个交互规划。用户需要提供哪些信息，以及以什么顺序提供？程序将显示哪些信息，以及以何种格式显示？当出现错误的时候如何处理？程序什么时候退出？

这种规划类似于电影或者电脑游戏的开发，电影或者电脑游戏使用故事板（storyboard）设计动作序列。故事板由显示每个步骤草图的面板组成。注释用于解释正在发生的事情并记录特殊情况。故事板也用于开发软件（请参见图 3）。

开始设计一个程序时，制作故事板是非常有用的。为了计算用户想要的答案，我们必须弄清楚到底需要哪些信息，需要决定如何呈现这些答案。这些重要的问题都需要在设计一个计算答案的算法之前解决。

考虑一个简单的示例。我们想编写一个程序来帮助用户解决单位换算问题，诸如"一品脱（pint）容量是多少汤匙（tablespoon）？"或者"30 厘米是多少英寸？"

用户提供了哪些信息？

- 需要转换的量和单位
- 需要转换成的单位

如果有多个量呢？用户可能有一个完整的厘米值表需要转换成英寸。

如果用户输入了程序不知道该如何处理的单位，比如 ångström，该如何处理？

如果用户要求解不可能的转换，例如英寸转换为加仑，该如何处理？

让我们从故事板面板开始。建议使用不同的颜色书写用户的输入（如果手边没有彩色笔，请在它们下面划线）。

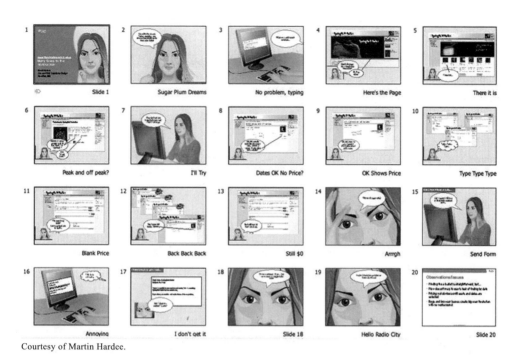

Courtesy of Martin Hardee.

图 3　用于设计 Web 应用的故事板

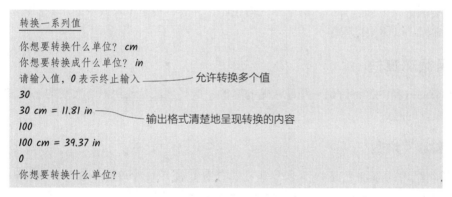

故事板可以展示我们是如何处理潜在困惑的。想要知道"30 厘米是多少英寸"的用户可能不会仔细阅读第一个输入提示，并指定英寸。但是输出结果"30 英寸 =76.2 厘米"，会提醒用户注意这个问题。

故事板也提出了一个问题，用户如何知道"cm"和"in"是有效单位？"centimeter"和"inch"也有效吗？当用户输入错误的单位时会发生什么情况？让我们制作另一个故事板来演示错误处理。

为了消除挫败感，最好列出允许用户提供的单位。

```
想要转换的单位 (in, ft, mi, mm, cm, m, km, oz, lb, g, kg, tsp, tbsp, pint, gal): cm
想要转换成的单位 :in ──────── 此处无须再列举单位的名称
```

我们采用了一个较短的提示，以允许列举所有单位的名称。复习题 R4.21 探索另外一种
替代方法。

还有一个问题需要解决，用户如何退出程序？第一个故事板暗示该程序将一直执行
下去。

程序应提示用户输入终止输入序列的哨兵。

```
终止程序
想要转换的单位 (in, ft, mi, mm, cm, m, km, oz, lb, g, kg, tsp, tbsp, pint, gal): cm
想要转换成单位 :in
请输入值，0 表示终止输入
30
30 cm = 11.81 in
0
还需要转换吗 (y, n)？ n ──────── 哨兵触发了程序的终止
（程序终止）
```

从这个案例研究中可以看出，对于开发程序而言，故事板是不可或缺的。我们需要知道
用户交互的流程，以便构建程序。

4.5　常用循环算法

在接下来的内容中，将讨论一些最常见的算法，这些算法是使用循环实现的。可以将它
们作为循环设计的起点。

4.5.1　求和和平均数

计算多个输入的累加和是一项非常常见的任务。使用一个变量（累计汇总，running
total）保存各输入值的累加和。很显然，累计汇总的初始值应该为 0。

```
total = 0.0
inputStr = input("Enter value: ")
while inputStr != "" :
    value = float(inputStr)
    total = total + value
    inputStr = input("Enter value: ")
```

注意，变量 total 是在循环外部创建和初始化的。我们希望在循环中将用户输入的每个值累
加到该变量中。

为了计算平均值，还需要统计总共输入了多少个数值，然后使用累计汇总除以计数值。
一定要检查计数值是否为 0。

```
total = 0.0
count = 0
inputStr = input("Enter value: ")
while inputStr != "" :
    value = float(inputStr)
```

```
      total = total + value
      count = count + 1
      inputStr = input("Enter value: ")

  if count > 0 :
      average = total / count
  else :
      average = 0.0
```

4.5.2 匹配项计数

我们经常想知道有多少个值满足特定条件。例如，我们可能需要统计一个整数序列中包含了多少个负值。使用一个初始化为 0 的计数器（counter）变量，并在匹配时递增计数器变量。

```
negatives = 0
inputStr = input("Enter value: ")
while inputStr != "" :
    value = int(inputStr)
    if value < 0 :
        negatives = negatives + 1
    inputStr = input("Enter value: ")
print("There were", negatives, "negative values.")
```

注意，变量 negatives 是在循环外部创建和初始化的。我们希望对于用户输入的每个负值，使变量 negatives1 递增。

4.5.3 提示输入直到找到匹配项

在第 3 章，我们检查了用户所提供的值在计算之前是否有效。如果输入了无效数据，将打印错误信息并结束程序。但是，正确的逻辑不应该结束程序，而应该一直要求用户输入数据，直到用户提供正确的值为止。例如，假设要求用户输入小于 100 的正整数值。

```
valid = False
while not valid :
    value = int(input("Please enter a positive integer value < 100: "))
    if value > 0 and value < 100 :
        valid = True
    else :
        print("Invalid input.")
```

4.5.4 最大值和最小值

为了计算序列中的最大值，使用一个变量存储目前查找到的最大元素，并在找到更大的元素时更新该变量。

```
largest = float(input("Enter a value: "))
inputStr = input("Enter a value: ")
while inputStr != "" :
    value = float(inputStr)
    if value > largest :
        largest = value
    inputStr = input("Enter a value: ")
```

此算法要求至少有一个输入，以用于初始化变量 largest。第二个输入操作充当循环的预读取值。

为了计算最小值，只需进行反转比较。

```
smallest = float(input("Enter a value: "))
inputStr = input("Enter a value: ")
while inputStr != "" :
   value = float(inputStr)
   if value < smallest :
      smallest = value
   inputStr = input("Enter a value: ")
```

4.5.5　比较相邻值

在循环中处理一系列值时，有时需要将值与之前的值进行比较。例如，假设需要检查输入序列（例如 1、7、2、9、9、4、9）中是否包含相邻的重复项。

现在我们面临着一个挑战，考虑读取整数的典型循环语句结构。

```
inputStr = input("Enter an integer value: ")
while inputStr != "" :
   value = int(inputStr)
   . . .
   inputStr = input("Enter an integer value: ")
```

如何将当前的输入值和前面的值进行比较呢？任何时候，变量 value 都包含当前输入值，并覆盖上一个输入值。

解决方案是存储前一个输入值，如下所示：

```
inputStr = input("Enter an integer value: ")
while inputStr != "" :
   previous = value
   value = int(inputStr)
   if value == previous :
      print("Duplicate input")
   inputStr = input("Enter an integer value:
")
```

这里还存在另外一个问题。第一次进入循环时，变量 value 尚未被赋值，我们可以通过在循环外增加一个初始化输入操作来解决此问题。

```
value = int(input("Enter an integer value: "))
inputStr = input("Enter an integer value: ")
while inputStr != "" :
   previous = value
   value = int(inputStr)
   if value == previous :
      print("Duplicate input")
   inputStr = input("Enter an integer value: ")
```

下面是一个示例程序，演示了一些常见循环算法的使用技巧。

sec05/grades.py

```
 1  ##
 2  # 本程序用于处理用户输入的一系列成绩
 3  # 计算成绩合格的人数和成绩不合格的人数
 4  # 计算平均成绩，查找最高成绩和最低成绩
 5  #
 6
 7  # 初始化计数器变量
 8  numPassing = 0
```

```
 9  numFailing = 0
10
11  # 初始化用于计算平均成绩的变量
12  total = 0
13  count = 0
14
15  # 初始化最高成绩和最低成绩变量
16  minGrade = 100.0   # 假设最高分为 100
17  maxGrade = 0.0
18
19  # 使用 while 循环读取成绩
20  grade = float(input("Enter a grade or -1 to finish: "))
21  while grade >= 0.0 :
22      # 递增成绩合格人数的计数器和成绩不合格人数的计数器
23      if grade >= 60.0 :
24          numPassing = numPassing + 1
25      else :
26          numFailing = numFailing + 1
27
28      # 判断成绩是否为最低成绩或者最高成绩
29      if grade < minGrade :
30          minGrade = grade
31      if grade > maxGrade :
32          maxGrade = grade
33
34      # 把成绩累加到累计汇总变量 total 中
35      total = total + grade
36      count = count + 1
37
38      # 读取下一个成绩
39      grade = float(input("Enter a grade or -1 to finish: "))
40
41  # 打印结果
42  if count > 0 :
43      average = total / count
44      print("The average grade is %.2f" % average)
45      print("Number of passing grades is", numPassing)
46      print("Number of failing grades is", numFailing)
47      print("The maximum grade is %.2f" % maxGrade)
48      print("The minimum grade is %.2f" % minGrade)
```

4.6 for 循环

我们常常需要访问字符串中的每个字符。for 循环（请参见"语法 4.2"）提供了使该过程易于编程的实现方法。假设要打印一个字符串，每行一个字符。仅仅使用一条 print 语句是无法实现。相反，我们需要遍历字符串中的每一个字符，并分别打印它们。可以使用 for 循环来完成此任务，具体方法如下：

```
stateName = "Virginia"
for letter in stateName :
    print(letter)
```

输出结果为：

```
V
i
r
g
```

```
i
n
i
a
```

循环体从第一个字符开始，对字符串变量 stateName 中的每一个字符执行打印语句。在每次循环迭代的开始，下一个字符被赋值给变量 letter，然后执行循环体。我们应该将此循环读作"针对字符串变量 stateName 中的每一个字母"。此循环相当于以下使用显式索引变量的 while 循环：

```
i = 0
while i < len(stateName) :
    letter = stateName[i]
    print(letter)
    i = i + 1
```

注意，for 循环和 while 循环之间的一个重要区别。在 for 循环中，元素变量 letter 被赋值为 stateName[0]、stateName[1]，以此类推。在 while 循环中，索引变量 i 被赋值为 0、1 等。

语法 4.2　for 语句

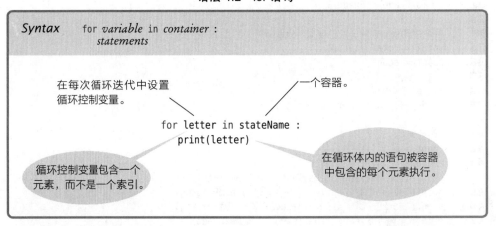

for 循环可以用于迭代任何**容器**（container，包含或者存储元素集合的对象）中的内容。因此，字符串是存储字符串中字符集合的容器。在后面的内容中，我们将探讨 Python 语言提供的其他类型的容器。

如前所述，常常需要循环遍历的范围为整数值。为了简化此类循环的创建，Python 提供了 range 函数，用于生成一系列可以与 for 循环一起使用的整数序列。以下循环打印 1 ~ 9 的序列值：

```
for i in range(1, 10) :    # i = 1, 2, 3, ..., 9
    print(i)
```

range 函数根据其参数生成一系列值。range 函数的第一个参数是序列中的第一个值，包含在序列中的值小于第二个参数。此循环等效于以下 while 循环：

```
i = 1
while i < 10 :
    print(i)
    i = i + 1
```

请注意，结束值（range 函数的第二个参数）不包含在序列中，因此等价的 while 循环在达到该值之前会停止。

默认情况下，range 函数按步长 1 来创建序列。可以通过将步长值作为函数的第三个参数来更改步长：

```
for i in range(1, 10, 2) :    # i = 1, 3, 5, ..., 9
    print(i)
```

现在，只打印 1 ～ 9 的奇数值。我们也可以让 for 循环生成递减而不是递增序列。

```
for i in range(10, 0, -1) :    # i = 10, 9, 8, ..., 1
    print(i)
```

最后，可以将 range 函数与单个参数一起使用。这种情况下，值的范围从 0 开始。

```
for i in range(10) :    # i = 0, 1, 2, ..., 9
    print("Hello")    # 打印 Hello 10 次
```

对于单个参数，生成的序列范围为从 0 到小于参数的值，其中步长为 1。当我们需要简单地执行给定次数的循环体时，这种形式非常有用，如前面的示例所示。其他示例参见表 2。

表 2　for 循环示例

循环	i 的值	说明
for i in range(6) :	0, 1, 2, 3, 4, 5	注意，循环执行 6 次
for i in range(10, 16) :	10, 11, 12, 13, 14, 15	结束值不会包含在序列中
for i in range(0, 9, 2) :	0, 2, 4, 6, 8	第三个参数为步长值
for i in range(5, 0, -1) :	5, 4, 3, 2, 1	使用负数步长实现倒计数

语法 4.3　和 range 函数一起使用的 for 语句

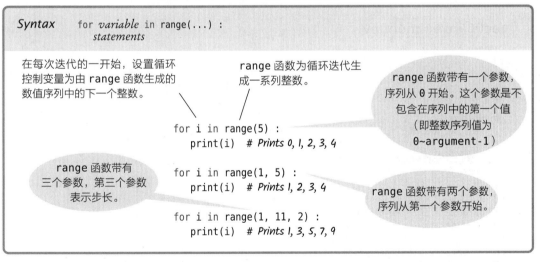

for 循环的一个典型用法如下所示。我们想打印一段时间内储蓄账户的余额，如下表所示。

for 循环模式适用于该情况，因为变量 year 从 1 开始，然后以恒定增量递增，直到达到目标值。

for year in range (I, numYears + 1) :

更新账户余额
打印年份和账户余额

完整的实现程序如下所示。图 4 显示了对应的流程图。

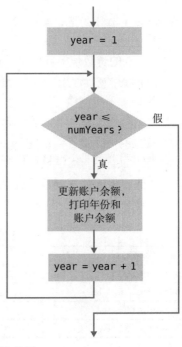

年份	余额
1	10500.00
2	11025.00
3	11576.25
4	12155.06
5	12762.82

图 4　for 循环的流程图

sec06/investment.py

```
1  ##
2  #  本程序打印一张表格，显示投资收益增长
3  #
4
5  # 定义常量
6  RATE = 5.0
7  INITIAL_BALANCE = 10000.0
8
9  # 读取用于计算的年份
10  numYears = int(input("Enter number of years: "))
11
12  # 打印一张表格，显示各年份的账户余额
13  balance = INITIAL_BALANCE
14  for year in range(1, numYears + 1) :
15      interest = balance * RATE / 100
16      balance = balance + interest
17      print("%4d %10.2f" % (year, balance))
```

程序运行结果如下：

```
Enter number of years: 10
   1  10500.00
   2  11025.00
   3  11576.25
   4  12155.06
```

```
 5   12762.82
 6   13400.96
 7   14071.00
 8   14774.55
 9   15513.28
10   16288.95
```

编程技巧 4.1　计数迭代

为循环找到一个正确的上下界可能会让人困扰，应该从 0 开始还是从 1 开始循环？是否应该使用 <= b 或者 < b 作为终止条件？

统计迭代次数对于更好地理解循环非常有帮助。对于具有非对称边界的循环，统计迭代次数更容易理解。以下循环执行了 b − a 次。

```
i = a
while i < b :
   . . .
   i = i + 1
```

同样，以下循环也执行了 b − a 次。

```
for i in range(a, b) :
```

这些非对称边界对于遍历字符串中的字符特别有用。以下循环执行 len(string) 次，并且 i 遍历了所有从 0 到 len(string) − 1 的有效字符串位置。（这些循环如此普遍，所以调用 range 函数时可以省略第一个参数 0。）

```
for i in range(0, len(string)) :
    执行处理 i 和 string[i] 的操作
```

具有对称边界的循环执行 b − a + 1 次。

```
i = a
while i <= b :
   . . .
   i = i + 1
```

"+1" 是许多程序设计错误的根源。例如，当 a 为 10，b 为 20 时，则假设 i 的值为 10、11、12、13、14、15、16、17、18、19 和 20。结果包含 11 个值：20 − 10 + 1。

把这个 "+1" 错误形象化的一种方法是观察一个栅栏。栅栏每一部分的左边都有一根栅栏柱，在栅栏最后一部分的右边有最后一根栅栏柱。忘记计算最后一个值通常被称为 "栅栏柱错误"。

在 Python 的 for 循环中，"+1" 错误非常明显。

```
for year in range(1, numYears + 1) :
```

必须指定一个上限，它是比包含在范围中的最后一个值多 1 的值。

© akaplummer/iStockphoto.

对于由 4 部分组成的栅栏，请问总共有多少根栅栏柱？这类问题就属于典型的 "差一错误"（off-by-one）

操作指南 4.1　编写循环语句

本操作指南将引导读者完成实现循环语句的过程。

问题描述　读取 12 个月的温度值（每个月一个温度值），并显示温度最高的月份。例如，根据 http://WorkSurvith.com 显示，死亡谷的平均最高温度（按月份顺序排列，单位为摄氏度）如下所示：

18.2 22.6 26.4 31.1 36.6 42.2
45.7 44.5 40.2 33.1 24.2 17.6

在这种情况下，温度最高（45.7℃）的月份是七月，因此程序应该显示 7。

➡️ **步骤 1**　确定循环内部要执行的操作。

每个循环都需要执行某种重复工作，例如：

● 读取下一个数据项。

● 更新一个值（例如账户余额或者总和）。

● 递增一个计数值。

如果我们并不知道在循环中需要做些什么，那就从手工解决问题记录的步骤开始。例如，对于最高温度问题，我们可以记录如下步骤：

```
读取第 1 个值
读取第 2 个值
如果第 2 个值大于第 1 个值
    设置最高温度为第 2 个值
    设置最高温度月份为 2
读取下一个值
如果读取的值大于第 1 个和第 2 个值
    设置最高温度为该值
    设置最高温度月份为 3
读取下一个值
如果读取的值大于目前为止所有的值
    设置最高温度为该值
    设置最高温度月份为 4
...
```

现在观察这些步骤，并将它们简化为一组可以放入循环体中的统一操作。第一个操作很简单：

```
读取下一个值
```

下一步操作稍微有些困难。在我们的描述中，使用了"大于第 1 个值""大于第 1 个和第 2 个值""大于目前为止所有的值"的测试。我们需要确定一个对所有迭代都有效的测试。最后一个公式是最一般的形式。

同样，必须找到确定最高温度所在的月份的一般方法。需要一个变量来存储当前月份，范围为 1 ～ 12。然后我们可以制订第二个循环操作：

```
如果该值大于最高温度值
    设置最高温度为该值
    设置最高温度所在的月份为当前月份
```

组合在一起，循环结果如下：

重复以下操作：
　　读取下一个值
　　如果该值大于最高温度值
　　　设置最高温度为该值
　　　设置最高温度所在的月份为当前月份
　　递增当前月份

➡ **步骤 2**　指定循环条件。

希望在循环中达到什么目标？典型的示例包括：

- 计数器是否达到最终值？
- 读取了最后一个输入值吗？
- 某个值是否已达到给定阈值？

在我们的示例中，希望当前月份到达 12。

➡ **步骤 3**　确定循环类型。

我们讨论了两种主要的循环类型。计数控制循环（count-controlled loop）执行确定的迭代次数。在事件控制循环（event-controlled loop）中，循环的迭代次数事先不能确定，循环一直执行到某个事件发生。

计数控制循环可以使用 for 语句来实现。for 语句可以迭代容器的各个元素（例如字符串），也可以与 range 函数一起用于迭代整数序列。

事件控制循环可以使用 while 语句来实现，其中循环条件确定循环何时终止。有时，终止循环的条件在循环体的中间会改变。在这种情况下，可以使用一个布尔变量来指定何时已准备好退出循环，这样的变量称为标志（flag）。遵循以下模式：

```
done = False
while not done :
    执行某些操作
    if 所有的操作已经完成
        done = True
    else :
        执行进一步操作
```

总结如下：

- 如果需要遍历容器内的所有元素，而不考虑它们的位置，则使用一个普通的 for 循环。
- 如果需要在整数范围内迭代，则使用带 range 函数的 for 循环。
- 其他情况，则使用 while 循环。

在我们的示例中，需要读取 12 个温度值，因此，选择一个 for 循环，并且使用 range 函数在一个整数序列上迭代。

➡ **步骤 4**　设置第一次进入循环时变量的值。

列出循环中使用和更新的所有变量，并确定如何初始化这些变量。通常，计数器初始化为 0 或者 1，汇总值 total 初始化为 0。

在我们的示例中，使用的变量包括：

当前的月份
最高温度值
最高温度所在的月份

需要注意如何设置最高温度值，不能简单地将其设置为 0。毕竟，我们的程序需要处理来自南极洲的温度值，这些温度值都有可能是负值。

一个比较好的选择是将最高温度值设置为第一个输入值。当然，记住只需要另外读取 11 个值，当前月份从 2 开始。

我们还需要用 1 来初始化最高温度所在的月份。毕竟，在澳大利亚的某个城市里，可能一月份的温度最高。

➡ **步骤 5**　处理循环结束后的结果。

在许多情况下，所需的结果只是循环体中更新的变量。例如，在我们的温度程序中，结果是最高温度值所在的月份。有时，循环计算的值用于计算最终结果。例如，假设要求计算平均温度，则循环应该计算温度总和，而不是平均值。循环完成后，才可以计算平均值：将温度总和除以输入的数值个数。

完整的循环结果如下所示：

```
读取一个值
最高温度 = 读取的值
最高温度所在的月份 = 1
当前月份从 2 到 12 执行以下操作：
    读取下一个值
    如果该值大于最高温度值
        设置最高温度为该值
        设置最高温度所在的月份为当前月份
```

➡ **步骤 6**　使用典型的例子来跟踪循环。

根据 4.2 节所描述的方法，手工跟踪循环代码。选择不太复杂的示例值，执行循环 3 ~ 5 次，这就足以检查出最常见的错误。第一次和最后一次进入循环时，要特别注意。

有时，我们需要做一些细微的修改，以使跟踪更加可行。例如，当手工跟踪投资收益翻倍问题时，使用 20% 的利率，而不是 5%。手工跟踪温度循环时，使用 4 个数据值，而不是 12 个。

假设数据为 22.6、36.6、44.5、24.2。手工跟踪的结果如下所示：

当前月份	当前值	温度最高月份	最高温度值
		~~1~~	22.6
~~2~~	36.6	~~2~~	36.6
~~3~~	44.5	3	44.5
4	24.2		

跟踪显示最高温度所在的月份和最高温度值已正确设置。

➡ **步骤 7**　在 Python 中实现循环。

实现示例循环的 Python 代码如下所示。编程题 P4.4 要求读者实现完整的程序。

```python
highestValue = float(input("Enter a value: "))
highestMonth = 1
for currentMonth in range(2, 13) :
    nextValue = float(input("Enter a value: "))
    if nextValue > highestValue :
        highestValue = nextValue
```

```
        highestMonth = currentMonth

    print(highestMonth)
```

4.7 嵌套循环

在 3.3 节中，我们讨论了如何嵌套两个 if 语句。类似地，复杂迭代有时需要**嵌套循环**（nested loop）：在一个循环语句中包含另一个循环。在处理表格数据时，自然而然会使用嵌套循环。外部循环在表格的所有行上迭代，内部循环处理当前行中的所有列。

在本节中，我们将讨论如何打印表格。为了简单起见，我们将打印 x 的幂 x^n，如下表所示。

x^1	x^2	x^3	x^4
1	1	1	1
2	4	8	16
3	9	27	81
…	…	…	…
10	100	1000	10000

下面是打印该表格的伪代码：

打印表格标题
x 从 1 到 10 执行以下操作：
　　打印表格的行
　　打印新的一行

如何打印表格中一行的内容？我们需打印一个数的各次方的幂值，这需要使用第二个循环。

n 从 1 到 4 执行以下操作：
　　打印 x^n

这个循环必须放置在前面的循环中，我们称为内部循环嵌套在外部循环中。

外部循环包含 10 行。对于每个 x，程序在内部循环中打印 4 列（参见图 5）。因此，总共打印 $10 \times 4 = 40$ 个值。

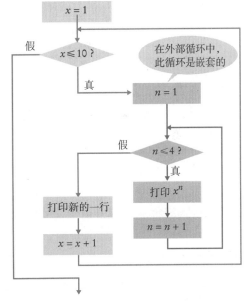

图 5　一个嵌套循环的流程图

在本程序中，希望在同一行显示多个打印语句的结果。这是通过在 print 函数中添加参数 end="" 来实现的（具体请参见"专题讨论 4.1"）。

下面是完整的程序。注意，程序中还使用循环来打印表格标题，但是该循环不是嵌套的。

sec07/powertable.py

```
1  ##
2  #  本程序打印一个表格，显示 x 的幂次
3  #
```

```
 4
 5   # 初始化表示范围最大值的常量
 6   NMAX = 4
 7   XMAX = 10
 8
 9   # 打印表格标题
10   for n in range(1, NMAX + 1) :
11       print("%10d" % n, end="")
12
13   print()
14   for n in range(1, NMAX + 1) :
15       print("%10s" % "x ", end="")
16
17   print("\n", "     ", "-" * 35)
18
19   # 打印表格内容
20   for x in range(1, XMAX + 1) :
21       # 打印表格中 x 行的内容
22       for n in range(1, NMAX + 1) :
23           print("%10.0f" % x ** n, end="")
24
25       print()
```

程序运行结果如下：

```
    1         2         3         4
    x         x         x         x
-----------------------------------
    1         1         1         1
    2         4         8        16
    3         9        27        81
    4        16        64       256
    5        25       125       625
    6        36       216      1296
    7        49       343      2401
    8        64       512      4096
    9        81       729      6561
   10       100      1000     10000
```

有关更多的嵌套循环示例，请参见表 3。

表 3 嵌套循环示例

嵌套循环	输出	说明

`for i in range(3) :`
`    for j in range(4) :`
`        print("*", end="")`
`    print()`
	****
	****
	****
		打印 3 行 4 列的星号

`for i in range(4) :`
`    for j in range(3) :`
`        print("*", end="")`
`    print()`
	***
	***
	***
	***
		打印 4 行 3 列的星号

`for i in range(4) :`
`    for j in range(i + 1) :`
`        print("*", end="")`
`    print()`
	*
	**
	***
	****
		打印 4 行星号，每行星号的长度分别为 1、2、3 和 4

（续）

嵌套循环	输出	说明

``python
for i in range(3) :
    for j in range(5) :
        if j % 2 == 1 :
            print("*", end="")
        else :
            print("-", end="")
    print()
``
	-*-*-
	-*-*-
	-*-*-
		破折号和星号交替打印

``python
for i in range(3) :
    for j in range(5) :
        if i % 2 == j % 2 :
            print("*", end="")
        else :
            print(" ", end="")
    print()
``
	* * *
	　* *
	* * *
		打印棋盘格图案

实训案例 4.1　平均考试成绩

问题描述　常常需要重复读取和处理多组值。编写一个程序，计算多名学生的平均考试成绩。每个学生的考试科目数相同。

➡ **步骤 1**　理解问题。

为了计算一名学生的平均考试成绩，必须输入并统计该学生的所有成绩。这可以通过一个循环来完成。这里我们需要计算若干名学生的平均成绩。因此，在课程中，必须为每名学生重复计算他的平均成绩。这需要一个嵌套循环。内循环将处理一名学生的成绩，外循环将为每名学生重复该过程。

```
提示用户输入考试的次数
对每名学生重复以下步骤：
    处理每名学生的所有考试成绩
    打印该生的平均考试成绩
```

➡ **步骤 2**　计算单名学生的平均成绩。

4.5.1 节中的算法可以用于读取成绩和计算平均值。然而，这个问题的不同之处在于，我们可以为每个学生读取固定数量的成绩，而不是在输入哨兵值之前读取成绩。因为已知需要读取多少个成绩，所以可以使用带 range 函数的 for 循环：

```
总成绩 = 0
for i in range(1, numExams + 1):
    读取下一个考试成绩
    把读取的考试成绩累加到总成绩中
计算平均考试成绩
打印平均考试成绩
```

➡ **步骤 3**　针对每名学生重复计算平均成绩。

因为需要计算若干名学生的平均考试成绩，所以必须为每名学生重复步骤 2 中的过程。因为我们不知道到底有多少学生，所以将使用一个带有哨兵值的 while 循环。但是哨兵值应该是什么呢？为了简单起见，它可以基于一个简单的 Yes/No 问题来确定。用户输入一名学生的成绩后，可以提示用户是否要输入另一名学生的成绩：

```
moreGrades = input("Enter exam grades for another student (Y/N)? ")
moreGrades = moreGrades.upper()
```

输入 N 作为成绩输入终止条件。因此，每当用户在提示符处输入 Y 时，循环将再次执行。

我们将使用 moreGrades == "Y" 作为循环条件，并初始化循环变量以包含字符串 "Y"。这允许循环至少执行一次，以便用户可以在提示输入 Y/N 之前输入第一名学生的成绩。

```
moreGrades = "Y"
while moreGrades == "Y" :
    输入一名学生的各次考试成绩
    计算一名学生的平均成绩
    moreGrades = input("Enter exam grades for another student (Y/N)? ")
    moreGrades = moreGrades.upper()
```

➡ **步骤 4**　在 Python 中实现解决方案。

完整的程序如下所示。

worked_example_1/examaverages.py

```
1   ##
2   #   本程序计算若干名学生的平均考试成绩
3   #
4
5   # 读取每名学生考试的成绩
6   numExams = int(input("How many exam grades does each student have? "))
7
8   # 初始化 moreGrades 为一个非哨兵值
9   moreGrades = "Y"
10
11  # 循环计算平均考试成绩，直到用户选择终止为止
12  while moreGrades == "Y" :
13
14      # 为一名学生计算平均成绩
15      print("Enter the exam grades.")
16      total = 0
17      for i in range(1, numExams + 1) :
18          score = int(input("Exam %d: " % i))    # 提示输入每次考试的成绩
19          total = total + score
20
21      average = total / numExams
22      print("The average is %.2f" % average)
23
24      # 提示用户是否想要输入另一名学生的成绩
25      moreGrades = input("Enter exam grades for another student (Y/N)? ")
26      moreGrades = moreGrades.upper()
```

实训案例 4.2　成绩分布直方图

问题描述　直方图用于显示数据在固定类别中的分布，其本质上是条形图，条形图的高度表示类别中的项目数。我们的任务是使用“工具箱 3.2”中描述的绘图包构建一个直方图，来可视化各等级成绩的分布。成绩作为数值输入，然后必须转换为相应的字母等级成绩。

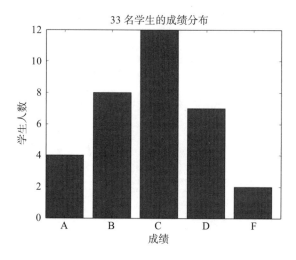

步骤 1 初始化成绩等级计数器。

为了创建直方图，必须首先计算出每个字母等级的学生人数，这将需要 5 个计数器，每个字母代表一个等级：

```
numAs = 0
numBs = 0
numCs = 0
numDs = 0
numFs = 0
```

步骤 2 读取和处理成绩。

成绩是介于 0 ~ 100 的数值。必须使用 while 循环和 4.3 节中描述的哨兵值一次读取一个成绩。在读取每个数值成绩后，必须确定相应的字母等级并更新相应的等级计数器。为了确定字母等级，假设基于传统的等级标准：A 代表成绩 ≥ 90，B 代表 80 ≤ 成绩 < 90，C 代表 70 ≤ 成绩 < 80，D 代表 60 ≤ 成绩 < 70，F 代表成绩 < 60。

```
提示用户输入第一个数值成绩
针对每一个成绩，重复以下操作：
    确定该成绩对应的字母等级
    更新字母等级计数器
```

步骤 3 创建条形图。

读取和处理完成绩后，我们可以创建一个条形图。给定字母等级的条形高度表示对应的计数器大小。

```
pyplot.bar(1, numAs)
pyplot.bar(2, numBs)
pyplot.bar(3, numCs)
pyplot.bar(4, numDs)
pyplot.bar(5, numFs)
```

步骤 4 格式化图表。

将条形图添加到图表后，我们需要适当地标记两个坐标轴。

```
pyplot.xlabel("Grades")
pyplot.ylabel("Number of Students")
```

为了帮助观测者确定输入成绩的学生总数，我们可以将该信息添加到图表标题中。

```
numStudents = numAs + numBs + numCs + numDs + numFs
pyplot.title("%d students\nGrade Distribution" % numStudents)
```

最后，默认的 *x* 轴刻度标签对于描述单个条形图没有太大意义，因此我们将其更改为与等级匹配的字母。

```
pyplot.xticks([1.4, 2.4, 3.4, 4.4, 5.4], ["A", "B", "C", "D", "F"])
```

➡ **步骤 5** 在 Python 中实现解决方案。

完整的程序如下所示。

worked_example_2/histogram.py

```
 1  ##
 2  #  本程序通过用户读取考试成绩
 3  #  绘制一个成绩分布直方图
 4  #
 5
 6  from matplotlib import pyplot
 7
 8  # 初始化用于保存成绩等级计数的变量
 9  numAs = 0
10  numBs = 0
11  numCs = 0
12  numDs = 0
13  numFs = 0
14
15  # 使用带预读取的 while 循环读取考试成绩
16  grade = int(input("Enter exam grade or -1 to finish: "))
17  while grade >= 0 :
18      if grade >= 90.0 :
19          numAs = numAs + 1
20      elif grade >= 80.0 :
21          numBs = numBs + 1
22      elif grade >= 70.0 :
23          numCs = numCs + 1
24      elif grade >= 60.0 :
25          numDs = numDs + 1
26      else :
27          numFs = numFs + 1
28
29      grade = int(input("Enter exam grade or -1 to finish: "))
30
31  # 绘制成绩直方图
32  pyplot.bar(1, numAs)
33  pyplot.bar(2, numBs)
34  pyplot.bar(3, numCs)
35  pyplot.bar(4, numDs)
36  pyplot.bar(5, numFs)
37
38  # 添加坐标轴标签
39  pyplot.xlabel("Grades")
40  pyplot.ylabel("Number of Students")
41
42  # 添加表示学生人数的标题
43  numStudents = numAs + numBs + numCs + numDs + numFs
44  pyplot.title("%d students\nGrade Distribution" % numStudents)
45
46  # 在条形图下面添加字母，作为坐标轴刻度标签
47  pyplot.xticks([1.4, 2.4, 3.4, 4.4, 5.4], ["A", "B", "C", "D", "F"])
```

```
48
49  # 显示图表
50  pyplot.show()
```

4.8　处理字符串

　　循环的一个常见用途是处理或者验证字符串。例如，我们可能需要计算字符串中一个或多个字符的出现次数，或者验证字符串的内容是否满足某些条件。在本节中，将探讨几个基本的字符串处理算法。

4.8.1　统计匹配项

　　在 4.5.2 节中，我们讨论了如何计算满足特定条件的值的数量，也可以将此任务应用于字符串。例如，假设需要计算字符串中包含的大写字母个数。

```
uppercase = 0
for char in string :
    if char.isupper() :
        uppercase = uppercase + 1
```

此循环遍历字符串中的字符，并检查每个字符是否为大写字母。当找到大写字母时，计数器 uppercase 将递增。例如，如果字符串包含"My Fair Lady"，则 uppercase 将递增 3 次（当 char 为 M、F 和 L 时）。

　　有时，需要计算字符串中出现多个字符的次数。假设我们想知道一个单词中包含多少个元音字母。不要将单词中的每个字母都与 5 个元音字母单独比较，可以使用 in 运算符和包含 5 个字母的文本字符串进行比较：

```
vowels = 0
for char in word :
    if char.lower() in "aeiou" :
        vowels = vowels + 1
```

注意，上面代码在逻辑表达式中使用了 lower 方法。在检查每个大写字母是否为元音之前，此方法将其转换为相应的小写字母。这样，可以减少必须在文本字符串中包含的字符的数量。

4.8.2　查找所有匹配项

　　当我们需要检查字符串中的每个字符时，可以使用 for 语句在单个字符上迭代。这是我们用来统计字符串中大写字母个数的方法。但是，有时可能需要在字符串中找到每个匹配项的位置。假设要求打印句子中每个大写字母所在的位置。我们不能使用 for 语句遍历所有字符，因为此时需要知道匹配项的位置。所以，可以遍历位置（使用带 range 函数的 for 语句），并在每个位置查找字符。

```
sentence = input("Enter a sentence: ")
for i in range(len(sentence)) :
    if sentence[i].isupper() :
        print(i)
```

4.8.3　找到第一个或者最后一个匹配项

　　当统计满足给定条件时，需要查看所有值。但是，如果任务是找到匹配项，则可以在满足条件后立即停止。

以下代码片段包含一个循环，用于查找字符串中第一个数字的位置。

```
found = False
position = 0
while not found and position < len(string) :
    if string[position].isdigit() :
        found = True
    else :
        position = position + 1

if found :
    print("First digit occurs at position", position)
else :
    print("The string does not contain a digit.")
```

如果找到匹配项，则变量 found 为 True，变量 position 将包含第一个匹配项的索引。如果循环过程中并没有找到匹配项，则在循环终止后，变量 found 仍为 False。我们可以使用变量 found 的值来确定要打印哪一条消息。

如果需要找到字符串中最后一个数字的位置呢？从后向前遍历字符串。

```
found = False
position = len(string) - 1
while not found and position >= 0 :
    if string[position].isdigit() :
        found = True
    else :
        position = position - 1
```

4.8.4 验证字符串

在第 3 章中，我们讨论了计算之前验证用户输入的重要性。但数据验证并不局限于验证用户输入是否为特定值或是否在有效范围内，常常还要求用户以特定格式输入数据，例如，验证字符串是否包含格式正确的电话号码。

在美国，电话号码由 3 部分组成：区号、交换机号和电话线号，其常常指定为以下格式：(###)###-####。我们可以检查一个字符串，以确保它是一个包含由 13 个字符组成的格式正确的电话号码。为了实现该功能，我们不仅要验证该字符串是否包含数字和适当的符号，还要验证每个符号都在字符串的适当位置。这需要使用一个事件控制循环，如果在处理字符串时遇到无效字符或者不在正确位置上的符号，则可以提前退出。

```
valid = len(string) == 13
position = 0
while valid and position < len(string) :
    if position == 0 :
        valid = string[position] == "("
    elif position == 4 :
        valid = string[position] == ")"
    elif position == 8 :
        valid = string[position] == "-"
    else :
        valid = string[position].isdigit()
    position = position + 1

if valid :
    print("The string contains a valid phone number.")
```

```
else :
    print("The string does not contain a valid phone number.")
```

作为替代方案，我们可以将这 4 个逻辑条件组合成一个表达式，以生成更紧凑的循环。

```
valid = len(string) == 13
position = 0
while valid and position < len(string) :
    valid = ((position == 0 and string[position] == "(")
        or (position == 4 and string[position] == ")")
        or (position == 8 and string[position] == "-")
        or (position != 0 and position != 4 and position != 8
            and string[position].isdigit()))
    position = position + 1
```

4.8.5　创建新的字符串

网上购物的一个小烦恼是，许多网站要求我们输入一张没有空格或者破折号的信用卡卡号，仔细审核号码的正确性比较麻烦。从字符串中删除破折号或者空格有多困难呢？

我们在第 2 章中讨论过不能更改字符串的内容。但还是有办法创建一个新的字符串的。例如，如果用户输入的字符串包含格式为 "4123-5678-9012-3450" 的信用卡号码，我们可以通过构建仅包含数字的新字符串来删除破折号：从一个空字符串开始，并将原始字符串中不是空格或者破折号的每个字符都附加到该字符串。在 Python 中，可以使用字符串连接运算符（+）将各个字符追加到字符串中：

```
newString = newString + "x"
```

以下代码片段包含一个循环以生成一个新字符串，该字符串包含删除了空格和破折号的信用卡卡号。

```
userInput = input("Enter a credit card number: ")
creditCardNumber = ""
for char in userInput :
    if char != " " and char != "-" :
        creditCardNumber = creditCardNumber + char
```

如果用户输入 "4123-5678-9012-3450"，则在循环执行后，变量 creditCardNumber 将包含字符串 "4123567890123450"。

另一个示例是，假设我们需要构建一个新字符串，原始字符串中的所有大写字母都转换为小写字母，所有小写字母都转换为大写字母。使用与前面示例中相同的字符串拼接技术，实现方法非常简单。

```
newString = ""
for char in original :
    if char.isupper() :
        newChar = char.lower()
    elif char.islower() :
        newChar = char.upper()
    else :
        newChar = char
    newString = newString + newChar
```

下面的程序演示了本节介绍的几种字符串处理算法。该程序读取一个字符串，其中包含一名考生多项选择测试题的答案（从多个答案选项中选择出一个正确答案），需要对测试结果进行评分。

sec08/multiplechoice.py

```
 1  ##
 2  #  本程序为多项选择题考试测试评分
 3  #  每道题有 4 个可能的选择: a、b、c 或者 d
 4  #
 5
 6  # 定义包含正确答案的字符串
 7  CORRECT_ANSWERS = "adbdcacbdac"
 8
 9  # 读取用户的答案, 确保提供了足够数量的答案
10  done = False
11  while not done :
12     userAnswers = input("Enter your exam answers: ")
13     if len(userAnswers) == len(CORRECT_ANSWERS) :
14        done = True
15     else :
16        print("Error: an incorrect number of answers given.")
17
18  # 批改考试结果
19  numQuestions = len(CORRECT_ANSWERS)
20  numCorrect = 0
21  results = ""
22
23  for i in range(numQuestions) :
24     if userAnswers[i] == CORRECT_ANSWERS[i] :
25        numCorrect = numCorrect + 1
26        results = results + userAnswers[i]
27     else :
28        results = results + "X"
29
30  # 给出考试成绩
31  score = round(numCorrect / numQuestions * 100)
32
33  if score == 100 :
34     print("Very Good!")
35  else :
36     print("You missed %d questions: %s" % (numQuestions - numCorrect, results))
37
38  print("Your score is: %d percent" % score)
```

程序运行结果如下:

```
Enter your exam answers: acddcbcbcac
You missed 4 questions: aXXdcXcbXac
Your score is: 64 percent
```

4.9 应用案例: 随机数和仿真

模拟仿真程序使用计算机模拟现实世界 (或者虚幻世界) 中的活动。模拟仿真通常用于预测气候变化、分析交通状况、挑选股票, 以及在科学和商业中的许多其他应用。在许多模拟仿真中, 使用一个或者多个循环修改系统的状态并观察其变化。我们将在以下内容中讨论若干个示例。

4.9.1 生成随机数

很难绝对精确地预测现实世界中的许多事件, 但有时可以很好地了解其平均行为。例如, 商店可能根据经验知道每 5 分钟会有一位顾客光顾。当然, 这是一个平均时间, 顾客不

可能严格按照每 5 分钟的间隔到店。为了精确地模拟客户流量，我们需要考虑随机波动。现在，怎么才能在计算机上运行这样的模拟仿真呢？

Python 库包含一个随机数生成器（random number generator）用于生成看起来完全随机的数字。调用 random() 会产生一个大于等于 0 且小于 1 的随机浮点数，再次调用 random() 会得到一个不同的数字。random 函数在 random 模块中定义。

下面的程序调用 random()10 次。

sec09_01/randomtest.py

```
1  ##
2  #  本程序打印 10 个位于 0 ~ 1 的随机数
3  #
4
5  from random import random
6
7  for i in range(10) :
8      value = random()
9      print(value)
```

程序运行结果如下：

```
0.580742512361
0.907222103296
0.102851584902
0.196652864583
0.957267274444
0.439101769744
0.299604096229
0.679313379668
0.0903726139666
0.801120553331
```

实际上，这些数字并不是真正随机的，是从长时间不重复的数字序列中提取的。这些序列实际上是根据相当简单的公式计算出来的，它们的行为就像随机数一样（具体请参见编程题 P4.27）。因此，它们通常被称为**伪随机数**（pseudorandom number）。

4.9.2　模拟掷骰子

在实际应用中，我们需要将随机数生成器的输出转换为特定范围内的数值。例如，为了模拟掷骰子，需要生成 1 ~ 6 的随机整数。

Python 提供了一个单独的函数来生成给定范围内的随机整数，定义在 random 模块中的函数

```
randint(a, b)
```

返回一个介于 a ~ b 的整数，包括上边界 b 和下边界 a。

以下程序模拟投掷两个骰子。

sec09_02/dice.py

```
1  ##
2  #  本程序模拟投掷两个骰子
3  #
4
```

```
5  from random import randint
6
7  for i in range(10) :
8      # 生成两个位于 1（包含）～ 6（包含）的整数
9      d1 = randint(1, 6)
10     d2 = randint(1, 6)
11
12     # 打印两个值
13     print(d1, d2)
```

程序运行结果如下：

```
1 5
6 4
1 1
4 5
6 4
3 2
4 2
3 5
5 2
4 5
```

4.9.3 蒙特卡罗方法

对于那些不能精确求解的问题，蒙特卡罗方法提供了一种巧妙的求解问题近似解的方法。（该方法以蒙特卡罗著名的赌场来命名。）

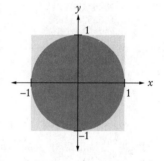

这里举一个典型的例子。计算 π 的值比较困难，但下面的模拟可以很好地逼近其值。

模拟将飞镖投射到正方形靶标上，其包含一个半径为 1 的圆。方法很简单：在 −1 ～ 1 之间生成随机的 x 和 y 坐标。

如果生成的点位于圆内，我们将其视为命中，此时 $x^2 + y^2 \leq 1$。因为投射飞镖是完全随机的，因此期望命中次数 / 投射次数的比值大约等于圆和正方形面积的比值，即 π / 4。因此，我们对 π 的估算是 4 × 期望命中次数 / 投射次数。这种方法仅使用一个简单的算法，就可以求得 π 的估计值。

为了生成两个边界为 a 和 b 的随机浮点数，可以通过以下计算方法：

```
r = random()    # 0 ≤ r < 1
x = a + (b - a) * r   # a ≤ x < b
```

其中 r 的范围为 0（包含）～ 1（不包含），x 的范围为 a（包含）～ b（不包含）。在我们的应用程序中，x 永远不会达到上限（b=1），但这并不重要。满足方程 x = 1 的点位于面积为 0 的直线上。

以下是模拟执行过程的程序。

sec09_03/montecarlo.py

```
1  ##
2  #  本程序通过模拟投掷飞镖到一个
3  #  正方形靶标上来计算 π 的估计值
```

```
 4  #
 5
 6  from random import random
 7
 8  TRIES = 10000
 9
10  hits = 0
11  for i in range(TRIES) :
12
13      # 生成两个位于 -1 ～ 1 的随机数
14      r = random()
15      x = -1 + 2 * r
16      r = random()
17      y = -1 + 2 * r
18
19      # 检查该点是否位于单位圆之内
20      if x * x + y * y <= 1 :
21          hits = hits + 1
22
23  # 命中次数 / 投射次数的比值近似于
24  # 圆的面积 / 正方形的面积 = pi / 4
25
26  piEstimate = 4.0 * hits / TRIES
27  print("Estimate for pi:", piEstimate)
```

程序运行结果如下：

```
Estimate for pi: 3.1464
```

实训案例 4.3　图形应用：目标靶

问题描述　开发一个图形程序，在浅灰色背景上绘制一个黑白相间的目标靶，中间画一个红色靶心。

目标靶中的圆环数量应该通过用户输入的数据来读取，但必须介于 2 ～ 10 之间。每个圆环的宽度应该是 25 像素，靶心的直径应该是圆环宽度的 2 倍。要求最外面的圆环是黑色的，随后的每一个圆环在白色和黑色之间交替。最后，图形窗口的大小应该基于目标的大小，外圈与窗口的 4 个侧面各相距 10 个像素。

➡步骤1　定义常量。

首先我们应该为问题描述中指定的约束和尺寸定义常量，以便在需要时可以方便修改这些约束条件。

问题描述指定了以下几个幻数：

```
MIN_NUM_RINGS = 2
MAX_NUM_RINGS = 10
RING_WIDTH = 25
TARGET_OFFSET = 10
```

➡步骤2　通过用户读取圆环的数量。

由于目标靶中包含的圆环数量有一定的限制，因此需要验证用户输入：

```
numRings = int(input("Enter # of rings in the target: "))
```
while 圆环数量 *numRings* 超过有效范围
  打印错误信息

```
numRings = int(input("Re-enter # of rings in the target: "))
```

➡️ 步骤3 确定如何绘制圆环。

每个圆环可以通过绘制一个填充圆来获得，各个圆从外圆开始相互重叠绘制。内圆将填充较大圆的中心部分，从而产生环形效果。

➡️ 步骤4 确定图形窗口的尺寸。

窗口的尺寸取决于目标靶的尺寸，即外圆环的尺寸。为了确定外圆环的半径，可以把所有圆环的宽度和靶心的半径（等于圆环的宽度）相加。我们知道圆环的数量和每个圆环的宽度，所以计算公式为：

  外圆环的半径 = (圆环的数量 + *1*) x 圆环的宽度

目标靶的大小就是外圆环的直径，即其半径的2倍。

  目标靶的大小 = *2* x 外圆环的半径

最后，目标靶从窗口边框偏移 TARGET_OFFSET 个像素。考虑到目标靶的偏移量和大小，计算窗口大小的公式为：

  窗口大小 = 目标靶的大小 + *2* x *TARGET_OFFSET*

➡️ 步骤5 绘制目标靶的圆环。

为了绘制目标靶的圆环，我们从最外面的圆环开始绘制，然后依次绘制内部的圆环。可以使用基本的 for 循环，该循环对每个圆环迭代一次，包括以下几个步骤：

初始化圆的参数
for i in range(numRings) :
  选择圆的颜色
  绘制圆
  调整圆的参数

首先，在循环的第一次迭代之前，必须初始化要绘制的外圆参数。外圆的直径等于目标靶的大小，其边界框在水平和垂直方向上都从窗口边界处偏移 TARGET_OFFSET 个像素。

直径 = 目标靶的大小
```
x = TARGET_OFFSET
y = TARGET_OFFSET
```

为了选择绘制圆的颜色，我们可以根据循环变量 i 的值制订决策。由于循环变量从0开始，因此每次循环变量为偶数时将绘制一个黑色的圆，为奇数时将绘制一个白色的圆。

If i 为偶数
```
    canvas.setColor("black")
```
Else
```
    canvas.setColor("white")
```

若要绘制圆，可以使用画布方法 drawOval，它将边界框的宽度和高度设置为圆的直径。drawOval 方法还需要指定边界框左上角的位置。

```
    canvas.drawOval(x, y, diameter, diameter)
```

每个内圆的直径需要减少圆环宽度的 2 倍，边界框的位置将在两个方向上向内偏移圆环的宽度。

```
diameter = diameter - 2 * 圆环的宽度
x = x + 圆环的宽度
y = y + 圆环的宽度
```

➡ **步骤 6**　绘制目标靶心。

绘制完黑白圆环后，应把靶心画成一个红色填充的圆。循环终止时，圆的参数（位置和直径）将设置为绘制该圆所需的值。

➡ **步骤 7**　在 Python 中实现解决方案。

完整的程序如下所示。注意，我们使用画布方法 setBackground 将画布的背景颜色设置为浅灰色，而不是默认的白色。（有关 ezgraphics 模块的完整说明，请参见 http://ezgraphics.org。）

worked_example_3/bullseye.py

```
 1  ##
 2  #  绘制一个目标靶
 3  #  由用户指定圆环的数量
 4  #
 5
 6  from ezgraphics import GraphicsWindow
 7
 8  # 定义常量
 9  MIN_NUM_RINGS = 2
10  MAX_NUM_RINGS = 10
11  RING_WIDTH = 25
12  TARGET_OFFSET = 10
13
14  # 读取目标靶中圆环的数量
15  numRings = int(input("Enter # of rings in the target: "))
16  while numRings < MIN_NUM_RINGS or numRings > MAX_NUM_RINGS :
17      print("Error: the number of rings must be between",
18            MIN_NUM_RINGS, "and", MAX_NUM_RINGS)
19      numRings = int(input("Re-enter # of rings in the target: "))
20
21  # 确定最外面圆的直径。将首先绘制最外面的圆
22  diameter = (numRings + 1) * RING_WIDTH * 2
23
24  # 根据最外面圆的大小确定窗口的尺寸
25  winSize = diameter + 2 * TARGET_OFFSET
26
27  # 创建图形窗口对象，并获取画布对象
28  win = GraphicsWindow(winSize, winSize)
29  canvas = win.canvas()
30
31  # 设置画布的背景色为浅灰色
32  canvas.setBackground("light gray")
33
34  # 绘制圆环，交替使用黑色和白色来填充
35  x = TARGET_OFFSET
36  y = TARGET_OFFSET
37  for ring in range(numRings) :
38      if ring % 2 == 0 :
39          canvas.setColor("black")
```

```
40        else :
41            canvas.setColor("white")
42        canvas.drawOval(x, y, diameter, diameter)
43
44        diameter = diameter - 2 * RING_WIDTH
45        x = x + RING_WIDTH
46        y = y + RING_WIDTH
47
48    # 使用红色绘制靶心
49    canvas.setColor("red")
50    canvas.drawOval(x, y, diameter, diameter)
51
52    win.wait()
```

4.10 图形应用：数字图像处理

数字图像处理是利用计算机算法来处理数字图像的技术，这项技术广泛应用于数字摄影、数据压缩、计算机图形学、计算机视觉和机器人技术等领域。在本节中，我们将学习如何使用 ezgraphics 包处理图像。

4.10.1 过滤图像

数字图像由"像素"构成，像素排列在由行和列所构成的网格上。我们通常看不到单独的像素，但它们的确存在。计算机屏幕上的图像看起来非常平滑或者连续，这是因为使用了屏幕上非常小的点再现单个像素。

像素存储表示来自可见光谱的颜色的数据。存在多种指定颜色的方法，但最常见的是使用离散的 RGB 颜色模型，其中各个颜色由生成给定颜色所需的红、绿和蓝光量来决定。这些值的范围为 0（无光存在）～ 255（最大光量）之间的整数。

过滤一幅图像时会以某种方式修改每个像素的颜色分量。例如，可以使明亮的图像变暗，创建图像的负片（底片）或者将图像转换为灰度。将几种常用滤波器应用于各种 RGB 值，其近似结果如表 4 所示。

表 4　RGB 值示例

RCB值	变暗15%	负片	灰度
255, 255, 255	217, 217, 217	0, 0, 0	254, 254, 254
0, 0, 255	0, 0, 217	255, 255, 0	18, 18, 18
128, 128, 128	109, 109, 109	127, 127, 127	128, 128, 128
0, 255, 0	0, 217, 0	255, 0, 255	182, 182, 182
255, 0, 0	217, 0, 0	0, 255, 255	54, 54, 54
35, 178, 200	30, 151, 170	220, 77, 55	149, 149, 149
255, 255, 0	217, 217, 0	0, 0, 255	236, 236, 236
0, 255, 255	0, 217, 217	255, 0, 0	200, 200, 200

为了处理图像，必须首先将其加载到程序中。在 ezgraphics 模块中，图像存储在 GraphicsImage 类的实例中。4.10.2 节的表 5 显示了 GraphicsImage 类的方法。可以通过如下方法从文件中加载图像：

```
filename = "queen-mary.gif"
image = GraphicsImage(filename)
```

为了显示图像，可以在 GraphicsWindow 的画布上进行绘制。

```
win = GraphicsWindow()
canvas = win.canvas()
canvas.drawImage(image)
win.wait()
```

示例代码：完整的程序请参见本书配套代码中的 sec10_01/viewimage.py。

但是，在显示图像之前，我们需要对其进行过滤或者变换。从一些简单的转换开始——把图像转换为负片（底片），这是老式胶片相机制作的图像（参见图 6）。

Courtesy of Cay Horstmann.

图 6　一幅图像及其负片

为了过滤图像，我们必须获取每个像素的红色、绿色和蓝色分量。像素被组织成一个大小为 width×height 的二维网格。

行和列从 0 开始按顺序编号，像素（0，0）位于左上角。行号的范围为 0 ~ height−1；列号的范围为 0 ~ width−1。

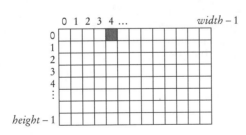

为了获取单个像素的 3 个颜色分量，可以使用 getRed、getGreen 和 getBlue 方法。下面代码片段用于获取第 0 行第 4 列中像素的颜色：

```
red = image.getRed(0, 4)
green = image.getGreen(0, 4)
blue = image.getBlue(0, 4)
```

为了创建图像的负片，可以使用以下公式调整 RGB 分量：

```
newRed = 255 - red
newGreen = 255 - green
newBlue = 255 - blue
```

调整值后，使用新颜色更新像素。

```
image.setPixel(0, 4, newRed, newGreen, newBlue)
```

为了处理整个图像，可以使用嵌套循环在各个像素上进行迭代。

```
width = image.width()
height = image.height()
for row in range(height) :
    for col in range(width) :
        获取当前像素的颜色
        过滤像素
        设置像素为新颜色
```

创建原始图像的负片后，可以通过调用以下语句保存结果文件。

```
image.save("negative" + filename)
```

下面的程序是处理一个图像文件的完整源代码，用于生成原始图像文件的负片。

sec10_01/filterimage.py

```
 1  ##
 2  #  本程序处理一幅数字图像
 3  #  生成原始图像的负片
 4  #
 5
 6  from ezgraphics import GraphicsImage, GraphicsWindow
 7
 8  filename = input("Enter the name of the image file: ")
 9
10  # 从文件中载入图像
11  image = GraphicsImage(filename)
12
13  # 处理图像
14  width = image.width()
15  height = image.height()
16  for row in range(height) :
17      for col in range(width) :
18          # 获取当前像素
19          red = image.getRed(row, col)
20          green = image.getGreen(row, col)
21          blue = image.getBlue(row, col)
22
23          # 过滤像素
24          newRed = 255 - red
25          newGreen = 255 - green
26          newBlue = 255 - blue
27
28          # 设置像素为新颜色
29          image.setPixel(row, col, newRed, newGreen, newBlue)
30
31  # 在屏幕上显示图像
32  win = GraphicsWindow()
33  canvas = win.canvas()
34  canvas.drawImage(image)
35  win.wait()
36
37  # 把新图像保存为一个新文件
38  image.save("negative-" + filename)
```

4.10.2　重新配置图像

图像的其他处理操作可以在不修改像素值的情况下更改图像的网格结构，例如，可以翻转或者旋转图像，或者放大图像并添加边框。

重新配置图像需要使用第二幅图像，可以将原始图像的像素复制到其中。新图像的大小取决于重新配置的类型。例如，为了垂直翻转图像，新图像必须与原始图像大小相同。

```
origImage = GraphicsImage("queen-mary.gif")
width = origImage.width()
height = origImage.height()
newImage = GraphicsImage(width, height)
```

单个像素的颜色不会被修改，只需将它们复制到新图像中。如前一节所示，可以分别复制红色、绿色和蓝色分量，也可以整体移动像素。getPixel 方法返回一个"元组"（tuple），其中包含所有三种颜色。元组是一种可以同时保存多个值的数据结构（有关元组的更多信息，请参阅"专题讨论 6.5"）。然后调用 setPixel 方法来设置新图像中的像素。

例如，为了创建一幅复制图像，可以将像素复制到新图像中的相同位置。

```
for row in range(height) :
    for col in range(width) :
        pixel = origImage.getPixel(row, col)
        newImage.setPixel(row, col, pixel)
```

为了垂直翻转图像（参见图 7），必须将整行像素复制到新图像的不同行中。第一行将成为新图像的最后一行，第二行将成为新图像的倒数第二行，以此类推。

为此，可以遍历原始图像中的所有像素，计算它们在新图像中的位置，并使用第二组行和列变量跟踪这些像素。在这里，我们使用变量 newRow 和 newCol。

Courtesy of Cay Horstmann.

图 7　图像的垂直翻转

```
newRow = height - 1
for row in range(height) :
    for col in range(width) :
        newCol = col
        pixel = origImage.getPixel(row, col)
        newImage.setPixel(newRow, newCol, pixel)

    newRow = newRow - 1
```

下面的程序创建并保存一幅 GIF 图像经过垂直翻转后所得的新图像。

sec10_02/flipimage.py

```
 1  ##
 2  #   本程序创建一幅 GIF 图像的垂直翻转形式
 3  #
 4
 5  from ezgraphics import GraphicsImage
 6
 7  filename = input("Enter the name of the image file: ")
 8
 9  # 载入原始图像
10  origImage = GraphicsImage(filename)
11
12  # 创建一个新图像，用于保存新的垂直翻转图像
13  width = origImage.width()
```

```
14  height = origImage.height()
15  newImage = GraphicsImage(width, height)
16
17  # 迭代原始图像的像素，复制像素到
18  # 18 #新图像的相应位置，以生成垂直翻转图像
19  newRow = height - 1
20  for row in range(height) :
21     for col in range(width) :
22        newCol = col
23        pixel = origImage.getPixel(row, col)
24        newImage.setPixel(newRow, newCol, pixel)
25     newRow = newRow - 1
26
27  # 把新图像保存为一个新文件
28  newImage.save("flipped-" + filename)
```

用于图形图像的方法列表如表 5 所示。

表 5   GraphicsImage 方法

方法	说明
GraphicsImage(*filename*)	读取图像文件到一个 GraphicsImage 对象中
GraphicsImage(*width, height*)	创建一个给定尺寸的空白图像
img.setPixel(*row, col, red, green, blue*) *img*.setPixel(*row, col, pixel*)	将位置 (row, col) 处的像素颜色设置为给定的 RGB 值，或者设置为包含 RGB 值的元组
img.getRed(*row, col*) *img*.getGreen(*row, col*) *img*.getBlue(*row, col*) *img*.getPixel(*row, col*)	返回位置 (row, col) 处的像素颜色的红、绿、蓝分量，或者包含红、绿、蓝 3 个分量的元组
img.save(*filename*)	将图像保存为一个 GIF 文件
img.copy()	创建并返回一个新图像，该图像是原图像的副本
img.width() *img*.height()	返回图像的宽度和高度

4.11   问题求解：先易后难

随着程序设计学习的深入，需要解决的任务复杂性将会增加。当面对一项复杂的任务时，建议采用一个重要的技巧：先简化问题，然后从解决相对简单的问题入手。

该策略的优越性体现在以下几个方面。通常，我们可以通过解决简单的任务学到一些有用的东西。此外，复杂的问题往往令人望而生畏，常常不知道从何处着手，但当我们成功地解决了相对简单的问题后，会更有动力尝试更难的问题。

把一个复杂问题分解成一系列简单的问题，这需要不断的实践和一定的勇气。掌握这个策略的最好方法就是动手实践。当我们开始下一个任务时，问问自己什么是对最终结果有帮助的最简单的部分，然后从最简单的部分开始。有了一定的经验后，再制订一个计划，将一个完整的解决方案构建为一系列可管理的中间步骤。

下面举一个例子。要求排列图像，沿顶部边缘排列，用小间隙分隔图像，并在当前行空间不足时开始新的一行。

一开始不要尝试一次完成整个任务，以下是一个解决一系列简单问题的计划。

1. 绘制一幅图像。

2. 绘制两幅图像，并排排列。

3. 把这两幅图像用间隔分开。

4. 绘制三幅图像，用间隔分开。

5. 把所有的图像绘制在一长行中。

6. 在一行上绘制图像直到没有剩余空间，然后在下一行继续绘制图像。

让我们逐步实现上述计划。

1. GraphicsImage 类是 ezgraphics 模块的一部分（在 4.10 节中讨论了该类），可以用于加载本问题中的图像。假设实际上这些图像分别保存在名为 picture1.gif，picture2.gif，…，picture20.gif 的文件中。让我们加载第一幅图像：

```
pic = GraphicsImage("picture1.gif")
```

为了显示图像，首先通过 GraphicsWindow 对象获取用户绘制的画布对象：

```
win = GraphicsWindow(750, 350)
canvas = win.canvas()
```

为了绘制图像，可以指定图像左上角对应的画布坐标。在这里，我们要在画布的左上角绘制第一幅图像，并等待用户关闭窗口。

```
canvas.drawImage(0, 0, pic)
win.wait()
```

至此，可以在画布上显示一幅图像。

2. 现在我们把下一幅图像显示在第一幅图像之后。绘制下一幅图像时，其最左边需要位于前一幅图像最右边的 x 坐标处。这可以通过获得第一幅图像的宽度并将该值用作第二幅图

像的 *x* 坐标来实现。

```
win = GraphicsWindow(750, 350)
canvas = win.canvas()
pic = GraphicsImage("picture1.gif")
canvas.drawImage(0, 0, pic)
pic2 = GraphicsImage("picture2.gif")
x = pic.width()
canvas.drawImage(x, 0, pic2)
win.wait()
```

3. 接下来的步骤是使用一个小间隙来分隔两幅图像。

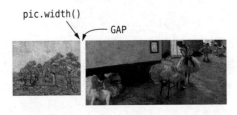

```
GAP = 10
win = GraphicsWindow(750, 350)
canvas = win.canvas()
pic = GraphicsImage("picture1.gif")
canvas.drawImage(0, 0, pic)
pic2 = GraphicsImage("picture2.gif")
x = pic.width() + GAP
canvas.drawImage(x, 0, pic2)
win.wait()
```

4. 在绘制第三幅图像时，如果只知道前面图像的宽度还不够，还需要知道第三幅图像 *x* 坐标的位置，把这个值加上前面图像的宽度和图像之间的间隙。

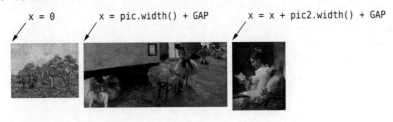

```
GAP = 10
win = GraphicsWindow(750, 350)
canvas = win.canvas()
pic = GraphicsImage("picture1.gif")
canvas.drawImage(0, 0, pic)
pic2 = GraphicsImage("picture2.gif")
x = pic.width() + GAP
canvas.drawImage(x, 0, pic2)
pic3 = GraphicsImage("picture3.gif")
x = x + pic2.width() + GAP
canvas.drawImage(x, 0, pic3)
win.wait()
```

5. 现在把所有的图像排成一行。以循环方式加载所有的图像，然后将每幅图像放在前面图像的右侧。在每次迭代中，我们需要跟踪两幅图像：正在加载的图像和其前面的图像（请参阅 4.5.5 节）。

```
GAP = 10
NUM_PICTURES = 20

win = GraphicsWindow(750, 350)
canvas = win.canvas()
pic = GraphicsImage("picture1.gif")
canvas.drawImage(0, 0, pic)

x = 0
for i in range(2, NUM_PICTURES + 1) :
    previous = pic
    filename = "picture%d.gif" % i
    pic = GraphicsImage(filename)
    x = x + previous.width() + GAP
    canvas.drawImage(x, 0, pic)
win.wait()
```

6. 当然，我们不想把所有的图像排成一行。图像的右侧不应超过 MAX_WIDTH(最大宽度)。

```
x = previous.width() + GAP
if x + pic.width() < MAX_WIDTH :
    把 pic 放置在当前行
else :
    把 pic 放置在下一行
```

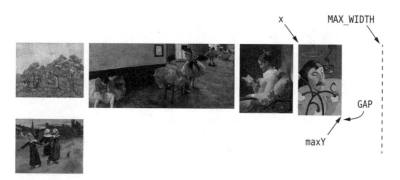

如果当前行的剩余空间无法放置一幅图像，则需要把这幅图像放在下一行，即当前行所有图像的下方。我们将设置一个变量 maxY 存储所有已放置好的图像的最大 y 坐标，每当放置新图像时更新变量的值。

```
maxY = max(maxY, pic.height())
```

以下语句把一幅图像放置在下一行：

```
canvas.drawImage(0, maxY + GAP, pic)
```

利用此功能，我们可以完成构建图库程序最后的初步阶段。

```
GAP = 10
NUM_PICTURES = 5   # 暂时设置为 5 以测试第 6 步
MAX_WIDTH = 720

win = GraphicsWindow(750, 350)
canvas = win.canvas()
pic = GraphicsImage("picture1.gif")
canvas.drawImage(0, 0, pic)
x = 0
maxY = 0
for i in range(2, NUM_PICTURES + 1) :
    maxY = max(maxY, pic.height())
    previous = pic
    filename = "picture%d.gif" % i
    pic = GraphicsImage(filename)
    x = x + previous.width() + GAP
    if x + pic.width() < MAX_WIDTH :
        canvas.drawImage(x, 0, pic)
    else :
        canvas.drawImage(0, maxY + GAP, pic)

win.wait()
```

至此，已经为所有的初步阶段编写了完整的程序。我们知道如何排列图像、如何用间隙分隔图像、如何确定何时开始新的一行，以及从何处开始。

示例代码：有了上述知识，创建最终版本的程序就十分简单了。程序清单如下所示。

sec11/gallery.py

```
 1  ##
 2  # 本程序把图像集排列成多行，每行沿图像
 3  # 顶部边缘排列并用小间隙将它们分隔开
 4  #
 5
 6  from ezgraphics import GraphicsImage, GraphicsWindow
 7
 8  GAP = 10
 9  NUM_PICTURES = 20
10  MAX_WIDTH = 720
11
12  win = GraphicsWindow(750, 750)   # 调整窗口的高度以显示所有图片
13  canvas = win.canvas()
14
15  pic = GraphicsImage("picture1.gif")
16  canvas.drawImage(0, 0, pic)
17
18  x = 0
19  y = 0
20  maxY = 0
21  for i in range(2, NUM_PICTURES + 1) :
22      maxY = max(maxY, pic.height())
23      previous = pic
24      filename = "picture%d.gif" % i
25      pic = GraphicsImage(filename)
26      x = x + previous.width() + GAP
27      if x + pic.width() < MAX_WIDTH :
28          canvas.drawImage(x, y, pic)
29      else :
```

```
30      x = 0
31      y = y + maxY + GAP
32      canvas.drawImage(x, y, pic)
33
34 win.wait()
```

计算机与社会 4.2　数字盗版

当我们阅读至此时，已经会编写一些计算机程序了，并且亲身体验到即使是最微小的程序也要付出很大的努力。开发一个真正的软件产品（例如金融应用程序或者计算机游戏），需要花费大量的时间和金钱。如果没有合理的机会从中赚取收益，很少有人或者公司愿意花费大量的时间和金钱开发软件。收益来自许可费或者广告费。

当个人计算机软件的大众市场第一次出现时，不道德的人不花钱就复制计算机程序是件容易的事。在大多数国家这是非法的。大多数政府都会提供法律保护（例如版权法和专利），以鼓励新产品开发者。容忍盗版猖獗的国家发现，它们有充足廉价的外国软件供应，但没有一家当地制造商愿意为本国公民设计好软件，例如适合本国使用的文字处理器，或者适合当地税法的金融程序。

由于盗版软件是如此简单和廉价，被发现的可能性也是微乎其微，因此每个人必须为自己做出道德选择。在预算有限的情况下，是偷偷使用一个无法支付的昂贵软件包，还是诚实地选用一个可负担的替代软件呢？

当然，盗版并不局限于软件，其他数字产品也会出现同样的问题。我们可能有机会免费获得歌曲或者电影的副本，可能因为音乐播放器上的版权保护而感到沮丧，这使得我们很难收听到付费购买的歌曲。诚然，我们对于一个乐队很难有太多的同情，因为乐队的发行商为他们似乎很少的付出收取了很多钱，至少与设计和实现一个软件包的努力相比是这样的。尽管如此，艺术家和作家的努力得到一些补偿似乎是公平的。

在撰写本书时，如何公平地向艺术家、作家和程序员支付报酬而不给诚实的客户带来负担，是一个尚未解决的问题，许多计算机科学家都在从事这方面的研究。

本章小结

解释循环中的执行流程。

- while 循环在条件为真时重复执行指令。
- 编写循环结构时一个常见的错误是"差一错误"。使用简单的测试用例可以避免这种类型的错误。

使用手工跟踪技术来分析程序的行为。

- 手工跟踪是对代码执行的一种模拟，可以逐步执行指令并跟踪变量的值。
- 手工跟踪可以帮助我们理解一个不熟悉算法的工作原理。
- 手工跟踪可以查找代码或者伪代码中的错误。

实现读取输入数据序列的循环。

- 哨兵值表示数据集的结尾，但它不是数据的一部分。
- 可以采用一对输入操作（称为预读取和修改读取）来读取以哨兵值结尾的值序列。

- 使用输入重定向从文件中读取输入数据。使用输出重定向把程序的输出结果写入到文件中。

使用故事板技术规划用户交互。

- 故事板由动作序列中每个步骤的带有注释的草图组成。
- 开发故事板有助于理解程序所需的输入和输出。

了解最常见的循环算法。

- 为了计算平均值，首先计算所有值的累加和并统计所有值的个数。
- 为了统计满足条件的值，请检查所有的值并为每个匹配项递增计数器。
- 若要查找最大值，在发现一个更大的值时更新迄今为止找到的最大值。
- 为了比较相邻的输入值，将前一个输入值存储在变量中。

使用 for 循环迭代容器中的元素。

- 当需要依次访问一个字符串中的各个字符时，可以使用 for 循环。
- for 循环可以与 range 函数一起用于整数值范围内的迭代。

使用嵌套循环实现多层迭代。

- 当一个循环主体中包含另一个循环时，这种循环是嵌套的。嵌套循环的典型用途是打印包含行和列的报表。

使用循环处理字符串。

- 使用 in 运算符将字符与多个选项进行比较。
- 如果目标是查找匹配项，则在找到匹配项时退出循环。
- 验证字符串可以确保该字符串包含格式正确的数据。
- 我们可以通过拼接单个字符来生成字符串。

将循环应用于模拟仿真的实现。

- 在模拟仿真中，使用计算机模拟活动。
- 我们可以通过调用随机数生成器引入随机性。

设计处理数字图像的计算机算法。

- 数字图像是由不同的像素组成的网格。
- 可以使用 RGB 值指定图像的颜色。
- 使用 drawImage 方法在图形窗口 GraphicsWindow 中显示图像。
- 过滤图像会修改像素颜色。
- 像素位置由行和列标识。
- 可以在不修改像素颜色的情况下重新配置图像。

设计执行复杂任务的程序。

- 当寻找复杂问题的解决方案时，首先要解决简单的任务。
- 制订一个由一系列任务组成的计划，每个任务都是前一个任务的简单扩展，最终解决原始问题。

复习题

- ■ R4.1 编写一个 while 循环，打印以下内容：

  a. 所有小于 n 的平方数。例如，如果 n 为 100，则打印 0 1 4 9 16 25 36 49 64 81。

  b. 可以被 10 整除并且小于 n 的所有正整数。例如，如果 n 是 100，则打印 10 20 30 40 50 60 70 80 90。

  c. 所有小于 n 的 2 的乘幂。例如，如果 n 是 100，则打印 1 2 4 8 16 32 64。

- ■■ R4.2 编写循环，执行以下计算：

  a. 范围为 2 ~ 100（包含）的所有偶数之和。

b. 范围为 1 ～ 100（包含）的所有平方数之和。

c. 范围为 a（包含）～ b（包含）的所有奇数之和。

d. n 的各个位数上所有奇数数字之和（例如，如果 n 是 32 677，则总和为 3 + 7 + 7 = 17）。

■ R4.3　给出以下循环的手工跟踪表。

a.
```
i = 0
j = 10
n = 0
while i < j :
    i = i + 1
    j = j - 1
    n = n + 1
```

c.
```
i = 10
j = 0
n = 0
while i > 0 :
    i = i - 1
    j = j + 1
    n = n + i - j
```

b.
```
i = 0
j = 0
n = 0
while i < 10 :
    i = i + 1
    n = n + i + j
    j = j + 1
```

d.
```
i = 0
j = 10
n = 0
while i != j :
    i = i + 2
    j = j - 2
    n = n + 1
```

■ R4.4　以下循环打印的结果是什么？

a.
```
for i in range(1, 10) :
    print(i)
```

b.
```
for i in range(1, 10, 2) :
    print(i)
```

c.
```
for i in range(10, 1, -1) :
    print(i)
```

d.
```
for i in range(10) :
    print(i)
```

e.
```
for i in range(1, 10) :
    if i % 2 == 0 :
        print(i)
```

■ R4.5　什么是无限循环？在计算机上，如何终止执行一个无限循环的程序？

■ R4.6　为编程题 P4.6 中的伪代码编写程序跟踪，假设输入值为 4、7、–2、–5、0。

■■ R4.7　什么是 "差一错误"？举一个自己编程经历中的例子。

■ R4.8　什么是哨兵值？给出一个简单的规则，说明什么时候适合使用一个数字哨兵值。

■ R4.9　Python 支持哪些循环语句？给出一个简单规则，说明何时使用哪种循环类型。

■ R4.10　指出以下各循环语句分别执行了多少次循环。

a. `for i in range(1, 11)` ...

b. `for i in range(10)` ...

c. `for i in range(10, 0, -1)` ...

d. `for i in range(-10, 11)` ...

e. `for i in range(10, 0)` ...

f. `for i in range(-10, 11, 2)` ...

g. `for i in range(-10, 11, 3)` ...

■■ R4.11　给出一个更适合使用对称边界的 for 循环示例，再给出一个更适合使用非对称边界的 for 循环示例。

■■ R4.12　为打印日历的程序编写伪代码，结果类似于：

```
Su  M  T  W Th  F Sa
        1  2  3  4
```

```
 5   6   7   8   9  10  11
12  13  14  15  16  17  18
19  20  21  22  23  24  25
26  27  28  29  30  31
```

■ R4.13 为打印摄氏度 / 华氏度转换表的程序编写伪代码，结果类似于：

```
Celsius | Fahrenheit
--------+-----------
      0 |         32
     10 |         50
     20 |         68
   . . .         . . .
    100 |        212
```

■ R4.14 为读取学生记录的程序编写伪代码。学生记录由学生的名字和姓氏组成，后跟一系列考试分数和一个值为 −1 的哨兵。程序应该打印出学生的平均成绩。请给出以下输入示例的跟踪表：

```
Harry
Morgan
94
71
86
95
-1
```

■■ R4.15 为一个程序编写伪代码，该程序读取一系列学生记录并打印每名学生的总成绩。每个记录都有学生的名字和姓氏，后跟一系列的考试成绩和一个值为 −1 的哨兵。记录序列以单词 END 结尾。下面是一个示例序列：

```
Harry
Morgan
94
71
86
95
-1
Sally
Lin
99
98
100
95
90
-1
END
```

请给出上述输入示例的跟踪表。

■ R4.16 使用 while 循环改写以下 for 循环语句。

```
s = 0
for i in range(1, 10) :
    s = s + i
```

■ R4.17 给出以下循环的跟踪表。

```
a. s = 1
   n = 1
   while s < 10 :
       s = s + n
b. s = 1
   for n in range(1, 5) :
       s = s + n
```

■ R4.18　以下各循环语句的输出结果是什么？请使用跟踪代码的方法求出结果，而不是通过计算机运行程序。

```
a. s = 1
   for n in range(1, 6) :
       s = s + n
       print(s)
b. s = 1
   for n in range(1, 11) :
       n = n + 2
       s = s + n
       print(s)
c. s = 1
   for n in range(1, 6) :
       s = s + n
       n = n + 1
   print(s, n)
```

■ R4.19　以下各程序片段的输出结果是什么？请使用跟踪代码的方法求出结果，而不是通过计算机运行程序。

```
a. n = 1
   for i in range(2, 5) :
       n = n + i
   print(n)
b. n = 1 / 2
   i = 2
   while i < 6 :
       n = n + 1 / i
       i = i + 1
   print(i)
c. x = 1.0
   y = 1.0
   i = 0
   while y >= 1.5 :
       x = x / 2
       y = x + y
       i = i + 1
   print(i)
```

■ R4.20　为 4.4 节中的单位转换程序添加一个故事板，显示用户输入不兼容单位时的场景。

■ R4.21　在 4.4 节中，我们决定在输入提示中向用户以列表形式显示所有有效单位。如果转换程序支持更多的单位，则这种方法是行不通的。给出一个故事板说明另一种方法：如果用户输入了一个未知单位，则显示所有已知单位的列表。

■ R4.22　修改 4.4 节中的故事板以支持一个菜单，该菜单询问用户是否要转换单位、查看程序帮助，或者退出程序。菜单应该在以下情况下显示：在程序的开始时、一系列的值被转换后、显示一个错误后。

■ R4.23　为执行 4.4 节描述的单位转换程序绘制流程图。

■■ R4.24　在 4.5.4 节中，查找最大输入值和最小输入值的代码是使用输入值来初始化最大值变量 largest 和最小值变量 smallest。为什么不能用 0 初始化这两个变量？

■ R4.25　什么是嵌套循环？给出一个嵌套循环的典型应用场景。

■■ R4.26　以下嵌套循环：

```
for i in range(height) :
    for j in range(width) :
        print("*", end="")
    print()
```

显示给定宽度和高度的矩形，例如：

```
****
****
****
```

编写一个简单的 for 循环语句，显示同样的矩形。

■■ R4.27   假设我们设计了一个教育游戏用来教孩子如何读时钟，如何生成小时和分钟的随机值？

■■■ R4.28   在一次模拟旅行中，哈利将拜访分别居住在 3 个州的 15 个朋友中的 1 个。他有 10 个朋友在加利福尼亚州，有 3 个朋友在内华达州，有 2 个朋友在犹他州。如何产生 1 ~ 3 之间的随机数以表示目的地状态，要求随机数的概率与每个状态中的朋友数成正比。

■ 图形应用 R4.29   如何修改 4.10.1 节中的 filterimage.py 程序，以生成只显示每个像素中绿色分量的新图像？

■ 图形应用 R4.30   如何修改 4.10.2 节中的 flipimage.py 程序，实现图像的水平而不是垂直翻转？

■ 图形应用 R4.31   如果要将图像逆时针旋转 90°，请问新图像的大小是多少？

■ 图形应用 R4.32   改进 4.11 节中的图像库程序以调整画布的大小，使其恰好适合图像库。

■ 图形应用 R4.33   设计 4.11 节中图像库程序的一个新版本，通过将图像沿左边缘而不是顶边缘排列来布局图像。仍然使用小的间隔来分隔图像，当前列空间不足时，将从一个新列开始。

编程题

■ P4.1   编写一个带循环的程序，执行以下计算：

a. 范围为 2（包含）~ 100（包含）的所有偶数之和。

b. 范围为 1（包含）~ 100（包含）的所有平方和。

c. 2^0 ~ 2^{20} 所有 2 的乘幂。

d. 范围为 a（包含）~ b（包含）的所有奇数的和，其中 a 和 b 由用户输入。

e. 输入一个整数，计算该整数的各个位数上所有奇数数字之和（例如，如果输入为 32677，则总和为 $3 + 7 + 7 = 17$）。

■■ P4.2   编写一个程序，读取一系列整数，并打印以下结果：

a. 输入值中的最小值和最大值。

b. 输入值中奇数和偶数的个数。

c. 累计总和。例如，如果输入是 1、7、2、9，程序应该打印 1、8、10、19。

d. 所有相邻的重复值。例如，如果输入是 1、3、3、4、5、5、6、6、6、2，则程序应打印 3、5、6。

■■ P4.3   编写一个程序，读取一行文本，并打印以下结果：

a. 仅打印字符串中的大写字母。

b. 字符串中每隔一个位置的字符。

c. 所有元音字母都用下划线替换后的字符串。

d. 字符串中数字的数目。

e. 字符串中所有元音字母的位置。

■■ P4.4   完成"操作指南 4.1"中的程序。要求程序读取 12 个温度值，并打印出最高温度所在的月份。

■■ P4.5   编写一个程序来读取一组浮点数。要求用户输入值，然后打印这些值的

● 平均值

● 最小值

● 最大值

● 范围，即最小值和最大值之间的差值

■■ **P4.6** 将以下用于从一组输入中查找最小值的伪代码转换为 Python 程序。

> 设置布尔变量 *first* 为 *True*
> *While* 成功读取了下一个值，则重复执行以下操作：
>> *If first* 为 *True*
>>> 设置变量 *minimum* 为该值
>>> 设置 *first* 为 *False*
>> *Else If* 该值小于 *minimum*
>>> 设置变量 *minimum* 为该值
> 打印变量 *minimum* 的值

■■■ **P4.7** 将以下字符串中的字符随机排列的伪代码翻译为 Python 程序。

> 读取一个单词到变量 *word* 中
> 重复 len(word) 次
>> 随机选择 *word* 中的一个位置 *i*，但不选择最后一个位置
>> 随机选择 *word* 中的一个位置 *j* > *i*
>> 交换位置 *j* 和 *i* 的字母
> 打印变量 *word*

为了交换两个字母，按如下方式构造子字符串。

然后把字符串替换为：

`first + word[j] + middle + word[i] + last`

■ **P4.8** 编写一个程序，读取一个单词并在不同的行上打印单词中的每个字母。例如，如果用户输入"Harry"，程序将打印：

```
H
a
r
r
y
```

■■ **P4.9** 编写一个程序，读取一个单词并将其反向打印。例如，如果用户输入"Harry"，程序将打印：

`yrraH`

■ **P4.10** 编写一个程序，读取一个单词并打印该单词中的元音个数。在这个练习中，假设 a e i o u y 是元音。例如，如果用户输入"Harry"，程序将打印：2 vowels。

■■■ **P4.11** 编写一个程序，读取一个单词并打印单词中的音节数。在这个练习中，假设音节是按如下方式确定的：每个相邻的元音序列 a e i o u y（除了单词中的最后一个 e 外），都是一个音节。但是，如果该算法产生的计数为 0，则将其更改为 1。例如：

单词	音节
Harry	2
hairy	2
hare	1
the	1

■■■ **P4.12** 编写一个程序，读取一个单词并打印其所有的子字符串，要求按长度排序。例如，如果用户输

入 "rum"，程序将打印：

```
r
u
m
ru
um
rum
```

■■ P4.13 编写一个程序，读取整数值 number 并按相反顺序打印所有二进制数字：打印余数 number % 2，然后用 number // 2 替换 number，一直重复此操作直到 number 等于 0 为止。例如，如果用户提供输入 13，则输出结果为：

```
1
0
1
1
```

■■ P4.14 平均值和标准偏差（mean and standard deviation）。编写一个程序，读取一组浮点数，选择适当的机制来提示数据集的结束。读取所有的值后，打印出数据值的计数、平均值和标准偏差。给定数据集 $\{x_1, \cdots, x_n\}$，其平均值 $\bar{x} = \sum x_i / n$，其中，$\sum x_i = x_1 + \cdots + x_n$，即各输入值之和。标准偏差为：

$$s = \sqrt{\frac{\sum(x_i - \bar{x})^2}{n-1}}$$

但是，这个公式不适合本任务。当程序计算 $\bar{x}$ 时，仅凭单个 x_i 是不可能计算出所有值的平均值的。在我们知道如何保存这些值之前，请使用数值不太稳定的计算公式：

$$s = \sqrt{\frac{\sum x_i^2 - \frac{1}{n}\left(\sum x_i\right)^2}{n-1}}$$

在处理输入值时，可以通过跟踪计数、总和和平方和来计算该值。

■■ P4.15 斐波那契数（Fibonacci number）由以下序列定义：

$f_1 = 1$

$f_2 = 1$

$f_n = f_{n-1} + f_{n-2}$

重新表述为：

```
fold1 = 1
fold2 = 1
fnew = fold1 + fold2
```

之后，丢弃不再需要的 fold2，并将 fold2 设置为 fold1，将 fold1 设置为 fnew。重复适当的次数。

使用上述算法实现一个程序，提示用户输入一个整数 n，并打印第 n 个斐波那契数。

■■■ P4.16 整数的因子分解（factoring of integer）。编写一个程序，要求用户输入一个整数，然后打印出它的所有因子。例如，当用户输入 150 时，程序应该打印：

```
2
3
5
5
```

■■■ P4.17 素数（prime number）。编写一个程序，提示用户输入一个整数，然后打印出该整数之前的所有素数。例如，当用户输入 20 时，程序应该打印：

```
2
3
5
7
11
13
17
19
```

回想一下可知，如果一个整数不能被除 1 和它本身以外的任何数整除，那么它就是一个素数。

- **P4.18** 编写一个打印乘法表的程序，如下所示：

```
 1   2   3   4   5   6   7   8   9  10
 2   4   6   8  10  12  14  16  18  20
 3   6   9  12  15  18  21  24  27  30
               . . .
10  20  30  40  50  60  70  80  90 100
```

- **P4.19** 修改"实训案例 4.1"中的 examaverages.py 程序，要求同时计算总体平均考试成绩。

- **P4.20** 修改"实训案例 4.1"中的 examaverages.py 程序，在提示用户是否要输入其他学生的成绩时，验证用户的输入。

- **P4.21** 编写一个程序，读取一个整数，并使用星号显示一个相邻的实心正方形和空心正方形。例如，如果边长是 5，程序应该输出以下图形：

```
***** *****
***** *   *
***** *   *
***** *   *
***** *****
```

- **P4.22** 编写一个程序，读取一个整数，并使用星号显示给定边长的菱形（实心）。例如，如果边长是 4，程序应该输出以下图形：

```
   *
  ***
 *****
*******
 *****
  ***
   *
```

- **P4.23** 尼姆游戏（the game of Nim）。这是一个著名的游戏，存在很多变体。下面的变体中存在一个有趣的获胜策略。两名玩家轮流从一堆弹珠中取出弹珠。在每一步中，玩家选择要取多少颗弹珠。玩家至少拿一颗但最多拿一半的弹珠。然后轮到另一个玩家拿取弹珠。拿取最后一颗弹珠的玩家游戏失败。

  编写一个程序，以使计算机玩家与人类玩家竞争。生成一个介于 10 ～ 100 的随机整数来表示弹珠的初始数量。生成一个介于 0 ～ 1 的随机整数，以决定是计算机玩家还是人类玩家先取弹珠。生成一个介于 0 ～ 1 的随机整数，以决定计算机采用聪明模式还是愚蠢模式。在愚蠢模式下，轮到计算机拿取弹珠时，它直接从弹珠堆中随机抽取一个合法值（介于 1 ～ $n/2$）。在聪明模式下，计算机会取出足够多的弹珠，使得弹珠堆中剩余的数量为 2 的乘幂减去 1，即 3、7、15、31 或者 63。这始终是一个合法的拿取弹珠方式，除非目前弹珠的数量为 2 的乘幂减去 1，在这种情况下，计算机会选择拿取随机数量的弹珠。

  我们会注意到，如果第一次是计算机玩家拿取弹珠，则在聪明模式下计算机不可能输，除非弹珠堆的数量恰好是 15、31 或者 63。当然，如果第一次是人类玩家拿取弹珠，并且人类玩家知晓获胜的策略，则他可以战胜计算机玩家。

■■ **P4.24** 醉汉散步。一个醉汉在一条街道的十字路口处随机选择 4 个方向中的一个，然后跌跌撞撞地走到下一个十字路口，再次随机选择 4 个方向中的一个，以此类推。我们可能会认为，一般酒鬼不会走得太远，因为他们的选择相互抵消，但事实上并非如此。将位置表示为整数对 (x, y)。从 $(0, 0)$ 开始，在有 100 个十字路口的街道上实现醉汉散步，并打印结束位置。

■■ **P4.25** 蒙蒂·霍尔悖论（The Monty Hall paradox）。玛丽莲·沃斯·萨凡特（Marilyn vos Savant）在一本流行杂志上描述了以下问题（大致基于蒙蒂·霍尔（Monty Hall）主持的一场游戏节目），假设在一场游戏秀上，有三扇门供你选择：一扇门后是一辆车；其他两扇门后是山羊。你挑选一扇门（比方说 1 号门），主持人（他知道门后是什么）就打开另一扇门（比方说 3 号门），里面有一只山羊。然后他对你说："你想改选 2 号门吗？"请问重新选择是否对你更有利？

沃斯·萨凡特女士证明了重新选择会对你更有利，但她的许多读者（包括一些数学教授）不同意这种观点，他们认为概率不会因为另一扇门被打开而改变。

我们的任务是模拟这个游戏节目。在每次迭代中，随机选择一个 1 ～ 3 号的门来放置汽车。让玩家随机选择一扇门，让游戏节目主持人选择一扇有山羊的门（但不是玩家选择的门）。如果玩家通过切换到第三扇门获胜，则增加策略 1 的计数器；如果玩家通过坚持原来的选择获胜，则增加策略 2 的计数器。运行 1000 次迭代并打印两个计数器的值。

■■ **P4.26** 布冯投针实验（The Buffon needle experiment）。以下实验由法国博物学家乔治·路易斯·勒克莱尔·德·布冯（Comte Georges-Louis Leclerc de Buffon，1707—1788）伯爵设计。一根 1 英寸长的针落在相隔 2 英寸的纸上。如果针落在一条线上，我们就认为是命中（参见图 8）。布冯发现，尝试次数除以命中次数的商近似等于 π。

对于布冯投针实验，我们必须产生两个随机数：一个描述起始位置，一个描述针与 x 轴的角度。然后需要判断针是否接触到网格线。

创建针的低点，其 x 坐标不影响计算结果。可以假设低点的 y 坐标 y_{low} 是 0 ～ 2 的任意随机数。针和 x 轴之间的夹角 α 可以是介于 0 ～ 180°（弧度值为 π）之间的任何值。针上端的 y 坐标的计算公式为：

$$y_{high} = y_{low} + \sin \alpha$$

如图 9 所示，如果 y_{high} 至少为 2，则针命中。10 000 次尝试后停止并打印尝试次数除以命中次数的商。（这个程序不适合计算 π 的值，计算角度时需要 π。）

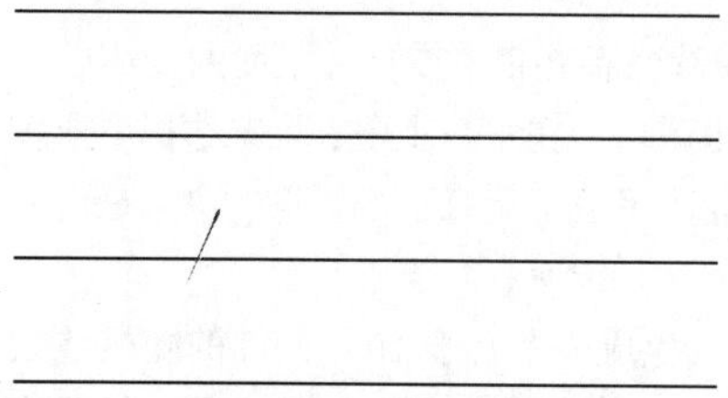

图 8   布冯投针实验 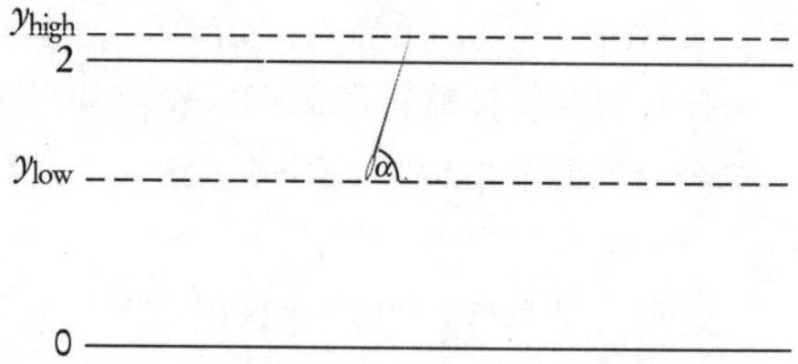   图 9   布冯投针实验中的一次命中

■ **P4.27** 通过以下公式可以得到一个简单的随机数生成器：

$$r_{new} = (a \cdot r_{old} + b)\%m$$

然后，设置 r_{old} 为 r_{new}。

编写一个程序，要求用户输入 r_{old} 的初始值（这样的值通常称为种子）。然后令 $a = 32\,310\,901$、$b = 1729$ 和 $m = 2^{24}$，打印由该公式生成的前 100 个随机整数。

■■ **工具箱应用 P4.28**   生成随机投掷 1000 次骰子的数据，并显示结果次数为 1、2、3、4、5 或者 6 的直方图。使用"实训案例 4.2"中的技巧。

■■ **工具箱应用 P4.29**　生成 1000 个介于 1 ~ 999 999 的随机整数。显示第一个数字分别是 1、2、3、4、5、6、7、8 或者 9 的整数个数的直方图。使用"实训案例 4.2"中的技巧。

■■ **商业应用 P4.30**　货币兑换（currency conversion）。编写一个程序，首先要求用户键入 1 美元兑换日元的今日牌价，然后读取美元值并将其转换为日元。使用 0 作为哨兵。

■■ **商业应用 P4.31**　编写一个程序，首先要求用户输入 1 美元兑换日元的今日牌价，然后读取美元值并将其转换为日元。使用 0 作为哨兵值来表示美元输入的结束。然后程序读取一系列日元金额并将其转换成美元。第二个序列也以 0 作为哨兵值来终止输入。

■■ **商业应用 P4.32**　假设某公司有股票份额，当其价值超过设定的目标价格时，则愿意出售这些股票份额。编写一个程序，读取目标价格，然后读取当前股价，直到至少达到目标价格。程序应该从标准输入中读取一系列浮点数。一旦达到最低价格，程序应该报告股票价格超过目标价格。

■■ **商业应用 P4.33**　编写一个程序，预售有限数量的电影票。每位顾客最多可以买 4 张票；最多只能卖 100 张票。编写程序，提示用户输入所需的票数，然后显示剩余票数。重复此操作，直到所有票都已售出，然后显示买家总数。

■■ **商业应用 P4.34**　假设需要控制一个牡蛎酒吧内的人数。任何人可以随时离开酒吧，但是如果酒吧的人数超过了 100 个人，那么不允许有人进入酒吧。编写一个程序，读取到达或者离开的人数，离开时使用负数。每次输入后，显示当前酒吧中的人数。一旦酒吧中的人数超过最大数量，则报告酒吧人数已满，并退出程序。

■■■ **商业应用 P4.35**　信用卡号码检查（credit card number check）。信用卡号码的最后一位是校验位，它可以防止抄写错误（transcription error），例如抄错一位数字或者抄错了两位数字的顺序。以下方法用于验证实际的信用卡号码，但为了简单起见，我们将用 8 位数而不是 16 位数来描述。

- 从最右边的数字开始，计算每隔一个位置的数字之和。例如，如果信用卡号码是 43589795，那么计算 $5 + 7 + 8 + 3 = 23$。
- 将上一步中未包含的每个数字加倍，将结果数字的所有位数相加。例如，使用上面给出的信用卡号码，将上一步未使用的数字加倍，即从倒数第二个数字开始，得到 18、18、10、8。将这些值中的所有数字相加得到 $1 + 8 + 1 + 8 + 1 + 0 + 8 = 27$。
- 将前面两个步骤所得的和相加。如果相加结果的最后一个数字是 0，则该号码有效。在我们的例子中，$23 + 27 = 50$，所以这个信用卡号码是有效的。

编写一个程序，实现该算法。要求用户输入一个 8 位数的信用卡号码，程序应该打印出该信用卡号码是否有效。如果无效，则应打印使其有效的校验位值。

■■ **科学应用 P4.36**　在捕食者 – 猎物模拟仿真（predator-prey simulation）中，使用以下方程计算捕食者和猎物的种群数量：

$$prey_{n+1} = prey_n \times (1 + A - B \times pred_n)$$
$$pred_{n+1} = pred_n \times (1 - C + D \times prey_n)$$

其中，A 是猎物出生超过自然死亡的比值；B 是捕食的比值；C 是因食物匮乏导致捕食者死亡超过出生的比值；D 代表有食物时的捕食者增加。

编写一个程序，提示用户输入这些比值、初始种群数量和周期数，然后打印给定周期的种群数量。作为输入，尝试 $A = 0.1$、$B = C = 0.01$、$D = 0.000\,02$、初始猎物和捕食者种群数量分别为 1000 和 20。

■■ **科学应用 P4.37**　弹射飞行（projectile flight）。假设一个炮弹以起始速度 v_0 直接发射到空中。根据微积分方面的书籍可知，t 秒后炮弹的距离为 $s(t) = -1/2gt^2 + v_0t$，其中 $g = 9.81\text{m/s}^2$ 是地球的引力。没有一本微积分教科书提到为什么有人要进行这样一个显而易见且极其危险的实验，所以我们将在计算机中进行安全的模拟仿真。

实际上，我们将通过一个模拟仿真来证明微积分定理的正确性。在我们的模拟中，将考虑炮弹在很短的时间间隔 Δt 内是如何移动的。在很短的时间间隔内，速度 v 几乎是恒定的，我们可以将球移动的距离公式写为 $\Delta s = v \Delta t$。在我们的程序中，将简单地设置：

DELTA_T = 0.01

然后通过以下公式更新距离：

s = s + v * DELTA_T

速度在不断改变——事实上，由于地球引力的作用，速度将不断减小。在很短的时间间隔内由于 $\Delta v = -g \Delta t$，因此我们必须将速度更新为：

v = v - g * DELTA_T

在下一次迭代中，使用新速度更新距离。

现在运行模拟程序直到炮弹落回地面。从用户处获取一个输入作为初始速度（建议使用 100 m/s）。每秒更新距离和速度 100 次，但仅在每一整秒钟时打印一次距离，同时打印出使用公式 $s(t) = -1/2gt^2 + v_0t$ 计算出来的精确值以进行比较。

注意，我们可能会疑惑，在可以使用精确的公式进行计算时，这种模拟有什么优越性？事实上，微积分教科书上的公式并不精确。实际上，炮弹离地球表面越远，地心引力就越小。这使代数公式变得十分复杂，无法给出实际运动的精确公式，但计算机模拟可以简单扩展以应用一个可变的地心引力。对于炮弹来说，微积分教科书上的公式实际上已经足够精确了，但是对于弹道导弹等更高的飞行目标来说，计算机是计算精确弹道轨迹的必要工具。

■■ **科学应用 P4.38**　一个简单的船体模型公式如下：

$$|y| = \frac{B}{2}\left[1 - \left(\frac{2x}{L}\right)^2\right]\left[1 - \left(\frac{z}{T}\right)^2\right]$$

其中，B 是横梁；L 是长度；T 是吃水深度。

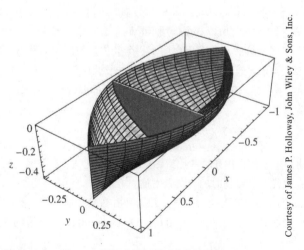

注：每个 x 和 z 对应两个 y 值，因为船体从右舷到左舷是对称的。

x 点的横截面积在航海术语中称为"剖面"。为了计算横截面积，z 的范围为 $0 \sim -T$，以 n 为增量，每一个尺寸为 T/n。对于 z 的每一个值，计算 y 的值。然后对梯形带的面积求和。下图是 $n = 4$ 时的梯形带。

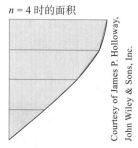

$n = 4$ 时的面积

Courtesy of James P. Holloway, John Wiley & Sons, Inc.

编写一个程序，读入 B、L、T、x 和 n 的值，然后打印出 x 处的横截面积。

■ **科学应用 P4.39** 放射性物质的放射性衰变可以使用方程 $A = A_0 e^{-t(\log 2/h)}$ 来模拟，其中 A 是 t 时刻的物质量，A_0 是 t_0 时刻的量，h 是半衰期。

锝 -99 是一种放射性同位素，用于脑部成像，它的半衰期是 6 小时。要求程序显示病人在接受放射后，24 小时内每小时体内放射性物质的相对量 A/A_0。

■■ **科学应用 P4.40** 下面左边的照片显示了一种称为"变压器"的设备。变压器通常是由绕在铁氧体磁心上的线圈构成的。下面右边的图说明了在各种音频设备（例如手机和音乐播放器）中使用变压器的情况。在该电路中，变压器用于将扬声器连接到音频放大器的输出端。

© zig4photo/iStockphoto.

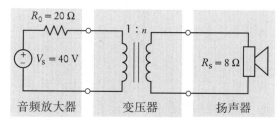

变压器的符号旨在表示两个线圈，参数 n 称为变压器的"匝数比"。（导线绕在磁心上形成线圈的次数称为线圈匝数，匝数比实际上是两个线圈中匝数的比值。）

在设计电路时，我们主要关心的是传递给扬声器的功率值，功率使扬声器产生我们想听到的声音。假设将扬声器直接连接到放大器上而不使用变压器。从放大器处获得的功率的一小部分会到达扬声器，剩下的可用功率将在放大器中丢失。变压器被添加到电路中，以增加传递给扬声器的放大器功率。

传递给扬声器的功率 P_s 使用以下公式计算：

$$P_s = R_s \left(\frac{nV_s}{n^2 R_0 + R_s} \right)^2$$

编写一个程序，对所示电路进行建模，并以 0.01 作为增量将匝数比从 0.01 变为 2，然后确定向扬声器传递最大功率的匝数比。

■■ **科学应用 P4.41** 编写图形应用程序，显示一个包含 64 个棋盘方格的国际象棋棋盘（注意采用黑白交替的颜色显示）。

■■ **科学应用 P4.42**   使用 2.6 节的技术，生成正弦波图像。每 5° 绘制一条像素线。

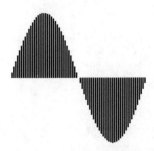

■■ **图形应用 P4.43**   使用随书提供的 `ezgraphics` 模块绘制曲线图既简单又有趣。绘制 100 条线段以连接点 $(x, f(x))$ 和点 $(x + d, f(x + d))$，其中 x 范围为 $x_{min} \sim x_{max}$，$d = (x_{max} - x_{min}) / 100$。
绘制曲线 $f(x) = 0.00005x^3 - 0.03x^2 + 4x + 200$，其中 x 的范围为 $0 \sim 400$。

■■ **图形应用 P4.44**   绘制一幅"四叶玫瑰"（four-leaved rose），它的极坐标方程是 $r = \cos(2\theta)$。设 θ 在 100 步内从 0 变为 2π。每次计算 r 后使用以下公式从极坐标中计算 (x, y) 坐标：

$$x = r \cdot \cos(\theta), y = r \cdot \sin(\theta)$$

转换 x 和 y 坐标，使曲线适合窗口。为 a 和 b 选择合适的值：

$$x' = a \cdot x + b$$
$$y' = a \cdot y + b$$

■■ **图形应用 P4.45**   编写绘制螺旋的图形应用程序，结果类似于：

■■ **图形应用 P4.46**   通过将图像中每个像素的红色分量值增加 30%（最大值为 255），实现"日落"效果。

■■ **图形应用 P4.47**   向图像中添加黑色垂直条纹，每两个相邻的垂直条纹之间间隔 5 个像素。下面是被放大的图像以显示线条。

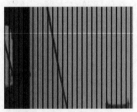

Courtesy of Cay Horstmann.

■■ **图形应用 P4.48**   向图像添加黑色斜线条纹，每两个相邻的斜线条纹之间间隔 5 个像素。下面是被放大的图像以显示线条。

Courtesy of Cay Horstmann.

■■ **图形应用 P4.49**　将图像顺时针旋转 90°。

■■ **图形应用 P4.50**　复制一个图像 4 次。

■■ **图形应用 P4.51**　将图像中的每个像素复制 4 次，使图像的大小和宽度是原始图像的 2 倍，像素为"块状"。下面是被放大的图像以显示像素。

Python for Everyone/John Wiley & Sons, Inc.

■■ **图形应用 P4.52**　通过将每个像素改为灰度，可将图像转换为灰度。因为人眼中的颜色受体具有不同的灵敏度，所以不能简单地对红色、绿色和蓝色分量求平均值。可以使用以下公式计算灰度：

$$gray = 0.2126 \times red + 0.7152 \times green + 0.0722 \times blue$$

■■ **图形应用 P4.53**　检测图像的边缘，根据像素是否与上下左右的相邻像素显著不同，可将每个像素着色为黑色或者白色。对三个相邻像素的红色、绿色和蓝色分量分别计算平均值，然后计算：

$$distance = |red - redneighbors| + |green - greenneighbors| + |blue - blueneighbors|$$

如果 distance 大于 30，则将像素颜色设置为黑色。否则，把像素颜色设置为白色。

请注意，我们可以在不构建新图像的情况下更新像素，因为只需查看尚未更改的邻域。

■■ **图形应用 P4.54**　重新实现上一题，但现在在所有 8 个指南针方向上使用每个像素的邻域。我们需要创建一幅新的图像。

■■ **图形应用 P4.55**　为图像添加"望远镜"效果，将所有超过中心与最近边缘之间距离的一半的像素设置为黑色。

■■ **图形应用 P4.56**　编写一个程序，创建并保存一幅包含 4 个三角形的图像，其大小为 200 × 200 像素，如下图所示。

■■ **图形应用 P4.57**　重新实现上一题，在三角形围成的正方形周围绘制一个 10 像素宽的黑色边框。

函　　数

本章目标

- 能够实现函数
- 熟悉参数传递的概念
- 研发将复杂任务分解为简单任务的策略
- 能够确定变量的作用范围
- 学习如何递归思维（可选）

函数将由多个步骤组成的计算封装成易于理解和重用的形式。在本章中，我们将学习如何设计和实现自定义函数。使用逐步求精的过程，可以将复杂的任务分解为一组相互协作的函数。

5.1　作为黑盒的函数

函数（function）是一个带有名称的指令序列。我们已经使用了若干种函数，例如，第 2 章介绍的 round 函数，它包含将浮点数值四舍五入到指定小数位数的指令。

调用函数是为了执行其指令。例如，考虑以下程序语句：

```
price = round(6.8275, 2)    # 设置结果为 6.83
```

通过使用表达式 round(6.8275, 2)，我们的程序调用了 round 函数，要求它将 6.8275 四舍五入到 2 位十进制小数。round 函数的指令执行并计算结果，并将结果返回到调用函数的位置，然后程序继续执行（参见图 1）。

当程序调用 round 函数时，它提供"输入"（例如调用 round(6.8275, 2) 中使用的值 6.8275 和 2），这些值称为函数调用的**参数**（argument）。注意，这些参数不一定是由用户提供的输入，它们也可以是函数计算的结果值。round 函数计算的"输出"称为**返回值**（return value）。

函数可以接收多个参数，但只返回一个值。函数也可以不带参数，例如，随机函数不需要参数就可以生成一个随机数。

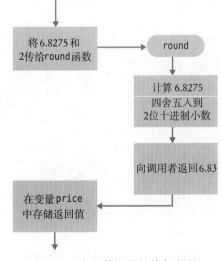

图 1　一个函数调用的执行流程

函数的返回值返回到程序中调用该函数的那个位置，然后根据包含函数调用的语句对其进行处理。例如，假设程序包含语句：

```
price = round(6.8275, 2)
```

则当 round 函数返回值后，返回值被存储到变量 price 中。

不要混淆函数返回值和生成的程序输出。如果我们要打印返回值，则需要使用类似 print(price) 的语句。

此时，读者可能会疑惑 round 函数是如何执行的。例如，round 如何将 6.8275 四舍五入到 6.83 的呢？幸运的是，作为使用函数的用户，我们不需要知道函数是如何实现的，只需要知道函数的规格说明。如果提供参数 x 和 n，函数将返回 x，并四舍五入到 n 个十进制小数位。工程师使用黑盒（black box）这个术语来描述一个给定规格但实现方法不明的设备。我们可以将 round 函数看作一个黑盒，如图 2 所示。

图 2　将 round 函数视为一个黑盒

在设计自定义的函数时，我们想让这些函数对其他程序员来说是个黑盒。其他程序员在不知道函数里面发生了什么的情况下使用这些函数。即使我们是唯一负责编写程序的人，把每个函数都变成一个黑盒也有好处：需要记住的细节越少越好。

5.2　实现和测试函数

在本节中，我们将学习如何用给定的规范来实现函数，以及如何使用测试输入来调用函数。

5.2.1　实现函数

我们将从一个非常简单的例子开始：计算给定边长的立方体体积的函数。编写此函数时，我们需要：

- 为函数选择一个名称（例如，cubeVolume）。
- 为每个参数定义一个变量（例如，sideLength）。

这些变量称为**参数变量**。将所有这些信息与 def 保留字放在一起构成函数定义的第一行。

```
def cubeVolume(sideLength) :
```

这一行称为函数**头**（header）。接下来，指定函数的**主体**（body）。函数的主体包含调用函数时执行的语句。

边长为 s 的立方体体积为 $s \times s \times s = s^3$。然而，为了代码的可读性，参数变量被命名为 sideLength，而不是 s，所以我们需要计算 sideLength**3。

最后将此值存储在名为 volume 的变量中。

```
volume = sideLength ** 3
```

为了返回函数的结果，使用 return 语句。

```
return volume
```

函数定义是一条复合语句，要求函数主体中的语句缩进到同一级别。完整的函数定义如下：

```
def cubeVolume(sideLength) :
   volume = sideLength ** 3
   return volume
```

语法 5.1   函数定义

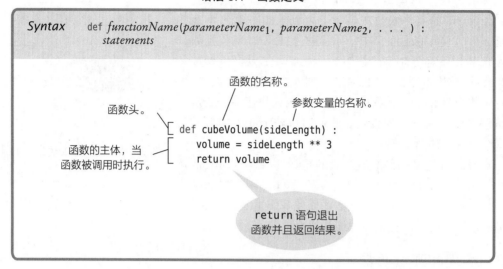

5.2.2   测试函数

在上一节中，我们讨论了如何编写函数。如果运行的程序只包含函数定义，则不会发生任何事情。毕竟，没有人正在调用函数。

为了测试函数，我们的程序应该包含：

- 函数的定义。
- 调用函数并打印结果的语句。

以下是一个示例程序。

```
def cubeVolume(sideLength) :
   volume = sideLength ** 3
   return volume

result1 = cubeVolume(2)
result2 = cubeVolume(10)

print("A cube with side length 2 has volume", result1)
print("A cube with side length 10 has volume", result2)
```

注意，当使用不同的参数调用函数时，函数返回不同的结果。当调用 cubeVolume(2) 时，参数 2 对应于参数变量 sideLength。因此，在这个调用中，sideLength 是 2。函数计算 sideLength**3 或者 2**3。当使用不同的参数（例如 10）调用该函数时，该函数计算 10**3。

5.2.3   包含函数的程序

在编写包含一个或者多个函数的程序时，我们需要注意程序中函数定义和语句的顺序。

重新回顾上一节的程序。注意，该程序包含以下内容：

- 函数 cubeVolume 的定义。

- 若干条语句，其中包含两条调用该函数的语句。

当 Python 解释器读取源代码时，会读取每个函数定义以及每条语句。函数定义中的语句在调用函数之前不会被执行。另一方面，任何不在函数定义中的语句都会依次执行。因此，在调用函数之前定义每个函数是很重要的。例如，以下操作将产生编译时错误：

```python
print(cubeVolume(10))

def cubeVolume(sideLength) :
    volume = sideLength ** 3
    return volume
```

编译器不知道 cubeVolume 函数稍后将在程序中定义。

但是，在定义一个函数之前，可以从另一个函数中调用该函数。例如，以下程序完全合法：

```python
def main() :
    result = cubeVolume(2)
    print("A cube with side length 2 has volume", result)

def cubeVolume(sideLength) :
    volume = sideLength ** 3
    return volume

main()
```

注意，cubeVolume 函数是在 main 函数内部调用的，即使 cubeVolume 是在 main 之后定义的。为了了解这种方式为什么不会产生编译时错误，可以考虑程序执行流程。程序首先对 main 函数和 cubeVolume 函数的定义进行了处理。最后一行的语句不包含在任何函数中，因此，它是直接执行的。该语句调用 main 函数，main 函数的主体语句被执行，然后调用 cubeVolume 函数，此时它已经被定义。

在 Python 中定义和使用函数时，最好将所有语句放在函数中，并指定一个函数作为起点。在前面的例子中，main 函数是程序执行的起点。任何合法的名称都可以用作程序执行的起点，我们选择 main 的原因是它是其他常用程序设计语言中规定的主函数名。

当然，程序中必须有一个调用 main 函数的语句。该语句是程序的最后一行：main()。

包含注释的完整程序如下所示。注意，这两个函数都在同一个文件中。同时注意描述 cubeVolume 函数行为的注释。（"编程技巧 5.1"描述了函数注释的格式。）

语法 5.2　包含函数的程序

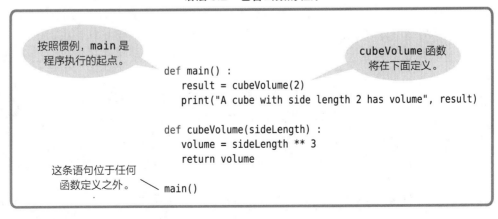

sec02/cubes.py

```
 1  ##
 2  #   本程序计算两个立方体的体积
 3  #
 4
 5  def main() :
 6      result1 = cubeVolume(2)
 7      result2 = cubeVolume(10)
 8      print("A cube with side length 2 has volume", result1)
 9      print("A cube with side length 10 has volume", result2)
10
11  ## 计算一个立方体的体积
12  #   @param sideLength 立方体的边长
13  #   @return 立方体的体积
14  #
15  def cubeVolume(sideLength) :
16      volume = sideLength ** 3
17      return volume
18
19  # 启动程序
20  main()
```

程序运行结果如下：

```
A cube with side length 2 has volume 8
A cube with side length 10 has volume 1000
```

编程技巧 5.1   函数注释

无论何时编写函数，我们都应该进行注释以说明其行为。注释说明面向的对象是阅读代码的人类，而不是编译器。不同的人喜欢不同的函数注释布局。在本书中，我们将采用以下布局。

```
## 计算一个立方体的体积
#   @param sideLength 立方体的边长
#   @return 立方体的体积
#
def cubeVolume(sideLength) :
    volume = sideLength ** 3
    return volume
```

这种特殊的文档样式是从 Java 程序设计语言中借鉴来的。它被多种文档工具（如 Doxygen（http://www.Doxygen.org））所支持，这些工具从 Python 源代码中提取 HTML 格式的文档。

函数注释的每一行都以第一列中的井字符号（#）开头。第一行由两个井字符号来表示，用于描述函数的用途。每个 @param 子句描述一个参数变量，@return 子句描述返回值。

还有另一种方法可为 Python 函数添加注释（但以我们的观点，其描述性稍差）。添加一个名为 "docstring" 的文档字符串作为函数体的第一个语句，如下所示：

```
def cubeVolume(sideLength) :
    "计算一个立方体的体积。"
    volume = sideLength ** 3
    return volume
```

本书不会采用这种风格，但许多 Python 程序员都使用这种风格。

请注意，函数注释并不说明实现方法（即函数如何实现其功能），而是说明设计方法（即函数的功能是什么，其输入和结果是什么）。函数注释允许其他程序员将该函数用作"黑盒"。

编程技巧 5.2　函数命名

函数名可以是任何合法的标识符，包括以前定义的变量名。对于函数和变量，不应使用相同的名称。

Python 不区分用于命名变量的标识符和用于命名函数的标识符。如果将函数命名为与先前定义的变量相同，反之亦然，都会覆盖先前的定义。例如，假设初始化一个名为 cubeVolume 的变量，然后尝试调用 cubeVolume 函数。

```
def cubeVolume(sideLength) :
    volume = sideLength ** 3
    return volume

cubeVolume = 0
cubeVolume = cubeVolume(2)
```

结果导致 TypeError 异常，表示整数不可被调用。

错误的原因在于，在定义 cubeVolume 函数之后，标识符 cubeVolume 被重新定义为引用包含整数的变量。然后当程序调用 cubeVolume(2) 函数时，Python 假设它试图调用一个函数，但是此时 cubeVolume 引用了一个整数变量。

5.3　参数传递

在本节中，我们将更详细地讨论参数传递的机制。当一个函数被调用时，将创建变量以接收函数的参数。这些变量称为**参数变量**（parameter variable）。另一个常用术语是**形式参数**（formal parameter）。在调用函数时，提供给函数的值是调用的参数（argument）。这些值通常也称为**实际参数**（actual parameter）。每个参数变量都使用相应的实际参数来初始化。

考虑图 3 中的函数调用。

```
result1 = cubeVolume(2)
```

- 当调用 cubeVolume 函数时，将创建该函数的参数变量 sideLength。❶
- 使用调用中传递的参数值初始化参数变量。在我们的示例中，sideLength 被设置为 2。❷
- 函数计算表达式 sideLength**3，结果为 8。该值存储在变量 volume 中。❸
- 函数返回。所有变量都被删除。返回值传递给调用方，即调用 cubeVolume 函数的语句。调用方将返回值存储到 result1 变量中。❹

现在思考一下调用 cubeVolume(10) 的情况。首先将创建一个新的参数变量。（回想一下，当第一次调用返回的 cubeVolume 时，前一个参数变量被删除了。）该参数变量被初始化为 10，然后重复上述过程。在第二个函数调用完成后，其变量再次被删除。

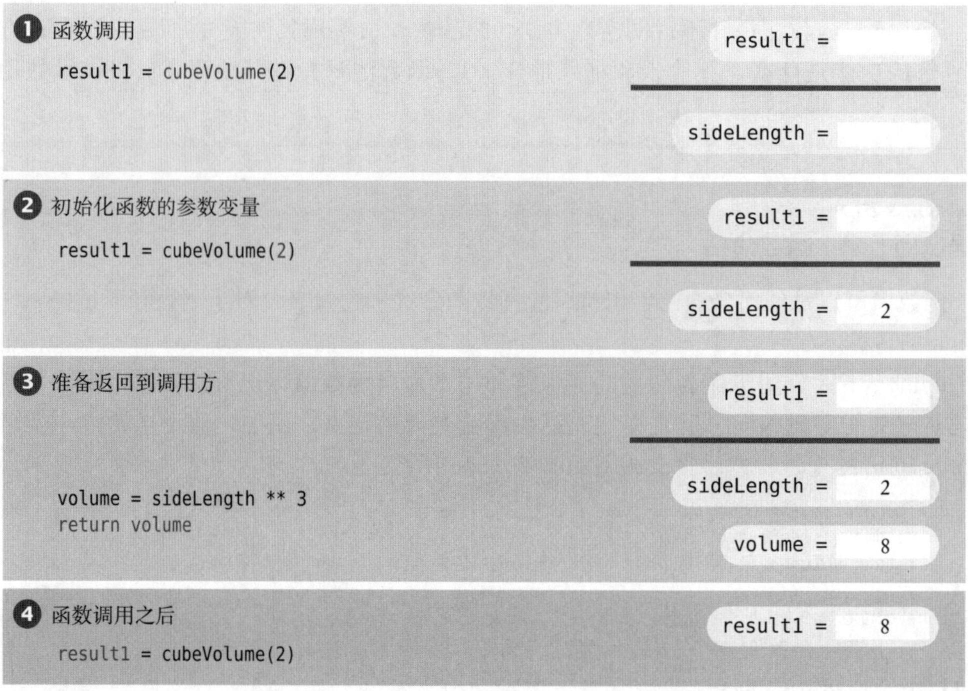

❶ 函数调用
　result1 = cubeVolume(2)

result1 =

sideLength =

❷ 初始化函数的参数变量
　result1 = cubeVolume(2)

result1 =

sideLength =　　2

❸ 准备返回到调用方

result1 =

　volume = sideLength ** 3
　return volume

sideLength =　　2

volume =　　8

❹ 函数调用之后
　result1 = cubeVolume(2)

result1 =　　8

图 3　参数传递

编程技巧 5.3　不要修改参数变量

在 Python 中，参数变量与任何其他变量一样。我们可以修改函数体中参数变量的值。例如，

```
def totalCents(dollars, cents) :
   cents = dollars * 100 + cents    # 修改参数变量
   return cents
```

然而，许多程序员意识到，这种做法会令人困惑（参见"常见错误 5.1"）。为了避免混淆，只需引入一个单独的变量。

```
def totalCents(dollars, cents) :
   result = dollars * 100 + cents
   return result
```

常见错误 5.1　试图修改实际参数

以下函数包含一个常见错误：试图修改实际参数。

```
def addTax(price, rate) :
   tax = price * rate / 100
   price = price + tax    # 在函数外并不起作用
   return tax
```

接下来考虑以下调用：

```
total = 10
addTax(total, 7.5)    # 变量 total 并没有被修改
```

调用 addTax 函数时，参数变量 price 被设置为 total 的值，即 10。然后 price 被修改为 10.75。当函数返回时，它的所有变量（包括 price 参数变量）都将被删除。任何分配给这些变量的值都会被舍弃。注意，变量 total 没有被改变。

在 Python 中，函数不能更改作为实际参数传递的变量的内容。当用变量作为实际参数调用函数时，实际上并不传递变量，只传递其包含的值。

5.4　返回值

我们可以使用 return 语句指定函数的结果。在前面的示例中，每个 return 语句都返回一个变量。return 语句可以返回任何表达式的值。一般不会将返回值保存在变量中并返回该变量，通常可以不使用变量而是直接返回一个复杂表达式的值。

```
def cubeVolume(sideLength) :
    return sideLength ** 3
```

当执行 return 语句时，函数立即退出。一些程序员发现这种行为便于在函数开始时处理异常情况。

```
def cubeVolume(sideLength) :
    if sideLength < 0 :
        return 0
    # 处理正常情况
    . . .
```

对于参数 sideLength，如果使用一个负值调用该函数，则函数返回 0，并且不执行该函数的其余部分（参见图 4）。

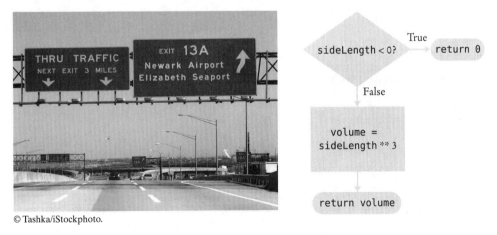

© Tashka/iStockphoto.

图 4　return 语句立即退出函数

函数的每个分支都应该返回一个值，考虑以下函数（不正确）。

```
def cubeVolume(sideLength) :
    if sideLength >= 0 :
        return sideLength ** 3
    # 错误：如果 sideLength < 0，则没有返回值
```

编译器不会将此报告为错误。相反，函数将返回特殊值 None。正确的实现方法是：

```
def cubeVolume(sideLength) :
   if sideLength >= 0 :
      return sideLength ** 3
   else :
      return 0
```

有些程序员不喜欢在函数中使用多个 return 语句。可将函数结果存储在一个变量中，然后在函数的最后一条语句中返回该变量，从而避免多次使用 return 语句。例如：

```
def cubeVolume(sideLength) :
   if sideLength >= 0 :
      volume = sideLength ** 3
   else :
      volume = 0
   return volume
```

示例代码：演示函数返回值的完整程序请参见本书配套代码中的 sec04/earthquake.py。

专题讨论 5.1   使用单行复合语句

Python 中的复合语句通常跨几行。标题在一行，语句主体位于后几行，其中主体中的语句缩进到同一级别。但是，当主体包含单条语句时，可以在一行上编写复合语句。例如，对于以下的 if 语句：

```
if digit == 1 :
   return "one"
```

由于主体只包含一条语句，因此可以使用特殊的单行形式：

```
if digit == 1 : return "one"
```

当从集合中选择单个值并返回时，函数中的这种形式非常有用。例如，以下代码使用单行形式生成易于阅读的压缩代码。

```
if digit == 1 : return "one"
if digit == 2 : return "two"
if digit == 3 : return "three"
if digit == 4 : return "four"
if digit == 5 : return "five"
if digit == 6 : return "six"
if digit == 7 : return "seven"
if digit == 8 : return "eight"
if digit == 9 : return "nine"
```

有时，使用单行复合语句可能会分散读者的注意力，或者导致读者意外跳过重要的细节。因此，在本书中，我们将其使用限制为包含 return 子句的 if 语句。

操作指南 5.1   实现函数

函数是一个可以重复使用每次传递不同参数的处理过程。它可以在同一个程序中使用，也可以在不同的程序中使用。每当一个计算可能需要执行不止一次时，则应该把它设计成一个函数。

问题描述   假设我们在帮助研究埃及金字塔的考古学家，我们承担了编写一个函数的任务，该函数根据金字塔的高度和底部边长来计算金字塔的体积。

➡ **步骤 1**　描述函数执行的功能。

给出一个简单的自然语言描述，例如"计算底部为正方形的金字塔的体积"。

➡ **步骤 2**　确定函数的"输入"。

列出所有可以改变的参数。对于初学者来说，常常会实现过于具体的函数。例如，我们可能知道吉萨大金字塔（the great pyramid of Giza，埃及最大的金字塔）高 146 米、底部边长 230 米，但我们不知道在计算中如何使用这些具体数字，即使最初的问题只是关于吉萨大金字塔的计算。编写一个计算任何金字塔体积的函数很容易，而且更加实用。在我们的例子中，参数是金字塔的高度和底部边长。

➡ **步骤 3**　确定参数变量和返回值的类型。

高度和底部边长都可以是浮点数。计算出来的体积也是一个浮点数，即返回类型为浮点型。因此，函数的注释文档如下：

```
## 计算底部为正方形的金字塔体积
#  @param height 表示金字塔高度的浮点数
#  @param baseLength 表示金字塔底部边长的浮点数
#  @return 金字塔的体积，类型为浮点数
```

因此，函数可以定义为：

```
def pyramidVolume(height, baseLength) :
```

➡ **步骤 4**　编写伪代码，实现预期结果。

在大多数情况下，函数需要执行若干步之后，才能计算出预期结果。可能需要使用数学公式、分支结构或者循环结构，使用伪代码描述函数。

在互联网上搜索计算金字塔体积的公式如下：

体积 = 1/3 x 高度 x 底部面积

由于底部为正方形，因此：

底部面积 = 底部边长 x 底部边长

基于上述两个公式，可以使用参数值计算金字塔的体积。

➡ **步骤 5**　实现函数的主体。

在我们的示例中，函数的主体非常简单。注意，使用 return 语句返回结果。

```
def pyramidVolume(height, baseLength) :
    baseArea = baseLength * baseLength
    return height * baseArea / 3
```

➡ **步骤 6**　测试函数。

在实现一个函数之后，应该单独测试该函数，这样的测试称为**单元测试**（unit test）。手工编写测试用例，并确保函数产生正确的结果。

例如，对于高度为 9、底部边长为 10 的金字塔，我们期望体积为 $1/3 \times 9 \times 100 = 300$。如果高度为 0，则期望体积为 0。

```
def main() :
    print("Volume:" + pyramidVolume(9, 10))
    print("Expected: 300")
    print("Volume:" + pyramidVolume(0, 10))
    print("Expected: 0")
```

输出结果表明，函数功能正常：

```
Volume: 300.0
Expected: 300
Volume: 0.0
Expected: 0
```

示例代码： 计算金字塔体积的完整程序如下所示。

how_to_1/pyramids.py

```
 1  ##
 2  #  本程序定义一个计算金字塔体积的函数
 3  #  并为该函数提供了单元测试
 4  #
 5
 6  def main() :
 7      print("Volume:", pyramidVolume(9, 10))
 8      print("Expected: 300")
 9      print("Volume:", pyramidVolume(0, 10))
10      print("Expected: 0")
11
12  ## 计算底部为正方形的金字塔的体积
13  #  @param height 表示金字塔高度的浮点数
14  #  @param baseLength 表示金字塔底部边长的浮点数
15  #  the pyramid's base
16  #  @return 金字塔的体积，类型为浮点数
17  #
18  def pyramidVolume(height, baseLength) :
19      baseArea = baseLength * baseLength
20      return height * baseArea / 3
21
22  # 启动程序
23  main()
```

实训案例 5.1　生成随机密码

问题描述　许多网站和软件包要求用户创建至少包含一位数字和一个特殊字符的密码。我们的任务是编写一个程序，生成一个给定长度的密码。要求随机选择密码的各个字符。

➡️ **步骤 1**　描述函数执行的功能。

问题描述要求编写程序，而不是函数。我们将编写一个密码生成函数，并从程序的主函数中调用该函数。

让我们更精确地描述函数。该函数将生成具有给定字符数的密码。它可以包含多位数字和特殊字符，但是为了简单起见，我们决定只包含其中一种。我们需要决定哪些特殊字符是有效的。对于我们的解决方案，将使用以下字符集合：

+ - * / ? ! @ # $ % &

密码的其余字符是字母。为了简单起见，我们将只使用英文字母表中的小写字母。

➡️ **步骤 2**　确定函数的"输入"。

只有一个参数：密码的长度。

➡️ **步骤 3**　确定参数变量和返回值的类型。

至此，我们已有足够的信息来编写和指定函数头。

```
## 生成一个随机密码
#  @param length 表示密码长度的一个整数
#  @return 给定长度的密码字符串
#  至少包含一位数字和一个特殊字符
#
def makePassword(length) :
```

步骤4　编写伪代码，实现预期结果。

生成密码的方法之一如下所示：

> 创建一个名为 *password* 的空字符串
> 随机生成 *length-2* 个字符，并拼接到 *password* 中
> 随机生成一个数字字符，并插入到 *password* 的随机位置
> 随机生成一个特殊字符，并插入到 *password* 的随机位置

如何生成随机字母、数字或者符号呢？如何在随机位置插入数字或者特殊字符？我们将把这些任务委托给辅助函数。每个辅助函数都会启动一个新的步骤序列，为了更清楚地说明，我们将在后面放置这些辅助函数的具体实现。

步骤5　实现函数的主体。

我们需要知道步骤4中给出的两个辅助函数的"黑盒"描述（将在实现该函数之后实现这两个辅助函数）。两个辅助函数的功能如下：

```
## 返回从给定字符串中随机选取的一个字符
#  @param characters 用于随机选择字符的字符串
#  @return 在随机索引位置抽取的长度为1的子字符串
#
def randomCharacter(characters) :

## 把一个字符串插入到另一个字符串的随机位置
#  @param string 应该插入到另一个字符串中的字符串
#  @param toInsert 要插入的字符串
#  @return 插入toInsert到string后的结果字符串
#
def insertAtRandom(string, toInsert) :
```

接下来，可以把步骤4中的伪代码转换为 Python 代码。

```
def makePassword(length) :
    password = ""
    for i in range(length - 2) :
        password = password + randomCharacter("abcdefghijklmnopqrstuvwxyz")

    randomDigit = randomCharacter("0123456789")
    password = insertAtRandom(password, randomDigit)

    randomSymbol = randomCharacter("+-*/?!@#$%&")
    password = insertAtRandom(password, randomSymbol)

    return password
```

步骤6　测试函数。

因为我们的函数依赖于几个辅助函数，所以必须首先实现辅助函数，如 5.5 节所述。（如果读者有些迫不及待，则可以使用"编程技巧 5.6"中描述的技术。）

下面是一个调用 makePassword 函数的简单 main 函数：

```
def main() :
    result = makePassword(8)
    print(result)
```

将所有函数保存在名为 password.py 的文件中。添加一条调用 main 函数的语句。运行程序若干次。典型的输出结果如下：

```
u@taqr8f
i?fs1dgh
ot$3rvdv
```

每个输出结果均为 8 个字符，并且至少包含 1 位数字和 1 个特殊字符。

重复上述步骤，实现第一个辅助函数。

接下来讨论如何使用辅助函数来生成随机字母、数字或者特殊符号。

➡ **步骤 1**   描述函数执行的功能。

该如何在字母、数字或者特殊符号之间进行选择呢？当然，可以编写 3 个独立的函数，但建议使用一个函数解决这 3 个任务。我们可能需要一个参数，例如 1 代表字母、2 代表数字、3 代表特殊符号。退一步，我们可以提供一个更通用的函数，只需从任意集合中选择一个随机字符。传递字符串 "abcdefghijklmnopqrstuvwxyz" 将生成随机小写字母。若要获取随机数字，则传递字符串 "0123456789"。

现在我们理解了函数应该执行的操作：给定字符串，返回该字符串中的一个随机字符。

➡ **步骤 2**   确定函数的 "输入"。

输入是任意字符串。

➡ **步骤 3**   确定参数变量和返回值的类型。

很显然，输入类型为字符串，同样返回值类型也为字符串。

函数的头部定义为：

```
def randomCharacter(characters) :
```

➡ **步骤 4**   编写伪代码，获取预期结果。

randomCharacter(characters)
n = len(characters)
r = 0 ~ n - 1 的随机整数
返回从索引位置 *r* 开始长度为 *1* 的子字符串

➡ **步骤 5**   实现函数的主体。

直接把伪代码转换为 Python 代码。

```
def randomCharacter(characters) :
    n = len(characters)
    r = randint(0, n - 1)
    return characters[r]
```

➡ **步骤 6**   测试函数。

编写一个仅用于测试该函数的程序文件。

```
from random import randint

def main() :
    for i in range(10) :
        print(randomCharacter("abcdef"), end="")
    print()
```

```
def randomCharacter(characters) :
    n = len(characters)
    r = randint(0, n - 1)
    return characters[r]

main()
```

执行上述程序，可能的输出结果如下：

```
afcdfeefac
```

输出结果表明，该函数功能正常。

重复上述步骤，实现第二个辅助函数。

最后，我们讨论如何实现第二个辅助函数，以在字符串的任意位置插入包含单个字符的字符串。

➡️**步骤 1**　描述函数执行的功能。

假设有两个字符串"arxcsw"和"8"。要求在第一个字符串的随机位置插入第二个字符串，返回一个类似于"ar8xcsw"或"arxcsw8"的字符串。其实，第二个字符串的长度是否为 1 并不重要，因此可简化为在给定的字符串中插入任意字符串。

➡️**步骤 2**　确定函数的"输入"。

第一个输入是应该插入另一个字符串的字符串。第二个输入是要插入的字符串。

➡️**步骤 3**　确定参数变量和返回值的类型。

输入的类型都是字符串，结果的类型也是字符串。至此，可以完全描述函数。

```
## 把一个字符串插入到另一个字符串的随机位置
#  @param string 应该插入另一个字符串的字符串
#  @param toInsert 要插入的字符串
#  @return 插入 toInsert 到 string 后的结果字符串
#
def insertAtRandom(string, toInsert) :
```

➡️**步骤 4**　编写伪代码，实现预期结果。

没有将字符串插入另一个字符串的预定义函数，因此，我们需要找到插入位置。然后通过提取两个子字符串来"分解"第一个字符串：插入位置之前的字符和插入位置之后的字符。

插入位置有多少种选择？如果字符串的长度为 6，则有 7 种选择。

1. |arxcsw
2. a|rxcsw
3. ar|xcsw
4. arx|csw
5. arxc|sw
6. arxcs|w
7. arxcsw|

通常，如果字符串的长度为 n，则有 $n + 1$ 个选项，范围为 0（字符串开始之前）～ n（字符串结束之后）。

实现的伪代码如下：

insertAtRandom(string, toInsert)
$n = len(string)$
$r = 0 \sim n$ 的随机整数
返回 *string* 中的 $0 \sim r - 1$ 的字符 + *toInsert* + *string* 中剩余的字符

➡️**步骤 5**　实现函数的主体。

把伪代码转换为 Python 代码。

```python
def insertAtRandom(string, toInsert) :
    n = len(string)
    r = randint(0, n)
    result = ""

    for i in range(r) :
        result = result + string[i]
    result = result + toInsert
    for i in range(r, n) :
        result = result + string[i]

    return result
```

→ **步骤 6**　测试函数。

编写一个仅用于测试该函数的程序文件。

```python
from random import randint

def main() :
    for i in range(10) :
        print(insertAtRandom("arxcsw", "8")

def insertAtRandom(string, toInsert) :
    n = len(string) :
    r = randint(0, n)
    result = ""

    for i in range(r) :
        result = result + string[i]
    result = result + toInsert
    for i in range(r, n) :
        result = result + string[i]

    return result

main()
```

执行上述程序，可能的输出结果如下：

```
arxcsw8
ar8xcsw
arxc8sw
a8rxcsw
arxcsw8
ar8xcsw
arxcsw8
a8rxcsw
8arxcsw
8arxcsw
```

输出结果显示第二个字符串被插入第一个字符串的任意位置，包括开头和结尾位置。

示例代码：完整的程序请参见本书配套代码中的 worked_example_1/password.py。

5.5　不带返回值的函数

有时，我们需要执行一系列不产生结果值的指令。如果该指令序列多次出现，则可将其封装为函数。

下面是一个典型的示例：其任务是在一个框中打印字符串，如下所示：

```
-------
!Hello!
-------
```

可以用不同的字符串替换 Hello。实现此任务的函数可以定义如下：

```
def boxString(contents) :
```

现在，我们可以采用常规的方式来设计函数的主体，制订一个解决任务的通用算法。

n = 字符串的长度
打印一行内容，包含 *n* + *2* 个破折线字符 (-)
打印一行内容，包含给定字符串，左右两边各加一个感叹号 (！)
打印一行内容，包含 *n* + *2* 个破折线字符 (-)

实现该函数的代码如下：

```
## 在一个框中打印字符串
#  @param contents 需要包含在框中的字符串
#
def boxString(contents) :
    n = len(contents) :
    print("-" * (n + 2))
    print("!" + contents + "!")
    print("-" * (n + 2))
```

请注意，此函数不计算任何值。函数执行一些操作，然后返回给调用者。实际上，该函数返回一个特殊值（称为 None），但不能对该值执行任何操作。

因为不返回有用的值，所以不要在表达式中使用 boxString。我们可以采用如下方式调用函数：

```
boxString("Hello")
```

但以下调用会出错：

```
result = boxString("Hello")    # 错误: boxString 不返回有用的值
```

如果想要在程序未结束时从不包含计算值的函数中返回值，可以使用不带值的 return 语句。例如：

```
def boxString(contents) :
    n = len(contents)
    if n == 0 :
        return   # 立即返回
    print("-" * (n + 2))
    print("!" + contents + "!")
    print("-" * (n + 2))
```

计算机与社会 5.1　个人计算

1971 年，英特尔公司的工程师马尔西安·泰德·霍夫（Marcian E. "Ted" Hoff）正在为一家电子计算器制造商研制芯片。他意识到，有必要开发一种通用（general-purpose）芯片，这种芯片可以通过编程与计算器的键盘和显示器对接，而不是进行另一种定制设计。于是，微处理器诞生了。当时，微处理器的主要应用是作为计算器、洗衣机等的控制器。计算机行业花了好几年时间才注意到已经诞生了作为单一芯片的真正的中央处理器。

　　紧跟潮流的是一些业余爱好者。1974年，三星电子（MITS Electronics）以350美元的价格获得了第一套计算机套件Altair 8800。该套件由微处理器、电路板、少量存储器、拨动开关和一排显示灯组成。购买者必须焊接和组装该套件，然后通过拨动开关用机器语言来编程。这并不是什么大热门。第一个大热门是苹果 II，那是一台真正的计算机，包含键盘、显示器和软盘驱动器。当苹果 II 首次发布时，相当于用户拥有一台价值 3000 美元的机器，却可以玩太空入侵者游戏，运行原始的簿记程序，甚至让用户使用 BASIC 语言编程。最初的苹果 II 甚至不支持小写字母，这使得它在文字处理方面毫无价值。1979年出现的新的电子表格程序（VisiCalc）实现了突破。在 VisiCalc 电子表格中，可以将财务数据及其关系输入到由行和列组成的网格中（参见下图），然后修改一些数据并实时观察其他数据的变化。例如，我们可以看到更改制造工厂的小部件组合是如何影响预算的成本和利润的。公司经理争先抢购VisiCalc 和运行它所需的计算机。对他们来说，计算机是一台运行电子表格的机器。更重要的是，VisiCalc 是个人设备。经理们可以自由地做想做的计算，而不仅仅是通过数据中心的"高级牧师"提供的计算。

　　从那时起，个人计算机就一直伴随着我们，无数的用户都在摆弄他们的硬件和软件。这种"摆弄的自由"是个人计算的重要组成部分。在个人设备上，能够安装自己想要的软件，使其更有效率或者创造性，即使并不是大多数人使用的软件。在个人计算机的头 30 年里，这种自由在很大程度上被认为是理所当然的。

　　我们正处于一个这样的时代，智能手机、平板电脑和智能电视正在取代传统上由个人计算机实现的功能。令人惊奇的是，相对于 20 世纪 90 年代最好的个人计算机，我们所使用的手机可以承载更多的计算能力，但同时令人不安的是，我们失去了一定程度的个人控制。对于某些手机或者平板电脑品牌，我们只能安装制造商在"应用商店"上发布的应用程序。例如，苹果公司拒绝了麻省理工学院的 iPad 教育语言应用程序 Scratch，因为它包含一个虚拟机。我们可能会认为鼓励下一代热衷于编程符合苹果公司的利益，但苹果公司有一个总的政策，就是拒绝"他们"设备的可编程性。

　　当我们选择一个设备打电话或者看电影时，也许需要思考一下谁是控制者。我们是在购买一个可以选择任何方式来使用的个人设备，还是在购买一个被数据流所束缚的设备，其数据流是被别人控制的？

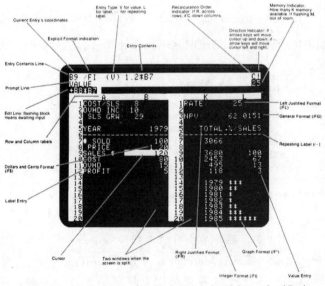

Courtesy of International Business Machines Corporation, © International Business Machines Corporation.

在苹果 II 上运行的 VisiCalc 电子表格

5.6 问题求解：可复用函数

我们已经使用了许多 Python 函数，包括内置函数和标准库中的函数。这些函数是作为 Python 平台的一部分提供的，因此程序员无须重新创建它们。当然，Python 库并不能满足所有的需求。我们常常需要设计自定义函数来解决多个问题，同时这也节省了时间。

当需要在一个程序或者不同的程序中多次编写几乎相同的代码或者伪代码时，请考虑引入一个函数。下面是一个典型的代码复制示例。

```
hours = int(input("Enter a value between 0 and 23: "))
while hours < 0 or hours > 23 :
    print("Error: value out of range.")
    hours = int(input("Enter a value between 0 and 23: "))

minutes = int(input("Enter a value between 0 and 59: "))
while minutes < 0 or minutes > 59 :
    print("Error: value out of range.")
    minutes = int(input("Enter a value between 0 and 59: "))
```

上述程序段读取两个变量，要确保每个变量值都在一定的范围内。很容易将共同的行为提取到一个函数中。

```
## 重复提示用户输入一个值
#  直到用户输入一个有效值 (小于给定的最大值)
#  @param high 表示允许输入的最大整数值
#  @return 用户输入的整数值，范围为 0 (包含) ~ high (包含)
#
def readIntUpTo(high) :
    value = int(input("Enter a value between 0 and " + str(high) + ": "))
    while value < 0 or value > high :
        print("Error: value out of range.")
        value = int(input("Enter a value between 0 and " + str(high) + ": "))

    return value
```

然后调用该函数两次。

```
hours = readIntUpTo(23)
minutes = readIntUpTo(59)
```

我们现在已经删除了循环代码的反复复制，它只在函数内部出现一次。

注意，该函数可以在其他需要读取整数值的程序中重用。但是，我们应该考虑最小值不一定总是 0 的情况。

这里有一个更好的设计选择。

```
## 重复提示用户输入一个值
#  直到用户输入一个有效值 (位于给定区间)
#  @param low 表示允许输入的最小整数值
#  @param high 表示允许输入的最大整数值
#  @return 用户输入的整数值，范围为 low (包含) ~ high (包含)
#
def readIntBetween(low, high) :
    value = int(input("Enter a value between " + str(low) + " and " +
                      str(high) + ": "))
    while value < low or value > high :
        print("Error: value out of range.")
        value = int(input("Enter a value between " + str(low) + " and " +
                          str(high) + ": "))
    return value
```

在示例程序中，我们调用：

```
hours = readIntBetween(0, 23)
```

另一个程序可能会调用：

```
month = readIntBetween(1, 12)
```

通常，在重用函数时，我们需要为变化的值提供参数变量。下面提供了一个演示 readInt-Between 函数的完整程序。

sec06/readtime.py

```
 1  ##
 2  #  本程序演示可复用函数的用法
 3  #
 4
 5  def main() :
 6      print("Please enter a time: hours, then minutes.")
 7      hours = readIntBetween(0, 23)
 8      minutes = readIntBetween(0, 59)
 9      print("You entered %d hours and %d minutes." % (hours, minutes))
10
11  ## 重复提示用户输入一个值
12  #  直到用户输入一个有效值（位于给定区间）
13  #  @param low 表示允许输入的最小整数值
14  #  @param high 表示允许输入的最大整数值
15  #  @return 用户输入的整数值，范围为 low（包含）～ high（包含）
16  #
17  #
18  def readIntBetween(low, high) :
19      value = int(input("Enter a value between " + str(low) + " and " +
20                        str(high) + ": "))
21      while value < low or value > high :
22          print("Error: value out of range.")
23          value = int(input("Enter a value between " + str(low) + " and " +
24                            str(high) + ": "))
25
26      return value
27
28  # 启动程序
29  main()
```

程序运行结果如下：

```
Please enter a time: hours, then minutes.
Enter a value between 0 and 23: 25
Error: value out of range.
Enter a value between 0 and 23: 20
Enter a value between 0 and 59: -1
Error: value out of range.
Enter a value between 0 and 59: 30
You entered 20 hours and 30 minutes.
```

5.7 问题求解：逐步求精

解决问题最有力的策略之一是**逐步求精**的过程。为了解决一个困难的任务，把它分解成若干个简单的任务。然后继续把简单的任务分解成更简单的任务，直到分解成可以求解的任务。

　　现在把这个方法应用到日常生活中的一个问题上。我们早上起来想喝杯咖啡，那么如何才能喝到咖啡呢？看看是否可以让他人（比如母亲或伴侣）给我们准备一杯咖啡。如果没人为我们准备，则必须自己去煮咖啡。如何煮咖啡呢？如果有速溶咖啡，则可以泡一杯速溶咖啡。如何煮速溶咖啡呢？只需煮开水，把开水和速溶咖啡混合。如何煮水呢？如果有微波炉，则往杯子里注满水，放在微波炉里加热 3 分钟。否则，就把水壶装满水，放在炉子上加热，直到水烧开。

　　另一方面，如果没有速溶咖啡，则必须煮咖啡。如何煮咖啡呢？给咖啡机加水，放入过滤器，研磨咖啡，将咖啡放入过滤器后打开咖啡机。如何磨咖啡呢？把咖啡豆放进咖啡研磨机，然后按下按钮等待 60 秒。

　　图 5 显示了咖啡制作这个解决方案的流程图。求精过程显示为展开框。在 Python 中，可以将求精过程作为函数来实现。例如，函数 brewCoffee 将调用函数 grindCoffee，brewCoffee 将被函数 makeCoffee 调用。

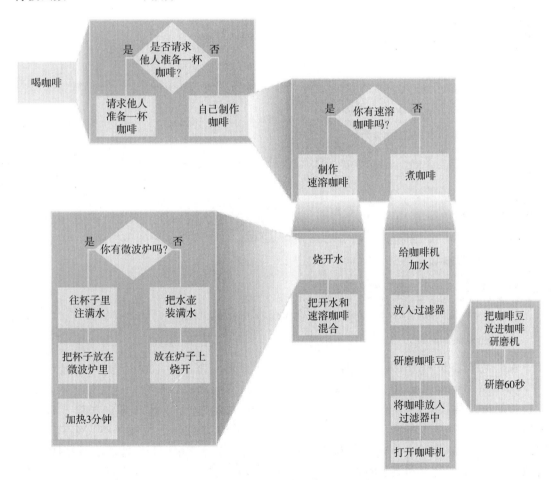

图 5　咖啡制作解决方案的流程图

　　让我们把逐步求精的过程应用到一个程序设计问题上。

　　打印支票时，通常将支票金额同时写为数字（"$274.15"）和文本字符串（"two hundred seventy four dollars and 15 cents"）。这样做可以减少收件人在金额前加几个数字的冲动。

对人类来说，这并不特别困难，但计算机如何实现呢？没有内置函数可以将 274 转换为 "two hundred seventy four"。我们需要自己动手编写这个函数。下面是要编写函数的描述：

```
## 把数值转换为对应的英文名称
#  @param number 一个小于 1000 的正整数
#  @return 数值 number 的名称（例如，"two hundred seventy four"）
#
def intName(number) :
```

如何实现该函数的功能呢？先考虑一个简单的例子。如果数字范围为 1 ~ 9，则结果分别为 "one"…"nine"。事实上，我们需要对百位数（two hundred）进行相同的处理。若需要再执行一次以上的操作，则建议把它实现为一个函数。开始时不需要编写整个函数的实现，只需要编写函数注释。

```
## 把单个数字转换为对应的英文名称
#  @param digit 介于 1 ~ 9 的整数
#  @return 数字 digit 的英文名称（"one" . . . "nine"）
#
def digitName(digit) :
```

10 ~ 19 的数字属于特例。因此我们使用一个单独的函数 teenName 将它们转换为字符串 "eleven" "twelve" "thirteen"，等等：

```
## 把介于 10 ~ 19 的整数转换为对应的英文名称
#  @param number 一个介于 10 ~ 19 的整数
#  @return 返回给定值 number 的英文名称（"ten" . . . "nineteen"）
#
def teenName(number) :
```

接下来，假设数值介于 20 ~ 99。这类数值的英文名称包含两部分，例如 "seventy four"。我们需要设计实现第一部分的方法，"二十"（twenty）、"三十"（thirty）等。同样，把处理实现为一个单独的函数。

```
## 给出介于 20 ~ 99 整数值的英文名称
#  @param number 一个介于 20 ~ 99 的整数
#  @return 返回给定值 number 的英文名称（"twenty" . . . "ninety"）
#
def tensName(number) :
```

接下来，我们将编写 intName 函数的伪代码。如果数字范围为 100 ~ 999，则显示一个数字和单词 "hundred"（例如 "two hundred"）。然后删除百位数，例如将 274 减少到 74。接下来，假设剩余部分至少是 20，最多是 99。如果这个数可以被 10 整除，则调用函数 tensName 并结束任务。否则，调用函数 tensName 并打印十位数的英文名称（例如 "seventy"），然后删除十位数，将 74 减少到 4。在另一个分支中，我们处理范围为 10 ~ 19 的数字。最后，打印任何剩余的单个数字（例如 "four"）。

intName(number)
part = number # 尚需转换的部分
name = ""

If part >= 100
   name = 百位数的英文名称 *+ "hundred"*

移除百位数部分

If part >= 20
　　　把 *tensName(part)* 附加到 *name* 中
　　　移除十位数部分
Else if part >= 10
　　　把 *teenName(part)* 附加到 *name* 中
　　part = 0

If part > 0
　　　把 *digitName(part)* 附加到 *name* 中

将上述伪代码转换成 Python 代码非常直截了当，结果显示在下面的源代码列表中。

注意，我们如何依赖辅助函数来完成大部分的细节工作。使用逐步求精的过程，考虑如何实现这些辅助函数。

让我们从 digitName 函数开始。这个函数实现起来非常简单，实际上并不需要伪代码。只需使用带有 9 个分支的 if 语句：

```
def digitName(digit) :
   if (digit == 1) : return "one"
   if (digit == 2) : return "two"
   . . .
```

函数 teenName 和 tensName 的实现方法与之类似。

至此，我们结束了逐步求精的过程。完整的程序如下所示。

sec07/intname.py

```
 1  ##
 2  #   本程序把一个整数转换为对应的英文名称
 3  #
 4
 5  def main() :
 6     value = int(input("Please enter a positive integer < 1000: "))
 7     print(intName(value))
 8
 9  ## 把数值转换为对应的英文名称
10  #  @param number 一个小于 1000 的正整数
11  #  @return 数值 number 的名称 (例如, "two hundred seventy four")
12  #
13  def intName(number) :
14     part = number    #尚需转换的部分
15     name = ""    # 数值的名称
16
17     if part >= 100 :
18        name = digitName(part // 100) + " hundred"
19        part = part % 100
20
21     if part >= 20 :
22        name = name + " " + tensName(part)
23        part = part % 10
24     elif part >= 10 :
25        name = name + " " + teenName(part)
26        part = 0
27
28     if part > 0 :
29        name = name + " " + digitName(part)
30
31     return name
32
```

```
33  ## 把单个数字转换为对应的英文名称
34  #   @param digit 一个介于 1 ～ 9 的整数
35  #   @return 数字 digit 的英文名称 ("one" . . . "nine")
36  #
37  def digitName(digit) :
38      if digit == 1 : return "one"
39      if digit == 2 : return "two"
40      if digit == 3 : return "three"
41      if digit == 4 : return "four"
42      if digit == 5 : return "five"
43      if digit == 6 : return "six"
44      if digit == 7 : return "seven"
45      if digit == 8 : return "eight"
46      if digit == 9 : return "nine"
47      return ""
48
49  ## 把介于 10 ～ 19 的整数转换其对应的英文名称
50  #   @param number 一个介于 10 ～ 19 的整数
51  #   @return 返回给定值 number 的英文名称 ("ten" . . . "nineteen")
52  #
53  def teenName(number) :
54      if number == 10 : return "ten"
55      if number == 11 : return "eleven"
56      if number == 12 : return "twelve"
57      if number == 13 : return "thirteen"
58      if number == 14 : return "fourteen"
59      if number == 15 : return "fifteen"
60      if number == 16 : return "sixteen"
61      if number == 17 : return "seventeen"
62      if number == 18 : return "eighteen"
63      if number == 19 : return "nineteen"
64      return ""
65
66  ## 给出介于 20 ～ 99 的数值的十位数英文名称
67  #   @param number 一个介于 20 ～ 99 的整数
68  #   @return 数值的十位数英文名称 ("twenty" . . . "ninety")
69  #
70  def tensName(number) :
71      if number >= 90 : return "ninety"
72      if number >= 80 : return "eighty"
73      if number >= 70 : return "seventy"
74      if number >= 60 : return "sixty"
75      if number >= 50 : return "fifty"
76      if number >= 40 : return "forty"
77      if number >= 30 : return "thirty"
78      if number >= 20 : return "twenty"
79      return ""
80
81  # 启动程序
82  main()
```

程序运行结果如下：

```
Please enter a positive integer < 1000: 729
seven hundred twenty nine
```

编程技巧 5.4　控制函数的规模

编写函数需要耗费额外的成本。我们需要设计、编码和测试该函数，需要为函数编写文档，还需要花费精力设计函数的可重用性，而不是绑定到特定的上下文。为了避免这些成本，人们总是倾向于在同一个地方编写越来越多的代码，而不是将代码分解成不同的函数。一个常见的情况是，没有经验的程序员会编写包含数百行代码的函数。

根据经验，如果函数的代码行数太多，其代码会无法在开发环境的单个屏幕上显示，则应该将其拆分为不同的函数。

编程技巧 5.5　跟踪函数

当设计一个复杂的函数时，建议在把程序交给计算机执行之前，先手工跟踪执行。

拿一张索引卡或者一张别的纸，写下想要跟踪的函数调用。写下函数的名称和参数变量的名称和值，如下所示：

然后写下函数变量的名称和初始值。将它们记录在表格中，因为在模拟执行代码时会更新这些函数变量。

我们进入测试 part >= 100 的分支部分。part // 100 的结果 4，part % 100 的结果是 16。很容易看出，digitName(4) 的结果为 "four"。（如果函数 digitName 非常复杂，则应该使用另一张纸来计算这个函数调用。这种方式常常会使用好几张纸。）

此时，name 已更改为 digitName(part // 100) + "hundred"，即 "four hundred"，part 已更改为 part % 100，即 16。

接下来进入分支 part >= 10 部分。teenName(16) 的结果是 sixteen，因此各个变量的值如下：

现在很清楚为什么需要在第 26 行将 part 设置为 0，否则，程序将进入下一个分支，结果将是 "four hundred sixteen six"。跟踪代码是理解函数微妙之处的有效方法。

编程技巧 5.6 存根函数

在编写大型程序时，往往无法同时实现和测试所有的函数。我们常常需要测试调用另一个函数的函数，但另一个函数还尚未实现。因此，可以使用**存根函数**（stub）临时替换缺失的函数。存根函数是返回一个简单值的函数，该值足以用于测试另一个函数。以下是存根函数的示例：

```
## 把单个数字转换为对应的英文名称
#  @param digit 一个介于 1 ～ 9 的整数
#  @return 数字 digit 的英文名称（"one" . . . "nine"）
#
def digitName(digit) :
    return "mumble"

## 给出数值范围为 20 ～ 99 的十位数的英文名称
#  @param number 一个介于 20 ～ 99 的整数
#  @return 数值的十位数英文名称（"twenty" . . . "ninety"）
#
def tensName(number) :
    return "mumblety"
```

如果将这些存根函数与 intName 函数组合起来，并使用 274 这个参数值对其进行测试，则结果为 "mumble hundred mumblety mumble"，这表明 intName 函数的基本逻辑工作正常。

实训案例 5.2 计算一门课程的成绩

问题描述 本课程的学生参加 4 次考试，每次考试成绩为字母等级（A+、A、A-、B+、B、B-、C+、C、C-、D+、D、D-、或者 F）。除去最低的成绩，使用其余 3 个成绩的平均值来确定该门课程的成绩。为了计算平均成绩，首先将字母等级成绩转换为数值成绩，使用通常的方案 A+ = 4.3，A = 4.0，A- = 3.7，B+ = 3.3，…，D- = 0.7，F = 0。然后计算这些数值成绩的平均值，并将其转换回最接近的字母等级。例如，平均成绩 3.51 对应于 A-。

我们的任务是读取 4 个字母，每行一个。

letterGrade1
letterGrade2
letterGrade3
letterGrade4

例如：

A-
B+
C
A

对于 4 个输入行中的每个字符序列，要求输出结果是在本门课程中获得的字母等级，如前所述，例如 A-。

当 letterGrade1 输入为 Q，表示输入结束。

➡️ **步骤 1**　执行逐步求精。

我们将使用逐步求精的过程。为了处理这些输入，需要处理学生成绩集中的 4 个成绩。因此，我们定义了一个任务：处理学生成绩集。

为了处理一组成绩，读取第一个成绩，如果是 Q，则程序退出。否则，读取 4 个成绩。因为我们需要得到这些成绩对应的数值形式，所以应确定一个任务：把字母等级成绩转换为数值成绩。

这时我们已有 4 个数值成绩，需要找到其中最小的。这是另一个任务：查找 4 个数值中的最小值。为了计算其余数值的平均值，我们计算所有数值的累加和，减去最小值，然后除以 3。假设这不需要分解为子任务。

接下来，需要将结果（数值成绩）转换回字母等级成绩。这是另一个子任务：将数值成绩等级转换为字母等级成绩。最后，打印字母等级成绩。同样，该操作非常简单，不需要分解为子任务。

➡️ **步骤 2**　把字母等级成绩转换为数值等级成绩。

如何把一个字母等级成绩转换为一个数值等级成绩呢？可以遵循以下算法：

gradeToNumber(grade)
first = 字母等级成绩的第一个字母
If first 为 A、B、C、D、F
　分别设置结果为 4、3、2、1、0
If 字母等级成绩中的第二个字母为 +
　把 *result* 加上 0.3
If 成绩的第二个字母为 -
　把 *result* 减去 0.3
返回 *result*

实现该任务的函数如下：

```python
## 把字母等级成绩转换为数值等级成绩
# @param 一个字母等级成绩 (A+, A, A-, ..., D-, F)
# @return 对应的数值等级成绩
#
def gradeToNumber(grade) :
    result = 0
    first = grade[0]
    first = first.upper()
    if first == "A" :
        result = 4
    elif first == "B" :
        result = 3
    elif first == "C" :
        result = 2
    elif first == "D" :
        result = 1

    if len(grade) > 1 :
        second = grade[1]
        if second == "+" :
            result = result + 0.3
        elif second == "-" :
```

```
        result = result - 0.3

    return result
```

➡步骤 3 把数值等级成绩转换为字母等级成绩。

如何实现相反的转换呢？这里的关键在于，需要将其转换到最接近的字母等级成绩。例如，如果 x 是数值等级成绩，则转换规则如下：

$2.5 \leqslant x < 2.85$: B−

$2.85 \leqslant x < 3.15$: B

$3.15 \leqslant x < 3.5$: B+

因此我们可以创建一个包含 13 个分支的函数，每个分支对应一个有效的字母等级成绩。

```
## 把数值等级成绩转换为最接近的字母等级成绩
#  @param x 一个介于 0 ～ 4.3 的数值成绩
#  @return 最接近的字母等级成绩
#
def numberToGrade(x) :
    if x >= 4.15 : return "A+"
    if x >= 3.85 : return "A"
    if x >= 3.5 : return "A-"
    if x >= 3.15 : return "B+"
    if x >= 2.85 : return "B"
    if x >= 2.5 : return "B-"
    if x >= 2.15 : return "C+"
    if x >= 1.85 : return "C"
    if x >= 1.5 : return "C-"
    if x >= 1.15 : return "D+"
    if x >= 0.85 : return "D"
    if x >= 0.5 : return "D-"
    return "F"
```

➡步骤 4 查找 4 个数值中的最小值。

最后，如何找到 4 个数值中的最小值呢？Python 提供了 min 函数，该函数接收多个值作为其参数，并从这些值中返回最小值。例如：

```
result = min(5, 8, 2, 23)
```

结果将 2 赋值给变量 result。

➡步骤 5 处理一个成绩集。

如前所述，为了处理学生的成绩集，我们遵循以下步骤：

```
读取 4 个输入字符串
把字母等级成绩转换为数值等级成绩
除去最低成绩后，计算平均成绩
打印对应于平均成绩的字母等级成绩
```

然而，如果我们读取第一个输入字符串为 Q，则需要向调用者发出信号，表明已经到达输入集的末尾，不应该再进行任何调用。

该函数将返回一个布尔值，如果成功则返回 False，如果遇到哨兵值则返回 True。

```
## 处理一个学生成绩集
#  @return True 如果遇到哨兵值，则返回 True; 否则返回 False
#
def processGradeSet() :
# 读取第一个成绩
grade1 = input("Enter the first grade or Q to quit: ")
```

```
    if grade1.upper() == "Q" :
        return True

    # 读取其他 3 个成绩
    grade2 = input("Enter the second grade: ")
    grade3 = input("Enter the third grade: ")
    grade4 = input("Enter the fourth grade: ")

    # 计算并打印其平均值
    x1 = gradeToNumber(grade1)
    x2 = gradeToNumber(grade2)
    x3 = gradeToNumber(grade3)
    x4 = gradeToNumber(grade4)
    xlow = min(x1, x2, x3, x4)
    avg = (x1 + x2 + x3 + x4 - xlow) / 3
    print(numberToGrade(avg))

    return False
```

➡ **步骤 6**　编写 main 函数。

实现 main 函数非常简单。当 processGradeSet 返回 False 时，我们循环调用该函数。

```
def main() :
    done = False
    while not done :
        done = processGradeSet()
```

把所有的函数保存在一个 Python 文件中。

示例代码：演示函数返回值的完整程序请参见本书配套代码中的 worked_example_2/ grades.py。

实训案例 5.3　使用调试器

毫无疑问，我们已经意识到计算机程序很少在第一次就能完美运行。有时，发现程序员所称的错误或者 bug 时的确会非常令人沮丧。当然，我们可以在代码中插入 print 语句，以显示程序流和关键变量的值。然后运行程序并尝试分析打印输出。如果打印输出并没有明确指出问题所在，则需要添加和删除 print 语句，然后再次运行该程序。这可能是一个耗时的过程。

现代的开发环境包含一个调试器（debugger），通过跟踪程序的执行帮助用户定位错误。每当程序临时停止时，我们可以停止程序并重新启动以查看变量的内容。当程序临时停止时，我们可以决定在下一次临时停止之前运行多少程序步骤。

Python 调试器

和编译器一样，不同系统之间的调试器有很大的差异。集成环境中的大多数调试器具有类似的布局，请参见下图。我们必须了解如何准备用于调试的程序，以及如何在系统上启动调试器。对于许多开发环境，只需点击一个菜单命令来编译用于调试的程序并启动调试器。

调试器基本操作

一旦启动调试器后，只需使用 4 个调试命令："设置断点"（set breakpoint）、"运行到断点"（run until breakpoint）、"单步执行，不进入函数"（step over）和"单步执行，进入函数"（step into）就可以进行调试。这些命令的名称、快捷键或者鼠标命令在不同的调试器中有所不同，但所有调试器都支持这些基本命令。

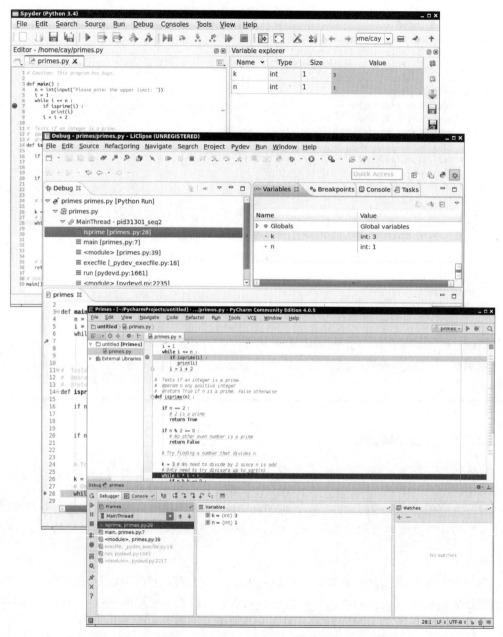

Spyder、PyDev 和 PyCharm 的调试器

启动调试器时，程序将全速运行，直到到达断点。然后程序暂停执行，将显示包含导致停止的断点所在的行，但该行尚未执行。

此时，我们可以检查变量，一次一行地单步运行程序，或者继续全速运行程序，直至到达下一个断点。当程序终止时，调试器也会停止。

程序很快就会运行到一个断点，但无法知晓其间程序的具体执行过程。为了更好地理解程序流，可以一次一行地单步执行程序。一个通常称为"step into"的命令在调试中用于进入函数内部，另一个称为"step over"的命令则不进入函数内部。如果需要检查一个函数是否工作正常，则应该使用"step into"命令进入该函数内部。如果知道某个函数工作正常，则可以使用"step over"命令跳过该函数。

最后，当程序完成运行时，调试会话也完成了。想要再次运行程序，需要启动另一个调试会话。

调试器是查找和改进程序错误的有效工具。然而，它不能替代良好的设计和细致的编程。调试器没有发现任何错误，并不意味着程序没有错误。测试和调试只能显示错误的存在，而不能显示它们的不存在。

调试实践

下面是一个简单的程序，用于调试器的实践练习。要求程序计算出一个给定整数 n 以内的所有素数（如果一个整数不能被 1 及自身以外的任何数整除，则该整数被定义为素数）。此外，数学家规定 1 不是素数。因此，前几个素数是 2、3、5、7、11、13、17、19。

worked_example_3/primes.py

```
 1  # 注意: 本程序包含错误
 2
 3  def main() :
 4     n = int(input("Please enter the upper limit: "))
 5     i = 1
 6     while i <= n :
 7        if isprime(i) :
 8           print(i)
 9        i = i + 2
10
11  #  测试一个整数是否为素数
12  #  @param n 任意正整数
13  #  @return 如果 n 为素数, 返回 True; 否则返回 False
14  def isprime(n) :
15
16     if n == 2 :
17        # 2 是素数
18        return True
19
20     if n % 2 == 0 :
21        # 2 以外的偶数都不是素数
22        return False
23
24     # 尝试查找可以整除 n 的数
25
26     k = 3 # n 是奇数, 故不能被 2 整除
27     # 仅需要尝试直到 sqrt(n) 的除数
28     while k * k < n :
29        if n % k == 0 :
30           # n 不是素数, 因为可以被 k 整除
31           return False
32        # 尝试下一个奇数
33        k = k + 2
34
35     # 没有发现可整除的除数, 因此 n 是素数
36     return True
37
38  # 启动程序
39  main()
```

使用输入值 10 运行该程序时，输出结果如下：

```
1
3
5
7
9
```

结果并不符合预期，似乎程序仅仅打印输出了所有的奇数。接下来，我们使用调试器查找错误的根源。

首先，在第 7 行设置断点。在大多数调试器中，可以通过鼠标右击或者双击该行来设置断点。然后选择菜单命令开始调试。调试器运行后，程序将停止并等待用户输入一个值给变量 n。在提示输入符下键入 10，然后程序继续运行到断点处。

```
3 def main() :
4     n = int(input("Please enter the upper limit: "))
5     i = 1
6     while i <= n :
7         if isprime(i) :
8             print(i)
9         i = i + 2
10
```

现在我们想知道为什么这个程序把 1 当作素数了。在调试器中找到"step over"和"step into"命令按钮。使用 Spyder 调试器时，这两个命令按钮的外观如下：

使用"step into"命令按钮进入 isprime 函数中。执行"step over"命令若干次，直至到达 while 循环。我们会注意到程序跳过了这两个 if 语句。查看一下变量的值。

Variable explorer			
Name ∨	Type	Size	Value
k	int	1	3
n	int	1	1

我们发现，变量 n 的值是 1，因为目前正在测试 1 是否是素数。if 语句被跳过，因为它们处理偶数。然后变量 k 被设置为 3。

继续单步执行，我们会注意到 while 循环被跳过，因为 k * k 不小于 n。然后 isprime 函数返回 True，这是一个错误。因此需要重写函数，将 1 视为特例。

接下来，我们想知道为什么程序不将 2 打印为素数，即使 isprime 函数认为 2 是素数。继续调试，将在第 7 行的断点处暂停。注意，此时变量 i 为 3。现在一切都明朗了。main 函数中的循环只测试奇数。main 应该同时测试奇数和偶数，更好的方法是应该将 2 作为特殊情况来处理。

最后，我们想知道为什么该程序认为 9 是一个素数。继续调试，直到断点满足 i = 9 时。使用"step into"命令按钮单步执行进入 isprime 函数，接着重复使用"step over"命令。跳过两个 if 语句，这是正确的，因为 9 是奇数。程序再次跳过 while 循环。检查 k 的值发现了原因所在。注意此时 k 是 3。仔细检查一下 while 循环中的条件。它测试是否 k * k < n，现在 k * k 是 9，n 也是 9，所以测试失败。

在检查整数 n 是否为素数时，可以只测试 $\sqrt{n}$ 以内的除数。如果 n 可以被分解为 $p \times q$，那么这两个因子都不能大于 n。但实际上这并不完全正确。如果 n 是素数的完全平方，那么它的唯一非平方因子等于 $\sqrt{n}$ ，这正是 $9 = 3 \times 3$ 的情况。我们应该测试 $k * k \le n$ 。

通过运行调试器，我们在程序中发现了 3 个错误：

1. isprime 错误地认为 1 是素数。

2. main 函数没有测试整数 2。

3. 在 isprime 中有一个"差一错误"。while 语句的条件应该是 k * k ≤ n。

改进后的程序如下：

```python
def main() :
   n = int(input("Please enter the upper limit: "))
   if n >= 2 :
      print(2)
   i = 3
   while i <= n :
      if isprime(i) :
         print(i)
      i = i + 2

#  测试一个整数是否为素数
#  @param n 任意正整数
#  @return 如果 n 为素数，返回 True；否则返回 False
def isprime(n) :
   if n == 1 :
      return False

   if n == 2 :
      # 2 是素数
      return True

   if n % 2 == 0 :
      # 2 以外的偶数都不是素数
      return False

   # 尝试查找可以整除 n 的数
   k = 3 # n 是奇数，故不能被 2 整除
   # 仅需要尝试直到 sqrt(n) 的除数
   while k * k <= n :
      if n % k == 0 :
         # n 不是素数，因为它可以被 k 整除
         return False
      # 尝试下一个奇数
      k = k + 2

   # 没有发现可整除的除数，因此 n 是素数
   return True

# 启动程序
main()
```

程序现在没有错误了吗？这不是调试器可以回答的问题。记住，测试只能显示存在的错误，而不能证明没有错误。

5.8　变量的作用范围

随着程序规模的增大且包含越来越多的变量，可能会遇到无法访问程序在不同部分中定义的变量，或者两个变量的定义相互冲突等问题。为了解决这些问题，我们需要熟悉变量作

用范围的概念。

变量的**作用范围**是指我们可以在程序的哪些地方访问该变量。例如，函数参数变量的作用范围是整个函数。在下面的代码段中，参数变量 sideLength 的作用范围是整个 cubeVolume 函数，而不是函数 main。

```
def main() :
   print(cubeVolume(10))

def cubeVolume(sideLength) :
   return sideLength ** 3
```

在函数中定义的变量称为**局部变量**（local variable）。当在语句块中定义局部变量时，该局部变量将从该点变为可用，直到定义它的函数结束。例如，在下面的代码段中，突出显示了 square 变量的作用范围。

```
def main() :
   sum = 0
   for i in range(11) :
      square = i * i
      sum = sum + square

   print(square, sum)
```

for 语句中的循环变量是局部变量。与其他局部变量一样，它的作用范围扩展到定义它的函数末尾。

```
def main() :
   sum = 0
   for i in range(11) :
      square = i * i
      sum = sum + square

   print(i, sum)
```

下面是一个作用范围问题的示例：

```
def main() :
   sideLength = 10
   result = cubeVolume()
   print(result)

def cubeVolume() :
   return sideLength ** 3    # Error

main()
```

注意变量 sideLength 的作用范围。cubeVolume 函数试图读取变量 sideLength，但程序会出错，因为 sideLength 的作用范围不能扩展到 main 函数之外。解决办法是把它作为一个参数进行传递（参见 5.2 节中的示例）。

在程序中可以多次使用相同的变量名。考虑以下示例中的变量 result：

```
def main() :
   result = square(3) + square(4)
   print(result)

def square(n) :
   result = n * n
   return result
```

```
main()
```

每个 result 变量都是在单独的函数中定义的，因此它们的作用范围彼此不重叠。

　　Python 还支持**全局变量**（global variables），在函数外部定义的变量。全局变量对其后定义的所有函数都可见。但是，任何希望更新全局变量的函数都必须包含全局声明，如下所示：

```
balance = 10000    # 一个全局变量

def withdraw(amount) :
    global balance    # 此函数尝试更新全局变量 balance
    if balance >= amount :
        balance = balance - amount
```

如果省略全局声明 global，那么函数 withdraw 中的 balance 变量将被视为局部变量。

　　一般而言，不建议使用全局变量。当多个函数修改全局变量时，可能很难预测其结果。特别是在由多个程序员开发的大型程序中，每个函数的影响效果必须清晰易懂。因此，我们应该避免在程序中使用全局变量。

编程技巧 5.7　避免使用全局变量

　　包含全局变量的程序很难维护和扩展，因为我们不能将每个函数都视为只接收参数并返回结果的"黑盒"。当函数修改全局变量时，更难理解函数调用的效果。随着程序规模的增大，困难会迅速增加。因此，应该避免使用全局变量，使用函数参数变量和返回值将信息从程序的一部分传递到另一部分。

　　然而，全局常量在某些场合使用也是可行的。我们可以将全局常量放在 Python 源文件的顶部，并在文件的任何函数中访问（但不能修改）这些全局常量。不要使用全局声明（global）来访问常量。

实训案例 5.4　图形应用：掷骰子

　　问题描述　计算机程序通常用于模拟投掷一个或者多个骰子（参见 4.9.2 节）。我们的任务是编写一个图形程序，模拟投掷 5 个骰子，并在图形窗口中绘制每个骰子的结果面。允许用户重复投掷 5 个骰子，直到他们选择退出程序。

➡ 步骤 1　执行逐步求精。

　　从更高层次上看这个问题，应该只涉及很少的几个步骤。首先，创建并配置一个图形窗口。接下来，投掷和绘制 5 个骰子。用户可以重复掷骰子，直到他们退出程序，所以我们将询问用户是否再次掷骰子。现在设计一个简单的算法来解决这个问题。

```
创建并配置一个图形窗口
重复以下操作直到用户选择退出
    投掷并绘制骰子
    询问用户是否继续投掷骰子
```

作为逐步求精过程的一部分，我们将在以下步骤中实现各个任务。

以下是实现该算法的 main 函数：

```
DIE_SIZE = 60

def main() :
    canvas = configureWindow(DIE_SIZE * 7)
    rollDice(canvas, DIE_SIZE)
    while rollAgain() :
        rollDice(canvas, DIE_SIZE)
```

窗口的大小根据传递给函数 configureWindow 的 DIE_SIZE 来计算。为了将 5 个骰子平均分为两行，我们计算可以容纳 7 个骰子的宽度，以便在边界和骰子之间留有空间。

➡ **步骤 2** 创建和配置一个图形窗口。

为了创建一个图形程序，首先应创建一个图形窗口对象并获取其画布对象。可以通过一个单独的函数（configureWindow）实现该功能。为了增加程序的灵活性，我们为窗口的大小指定一个参数变量。

```
def configureWindow(winSize) :
```

在前文的图形程序中，必须使用 wait 方法来防止窗口关闭。对于本任务，不需要该方法，因为每次在画布上绘制骰子时，都将从用户处获取输入，从而阻止窗口关闭。

以下函数用于创建和配置图形窗口对象并返回画布对象。请注意使用 setBackground 方法为窗口设置绿色背景。

```
## 创建并配置图形窗口
#  @param winSize 窗口的水平大小和垂直大小
#  @return 返回用于绘图的画布
#
def configureWindow(winSize) :
    win = GraphicsWindow(winSize, winSize)
    canvas = win.canvas()
    canvas.setBackground(0, 128, 0)
    return canvas
```

➡ **步骤 3** 提示用户是再次投掷骰子还是退出程序。

每次投掷骰子时，我们都会询问用户是再次投掷骰子还是退出程序。下面的函数实现了这个功能，如果需要再次投掷骰子，则返回 True。

```
## 提示用户选择继续投掷骰子还是退出程序
#  @return 如果用户选择继续投掷，则返回 True；否则返回 False
#
def rollAgain() :
    userInput = input("Press the Enter key to roll again or enter Q to quit: ")
    if userInput.upper() == "Q" :
        return False
    else :
        return True
```

➡ **步骤 4** 投掷骰子并绘制结果。

如何投掷 5 个骰子呢？在 4.9.2 节中，我们讨论了如何使用随机数生成器模拟生成随机数。投掷 5 个骰子，调用 5 次 randint(1, 6)。

绘制模拟投掷骰子的结果时，需要进一步的思考。我们需要确定如何在画布上定位每个骰子。一个快速的方法是根据骰子的大小来排列它，类似于在地板上铺瓷砖。

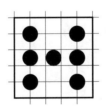

函数 rollDice 如下所示。我们需要在每次投掷骰子之前清空画布，以移除上一次投掷后的 5 个骰子，因此函数调用画布的 clear 方法。函数 drawDie 用于绘制单个骰子，我们将在下一步设计该函数。

```
## 模拟投掷 5 个骰子，并在图形画布上绘制每个骰子朝上的一面
#  排列成两行，第一行 3 个骰子，第二行 2 个骰子
#  @param canvas 要绘制骰子的图形画布对象
#  @param size 表示单个骰子尺寸的整数
#
def rollDice(canvas, size) :
   # 清除画布上的所有对象
   canvas.clear()

   # 设置第一个骰子在画布左上角的偏移量
   xOffset = size
   yOffset = size

   # 投掷并绘制 5 个骰子
   for die in range(5) :
      dieValue = randint(1, 6)
      drawDie(canvas, xOffset, yOffset, size, dieValue)
      if die == 2 :
         xOffset = size * 2
         yOffset = size * 3
      else :
         xOffset = xOffset + size * 2
```

➡️ **步骤 5**　绘制单个骰子。

应该如何在骰子表面布置点呢？将骰子的面看作一个 5 行 5 列的网格，并在网格上定位 7 个可能的点位置，如上图所示。

为了绘制特定骰子值的面，我们需要在正确的位置上绘制表示给定值的点。此任务可以分为几个步骤：

If dieValue 为 1、3 或 5
　　在中间位置绘制一个点
Else if dieValue 为 6
　　在左边列和右边列的中间位置绘制点
If dieValue 为 >= 2
　　在左上和右下位置绘制点
If dieValue 为 >= 4
　　在左下和右上位置绘制点

函数 drawDie 实现了该算法：

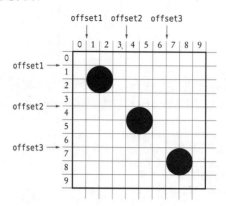

```
## 在画布上绘制单个骰子
#  @param canvas 要绘制骰子的画布对象
#  @param x 骰子左上角的 x 坐标
#  @param y 骰子左上角的 y 坐标
#  @param size 一个表示骰子尺寸大小的整数
#  @param dieValue 一个表示骰子点数的整数
#
def drawDie(canvas, x, y, size, dieValue) :
    # 点的大小和位置取决于骰子的大小
    dotSize = size // 5
    offset1 = dotSize // 2
    offset2 = dotSize // 2 * 4
    offset3 = dotSize // 2 * 7

    # 为骰子绘制一个矩形框
    canvas.setFill("white")
    canvas.setOutline("black")
    canvas.setLineWidth(2)
    canvas.drawRect(x, y, size, size)

    # 设置点的颜色
    canvas.setColor("black")
    canvas.setLineWidth(1)

    # 根据需要，绘制中央点或者中间行的点
    if dieValue == 1 or dieValue == 3 or dieValue == 5 :
        canvas.drawOval(x + offset2, y + offset2, dotSize, dotSize)
    elif dieValue == 6 :
        canvas.drawOval(x + offset1, y + offset2, dotSize, dotSize)
        canvas.drawOval(x + offset3, y + offset2, dotSize, dotSize)

    # 根据需要，绘制左上的点或者右下的点
    if dieValue >= 2 :
        canvas.drawOval(x + offset1, y + offset1, dotSize, dotSize)
        canvas.drawOval(x + offset3, y + offset3, dotSize, dotSize)
    # 根据需要，绘制左下的点或者右上的点
    if dieValue >= 4 :
        canvas.drawOval(x + offset1, y + offset3, dotSize, dotSize)
        canvas.drawOval(x + offset3, y + offset1, dotSize, dotSize)
```

把所有的函数保存在一个 Python 文件中。

示例代码： 演示函数返回值的完整程序请参见本书配套代码中的 worked_example_4/ rolldice.py。

5.9　图形应用：构建图像处理工具包

正如我们在第 2 章中所了解到的，Python 的标准库中包含了大量按模块组织的函数和类。为了帮助解决给定的问题，我们可以导入这些"工具"，而不是自己编写它们。

当标准库中没有我们所需要的工具时，可以创建自己的工具集合，并将它们组织到一个或者多个用户定义的模块中。这就是所谓的软件工具包。在本节中，我们将介绍处理数字图像的简单工具包的开发过程。创建工具包后，可以根据需要在多个程序中轻松重用相同的函数。

5.9.1　入门

工具包中的工具或者函数应该是相关的，并且易于记忆。图像处理工具包将包含用于调整或者重新排列图像中单个像素的函数，可能还会更改图像的形状。为了保持接口的一致性，工具包中的所有函数都将以源图像作为参数，并返回对原始图像进行调整或者重新排列后产生的新图像。

在 Python 中，可以将工具包的函数放在单独的文件中，然后将它们导入到任何程序中。我们将把图像处理函数放到一个名为 imgproctools.py 的文件中。

在 4.10 节中，我们实现了一个创建图像负片和垂直翻转图像的算法。可以使用第 4 章中的代码，在工具包中创建前两个函数。

下面是 createNegative 函数的实现。

```
## 创建并返回作为原始图像负片的新图像
#  @param image 源图像
#  @return 新的负片图像
#
def createNegative(image) :
    width = image.width()
    height = image.height()

    # 创建一幅新图像，大小与原始图像相同
    newImage = GraphicsImage(width, height)
    for row in range(height) :
        for col in range(width) :

            # 获取原始图像的像素颜色
            red = image.getRed(row, col)
            green = image.getGreen(row, col)
            blue = image.getBlue(row, col)

            # 过滤像素
            newRed = 255 - red
            newGreen = 255 - green
            newBlue = 255 - blue

            # 设置新颜色到新图像
            newImage.setPixel(row, col, newRed, newGreen, newBlue)

    return newImage
```

下面是 flipVertically 函数的实现。

```
## 创建并返回对原始图像进行垂直翻转的新图像
#
#  @param image 源图像
```

```
#  @return 垂直翻转的新图像
#
def flipVertically(image) :
    # 创建一幅新图像，大小与原始图像相同
    width = image.width()
    height = image.height()
    newImage = GraphicsImage(width, height)

    # 垂直翻转图像
    newRow = height - 1
    for row in range(height) :
        for col in range(width) :
            newCol = col
            pixel = image.getPixel(row, col)
            newImage.setPixel(newRow, newCol, pixel)
        newRow = newRow - 1

    return newImage
```

5.9.2 比较图像

有时，我们需要比较两幅图像是否相同。如果两幅图像相同，则其大小完全相同，且图像中相应的像素必须具有相同的颜色。sameImage 函数是一个可以包含在工具包中的实用函数。

```
## 比较两幅图像，确定它们是否相同
# @param image1, image2 要比较的两幅图像
# @return True 如果两幅图像相同，返回 True；否则返回 False
#
def sameImage(image1, image2) :
    # 确定两幅图像的大小相同
    width = image1.width()
    height = image1.height()
    if width != image2.width() or height != image2.height() :
        return False

    # 逐个像素地比较两幅图像
    for row in range(height) :
        for col in range(width) :
            pixel1 = image1.getPixel(row, col)
            pixel2 = image2.getPixel(row, col)
            # 比较相对应像素的颜色分量
            for i in range(3) :
                if pixel1[i] != pixel2[i] :
                    return False

    # 表示两幅图像相同
    return True
```

5.9.3 调整图像亮度

图像像素的强度级别或者亮度可能导致图像显得太暗或者太亮。若要使较亮的图像变暗，需要减小每个像素的颜色分量；若要使较暗的图像变亮，则需要增大颜色分量。一个简单的方法是指定每个像素的颜色分量应该改变的数值。这个数值的范围为 −100% ～ 100%。例如，为了将亮度增加 25%（参见图 6），则指定一个 +25%，并将每个颜色分量增加该数量。

```
red = image.getRed(row, col)
green = image.getGreen(row, col)
blue = image.getBlue(row, col)

newRed = int(red + red * 0.25)
newGreen = int(green + green * 0.25)
newBlue = int(blue + blue * 0.25)
```

若要使较亮的图像变暗，则指定一个负百分比。

```
newRed = int(red + red * -0.3)
newGreen = int(green + green * -0.3)
newBlue = int(blue + green * -0.3)
```

以这种方式调整颜色分量时，新值可能超出 RGB 值的有效范围。如果调整后的分量小于 0，则必须将其限制为 0；如果大于 255，则必须将其限制为 255。下面是对红色像素的调整。

```
newRed = int(red + red * amount)
if newRed > 255 :
   newRed = 255
elif newRed < 0 :
   newRed = 0
```

Courtesy of Cay Horstmann.

图 6　一幅图像以及增亮 25% 后的图像

完整的 adjustBrightness 函数如下所示。

```
## 创建并返回一幅新图像
# 其所有 3 个颜色分量的亮度值均使用给定百分比进行调整
# @param image 源图像
# @param amount 调整亮度的百分比
# @return 新图像
#
def adjustBrightness(image, amount) :
   width = image.width()
   height = image.height()

   # 创建一幅新图像，大小与原始图像相同
   newImage = GraphicsImage(width, height)
   for row in range(height) :
      for col in range(width) :

         # 获取原始图像的像素颜色
         red = image.getRed(row, col)
         green = image.getGreen(row, col)
         blue = image.getBlue(row, col)

         # 调整颜色的亮度，并限定最大值和最小值
```

```
newRed = int(red + red * amount)
if newRed > 255 :
    newRed = 255
elif newRed < 0 :
    newRed = 0
newGreen = int(green + green * amount)
if newGreen > 255 :
    newGreen = 255
elif newGreen < 0 :
    newgreen = 0
newBlue = int(blue + blue * amount)
if newBlue > 255 :
    newBlue = 255
elif newBlue < 0 :
    newBlue = 0

# 设置新颜色到新图像的像素中
newImage.setPixel(row, col, newRed, newGreen, newBlue)

    return newImage
```

5.9.4　旋转图像

大多数相机都有一个传感器，可以检测照片是在纵向模式还是横向模式下拍摄的。但有时传感器可能会混淆，因此需要将图像向左或者向右旋转 90°（参见图 7）。旋转图像时，新图像的宽度和高度是原始图像的高度和宽度。

Courtesy of Cay Horstmann.

图 7　图像向左旋转

```
width = image.width()
height = image.height()
newImage = GraphicsImage(height, width)
```

为了向左旋转图像，整个第一行像素成为新图像的第一列，第二行成为第二列，以此类推。

```
for row in range(height) :
    newCol = row
    for col in range(width) :
        newRow = col
        pixel = image.getPixel(row, col)
        newImage.setPixel(newRow, newCol, pixel)
```

完整的 rotateLeft 函数如下所示。

```
## 向左旋转图像 90°
#  @param image 要旋转的图像
#  @return 旋转后的图像
#
def rotateLeft(image) :
    # 创建一幅新图像，其高度和宽度是原始图像的宽度和高度
    width = image.width()
    height = image.height()
    newImage = GraphicsImage(height, width)

    # 旋转图像
    for row in range(height) :
        newCol = row
        for col in range(width) :
            newRow = col
            pixel = image.getPixel(row, col)
            newImage.setPixel(newRow, newCol, pixel)

    return newImage
```

工具包中还可以添加许多其他有用的函数。本章的练习题中也包含了若干个函数。

示例代码：演示函数返回值的完整程序请参见本书配套代码中的 sec09/imgproctools.py。

5.9.5　使用工具包

创建函数并将其保存在工具包文件中后，其使用方法与在标准模块中定义的函数的方式相同：首先导入要使用的函数。在下面的 processimg.py 示例程序中，我们使用 import 语句的形式导入模块中的所有函数（参见"专题讨论 2.1"）。程序会提示用户输入图像文件的名称，显示可用操作的菜单，并根据用户选择的命令处理图像。

sec02/cubes.py

```
 1  ## 本程序演示如何使用图像处理工具包中的工具
 2  #
 3  #
 4
 5  from ezgraphics import GraphicsImage, GraphicsWindow
 6  from imgproctools import *
 7
 8  # 读取要处理的图像文件
 9  filename = input("Enter the name of the image file to be processed: ")
10
11  # 从文件中载入图像并显示在图形窗口中
12  image = GraphicsImage(filename)
13
14  win = GraphicsWindow()
15  canvas = win.canvas()
16  canvas.drawImage(image)
17  done = False
18
19  while not done :
20      # 提示用户选择要处理的类型
21      print("How should the image be processed?")
22      print("1 - create image negative")
23      print("2 - adjust brightness")
24      print("3 - flip vertically")
25      print("4 - rotate to the left")
```

```
26        print("5 - save and quit")
27
28    response = int(input("Enter your choice: "))
29
30    # 处理图像，并在窗口中显示新图像
31        if response == 1 :
32            newImage = createNegative(image)
33        elif response == 2 :
34            amount = float(input("Adjust between -1.0 and 1.0: "))
35            newImage = adjustBrightness(image, amount)
36        elif response == 3 :
37            newImage = flipVertically(image)
38        elif response == 4 :
39            newImage = rotateLeft(image)
40
41        if response == 5 :
42            newImage.save("output.gif")
43            done = True
44        else :
45            canvas.drawImage(newImage)
46            image = newImage
```

实训案例 5.5　绘制增长图或者衰减图

当我们把钱存入储蓄账户时，所赚的利息是复利。也就是说，我们赚取的利息不仅包含存入账户的钱所产生的利息，还包括之前赚取的利息所产生的利息。经过足够长的时间，储蓄账户的余额会大幅增长，这种现象称为"指数增长"。

当一个量按一定比例减少时，则会出现相反的现象。一个例子是放射性衰变。例如，在测量年份中使用的碳 14 同位素以每年约 0.0121% 的速率衰减。5730 年后，一半的碳 14 将消失。具体示例如图 8 所示。

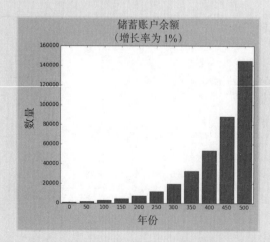 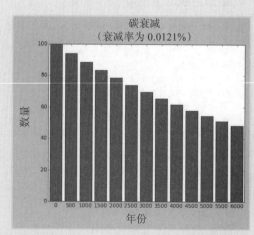

图 8　增长和衰减的示例

问题描述　使用"工具箱 3.2"中描述的绘图包，开发一个函数，生成一个条形图，跟踪长时间内的增长或者衰减情况。在指定时间点绘制条形可以限制条形的数量。

➡ **步骤 1**　描述函数的功能。

条形图的目的是说明每年增加或者减少一定百分比的数量变化。每隔若干年，绘制一个当前数量的条形图，直到达到所要求的时间跨度为止。

函数应该构建一个格式良好的条形图，类似于上面显示的示例。需要为两个轴添加图表标题，为两个轴添加标签和刻度标记。

➡️ **步骤2** 确定函数的"输入"。

该函数包含 5 个输入：

1. 初始金额
2. 年变化率（衰减时为负）
3. 需要跟踪的年数
4. 两个条形之间相隔的年数
5. 图表的标题

➡️ **步骤3** 确定参数变量和返回值的类型。

很显然，初始金额和年利率都是浮点数。要显示的年数，以及条形图之间间隔的年数都是整数。标题是一个字符串。函数不返回值，它在 pyplot 窗口中构造图表。

我们现在有足够的信息来编写和指定函数头。

```
## 创建一个条形图
#   显示一个量经过多年的累加增长或者衰减的情况
#   @param initial (float) 量的初始值
#   @param rate (float) 每年变化的百分比
#   @param years (int) 图表中显示的年数
#   @param bardistance (int) 相邻两个条形之间相隔的年数
#   @param title (string) 图表的标题
#
```

➡️ **步骤4** 编写伪代码，实现预期结果。

创建图表的方法如下：

绘制初始量 *amount* 的条形图
针对每一年，重复以下操作
　　　计算当年的变化
　　　更新 *amount* 的值
　　　如果当年需要绘制一个条形图
　　　　　在下一个位置绘制 *amount* 的条形图
添加描述信息
配置图表框

➡️ **步骤5** 实现函数的主体。

首先，我们绘制初始条形图。注意 *x* 轴的值位于条形图的中心位置。默认情况下，条形图是左对齐的。为了居中对齐 *x* 轴的值，我们在 pyplot.bar 函数中添加一个命名参数 align = "center"：

```python
def showGrowthChart(initial, rate, years, bardistance, title) :

    amount = initial
    bar = 0

    # 绘制初始数量的条形图
    pyplot.bar(bar, amount, align = "center")
    bar = bar + 1
```

变量 bar 是条形图的计数器，每次显示条形图时都会递增。

接下来，我们对年份进行循环并更新金额。针对每一年，都需要决定是否要绘制一个条形图。参数 bardistance 提供条形图之间间隔的年数。如果 year 正好是 bardistance 的倍数，则绘制一个条形图。例如，如果 bardistance 为 500，则在第 500、1000、1500 年各绘制一个条形图，以此类推。

```python
year = 1
while year <= years :
    # 更新数量
    change = amount * rate / 100
    amount = amount + change
    # 如果应该在当前年份绘制条形图，则绘制一个条形图
    if year % bardistance == 0 :
        pyplot.bar(bar, amount, align = "center")
        bar = bar + 1
    year = year + 1
```

图表标题已给出，但我们将添加一个描述增长率或者衰减率的副标题。

```python
if rate >= 0 :
    subtitle = "Growth rate %.4f percent" % rate
else :
    subtitle = "Decay rate %.4f percent" % -rate

pyplot.title(title + "\n" + subtitle)
```

接下来讨论如何设置坐标轴。我们希望每个条形图都有一个刻度，每个刻度都应该标记对应的年份。请注意，range 函数为坐标轴刻度生成两个列表。例如，在图 8 所示的第一个图形中，绘制图表时 bar 为 11、year 为 501、bardistance 为 50。因此 range 函数生成两个列表分别为 [0，1，2，3，…，9，10] 和 [0，50，100，150，…，500]。

```python
# 配置坐标轴
pyplot.xlabel("Year")
pyplot.ylabel("Amount")
pyplot.xticks(range(0, bar), range(0, year, bardistance))
```

最后，调整绘图区域的面积。因为条形图居中，所以我们需要将区域稍微向左移动。然后显示图表，从而完成绘制工作。

```python
# 调整绘图区域以紧密围绕条形图
pyplot.xlim(-0.5, bar - 0.5)

pyplot.show()
```

➡ **步骤 6** 测试函数。

下面是一个简单的 main 函数，使用两种典型的场景调用 drawGrowthChart 函数。

```python
def main() :
    showGrowthChart(1000.0, 1.0, 500, 50, "Bank balance")
    showGrowthChart(100.0, -0.0121, 6000, 500, "Carbon decay")
```

图 8 中的第一幅图表表明，即使利率很低（每年 1%），如果我们有足够长的投资期限，1000 美元的投资也会有巨大的增长。第二幅图显示了放射性衰变。结果表明，在 6000 年后，大约一半的碳 14 残留下来。

示例代码：演示函数返回值的完整程序请参见本书配套代码中的 worked_example_5/ growth.py。

5.10　递归函数（可选）

递归函数是调用自身的函数。乍一听这有些不寻常，但事实上十分常见。假设我们正面临着清理整栋房子的艰巨任务。我们很可能会对自己说，"我先挑一个房间打扫，然后再打扫其他房间。"换而言之，清理任务调用自身，但输入更简单。最后，所有的房间都会被打扫干净。

在 Python 中，递归函数使用相同的原理。这是一个典型的例子。我们要打印以下的三角形图案：

```
[]
[][]
[][][]
[][][][]
```

具体来说，我们的任务是提供以下函数：

```
def printTriangle(sideLength) :
```

通过调用 printTriangle(4)，可以打印上面的三角形。为了了解使用递归来实现的方法，可以考虑如何基于边长为 3 的三角形生成边长为 4 的三角形。

```
[]
[][]
[][][]
[][][][]
```
打印边长为 3 的三角形
打印 4 个 []

更一般地，打印任意边长的三角形的 Python 指令如下：

```
def printTriangle(sideLength) :
    printTriangle(sideLength - 1)
    print("[]" * sideLength)
```

上述方法还存在一个问题。当边长为 1 时，我们不希望调用 printTriangle(0)、printTriangle(-1) 等。解决方法是将其视为特殊情况，当边长小于 1 时不打印任何内容。

```
def printTriangle(sideLength) :
    if sideLength < 1 : return
    printTriangle(sideLength - 1)
    print("[]" * sideLength)
```

再次观察函数 printTriangle，并注意其合理性。如果边长为 0，则无须打印任何内容。下一部分代码同样合理。打印较小的三角形（此时无须考虑其实现方法），然后打印一行 []。很明显，结果是一个所需大小的三角形。

为了确保递归成功，它需要满足以下两个关键要求：

● 每个递归调用都必须以某种方式简化任务。
● 必须存在一个可以直接处理最简单任务的特殊情况。

printTriangle 函数使用越来越小的边长调用自己。最后，边长一定会达到 0，并且函数停止调用自身。

下面是打印边长为 4 的三角形时发生的情况。

函数调用 printTriangle(4) 会调用 printTriangle(3)。

函数调用 printTriangle(3) 会调用 printTriangle(2)。

函数调用 printTriangle(2) 会调用 printTriangle(1)。

函数调用 printTriangle(1) 会调用 printTriangle(0)。

函数调用 printTriangle(0) 返回，什么也不打印。

函数调用 printTriangle(1) 打印 []。

函数调用 printTriangle(2) 打印 [][]。

函数调用 printTriangle(3) 打印 [][][]。

函数调用 printTriangle(4) 打印 [][][][]。

递归函数的调用模式看起来很复杂，成功设计递归函数的关键是不要思考细节。

打印三角形并不一定必须使用递归函数，也可以采用嵌套循环，例如：

```python
def printTriangle(sideLength) :
    for i in range(1, sideLength + 1) :
        print("[]" * i)
```

不过，这个循环有点复杂。许多人发现递归解决方案更容易理解。下面提供了完整的 triangle.py 程序。

sec10/triangle.py

```python
1  ##
2  #  本程序演示如何使用递归函数打印三角形
3  #
4
5  def main() :
6      printTriangle(4)
7
8  ## 打印一个给定边长的三角形
9  #  @param sideLength 一个表示最下面一行长度的整数
10 #
11 def printTriangle(sideLength) :
12     if sideLength < 1 : return
13     printTriangle(sideLength - 1)
14
15     # 在最下面打印一行
16     print("[]" * sideLength)
17
18 # 启动程序
19 main()
```

操作指南 5.2 递归思维

问题描述 递归地解决问题的思维方式不同于通过循环解决问题的思维方式。事实上，如果我们比较懒（或者假装有点懒），想让别人为我们做大部分工作，则建议使用递归方式。如果需要解决一个复杂的问题，应假设"其他人"对于所有简单的输入将完成大部分的繁重工作，并解决问题。我们只需要找出如何将简单输入的解决方案转换为整个问题的解决方案。在本操作指南中，将阐述递归的思维过程。

考虑 4.2 节中的问题：计算一个整数中各位数字之和。我们将设计一个函数 digitSum，

用于计算整数 n 的各位数字的累加和。例如，digitSum(1729) = 1 + 7 + 2 + 9 = 19。

➡ **步骤 1**　将输入分解为可以将自己作为问题输入的几个部分。

首先，对于亟待解决的任务，在我们的脑海中要专注于一个或者一组特定的输入，并思考如何简化输入。然后，寻找可以由同一任务求解的简化输入，并且其解决方案与原始任务相关。

前面在对各位数字求和的问题中，首先考虑如何简化输入，例如 n = 1729。减去 1 有帮助吗？毕竟，digitSum(1729) = digitSum(1728) + 1。考虑 n = 1000，digitSum(1000) 和 digitSum(999) 之间似乎没有明显的关系。

一个更可行的方法是去掉最后一个数字，即计算 n // 10 = 172。172 的各位数字求和与 1729 的各位数字求和直接相关。

➡ **步骤 2**　将简单输入的解组合成原始问题的解。

在我们的脑海中，继续考虑在步骤 1 中发现的更简单输入的解。不用担心这些解是如何得到的，只须相信解决方案是可用的。对自己说：这些都是简单的输入，所以别人会帮我解决问题。

对于对各位数字求和的任务，问问我们自己如果已知 digitSum(172)，如何求解 digitSum(1729)？只要加上最后一个数字（9），就可以大功告成。那如何得到最后一位数字呢？最后一位数字就是余数（即 n % 10）。因此，数值 digitSum(n) 的计算公式为：

digitSum(n // 10) + n % 10

不用担心如何计算 digitSum(n // 10)。由于输入规模变小，因此满足递归形式的要求。

➡ **步骤 3**　找到最简单输入的解。

递归计算不断简化其输入。为了确保递归停止，必须分别处理最简单的输入。为这些最简单的输入设计特别的解，通常这很容易实现。

看看 digitSum 问题的最简单的输入：

- 只有一位数字的整数
- 0

如果对只有一位数字的整数计算各位数字之和，结果就是其本身的那位数字，因此当 n < 10 时可以停止递归，在这种情况下返回 n。或者，我们可以进一步归约。如果 n 只有一位数字，那么 digitSum(n // 10) + n % 10 就等于 digitSum(0) + n。当 n 为 0 时，可以简单地终止递归。

➡ **步骤 4**　通过结合简单情况和归约步骤来实现解决方案。

现在我们已经准备好实现解决方案了。为步骤 3 中考虑的简单输入创建单独的示例。如果输入不是最简单的情况之一，则实现在步骤 2 中发现的递归逻辑。

作为测试程序的一部分，下面提供了完整的 digitSum 函数。

sec02/cubes.py

```
 1  ##
 2  #  本程序演示了递归函数 digitSum
 3  #
 4
 5  def main() :
 6      print("Digit sum:", digitSum(1729))
 7      print("Expected: 19")
```

```
 8    print("Digit sum:", digitSum(1000))
 9    print("Expected: 1")
10    print("Digit sum:", digitSum(9))
11    print("Expected: 9")
12    print("Digit sum:", digitSum(0))
13    print("Expected: 0")
14
15 ## 计算一个整数中各位数字的累加和
16 #  @param n 一个大于或者等于 0 的整数
17 #  @return 整数 n 中各位数字的累加和
18 #
19 def digitSum(n) :
20    if n == 0 : return 0      # 终止递归的特殊情况
21    return digitSum(n // 10) + n % 10    # 一般情况
22
23 # 启动程序
24 main()
```

工具箱 5.1　海龟图形

在 2.6 节中，我们讨论了 ezgraphics 模块，它是 Python 中更复杂的图形库模块的简化版本。Python 还包括一个基本的图形包以用来创建简单的图形。海龟图形（turtle graphics）包可以追溯到 1966 年，最初的设计目的是帮助儿童学习程序设计。海龟图形包创建一个海龟，它是一个机械对象或者光标，可以通过发出基本命令来控制海龟。当海龟移动时，它用所携带的画笔在屏幕上画画。在这个工具箱中，我们将学习一些控制海龟创建简单图形的基本命令。

基本的海龟命令

为了创建图形，首先将海龟图形包导入到程序中。

```
import turtle
```

海龟带有一支可以放下或者抬起的画笔。当画笔放下后，海龟移动时可在屏幕上绘画。最初，画笔处于抬起的状态。为了开始绘画，需要放下画笔。

```
turtle.pendown()
```

海龟从图形窗口的中心开始，面向东方。它可以相对于当前位置向前或者向后移动。在这里，我们将海龟向前移动 100 个屏幕像素。

```
turtle.forward(100)
```

结果将绘制一条 100 像素长的水平线（如下所示）。

海龟朝着它目前所面向的方向移动。若要更改海龟的移动方向，请向左或者向右旋转海龟，并指定其旋转的角度（角度以度为单位）。我们可以把海龟向右转 90°，从它现在的位置开始画一条垂直线：

```
turtle.right(90)
turtle.forward(100)
```

结果形成了正方形的两条边。

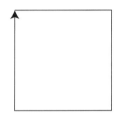

如果我们再发出以下两次命令，则结果就是一个完整的正方形：

```
turtle.right(90)
turtle.forward(100)
turtle.right(90)
turtle.forward(100)
```

绘制该场景后，程序必须暂停并等待用户终止或者结束程序。通过使用 input 函数可以实现该功能，同时摒弃用户的输入：

```
response = input("Press ENTER to quit.")
```

如果不等待用户输入，程序将立即终止，从而无法看到图形窗口或者海龟绘制的图形。注意，此步骤执行的功能等同于 ezgraphics 使用 win.wait() 方法的调用效果。

画笔属性

还可以改变画笔的颜色和大小。为了更改画笔颜色，可以使用以下函数调用之一：

turtle.color(*colorName*)

turtle.color(*red*, *green*, *blue*)

颜色名称的字符串与 ezgraphics 模块中使用的字符串相同（参见 2.6.3 节的表 11）。红色、绿色和蓝色的值是范围为 0 ~ 255 的整数值。

假设我们想在正方形的右边画一条粗的垂直线，如图 9 所示。为了在图形中添加垂直线，可以执行以下步骤：

1. 改变画笔的颜色和大小。

```
turtle.pensize(3)
turtle.color("red")
```

2. 抬起画笔。

记住，在放下画笔的时候海龟才会绘画。海龟必须移动到垂直线的顶部位置，而不必在屏幕上绘图。使用以下命令拿起画笔：

```
turtle.penup()
```

3. 把海龟转向东方。

海龟现在位于正方形的左上角，面向北方。海龟在移动之前必须转向东方。

```
turtle.right(90)
```

4. 把海龟向右移动 100 个像素。

因为海龟在正方形的左上角，正方形是 100 像素宽，所以海龟必须向前移动 200 像素。

```
turtle.forward(200)
```

5. 把海龟向右转向，放下画笔，然后绘制直线。

```
turtle.right(90)
turtle.pendown()
turtle.forward(100)
```

图 9   海龟绘制了一条线

下面是绘制图 9 所示图形的完整程序。

toolbox_1/turtlebox.py

```
 1  ##
 2  #  本程序使用 Python 的海龟图形包
 3  #  绘制一个正方形和一条垂直线
 4  #
 5  import turtle
 6
 7  # 使用默认颜色和画笔绘制一个正方形
 8  turtle.pendown()
 9  turtle.forward(100)
10  turtle.right(90)
11  turtle.forward(100)
12  turtle.right(90)
13  turtle.forward(100)
14  turtle.right(90)
15  turtle.forward(100)
16
17  # 在正方形框的右侧绘制一条红色的垂直粗线
18  turtle.pensize(3)
19  turtle.pencolor("red")
20  turtle.penup()
21  turtle.right(90)
22  turtle.forward(200)
23  turtle.right(90)
24  turtle.pendown()
25  turtle.forward(100)
26
27  #等待用户输入，然后退出程序
28  response = input("Press ENTER to quit.")
```

高级命令

海龟在一个二维离散笛卡儿坐标系中移动，该坐标系类似于数学中使用的坐标系。原点位于图形窗口的中心，正 y 轴向上延伸。（请注意，这与 ezgraphics 使用的坐标系不同。）

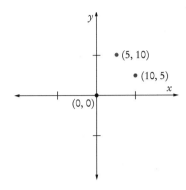

海龟图形包提供了直接与坐标系一起协同工作的命令。例如，为了将海龟移动到给定的位置，并与海龟所面对的当前方向无关，可以使用以下命令：

```
turtle.goto(x, y)
```

可以使用以下命令将海龟返回原点或者其初始位置。

```
turtle.home()
```

如果画笔处于放下状态，则海龟会在返回到原点的过程中绘画。为了清除图形窗口，可以使用以下命令之一：

```
turtle.clear()
turtle.reset()
```

clear 函数在不移动海龟的情况下清除窗口。reset 函数清除屏幕，将海龟移到原点，并将海龟重置到初始状态。

海龟图形包提供了大量命令，表 1 列举了一些常用的命令。

表 1　海龟函数

函数	描述
turtle.backward(*distance*)	反方向移动 distance 个像素
turtle.clear()	清除海龟的屏幕绘制，但不移动海龟
turtle.forward(*distance*)	沿当前方向向前移动 distance 个像素
turtle.goto(*x, y*)	移动到绝对位置 (x, y)
turtle.heading()	返回海龟的当前朝向（单位：度）
turtle.hideturtle()	隐藏海龟
turtle.home()	把海龟移动到原点 (0, 0)，并设置海龟朝向东方
turtle.left(*angle*)	向左旋转 angle 度
turtle.pencolor(*colorname*) turtle.pencolor(*red, green, blue*)	设置画笔颜色。可以使用颜色名称或者 red、green 和 blue 颜色分量（范围为 [0…255]）指定颜色
turtle.pendown()	放下画笔，当移动时绘图
turtle.pensize(*width*)	设置线条的宽度为 width
turtle.penup()	抬起画笔，当移动时不绘制
turtle.reset()	从窗口中清除海龟绘制的图形，把海龟移动到原点 (0, 0)，设置海龟朝向东方
turtle.right(*angle*)	向右旋转 angle 度
turtle.showturtle()	显示海龟

使用函数

如果要绘制具有多个相关形状的图形，最好为每种形状提供一个函数。例如，以下函数可以绘制一个矩形，结束于原始位置和方向。

```
def square(width) :
    turtle.pendown()
    turtle.forward(width)
    turtle.right(90)
    turtle.forward(width)
    turtle.right(90)
    turtle.forward(width)
    turtle.right(90)
    turtle.forward(width)
    turtle.right(90)
    turtle.penup()
```

现在我们可以使用该函数绘制任意数量的矩形框。

```
for i in range(0, 10) :
    square(20)
    turtle.forward(30)
```

实现 square 函数的一种更简单的方法是重复绘制并旋转 4 次。

```
def square(width) :
    turtle.pendown()
    for in in range(0, 4) :
        turtle.forward(width)
        turtle.right(90)
    turtle.penup()
```

我们可以将此函数推广到绘制五边形、六边形，等等：

```
def regularPolygon(n, width) :
    turtle.pendown()
    for in in range(0, n) :
        turtle.forward(width)
        turtle.right(360 / n)
    turtle.penup()
```

以下代码使用该函数绘制一些多边形。

```
for n in range(3, 10) :
    regularPolygon(n, 20)
    turtle.forward(60)
```

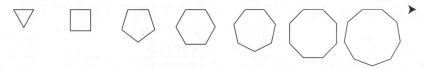

当然，我们可以绘制任何由线段组成的形状。编程题 P5.42 要求编写一个函数来绘制一个房屋，并反复调用该函数以绘制城市场景。

绘制分形曲线

"分形曲线"是一条曲线，其局部细节与全局形状相似。例如，观察一个岛屿起伏的海岸线，然后集中观察其中的一小部分，通过分析可以看出它也具有与整体相似的起伏曲折的形状。

　　我们将让海龟绘制一条具有"自相似性"的特殊曲线（希尔伯特曲线），它有一个显著的特性，即可以在一个正方形内以整数坐标旋转访问所有点。图 10 显示了 $n = 1$、2 和 3 的希尔伯特曲线。

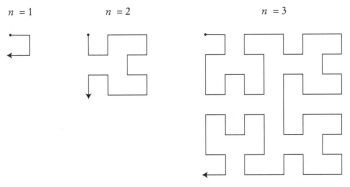

图 10　希尔伯特曲线

　　下图是一个演示程序的屏幕截图，该演示程序绘制 $n = 6$ 的希尔伯特曲线。（这些曲线是以著名数学家大卫·希尔伯特（David Hilbert）命名的，他基于其他目的发明了这些曲线。他缩小了所有的曲线以填满 1×1 的正方形。当 n 接近无穷大时，曲线是"空间填充"的，即遍历正方形中的所有点。）

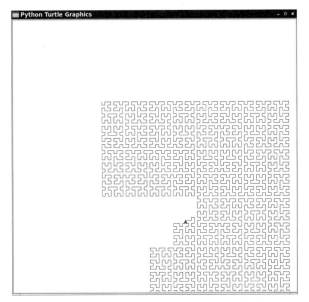

　　本节要求使用递归方法绘制希尔伯特曲线，递归函数具有使用更简单的版本调用自身的能力。如果我们跳过了 5.10 节，则也可以跳过本节。也可以继续阅读，并运行示例程序。观察海龟如何小心翼翼地填满一个大正方形将非常有趣。

　　我们将实现一个 hilbert 函数，让一只海龟遍历希尔伯特曲线。当 $n = 1$ 时，实现方法非常简单。

```
def hilbert(n, turn, distance) :
    if n == 1 :
        turtle.forward(distance)
        turtle.right(turn)
        turtle.forward(distance)
        turtle.right(turn)
        turtle.forward(distance)
    else :
        . . .
```

我们将使用 turn = 90 调用此函数，如果要绘制曲线的镜像，则使用 turn = -90 调用此函数。

图 11 显示了如何绘制第 *n* 代希尔伯特曲线，前提是我们知道如何绘制上一代曲线。注意，第 *n* 代曲线包含上一代的四条曲线，其中两条是镜像。

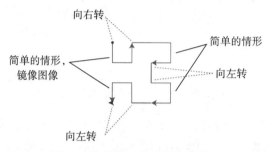

向右转
简单的情形
简单的情形，镜像图像
向左转
向左转

图 11　绘制第 *n* 代希尔伯特曲线

海龟还必须在递归步骤前后进行某些转向，如图 11 所示。以下是 hilbert 函数剩余部分的实现。

```
else :
    turtle.right(turn)
    hilbert(n - 1, -turn, distance)
    turtle.right(turn)

    turtle.forward(distance)

    hilbert(n - 1, turn, distance)

    turtle.left(turn)
    turtle.forward(distance)
    turtle.left(turn)

    hilbert(n - 1, turn, distance)

    turtle.forward(distance)

    turtle.right(turn)
    hilbert(n - 1, -turn, distance)
    turtle.right(turn)
```

绘制希尔伯特曲线是海龟图形的一个很好的应用，因为可以通过移动画笔和转向生成希尔伯特曲线。完整的程序如下所示。

sec02/cubes.py

```
1  ##
2  #  本程序使用 Python 中的海龟图形包绘制一条希尔伯特曲线
```

```
3  #
4  import turtle
5
6  def main() :
7      turtle.reset()
8      turtle.penup()
9      n = 6
10     turtle.goto(-n ** 2 * 10 / 2, n ** 2 * 10 / 2)
11     turtle.pendown()
12     hilbert(n, 90, 10)
13     response = input("Press ENTER to quit.")
14
15  ## 使用海龟图形包绘制第 n 代希尔伯特曲线
16  #   @param n 一个表示第 n 代曲线的整数
17  #   @param turn 海龟旋转的角度
18  #   @param distance 海龟向前移动的距离（像素数）
19  #
20  def hilbert(n, turn, distance) :
21      if n == 1 :
22          turtle.forward(distance)
23          turtle.right(turn)
24          turtle.forward(distance)
25          turtle.right(turn)
26          turtle.forward(distance)
27          # 或者，使用更优雅的方式
28          # turtle.right(2 * turn)
29      else :
30          turtle.right(turn)
31          hilbert(n - 1, -turn, distance)
32          turtle.right(turn)
33          turtle.forward(distance)
34          hilbert(n - 1, turn, distance)
35          turtle.left(turn)
36          turtle.forward(distance)
37          turtle.left(turn)
38          hilbert(n - 1, turn, distance)
39          turtle.forward(distance)
40          turtle.right(turn)
41          hilbert(n - 1, -turn, distance)
42          turtle.right(turn)
43
44  main()
```

本章小结

理解函数、参数和返回值的概念。

- 函数是一个被命名的指令序列。
- 参数是调用函数时提供给函数的值。
- 返回值是函数计算的结果。
- 函数返回值与生成程序输出不同。

实现函数。

- 当定义函数时，我们需要为函数提供一个名称，并为每个参数提供一个变量。
- 函数文档注释用于解释函数的用途、参数变量和返回值的含义以及任何特殊要求。

描述参数传递过程。

- 参数变量保存函数调用中提供的参数值。

描述从函数中返回一个值的过程。

- `return` 语句终止函数调用并生成函数结果。
- 将可重用的计算转换为函数。

设计和实现不带返回值的函数。

- 有些函数可能不返回任何值，但它们可以产生输出。

研发适用于多个问题的函数。

- 通过定义函数可以消除重复的代码或者伪代码。
- 将函数设计为可重用模式，为函数重用时可能会发生变化的值提供参数变量。

应用逐步求精的设计原理。

- 使用逐步求精的过程将复杂的任务分解为简单的任务。
- 当需要定义一个函数时，首先编写其参数变量和返回值的描述。
- 一个函数可能需要调用更简单的函数来执行其任务。

确定变量在程序中的作用范围。

- 变量的作用范围是该变量在程序中可见的范围。
- 局部变量是在函数或者代码块中定义的变量。
- 全局变量是在函数外部定义的变量。

设计和构建由相互关联的函数组成的软件工具包。

- 工具包提供了用于解决特定任务的相关函数或者类的集合。
- 在工具包中定义的函数必须先导入，然后才能在程序中使用。

理解递归函数调用并实现简单的递归函数。

- 递归计算通过使用具有更简单的输入来求解同一类问题。
- 为了确保递归终止，必须存在一个可以直接处理的最简单任务的特殊情况。
- 求解递归解决方案的关键是将同一问题的输入归约为更简单的输入。
- 在设计递归解决方案时，无须担心多个嵌套调用。只需专注于将一个问题归约为一个稍微简单的问题。

复习题

- R5.1 考虑函数调用 `len("black boxes")`。传递给函数的参数有几个？返回值是什么？
- R5.2 在 5.2 节的 cubes.py 程序中，从 main 的第一行开始，其语句执行顺序是什么样的？
- R5.3 为以下描述的问题，编写函数头和文档注释。

  a. 计算两个整数的最大值。

  b. 计算三个浮点数的最小值。

  c. 检查一个整数是否为素数，如果是，返回 True；否则返回 False。

  d. 检查一个字符串是否包含在另一个字符串中。

  e. 给定账户余额初值、年利率、年数（复利），计算账户余额。

  f. 给定账户余额初值、年利率、年数（单利），计算账户余额。

  g. 打印给定年和月的日历。

  h. 给定年、月、日，打印对应的英文星期名称（结果为字符串，例如 "Monday"）。

  i. 生成一个介于 1 ～ n 的随机数。

- R5.4 判断题。

  a. 一个函数正好只有一条 return 语句。

  b. 一个函数至少有一条 return 语句。

　　c. 一个函数最多有一条 return 语句。

　　d. 一个函数如果不返回值，则不会有 return 语句。

　　e. 当执行一条 return 语句时，函数立即返回。

　　f. 一个函数如果不返回值，则必须打印结果。

　　g. 一个不带参数变量的函数，每次都返回相同的结果。

■ R5.5　考虑以下函数：

```
def f(x) :
    return g(x) + math.sqrt(h(x))

def g(x) :
    return 4 * h(x)

def h(x) :
    return x * x + k(x) - 1

def k(x) :
    return 2 * (x + 1)
```

　　不通过实际编译和运行程序，确定以下函数调用的结果：

　　a. x1 = f(2)

　　b. x2 = g(h(2))

　　c. x3 = k(g(2) + h(2))

　　d. x4 = f(0) + f(1) + f(2)

　　e. x5 = f(-1) + g(-1) + h(-1) + k(-1)

■ R5.6　函数的调用参数（即实际参数）和返回值的区别是什么？一个函数调用可以有多少个实际参数？能够返回多少个值？

■■ R5.7　设计一个函数，打印一个浮点数作为货币值（前面带 $ 符号，包括两位小数）。

　　a. 应该如何修改程序 ch02/sec05/volume2.py 和 ch04/sec06/investment.py，以使用自己编写的函数。

　　b. 如果要求重新显示不同的货币（例如欧元），应该如何修改程序？

■ R5.8　为一个函数编写伪代码，该函数将包含字母的电话号码（例如 1-800-FLOWERS）转换为实际的电话号码。请使用电话机上的标准字母。

© stacey_newman/iStockphoto.

■■ R5.9　指出以下程序中每个变量的作用范围，然后确定程序打印的结果。要求不实际运行程序。

```
a = 0
b = 5

def main() :
    global a
    global b
    i = 10
    b = g(i)
```

```
                print(a + b + i)

        def f(i) :
            n = 0
            while n * n <= i :
                n = n + 1
            return n - 1

        def g(a) :
            b = 0
            for n in range(a) :
                i = f(n)
                b = b + i
            return b

    main()
```

■■ R5.10   Python 程序包含 3 种变量：全局变量、参数变量和局部变量。根据这些类别，对上题中的变量进行分类。

■■ R5.11   使用逐步求精的过程来描述炒鸡蛋的制作过程。如果我们在冰箱里找不到鸡蛋，讨论应该如何操作。

■ R5.12   使用以下参数执行 intName 函数的跟踪演练：

    a. 5

    b. 12

    c. 21

    d. 301

    e. 324

    f. 0

    g. -2

■■ R5.13   考虑以下函数：

```
        def f(a) :
            if a < 0 : return -1
            n = a
            while n > 0 :
                if n % 2 == 0 :     # n 是偶数
                    n = n // 2
                elif n == 1 :
                    return 1
                else :
                    n = 3 * n + 1
            return 0
```

跟踪以下计算过程：f(-1)、f(0)、f(1)、f(2)、f(10) 和 f(100)。

■■■ R5.14   考虑以下 falseSwap 函数，该函数用于交换两个整数的值。

```
        def main() :
            x = 3
            y = 4
            falseSwap(x, y)
            print(x, y)

        def falseSwap(a, b) :
            temp = a
            a = b
            b = temp
```

```
main()
```

请问为什么 falseSwap 函数没有交换 x 和 y 中的内容?

■■■ R5.15　为一个递归函数提供伪代码,该递归函数用于打印给定字符串中的所有子字符串。例如,字符串 "rum" 的所有子字符串包括: "rum" "ru" "rm" "um" "r" "u" "m" 和空字符串。可以假设给定字符串中的所有字母都不相同。

■■■ R5.16　为一个递归函数提供伪代码,该递归函数对字符串中的所有字母进行排序。例如,字符串 "goodbye" 将被排序为 "bdegooy"。

编程题

■ P5.1　编写以下函数,并提供程序测试这些函数。
　　a. def smallest(x, y, z)(返回所有参数中的最小值)
　　b. def average(x, y, z)(返回所有参数中的平均值)

■■ P5.2　编写以下函数,并提供程序测试这些函数。
　　a. def allTheSame(x, y, z)(如果所有的参数相同,则返回 True)
　　b. def allDifferent(x, y, z)(如果所有的参数互不相同,则返回 True)
　　c. def sorted(x, y, z)(如果所有的参数是按从小到大顺序排列的,则返回 True)

■■ P5.3　编写以下函数,并提供程序测试这些函数。
　　a. def firstDigit(n)(返回参数的第一个数字)
　　b. def lastDigit(n)(返回参数的最后一个数字)
　　c. def digits(n)(返回参数包含多少个数字)
　　例如,firstDigit(1729) 的结果是 1,lastDigit(1729) 的结果是 9,digits(1729) 的结果是 4。

■ P5.4　编写一个函数 def middle(string),如果字符串的长度为奇数,则返回字符串中间位置的字符;如果长度为偶数,则返回字符串中间位置的两个字符。例如,middle("middle") 返回 "dd"。

■■ P5.5　编写一个函数 def repeat(string, n, delim),返回重复 n 次的字符串,返回结果由字符串 delim 分隔。例如,repeat("ho", 3, ",") 返回 "ho, ho, ho"。

■■ P5.6　编写一个函数 def countVowels(string),返回字符串中所有元音字母的计数值。元音是字母 a、e、i、o 和 u 及其大写字母。

■■ P5.7　编写一个函数 def countWords(string),返回字符串中所有单词的计数,单词用空格隔开。例如,countWords("Mary had a little lamb") 应该返回 5。

■■ P5.8　众所周知的一个现象是,如果某个单词的第一个和最后一个字母保持不变,且单词中有两个字母交换了顺序,那么大多数人都能很容易地阅读理解这种文本。例如:
　　I dn'ot gvie a dman for a man taht can olny sepll a wrod one way. (Mrak Taiwn)
　　编写一个函数 scramble(word),返回给定单词的凌乱版本,随机翻转除第一个和最后一个字符以外的两个字符。然后编写一个程序,读取单词并打印凌乱版本的单词。

■ P5.9　编写以下函数,计算以下形状的体积和表面积:半径为 r 的球体、半径为 r 且高度为 h 的圆柱体、半径为 r 且高度为 h 的圆锥体,然后编写一个程序提示用户输入 r 和 h 的值,调用这 6 个函数并打印结果。

```
def sphereVolume(r)
def sphereSurface(r)
def cylinderVolume(r, h)
```

```
def cylinderSurface(r, h)
def coneVolume(r, h)
def coneSurface(r, h)
```

■■ **P5.10** 编写一个函数 def readFloat(prompt)，显示提示字符串，后跟空格，读取一个浮点数并返回该浮点数。

下面是其典型的用法：

```
salary = readFloat("Please enter your salary:")
percentageRaise = readFloat("What percentage raise would you like?")
```

■■ **P5.11** 改进 intName 函数，使其可以正确处理小于 1 000 000 000 的数。

■■ **P5.12** 改进 intName 函数，使其可以正确处理负数和 0。注意：确保改进的函数不会把 20 打印输出为 "twenty zero"。

■■■ **P5.13** 对于某些值（例如 20），intName 函数返回一个带前导空格的字符串（" twenty"）。修复该缺陷并确保仅在必要时插入空格。提示：可以采用两种方法实现该功能。一种是确保不插入前导空格，另一种是在返回结果之前从结果中删除前导空格。

■■■ **P5.14** 编写一个函数 getTimeName(hours, minutes)，该函数返回某个时间点的英文名称，例如 "ten minutes past two" "half past three" "a quarter to four" 或者 "five o'clock"。假设小时范围为 1～12。

■■ **P5.15** 编写一个递归函数 def reverse(string)，用于计算字符串的反转。例如，reverse("flow") 应该返回 "wolf"。提示：从第二个字符开始反转子字符串，然后在末尾添加第一个字符。例如，为了反转 "flow"，首先将 "low" 反转为 "wol"，然后在末尾添加 "f"。

■■ **P5.16** 编写一个递归函数 def isPalindrome(string)，如果字符串是回文（反转前后均相同的单词称为回文），则返回 True。回文的例子有 "deed" "rotor" 或 "aibohphobia"。提示：如果第一个和最后一个字母相匹配，且中间的部分也是回文，那么整个单词就是回文。

■■ **P5.17** 使用递归实现函数 find(string, match)，该函数测试字符串中是否包含子字符串 match：

```
b = find("Mississippi", "sip") # 结果设置 b 为 True
```

提示：如果字符串 string 以子字符串 match 开头，则任务完成；否则，检查移除第一个字符后的字符串是否满足条件。

■ **P5.18** 使用递归来确定整数 n 中的位数。提示：如果 n 小于 10，则它有一个数字；否则，它比 n // 10 多一位数字。

■ **P5.19** 使用递归计算 a^n，其中 n 是正整数。提示：如果 $n=1$，则 $a^n = a$。如果 n 是偶数，则 $a^n = (a^{n/2})^2$；否则，$a^n = a \times a^{n-1}$。

■■ **P5.20** 闰年（leap year）。编写一个函数 def isLeapYear(year)，测试一个给定的年份是否为闰年（一年有 366 天的年份为闰年）。编程题 P3.27 描述了如何测试给定年份是否是闰年的算法。在本练习中，使用多个 if 语句和 return 语句，在程序判断出结论后立即返回结果。

■■ **P5.21** 在编程题 P3.28 中，要求编写一个程序，将一个数字转换成相应的罗马数字表示形式。当时，由于我们还不知道如何消除重复代码，因此编写的程序相当冗长。通过实现和使用以下函数重写该程序：

```
def romanDigit(n, one, five, ten)
```

该函数转换一位数字，使用指定为 1、5 和 10 的字符串。我们可以采用以下方式调用该函数：

```
romanOnes = romanDigit(n % 10, "I", "V", "X")
n = n // 10
romanTens = romanDigit(n % 10, "X", "L", "C")
. . .
```

■■ **商业应用 P5.22** 编写一个函数，给定银行账户的初始余额、利率，计算给定年数后的账户余额。假设利息按每年复利计算。

■■ **商业应用 P5.23** 编写一个打印工资单的程序。程序向用户询问员工姓名、小时工资和工作时长。如果工作时长超过 40 小时，则向雇员支付 150% 的小时工资，即超过 40 小时的工作时间，按 150% 时薪计算。要求生成的支票与下图中的支票相似。为付款人和银行使用假名。请务必使用逐步求精的方法，将解决方案分解为多个函数。使用 `intName` 函数打印支票的美元金额。

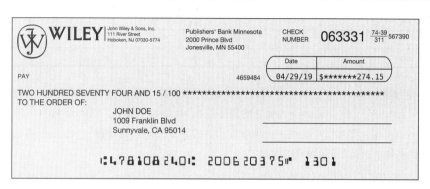

■■ **商业应用 P5.24** 编写一个程序，打印煮一杯咖啡的指令，每当需要决策时要求用户输入选项。将每个任务分解为一个函数，例如：

```
def brewCoffee() :
    print("Add water to the coffee maker.")
    print("Put a filter in the coffee maker.")
    grindCoffee()
    print("Put the coffee in the filter.")
    . . .
```

■■ **商业应用 P5.25** 邮政条码（postal bar code）。为了更快地对邮件进行分类，美国邮政局鼓励发送大量邮件的公司使用表示邮政编码的条形码（参见图 12）。

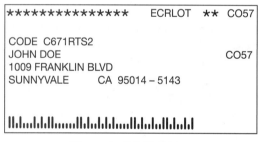

图 12　邮政条码示例

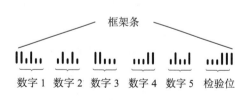

图 13　5 位数字条码的编码

5 位数的邮政编码方案如图 13 所示，每侧都有全高框架条。这 5 个编码的数字后面跟着一个校验位，校验位的计算方法如下：将所有数字相加，然后选择校验位数字，使总和为 10 的倍数。例如，邮政编码 95014 的各位数字之和是 19，所以校验位是 1，以便使总和等于 20。

邮政编码中的每个数字和校验位都根据下表进行编码，其中 0 表示半高条，1 表示全高条。

数字	条形码 1 （权重 7）	条形码 2 （权重 4）	条形码 3 （权重 2）	条形码 4 （权重 1）	条形码 5 （权重 0）
1	0	0	0	1	1
2	0	0	1	0	1
3	0	0	1	1	0

（续）

数字	条形码 1 （权重 7）	条形码 2 （权重 4）	条形码 3 （权重 2）	条形码 4 （权重 1）	条形码 5 （权重 0）
4	0	1	0	0	1
5	0	1	0	1	0
6	0	1	1	0	0
7	1	0	0	0	1
8	1	0	0	1	0
9	1	0	1	0	0
0	1	1	0	0	0

使用列权重 7、4、2、1、0，可以很容易地从条形码中计算出数字。例如，01100 是 $0 \times 7 + 1 \times 4 + 1 \times 2 + 0 \times 1 + 0 \times 0 = 6$。唯一的例外是 0，根据权重公式，它将为 11。

编写一个程序，要求用户提供一个邮政编码并打印条形码。使用符号 : 表示半高条，使用符号 | 表示全高条。例如，95014 的结果为：

||:|:::|:|:||:::::||:|::|:::|||

要求提供以下函数：

```
def printDigit(d)
def printBarCode(zipCode)
```

■■■ **商业应用 P5.26**　编写一个程序，读取邮政条码（使用符号 : 表示半高条，符号 | 表示全高条），打印出它所表示的邮政编码。如果邮政条码不正确，则打印错误消息。

■■ **商业应用 P5.27**　编写一个程序，将诸如 MCMLXXVIII 之类的罗马数字转换为十进制数字表示形式。

提示：首先编写一个函数，生成每个字母的数值。然后使用以下算法：

total = 0
string = 罗马数字字符串
While *string* 不为空
　If *string* 的长度为 1，或者 value(*string* 的第一个字符) >= value(*string* 的第二个字符)
　　　把 value(*string* 的第一个字符) 添加到 *total* 中
　　　从 *string* 中移除第一个字符
　Else
　　　difference = value(*string* 的第二个字符) - value(*string* 的第一个字符)
　　　把 *difference* 添加到 *total* 中
　　　从 *string* 中移除第一个字符和第二个字符

■■ **商业应用 P5.28**　一个非政府组织需要一个程序来计算对贫困家庭的财政援助金额。计算公式如下：

- 如果家庭年收入在 30 000 ～ 40 000 美元之间，且家中至少有 3 名儿童，则援助金额为每名儿童 1 000 美元。
- 如果家庭年收入在 20 000 ～ 30 000 美元之间，并且家庭至少有两名儿童，则援助金额为每名儿童 1 500 美元。
- 如果家庭年收入低于 20 000 美元，则援助金额为每名儿童 2 000 美元。

为此计算实现一个函数。编写一个程序，要求输入每个申请者的家庭收入和家中儿童的数量，打印这个函数所返回的援助金额。使用 -1 作为输入的哨兵值。

■■■ **商业应用 P5.29**　在社交网络服务中，用户拥有朋友，朋友还有其他朋友，等等。我们感兴趣并想了解的是，一个人通过一定数量的友谊关系可以联系到多少人。这个数字叫作"分离程度"：一个代表朋友，两个代表朋友的朋友，等等。因为没有来自实际社交网络的数据，所以只使用每个用户的平均好友数。

编写一个递归函数：

```
def reachablePeople(degree, averageFriendsPerUser)
```

在一个程序中使用该函数，该程序会提示用户输入所需的"分离程度"和平均好友数，然后打印可访问的人数。该人数包括原始用户在内。

■■ **商业应用 P5.30**　当许多信息都存储在网上时，拥有一个安全的密码是非常重要的。按照以下规则编写一个验证新密码的程序：

●　密码长度必须至少为 8 个字符。

●　密码中必须至少有一个大写字母和一个小写字母。

●　密码中必须至少有一个数字。

编写一个要求用户输入密码的程序，然后要求再次输入以确认密码。如果密码不匹配或者不满足规则，请再次提示用户输入密码。要求程序包含一个检查密码是否有效的函数。

■■■ **科学应用 P5.31**　假设我们正在为一个控制面板（显示的温度值为 0～100℃）设计一个元件。要求元件的颜色从蓝色（当温度为 0℃时）到红色（当温度为 100℃时）连续变化。编写一个函数 `colorForValue(temperature)`，返回给定温度的颜色值。颜色编码为红色/绿色/蓝色分量，每个值介于 0～255。3 种颜色组合成一个整数，使用以下计算公式：

```
color = 65536 × red + 256 × green + blue
```

每种中间色都应该完全饱和；也就是说，中间色应该位于颜色立方体的外部，沿着从蓝色到青色、绿色和黄色再到红色的路径。

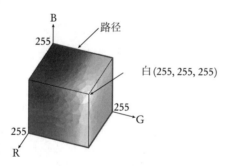

我们需要知道如何在值之间插值。一般而言，如果输出 y 从 c 到 d 变化，而输入 x 从 a 到 b 变化，则 y 的计算公式如下：

$$z = (x - a) / (b - a)$$

$$y = c(1 - z) + dz$$

如果温度范围为 0～25℃，则在蓝色和青色之间进行插值，蓝色和青色的（红、绿、蓝）分量值分别为（0、0、255）和（0、255、255）。对于 25～50℃之间的温度值，在（0, 255, 255）和（0, 255, 0）之间插值，其中的（0, 255, 0）表示绿色。对其余两个路径段执行相同的操作。我们需要分别对每种颜色进行插值，然后将插值的颜色合并为一个整数。

要求使用合适的辅助函数来解决问题。

■■ **科学应用 P5.32**　在电影院里，观众看到屏幕上图片的角度 θ 取决于观众与屏幕的距离 x。对于具有下图所示尺寸的电影院，编写一个函数以计算给定距离的角度。

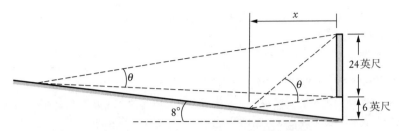

接下来，提供一个更通用的函数，它适用于具有任意维度的剧院。

■■ **科学应用 P5.33**   一个具有曲率半径为 R_1 和 R_2、表面厚度为 d 的透视镜的有效焦距 f 的计算公式如下：

$$\frac{1}{f} = (n-1)\left[\frac{1}{R_1} - \frac{1}{R_2} + \frac{(n-1)d}{nR_1R_2}\right]$$

其中 n 是透视镜介质的折射率。

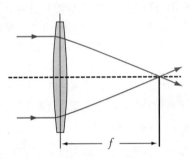

编写一个函数，根据其他参数计算 f。

■■ **科学应用 P5.34**   实验室中容器的形状就像一个圆锥体截去头部后的样子，如下图所示：

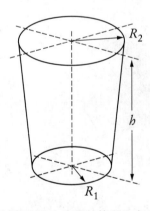

编写一个函数，使用以下公式计算实验室容器的体积和表面积。

$$V = \frac{1}{3}\pi h(R_1^2 + R_2^2 + R_1R_2)$$

$$S = \pi(R_1 + R_2)\sqrt{(R_2 - R_1)^2 + h^2} + \pi R_1^2$$

■■ **科学应用 P5.35**   电线是由绝缘材料覆盖的圆柱形导体。一根电线的电阻的计算公式如下：

$$R = \frac{\rho L}{A} = \frac{4\rho L}{\pi d^2}$$

其中，ρ 是导体的电阻率；L、A 和 d 分别是电线的长度、横截面面积和直径。铜的电阻率为 $1.678 \times 10^{-8}\,\Omega \cdot \text{m}$。电线直径 d 通常由美国线规（American Wire Gauge，AWG）指定，一个 AWG 指定为 n 的电线直径的计算公式如下：

$$d = 0.127 \times 92^{\frac{36-n}{39}} \text{ mm}$$

编写一个函数 def diameter(wireGauge)，接受电线规格参数，并返回相应的电线直径。

再编写另一个函数 def copperWireResistance(length, wireGauge)，接受铜线的长度和规格参数，并返回铜线的电阻。

铝的电阻率为 $2.82 \times 10^{-8} \Omega \cdot m$。编写第三个函数 def aluminumWireResistance(length, wireGauge)，接受铝导线的长度和规格参数，并返回该导线的电阻。

编写一个程序来测试这些函数。

■■ **科学应用 P5.36**　汽车拖曳力的计算公式如下：

$$F_{\mathrm{D}} = \frac{1}{2}\rho v^2 A C_{\mathrm{D}}$$

其中，ρ 是空气密度（1.23 kg/m^3）；v 是速度（单位为 m/s）；A 是汽车的受力面积（2.5 m^2）；C_{D} 是拖曳力系数（0.2）。

克服这种拖曳力所需的功率（瓦特）为 $P = F_{\mathrm{D}}v$，所需的等效马力为 $\mathrm{Hp} = P / 746$。编写一个程序，接受汽车的速度参数，并计算出克服拖曳力所需的功率（瓦特和马力）。注：1mile/h = 0.447m/s。

■■■ **图形应用 P5.37**　向图像处理工具包中添加一个函数，该函数会在图像周围放置一个给定颜色的边框。更新 processimg.py 程序以测试我们编写的函数。

■■■ **图形应用 P5.38**　在图像处理工具箱中添加一个函数，这个函数可以将图像减少一半，在每两个像素中丢弃一个像素。更新 processimg.py 程序以测试我们编写的函数。

■■■ **图形应用 P5.39**　在图像处理工具包中添加一个函数，该函数使图像的大小加倍，水平和垂直复制每个像素。更新 processimg.py 程序以测试我们编写的函数。

■■■ **图形应用 P5.40**　在图像处理工具包中添加一个函数，该函数将图像的两个副本左右相邻放置，而另一个函数将图像的两个副本上下相邻放置。更新 processimg.py 程序以测试我们编写的函数。

■■■ **图形应用 P5.41**　在 5.9.5 节的图像处理工具包中添加一个函数，该函数按照编程题 P4.52 的方法将图像更改为灰度图像。

■■ **工具箱应用 P5.42**　提供一个使用海龟图形的函数，给定楼层数和每层楼的窗户数量。绘制一个有屋顶、入口和窗户的房子，然后通过反复调用函数绘制城市场景。

■■■ **工具箱应用 P5.43**　科赫雪花（Koch snowflake）。雪花形状可以按照以下方式递归定义。从等边三角形开始：

接下来，将大小增加 3 倍，并将每条直线替换为 4 个线段：

重复该过程：

编写一个海龟图形程序，绘制雪花形状的迭代。

列　　表

本章目标

- 使用列表存储多个元素
- 使用 for 循环遍历列表
- 学习处理列表的常用算法
- 将列表与函数一起使用
- 处理数据表

在许多程序中，需要收集大量的值。在 Python 中，为达到此目的可以使用列表结构。列表是一个存储线性或者按顺序排列的元素集合的容器。添加新数据项时，列表会自动增大；删除数据项时，列表会自动收缩。在本章中，我们将学习列表以及处理列表的几种常见算法。

6.1　列表的基本属性

本章首先介绍列表的数据类型。列表是 Python 中存储多个值的基本机制。在下面的内容中，我们将学习如何创建列表，以及如何访问列表元素。

6.1.1　创建列表

假设需要编写一个程序来读取一系列值、打印出该序列，并标记出最大值，如下所示：

```
32
54
67.5
29
35
80
115 <= largest value
44.5
100
65
```

在读取完全部数据之前，我们无法判断哪一个值应该标记为最大值。毕竟，最后一个值可能是最大值。因此，程序必须先存储所有值，然后才能打印它们。

是否可以简单地将每个值存储在一个单独的变量中呢？如果知道有 10 个值，则可以将这些值存储在 10 个变量 value1，value2，value3，…，value10 中。然而，这样的变量序列并不实用，因为一部分代码必须重复 10 次，每个变量都要重复 1 次。在 Python 中，**列表**（list）是存储一系列值的更好选择。

以下代码创建一个列表，并指定存储在列表中的初始值（参见图 1）。

```
values = [32, 54, 67.5, 29, 35, 80, 115, 44.5, 100, 65] # 包含 10 个元素的列表
```

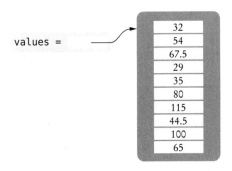

图 1 大小为 10 的列表

方括号表示正在创建一个列表，这些数据项按提供的顺序存储在列表中。我们需要将列表存储在变量中，以便以后可以访问它。

语法 6.1 列表

Syntax　To create a list:　　　　[*value₁, value₂, . . .*]
　　　　　　To access an element:　　*listReference*[*index*]

创建一个空列表。

创建一个有初始值的列表。

列表变量的名称。

```
moreValues = []

values = [32, 54, 67, 29, 35, 80, 115]
```

初始值。

使用方括号访问列表元素。

```
values[i] = 0
element = values[i]
```

6.1.2　访问列表元素

列表是一个元素序列，每个元素都有一个整数位置或者索引。若要访问列表元素，我们必须指定使用的索引。使用下标运算符（[]）访问列表元素，这与访问字符串中的单个字符的方式相同。例如：

```
print(values[5])    # 打印 80，位于索引 5 处的元素 ❶
```

这并不是巧合。列表和字符串都是序列数据，[] 运算符可以用于访问任何序列中的元素。

列表和字符串之间有两个区别。列表可以保存任何类型的值，而字符串是字符序列。此外，字符串是不可变的——我们不能更改序列中的字符。但列表是可变的，可以将一个列表元素替换为另一个值，如下所示：

```
values[5] = 87    ❷
```

现在，位于索引 5 处的元素被设置为 87（参见图 2）。

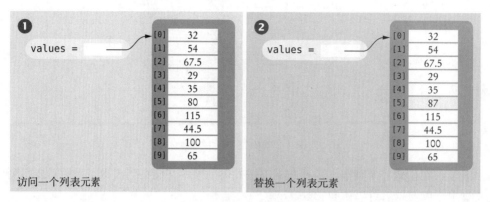

图 2　访问一个列表元素

仔细观察图 2，我们可以发现，更改 value[5] 时，会修改第 6 个元素。与字符串一样，列表索引从 0 开始。换而言之，值列表的合法元素如下：

```
values[0]，第 1 个元素
values[1]，第 2 个元素
values[2]，第 3 个元素
values[3]，第 4 个元素
values[4]，第 5 个元素
. . .
values[9]，第 10 个元素
```

在这个列表中，索引可以是 0 ～ 9 的任意整数（参见"专题讨论 6.1"）。

我们必须确保索引在有效范围内，试图访问列表中不存在的元素是一个严重错误。例如，如果列表 values 中有 10 个元素，则不允许访问 values[20]。试图访问索引不在有效索引范围内的元素称为**越界错误**（out-of-range error）或者**边界错误**（bound error）。当运行时发生越界错误时，将引发运行时异常。

以下代码是一种非常常见的越界错误：

```
values[10] = number
```

在包含 10 个元素的列表 values 中并不存在 values[10]，索引的范围是 0 ～ 9。为了避免越界错误，我们需要知道列表中有多少个元素。可以使用 len 函数获取列表的长度，即元素的数量：

```
numElements = len(values)
```

以下代码确保仅当索引变量 i 在合法范围内时才访问列表：

```
if 0 <= i and i < len(values) :
    values[i] = number
```

注意，方括号有两种不同的用法。当方括号紧跟在变量名之后时，它们被视为下标运算符，例如：

```
values[4]
```

当方括号不在变量名后面时，它们会创建一个列表。例如：

```
values = [4]
```

上述代码将设置变量 values 的值为列表 [4]，即包含单个元素 4 的列表。

6.1.3　遍历列表

有两种基本方法可以访问列表中的所有元素。我们可以遍历索引值并查找每个元素，也可以直接遍历元素本身。

首先讨论遍历所有索引值的循环。给定包含 10 个元素的列表 values，需要将变量（比如 i）设置为 0，1，2，…，9。然后表达式 values[i] 依次生成每个元素。以下循环显示列表 values 中的所有索引值及其相应元素。

```
for i in range(10) :
    print(i, values[i])
```

变量 i 迭代整数值 0 到 9，这是合理的，因为没有对应于 values[10] 的元素。

一般不要直接使用列表中具体的元素个数（字面量 10），建议使用 len 函数创建一个可重用的循环：

```
for i in range(len(values)) :
    print(i, values[i])
```

如果不需要索引值，可以使用 for 循环在各个元素上迭代，格式如下：

```
for element in values :
    print(element)
```

再次注意字符串和列表之间的相似性。与循环字符串中的字符一样，循环体对列表中的每个元素执行一次循环。在每次循环迭代开始时，下一个元素被分配给循环变量 element，然后执行循环体。

6.1.4　列表引用

如果仔细观察图 1，我们会注意到变量 values 并不存储任何数值。相反，列表存储在其他地方，values 变量保存对列表的**引用**（引用表示列表在内存中的位置）。当我们访问列表中的元素时，不必担心 Python 使用列表引用这一事实，只有在复制列表引用时，才需要考虑其影响。

当将一个列表变量复制到另一个列表变量中时，两个变量都引用同一个列表（参见图 3）。第二个变量是第一个变量的别名，因为两个变量引用同一个列表。

```
scores = [10, 9, 7, 4, 5]
values = scores   # 复制列表引用 ❶
```

我们可以通过以下任意变量修改列表：

```
scores[3] = 10
print(values[3])   # 打印 10 ❷
```

6.2.8 节将阐述如何创建列表内容的副本。

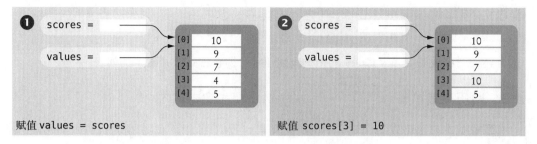

图 3   两个列表变量引用一个相同的列表

常见错误 6.1   越界错误

使用列表最常见的错误是访问一个不存在的元素。

```
values = [2.3, 4.5, 7.2, 1.0, 12.2, 9.0, 15.2, 0.5]
values[8] = 5.4
   #错误: values 包含 8 个元素, 索引的范围为 0 ~ 7
```

如果使用越界的索引来访问列表, 则程序将在运行时引发异常。

编程技巧 6.1   使用列表存储相关数据项序列

列表用于存储具有相同含义的值序列。例如, 一份考试成绩列表就非常合理:

```
scores = [98, 85, 100, 89, 73, 92, 83, 65, 79, 80]
```

但是, 如下列表

```
personalData = ["John Q. Public", 25, 485.25, "10 wide"]
```

在索引位置 0、1、2 和 3 处分别存储某个人的姓名、年龄、银行存款余额和鞋子号码, 这是一个糟糕的设计。对于程序员来说, 记住哪些数据值存储在哪个列表位置是非常乏味的。在这种情况下, 最好使用 3 个单独的变量。

专题讨论 6.1   负下标

与许多其他程序设计语言不同, Python 还允许在访问列表元素时使用负下标。负下标按相反顺序对列表元素进行访问。例如, 下标 −1 提供对列表中最后一个元素的访问:

```
last = values[-1]
print("The last element in the list is", last)
```

类似地, values[-2] 是倒数第二个元素。注意, values[-10] 是第一个元素。

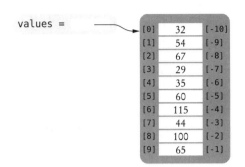

通常，负下标的有效范围为 -1~-len(values)。

专题讨论 6.2　常用的容器函数

在处理列表、字符串（字符的容器）以及将在第 8 章中讨论的容器等时，Python 力求保持简单性和一致性。例如，len 函数用于确定字符串中的字符数和列表中的元素数。同样，in 运算符可以用于确定目标是否包含在容器中。

```
sentence = ". . ."
if "?" in sentence :
    type = "question"

values = [ . . . ]
noneAreZero = not (0 in values)
```

min 和 max 函数用于查找容器中的最小元素以及最大元素。这些函数常常用于在处理数据之前删除异常值。虽然这些函数可以与字符串一起使用，但一般不建议这样操作。

对于序列类型的容器（例如字符串、列表和元组），下标运算符 [] 用于访问特定的元素。

```
print(string[3])
print(values[2])
initialValue = values[0]
lastChar = sentence[len(sentence) - 1]
```

Python 的 for 循环迭代器可以迭代任何容器中的元素。

```
numSpaces = 0
for ch in string :
    if ch == " " :
        numSpaces = numSpaces + 1

numZeroes = 0
for num in values :
    if num == 0 :
        numZeroes = numZeroes + 1
```

但是，并非所有函数都可以与所有容器一起使用。例如，sum 函数只能与包含数值的列表和元组一起使用。如果尝试将此函数与字符串一起使用，则会引发运行时错误。

计算机与社会6.1　计算机病毒

1988年11月，康奈尔大学（Cornell University）的学生罗伯特·莫里斯（Robert Morris）启动了一个所谓的病毒程序，感染了相当一部分连接到互联网的计算机（当时互联网的规模比现在小得多）。

为了攻击计算机，病毒必须找到能执行其指令的方法。此特定程序执行"缓冲区溢出"攻击，为另一台计算机上的程序提供意外的大量输入。该程序分配了一个有512个字符的数组（数组是类似于列表的序列结构），前提是没有人会提供这么长的输入。不幸的是，这个程序是用C语言编写的。C语言不检查数组索引是否小于数组的长度。如果使用超出范围的索引写入数组，则会覆盖属于其他对象的某些内存位置。C程序员应该提供安全检查，但在受到攻击的程序中并没有编写检查代码。病毒程序故意用536个字节填充一个有512个字符的数组。多余的24个字节覆盖了一个返回地址，攻击者知道该地址存储在数组后面。当读取输入的函数操作完成时，它不会返回到调用方，而是返回到病毒提供的代码（参见右图）处。因此，病毒能够在远程计算机上执行其代码并感染远程计算机。

和C语言一样，在Python语言中，所有程序员必须非常小心，不要超出序列的边界。在Python中，这个错误会导致运行时异常，并且它不会破坏列表外的内存。

人们很可能会猜测，病毒作者是如何花费数周时间来设计一个使数千台计算机瘫痪的程序的。作者的本意肯定是想非法入侵，但计算机的功能失调则是一个由持续再感染引起的错误。莫里斯被判三年缓刑，400小时的社区服务，罚款10 000美元。

近年来，计算机攻击愈演愈烈，动机愈发险恶。病毒通常会在被攻击的计算机中永久驻留，而不是使计算机功能失调。犯罪企业将数以百万台被劫持的计算机的处理能力出租，用于发送垃圾邮件或者挖掘加密货币。其他类型的病毒会监视每一次击键，并将那些看起来像信用卡号码或者银行密码的消息发送给研发病毒程序的主人。

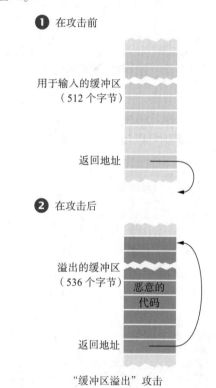

❶ 在攻击前

用于输入的缓冲区
（512个字节）

返回地址

❷ 在攻击后

溢出的缓冲区
（536个字节）

恶意的代码

返回地址

"缓冲区溢出"攻击

通常，一台计算机之所以被感染是因为用户执行了从互联网上下载的代码，点击了一个声称是游戏或者视频剪辑的图标或者链接。防病毒程序基于不断增长的已知病毒列表，检查所有下载的程序。

当使用计算机管理我们的财务时，需要意识到感染的风险。如果病毒读取了银行密码并清空我们的账户，将很难让金融机构相信这不是我们自己的行为，而且我们很可能会损失金钱。保持操作系统和防病毒程序处于最新状态，不要单击网页或者电子邮件收件箱中任何可疑的链接。选择需要使用"双重身份验证"的银行进行重大交易，例如手机回拨身份验证等。

病毒甚至被用于军事目的。2010年，一种名为 Stuxnet 的病毒通过微软 Windows 系统和受感染的 USB 来传播。该病毒针对西门子工业计算机，并以巧妙的方式对其重新编程。这种病毒的目的是破坏伊朗核浓缩行动的离心机。控制离心机的计算机没有连接到互联网，但它们配置了 USB 记忆棒，所以其中一些被感染。安全研究人员认为，这种病毒是由美国和以色列情报机构开发的，它成功地减缓了伊朗核计划的进程。这两个国家都没有正式承认或者否认他们在这场病毒攻击中的作用。

6.2　列表操作

许多程序设计语言仅提供非常基本的列表结构，例如前面几节中描述的操作，然而，Python 语言提供了一组丰富的列表操作，使得列表处理非常方便。我们将在下面讨论这些操作。

6.2.1　附加元素

在本章的前面，我们通过指定一系列初始值创建了一个列表。但是，有时在创建列表时，可能并不知道列表中应该包含哪些值。在这种情况下，可以创建一个空列表，并根据需要添加元素（参见图 4）。我们从一个空列表开始。

```
friends = []  ❶
```

可以使用 append 方法将新元素追加到列表的末尾：

```
friends.append("Harry")  ❷
```

每次调用 append 方法后，列表的大小或者长度都会增加。可以向列表中添加任意数量的元素。

```
friends.append("Emily")
friends.append("Bob")
friends.append("Cari")  ❸
```

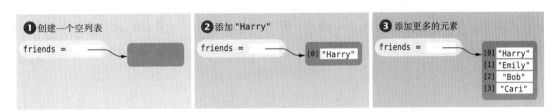

图 4　添加元素到列表中

6.2.2　插入元素

上一小节讨论了如何使用列表方法 append 将新元素添加到列表的末尾。如果元素的顺序无关紧要，直接在列表的末尾添加新元素就可以了。但是，有时顺序很重要，必须在列表的特定位置插入新元素。例如，给定以下列表：

```
friends = ["Harry", "Emily", "Bob", "Cari"]  ❶
```

假设我们想将字符串"Cindy"插入列表中第一个元素的后面，该元素包含字符串"Harry"（参见图 5）。

以下语句可以完成该任务：

```
friends.insert(1, "Cindy")  ❷
```

位置 1 及其后的所有元素都向后移动一个位置，以便为插入位置 1 的新元素腾出空间。每次调用 insert 方法后，列表的大小都会增加 1。

注意，新元素插入的索引位置必须在 0 和列表中当前的元素总数之间。例如，在长度为 5 的列表中，插入的有效索引值为 0、1、2、3、4 和 5。元素插入到给定索引的元素之前。除非索引等于列表中的元素总数，在这种情况下，新元素被放到最后一个元素之后：

```
friends.insert(5, "Bill")  ❸
```

这与使用 append 方法的结果相同。

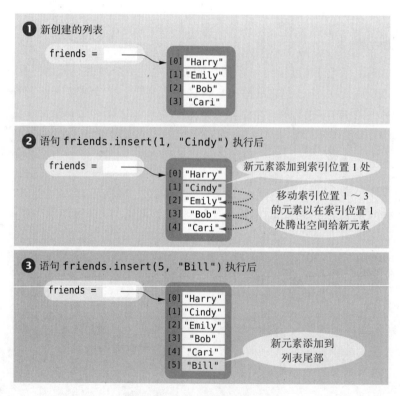

❶ 新创建的列表

friends =

[0]	"Harry"
[1]	"Emily"
[2]	"Bob"
[3]	"Cari"

❷ 语句 friends.insert(1, "Cindy") 执行后

friends =

[0]	"Harry"
[1]	"Cindy"
[2]	"Emily"
[3]	"Bob"
[4]	"Cari"

新元素添加到索引位置 1 处

移动索引位置 1 ~ 3 的元素以在索引位置 1 处腾出空间给新元素

❸ 语句 friends.insert(5, "Bill") 执行后

friends =

[0]	"Harry"
[1]	"Cindy"
[2]	"Emily"
[3]	"Bob"
[4]	"Cari"
[5]	"Bill"

新元素添加到列表尾部

图 5　插入元素到一个列表中

6.2.3　查找元素

如果只想知道某个元素在列表中是否存在，可以使用 in 运算符：

```
if "Cindy" in friends :
    print("She's a friend")
```

通常，还想知道元素出现的位置。index 方法返回第一个匹配的索引。例如：

```
friends = ["Harry", "Emily", "Bob", "Cari", "Emily"]
n = friends.index("Emily")   # 设置 n 为 1
```

如果一个值在列表中出现多次，我们可能需要查找该值在列表中所有出现的位置。可以调用 index 方法并指定搜索的起始位置。在以下代码中，会在上一个匹配项的索引之后开始搜索：

```
n2 = friends.index("Emily", n + 1)   # 设置 n2 为 4
```

调用 index 方法时，需要查找的元素必须在列表中，否则将引发运行时异常。在调用 index 方法之前，通常最好先使用 in 运算符进行测试。

```
if "Cindy" in friends :
    n = friends.index("Cindy")
else :
    n = -1
```

6.2.4　删除元素

pop 方法删除列表中给定位置的元素。例如，假设有以下列表：

```
friends = ["Harry", "Cindy", "Emily", "Bob", "Cari", "Bill"]
```

为了删除列表 friends 中索引位置 1 处的元素（“Cindy”），可以使用以下命令：

```
friends.pop(1)
```

被删除元素之后的所有元素都向前移动一个位置以填充删除后留下的空间。列表的大小减少了 1（参见图 6）。传递给 pop 方法的索引值必须在有效范围内。

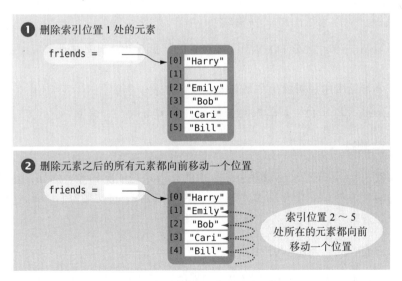

图 6　从列表中删除一个元素

pop 方法返回从列表中删除的元素。这允许我们将两个操作合并为一个操作：访问元素并将其从列表中删除：

```
print("The removed item is", friends.pop(1))
```

如果在不带参数的情况下调用 pop 方法，则删除并返回列表中的最后一个元素。例如，

`friends.pop()` 删除 "Bill"。

　　`remove` 方法按值而不是按位置删除元素。例如，假设我们想从好友列表中删除字符串 "Cari"，但不知道它在列表中的具体位置。不必查找其位置，可以使用 remove 方法进行删除：

```
friends.remove("Cari")
```

请注意，需要删除的值必须在列表中，否则将引发异常。为了避免运行时错误，在尝试删除元素之前，应该首先检查该元素是否在列表中：

```
element = "Cari"
if element in friends :
    friends.remove(element)
```

6.2.5　拼接和复制

　　将两个列表拼接在一起，结果是一个新列表，它包含第一个列表的所有元素，以及第二个列表的所有元素。例如，假设有两个列表：

```
myFriends = ["Fritz", "Cindy"]
yourFriends = ["Lee", "Pat", "Phuong"]
```

我们想创建一个将这两个列表拼接起来的新列表，可以使用加号（+）运算符将两个列表拼接在一起：

```
ourFriends = myFriends + yourFriends
#设置 ourFriends 为 ["Fritz", "Cindy", "Lee", "Pat", "Phuong"]
```

如果要多次拼接同一列表，可以使用复制运算符（*）。例如：

```
monthInQuarter = [1, 2, 3] * 4    #结果列表为 [1, 2, 3, 1, 2, 3, 1, 2, 3, 1, 2, 3]
```

　　与字符串复制一样，整数可以位于 * 运算符的任意一边。整数用于指定要拼接列表的副本数。

　　复制的一个常见用途是初始化一个有固定值的列表。例如：

```
monthlyScores = [0] * 12    # 结果列表为 [0, 0, 0, 0, 0, 0, 0, 0, 0, 0, 0, 0]
```

6.2.6　相等性测试

　　我们可以使用 == 运算符来比较两个列表中的元素是否依次相等。例如，`[1, 4, 9] == [1, 4, 9]` 的结果为 `True`，但 `[1, 4, 9 ] == [4, 1, 9]` 的结果为 `False`。== 的相反运算符是 !=。表达式 `[1, 4, 9] != [4, 9]` 的结果为 `True`。

6.2.7　求和、最大值、最小值和排序

　　如果有一个数值列表，则 sum 函数将返回列表中所有值的和。例如：

```
sum([1, 4, 9, 16])    # 结果为 30
```

对于数值或者字符串列表，max 和 min 函数返回最大值和最小值。

```
max([1, 16, 9, 4])    # 结果为 16
min(["Fred", "Ann", "Sue"])    # 结果为 "Ann"
```

　　sort 方法对数值或者字符串列表进行排序。例如：

```
values = [1, 16, 9, 4]
values.sort()   # 现在 values 为 [1, 4, 9, 16]
```

在对字符串列表进行排序时，字符串按字典顺序重新排列（参见"专题讨论 3.2"），其中小写字母在大写字母之后。例如，以下代码片段

```
names = ["Fred", "Ann", "Sue", "betsy"]
names.sort()
for name in names :
    print(name)
```

将产生如下输出：

```
Ann
Fred
Sue
betsy
```

6.2.8　复制列表

如 6.1.4 节所述，列表变量本身并不包含列表元素，列表变量保存对实际列表的引用。如果复制引用，则会得到同一列表的另一个引用（参见图 7）。

prices = values　❶

可以通过两个引用中的任何一个修改列表。

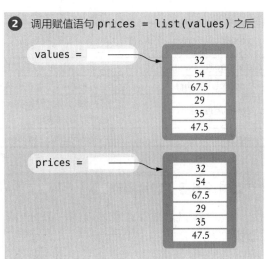

图 7　复制一个列表引用与复制一个列表

有时，我们想要复制一个列表，也就是说，创建一个新的列表，其中元素与给定列表中的元素内容相同并且顺序也相同。可以使用如下所示的 list 函数：

prices = list(values)　❷

现在，values 和 prices 引用不同的列表。在复制之后，两个列表都有相同的内容。但是，可以修改其中一个列表而不影响另一个列表。

list 函数可以基于任何序列生成列表。例如，当参数为字符串时，将获得字符串中所有字符的列表。

```
characters = list("Hello")   # 结果列表为 ["H", "e", "l", "l", "o"]
```

列表中的常用函数和运算符，如表 1 所示，常用的列表方法，如表 2 所示。

表 1   可用于列表的常用函数和运算符

操作	说明
[] [$elem_1$, $elem_2$, ..., $elem_n$]	创建一个新的空列表，或者创建一个列表，包含提供的初始元素
len(l)	返回列表 l 中的元素个数
list($sequence$)	创建一个新列表，包含 sequence 中的所有元素
values * num	创建一个新列表，重复列表 values 中的元素 num 次
values + moreValues	创建一个新列表，拼接两个列表中的元素
l[from : to]	根据列表 l 中元素的子序列创建子列表，该子序列包括从位置 from 开始直到位置 to(不包括) 的元素。from 和 to 都是可选的 (具体请参见"专题讨论 6.3"。)
sum(l)	计算列表 l 中所有元素的累加和
min(l) max(l)	返回列表 l 中所有元素的最小值 返回列表 l 中所有元素的最大值
l_1 == l_2	测试两个列表中的元素是否依次相等

表 2   常用的列表方法

方法	返回值
l.pop() l.pop($position$)	从列表中删除最后一个元素或者删除给定位置的元素。给定位置之后的所有元素都会向前移动一个位置
l.insert($position, element$)	在列表的给定位置处插入元素。给定位置以及之后的所有元素都将后移一个位置
l.append($element$)	将元素追加到列表的末尾
l.index($element$)	返回给定元素在列表中的位置。元素必须在列表中
l.remove($element$)	从列表中删除给定元素，并将其后面的所有元素前移一个位置。要删除的元素必须已在列表中
l.sort()	将列表中的元素按从小到大的升序方式进行排序

专题讨论 6.3   切片操作

有时候我们想要查看列表的一部分内容。例如，假设有一个温度列表，每个月一个数据：

```
temperatures = [18, 21, 24, 28, 33, 39, 40, 39, 36, 30, 22, 18]
```

我们只对第三季度的气温感兴趣，对应的索引分别为 6、7 和 8。可以使用 Python 的切片运算符 (:) 来获取这些值：

```
thirdQuarter = temperatures[6 : 9]
```

切片运算符的两个参数分别是原列表中包含在切片中的第一个索引（本例为 6），以及不包含在切片中的第一个索引（本例为 9）。

这看起来有些奇怪，但切片运算符有一个有用的性质。切片 temperatures[a : b] 的长度是 b − a 的差值。在我们的例子中，差值 9 − 6 = 3 是一个季度的月数。

与切片运算符一起使用的两个索引值（此处为 6 和 9）都是可选的。如果省略第一个索引，则包含从第一个元素开始的元素。以下切片包含从第一个元素开始直到位置 6（不包含）的所有元素。

```
temperatures[ : 6]
```

结果是上半年的气温数据。以下切片包含从索引 6 到列表末尾的所有元素，即下半年的气温数据。

```
temperatures[6 : ]
```

如果省略两个参数索引值，`temperatures[ : ]` 的结果为列表的副本。

我们甚至还可以给列表切片赋值。例如，以下赋值语句将替换第三季度的气温数据。

```
temperatures[6 : 9] = [45, 44, 40]
```

切片大小和副本的大小可以不一致，例如：

```
friends[ : 2] = ["Peter", "Paul", "Mary"]
```

用 3 个新元素替换 `friends` 的前两个元素，从而增加了列表的长度。

切片操作可以处理所有序列，而不仅仅是列表，它们对于字符串特别有用。字符串的切片是子字符串。

```
greeting = "Hello, World!"
greeted = greeting[7 : 12]    # 子字符串 "World"
```

6.3　常用列表算法

在前面的各个小节中，我们讨论了在 Python 中如何使用库函数和方法处理列表。在本节中，我们将讨论如何实现 Python 库无法解决的常见问题。即使存在一个库函数或者方法可以执行一个特定的任务，了解其"幕后"的原理也很有意义。这有助于我们理解操作的有效性。此外，如果使用的程序设计语言没有像 Python 那样丰富的库，我们也不会陷入困境。

6.3.1　填充列表

以下循环创建一个列表，并用数的平方（0，1，4，9，16，$\cdots$，$(n-1)^2$）填充。请注意，索引为 0 的元素包含 0^2，索引为 1 的元素包含 1^2，以此类推。

```
values = []
for i in range(n) :
    values.append(i * i)
```

6.3.2　组合列表元素

如果要计算数值列表中各个元素之和，只需调用 `sum` 函数即可。但是如果有一个字符串列表，并希望将列表中的各字符串连接起来。那么 `sum` 方法就无能为力了。幸运的是，我们已经在 4.5.1 节中讨论了如何计算一系列数值的累加和，并且很容易修改该算法。以下代码计算了存储在列表 `values` 中的所有元素数值的累加和：

```
result = 0.0
for element in values :
    result = result + element
```

为了拼接列表 friends 中存储的字符串，只需更改初始值即可。

```
result = ""
for element in friends :
    result = result + element
```

结果将元素拼接成一个长字符串，例如"HarryEmilyBob"。下一小节将讨论如何使用分隔符分隔元素。

6.3.3 元素分隔符

当显示列表元素时，通常需要用逗号或者垂直线将它们分隔开，如下所示：

Harry, Emily, Bob

注意，分隔符的数量比元素的个数少一个。在序列中每个元素之前添加分隔符，但初始元素（索引为 0）除外。如下所示：

```
result = ""
for i in range(len(friends)) :
    if i > 0 :
        result = result + ", "
    result = result + friends[i]
```

如果要打印值而不将其添加到字符串中，则需要稍微调整算法。假设我们要打印下面的数值列表：

32 | 54 | 67.5 | 29 | 35

以下代码实现了该功能。

```
for i in range(len(values)) :
    if i > 0 :
        print(" | ", end="")
    print(values[i], end="")
print()
```

同样，我们跳过了第一个分隔符。

str 函数使用此算法将列表转换为字符串。表达式

str(values)

返回一个字符串，描述表单中列表的内容：

[32, 54, 67.5, 29, 35]

元素由一对方括号括起，并由逗号分隔。我们还可以打印列表，而不必首先将其转换为字符串，这样便于调试。

```
print("values = ", values)    #打印结果: values= [32, 54, 67.5, 29, 35]
```

6.3.4 最大值和最小值

我们可以使用 4.5.4 节中的算法，即使用一个变量存储目前为止查找到的最大元素。下面是该算法在列表中的实现。

```
largest = values[0]
for i in range(1, len(values)) :
    if values[i] > largest :
        largest = values[i]
```

注意，循环从 1 开始，因为我们用 values[0] 初始化 largest。

为了查找最小元素，请反转比较运算符。

这些算法要求列表中至少包含一个元素。

当然，在这种情况下，我们可以调用 max 函数，但现在考虑一个稍微不同的情况。假设有一个字符串列表，要求查找最长的字符串。

```
names = ["Ann", "Charlotte", "Zachary", "Bill"]
```

如果调用 max(names)，则结果返回按照字典顺序中位于最高位置的字符串，在我们的示例中为"Zachary"。为了获取最长字符串，需要修改算法，并将每个元素的长度与已遇到的最长元素的长度进行比较。

```
longest = names[0]
for i in range(1, len(names)) :
    if len(names[i]) > len(longest) :
        longest = names[i]
```

6.3.5　线性查找

通常我们需要搜索列表中特定元素的位置，以便替换或者删除该元素。如果只想找到某个值的位置，可以使用 index 方法。

```
searchedValue = 100

if searchedValue in values :
    pos = values.index(searchedValue)
    print("Found at position:", pos)
else :
    print("Not found")
```

但是，如果要查找具有给定属性的值的位置，则必须知道 index 方法是如何工作的。考虑寻找第一个大于 100 的值的任务。我们需要访问所有元素，直至找到匹配项或者到达列表末尾。

```
limit = 100
pos = 0
found = False
while pos < len(values) and not found :
    if values[pos] > limit :
        found = True
    else :
        pos = pos + 1

if found :
    print("Found at position:", pos)
else :
    print("Not found")
```

这种算法称为**线性搜索**（linear search）或者**顺序搜索**（sequential search），因为我们按顺序检查序列中的每个元素。

6.3.6　收集和统计匹配项

在上一节中，讨论了如何找到满足特定条件的第一个元素的位置。假设我们想找到所有的匹配项，则可以简单地将这些匹配项附加到初始为空的列表中。

在以下代码中，我们查找所有大于 100 的值。

```
limit = 100
result = []
for element in values :
    if (element > limit) :
        result.append(element)
```

有时，我们只需要知道总共有多少个匹配项，不必收集这些匹配项。可以递增计数器而不是收集匹配项。

```
limit = 100
counter = 0
for element in values :
    if (element > limit) :
        counter = counter + 1
```

6.3.7　删除匹配项

一个常见的处理任务是删除与特定条件匹配的所有元素。例如，我们要从列表中删除所有长度小于 4 的字符串。当然，可以遍历列表并查找匹配的元素。

```
for i in range(len(words)) :
    word = words[i]
    if len(word) < 4 :
        删除位于索引 i 处的元素
```

但有一个细节问题，删除元素后，for 循环将递增 i，这会跳过下一个元素。

考虑一个具体的例子，其中的列表 words 包含字符串 “Welcome”“to”“the”“island!”。当 i 是 1 时，我们删除索引 1 处的 “to” 一词。然后 i 递增到 2，现在位置 1 处的单词 “the” 永远不会被检查。

i	words
0	"Welcome", "to", "the", "island"
1	"Welcome", "the", "island"
2	

我们不应该在删除一个单词时递增索引，正确的伪代码如下：

If 位于索引 *i* 处的元素与条件匹配
　　删除位于索引 *i* 处的元素
Else
　　递增 *i*

因为我们并不是每次都递增索引，所以 for 循环不适合此算法。这里，需要使用 while 循环。

```
i = 0
while i < len(words) :
    word = words[i]
    if len(word) < 4 :
        words.pop(i)
    else :
        i = i + 1
```

6.3.8 交换元素

我们常常需要交换列表中的元素。例如，可以通过多次交换不按顺序排列的元素来对列表进行排序。

考虑交换列表 values 中位置 i 和 j 处元素的任务。我们想将 values[i] 设置为 values[j]。但这会覆盖当前存储在 values[i] 中的值，因此我们希望首先保存该值。

```
temp = values[i]   ❷
values[i] = values[j]   ❸
```

接下来可以设置 values[j] 保存的临时值。

```
values[j] = temp   ❹
```

处理过程如图 8 所示。

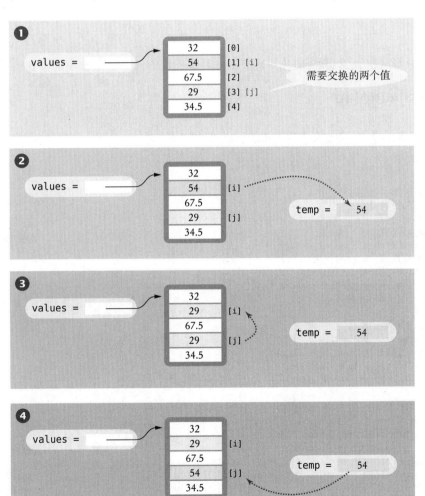

图 8　交换列表元素

有关交换两个元素的另一种方式，请参见"专题讨论 6.7"。

6.3.9 读取输入

常常需要从用户处读取输入数据，并将其存储在列表中以供随后使用。开始时可以创建一个空的列表，在读取到每个值时，将该值追加到列表的末尾。

```
values = []
print("Please enter values, Q to quit:")
userInput = input("")    # 无任何输入提示时获取用户的输入
while userInput.upper() != "Q" :
    values.append(float(userInput))
    userInput = input("")
```

在这个循环中，用户在每行输入一个数值，例如：

```
Please enter values, Q to quit:
32
29
67.5
Q
```

下面的程序使用这些算法解决我们在本章开头提出的任务：在输入序列中标记最大值。

sec03/largest.py

```
 1  ##
 2  #   本程序读取一系列值，然后打印这些值，并标记出最大值
 3  #
 4  #
 5
 6  # 创建一个空列表
 7  values = []
 8
 9  # 读取输入值
10  print("Please enter values, Q to quit:")
11  userInput = input("")
12  while userInput.upper() != "Q" :
13      values.append(float(userInput))
14      userInput = input("")
15
16  # 查找最大值
17  largest = values[0]
18  for i in range(1, len(values)) :
19      if values[i] > largest :
20          largest = values[i]
21
22  # 打印所有的值，并标记最大值
23  for element in values :
24      print(element, end="")
25      if element == largest :
26          print(" <== largest value", end="")
27      print()
```

程序运行结果如下：

```
Please enter values, Q to quit:
32
54
67.5
29
```

```
35
80
115
44.5
100
65
Q
32.0
54.0
67.5
29.0
35.0
80.0
115.0 <== largest value
44.5
100.0
65.0
```

实训案例 6.1　绘制三角函数

问题描述　使用"工具箱 3.2"中的绘图包绘制一个图形，其中包含范围为 $-180°\sim180°$ 的正弦和余弦三角函数曲线。

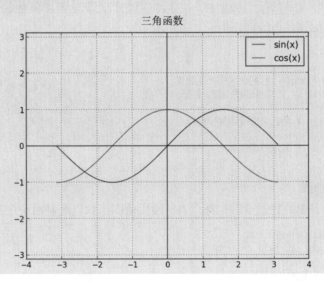

→ 步骤 1　理解问题。

三角函数用于计算三角形（特别是直角三角形）的性质，其中最常见的三角函数包括角的正弦、余弦和正切。每个函数都使用一个角度作为参数，并返回三角形两条不同边的长度之比。

三角函数的曲线图显示了一个角度范围内每个函数的值。我们可以使用 Python 函数计算一系列数据点的正弦值、余弦值和正切值，以生成绘制函数曲线所需的值。因为这些 Python 函数以弧度作为参数，所以首先需要使用以下公式将角度转换为以弧度表示的等效值：

$$弧度 = \left(\frac{\pi}{180}\right) \times 角度$$

→ **步骤 2** 执行逐步求精。

解决该问题包含 3 个基本的步骤：

计算曲线的数据点
绘制曲线
增强图表的外观

→ **步骤 3** 构建数据点列表。

在"工具箱 3.2"中，我们学习了如何使用 pyplot 模块中的 plot 函数绘制曲线的折线图。为此，必须提供两个列表，一个包含要打印的数据点的 x 坐标，另一个包含要打印的数据点的 y 坐标。在第 3 章中，我们使用字面量值定义列表。但是更常见的方法是计算数据点，并将它们添加到列表中。

开始时，先创建 3 个可以添加不同坐标的空列表。因为这两个函数将以相同的角度绘制，所以只需存储一次角度值（x 坐标）。

```
sinY = []
cosY = []
trigX = []
```

然后，可以通过迭代角度范围和计算每个角度的正弦和余弦来计算数据点。下面的循环递增角度值，并将每个角度值转换为弧度值，之后使用它们计算这两个函数的 y 坐标。正弦和余弦函数的结果将添加到各自的列表中。

```
angle = -180
while angle <= 180 :
    x = pi / 180 * angle  # 把角度转换为弧度
    trigX.append(x)  # 为两条曲线添加 x 坐标
    y = sin(x)
    sinY.append(y)  # 为正弦曲线添加 y 坐标
    y = cos(x)
    cosY.append(y)  # 为余弦曲线添加 y 坐标
    angle = angle + 1
```

→ **步骤 4** 绘制曲线。

计算并存储列表中的数据点后，将列表传递给绘图函数以绘制两个三角函数的曲线。

```
pyplot.plot(trigX, sinY)
pyplot.plot(trigX, cosY)
```

→ **步骤 5** 改善图表的外观。

添加描述性信息（例如标题和图例）以帮助用户了解他们看到的内容。

```
pyplot.title("Trigonometric Functions")
pyplot.legend(["sin(x)", "cos(x)"])
```

我们还可以显示网格线，以帮助用户识别数据点：

```
pyplot.grid("on")
```

对于跨越 x 轴和 y 轴的图形，就像三角函数，可能需要突出显示这些轴。这可以使用 axhline 和 axvline 函数来完成。这两个函数都接受指定行颜色的可选命名参数（有关颜色代码，请参见第 3 章中的表 9）。这里，"k"表示黑色。

```
pyplot.axhline(color="k")
pyplot.axvline(color="k")
```

最后，图表应该提供数据的精确视图。但是，当为两个轴上的值使用不同的比例时，图形可能会产生误导。考虑下面的三角函数图，并将其与问题描述中的图进行比较。y轴上相邻坐标之间的距离远远大于x轴上的距离。这会导致曲线扭曲。

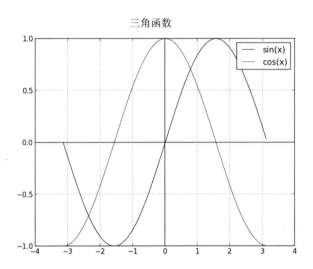

若要更正此问题，可以调用

```
pyplot.axis("equal")
```

示例代码： 完整的程序如下所示。

worked_example_1/trigcurves.py

```
 1  ##
 2  #   本程序创建包含正弦三角函数和余弦三角函数的图形
 3  #   x 坐标的范围为 −180° ~ 180°
 4  #
 5
 6  from matplotlib import pyplot
 7  from math import pi, sin, cos
 8
 9  # 创建两个空列表，用于保存正弦函数和余弦函数的 y 坐标值
10  sinY = []
11  cosY = []
12
13  # 两条曲线的 x 坐标相同
14  trigX = []
15
16  # 计算正弦函数和余弦函数的 y 坐标
17  angle = -180
18  while angle <= 180 :
19      x = pi / 180 * angle
20      trigX.append(x)
21
22      y = sin(x)
23      sinY.append(y)
```

```
24
25      y = cos(x)
26      cosY.append(y)
27      angle = angle + 1
28
29   # 绘制两条曲线
30   pyplot.plot(trigX, sinY)
31   pyplot.plot(trigX, cosY)
32
33   # 添加描述信息
34   pyplot.title("Trigonometric Functions")
35
36   # 改善图表的外观
37   pyplot.legend(["sin(x)", "cos(x)"])
38   pyplot.grid("on")
39   pyplot.axis("equal")
40   pyplot.axhline(color="k")
41   pyplot.axvline(color="k")
42
43   pyplot.show()
```

6.4　将列表与函数一起使用

函数可以接受列表作为参数，例如，以下函数计算 values（一个浮点数列表）中各元素之和。

```
def sum(values) :
    total = 0.0
    for element in values :
        total = total + element

    return total
```

此函数会访问列表中的元素，但不修改其中的元素，当然也可以修改列表中的元素。以下函数将列表中的所有元素乘以给定的因子：

```
def multiply(values, factor) :
    for i in range(len(values)) :
        values[i] = values[i] * factor
```

图 9 追踪了以下函数的调用过程。

```
multiply(scores, 10)
```

注意以下步骤：

- 创建参数变量 values 和 factor。❶
- 参数变量由调用中传递的参数进行初始化。在我们的例子中，values 设置为 scores，factor 设置为 10。请注意，values 和 scores 是对同一列表的引用。❷
- 函数将列表中的所有元素乘以 10。❸
- 函数返回，其参数变量被删除。但是，scores 仍然是指包含修改过的元素的列表。❹

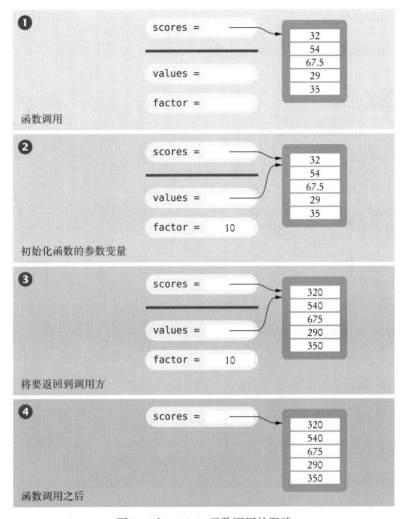

图 9　对 multiply 函数调用的跟踪

函数可以返回一个列表，只需在函数中构建结果并返回到列表中即可。在本例中，squares 函数返回从 0^2 到 $(n{-}1)^2$ 的平方列表。

```
def squares(n) :
    result = []
    for i in range(n) :
        result.append(i * i)

    return result
```

下面的示例程序从标准输入上读取值，将其乘以 10，然后按相反的顺序打印结果。该程序使用了 3 个函数：

- 函数 readFloats 使用 6.3.1 节的算法，返回一个列表。
- 函数 multiply 带 1 个列表参数。该函数修改列表元素。
- 函数 printReversed 函数也带 1 个列表参数，但该函数不修改列表元素。

sec04/reverse.py

```
 1  ##
 2  #  本程序读取一系列数值，缩放后按相反顺序打印输出
 3  #
 4
 5  def main() :
 6      numbers = readFloats(5)
 7      multiply(numbers, 10)
 8      printReversed(numbers)
 9
10  ## 读取一系列浮点数
11  #  @param numberOfInputs 要读取的输入值个数
12  #  @return 一个包含输入值的列表
13  #
14  def readFloats(numberOfInputs) :
15      print("Enter", numberOfInputs, "numbers:")
16      inputs = []
17      for i in range(numberOfInputs) :
18          value = float(input(""))
19          inputs.append(value)
20
21      return inputs
22
23  ## 把列表的所有元素乘以一个因子
24  #  @param values 一个值的列表
25  #  @param factor 用于相乘的因子值
26  #
27  def multiply(values, factor) :
28      for i in range(len(values)) :
29          values[i] = values[i] * factor
30
31  ## 按相反的顺序打印列表的元素
32  #  @param values 一个值的列表
33  #
34  def printReversed(values) :
35      # 以相反的顺序遍历列表，从最后一个元素开始
36      i = len(values) - 1
37      while i >= 0 :
38          print(values[i], end=" ")
39          i = i - 1
40      print()
41
42  # 启动程序
43  main()
```

程序运行结果如下：

```
Enter 5 numbers:
12
25
20
0
10
100.0 0.0 200.0 250.0 120.0
```

专题讨论 6.4   按值调用和按引用调用

前文我们讨论过，Python 函数不能更改传递给它的变量的内容，如果调用 fun(var)，

那么 var 的内容在调用函数之后与之前一样。原因很简单。调用函数时，var 的内容会被复制到相应的参数变量中。当函数退出时，参数变量将被删除。var 的内容在任何时候都没有改变。计算机科学家称这种调用机制为"按值调用"（call by value）。

其他程序设计语言（例如 C++）支持一种称为"按引用调用"（call by reference）的机制，它可以改变函数调用的参数。有时我们可能会听到一种说法，Python 中的"数字是按值传递的，列表是按引用传递的"。从技术上讲，这并不完全正确。在 Python 中，列表本身从不作为参数进行传递，只有列表引用才作为参数进行传递。数字和列表引用都是按值传递的。

产生这种混淆的原因是，当 Python 函数收到对列表的引用（参见图 9）时，它可以对列表的内容进行修改。在 Python 中，当调用 fun(lst) 时，函数可以修改列表中的内容，该列表的引用存储在 lst 中，但不能使用对其他列表的引用替换 lst。

专题讨论 6.5　元组

Python 提供了一种称为**元组**（tuple）的数据类型，用于表示不可变的任意数据序列。元组与列表非常相似，但是元组一旦被创建，其内容就无法修改。元组是通过将其内容指定为以逗号分隔的序列来创建的，可以将序列包含在括号中。

```
triple = (5, 10, 15)
```

如果愿意，可以省略括号：

```
triple = 5, 10, 15
```

然而，为了明确性，更倾向于使用括号的方式。

我们已经在字符串格式中使用过元组：

```
print("Enter a value between %d and %d:" % (low, high))
```

其中，元组 (low, high) 用于传递值的集合，这些值将替换格式字符串中的格式说明符。

为列表定义的许多操作也适用于元组：

- 按位置访问元组中的单个元素（例如，element = triple[1]）。
- 使用 len 函数获取元组中的元素个数。
- 使用 for 循环迭代元组中的元素。
- 使用 in 和 not in 运算符测试元素的存在性。

实际上，任何不修改列表内容的列表操作都适用于元组。元组只是列表的不可变版本。

在本书中，不使用元组，只使用列表，即使我们从来没有改变过列表。但是，正如我们将在后面的专题中讨论的，元组在 Python 函数中非常有用。

专题讨论 6.6　参数数量可变的函数

在 Python 中，可以定义接收参数数量可变的函数。例如，可以编写一个 sum 函数来计算任意数量的参数之和：

```
a = sum(1, 3)        # 设置 a 为 4
b = sum(1, 7, 2, 9)  # 设置 b 为 19
```

修改后的 sum 函数必须声明为：

```
def sum(*values) :
```

参数变量前面的星号表示函数可以接收任意数量的参数。参数变量 values 实际上是一个元组，包含传递给函数的所有参数。函数实现遍历元组 values 并处理元素。

```
def sum(*values) :
    total = 0
    for element in values :
        total = total + element

    return total
```

因为参数变量是元组，所以可以向函数传递任意数量的参数（包括零）。

```
c = sum()   # 设置 c 为 0
```

还可以定义函数以接收固定数量的参数，后跟可变数量的参数。

```
def studentGrades(idNum, name, *grades) :
```

在本例中，前两个参数是必需的，将被分配给参数变量 idNum 和 name。其他参数都将存储在元组 grades 中。与固定参数变量组合时，元组参数变量必须是最后一个参数。

专题讨论 6.7   元组赋值语句

在 Python 语言中（与很多其他程序设计语言不同），我们可以在一个赋值语句中为多个变量赋值：

```
(price, quantity) = (19.95, 12)
```

左边是一个包含多个变量的元组。元组中的每个变量都从右侧元组中分配相应的元素。

省略括号也是合法的：

```
price, quantity = 19.95, 12
```

大多数情况下，相比单独的赋值语句，以下语句并没有什么优势：

```
price = 19.95
quantity = 12
```

但是，同时赋值是交换两个值非常方便的快捷方式：

```
(values[i], values[j]) = (values[j], values[i])
```

当然，赋值不可能真正是同时完成的。在系统内部，右边的值首先存储在一个临时元组中，然后对元组进行赋值。

专题讨论 6.8   使用元组返回多个值

在第 5 章，我们了解到一个函数只能返回一个值。然而，在 Python 中，通常的做法是返回一个元组，元组中可以包含多个值。假设我们定义了一个函数，该函数可从用户处获取作为日期的年、月、日的整数值，并以元组形式返回 3 个值。

```
def readDate() :
    print("Enter a date:")
    month = int(input(" month: "))
    day = int(input(" day: "))
    year = int(input(" year: "))
    return (month, day, year)    # 返回一个元组
```

调用函数时，我们可以将整个元组赋给一个变量：

```
date = readDate()
```

或者，使用元组赋值语句：

```
(month, day, year) = readDate()
```

有些人更喜欢省略括号，使函数看起来好像真的返回了多个值：

```
return month, day, year
```

然而，函数返回的还是一个元组。

如果愿意，还可以省略元组赋值语句中的括号：

```
month, day, year = readDate()
```

为了简单起见，本书中的函数不返回元组。当然，我们经常实现和使用返回列表的函数。在我们的示例中，`readDate` 可以简单地返回一个列表 [month, day, year]。

工具箱 6.1　编辑音频文件

声音振动源于物体（如小提琴弦或者扬声器膜），它们通过媒介（通常是空气）传播，直到到达麦克风或者耳膜，压力的变化产生了声音的感觉。为了测量声音，人们一次又一次地确定压力的大小。测量速率称为"采样频率"（sample rate）。例如，音频 CD 每秒使用 44 100 个样本的采样频率。我们可以简单地把声波看作一系列以固定时间间隔测量到的值。

有很多有趣的方法可以处理声音数据。在本工具箱中，我们将使用 SciPy 库（与"工具箱 2.1"中的其他模块一起安装）来编辑音频文件。

关于音频文件

许多音频文件（包括音频 CD）将声音值表示为 16 位整数，其值在 −32 768 ～ 32 767 之间变化。当我们处理音频时，实际上是在处理一长串整数值。图 10 显示了猫咪喵喵叫的声波。

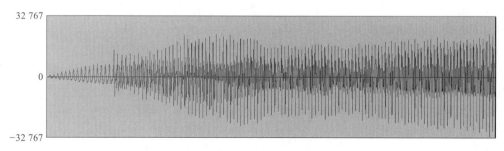

图 10　猫咪喵喵叫的声波

有些音频文件包含立体声。立体声的每个采样包含两个值：左扬声器和右扬声器各一个值。

音频文件可能比较大。CD 音质每分钟需要大约 10MB 的空间。CD 包含原始的音频数据，但是当我们在互联网上购买音乐文件时，数据会被压缩，从而生成更小的文件。目前，最常见的压缩格式都受到专利的保护。因此，我们将集中处理未压缩的声音文件。如果要对压缩文件使用本节的技术，应该首先将它们解压缩为 WAV 格式。我们推荐 Audacity 程序（Audacity program，可以从 http://audacity.sourceforge.net 处下载），这对于分析我们生成的音频文件也很有用。

读写音频文件

我们将使用 Scipy 库中的 `scipy.io.wavfile` 模块来读取和写入音频文件，使用 read 函数读取音频文件。这个函数返回一个元组（参见"专题讨论 6.5"），其中包含两个元素：采样频率和声音数据。声音数据采用特殊格式（"NumPy 数组"），我们将其转换为 Python 列表（使用 NumPy 数组方法 `tolist`）：

```
contents = scipy.io.wavfile.read("meow.wav")
samplerate = contents[0]
data = contents[1].tolist()
```

如果音频文件包含单声道音频数据，则该数据是一个数值列表。（请参见编程题 P6.47 了解立体声文件的处理。）我们可以通过某种方式处理该列表，并使用 `scipy.io.wavfile.write` 函数将结果保存到另一个文件。在将音频数据传递给该函数之前，需要使用 `NumPy.asarray` 函数将其转换回 `NumPy` 数组：

```
scipy.io.wavfile.write("output.wav", samplerate,
    numpy.asarray(outputdata, dtype="int16"))
```

运行 Python 程序后，使用计算机上的音频播放器或者 Audacity 程序收听输出文件。

处理音频数据

下面是一个处理音频数据的简单示例，结果非常令人惊讶。让我们用 30 000 替换所有正值，用 −30 000 替换所有负值。

```
outputdata = []
for i in range(len(data)) :
    if (data[i] > 0) :
        outputdata.append(30000)

    else :
        outputdata.append(-30000)
```

似乎这种处理会完全破坏音频，但事实并非如此。我们必须亲自体验一下！使用与源代码一起提供的输入文件（猫咪的喵喵叫和一段古典音乐的剪辑）运行程序。结果很刺耳，但仍能清楚地听到原来的声音。

示例代码： toolbox_1/audio.py 和示例音频文件请参见本书的配套代码。

从编程题 P6.39 一直到 P6.49 都要求我们处理一些有用的声音操作。通过降低音频数据列表开头或者结尾部分的音量，可以添加"淡入"和"淡出"效果。通过生成音频数据列表值的平均值，可以对两个音轨中的声音数据进行混音。可以通过移位声波来制造回声、衰减声波并将声波与原声波混合。通过处理音频数据列表，可以很容易实现所有这些效果。

6.5　问题求解：修改算法

在 6.2 节和 6.3 节中，我们讨论了一些基本的列表操作和算法。这些操作和算法构成了许多处理列表程序的基础。一般而言，组合和修改一系列的基本算法是解决问题的良好策略。

考虑一个示例问题：给定一个学生的测验分数，要求除去最低分。

对于这种情况，我们没有现成的算法，但是很容易将两种标准操作结合起来：

查找最小值
从列表中移除最小值

例如，假设给定以下列表：

```
     [0]  [1]  [2]  [3]  [4]  [5]  [6]
      8    7   8.5  9.5   7    4    10
```

最小值为 4。移除最小值后，列表的内容如下：

```
     [0]  [1]  [2]  [3]  [4]  [5]
      8    7   8.5  9.5   7    10
```

这表明我们的组合策略是有效的。如果不考虑效率的话，则研究可以到此为止。然而，随着计算机科学家处理越来越大的数据集，有必要改进现有的解决方案，以更高效地解决问题。

这正是理解库函数工作原理的必要之处。若要删除某个值，必须首先通过线性搜索找到该值（见 6.3.5 节）。这正是 remove 方法的功能。

先遍历列表以确定最小值，然后再次遍历列表以再次找到最小值，这种方法是很低效的。如果我们记住了最小值所处的位置，可以简单地调用 pop 方法，这样就避免了效率低下的问题。

我们可以调整算法来寻找最小值以返回其位置。以下是原始算法：

```
smallest = values[0]
for i in range(1, len(values)) :
    if values[i] < smallest :
        smallest = values[i]
```

当我们找到最小值时，还需要更新其位置。

```
if values[i] < smallest :
    smallest = values[i]
    smallestPosition = i
```

事实上，没有必要跟踪最小值。最小值就是 values[smallestPosition]。因此，可以对算法进行如下调整：

```
smallestPosition = 0
for i in range(1, len(values)) :
    if values[i] < values[smallestPosition] :
        smallestPosition = i
```

操作指南 6.1　列表的使用

在进行数据处理时，常常需要处理一系列值。本操作指南将指导我们完成在列表中存储输入值和使用列表元素执行计算的步骤。

问题描述   假设最终的成绩是通过将所有测验分数相加来得到的，但不包括最低的两个分数。例如，如果一名学生的测验分数如下：

```
8  4  7  8.5  9.5  7  5  10
```

则最终的成绩为 50。编写一个程序，按上述方法计算最终成绩。

➡️ **步骤 1**   把任务分解成不同的步骤。

通常，我们希望将任务分解为多个步骤，例如：

- 将数据读入列表。
- 采用一个或者多个步骤处理数据。
- 显示结果。

在确定如何处理数据时，我们应该熟悉 6.2 节和 6.3 节中的列表操作和算法。大多数处理任务可以通过使用其中一个或者多个算法来解决。

在我们的示例问题中，首先将读取数据，然后删除最小值，重复此操作删除第二个最低分数，并计算最终成绩。例如，如果输入是 8 4 7 8.5 9.5 7 5 10，我们将删除两个最低的分数（4 和 5），得到 8 7 8.5 9.5 7 10。这些值的累加和就是最终成绩（50）。

因此，我们可以把任务分解成以下步骤：

读取输入到列表 *scores* 中
从列表 *scores* 中删除最小值
再次从列表 *scores* 中删除最小值
total = 列表 *scores* 中所有元素值的累加和

➡️ **步骤 2**   确定采用合适的算法。

有时，一个步骤正好对应于一个基本的列表操作和算法。计算数值之和（见 6.2.7 节）和读取输入（见 6.3.9 节）就是这种情况。在其他时候，则需要组合几个算法。为了删除最小值，可以找到最小值并将其删除。6.5 节所述的找到最小值的位置并将其弹出的方法更高效。

➡️ **步骤 3**   使用函数组织程序。

尽管可以将所有步骤都放到 main 函数中，但一般不建议这样做。最好将每个处理步骤设计为一个单独的函数。我们不需要编写计算数值之和的函数，因为可以简单地调用 sum 函数。不过，我们要实现以下两个函数：

- readFloats
- removeMinimum

在 main 函数中，只需要调用这些函数即可：

```python
scores = readFloats()
removeMinimum(scores)
removeMinimum(scores)
total = sum(scores)
print("Final score:", total)
```

➡️ **步骤 4**   组装并测试程序。

复查代码，并检查是否同时处理了正常和异常情况。列表为空时该怎么处理？列表包含单个元素时该怎么处理？找不到匹配项时该怎么处理？当有多个匹配项时该怎么处理？考虑这些边界条件并确保程序正常工作。

在我们的示例中，如果列表为空或者长度为 1，则无法计算最小值。在这种情况下，在尝试调用 removeMinimum 函数之前，打印错误消息，并终止程序。

如果最小值出现多次时该怎么处理？这意味着这名学生的测验分数有多个相同的最低分。我们只删除其中两个最低分数，这是期望的行为。

下表显示了测试用例及其预期输出。

测试用例	期望输出	说明
8 4 7 8.5 9.5 7 5 10	50	参见步骤 1
8 7 7 7 9	24	应该仅删除两个最低分数
8 7	0	删除两个最低分数后，就没有多余的分数
（没有输入）	错误	输入不合法

示例代码：完整的程序如下所示。

how_to_1/scores.py

```python
1  ##
2  # 本程序基于一系列测验分数计算最终成绩
3  # 舍弃两个最低分数，计算剩余分数的累加和。程序使用了一个列表
4  #
5
6  def main() :
7      scores = readFloats()
8      if len(scores) > 1 :
9          removeMinimum(scores)
10         removeMinimum(scores)
11         total = sum(scores)
12         print("Final score:", total)
13     else :
14         print("At least two scores are required.")
15
16 ## 读取一系列浮点数
17 # @return 一个包含数值的列表
18 #
19 def readFloats() :
20     # 创建一个空列表
21     values = []
22
23     # 读取输入到列表 values 中
24     print("Please enter values, Q to quit:")
25     userInput = input("")
26     while userInput.upper() != "Q" :
27         values.append(float(userInput))
28         userInput = input("")
29
30     return values
31
32 ## 从列表中删除最小值
33 # @param values 一个大小 ≥ 1 的列表
34 #
35 def removeMinimum(values) :
36     smallestPosition = 0
37     for i in range(1, len(values)) :
38         if values[i] < values[smallestPosition] :
39             smallestPosition = i
40
41     values.pop(smallestPosition)
```

```
42
43  # 启动程序
44  main()
```

实训案例 6.2　投掷骰子

问题描述　我们的任务是通过计算值 1，2，…，6 出现的频率来分析投掷骰子是否公平。输入是投掷骰子点数的序列。要求打印一张表格，包含每个点数的频率。

➡ **步骤 1**　把问题分解为不同步骤。

第一次分解仅仅是重复问题描述。

> 读取骰子的点数到一个列表
> 统计每个点数 1，2，…，6 出现的次数
> 打印统计的次数

进一步思考该任务。上述对问题的分解表明，先读取并存储所有的点数值。真的需要存储这些点数值吗？毕竟，我们只想知道每个值出现的频率。如果保留一个计数器列表，那么可以在递增计数器后，丢弃每个输入。

基于上述改进，我们可以使用以下算法。

> 对于每一个输入的点数 i
> 　　递增对应于 i 的计数器
> 打印计数器

➡ **步骤 2**　确定要采用的算法。

没有现成的算法来读取输入和递增计数器，但是开发一个这样的算法很简单。假设我们读取一个输入值到变量 value。这是一个介于 1～6 的整数。如果我们有一个长度为 6 的列表计数器，那么只需调用以下代码即可：

```
counters[value - 1] = counters[value - 1] + 1
```

或者，可以使用包含 7 个整数的列表，"浪费"了元素 counters[0]。这个技巧使得更新计数器更容易。当读取输入值时，我们只需执行以下代码：

```
counters[value] = counters[value] + 1
```

即可以把列表定义为：

```
counters = [0] * (sides + 1)
```

为什么引入变量 sides？假设我们后来改变了主意，想要检查 12 面的骰子，那么，只需将 sides 设置为 12，即可更改程序。

剩下的唯一任务是打印计数。典型的输出如下所示：

```
1:    3
2:    3
3:    2
4:    2
5:    2
6:    0
```

我们还没有看到这种精确输出格式的算法。它类似于打印所有元素的基本循环：

```
for element in counters :
    print(element)
```

然而，这个循环并不合适，原因有二：首先，它显示未使用的 0 项。如果想跳过这个未使用的 0 项，就不能简单地遍历列表的元素。因此，需要一个传统的计数控制循环。

```
for i in range(1, len(counters)) :
    print(counters[i])
```

此循环打印计数器值，但这与示例输出并不是完全匹配。我们还需要打印相应的点数。

```
for i in range(1, len(counters)) :
    print("%2d: %4d" % (i, counters[i]))
```

步骤 3　使用函数构造程序。

我们为每个步骤提供一个函数：

- countInputs(sides)
- printCounters(counters)

main 函数调用这些函数：

```
counters = countInputs(6)
printCounters(counters)
```

函数 countInputs 读取所有的输入，递增对应的计数器，并返回计数器列表。函数 printCounters 打印点数和计数器的值，如前所述。

步骤 4　组装并测试程序。

本节末尾的代码清单显示了完整的程序。它有一个显著的特点是我们之前没有讨论过的。当更新计数器时

```
counters[value] = counters[value] + 1
```

希望确保用户没有提供会导致列表越界错误的输入。因此，我们拒绝 < 1或者 >sides 的输入。

下表显示了测试用例及其预期输出。为了节省空间，我们只在输出中显示计数器的值。

测试用例	期望输出	说明
1 2 3 4 5 6	1 1 1 1 1 1	每个值只出现一次
1 2 3	1 1 1 0 0 0	对于那些没有出现的值，其计数器应该为 0
1 2 3 1 2 3 4	2 2 2 1 0 0	计数器应该反映每个输入出现的频率
（无输入）	0 0 0 0 0 0	非法输入；所有的计数器均为 0
0 1 2 3 4 5 6 7	错误	每个输入必须介于 1 ～ 6

示例代码：完整的程序如下所示。

worked_example_2/dice.py

```
 1  ##
 2  #  本程序读取一系列投掷骰子的点数，并打印每个点数出现的次数
 3  #
 4  #
 5
 6  def main() :
 7      counters = countInputs(6)
 8      printCounters(counters)
 9
```

```
10  ## 读取一系列骰子的点数（1（包含）～ 6（包含））
11  #  并统计每个点数出现的频率
12  #  @param sides 骰子的面数
13  #  @return 返回一个列表，其第 i 个元素为输入序列中 i 出现的次数
14  #  没有使用第 0 个元素
15  #
16  def countInputs(sides) :
17     counters = [0] * (sides + 1)    # counters[0] 未被使用
18
19     print("Please enter values, Q to quit:")
20     userInput = input("")
21     while userInput.upper() != "Q" :
22        value = int(userInput)
23
24        # 为输入值递增对应的计数器
25        if value >= 1 and value <= sides :
26           counters[value] = counters[value] + 1
27        else :
28           print(value, "is not a valid input.")
29
30        # 读取下一个值
31        userInput = input("")
32
33     return counters
34
35  ## 打印值计数器表
36  #  @param counters 一个计数器列表。没有使用 counters[0]
37  #
38  def printCounters(counters) :
39     for i in range(1, len(counters)) :
40        print("%2d: %4d" % (i, counters[i]))])
41
42  # 启动程序
43  main()
```

程序运行结果如下：

```
Please enter values, Q to quit: 1
2
3
1
2
3
4
Q
 1:    2
 2:    2
 3:    2
 4:    1
 5:    0
 6:    0
```

编程题 P6.14 要求我们改进此解决方案，以使用随机生成的值更准确地分析投掷骰子是否公平。

6.6   问题求解：通过操作实体对象发现算法

在 6.5 节中，我们讨论了如何通过组合和修改已知的操作和算法来解决问题。但是，当

标准算法都不足以完成任务时，该如何处理呢？在本节中，我们将学习通过操作实体对象来发现算法的方式。

考虑下面的任务：给定一个长度为偶数的列表，要求交换列表前半部分和后半部分的内容。例如，如果列表包含 8 个数值：

要求把该列表更改为：

11　7　1　3　9　13　21　4

许多学生发现设计一个算法具有一定的挑战性。他们可能知道需要一个循环，也可能意识到应该插入（见 6.2.2 节）或者交换（见 6.3.8 节）元素，但他们可能没有足够的直觉来绘制图表、描述算法或者写下伪代码。

发现算法的一个有用技术是操作实体对象。首先将一些对象排列起来以表示一个列表。硬币、扑克牌或者小玩具都是不错的选择。

在这里我们排列了 8 个硬币：

(coins) © jamesbenet/iStockphoto; (dollar coins) © JordiDelgado/iStockphoto.

现在让我们退一步想一想，看看如果改变硬币的顺序。我们可以移除一枚硬币（见 6.2.4 节）。

我们可以插入一枚硬币（见 6.2.2 节）：

或者可以交换两枚硬币（见 6.3.8 节）。

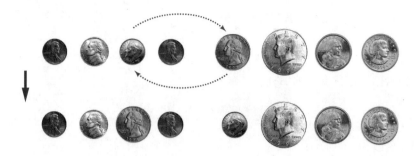

那就开始行动吧。首先把硬币排成一行，然后尝试这 3 种操作，以体会这些操作的实现步骤。

尝试对实体对象进行操作后，对我们解决问题有什么帮助吗？如何交换列表的前半部分和后半部分呢？

我们处理第一个位置的硬币，把第一个位置换成第五枚硬币。作为 Python 程序员，会说交换位置 0 和位置 4 处的硬币。

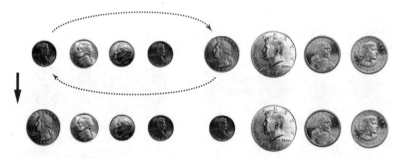

接下来，交换位置 1 和位置 5 处的硬币。

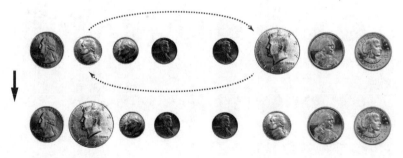

在交换两次后就完成任务了。

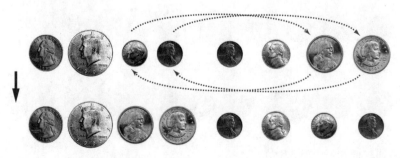

至此，算法的实现就显而易见了。

```
i = 0
j = …    # 需要思考一下
while …  # 还不能确定
    交换位置 i 和 j 处的元素
    i = i + 1
    j = j + 1
```

变量 j 从哪里开始？当我们有 8 枚硬币时，位置 0 处的硬币移动到位置 4 处。通常，位置 0 处的硬币会移动到列表的中间，或者移动到位置 length // 2 处。

总共做了多少次迭代呢？我们需要交换前半部分的所有硬币。也就是说，我们需要交换 length // 2 个硬币。伪代码如下：

```
i = 0
j = length // 2
While i < length // 2
    交换位置 i 和 j 处的元素
    i = i + 1
    j = j + 1
```

建议手工跟踪该伪代码（参见 4.2 节）。可以使用回形针来标注变量 i 和 j 的位置。如果手工跟踪成功，那么应确保伪代码中没有"差一错误"。编程题 P6.10 要求读者将伪代码转换为 Python 代码。复习题 R6.24 提出了一种不同的算法，通过反复移除和插入硬币来交换列表的两个部分。

许多人发现，相对于绘制图表和在脑中设计算法，操作实体对象更加直观可信。当我们需要设计一个新的算法时，建议尝试操作实体对象的方法！

下面是实现上述算法的完整程序。

sec06/swaphalves.py

```
 1  ##
 2  #   本程序实现一个算法
 3  #   用户交换长度为偶数的列表的前后两部分内容
 4
 5  def main() :
 6      values = [9, 13, 21, 4, 11, 7, 1, 3]
 7      i = 0
 8      j = len(values) // 2
 9      while i < len(values) // 2 :
10          swap(values, i, j)
11          i = i + 1
12          j = j + 1
13
14      print(values)
15
16  ## 交换列表中给定位置的元素
17  #   @param a 列表
18  #   @param i 第一个位置
19  #   @param j 第二个位置
20  #
21  def swap(a, i, j) :
22      temp = a[i]
23      a[i] = a[j]
24      a[j] = temp
25
26  # 启动程序
27  main()
```

6.7 表格

我们常常需要存储具有二维表格布局的值集合，此类数据集通常出现在金融和科学应用中。这些值按照行和列排列构成表格（table）或者矩阵（matrix）。

让我们探索如何存储图 11 所示的示例数据：2014 年冬季奥运会花样滑冰比赛的奖牌数。

	金牌数	银牌数	铜牌数
加拿大	0	3	0
意大利	0	0	1
德国	0	0	1
日本	1	0	0
哈萨克斯坦	0	0	1
俄罗斯	3	1	1
韩国	0	1	0
美国	1	0	1

图 11　花样滑冰比赛的奖牌排行榜

6.7.1 创建表格

Python 没有用于创建表格的数据类型，但是，可以使用 Python 列表创建二维表格结构。下面是创建一个包含 8 行 3 列表格的代码，该表格适合保存奖牌统计数据。

```
COUNTRIES = 8
MEDALS = 3

counts = [
    [ 0, 3, 0 ],
    [ 0, 0, 1 ],
    [ 0, 0, 1 ],
    [ 1, 0, 0 ],
    [ 0, 0, 1 ],
    [ 3, 1, 1 ],
    [ 0, 1, 0 ],
    [ 1, 0, 1 ]
]
```

上述代码将创建一个列表，其中每个元素本身就是另一个列表（参见图 12）。

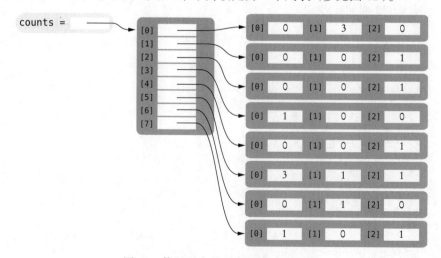

图 12　使用列表的列表创建一个表格

有时，我们可能需要创建一个表格，但该表格太大无法用字面量进行初始化。为了创建这样一个表格，需要更多的代码。首先，创建一个用于存储单个行的列表。

```
table = []
```

然后使用复制的方法（列数作为大小）为表中的每一行创建一个新列表，并将其附加到行列表中。

```
ROWS = 5
COLUMNS = 20

for i in range(ROWS) :
    row = [0] * COLUMNS
    table.append(row)
```

结果得到一个 5 行 20 列的表格。

6.7.2　访问元素

为了访问表格中的特定元素，我们需要在单独的括号中指定两个索引值，以分别选择行和列（参见图 13）。

```
medalCount = counts[3][1]
```

为了遍历表格中的所有元素，可以使用两个嵌套循环。例如，以下循环打印表格 counts 中的所有元素：

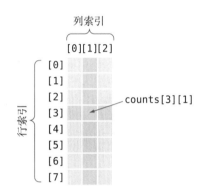

图 13　访问表格中的元素

```
for i in range(COUNTRIES) :
    # 处理第 i 行
    for j in range(MEDALS) :
        # 处理第 i 行的第 j 列
        print("%8d" % counts[i][j], end="")

print()    #在每行的后面打印换行符
```

6.7.3　定位相邻元素

一些处理表格的程序需要定位与某个元素相邻的元素，这个任务在游戏中特别常见。图 14 显示了如何计算与一个元素相邻的元素的索引值。

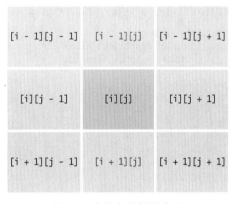

图 14　表格中的邻居位置

例如，counts[3][1] 的左右相邻元素是 counts[3][0] 和 counts[3][2]，其上下相邻元素是 counts[2][1] 和 counts[4][1]。

在计算表格边界处的相邻元素时需要小心。例如，counts[0][1] 的上面没有相邻元素。考虑计算元素 count[i][j] 的上下相邻元素之和的任务，需要检查元素是否位于表格的顶部或者底部。

```
total = 0
if i > 0 :
    total = total + counts[i - 1][j]
if i < ROWS - 1 :
    total = total + counts[i + 1][j]
```

6.7.4　计算行总计和列总计

一个常见的任务是计算行总计或者列总计。在我们的例子中，行总计是特定国家获得的奖牌总数。

找到正确的索引值有些复杂，建议使用快速绘制草图的方法。为了计算第 i 行的总计，我们需要访问以下元素：

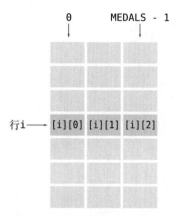

如图所示，我们需要计算 counts[i][j] 之和，其中 j 从 0 到 MEDALS - 1。以下循环语句用于计算行总计：

```
total = 0
for j in range(MEDALS) :
    total = total + counts[i][j]
```

计算列总计基本类似。计算 counts[i][j] 之和，其中 i 从 0 到 COUNTRIES - 1。

```
total = 0
for i in range(COUNTRIES) :
    total = total + counts[i][j]
```

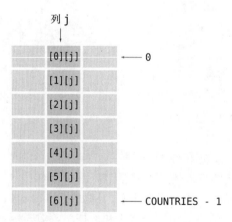

6.7.5　将表格与函数一起使用

将表格传递给函数时，需要恢复表格的维度。如果 values 是一个表格，那么
- len(values) 是行数。
- len(values[0]) 是列数。

注意，len(values[0]) 是 values 中第一个元素的长度，但因为所有元素（行）的长度相同，所以它也是表格中的列数。

例如，以下函数用于计算表格中所有元素的总和：

```
def sum(values) :
    total = 0
    for i in range(len(values)) :
        for j in range(len(values[0])) :
            total = total + values[i][j]

    return total
```

下面的程序演示了如何使用表格。该程序打印出奖牌总数和行总计。

sec07/medals.py

```
1   ##
2   #  本程序打印奖牌获得者计数表和行总计
3   #
4
5   MEDALS = 3
6   COUNTRIES = 8
7
8   # 创建一个国家名称列表
9   countries = [ "Canada",
10                "Italy",
11                "Germany",
12                "Japan",
13                "Kazakhstan",
14                "Russia",
15                "Republic of Korea",
16                "United States" ]
17
18  # 创建一个奖牌数的表格
19  counts = [
20              [ 0, 3, 0 ],
21              [ 0, 0, 1 ],
22              [ 0, 0, 1 ],
23              [ 1, 0, 0 ],
24              [ 0, 0, 1 ],
25              [ 3, 1, 1 ],
26              [ 0, 1, 0 ],
27              [ 1, 0, 1 ]
28          ]
29
30  # 打印表格标题
31  print("          Country   Gold  Silver  Bronze    Total")
32
33  # 打印国家、奖牌总数、行总计
34  for i in range(COUNTRIES) :
35      print("%15s" % countries[i], end="")
36
37      # 打印各行的元素，并更新行总计
38      total = 0
39      for j in range(MEDALS) :
40          print("%8d" % counts[i][j], end="")
41          total = total + counts[i][j]
42
43      # 显示行总计，并打印换行符
44      print("%8d" % total)
```

程序运行结果如下：

```
        Country   Gold  Silver  Bronze   Total
         Canada     0      3       0       3
          Italy     0      0       1       1
        Germany     0      0       1       1
          Japan     1      0       0       1
     Kazakhstan     0      0       1       1
         Russia     3      1       1       5
Republic of Korea   0      1       0       1
  United States     1      0       1       2
```

实训案例6.3　世界人口表

问题描述　考虑以下世界人口数据。

各大洲人口（单位：百万）							
年份	1750	1800	1850	1900	1950	2000	2050
Africa（非洲）	106	107	111	133	221	767	1766
Asia（亚洲）	502	635	809	947	1402	3634	5268
Australia（大洋洲）	2	2	2	6	13	30	46
Europe（欧洲）	163	203	276	408	547	729	628
North America（北美洲）	2	7	26	82	172	307	392
South America（南美洲）	16	24	38	74	167	511	809

要求以表格形式打印数据，并添加列总计，显示给定年份的世界总人口。

➡️步骤 1　把问题分解为若干步骤。

初始化表数据
打印表格
计算并打印列总计

➡️步骤 2　初始化表格为一系列行数据。

```
populations = [
    [ 106, 107, 111, 133, 221, 767, 1766 ],
    [ 502, 635, 809, 947, 1402, 3634, 5268 ],
    [ 2, 2, 2, 6, 13, 30, 46 ],
    [ 163, 203, 276, 408, 547, 729, 628 ],
    [ 2, 7, 26, 82, 172, 307, 392 ],
    [ 16, 24, 38, 74, 167, 511, 809 ]
]
```

➡️步骤 3　为了打印行标题，我们还需要一个各大洲名称的列表。请注意，它的行数应与表格的行数相同。

```
continents = [
    "Africa",
    "Asia",
    "Australia",
    "Europe",
    "North America",
    "South America"
]
```

为了打印行，首先打印各大洲的名称，然后打印所有列。这是通过两个嵌套循环实现的。外

循环打印每一行:

```
# 打印人口数据
for i in range(ROWS) :
   # 打印第 i 行
   . . .
   print()   # 在每一行的末尾打印换行符
```

为了打印行, 首先打印行标题, 然后打印所有列。

```
print("%20s" % continents[i], end="")
for j in range(COLUMNS) :
   print("%5d" % populations[i][j], end="")
```

➡ **步骤 4**　为了打印列总计, 使用 6.7.4 节中描述的算法, 对每一列分别进行一次计算。

```
for j in range(COLUMNS) :
   total = 0
   for i in range(ROWS) :
      total = total + populations[i][j]

   print("%5d" % total, end="")
```

示例代码: 完整的程序如下所示。

worked_example_3/population.py

```
1  ##
2  #   本程序打印一张表格, 显示 300 年来世界人口的变化
3  #
4
5  ROWS = 6
6  COLUMNS = 7
7
8  # 初始化世界人口表
9  populations = [
10      [ 106, 107, 111, 133, 221, 767, 1766 ],
11      [ 502, 635, 809, 947, 1402, 3634, 5268 ],
12      [ 2, 2, 2, 6, 13, 30 46 ],
13      [ 163, 203, 276, 408, 547, 729, 628 ],
14      [ 2, 7, 26, 82, 172, 307, 392 ],
15      [ 16, 24, 38, 74, 167, 511, 809 ]
16     ]
17
18  # 定义一个各大洲名称的列表
19  continents = [
20      "Africa",
21      "Asia",
22      "Australia",
23      "Europe",
24      "North America",
25      "South America"
26     ]
27
28  # 打印表标题
29  print("                 Year 1750 1800 1850 1900 1950 2000 2050")
30
31  # 打印人口数据
32  for i in range(ROWS) :
33     # 打印第 i 行
34     print("%20s" % continents[i], end="")
35     for j in range(COLUMNS) :
```

```
36          print("%5d" % populations[i][j], end="")
37
38      print()    # 在每行的末尾打印换行符
39
40  # 打印列总计
41  print("            World", end="")
42  for j in range(COLUMNS) :
43      total = 0
44      for i in range(ROWS) :
45          total = total + populations[i][j]
46
47      print("%5d" % total, end="")
48
49  print()
```

程序运行结果如下：

```
         Year 1750 1800 1850 1900 1950 2000 2050
       Africa  106  107  111  133  221  767 1766
         Asia  502  635  809  947 1402 3634 5268
    Australia    2    2    2    6   13   30   46
       Europe  163  203  276  408  547  729  628
North America    2    7   26   82  172  307  392
South America   16   24   38   74  167  511  809
        World  791  978 1262 1650 2522 5978 8909
```

专题讨论 6.9　行长度可变的表格

本节中使用的表格包含的行都具有相同的长度，我们还可以创建一个行长度可变的表格。

例如，可以创建具有三角形形状的表格。

```
b[0][0]
b[1][0] b[1][1]
b[2][0] b[2][1] b[2][2]
```

为了创建这样的表格，必须在循环中使用列表复制（参见图 15）。

```
b = []
for i in range(3) :
    b.append([0] * (i + 1))
```

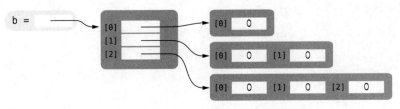

图 15　具有三角形形状的表格

我们可以使用 b[i][j] 访问每个列表元素。表达式 b[i] 选择第 i 行，[j] 运算符选择该行中的第 j 个元素。

注意，行数是 len(b)，第 i 行的长度是 len(b[i])。例如，以下两个循环打印一个不规则的表格。

```
    for i in range(len(b)) :
        for j in range(len(b[i])) :
            print(b[i][j], end=" ")
        print()
```

如果不需要行和列索引值，可以直接遍历行和各个元素。

```
    for row in b :
        for element in row :
            print(element, end=" ")
        print()
```

很显然，这种"交错"表格并不常见。

实训案例6.4　图形应用：绘制正多边形

正多边形是指所有边都具有相同长度且所有内角都相等且小于180°的多边形。我们熟知的一些特定大小的正多边形的常用名称有：等边三角形（equilateral triangle）、正方形（square）、正五边形（pentagon）、正六边形（hexagon）、正七边形（heptagon）、正八边形（octagon）。

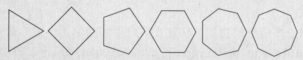

问题描述　开发一个图形程序，基于用户指定的边数，在图形窗口中心绘制正多边形。

⟹ **步骤1**　理解绘制任务。

这个问题可分解成两个独立的任务。首先，在给定顶点列表的情况下，绘制任意多边形。从每个顶点到下一个顶点绘制线段，然后从最后一个顶点到第一个顶点绘制线段，以闭合多边形。

为了在画布上绘制具有给定边数的正多边形，必须确定如何计算多边形的顶点。一个正多边形可以内接在圆内，这样每个顶点都位于圆周上。

如果多边形的中心（与圆的圆心相同）位于原点，则可以使用极坐标计算顶点的 x 和 y 坐标。

$$x = r\cos(\alpha)$$
$$y = r\sin(\alpha)$$

可以从定义 x 轴上的第一个顶点（其中 $\alpha = 0$）开始，然后通过将角度递增一个分量（分隔两个相邻顶点的角度 Δ）来计算下一个顶点。多边形中前三个顶点的计算方法如下图所示，其中，Δ 等于 360° 除以边数。请注意，使用这些公式计算的坐标值会产生浮点数，这些值在绘制多边形之前必须四舍五入为整数。

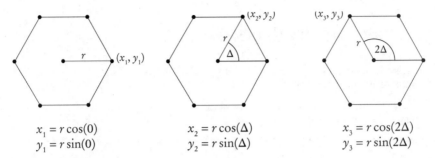

$$x_1 = r\cos(0)$$
$$y_1 = r\sin(0)$$

$$x_2 = r\cos(\Delta)$$
$$y_2 = r\sin(\Delta)$$

$$x_3 = r\cos(2\Delta)$$
$$y_3 = r\sin(2\Delta)$$

➡ **步骤 2** 执行逐步求精。

我们将使用逐步求精的过程来解决这个问题。从更高层次上看问题，只涉及以下几个步骤。

```
创建并配置图形窗口
读取正多边形的边数
构建正多边形
绘制正多边形
```

我们可以将读取正多边形的边数、构建正多边形和绘制正多边形的任务分解为使用函数 getNumberSides、buildRegularPolygon 和 drawPolygon 来执行。解决这个问题的 main 函数如下所示：

```python
WIN_SIZE = 400
POLY_RADIUS = 150
POLY_OFFSET = WIN_SIZE // 2 - POLY_RADIUS

def main() :
    win = GraphicsWindow(WIN_SIZE, WIN_SIZE)
    canvas = win.canvas()
    canvas.setOutline("blue")
    numSides = getNumberSides()
    polygon = buildRegularPolygon(POLY_OFFSET, POLY_OFFSET, numSides, POLY_RADIUS)
    drawPolygon(polygon, canvas)
    win.wait()
```

➡ **步骤 3** 询问用户正多边形的边数。

正多边形必须至少有三条边。我们可以通过反复提示输入一个值来验证用户输入，直到输入一个有效值。此函数的代码如下所示。

```python
## 通过用户读取正多边形的边数
#  @return 大于或等于 3 的边数
#
def getNumberSides() :
    numSides = int(input("Enter number of polygon sides (>= 3): "))
    while numSides < 3 :
        print("Error!! the number of sides must be 3 or greater.")
        numSides = int(input("Enter number of polygon sides (>= 3): "))

    return numSides
```

➡ **步骤 4** 构建和绘制正多边形。

首先考虑绘制任意多边形的任务，如下所示。

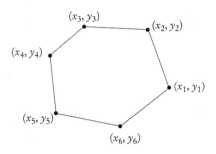

多边形由顶点列表指定。每个点都有一个 x 和 y 坐标，我们将其表示为一个长度为 2 的列表。

为了绘制多边形，调用者必须建立此窗体的顶点列表并将其传递给函数 drawPolygon：

```
vertexList = [[x1, y1], [x2, y2], [x3, y3], [x4, y4], [x5, y5], [x6, y6]]
drawPolygon(vertexList, canvas)
```

该函数的代码可以绘制 $n-1$ 条线段，将每个顶点与后续顶点连接起来。然后绘制另一条线段，之后将最后一个顶点与第一个顶点连接起来。

```
def drawPolygon(vertexList, canvas) :
    last = len(vertexList) - 1
    for i in range(last) :
        start = vertexList[i]
        end = vertexList[i + 1]
        canvas.drawLine(start[0], start[1], end[0], end[1])
    start = vertexList[last]
    end = vertexList[0]
    canvas.drawLine(start[0], start[1], end[0], end[1])
```

现在讨论构建正多边形的函数。我们允许用户指定边界框左上角的位置和所需的半径。

在使用步骤 1 中的方程式计算顶点时，假定多边形的中心位于原点。为了在左上角为 (x, y) 的边界框内绘制多边形，顶点必须通过以下公式偏移：

```
xOffset = x + radius
yOffset = y + radius
```

现在，可以计算顶点并将其保存在列表中。

执行此任务的函数如下所示。注意，在计算每个坐标时，必须使用 round 函数将其转换为整数。此外，三角函数要求以弧度为单位来指定角度。我们使用函数 radians 将角度转换为弧度。此函数以及 sin 和 cos 函数都在 math 模块中定义。

```
## 计算和构建正多边形的顶点列表
#   该正多边形位于一个边界框内
#   @param x 边界框左上角的 x 坐标
#   @param y 边界框左上角的 y 坐标
#   @param sides 多边形的边数
#   @param radius 正多边形的半径
#   @return 顶点的列表，存储格式为 [[x1, y1], ... [xn, yn]]
#
def buildRegularPolygon(x, y, sides, radius) :
    xOffset = x + radius
    yOffset = y + radius
    angle = 0.0
```

```
angleInc = radians(360 / sides)
vertexList = []
for i in range(sides) :
    xVertex = xOffset + radius * cos(angle)
    yVertex = yOffset + radius * sin(angle)
    vertexList.append([round(xVertex), round(yVertex)])
    angle = angle + angleInc

return vertexList
```

➡️ **步骤 5** 把所有的函数保存在某个 Python 源代码文件中。

示例代码：完整的程序请参见本书配套代码中的 worked_example_4/drawpoly.py。

本章小结

使用列表收集值。

- 列表是存储一系列值的容器。
- 使用 list[i] 的形式访问列表中的每个元素，其中 i 是列表元素的索引。
- 列表索引必须小于列表中的元素个数。
- 如果我们提供的列表索引无效，则会出现越界错误，这会导致程序终止。
- 我们可以遍历索引值或者列表元素。
- 列表引用指定列表的位置。复制引用将产生对同一列表的第二个引用。

了解和使用处理列表的内置操作。

- 使用 insert 方法在列表的任意位置插入新元素。
- in 运算符测试元素是否包含在列表中。
- 使用 pop 方法从列表的任何位置删除元素。
- 使用 remove 方法按值从列表中删除元素。
- 两个列表可以使用加号（+）运算符拼接在一起。
- 使用 list 函数将一个列表中的元素复制到新列表中。
- 使用切片运算符（:）可以提取子列表或者子字符串。

了解和使用常用的列表算法。

- 当分隔元素时，不要在第一个元素之前放置分隔符。
- 线性搜索按顺序依次检查所有的元素，直至找到匹配项。
- 当交换两个元素时需要使用一个临时变量。

实现处理列表的函数。

- 列表可以用作函数参数和返回值。
- 当使用列表参数调用函数时，函数接收的是列表引用，而不是列表的副本。
- 使用包含在括号中以逗号分隔的序列，可以创建元组。

组合和修改算法以解决程序设计问题。

- 通过组合使用各种基本操作和算法，我们可以解决复杂的程序设计问题。
- 为了组合和修改基本算法，我们必须先熟悉基本算法的实现。

通过操作实体对象发现算法。

- 使用硬币、扑克牌或者玩具来可视化值列表。
- 使用回形针作为位置标记或者计数器。

使用表格按行列来排列的数据。

- 使用两个索引值 table[i][j] 访问表格中的各个元素。

复习题

■■ R6.1　给定列表 values = []，编写代码把列表分别填充为以下的数据集。

　　　a. 1　2　3　4　5　6　7　8　9　10

　　　b. 0　2　4　6　8　10　12　14　16　18　20

　　　c. 1　4　9　16　25　36　49　64　81　100

　　　d. 0　0　0　0　0　0　0　0　0　0

　　　e. 1　4　9　16　9　7　4　9　11

　　　f. 0　1　0　1　0　1　0　1　0　1

　　　g. 0　1　2　3　4　0　1　2　3　4

■■ R6.2　考虑以下列表：

```
a = [1, 2, 3, 4, 5, 4, 3, 2, 1, 0]
```

以下各循环语句结束后，total 的值是多少？

```
a.  total = 0
    for i in range(10) :
        total = total + a[i]
b.  total = 0
    for i in range(0, 10, 2) :
        total = total + a[i]
c.  total = 0
    for i in range(1, 10, 2) :
        total = total + a[i]
d.  total = 0
    for i in range(2, 11) :
        total = total + a[i]
e.  total = 0
    i = 1
    while i < 10 :
        total = total + a[i]
        i = 2 * i
f.  total = 0
    for i in range(9, -1, -1) :
        total = total + a[i]
g.  total = 0
    for i in range(9, -1, -2) :
        total = total + a[i]
h.  total = 0
    for i in range(0, 10) :
        total = a[i] - total
```

■　R6.3　描述 3 种不同的生成列表副本的方法，要求不使用函数 list。

■■ R6.4　考虑以下列表：

```
a = [1, 2, 3, 4, 5, 4, 3, 2, 1, 0]
```

完成以下每个循环后，列表 a 中的内容是什么？（对于每个循环，假设开始时列表 a 包含原始值列表。）

```
a. for i in range(1, 10) :
       a[i] = a[i - 1]
```

```
b. for i in range(9, 0, -1) :
       a[i] = a[i - 1]
c. for i in range(9) :
       a[i] = a[i + 1]
d. for i in range(8, -8, -1) :
       a[i] = a[i + 1]
e. for i in range(1, 10) :
       a[i] = a[i] + a[i - 1]
f. for i in range(1, 10, 2) :
       a[i] = 0
g. for i in range(5) :
       a[i + 5] = a[i]
h. for i in range(1, 5) :
       a[i] = a[9 - i]
```

■■■ R6.5 编写一个循环，使用 1 ～ 100 之间的 10 个随机数填充一个列表 values。编写包含两个嵌套循环的代码，使用 1 ～ 100 之间的 10 个不同的随机数填充列表 values。

■■ R6.6 编写一个循环的 Python 代码，同时计算列表的最大值和最小值。

■ R6.7 以下各代码片段存在什么错误？

```
a. values = [1, 2, 3, 4, 5, 6, 7, 8, 9, 10]
   for i in range(1, 11) :
       values[i] = i * i
b. values = []
   for i in range(len(values)) :
       values[i] = i * i
```

■■ R6.8 编写 for 循环遍历列表元素并执行以下任务，要求不使用 range 函数。

a. 在一行中打印列表的所有元素，用空格来分隔。

b. 计算列表中所有元素的乘积。

c. 统计一个列表中有多少个元素是负数。

■ R6.9 什么是列表索引？什么是合法的索引值？什么是越界（或称界限）错误？

■ R6.10 编写包含越界错误的程序，并运行程序。计算机运行的结果是什么？

■ R6.11 编写一个循环以读取 10 个数值；编写第二个循环，并以与输入数值相反的顺序显示数值。

■ R6.12 为以下的列表操作设计函数头和文档注释，不要求实现这些功能。

a. 按降序排列元素。

b. 打印由给定字符串分隔的所有元素。

c. 计算有多少个元素小于给定值。

d. 删除所有小于给定值的元素。

e. 将小于给定值的所有元素放入另一个列表中。

■ R6.13 使用给定的示例数据跟踪 6.3.3 节中第二个循环的流程。内容显示为两列，一列值为 i，一列值为输出。

■ R6.14 跟踪 6.3.5 节中循环的流程，其中列表 values 包含元素 80 90 100 120 110。结果显示为两列，pos 和 found 各占一列。当 values 包含元素 80 90 120 70 时，重复跟踪过程。

■ R6.15 考虑以下循环，该循环用于查找并收集所有与条件相匹配的元素，在本例中，满足条件的元素应大于 100。

```
matches = []
for element in values :
    if element > 100 :
        matches.append(element)
```

跟踪循环的流程，其中 values 包含元素 110 90 100 120 80。结果显示两列，element 和 matches 各占一列。

■■ R6.16　跟踪 6.3.7 节中描述的删除匹配元素的算法。使用列表 values，其中包含元素 110 90 100 120 80，并删除索引为 2 的元素。

■ R6.17　编写伪代码实现算法：将列表元素旋转位置，将第一个元素移动到列表末尾，如下所示：

■■ R6.18　编写伪代码实现算法：从一个列表中删除所有的负值，并保持其余元素的顺序。

■■ R6.19　假设 values 是一个有序的整数列表。编写伪代码，描述如何将一个新值插入所在列表的正确位置，以便使结果列表保持有序。

■■■ R6.20　行程（run）是指一个具有相邻重复值的序列。编写伪代码，计算列表中最长行程的长度。例如，以下列表中最长行程的长度为 4。

1 2 5 5 3 1 2 4 3 2 2 2 2 3 6 5 5 6 3 1

■■■ R6.21　以下函数的目的是用随机数填充列表，请问该函数存在问题吗？

```
def fillWithRandomNumbers(values) :
    numbers = []
    for i in range(len(values)) :
        numbers[i] = random.random()
    values = numbers
```

■■ R6.22　给定两个列表，分别表示平面上一组点的 x 坐标和 y 坐标。为了绘制点集，我们需要知道包含这组点的最小矩形的 x 和 y 坐标。如何从 6.3 节的基本算法中获得这些值？

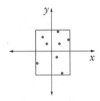

■ R6.23　为了解决"操作指南 6.1"中描述的问题，首先需要对列表进行排序。请问如何修改计算总和的算法？

■■ R6.24　使用删除和插入元素而不是交换元素的算法解决 6.6 节中描述的任务。编写算法的伪代码，假设存在删除和插入的函数。用一系列硬币模拟这个算法，并解释为什么该算法比 6.6 节中开发的交换算法效率低。

■■ R6.25　开发一种算法来查找数值列表中出现次数最多的值。使用一系列硬币，把回形针放在每一枚硬币的下面，使用这些回形针可以统计出同一序列中有多少相同币值的其他硬币。给出能够产生正确答案的算法的伪代码，并描述如何使用硬币和回形针帮助我们发现算法。

■■ R6.26　如何使用 Python 中的列表执行以下任务？

a. 测试两个列表中的元素是否依次相同。

b. 将一个列表复制到另一个列表中。

c. 用 0 填充列表，覆盖其中的所有元素。

d. 从列表中删除所有元素。

■ R6.27　请问以下说法是正确还是错误？

a. 列表索引值必须是整数。

b. 列表可以改变大小，可以变大或者变小。

c. 函数不能返回列表。

d. 列表中的所有元素都必须属于同一种数据类型。

e. 列表不能包含字符串作为元素。

f. 函数无法更改列表参数的长度。

■■ **R6.28**　编写 Python 语句，使用 m 行 n 列的表格执行以下任务。

- 用零初始化表格。
- 使用 1 填充所有数据项。
- 使用 0 和 1 交替填充数据项以使表格成为棋盘格模式。
- 仅将顶部行和底部行中的元素填充为 0。
- 仅将左边列和右边列中的元素填充为 1。
- 计算所有元素的总和。
- 打印表格。

■ **工具箱应用 R6.29**　为什么立体声 CD 的声音文件每分钟大约占用 10 MB 的空间？

■ **工具箱应用 R6.30**　读取一个声音文件，将所有数据值除以 2，然后保存。请问结果会发生什么？

■ **工具箱应用 R6.31**　读取一个声音文件，保持数据值不变，将采样频率除以 2，然后保存。请问结果会发生什么？

■ **工具箱应用 R6.32**　编写一个音频文件，包含相同值（例如 30 000），重复 44 100 次。请问结果会发生什么？如果我们不确定的话，请试试看。

■ **工具箱应用 R6.33**　如果将声音文件中的所有数据与 −1 相乘并保存结果，请问结果会发生什么？如果我们不确定的话，请试试看。

编程题

■■ **P6.1**　编写一个程序，使用 10 个随机整数初始化一个列表，然后打印以下 4 行输出，其中包含：

- 索引为偶数的每个元素值。
- 每个偶数元素。
- 按相反顺序排列的所有元素。
- 仅第一个和最后一个元素。

■ **P6.2**　编写一个程序，读取数值并将其添加到列表中（如果列表中尚未包含该数值）。当列表包含 10 个数值时，程序将显示列表内容并退出。

■■ **P6.3**　编写一个程序，把 2 ~ 10 000 的所有数字添加到一个列表中。然后删除 2 的倍数（不包括 2）、3 的倍数（不包括 3），以此类推，直到 100 的倍数。打印列表中剩余的值。

■■ **P6.4**　编写列表函数，在整数列表上执行以下任务，为每个函数提供一个测试程序。

a. 交换列表中的第一个和最后一个元素。

b. 将所有元素向右移动一位，并将最后一个元素移到第一个位置。例如，1 4 9 16 25 将转换为 25 1 4 9 16。

c. 将所有偶数元素替换为 0。

d. 除第一个和最后一个元素之外，用两个相邻元素中较大的元素替换每个元素。

e. 如果列表长度为奇数，则删除中间元素；如果列表长度为偶数，则删除中间两个元素。

f. 将所有偶数元素移到前面，其他元素保留原有的相对顺序。

g. 返回列表中第二大元素。

h. 如果列表当前按递增顺序排列，则返回 true。

i. 如果列表包含两个相邻的重复元素，则返回 true。

j. 如果列表包含重复元素（不必相邻），则返回 true。

- ■ P6.5　修改 6.3 节中的 largest.py 程序以标记最小元素和最大元素。

- ■■ P6.6　编写一个函数 sumWithoutSmallest，该函数使用单循环计算值列表（最小值除外）的累加和。在循环中，更新累加和以及最小值。循环结束之后，从累加和中减去最小值并返回差。

- ■ P6.7　编写一个函数 removeMin，该函数从列表中删除最小值，要求不使用 min 函数或者 remove 方法。

- ■■ P6.8　计算列表中所有元素的交错总和（alternating sum）。例如，如果程序读取输入：

  1　4　9　16　9　7　4　9　11

  则计算

  $1 - 4 + 9 - 16 + 9 - 7 + 4 - 9 + 11 = -2$

- ■ P6.9　编写一个函数，反转列表中元素的顺序。例如，如果使用以下列表调用函数

  1　4　9　16　9　7　4　9　11

  结果列表更改为：

  11　9　4　7　9　16　9　4　1

- ■ P6.10　编写一个函数，实现 6.6 节中开发的算法。

- ■■ P6.11　编写函数 def equals(a, b)，检查两个列表是否具有相同的元素及相同的顺序。

- ■■ P6.12　编写函数 def sameSet(a, b)，检查两个列表是否按某种顺序具有相同的元素，忽略重复值。例如，以下两个列表被认为是相同的。

  1　4　9　16　9　7　4　9　11 和 11　11　7　9　16　4　1

  也许需要编写几个辅助函数。

- ■■■ P6.13　编写函数 sameElements(a, b)，检查两个列表是否按某种顺序具有相同的元素，并且具有相同的重复值。例如，以下两个列表被认为是相同的。

  1　4　9　16　9　7　4　9　11 和 11　1　4　9　16　9　7　4　9

  而以下两个列表则认为不相同：

  1　4　9　16　9　7　4　9　11 和 11　11　7　9　16　4　1　4　9

  也许需要编写几个辅助函数。

- ■■ P6.14　修改实训案例 6.2 中的程序，以使用随机生成的骰子点数，而不是从用户那里读取点数。

- ■■ P6.15　行程（run）是指一个具有相邻重复值的序列。编写一个程序，生成 20 个随机投掷的骰子点数的序列，将它们存储在列表中，并打印骰子点数值，通过将它们包含在括号中来标记行程，如下所示：

  1　2　(5　5)　3　1　2　4　3　(2　2　2)　3　6　(5　5)　6　3　1

  使用以下伪代码：

  inRun = False
  对于列表中的每个合法索引
  　　如果 *inRun* 为真
  　　　　如果 *values*[*i*] 与先前的值不同
  　　　　　　打印)
  　　　　　　inRun = False
  　　如果 *inRun* 为假
  　　　　如果 *values*[*i*] 与后面的值相同
  　　　　　　打印 (
  　　　　　　inRun = True
  　　打印 *values*[*i*]
  　　如果 *inRun* 为真，打印)

■■ P6.16 编写一个程序以生成 20 个随机投掷骰子的结果序列, 将其存储在列表中, 并打印骰子点数值, 只标记最长行程, 如下所示:

```
1 2 5 5 3 1 2 4 3 (2 2 2 2) 3 6 5 5 6 3 1
```

如果存在多个最长的行程, 则只标记第一个。

■■ P6.17 编写一个程序, 生成一个包含 20 个由 0 ~ 99 的随机值组成的序列, 将它们存储在一个列表中, 打印该序列并对其进行排序, 然后打印排序后的序列。使用列表的 sort 方法进行排序。

■■■ P6.18 编写一个程序, 生成数字 1 ~ 10 的十种随机排列。为了生成一个随机排列, 需要用数字 1 ~ 10 填充一个列表, 以便列表中没有两个数据项具有相同的内容。我们可以通过暴力算法生成随机值, 直到生成一个尚未在列表中出现的值为止。但暴力算法的效率比较低下。因此, 可以使用以下算法。

> 创建第 2 个列表, 使用数字 1 ~ 10 填充该列表
> 重复 10 次:
> 　　在第 2 个列表中随机选择一个位置
> 　　从第 2 个列表中删除该位置处的元素
> 　　将删除的元素附加到排列列表中

■■ P6.19 大量研究表明, 休息室里的男人通常喜欢最大化他们与已经占据位置的人之间的距离, 这是通过占用最长空闲位置的中间位置来实现的。

例如, 考虑 10 个空位置的情况。

```
_ _ _ _ _ _ _ _ _ _
```

第一个到访者将占据中间位置:

```
_ _ _ _ _ X _ _ _ _
```

第二个到访者将占据左边空区域的中间位置:

```
_ _ X _ _ X _ _ _ _
```

编写一个程序, 读取位置的数量, 然后在填充位置时按上述格式打印出图表, 一次打印一个。提示: 使用布尔列表来指示某位置是否已被占用。

■■■ P6.20 我们将模拟保加利亚单人纸牌游戏 (Bulgarian solitaire)。游戏以 45 张牌开始。(他们不必打牌, 无标记的索引卡片也同样有效。) 随机地将 45 张牌分成随机大小的一些堆。例如, 可以从大小为 20、5、1、9 和 10 的堆开始。在每一轮中, 我们从每一堆牌中各取出一张, 用这些牌组成新的牌堆。例如, 开始样本将被转换为大小为 19、8、9 和 5 的堆。当纸牌堆的大小变为 1、2、3、4、5、6、7、8 和 9 (可以为不同的排列顺序) 时, 纸牌游戏就结束了。(可以证明, 结果总是以这样的配置结束。)

在我们的程序中, 生成一个随机启动配置并打印输出。然后一直应用纸牌游戏规则并打印结果。当达到纸牌最终配置时程序停止。

■■■ P6.21 幻方 (magic squares)。一个 $n \times n$ 矩阵, 由数字 1, 2, 3, $\cdots$, n^2 填充, 如果每行、每列和两条对角线中的元素之和是相同的值, 则称该矩阵为幻方。

编写一个程序, 从键盘上读取 16 个值, 并测试将它们放入 4×4 表格中时是否形成幻方。我们需要测试两个特性:

1. 数字 1, 2, $\cdots$, 16 中的每一个数字都出现在用户的输入中吗?
2. 当数字放在矩阵中时, 行、列和对角线的和是否相等?

```
16  3  2 13
 5 10 11  8
 9  6  7 12
 4 15 14  1
```

■■■ P6.22　实现以下算法来构造 $n \times n$ 幻方。该算法仅适用于 n 为奇数的情况。如果遵循这个算法，则 5×5 幻方如下所示：

```
11 18 25  2  9
10 12 19 21  3
 4  6 13 20 22
23  5  7 14 16
17 24  1  8 15
```

设置 row = n – 1, column = n // 2
For k = 1 ... n * n
　　把 k 放置在 [row][column]
　　递增变量 row 和 column
　　If row 或者 column 等于 n，则设置其为 0
　　If 位置 [row][column] 处已经填充了元素，则
　　　　设置 row 和 column 为其前一个值
　　　　递减 row

编写一个程序，输入 n，如果 n 是奇数，则输出 n 阶幻方。

■■ P6.23　编写一个函数 def neighborAverage(values, row, column)，计算表格元素在图 14 所示 8 个方向上的相邻元素的平均值。但是，如果元素位于表格的边界，则只包括表格内的相邻元素。例如，如果行和列都为 0，则只有 3 个邻居。

■■ P6.24　编写一个程序，读取一系列输入值，并使用星号显示值的条形图，如下所示：

```
***********************
****************************************
******************************
****************************
**************
```

假设所有的值都是正的。首先计算出最大值，最大值的条形图应该用 40 个星号表示。较短的条形图应按比例使用较少的星号。

■■■ P6.25　改进编程题 P6.24 中的程序，使其在数据集包含负值时正常工作。

■■ P6.26　改进编程题 P6.24 中的程序，为每个条形图添加说明文字。提示用户输入说明文字和数据值。输出应该如下所示：

```
      Egypt ********************
     France *****************************************
      Japan **************************
    Uruguay **************************
Switzerland **************
```

■■ P6.27　剧院座位表可以采用票价表的形式来表示，如下所示：

```
10 10 10 10 10 10 10 10 10 10
10 10 10 10 10 10 10 10 10 10
10 10 10 10 10 10 10 10 10 10
10 10 20 20 20 20 20 20 10 10
10 10 20 20 20 20 20 20 10 10
10 10 20 20 20 20 20 20 10 10
20 20 30 30 40 40 30 30 20 20
20 30 30 40 50 50 40 30 30 20
30 40 50 50 50 50 50 50 40 30
```

© lepas2004/iStockphoto.

编写一个程序，提示用户选择座位或者价格。已售出的座位价格标记为 0。当用户指定座位时，请确保该座位可出售。当用户指定一个价格时，找到任何具有该价格的座位。

■■■ P6.28　编写一个程序实现井字棋游戏（tic tac toe）。井字棋游戏在 3×3 网格上进行，如图所示。

© Kathy Muller/iStockphoto.

这个游戏由两个玩家轮流下棋。第一个玩家使用圆圈，第二个玩家使用叉。水平、垂直或者对角线连成一线的选手获胜。要求程序画出游戏板，向用户询问下一个标记的坐标，每次成功移动后更换玩家，最后宣布游戏结果。

■ P6.29　编写一个函数 def appendList(a, b)，把一个列表附加到另一个列表之后。如果列表 a 为 1 4 9 16，列表 b 为 9 7 4 9 11，则 appendList(a, b) 返回一个新的列表，包含以下值：

1 4 9 16 9 7 4 9 11

■■ P6.30　编写函数 def merge(a, b) 以合并两个列表，结果列表中交替排列两个列表的元素。如果一个列表比另一个列表短，则先尽量交替排列，最后附加长列表中的剩余元素。例如，如果列表 a 为 1 4 9 16，列表 b 为 9 7 4 9 11，则 merge (a, b) 返回一个新的列表，包含以下值：

1 9 4 7 9 4 16 9 11

■■ P6.31　编写函数 def mergeSorted(a, b) 以合并两个有序列表，结果为一个新的有序列表。为每个列表保留一个索引，指示已经处理了多少个元素。每次都从两个列表中选择最小的未处理元素追加到新的有序列表中，然后递增索引。例如，如果有序列表 a 为 1 4 9 16，有序列表 b 为 4 7 9 9 11，则 mergeSorted(a, b) 返回一个新的有序列表，包含以下值：

1 4 4 7 9 9 9 11 16

■■ 商业应用 P6.32　一家宠物店对顾客进行打折销售，如果顾客买了一只或者多只宠物以及至少 5 件其他物品，则其折扣为其他物品成本的 20%，但不包括宠物。实现一个函数：

def discount(prices, isPet, nItems)

该函数接收某笔特定销售的信息。对于该销售中的第 i 个物品，price[i] 是折扣前的价格，如果该数据项是宠物，则 isPet[i] 为真。

编写一个程序，提示收银员输入每个物品的价格，然后输入 Y 表示宠物，输入 N 表示其他物品，使用 −1 作为哨兵。将输入数据保存在列表中。然后调用我们实现的函数，并显示折扣。

■■ **商业应用 P6.33** 超市希望奖励每天的最佳顾客，并在超市的屏幕上显示顾客的名字。为此，客户的购买金额应存储在列表中，客户的姓名存储在相应的列表中。实现函数

```
def nameOfBestCustomer(sales, customers)
```

以返回购买金额最大的顾客姓名。

编写一个程序，提示收银员输入所有价格和客户的姓名，将他们分别添加到两个列表中，调用我们实现的函数，并显示结果。使用 0 作为哨兵。

■■■ **商业应用 P6.34** 改进上一题中的程序，使其显示购买金额名列前茅的客户姓名，即销售额最大的 topN 名客户信息，其中 topN 是用户输入的值。实现一个函数：

```
def nameOfBestCustomers(sales, customers, topN)
```

如果客户数量小于 topN，则包含全部客户。

■■■ **科学应用 P6.35** 给定一个表格，其中包含一个广场中不同点的地形高度。编写一个函数：

```
def floodMap(heights, waterLevel)
```

打印出一张洪水灾害地图，给定水位值，显示地形图中的哪些点将被洪水淹没。在洪水灾害地图中，对每个淹没点打印 *，对每个未淹没点打印空格。

示例地图如下：

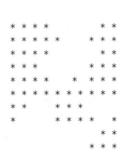

© nicolamargaret/iStockphoto.

然后编写一个程序，读取 100 个地形高度值，并显示当水位从地形的最低点到最高点以步长为 10 的速度升高时，广场是如何被淹没的。

■■ **科学应用 P6.36** 实验中的样本值通常需要进行平滑处理。一种简单的方法是将列表中的每个值替换为该值与其两个相邻值（如果该值位于列表的两端，则取一个相邻值）的平均值。实现函数 def smooth(values, int size) 来执行该操作。

不允许创建另一个列表。

■■ **科学应用 P6.37** 修改程序 ch06/exercises/animation.py，显示正弦曲线的动画。在第 i 帧，将正弦曲线偏移 5i 度。

■■■ **科学应用 P6.38** 编写一个程序来模拟质量为 m 的物体运动，该物体附着在一个振荡弹簧上。当弹簧偏离平衡位置的量为 x 时，胡克定律（Hooke's law）表明恢复力（restoring force）为：

$$F = -kx$$

其中，k 是一个与弹簧相关的常数（本示例中，k=10 N/m）。

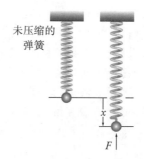

未压缩的
弹簧

x

F

从给定的位移 x 开始（比如，0.5m），将初始速度 v 设置为 0。根据牛顿定律（$F = ma$）和胡克定律，使用质量为 1kg 的物体计算加速度 a。使用较小的时间间隔 $\Delta t = 0.01$s。更新速度，速度改变了 $a\Delta t$。更新位移，位移改变了 $v\Delta t$。

每 10 次迭代后将弹簧位移绘制为一个条形图，其中 1 个像素表示 1 cm。使用 2.6 节中的技术绘制图形。

- ■ **工具箱应用 P6.39** 编写一个声音文件，在值 30 000 ~ −30 000 之间切换，每个值在切换前重复 10 次。提供 44 100 个值以将采样频率设置为 44 100。结果会听到什么声音？使用 15 000 和 −15 000 重复上述过程。结果有什么区别？如果我们把采样频率提高一倍，结果会怎么样？如果把采样频率减少一半，结果又会怎么样？

- ■■ **工具箱应用 P6.40** 编写一个程序，读取一个声音文件并添加"淡入"的声音效果。将第一秒的值乘以一个从 0 增加到 1 的因子。

- ■■ **工具箱应用 P6.41** 重新实现上一题，在末尾添加"淡出"的声音效果。

- ■ **工具箱应用 P6.42** 编写一个程序，读取两个声音文件并将两个文件中的声音混音。计算两个文件中声音的平均值。即使两个声音文件的输入长度不同，程序也应该可以正常运行。假设我们输入的两个声音文件具有相同的采样频率。

- ■■ **工具箱应用 P6.43** 改写上一题中的程序，使得即使输入两个具有不同采样频率的声音文件，程序也可以正常运行。使用采样频率较高的声音文件作为输出。

- ■■ **工具箱应用 P6.44** 编写一个程序，读取声音文件并引入回声。对于每个数据值，将 0.2 秒前的值加 80%。程序执行完成后，重新缩放结果使任何值都不大于 32 787。

- ■ **工具箱应用 P6.45** 编写一个程序，读取声音文件，反转所有值，并保存结果。尝试使用一段录音或者一首歌曲。

- ■■■ **工具箱应用 P6.46** 使用"工具箱 6.1"中描述的 Audacity 程序，制作我们自己的录音，大声说：1，2，3，…，15。然后编写一个程序，要求用户提供一个时间（例如 9:53），并生成朗读出该时间的文件。在本例中，要求把 9、50 和 3 的声音组合在一起。

- ■■ **工具箱应用 P6.47** 编写一个程序，读取一个立体声文件，通过计算左右声道的平均值将其转换为单声道。当读取数据并转换为列表时，将得到一个列表的列表，其中每个列表都包含左声道和右声道中的数据值。提示：为了理解数据格式，请使用交互模式（请参阅"编程技巧 1.1"）加载立体声文件，如"工具箱 6.1"中所述。显示数据列表并观察长度为 2 的列表中的元素。

- ■■ **工具箱应用 P6.48** 编写一个程序，读取立体声文件并翻转左右声道。用一个有噪声的文件进行测试，该噪声对象从左移动到右。

- ■■ **工具箱应用 P6.49** 编写一个程序，读取一个立体声文件，并生成一个单声道文件，每个采样的数据值为 (left - right) / 2。用歌曲声音文件进行测试。如果文件在左右两个声道中均衡地记录了歌手的声音，则结果将包含器乐的声音并删除歌手的声音！

文件和异常

本章目标

- 读取和写入文本文件
- 处理数据的集合
- 处理命令行参数
- 引发和处理异常

在本章中，我们将学习如何读取和写入文本文件，这是处理真实数据的一项非常有用的技能。作为应用，我们将学习如何加密数据。本章的其余部分将讨论如何使用 Python 语言的异常处理机制，以报告和恢复丢失的文件或者格式错误的内容等问题。

7.1 读取和写入文本文件

本章首先讨论读取和写入包含文本的文件这个常见任务。文本文件不仅包括使用简单文本编辑器（例如 Windows 记事本）创建的文件，还包括 Python 源代码和 HTML 文件。

在以下的内容中，我们将学习如何处理文件中的数据。在许多学科中，文件处理都是一项非常有用的技能，因为需要分析或者操作的大型数据集大都存储在文件中。

7.1.1 打开文件

为了访问文件，必须先打开文件。打开文件时，需要指定文件的名称。如果文件存储在其他目录中，则应在文件名前面加上目录路径。还可以指定打开文件是用于读取还是写入操作。假设要从一个名为 input.txt 的文件中读取数据，并且该文件与程序位于同一目录中，那么我们使用以下函数调用来打开文件：

```
infile = open("input.txt", "r")
```

该语句打开要读取的文件（由字符串参数"r"指示），并返回一个与文件 input.txt 相关联的文件对象。当打开一个文件进行读取时，文件必须存在，否则会引发异常。在本章的后面，我们将探讨如何检测和处理异常。

open 函数返回的文件对象必须保存在变量中。访问文件的所有操作都是通过文件对象进行的。

为了打开文件以进行写入操作，可以将文件名作为 open 函数的第一个参数，将字符串"w"作为第二个参数。

```
outfile = open("output.txt", "w")
```

如果输出文件已经存在，则应在将新数据写入文件之前将其内容清空。如果文件不存在，则创建一个空文件。处理完文件后，请确保使用 close 方法关闭该文件。

```
infile.close()
outfile.close()
```

如果程序退出时未关闭为写入操作而打开的文件，则会导致某些输出可能无法写入磁盘文件。

文件关闭后，在重新打开之前不能再次使用。如果尝试对其进行操作将引发异常。

语法 7.1   打开和关闭文件

要打开的文件名。

将返回的文件对象存储在变量中。

```
infile = open("input.txt", "r")

outfile = open("output.txt", "w")
```

确定文件的打开模式。
"r" 表示读取文件内容（输入）。
"w" 表示写入文件内容（输出）。

Read data from infile.
Write data to outfile.

完成数据处理后请务必关闭文件。

```
infile.close()
outfile.close()
```

如果没有关闭输出文件，某些数据可能不会写入文件中。

7.1.2 读取文件

为了从文件中读取一行文本，可以对打开文件时返回的文件对象调用 readline 方法：

```
line = infile.readline()
```

打开文件时，输入标记位于文件的最开头。readline 方法从当前位置开始读取文本，一直读到行的结尾。然后将输入标记移到下一行。readline 方法返回它读取的文本，包括表示行尾的换行符。例如，假设 input.txt 包含以下内容：

```
flying
circus
```

那么，第一次调用 readline 将返回字符串 "flying\n"。回想一下可知，\n 表示行尾的换行符。如果再次调用 readline，将返回字符串 "circus\n"。再次调用 readline 将生成空字符串 ""，因为我们已经到达文件的结尾。

如果文件包含空行，则 readline 返回仅包含换行符 "\n" 的字符串。

从文件中读取多行文本与使用 input 函数读取一系列值非常相似。它反复读取一行文本并对其进行处理，直到达到哨兵值。

```
line = infile.readline()
while line != "" :
    处理 line
    line = infile.readline()
```

哨兵值是一个空字符串，在到达文件结尾后，readline 方法返回空字符串。

与 input 函数一样，readline 方法只能返回字符串。如果文件包含数值数据，则必须使用 int 或者 float 函数将字符串转换为数值：

```
value = float(line)
```

请注意，当字符串转换为数值时，将忽略行尾的换行符。

7.1.3　写入文件

可以将文本写入以写入模式打开的文件，这是通过调用文件对象的 `write` 方法来实现的。例如，以下语句可以把字符串 `"Hello，World!"` 写入输出文件中。

```
outfile.write("Hello, World!\n")
```

正如我们在第 1 章中所讨论的，`print` 函数会在其输出的末尾添加一个换行符，以开始新的一行。但是，在将文本写入输出文件时，必须显式地写入换行符以开始新的一行。

`write` 方法接受单个字符串作为参数，并立即将该字符串写入。该字符串将附加到文件末尾，跟在先前已写入该文件的文本之后。

我们也可以使用 `write` 方法将格式化字符串写入文件：

```
outfile.write("Number of entries: %d\nTotal: %8.2f\n" % (count, total))
```

或者，也可以使用 `print` 函数将文本写入文件，将文件对象提供给一个名为 `file` 的参数，如下所示：

```
print("Hello, World!", file=outfile)
```

如果不需要换行符，可以使用命名参数 `end`。

```
print("Total: ", end="", file=outfile)
```

7.1.4　文件处理示例

下面是处理文件中数据的典型示例。假设给定一个文本文件，其中包含一系列浮点数，每行存储一个值。要求读取这些值并将其写入新的输出文件，按列对齐，后跟这些值的累加和和平均值。如果输入文件包含以下内容：

```
32.0
54.0
67.5
29.0
35.0
80.25
115.0
```

则输出文件应该包含以下内容：

```
             32.00
             54.00
             67.50
             29.00
             35.00
             80.25
            115.00
          --------
Total:    412.75
Average:   58.96
```

下面的程序将完成该任务。

sec01/total.py

```
 1  ##
 2  #   本程序读取一个包含数值的文件，并把数值写入
 3  #   另一个文件，按列对齐，后跟这些数值的累加和和平均值
 4  #
 5
 6  # 提示用户输入输入文件和输出文件的文件名
 7  inputFileName = input("Input file name: ")
 8  outputFileName = input("Output file name: ")
 9
10  # 打开输入文件和输出文件
11  infile = open(inputFileName, "r")
12  outfile = open(outputFileName, "w")
13
14  # 读取输入文件，写入输出文件
15  total = 0.0
16  count = 0
17
18  line = infile.readline()
19  while line != "" :
20      value = float(line)
21      outfile.write("%15.2f\n" % value)
22      total = total + value
23      count = count + 1
24      line = infile.readline()
25
26  # 输出累加和和平均值
27  outfile.write("%15s\n" % "--------")
28  outfile.write("Total: %8.2f\n" % total)
29
30  avg = total / count
31  outfile.write("Average: %6.2f\n" % avg)
32
33  # 关闭文件
34  infile.close()
35  outfile.close()
```

常见错误 7.1　文件名中的反斜杠

如果将文件名指定为字符串字面量，并且该名称中包含反斜杠字符（在 Windows 文件名中），则每个反斜杠必须出现两次：

```
infile = open("c:\\homework\\input.txt", "r")
```

带引号的字符串中单个反斜杠代表的是**转义字符**（escape character），它与后续字符组合在一起以表示特殊的含义，例如 \n 表示换行符。组合字符 \\ 表示单个反斜杠。

但是，当用户通过输入方式向程序提供文件名时，不应键入两次反斜杠。

7.2　文本输入和输出

下面将学习如何处理包含复杂内容的文件，并学习如何应对实际数据中经常出现的挑战。

7.2.1　遍历文件中的行

我们已经讨论了如何一次读取一行文件，然而，还有一种更简单的方法。Python 可以将输入文件视为字符串的容器，其中的每一行都是单独的字符串。为了从文件中读取文本行，可以使用 for 循环遍历文件对象。

例如，以下循环从文件中读取所有行并打印行中的内容。

```
for line in infile :
    print(line)
```

在每次遍历开始时，循环变量 line 被分配了一个字符串，该字符串包含文件中的下一行文本。在循环的主体中，我们只需处理文本行。在上面的循环中，我们将文本行打印到终端。

然而，文件和容器之间有一个关键的区别。读取文件后，如果不先关闭再重新打开该文件，则无法再次遍历该文件。

正如我们在 7.1.2 节中讨论的，每个输入行都以换行符（\n）结束。例如，假设我们有一个包含单词集合的输入文件，每行存储一个单词：

```
spam
and
eggs
```

当输入行打印到终端时，将在每个单词之间显示一个空行。

```
spam

and

eggs
```

请记住，print 函数将其参数打印到终端，然后通过打印换行符来开始新的一行。因为每一行都以换行符结尾，所以第二个换行符在输出中会创建一个空行。

通常，在使用输入字符串之前必须删除换行符。当读取文本文件的第一行时，字符串行包含：

```
s p a m \n
```

为了删除换行符，可以对字符串应用 rstrip 方法：

```
line = line.rstrip()
```

结果是一个新字符串：

```
s p a m
```

默认情况下，rstrip 方法会创建一个新字符串，其中原字符串末尾的所有空白字符（空格、制表符和换行符）都已被删除。例如，如果第三行文本中 eggs 后面有两个空格：

```
e g g s     \n
```

rstrip 方法不仅会删除换行字符，也会删除空白字符：

```
e g g s
```

为了从字符串末尾删除特定字符，我们可以将包含这些字符的字符串参数传递给 rstrip 方法。例如，如果需要从字符串末尾删除句点或者问号，可以使用命令

```
line = line.rstrip(".?")
```

有关可以用于从字符串中删除字符的其他字符串方法，请参见表 1；有关其使用示例，请参见表 2。

表 1   字符删除方法

方法	返回值
s.lstrip() s.lstrip(chars)	在字符串 s 的新版本中，其左边（前面）的空白字符（空格、制表符和换行符）被删除。如果提供参数 chars，则删除字符串中所有包含 chars 的字符而不是空白字符
s.rstrip() s.rstrip(chars)	同 lstrip，但删除的是字符串 s 右边（后面）的字符
s.strip() s.strip(chars)	同 lstrip 和 rstrip，但同时删除字符串 s 前面和后面的字符

表 2   字符删除示例

语句	结果	说明
string = "James\n" result = string.rstrip()	James	从字符串的末尾删除换行符
string = "James \n" result = string.rstrip()	James	从字符串的末尾删除空白字符以及换行符
string = "James \n" result = string.rstrip("\n")	James	仅从字符串的末尾删除换行符
name = " Mary " result = name.strip()	Mary	从字符串的前面和后面删除空白符
name = " Mary " result = name.lstrip()	Mary	仅从字符串前面删除空白符

7.2.2   读取单词

有时我们可能需要从文本文件中读取单个单词。例如，假设输入文件包含两行文本：

```
Mary had a little lamb,
whose fleece was white as snow.
```

我们想按以下方式打印到终端，每行一个单词：

```
Mary
had
a
little
...
```

因为没有从文件中读取单词的方法，所以必须先读取一行，然后将其拆分为单个单词。这可以使用 split 方法完成。

```
wordList = line.split()
```

split 方法返回在每个空白处拆分字符串时所产生的子字符串列表。例如，如果 line 包含字符串

```
line = [M][a][r][y] [h][a][d] [a] [l][i][t][t][l][e] [l][a][m][b][,]
```

则 line 将被拆分为 5 个子字符串，这些子字符串按照它们在字符串中出现的顺序存储在列表中。

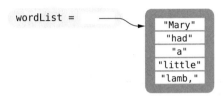

空格不是子字符串的一部分，它们只充当字符串拆分位置的分隔符。拆分字符串后，可以遍历子字符串列表以打印单个单词：

```
for word in wordList :
    print(word)
```

请注意，行中的最后一个单词包含一个逗号。如果我们只想打印文件中包含的单词而不使用标点符号，那么可以使用上一节介绍的 rstrip 方法从子字符串中删除这些标点符号。

```
word = word.rstrip(".,?!")
```

实现原始任务的完整解决方案如下：

```
inputFile = open("lyrics.txt", "r")
for line in inputFile :
    line = line.rstrip()
    wordList = line.split()
    for word in wordList :
        word = word.rstrip(".,?!")
        print(word)

inputFile.close()
```

split 方法将连续多个空白字符视为单个分隔符。因此，如果字符串在部分或者全部单词之间包含多个空格：

```
line = [M][a][r][y]    [h][a][d] [a]  [l][i][t][t][l][e] [l][a][m][b][,]
```

line.split() 的执行结果为 5 个与前面相同的子字符串：

```
"Mary" "had" "a" "little" "lamb,"
```

默认情况下，split 方法使用空白字符作为分隔符，也可以使用不同的分隔符拆分字符串。例如，如果单词用冒号而不是空白字符来分隔。

```
line = [a][p][p][l][e][s][:][p][e][a][r][s][:][o][r][a][n][g][e][s][:][g][r][a][p][e][s]
```

我们可以指定冒号（:）作为 split 方法使用的分隔符。语句

```
substrings = line.split(":")
```

把字符串拆分为 4 个子字符串：

```
"apples" "pears" "oranges" "grapes"
```

请注意，当分隔符作为参数传递时，连续的分隔符不会被视为单个分隔符，这和默认参数不

同。因此，字符串

line = `apples:pears::grapes`

将被拆分成 4 个子字符串，在两个连续冒号（:）之间对应一个空的"单词"：

`"apples" "pears" "" "grapes"`

表 3 列举了拆分字符串的其他方法，表 4 给出了字符串拆分示例。

表 3   字符串拆分方法

方法	返回值
s.split() *s*.split(*sep*) *s*.split(*sep*, *maxsplit*)	返回字符串 s 中的单词列表。如果提供了字符串 sep，则将其用作分隔符；否则，将使用任何空白字符。如果 sep 包含多个字符，则每个字符都被视为分隔符。如果提供了参数 maxsplit，则只进行 maxsplit 个单词的拆分，最多生成 maxsplit + 1 个单词
s.rsplit(*sep*, *maxsplit*)	与 split 相同，区别在于 split 从字符串的末尾开始，而不是从前面开始
s.splitlines()	返回一个列表，其中包含使用换行符（\n）分隔的字符串的各行

表 4   字符串拆分示例

语句	结果	说明
string = "a,bc,d" string.split(",")	"a" "bc" "d"	使用逗号拆分字符串
string = "a b c" string.split()	"a" "b" "c"	使用空白字符作为分隔符拆分字符串。连续的空白字符作为单个空白字符
string = "a b c" string.split(" ")	"a" "b" "" "c"	使用空白字符作为分隔符拆分字符串。作为显式参数，连续的空白字符作为多个空白字符
string = "a:bc:d" string.split(":", 1)	"a" "bc:d"	字符串从前面被拆分为两个部分。在第一个冒号（:）处拆分
string = "a:bc:d" string.rsplit(":", 1)	"a:bc" "d"	字符串从后面被拆分为两个部分。在最后一个冒号（:）处拆分

7.2.3　读取字符

可以使用 read 方法读取单个字符，而不是读取整行字符。read 方法接受一个参数，该参数指定要读取的字符数。这个方法返回包含字符的字符串。当参数为 1 时，read 方法返回文件中包含下一个字符的字符串。

```
char = inputFile.read(1)
```

如果到达文件结尾，则返回空字符串 ""。以下循环每次处理文件内容的一个字符：

```
char = inputFile.read(1)
    while char != "" :
        处理字符
        char = inputFile.read(1)
```

请注意，在每行的末尾，read 方法将读取并返回终止行的换行符。

让我们编写一个简单的程序，统计英语字母表中的每个字母在上一节的 lyrics.txt 文件中出现的次数。因为必须保存字母表中 26 个字母的计数，所以我们可以使用包含 26 个整数值的计数器的列表。

```
letterCounts = [0] * 26    # 创建一个包含 26 个元素的列表，并初始化为 0
```

字母 "A" 的出现次数将保存在 letterCounts[0] 中，字母 "B" 的出现次数保存在 letterCounts[1] 中，以此类推，一直到字母 "Z" 的出现次数保存在 letterCounts[25] 中。

　　与使用一条庞大的 if/elif/else 语句不同，我们可以使用 ord 函数（参见"专题讨论 2.4"）返回每个字母的 Unicode 值。大写字母的编码顺序为从字母 A 的 65 到字母 Z 的 90。通过减去字母 A 的编码，可以获得 0 ～ 25 之间的值，该值可以用作列表 letterCounts 的索引。

```
code = ord(char) - ord("A")
letterCounts[code] = letterCounts[code] + 1
```

请注意，所有小写字母在计数前必须转换为大写。解决此任务的程序如下所示。

```
letterCounts = [0] * 26
inputFile = open("lyrics.txt", "r")
char = inputFile.read(1)
while char != "" :
    char = char.upper()    # 把字符转换为大写
    if char >= "A" and char <= "Z" :    # 确保字符为英文字母
        code = ord(char) - ord("A")
        letterCounts[code] = letterCounts[code] + 1
    char = inputFile.read(1)
inputFile.close()
```

7.2.4　读取记录

　　文本文件可以包含一组**数据记录**（data record），其中每个记录由多个字段组成。例如，包含学生数据的文件可以是由学号、姓名、地址和学年字段组成的记录。包含银行账户交易的文件可以是由交易日期、明细和金额字段组成的记录。

　　在处理包含数据记录的文本文件时，通常必须先读取整个记录，然后才能对其进行处理：

For 文件中的每个记录
　　读取整个记录
　　处理该记录

　　但是，记录的组织或者格式可能各不相同，可能某些格式比其他格式更易于阅读。考虑一个简单的例子，一个来自中央情报局数据网站的人口数据文件（https://www.CIA.gov/library/publications/the worldfactbook/index.html）。每个记录由两个字段组成：国家名和人口。此类数据的一种典型格式是将每个字段存储在文件的单独行中，而单个记录的所有字段都存储在连续行中，例如：

```
China
1330044605
India
1147995898
United States
303824646
...
```

以这种格式读取数据非常简单。因为每条记录由两个字段组成，所以我们从文件中为每条记录读取两行。这需要使用 readline 方法和 while 循环来检查文件结尾（哨兵值）。

```
line = infile.readline()      # 读取第 1 个记录的第 1 个字段
while line != "" :            # 检查文件结尾
    countryName = line.rstrip() # 删除 \n 字符
```

```
line = infile.readline()      # 读取第 2 个字段
population = int(line)         # 转换为整数，忽略 \n 字符
处理数据记录
line = infile.readline()      # 读取下一个记录的第 1 个字段
```

如果文件不包含记录，则必须将第 1 个记录的第 1 个字段获取为"预读取"。一旦进入循环后，将从文件中读取记录的其余字段，并删除字段字符串末尾的换行符，同时把包含数值字段的字符串转换为相应的类型（这里是 int）。在循环体的末尾，获得下一个记录的第 1 个字段作为"修改读取"。

另一种常见格式将每个数据记录存储在一行上，记录的字段由特定的分隔符分隔：

```
China 1330044605
India 1147995898
United States 303824646
· · ·
```

可以使用 7.2.2 节中描述的 split 方法，通过拆分行来提取字段。

```
for line in infile :
    fields = line.split(":")
    countryName = fields[0]
    population = int(fields[1])
    处理记录
```

但是，如果字段没有用分隔符来分隔，该如何处理呢？

```
China 1330044605
India 1147995898
United States 303824646
· · ·
```

由于某些国家名称包含多个单词，我们不能简单地使用空格作为分隔符，这样有多个单词的名称将被错误拆分。读取此格式记录的一种方法是读取行，然后在由 readline 返回的字符串中搜索第一个数字：

```
i = 0
char = line[0]
while not line[0].isdigit() :
    i = i + 1
```

然后，可以使用切片运算符将国家/地区名称和人口提取为子字符串（参见"专题讨论 6.3"）。

```
countryName = line[0 : i - 1]
population = int(line[i : ])
```

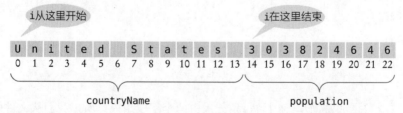

或者，可以使用 rsplit 字符串方法，该方法从字符串的右端开始拆分字符串。例如，如果行包含字符串 "United States 303824646"，则 fields = line.rsplit(" ", 1) 将在右侧的第一个空白字符处把字符串拆分为两个部分。

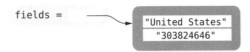

```
fields =              "United States"
                       "303824646"
```

注意，由 rsplit 方法产生的子字符串按照它们在字符串中出现的顺序存储在列表中。文件操作如表 5 所示。

表 5　文件操作

操作	说明
f = open(*filename*, *mode*)	打开由字符串 filename 指定的文件。参数 mode 指定文件的打开模式：读取（"r"）或者写入（"w"）。返回一个文件对象
f.close()	关闭先前打开的文件。一旦关闭了文件，该文件对象将不可用，直到重新打开文件为止
string = f.readline()	从输入文件中读取下一行文本并作为字符串返回。当达到文件末尾时，返回空字符串 ""
string = f.read(*num*) string = f.read()	从输入文件中读取 num 个字符并作为字符串返回。当所有的字符都被读取后返回一个空字符串。如果没有指定参数，则读取文件中的所有内容并作为一个单独的字符串返回
f.write(*string*)	把字符串 string 写入以"写"模式打开的文件中

下面是一个示例程序，用于读取和处理包含文本和数字的数据记录。

sec02/items.py

```
 1  ##
 2  #   本程序读取一个文件，内容包含若干行的商品名称和单价，格式如下:
 3  #   商品名称 1: 金额 1
 4  #   商品名称 2: 金额 2
 5  #   ...
 6  #   每个商品名称以英文冒号（:）结束
 7  #   程序生成一个文件，包含商品名称（左对齐）和金额（右对齐）
 8  #   最后一行为金额总计
 9  #
10
11  # 提示用户输入文件名（输入和输出）
12  inputFileName = input("Input file: ")
13  outputFileName = input("Output file: ")
14
15  # 打开输入文件和输出文件
16  inputFile = open(inputFileName, "r")
17  outputFile = open(outputFileName, "w")
18
19  # 读取输入文件，然后写入输出文件
20  total = 0.0
21
22  for line in inputFile :
23      # 确保输入行中存在一个英文冒号，否则跳过该行内容
24      if ":" in line :
25          # 在英文冒号处拆分记录
26          parts = line.split(":")
27
28          # 提取两个数据字段
29          item = parts[0]
30          price = float(parts[1])
```

```
31
32        # 累计总金额
33        total = total + price
34
35        # 写入输出文件
36        outputFile.write("%-20s%10.2f\n" % (item, price))
37
38  # 写入总金额
39  outputFile.write("%-20s%10.2f\n" % ("Total:", total))
40
41  # 关闭文件
42  inputFile.close()
43  outputFile.close()
```

专题讨论 7.1   读取整个文件

读取整个文件有两种方法：调用 inputFile.read() 返回一个包含文件中所有字符的字符串，readlines 方法将文本文件的全部内容读取到列表中。

```
inputFile = open("sample.txt", "r")
listOfLines = inputFile.readlines()
inputFile.close()
```

readlines 方法返回的列表中的每个元素都是一个字符串，包含文件中的一行（包括换行符）。一旦读取文件的内容到列表中，就可以按位置访问列表中的行，例如 listOfLines[2]。我们还可以遍历整个列表：

```
for line in listOfLines :
    text = line.rstrip()
    print(text)
```

当需要加载小文件中的内容时，这些方法非常有用。但是，应该避免将这些方法用于大型文件，因为这需要大量内存来存储所有字符串。

专题讨论 7.2   正则表达式

正则表达式描述字符模式。例如，数字的形式比较简单，可包含一个或者多个数字。描述数字的正则表达式是 [0-9]+。集合 [0-9] 表示 0 ～ 9 的任何一位数字，+ 表示“一个或者多个”。

专业程序设计编辑器的搜索命令可以理解正则表达式。此外，一些实用程序使用正则表达式来定位匹配的文本。一个常用的使用正则表达式的程序是 grep（global regular expression print，全局正则表达式打印）。可以从命令行环境运行 grep。grep 是 UNIX 操作系统的一部分，Windows 也有可用的版本。grep 需要一个正则表达式和一个或者多个要搜索的文件。当 grep 运行时，它会显示一组与正则表达式匹配的行。

假设想在一个文件中找到所有的幻数（参见“编程技巧 2.2”）。

```
grep '[0-9]+' homework.py
```

该命令将列出文件 homework.py 中包含数字序列的所有行。这不是很有用，因为结果也会列出变量名为 x1 的行。

事实上，需要列出不紧跟字母的数字序列：

```
grep '[^A-Za-z][0-9]+' homework.py
```

字符集 [^A-Za-z] 表示不在 A ～ Z 以及 a ～ z 范围内的任何字符。该正则表达式的效果更好，结果只显示包含实际数字的行。

　　re 标准模块包含 split 函数的一个特殊版本，接受一个正则表达式来描述分隔符（分隔单词的文本块）。它将要拆分的行文本作为第二个参数。

```
from re import split
line = "http://python.org"
regex = "[^A-Za-z]+"
tokens = split(regex, line)    # ["http", "python", "org"]
```

在本例中，字符串在所有非字母的字符序列处进行拆分。

　　有关正则表达式的详细信息，可以在搜索引擎中搜索关键字："正则表达式教程"（regular expression tutorial），以查阅互联网上众多的教程。

专题讨论 7.3　字符编码

　　字符（character）（例如字母 A、数字 0、重音字符 é、希腊字母 π、符号 ∫ 或者中国汉字 "中"）被编码为一个字节序列。每个字节都是介于 0 ～ 255 之间的值。

　　然而，编码并不统一。1963 年，ASCII（American Standard Code for Information Interchange，美国信息交换标准代码）定义了 128 个字符的编码。ASCII 将所有大小写的拉丁字母和数字以及诸如 "+、*、%" 之类的符号编码为 0 ～ 127 之间的值，例如，字母 A 的编码是 65。

　　由于不同的人群需要编码自己的字母表，因此就设计了各自的编码。其中许多编码建立在 ASCII 的基础上，使用 128 ～ 255 之间的值作为语言进行编码。例如，在西班牙，字母 é 被编码为 233。但在希腊，编码 233 表示字母 ι（小写字母 iota）。我们可以想象，如果一位名叫何塞（José）的西班牙游客给一家希腊酒店发了一封电子邮件，这就产生了问题。

　　为了解决这个问题，1987 年开始设计 Unicode。如 "计算机与社会 2.1" 中所述，世界上的每个字符都有唯一的整数值。但是，这些整数在二进制中仍有多个编码。最流行的编码称为 UTF-8，它将每个字符编码为 1 ～ 4 字节的序列。例如，A 的编码仍然是 65（和 ASCII 一致），但 é 的编码是 195 169。

　　编码的细节并不重要，只要我们指定在读写文件时需要使用 UTF-8 就可以了。

　　在本书出版时，Windows 和 Macintosh 操作系统还没有切换到 UTF-8。Python 从操作系统中获取字符编码（这又取决于用户所处的区域）。除非特别要求，否则 open 函数将生成以该编码方式读写文件的对象。如果我们的文件只包含 ASCII 字符，或者创建者和接收者使用相同的编码，那就万事大吉。但是，如果需要处理带有重音字符、中文字符或者特殊符号的文件，则应特别明确使用 UTF-8 编码。使用以下方式打开文件：

```
infile = open("input.txt", "r", encoding="utf-8")
outfile = open("output.txt", "w", encoding="utf-8")
```

读者可能疑惑，为什么 Python 不能直接判断字符编码。然而，考虑一下字符串 José。在 UTF-8 中，其编码是 74 111 115 195 169。前三个字节（Jos）在 ASCII 范围内，没有问题。但接下来的两个字节 195 169，可以是 UTF-8 格式的 é，也可以是传统西班牙语的 Ã¡。解释器不懂西班牙语，它不能决定选择哪种编码。因此，当我们与来自世界其他地区的用户交换文件时，应该始终指定 UTF-8 编码。

工具箱 7.1　处理 CSV 文件

我们已经讨论了如何读取和写入文本文件，以及如何处理以各种格式存储的数据。但是，如果需要处理存储在电子表格中的数据呢？例如，假设需要从一个包含电影数据的电子表格（如下图所示）中打印 20 世纪 90 年代发行的所有电影的列表。

	A	B	C	D
1	Detective Story	1951	William Wyler	
2	Airport 1975	1974	Jack Smight	
3	Hamlet	1996	Kenneth Branagh	
4	American Beauty	1999	Sam Mendes	
5	Bitter Moon	1992	Roman Polanski	
6	Million Dollar Baby	2004	Clint Eastwood	
7	Round Midnight	1986	Bertrand Tavernier	
8	Kiss of the Spider Woman	1985	Héctor Babenco	
9	Twin Falls Idaho	1999	Michael Polish	
10	Traffic	2000	Steven Soderbergh	
11				

大多数电子表格应用程序以专有的文件格式存储数据，其他程序无法直接访问这些文件格式。幸运的是，大多数人可以以一种称为 CSV（Comma-Separated Values，逗号分隔值）的可移植格式保存数据副本。CSV 文件只是一个文本文件，其中电子表格的每一行都存储为一行文本，每行中的数据值用逗号分隔。例如，从上面显示的电子表格创建的 CSV 文件包含：

```
"Detective Story","1951","William Wyler"
"Airport 1975","1974","Jack Smight"
"Hamlet","1996","Kenneth Branagh"
"American Beauty","1999","Sam Mendes"
"Bitter Moon","1992","Roman Polanski"
"Million Dollar Baby","2004","Clint Eastwood"
"Round Midnight","1986","Bertrand Tavernier"
"Kiss of the Spider Woman","1985","Héctor Babenco"
"Twin Falls Idaho","1999","Michael Polish"
"Traffic","2000","Steven Soderbergh"
```

CSV 文件十分常见，因此 Python 标准库提供了处理 CSV 文件的工具。在本节中，我们将探讨 csv 模块以及如何在 Python 中使用 CSV 文件。

读取 CSV 文件

为了读取 CSV 文件中的内容，必须首先将该文件作为常规文本文件来打开：

```
infile = open("movies1.csv")
```

然后使用 reader 函数创建 CSV 读取器对象。

```
from csv import reader
csvReader = reader(infile)
```

我们可以使用 for 循环遍历 CSV 读取器对象中的数据。例如：

```
for row in csvReader :
    print(row)
```

该循环语句从 CSV 文件中读取并打印各行数据，格式如下：

```
['Detective Story', '1951', 'William Wyler']
['Airport 1975', '1974', 'Jack Smight']
. . .
['Kiss of the Spider Woman', '1985', 'Héctor Babenco']
['Twin Falls Idaho', '1999', 'Michael Polish']
['Traffic', '2000', 'Steven Soderbergh']
```

在循环的每次迭代中，从文件中读取一整行的数据，并将其作为字符串列表存储在循环变量 row 中。对于每一行，可以像处理其他列表一样处理该列表。以下代码片段完成了最初的任务，即打印了 20 世纪 90 年代发行的所有电影的片名。

```
from csv import reader

# 打开文本文件，创建一个 CSV 读取器对象
infile = open("movies1.csv")
csvReader = reader(infile)

# 读取各数据行
for row in csvReader :
    year = int(row[1])
    if year >= 1990 and year <= 1999 :
        print(row[0])
```

由于数据是以字符串列表的形式读取和存储的，因此在使用这些值之前，必须将数值数据转换为适当的数字格式。在我们的循环中，在测试年份之前将其转换为整数。

还可以使用 Python 的带有 CSV 读取器对象的 next 函数跳过一行内容。如果电子表格包含描述性信息（例如标题或者列标题），则可以跳过包含该信息的行。

```
next(csvReader)
```

创建 CSV 文件

为了从 Python 程序中创建 CSV 文件，首先使用 open 函数创建新的文本文件。

```
outfile = open("newdata.csv", "w")
```

然后使用 csv 模块中的 writer 函数创建一个 CSV 写入器对象。

```
from csv import writer
csvWriter = writer(outfile)
```

为了向 CSV 文件中添加一行数据，可以使用 writerow 方法，将行的数据列表传递给此方法。例如，为了添加一行列标题，需要传递一个字符串列表，每个字符串对应于电子表格的一列。

```
csvWriter.writerow(["Name", "Id", "Class", "Average"])
```

我们可以添加数值或者文本和数值的混合内容。

```
csvWriter.writerow(["John Smith", 1607, "Senior", 3.28])
```

为了在 CSV 文件中跳过一行，可以传递一个空列表给 writerow 方法。

```
csvWriter.writerow([])
```

将数据写入 CSV 文件后，记住必须关闭该文件。

```
outfile.close()
```

处理 CSV 文件

下面是一个示例，它演示了如何读取和写入 CSV 文件。假设我们的任务是创建一个新的 CSV 文件，该文件包含来自更大的电影数据集合中的部分信息。具体来说，新文件应该只包含标题、发行年份和 20 世纪 90 年代上映电影的演员列表。假设输入的 CSV 文件包含 5 列：

```
"Name","Year","Directors","Producers","Actors"
```

然后，新文件应该只包含前两列和最后一列的数据，并且只包含 20 世纪 90 年代电影所在的行，并带有适当的列标题。

实现该任务的程序如下所示。

toolbox_1/filter.py

```
1  ##
2  #  本程序读取一个包含电影信息的 CSV 文件
3  #  过滤掉不需要的数据，把结果写入一个新的 CSV 文件
4  #
5
6  from csv import reader, writer
7
8  # 打开两个 CSV 文件
9  infile = open("movies.csv")
10 csvReader = reader(infile)
11
12 outfile = open("filtered.csv", "w")
13 csvWriter = writer(outfile)
14
15 # 添加列标题到 CSV 文件
16 headers = ["Name","Year","Actors"]
17 csvWriter.writerow(headers)
18
19 # 跳过 csv 读取器对象中的标题行
20 next(csvReader)
21
22 # 过滤数据行
23 for row in csvReader :
24    year = int(row[1])
25    if year >= 1990 and year <= 1999 :
26      newRow = [row[0], row[1], row[4]]
27      csvWriter.writerow(newRow)
28
29 infile.close()
30 outfile.close()
```

7.3　命令行参数

根据所使用的操作系统和 Python 开发环境，启动程序的方法各不相同，例如，在开发环境中选择 "Run"、单击图标或者在终端窗口提示符下键入命令。最后一种方法称为 "从命令行调用程序"。使用此方法时，你需要键入程序的名称，之后还可以键入程序所需其他

信息。这些附加字符串称为**命令行参数**（command line argument）。如果使用以下命令行启动程序：

```
python program.py -v input.dat
```

程序将接收两个命令行参数：字符串 "-v" 和 "input.dat"。如何处理这些字符串完全取决于程序。通常将以连字符（-）开头的字符串解释为程序选项。

　　应用程序是否应该支持命令行参数？还是应该提示用户输入信息？抑或使用图形用户界面？对于偶然和不经常使用命令行的用户，交互式用户界面要好得多。用户界面可以引导用户按步骤提示完成任务，使得在没有太多相关知识的情况下导航应用程序成为可能。但是对于经常使用命令行的用户来说，命令行界面有一个主要的优势：很容易实现自动化。如果每天需要处理数百个文件，可能需要将所有的时间都花在向"文件选择器"对话框中键入文件名上。但是，通过使用批处理文件或者 shell 脚本（计算机操作系统的一个功能），可以使不同的命令行参数自动多次调用程序。

　　程序在 sys 模块定义的 argv 列表中接收其命令行参数。在我们的示例中，argv 列表的长度为 3，并且包含字符串：

```
argv[0]:    "program.py"
argv[1]:    "-v"
argv[2]:    "input.dat"
```

第一个元素（argv[0]）包含程序的名称，其余元素按指定的顺序包含命令行参数。

　　让我们编写程序来加密一个文件，也就是说，打乱文件的内容，使其不可读，除非知道解密方法。暂且忽略 2000 年以来加密领域的进展，我们将使用所熟知的尤利乌斯·凯撒（Julius Caesar）方法，将 A 替换为 D、B 替换为 E，以此类推（参见图 1）。注意，凯撒密码只修改大小写字母，空格和标点符号保持不变。

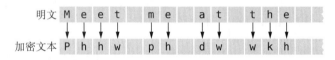

图 1　凯撒加密算法

程序采用以下命令行参数：

- 一个可选的 -d 标志，表示解密而不是加密
- 输入文件名
- 输出文件名

例如，

```
python cipher.py input.txt encrypt.txt
```

命令实现对文件 input.txt 的加密处理，并把结果保存到 encrypt.txt 中。

```
python cipher.py -d encrypt.txt output.txt
```

命令实现文件 encrypt.txt 的解密处理，并把结果保存到 output.txt 中。

sec03/cipher.py

```
 1  ##
 2  #   本程序使用凯撒加密算法加密一个文件
 3  #
 4
```

```
 5  from sys import argv
 6
 7  DEFAULT_KEY = 3
 8
 9  def main() :
10      key = DEFAULT_KEY
11      infile = ""
12      outfile = ""
13
14      files = 0    # 命令行参数中的文件数
15      for i in range(1, len(argv)) :
16          arg = argv[i]
17          if arg[0] == "-" :
18              # 这是一个命令行选项
19              option = arg[1]
20              if option == "d" :
21                  key = -key
22              else :
23                  usage()
24                  return
25
26          else :
27              # 这是一个文件名
28              files = files + 1
29              if files == 1 :
30                  infile = arg
31              elif files == 2 :
32                  outfile = arg
33
34      # 文件数必须为 2
35      if files != 2 :
36          usage()
37          return
38
39      # 打开文件
40      inputFile = open(infile, "r")
41      outputFile = open(outfile, "w")
42
43      # 从文件中读取字符
44      for line in inputFile :
45          for char in line :
46              newChar = encrypt(char, key)
47              outputFile.write(newChar)
48
49      # 关闭文件
50      inputFile.close()
51      outputFile.close()
52
53  ## 根据给定的密钥 key 进行位移以加密大写和小写字符
54  #  @param ch 需要加密的字符
55  #  @param key 加密密钥
56  #  @return 加密后的字符
57  #
58  def encrypt(ch, key) :
59      LETTERS = 26    # 罗马字母表中的字母个数
60
61      if ch >= "A" and ch <= "Z" :
62          base = ord("A")
63      elif ch >= "a" and ch <= "z" :
64          base = ord("a")
65      else :
```

```
66        return ch    # 非字母字符
67
68    offset = ord(ch) - base + key
69    if offset >= LETTERS:
70        offset = offset - LETTERS
71    elif offset < 0 :
72        offset = offset + LETTERS
73
74    return chr(base + offset)
75
76 ## 打印描述正确用法的信息
77 #
78 def usage() :
79    print("Usage: python cipher.py [-d] infile outfile")
80
81 # 启动程序
82 main()
```

操作指南 7.1   处理文本文件

处理包含真实数据的文本文件往往极具挑战性，本操作指南为读者提供处理文本文件的导引。

问题描述   读取两个国家的统计数据文件 worldpop.txt 和 worldcarea.txt（在本章配套代码中的 how_to_1 目录下）。这两个文件分别包含若干个国家的人口数据和领土面积数据（这两个文件中所包含的国家名称顺序相同，数据信息不同）。

创建一个文件 world_pop_density.txt，其中包含国家名称和人口密度（每平方公里人口数），国家名称左对齐，数字右对齐。

```
Afghanistan              50.56
Akrotiri                127.64
Albania                 125.91
Algeria                  14.18
American Samoa          288.92
. . .
```

➡ **步骤 1**   理解需要处理的任务。

按照惯例，在设计解决方案之前，需要清楚地理解任务。确定我们是否能够手工完成该任务（使用较小的输入文件），如果不能，则需要获取有关该问题的更多信息。

需要考虑的一个重要方面是，是否可以在数据可用时对其进行处理，或者是否需要先存储数据。如果要求输出已排序的数据，则首先需要收集所有输入，并将其放在列表中。然而，通常可以在"运行中"实时处理数据，而不需要额外存储数据。

在我们的示例中，可以一次读取每个文件的一行数据，并计算每行数据的人口密度，因为在我们的输入文件中以相同的顺序存储人口和面积数据。

下面的伪代码描述了处理任务。

While 存在未读取的数据行
　　从每个文件中读取一行数据
　　提取国家名称
　　population = 第 1 个文件中读取的数据行中的国家名称后面的数值
　　area = 第 2 个文件中读取的数据行中的国家名称后面的数值
　　If area != 0

> *density = population / area*
> *Print* 国家名称和人口密度

➡️ **步骤 2**   确定需要读取和写入哪些文件。

这个问题应该很清楚。在我们的示例中，有两个输入文件：人口数据和面积数据，以及一个输出文件。

➡️ **步骤 3**   选择获取文件名的方法。

有 3 种选择：

● 硬编码文件名（例如 "worldpop.txt"）。

```
filename = "worldpop.txt"
```

● 提示用户输入。

```
filename = input("Enter filename: ")
```

● 使用命令行参数获取文件名。

在我们的示例中，为了简单起见，使用硬编码文件名的方法。

➡️ **步骤 4**   在遍历文件或者读取单个行之间进行选择。

根据经验，如果记录是按行分组的，则遍历输入数据。当需要收集的数据分布在记录中的多行上时，需要分别读取各行并显式检查文件结尾。

在我们的示例中，必须读取单独的行，因为我们从两个输入文件中读取数据。如果只读取一个文件，则可以使用 for 循环遍历该文件。

➡️ **步骤 5**   使用面向行的输入，提取所需的数据。

使用 for 循环读取输入行很简单，然后需要提取各个字段的数据。这可以按照 7.2.2 节所述进行。通常，可以使用 split 或者 rsplit 方法来执行此操作。

➡️ **步骤 6**   使用函数来分解常见任务。

处理输入文件通常包含重复的任务，例如拆分字符串和将字符串转换为数字。开发函数来处理这些烦琐的操作非常有效。

在我们的示例中，调用一个辅助函数执行常见任务：提取国家名称和其后的值。由于两个文件的格式相同，都是国家名称后面跟着一个值，因此我们可以使用一个函数来提取数据记录。我们将实现 7.2.4 节所述的功能。

```
extractDataRecord(infile)
```

完整的源代码如下所示：

how_to_1/population.py

```
 1  ##
 2  #   本程序读取国家人口数据文件和国家面积
 3  #   数据文件，打印每个国家的人口密度
 4  #
 5
 6  POPULATION_FILE = "worldpop.txt"
 7  AREA_FILE = "worldarea.txt"
 8  REPORT_FILE = "world_pop_density.txt"
 9
10  def main() :
11      # 打开文件
12      popFile = open(POPULATION_FILE, "r")
```

```
13      areaFile = open(AREA_FILE, "r")
14      reportFile = open(REPORT_FILE, "w")
15
16      # 读取第一个国家的人口数据记录
17      popData = extractDataRecord(popFile)
18      while len(popData) == 2 :
19          # 读取下一个国家的面积数据记录
20          areaData = extractDataRecord(areaFile)
21
22          # 从两个列表中提取数据部分
23          country = popData[0]
24          population = popData[1]
25          area = areaData[1]
26
27          # 计算并打印人口密度
28          density = 0.0
29          if area > 0 :    # 确保没有被零除
30              density = population / area
31          reportFile.write("%-40s%15.2f\n" % (country, density))
32
33          # 读取下一个国家的人口数据记录
34          popData = extractDataRecord(popFile)
35
36      # 关闭文件
37      popFile.close()
38      areaFile.close()
39      reportFile.close()
40
41  ## 从输入文件中提取并返回一个记录
42  #   输入文件中的数据按行组织
43  #   每行包含一个国家名称（可能包含多个单词）
44  #   后跟一个整数（给定国家的人口数或者国土面积）
45  #   @param infile 包含记录按行组织的输入文本文件
46  #   @return 返回一个列表，第一个元素为国家名称（字符串）
47  #   第二个元素为人口数（整数）或者国土面积（整数）
48  #   如果达到文件末尾，则返回一个空列表
49  #
50  def extractDataRecord(infile) :
51      line = infile.readline()
52      if line == "" :
53          return []
54      else :
55          parts = line.rsplit(" ", 1)
56          parts[1] = int(parts[1])
57          return parts
58
59  # 启动程序
60  main()
```

实训案例 7.1   分析婴儿名字

社会保障局在其网站上公布了最受欢迎的婴儿名字。当我们查询给定年份的 1000 个最常用名字时，浏览器会在屏幕上显示结果（参见下图）。

为了将数据保存为文本，只需选择浏览器屏幕上显示的内容并将结果粘贴到文件中。本书配套代码中包含的文件 babynames.txt 中包含 2011 年的数据。

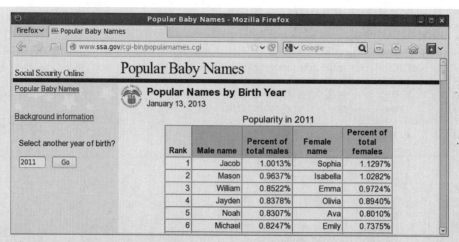

文件中的每一行都包含 5 个数据项：

- 排名（1 ～ 1000）
- 该排名的男性的名字和所占百分比
- 该排名的女性的名字和所占百分比

例如，`6 Michael 0.8247% Emily 0.7375%` 这行内容表明，第六个最常见的男性名字是 Michael，2011 年出生率为 0.8247%。第六个最常见的女性名字叫 Emily，2011 年出生率为 0.7375%。

问题描述　为什么 Michael 比 Emily 的比例更高？似乎父母为女孩取名时选择了更多的名字，使得每个女孩名字的比例都不那么高。我们的任务是通过确定名单上前 50% 的男孩和女孩的名字来检验这个猜想。打印男孩和女孩的名字，连同他们的排名，直到达到 50% 的上限。

➡️步骤 1　理解需要处理的任务。

为了处理每一行内容，我们读取整个行并使用空白字符来拆分，然后提取当前任务所需的 5 个值（rank、boy name、boy percentage、girl name、girl percentage），将排名（rank）转换为整数，将百分比（percentage）转换为浮点数。为了在达到 50% 后停止处理，可以将百分比相加，并在达到 50% 时停止。

我们需要对男孩和女孩分别汇总。当总计达到 50% 时，停止输出。当两个总计都达到 50% 时，停止读取文件。

以下伪代码描述了我们的处理任务：

```
boyTotal = 0
girlTotal = 0
While boyTotal < 50 或 girlTotal < 50
    读取一行文本并拆分
    提取各个单独的值
    If boyTotal < 50
        打印男孩名字
    把 percentage 累加到 boyTotal
    重复女孩部分的处理
```

➡️步骤 2　确定需要读取和写入哪些文件。

我们只需要读取一个文件：babynames.txt。这里没有要求将结果保存到一个文件，因此可以直接将输出发送到终端。

步骤 3 选择获取文件名的方法。

不需要提示用户输入文件名。

步骤 4 在遍历文件还是读取单行之间进行选择。

因为我们不会读取整个文件，但是当男孩或者女孩的名字达到 50% 时停止，所以我们需要读取单独的行。遍历整个文件时使用 for 循环。

步骤 5 使用面向行的输入，提取所需的数据。

因为没有一个名字包含诸如"Mary Jane"之类的空格，所以我们可以使用 split 方法将输入行分成 5 个部分。提取排名和百分比时，排名必须转换为整数，百分比必须转换为浮点数。在将百分比字符串转换为浮点数之前，我们还需要除去其百分号。

步骤 6 使用函数来分解常见任务。

在伪代码中，我们为女孩部分写了"重复女孩部分的处理"。显然，这里有一个共同的任务，即需要一个辅助函数。该函数涉及以下两项任务：

当总计小于 **50%** 时，打印名字
把百分比累加到总数中

最后一项任务提出了一个技术问题。在 Python 中，函数不可能更新一个数值参数，因此，我们的函数将接收总数并返回更新值。然后存储更新的值，如下所示：

```
boyTotal = processName(boyName, boyPercent, boyTotal)
girlTotal = processName(girlName, girlPercent, girlTotal)
```

如上所述，函数还需要接收名字和百分比。下面是该函数的代码。

```
## 如果 total < LIMIT，则打印 name，并调整 total
#  @param name 男孩的名字或者女孩的名字
#  @param percent 该名字的百分比
#  @param total 处理的总数百分比
#  @return 调整后的百分比
#
def processName(name, percent, total) :
    if total < LIMIT :
        print("%-15s" % name, end="")
    else :
        print("%-15s" % "", end="")
    total = total + percent
    return total
```

完整的程序如下所示。观察程序的输出，值得注意的是，只有 141 个男孩的名字和 324 个女孩的名字占出生人口的一半。对于那些正在制作个性化涂鸦的公司而言，这是个好消息。编程题 P7.10 要求我们研究这些年来这种分布是如何变化的。

worked_example_1/babynames.py

```
 1  ##
 2  #   本程序显示最常用的婴儿名字
 3  #   2011 年有一半的美国男孩和女孩选取了这些名字
 4  #
 5
 6  # 提取的百分比上限值
 7  LIMIT = 50.0
```

```
 8
 9  def main() :
10      inputFile = open("babynames.txt", "r")
11
12      boyTotal = 0.0
13      girlTotal = 0.0
14      while boyTotal < LIMIT or girlTotal < LIMIT :
15          # 提取下一行的数据并拆分
16          line = inputFile.readline()
17          dataFields = line.split()
18
19          # 提取各个字段的值
20          rank = int(dataFields[0])
21          boyName = dataFields[1]
22          boyPercent = float(dataFields[2].rstrip("%"))
23          girlName = dataFields[3]
24          girlPercent = float(dataFields[4].rstrip("%"))
25
26          # 处理数据
27          print("%3d " % rank, end="")
28          boyTotal = processName(boyName, boyPercent, boyTotal)
29          girlTotal = processName(girlName, girlPercent, girlTotal)
30          print()
31
32      inputFile.close()
33
34  ## 如果 total < LIMIT, 则打印 name, 并调整 total
35  #   @param name 男孩的名字或者女孩的名字
36  #   @param percent 该名字的百分比
37  #   @param total 处理的总数百分比
38  #   @return 调整后的百分比
39  #
40  def processName(name, percent, total) :
41      if total < LIMIT :
42          print("%-15s " % name, end="")
43      else :
44          print("%-15s " % "", end="")
45
46      total = total + percent
47      return total
48
49  # 启动程序
50  main()
```

程序运行结果如下:

```
  1 Jacob          Sophia
  2 Mason          Isabella
  3 William        Emma
  4 Jayden         Olivia
  5 Noah           Ava
  6 Michael        Emily
  7 Ethan          Abigail
  8 Alexander      Madison
  9 Aiden          Mia
 10 Daniel         Chloe
...
140 Jaxson         Izabella
141 Jesse          Laila
142                Alice
143                Amy
```

```
...
321              Selena
322              Maddison
323              Giuliana
324              Emilia
```

工具箱 7.2　处理文件和目录

操作系统负责管理计算机上的文件系统。当程序打开文件时，Python 使用操作系统提供的工具来执行该操作。有时候，可能需要做的不仅仅是打开一个文件，例如，想获取目录中的内容，或者确定文件是否存在。在本工具箱中，我们将学习如何使用 Python 标准库中 os 模块提供的操作系统工具来完成这项工作以及其他工作。

在 Python 中打开文件时，操作系统会在包含程序的目录中查找该文件，这称为当前工作目录（current working directory）。有时，需要询问用户要访问的输入和输出文件所在目录的名称。为了获取当前工作目录的名称，可以使用以下函数调用：

```
name = os.getcwd()
```

如果程序使用的数据文件存储在不同的目录（例如 reports）中，则可以在打开文件之前更改程序的当前工作目录。

```
subdir = "reports"
os.chdir(subdir)
```

如前所述，当以"读取"模式打开一个文件时，文件必须存在，否则会引发异常。可以在没有打开文件之前测试文件是否存在。exists 函数将文件的名称作为参数，并返回指示文件是否存在的布尔值。

```
filename = "scores.txt"
if os.path.exists(filename) :
    inputFile = open(filename)
```

当提示用户输入文件名时，此函数非常有用。可以使用一个循环来重复提示文件名，直到输入一个已经存在的文件名为止。

```
filename = input("Enter data file name: ")
while not os.path.exists(filename) :
    print("Error: invalid file name!")
    filename = input("Enter data file name: ")
```

在提示输入文件名之前提供当前目录的内容列表可以进一步提高程序的可用性。listdir 函数返回一个字符串列表，它们分别对应当前目录中的每个文件。

```
contents = os.listdir()
```

获取文件名列表之后，可以遍历列表，打印文件名。

```
for filename in contents :
    print(filename)
```

为了获取其他目录中的文件列表，可以将目录名称作为参数传递给 listdir 函数。

```
contents = os.listdir("reports")
```

listdir 函数不仅返回目录中文件的名称，还返回所有子目录的名称。在显示用户可选择的文件名列表时，通常不应该包括目录名。

我们可以测试列表中的字符串是否为文件名：

```
if os.path.isfile(filename) :
    print(filename, "is a file.")
```

或者是否为目录：

```
if os.path.isdir(filename) :
    print(filename, "is a directory.")
```

表 6 列出了处理文件的其他相关函数，这些函数大多包含在 os 和 os.path 模块中。但是，复制文件的函数包含在 shutil 模块中。

表 6 os、os.path 和 shutil 模块中的函数

函数	描述
os.chdir(*dirname*)	更改当前工作目录
os.getcwd()	返回当前工作目录的名称
os.listdir() os.listdir(*dirname*)	返回当前工作目录或者指定目录中的文件名和子目录名
os.rename(*source*, *dest*)	重命名文件，把 source 重命名为 dest
os.remove(*filename*)	删除一个已经存在的文件
os.path.exists(*name*)	返回指示一个文件或者目录是否存在的布尔值
os.path.isdir(*name*)	返回指示一个给定 name 是否为目录的布尔值
os.path.isfile(*name*)	返回指示一个给定 name 是否为文件的布尔值
os.path.join(*path*, *name*)	返回将文件名和目录名组合成路径（包括适当的路径分隔符）后产生的字符串
shutil.copy(*source*, *dest*)	将给定名称 source 的文件复制到给定名称 dest 的目录或者文件中

以下程序打印在当前目录及其子目录中所有 GIF 图像文件的名称。遍历整个文件系统或者多个目录级别中的内容更加复杂，需要使用递归（具体请参见"实训案例 11.1"）。

toolbox_2/listgifs.py

```
 1  ##
 2  #   本程序打印当前工作目录及其子目录中所有 GIF 图像文件的名称
 3  #
 4  #
 5
 6  import os
 7
 8  print("Image Files:")
 9
10  # 获取当前工作目录中的内容
11  dirName = os.getcwd()
12  contents = os.listdir()
13  for name in contents :
14      # 如果当前项为一个目录，则重复目录中的内容
15      if os.path.isdir(name) :
16          for name2 in os.listdir(name) :
17              entry = os.path.join(name, name2)
18              # 如果文件后缀为 .gif，则打印其文件名
19              if os.path.isfile(entry) and name2.endswith(".gif") :
20                  print(os.path.join(dirName, entry))
```

```
21
22      # 否则，当前项为一个文件。如果文件名后缀为 .gif，则打印其文件名
23      elif name.endswith(".gif") :
24          print(os.path.join(dirName, name))
```

计算机与社会 7.1　加密算法

本章的练习部分给出了一些加密文本的算法，千万不要使用这些方法向你的爱人发送秘密信息。任何一个熟练的密码学家都可以在很短的时间内破解这些方法，也就是说，他们可以在不知道密钥的情况下重建原始文本。

1978 年，罗纳德·李维斯特（Ron Rivest）、阿迪·萨莫尔（Adi Shamir）和伦纳德·阿德曼（Leonard Adleman）提出了一种更强大的加密方法。这种方法称为 RSA 加密，该算法以发明者的姓氏命名。确切的加密方案非常复杂，本书将不展开阐述，但实际上理解起来并不困难，读者可以在 https://people.csail.mit.edu/rivest/rsapapaper. pdf 中找到详细信息。

RSA 是一种引人注目的加密方法。RSA 包含两个密钥：公钥和私钥（参见下页图）。你可以将公钥打印在名片（或者电子邮件签名区）上，并将其交给任何人。任何人都可以给你发送只有你才能解密的消息。即使其他人都知道公钥，并且截获了所有发送给你的消息，他们也不能轻而易举地破解密文并读取这些消息。在当今的技术条件下，只要密钥足够长，RSA 算法就有望牢不可破。然而，"量子计算机"可能在未来破解 RSA 密码。

该算法的发明人因为 RSA 获得了专利。专利是社会与发明人达成的协议，在 20 年内，发明人对其商业化享有专有权，可以向使用该发明的其他人收取专利税，甚至可以阻止竞争对手使用该发明。作为回报，发明人必须公布发明，以便其他人可以从中学习，并且必须在垄断期结束后放弃对发明的所有权利要求。专利法的前提假设是，在没有专利法的情况下，发明人会缺少发明创造的积极性，或者会试图隐藏他们的技术，以防止其他人复制他们的设备。

关于 RSA 专利一直存在一些争议。如果没有专利保护，发明人会不会公布这种方法，从而在不付出 20 年垄断成本的情况下给社会带来好处？在这种情况下，答案可能是肯定的。这些发明人是学术研究人员，他们靠薪水而不是销售收入维持生活，他们的发明通常会赢得声誉并在职业生涯中获得晋升。他们的追随者是否会像他们一样积极地改进算法（并申请专利）？当然这就无法知道了。一个算法可以申请专利，或者一个数学定理不属于任何人？专利局长期以来采取的是后一种态度。RSA 发明人和其他许多人用虚拟电子设备而不是算法来描述他们的发明，以规避这一限制。现在，专利局会授予软件著作权专利。

强大的加密方法困扰着各国政府，罪犯和外国特工可以发送警方和情报机构无法破译的信息。手机等设备使用了加密技术，因此如果设备被盗，窃贼就无法读取信息。然而，政府组织也不能读取信息。有人提出了一些严肃的建议，认为公民个人使用这些加密方法是非法的，或者迫使硬件和软件制造商提供允许执法人员进入的"后门"。

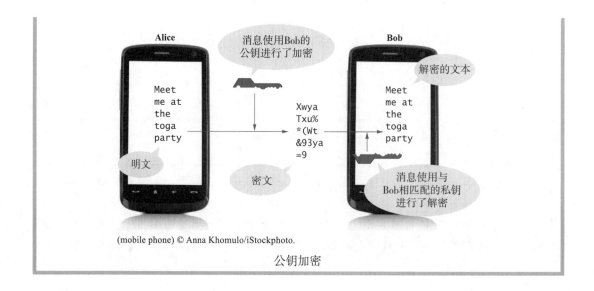

公钥加密

7.4 二进制文件和随机访问（可选）

在以下内容中，我们将学习如何处理包含除文本以外的数据的文件。我们还将讨论如何在文件的任意位置读取和写入数据。作为一个应用，我们将展示如何编辑图像文件。

7.4.1 读取和写入二进制文件

存储数据有两种截然不同的方式：文本格式或者二进制格式。在文本格式中，数据项以人类可读的形式表示为一系列字符。例如，在文本形式中，整数 12345 存储为 5 个字符的序列：

"1" "2" "3" "4" "5"

在二进制形式中，数据项以字节表示。一个字节由 8 位组成，每位可以是 0 或者 1。一个字节可以表示 256（$256 = 2^8$）个值中的一个。为了表示更大的值，我们使用字节序列。整数通常存储为 4 个字节的序列，例如，整数 123 456 可以存储为：

64 226 1 0

（因为 $123\ 456 = 64 + 226 \times 256 + 1 \times 256^2 + 0 \times 256^3$。）包含图像和声音的文件通常以二进制格式存储信息。**二进制文件**（binary file）可以节省空间：从我们的示例中可以看出，存储整数所需的字节数少于存储整数的各位数字字符所需的字节数。

如果我们将二进制文件加载到文本编辑器中，则无法查看其内容。处理二进制文件需要显式编写程序来读取或者写入二进制数据。我们将使用存储图像的二进制文件来演示处理步骤。

我们必须先讨论一些有关二进制文件的技术问题。为了打开二进制文件进行读取，可以使用以下命令：

infile = open(filename, "rb")

请记住，open 函数的第二个参数指示文件的打开模式。在本例中，模式字符串指示我们正在打开二进制文件进行读取。为了打开二进制文件进行写入，可以使用模式字符串"wb"：

outfile = open(filename, "wb")

对于二进制文件，不是读取文本字符串，而是读取单个字节。例如，以下代码读取 4 个字节：

```
theBytes = infile.read(4)
```

此函数返回的字节值存储在 bytes 序列类型中。bytes 序列中的元素是介于 0 ~ 255 的整数值。为了使用字节值本身，必须使用下标运算符从 bytes 序列中检索字节值（就像字节值存储在列表中一样）。

```
value = theBytes[0]
```

如果要读取单个字节，可以将这两个步骤合并为一个操作。

```
value = infile.read(1)[0]
```

使用 write 方法可将一个或者多个字节写入二进制文件，该方法需要 bytes 序列作为其参数。为了创建序列，可以将 bytes 函数与包含单个值的列表参数一起使用。

```
theBytes = bytes([64, 226, 1, 0])
outfile.write(theBytes)
```

7.4.2　随机访问

到目前为止，我们每次从文件中读取或写入一个字符串，而不是向前或者向后跳过若干个位置。这种访问模式称为**顺序访问**（sequential access）。在许多应用程序中，我们希望访问文件中的特定项，而不必首先读取前面的所有项。这种访问模式称为**随机访问**（random access）。

随机访问并不是"随机"访问，而是指可以读取和修改存储在文件中任何位置的任何项（参见图 2）。

每个文件都有一个特殊的标记，用以指示文件中的当前位置。此标记用于确定下一个字符串的读取或者写入位置。我们可以将文件标记移动到文件中的特定位置。为了将标记相对定位于文件的开头，可以使用以下方法调用：

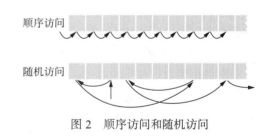

图 2　顺序访问和随机访问

```
infile.seek(position)
```

我们也可以相对于标记的当前位置移动标记。例如，为了将标记向前移动 4 个字节，可以使用 seek 方法的第二个版本，其中第二个参数是 SEEK_CUR（在 io 模块中定义的常量）。

```
infile.seek(4, SEEK_CUR)    # 向前移动 4 个字节
```

也可以使第一个参数为负值以将标记向后移动：

```
infile.seek(-3, SEEK_CUR)    # 向后移动 4 个字节
```

为了确定文件标记的当前位置（从文件开头开始计算），可以使用：

```
position = infile.tell()    # 获取当前位置
```

7.4.3　图像文件

在本节中，我们将学习 BMP 图像文件的文件格式。与更常见的 GIF、PNG 和 JPEG 格

式不同，BMP 格式非常简单，因为它不使用数据压缩。由于 BMP 文件是比较大的，因此该格式的图像文件并不常见。但是，图像编辑器可以将任何图像转换为 BMP 格式。

BMP 格式有不同的版本，我们只讨论最简单和最常见的一种（有时称为 24 位真彩色格式）。在这种格式中，每个像素表示为 3 个字节的序列值：蓝色分量、绿色分量、红色分量。例如，青色（蓝色和绿色的混合色）的颜色值为 255 255 0，红色的颜色值为 0 0 255，中灰色的颜色值为 128 128 128。

BMP 文件的开头部分包含各种信息，我们只需要以下信息项：

位置	信息项	位置	信息项
2	文件的大小（单位为字节）	18	图像的宽度（单位为像素）
10	图像数据的开始位置	22	图像的高度（单位为像素）

为了从 BMP 文件中读取整数，我们需要读取 4 个字节（b_0, b_1, b_2, b_3），并使用以下公式将它们合并为一个整数值：

$$b_0 + b_1 \times 256 + b_2 \times 256^2 + b_3 \times 256^3$$

实现此任务的 Python 代码为：

```
theBytes = infile.read(4)    # 读取 4 个字节
result = 0    # 存储结果整数
base = 1
# 循环遍历字节序列，并计算整数值
for i in range(4) :
    result = result + theBytes[i] * base
    base = base * 256
```

（注意 b_0 是 1 的系数，b_3 是 256^3 的系数。这称为"低位优先"（little-endian）字节顺序。有些文件格式使用相反的字节顺序，称为"高位优先"（big-endian）字节顺序，其中第一个字节是 256 的最大幂的系数。处理二进制文件时，必须先确定其使用的字节顺序。）

图像以像素行序列的形式存储，从图像最下面一行的像素开始。每个像素行都包含一个蓝/绿/红三元组序列。行的末尾填充了额外的字节，以便行中的字节数可以被 4 整除（参见图 3）。例如，如果一行仅由三个像素（一个青色、一个红色和一个中等灰色）组成，则该行将被编码为：

255 255 0 0 0 255 128 128 128 x y z

其中，x y z 是填充字节，使得行的长度达到 12（这是 4 的倍数）。正是这些小小的技巧，才使得处理现实生活中的文件格式变得非常有趣。

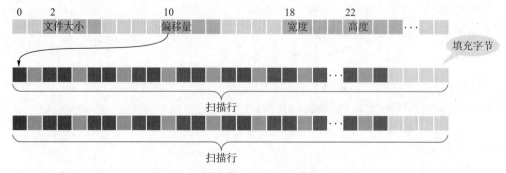

图 3　24 位真彩色格式图像的 BMP 文件格式

7.4.4 处理 BMP 文件

为了演示二进制文件的处理过程，我们将创建一个可以用来编辑 BMP 图像文件的 Python 程序。

到目前为止，我们打开文件仅用于读取或者写入操作。但是，可以使 open 函数带有加号（+）模式字符串，这使得打开文件后可以同时进行读取和写入操作。

```
imgFile = open(filename, "rb+")
```

通过打开一个文件用于同时进行读取和写入操作，我们可以从文件中读取数据、对其进行处理或者操作，然后将其写回该文件，通常写回到读取数据的同一位置。这是处理图像文件时的常见任务。

打开文件后，从头部提取图像尺寸和像素存储的开始位置。

```
# 提取图像的信息
fileSize = readInt(imgFile, 2)
start = readInt(imgFile, 10)
width = readInt(imgFile, 18)
height = readInt(imgFile, 22)
```

readInt 函数是前面介绍的用于将 4 个连续字节转换为整数的算法的实现版本。

```
def readInt(imgFile, offset) :
# 把文件指针移动到文件中给定的位置
imgFile.seek(offset)

# 读取 4 个字节，并构建一个整数
theBytes = imgFile.read(4)
result = 0
base = 1
for i in range(4) :
    result = result + theBytes[i] * base
    base = base * 256

return result
```

唯一的区别是，我们使用 seek 方法首先将文件标记移动到 BMP 文件中存储相关信息的位置。

start 值指示第一个像素中第一个字节的位置。为了提取单个字节，必须将文件指针标记移到该位置。

```
imgFile.seek(start)
```

接下来，可以处理图像的像素。

```
for row in range(height) :
    for col in range(width) :
        处理该像素

    # 跳过行尾的填充字节
    imgFile.seek(padding, SEEK_CUR)  # padding 在第 20 ~ 25 行中计算
```

我们将对数字图像应用一个简单的过滤器，用负片替换图像。也就是说，将白色像素变为黑色，青色变为红色，等等，处理方法同 4.10 节中讨论的内容。

为了创建 BMP 图像的负片，可以首先提取每个像素的蓝 / 绿 / 红分量。

```
theBytes = imgFile.read(3)
blue = theBytes[0]
green = theBytes[1]
red = theBytes[2]
```

然后，使用以下公式调整这些值：

```
newBlue = 255 - blue
newGreen = 255 - green
newRed = 255 - red
```

Courtesy of Cay Horstmann.

一幅图像及其负片

调整像素后，必须将新值写回到读取文件的相同位置：

```
imgFile.seek(-3, SEEK_CUR)    # 向后移动 3 个字节，回到像素的开始位置
imgFile.write(bytes([newBlue, newGreen, newRed]))
```

下面是将 BMP 图像转换为负片的完整程序。与 4.10 节中的程序不同，此程序不显示图像。相反，程序读取并更新存储图像的文件。编程题 P7.24 和 P7.25 要求读者产生更有趣的效果。

sec04/imageproc.py

```
 1  ##
 2  #  本程序处理一个数字图像：创建一个 BMP 文件的负片
 3  #
 4
 5  from io import SEEK_CUR
 6  from sys import exit
 7
 8  def main() :
 9     filename = input("Please enter the file name: ")
10
11     # 打开一个二进制文件，用于读取和写入
12     imgFile = open(filename, "rb+")
13
14     # 提取图像的信息
15     fileSize = readInt(imgFile, 2)
16     start = readInt(imgFile, 10)
17     width = readInt(imgFile, 18)
18     height = readInt(imgFile, 22)
19
20     # 像素行的长度必须为 4 字节的倍数
21     scanlineSize = width * 3
22     if scanlineSize % 4 == 0 :
23        padding = 0
24     else :
25        padding = 4 - scanlineSize % 4
26
27     # 确保图像有效
28     if fileSize != (start + (scanlineSize + padding) * height) :
29        sys.exit("Not a 24-bit true color image file.")
30
31     # 移动到图像的第一个像素位置
32     imgFile.seek(start)
33
34     # 处理各个像素
35     for row in range(height) :    # 遍历各像素行
```

```
36          for col in range(width) :    # 遍历行中的各像素
37            processPixel(imgFile)
38
39          # 跳过最后的填充值
40          imgFile.seek(padding, SEEK_CUR)
41
42      imgFile.close()
43
44  ## 处理单个像素
45  #  @param imgFile 包含 BMP 图像的二进制文件
46  #
47  def processPixel(imgFile) :
48      # 读取像素各个分量的值
49      theBytes = imgFile.read(3)
50      blue = theBytes[0]
51      green = theBytes[1]
52      red = theBytes[2]
53
54      # 处理像素
55      newBlue = 255 - blue
56      newGreen = 255 - green
57      newRed = 255 - red
58
59      # 写入像素
60      imgFile.seek(-3, SEEK_CUR)    # 向后移动 3 个字节，回到像素的开始位置
61      imgFile.write(bytes([newBlue, newGreen, newRed]))
62
63  ## 从二进制文件中读取一个整数
64  #  @param imgFile 文件
65  #  @param offset 读取文件的位置偏移量
66  #  @return 给定位置偏移量处的整数
67  #
68  def readInt(imgFile, offset) :
69      # 把文件指针移动到文件的给定位置
70      imgFile.seek(offset)
71
72      # 读取 4 个字节，并构建一个整数
73      theBytes = imgFile.read(4)
74      result = 0
75      base = 1
76      for i in range(4) :
77          result = result + theBytes[i] * base
78          base = base * 256
79
80      return result
81
82  # 启动程序
83  main()
```

实训案例 7.2　图形应用：显示场景文件

　　某些绘图应用程序允许用户创建和保存由各种对象组成的场景，这些对象可以稍后通过编辑进行更改。为了保存场景，程序创建一个数据文件，用以存储场景中的每个对象及其对应的特性。

　　问题描述　使用 ezgraphics 库开发一个图形程序，可以从文本文件中读取场景描述，并在一个图形窗口中绘制场景。

⟹ 步骤 1 理解所要处理的任务。

为了提取场景数据，必须首先了解存储场景数据的文件格式。

我们采用的文件格式将与画布相关的数据存储在多个文本行上，并将每个对象的数据存储在一行上。

例如，下面的文本文件保存下图所示的简单场景（灯柱）的数据。

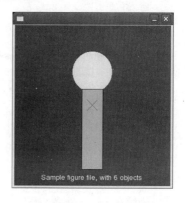

```
# 灯柱场景
300
300
blue
# 草地是一个绿色的矩形框
rect, 0, 250, dark green, dark green, 300, 50
# 固定装置是一个黄色的圆圈
oval, 112, 50, yellow, yellow, 75, 75
# 灯柱是一个矩形框，带一个大 X 符号的装饰
rect, 130, 120, black, gray, 40, 150
line, 140, 140, red, 160, 160
line, 140, 160, red, 160, 140
# 场景底部绘制的文本内容
text, 52, 285, white, Sample figure file, with 6 objects
```

Sample figure file, with 6 objects

假定文件格式没有空行，以 # 开头的行是要忽略的注释。所有非注释行都包含与场景相关的数据。前 3 行（必需的数据）包含与画布相关的参数：画布的宽度和高度以及背景色。其他的非注释行分别包含绘制 4 个对象（直线、矩形、椭圆以及文本）所需的参数。

每个对象的数据字段都在一行上，用逗号来分隔。前 4 个字段对于所有对象都是相同的，包括：

- 对象类型
- 由各画布方法定义的 x 坐标和 y 坐标
- 轮廓颜色

对象类型可以指定为以下字符串之一："line"、"rect"、"oval" 和 "text"。轮廓和填充颜色必须指定颜色的名称。

可选字段取决于特定对象。对于文本对象，还有一个附加字段，即要绘制的文本。对于矩形和椭圆，还有 3 个附加字段：填充颜色和两个整数。这两个整数分别用于指定矩形的宽度和高度，或者椭圆边界框的宽度和高度。直线对象的两个附加字段指定直线终点的 x 和 y 坐标。

⟹ 步骤 2 采用自顶向下的方法设计算法。

在顶层，求解算法相当简单：

```
打开场景文件
读取画布参数并配置图形窗口
对于场景中的每个对象
    读取对象参数描述并绘制对象
```

为了简单起见，我们直接在程序中指定文件名。为了提高程序的实用性，应该通过输入提示或者命令行参数的方式从用户处获取文件名。我们将为配置窗口、读取对象参数描述和绘制对象这 3 个主要任务分别创建函数。

main 函数实现如下算法：

```python
def main() :
    infile = open("lamppost.fig", "r")

    win = configureWindow(infile)
    canvas = win.canvas()

    objData = extractNextLine(infile)
    while objData != "" :
        drawObject(objData, canvas)
        objData = extractNextLine(infile)

    win.wait()
```

➡️ 步骤 3　创建和配置图形窗口。

该任务只需从输入文件中提取前 3 个值，并使用这 3 个值创建和配置图形窗口。

```python
def configureWindow(infile) :
    # 提取窗口大小
    width = int(extractNextLine(infile))
    height = int(extractNextLine(infile))

    # 提取背景颜色
    color = extractNextLine(infile)
    color = color.strip()

    # 创建图形窗口，并设置背景颜色
    win = GraphicsWindow(width, height)
    canvas = win.canvas()
    canvas.setBackground(color)

    # 返回图形窗口对象
    return win
```

这部分的难点是从输入文件中提取数据，这将在下一步中介绍。

➡️ 步骤 4　从文件中提取非注释文本行内容。

文件中任何以 # 开头的行都被视为注释。提取一个值或者一行数据不再像从文件中直接读取一行那么简单了，我们必须跳过所有的注释行，并提取下一个非注释行。因为每次读取文件时都必须执行此操作，所以我们将创建一个辅助函数来执行此任务。

为了跳过注释，我们从文件中读取一行并测试第一个字符是否是 #。如果不是，则返回该行。如果是，则读取并测试另一行，直到找到非注释行或者到达文件结尾。

```python
## 从文本文件中提取一行非注释文本
# @param infile 包含场景参数描述的文本文件
# @return 下一个非注释行文本的字符串
#    如果达到文件末尾，则返回空字符串
#
def extractNextLine(infile) :
    line = infile.readline()
    while line != "" and line[0] == "#" :
        line = infile.readline()

    return line
```

➡ **步骤 5** 读取对象描述，并绘制对象。

数据文件的每个非注释行（3 个画布参数除外）都包含一个对象描述。读取一行后，可以将该行内容分成 5 个部分：前 4 个字段由所有对象共享，拆分剩下的字段构成第五部分。我们这样做是因为文本对象的最后一个字段包含要绘制的字符串，并且该字符串可能还包含逗号。为了防止逗号导致额外的拆分，我们将拆分次数限制为 4，从而保持文本对象字符串的完整性。

拆分原始字符串后，设置对象的轮廓颜色，因为所有对象都有轮廓颜色。接下来，检查要绘制的对象的类型。如果对象是文本对象，我们只需绘制第五部分（拆分的最后一部分）中的字符串。对于其他对象类型，第五部分（拆分的最后一部分）中的字符串将包含两个或者三个值。这些值可以是直线终点的 x 和 y 坐标，或者矩形和椭圆的填充颜色、宽度和高度。我们再次拆分第五部分中的字符串以检索这些值。读取对象描述并绘制对象的函数如下所示。

```
## 基于从场景文件中读取的对象描述
#  在画布上绘制单个对象
#  @param objData 包含一个对象描述的字符串
#  @param canvas 用于绘制的画布对象
#
def drawObject(objData, canvas) :
    # 提取对象的数据。所有的对象都共享前 4 个字段
    parts = objData.split(",", 4)    # 拆分成 5 个部分
    objType = parts[0].strip()
    x = int(parts[1])
    y = int(parts[2])
    outline = parts[3].strip()
    params = parts[4].strip()

    # 设置对象的颜色。所有的对象都有轮廓颜色
    canvas.setOutline(outline)

    # 拆分结果的最后一个子字符串中包含给定对象的其他参数
    # 这些参数取决于给定对象的类型
    if objType == "text" :
        canvas.drawText(x, y, params)
    else :
        values = params.split(",")
        if objType == "line" :
            endX = int(values[0])
            endY = int(values[1])
            canvas.drawLine(x, y, endX, endY)
        else :
            # 提取填充颜色，并设置画布使用该填充颜色
            fill = values[0].strip()
            canvas.setFill(fill)

            # 提取宽度和高度，并使用这些数据绘制对象
            width = int(values[1])
            height = int(values[2])
            if objType == "rect" :
                canvas.drawRect(x, y, width, height)
            elif objType == "oval" :
                canvas.drawOval(x, y, width, height)
```

➡ **步骤 6** 把所有的函数保存在一个 Python 源代码文件中。

示例代码:完整的程序请参见本书配套代码中的 worked_example_2/drawscene.py。

7.5 异常处理

可以从两个方面处理程序错误:检测(detection)和处理(handling)。例如,在读取一个不存在的文件时,open 函数可以检测到错误。但是,它不能处理这个错误。处理该错误的可接受方法是终止程序,或者要求用户提供另一个文件名。open 函数无法在这些选项之间进行选择,因此需要将错误报告给程序的其他部分。

在 Python 中,异常处理(exception handling)提供了一种灵活的机制,用于将控制从错误检测点传递到能处理错误的处理器。在下面的内容中,我们将详细讨论这种机制。

7.5.1 引发异常

一旦检测到一个错误情况,接下来的工作就非常简单了。我们只需要引发(raise)一个异常对象即可。假设有人试图从一个银行账户中取出超过账户余额的钱。

```
if amount > balance :
    # 该如何处理
```

首先寻找适当的异常。Python 库提供了许多标准异常来表示各种异常情况。图 4 显示了一些有用的异常。(异常被设计为树形层次结构,比较特殊的异常位于树的底部。我们将在第 10 章更详细地讨论这些层次结构。)

仔细观察图 4,看看有没有适合上述情况的异常类型。ArithmeticError(算术错误)异常如何?负的账户余额是算术错误吗?负的账户余额不是算术错误,因为 Python 可以处理负数。要从账户中提取的金额是否为非法值?确实如此,值太大了。因此,让我们引发 ValueError 异常。

```
if amount > balance :
    raise ValueError("Amount exceeds balance")
```

引发异常时,程序不会继续执行下一条语句,而是使用**异常处理器**来执行(exception handler)。这是下一小节的主题。

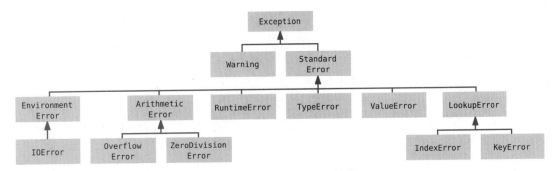

图 4 异常类的部分层次结构

语法 7.2　引发异常

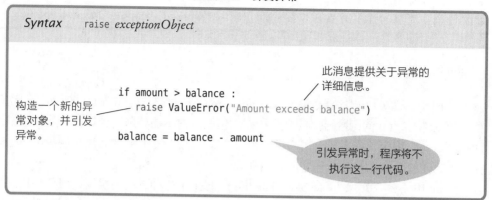

7.5.2　处理异常

每个异常都应该在程序的某个地方加以处理。如果一个异常没有相应的处理器，则会打印错误消息，程序将终止。当然，这样一个未处理的异常会让用户感到困惑。

我们使用 try/except 语句处理异常，可以将语句放在程序中知道如何处理特定异常的位置。try 语句块包含一条或者多条语句，这些语句可能产生需要我们处理的异常。每个 except 子句都包含异常类型的处理器。

下面是一个示例：

```
try :
    filename = input("Enter filename: ")
    infile = open(filename, "r")
    line = infile.readline()
    value = int(line)
    . . .
except IOError :
    print("Error: file not found.")

except ValueError as exception :
    print("Error:", str(exception))
```

在 try 语句块中，可能会引发两种异常：
- 如果无法打开给定名称的文件，则 open 函数会引发一个 IOError 异常。
- 如果字符串中包含的不是整数字面量的字符，则 int 函数会引发一个 ValueError 异常。

程序实际运行时，如果引发了上述任意一个异常，则会跳过 try 语句块中的其他语句。不同异常类型的执行情况如下所示：
- 如果引发了一个 IOError 异常，则执行 except IOError 子句。
- 如果引发了一个 ValueError 异常，则执行第二个 except 子句。
- 如果引发了其他异常，则该异常不会被此 try 语句块中的任何 except 子句所处理。异常保存引发状态，直到被另一个 try 语句块处理为止。

每个 except 子句包含一个处理器。当 except IOError 子句的主体被执行时，表明在 try 语句块中某些函数出现错误，引发了一个 IOError 异常。在该异常处理器中，简单地打印了一条错误信息，指示文件不存在。

语法 7.3　处理异常

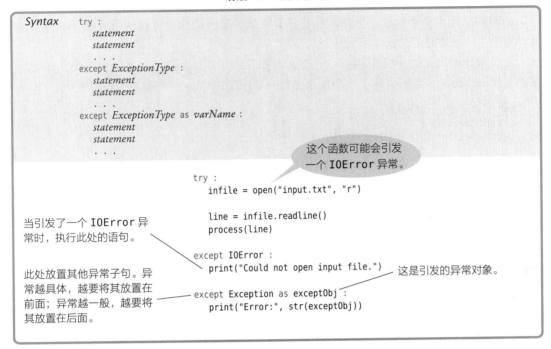

接下来我们讨论第二个异常处理器：

```
except ValueError as exception :
    print("Error:", str(exception))
```

执行该处理器的主体时，程序打印异常中包含的消息。当 int 函数无法把一个字符串转换为一个整数时，将引发一个 ValueError 异常。int 函数在 ValueError 异常中给出出错信息，其中包含无法转换的字符串。例如，如果传递给 int 函数的字符串为 "35x2"，则包含在异常中的消息为：

```
invalid literal for int() with base 10: '35x2'
```

为了获取异常信息，我们需要访问异常对象。可以使用 as 关键字把异常对象存储在一个变量中：

```
except ValueError as exception :
```

当执行 ValueError 的异常处理器时，变量 exception 被设置为该异常对象。在我们的代码中，可以通过调用 str(exception) 获取异常信息。我们可以认为该操作会把异常对象转换为字符串。

当引发异常时，我们可以提供自定义消息字符串。例如，

```
raise ValueError("Amount exceeds balance")
```

上述调用的结果是，异常对象的消息是提供给构造函数参数的字符串。

在这些 except 示例子句中，我们仅仅通知用户问题的根源。大多数情况下，建议为用户提供再次输入正确值的机会，具体方法请参见 7.6 节。

7.5.3 finally 子句

有时候，无论是否引发了异常，我们都需要执行某些操作。可以使用 finally 子句处理这种情况。一种常见的情景如下所示。

文件操作时有一点十分重要：一定要关闭打开的文件，以确保所有的内容都写入文件。在以下代码片段中，我们打开了一个输出文件，调用了一些函数，然后关闭文件。

```
outfile = open(filename, "w")
writeData(outfile)
outfile.close()    # 也许永远不会到达此处
```

现在，假设在最后一条语句前面的某个方法或者函数引发了一个异常，则永远不会调用 close 方法关闭文件！可以通过在 finally 子句中调用 close 方法，来确保一定会执行关闭文件这个操作。

```
outfile = open(filename, "w")
try :
    writeData(outfile)

finally :
    outfile.close()
```

在正常情况下不存在任何问题。当 try 语句块结束后，程序执行 finally 子句来关闭文件。但是，如果引发了异常，程序在把异常传递给异常处理器前，依旧会执行 finally 子句。

无论什么时候，如果需要执行清理工作（例如关闭文件），都应该使用 finally 子句，以确保无论函数或者方法如何退出都会执行清理工作。

语法 7.4 finally 子句

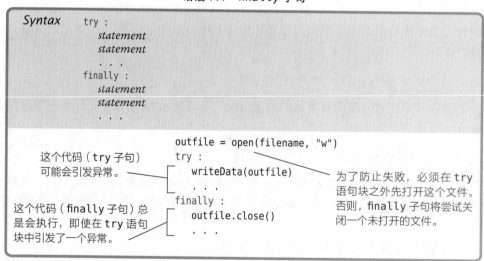

编程技巧 7.1 早引发，晚处理

当函数检测到无法解决的问题时，最好引发异常，而不是尝试提出不完善的修复方案。假设一个函数希望从文件中读取一个数字，而该文件中并不包含数字。简单地使用零值代替将是一个糟糕的选择，因为它掩盖了实际存在的问题，并可能在其他地方导致另一个问题的出现。

相反，如果该函数真的可以纠正这种情况，那么这个函数应该只处理一个异常。否则，最好的补救方法就是将异常传播到它的调用方，从而让一个称职的处理器捕获该异常。

这些原则可以概括为一句口号："早引发，晚处理"。

编程技巧 7.2   不要在一个 try 语句中同时使用 except 和 finally 子句

在一个或者多个 except 子句后面可以包含一条 finally 子句。然后，每当 try 语句块以以下任意方式退出时，将执行 finally 子句中的代码：

1. 在完成 try 语句块中的最后一条语句之后。

2. 如果 try 语句块引发了一个异常，则在完成对应 except 子句的最后一条语句之后。

3. 如果 try 语句块引发异常但未被捕获。

虽然合并 except 和 finally 子句具有一定的诱惑力，但是生成的结果代码往往很难理解，而且常常是不正确的。因此，建议使用两条语句：

- 一条 try/finally 语句，用于关闭资源。
- 一条单独的 try/except 语句，用于处理错误。

例如：

```
try :
    outfile = open(filename, "w")
    try :
        写入内容到 outfile 文件
    finally :
        outfile.close()

except IOError :
    处理异常
```

如果 open 函数引发异常，则嵌套语句可以正常工作。（通过复习题 R7.17 了解为什么不能使用一个 try 语句。）

专题讨论 7.4   with 语句

由于经常会使用打开和关闭文件的 try/finally 语句，因此 Python 提供了一个特殊的快捷方式：

```
with open(filename, "w") as outfile :
    将输出内容写入 outfile 文件中
```

此 with 语句使用给定的文件名打开文件，将 outfile 设置为打开的文件对象，并在到达语句结尾或者引发异常时关闭文件对象。

工具箱 7.3　读取 Web 页面

　　Python 标准库包含用于处理互联网协议的工具。在本工具箱中，我们将使用 Python 的 urllib 库中的一些函数来实现打开和读取 Web 页面的功能。

　　为了访问 Web 页面，我们首先需要确定页面的 URL（Universal Resource Locator，统一资源定位符）。这是一个以 http:// 开头的地址，后跟网站位置。为了打开网页，可以使用 urllib.request 模块中的 urlopen 函数，如下所示：

```
import urllib.request
address = "http://horstmann.com/index.html"
response = urllib.request.urlopen(address)
```

　　结果将返回一个"响应"对象，从中可以读取 URL 引用的数据。这可能是二进制数据（例如图像）或者文本（例如网页）内容。read 方法返回响应对象的字节数据：

```
theBytes = response.read()
```

　　如果我们事先知道网页是文本，则可以使用 decode 方法将二进制数据转换为字符串。

```
text = theBytes.decode()
```

该方法调用假设文本使用 UTF-8 字符编码（具体请参阅"专题讨论 7.3"）。如果使用其他编码方式，则可以将编码的名称指定为 decode 方法的参数。

　　如果希望逐行查看文本，可以使用以下循环：

```
for line in text.splitlines() :
    处理 line 的内容
```

或者，可以简单地将文本保存为字符串并搜索该字符串以获取信息。

　　例如，我们可能希望找到指向其他网页的所有链接，网页是用一种被称为 HTML（超文本标记语言）的语言编写的文档。指向另一个网页的链接具有以下形式：

```
<a href="link URL">
```

此循环将搜索所有出现的词条 href。对于每一个 href，我们都会查找后面引号中包含的字符串，然后打印出来。

```
i = text.find("href")
while i != -1 :
    start = text.find("\"", i)
    end = text.find("\"", start + 1)
    print(text[start + 1 : end])
    i = text.find("href", end + 1)
```

如上所述，对于此搜索，不需要将文本拆分成行。事实上，把文本拆分成行的处理方法存在一个缺点，因为如果在 ref 和链接之间出现换行符，则可能会遗漏超链接。

　　要特别注意传递给字符串方法 find 的第二个参数的用法。不必在整个源字符串中搜索子字符串的位置，我们可以使用第二个参数指定开始搜索的源字符的位置。

　　如果我们熟悉 HTML，就会发现这种搜索方法过于简单，因而会遗漏一些超链接。改进的方法请参见编程题 P7.49。

　　但这只是一个小细节，我们现在知道了如何从一个网页上收集所有链接。如果依次跟踪这些超链接，则可以获取整个万维网的一部分内容。这就是搜索引擎（例如谷歌）的工作原理。在第 11 章中，我们将讨论如何实现一个小型的搜索引擎。

读取网页内容后，通过调用响应对象上的 close 方法关闭连接。

```
response.close()
```

示例代码：读取和查找网页内容的完整程序请参见本书配套代码中的 toolbox_3/websearch.py。

7.6　应用案例：处理输入错误

本节将介绍一个包含异常处理的示例程序。程序 analyzedata.py 要求用户输入文件名，文件应包含数据值。文件的第一行应包含值的总数目，其余行应包含数据。一个典型的输入文件如下所示：

```
3
1.45
-2.1
0.05
```

这会出现什么错误呢？主要有两个风险：

- 文件可能不存在。
- 文件中的数据格式可能有误。

谁能发现这些错误呢？当文件不存在时，open 函数将引发异常。处理输入值的函数在发现数据格式错误时，需要引发异常。

可以引发哪些异常呢？文件不存在时，open 函数会引发一个 IOError 异常，这合情合理。当数据项比预期的少，或者文件不是以值的个数开始时，程序将引发一个 ValueError 异常。

最后，当输入值比预期更多时，应该引发一个 RuntimeError 异常，同时显示相应的错误消息。

谁能处理报告的异常？这里只有 analyzedata.py 程序的 main 函数与用户交互，因此它将处理异常，打印适当的错误消息，并为用户提供另一个输入正确文件的机会。

```
done = False
while not done :
    try :
        提示用户输入文件名
        data = readFile(filename)
        处理数据
        done = True

    except IOError :
        print("Error: file not found.")

    except ValueError :
        print("Error: file contents invalid.")

    except RuntimeError as error :
        print("Error:", str(error))
```

遇到错误数据或者找不到文件时，main 函数中的前两个 except 子句将打印出可读的错误报告。当文件中的值超过预期数量时，第三个 except 子句将打印错误报告。由于没有可以用于此类型错误的标准异常，所以我们将使用泛型 RuntimeError 异常来处理。通常，该异常用于多种类型的错误。处理此异常时，程序应打印异常引发时提供的消息。这需要使用 as 运算符访问异常对象并将其转换为字符串。

如果从 main 函数中捕获了其他类型的异常，程序将中止，并打印异常消息以及引发异常的代码行号。此外，打印输出将包含导致异常的函数调用链，以及导致异常的调用及其代码行号。这将帮助程序员诊断问题。

下面的 readFile 函数创建了一个文件对象并调用了 readData 函数，该函数不处理任何异常。如果输入文件存在问题（文件不存在，或者包含无效数据），则函数只是将异常传递给它的调用方。

```python
def readFile(filename) :
    infile = open(filename, "r")
    try :
        return readData(infile)
    finally :
        infile.close()
```

注意，finally 子句将确保即使发生了异常也会关闭文件。

readData 函数读取值的数目，创建一个列表，并用数据值填充列表。

```python
def readData(infile) :
    line = infile.readline()
    numberOfValues = int(line)    # 可能会引发一个 ValueError 异常
    data = []

    for i in range(numberOfValues) :
        line = infile.readline()
        value = float(line)    # 可能会引发一个 ValueError 异常
        data.append(value)

    # 确保文件中没有多余的数据
    line = infile.readline()
    if line != "" :
        raise RuntimeError("End of file expected.")

    return data
```

readData 函数中有 3 个潜在的错误：

- 文件不能以整数开头。
- 可能没有足够数量的数据值。
- 读取所有数据值后可能还会有其他输入。

在第一种情况下，int 函数在尝试将输入字符串转换为整数值时引发 ValueError 异常。同样在第二种情况下，float 函数也可能引发 ValueError 异常。因为这些函数不知道在这些情况下如何处理异常，所以它们允许将异常发送给其他的异常处理器进行处理。当发现有额外的意外输入时，会引发 RuntimeError 异常并提供适当的错误提示消息。

根据特定的错误场景，可以确定异常处理的工作方式，如下所示：

1. main 函数调用 readFile 函数。
2. readFile 函数调用 readData 函数。

3. readData 函数调用 int 函数。

4. 由于在输入中不存在一个整数值，因此 int 函数引发一个 ValueError 异常。

5. readData 函数没有 except 子句，因此立即终止执行。

6. 由于 readFile 函数没有 except 子句，因此在执行 finally 子句并关闭文件后，立即终止执行。

7. main 函数中的第一个 except 子句用于处理 IOError 异常。而当前引发的异常类型为 ValueError，因此该处理器不执行。

8. 由于 main 函数中的下一个 except 子句用于处理 ValueError 异常，因此程序从此处继续执行。该异常处理器打印一行消息给用户，然后给用户提供再次输入文件名的机会。注意，程序跳过处理数据的语句。

以下示例演示了在错误检测（在 readData 函数中）和错误处理（在 main 函数中）之间的分离。在这两者之间是 readFile 函数，它只传递异常。

sec06/analyzedata.py

```
1  ##
2  #  本程序处理一个文件，文件的内容包含计数和值
3  #  如果文件不存在，或者格式不正确，则提示用户指定另一个文件
4  #
5
6  def main() :
7      done = False
8      while not done :
9          try :
10             filename = input("Please enter the file name: ")
11             data = readFile(filename)
12
13             # 作为处理数据的示例，我们计算总计
14             total = 0
15             for value in data :
16                 total = total + value
17
18             print("The sum is", total)
19             done = True
20
21         except IOError :
22             print("Error: file not found.")
23
24         except ValueError :
25             print("Error: file contents invalid.")
26
27         except RuntimeError as error :
28             print("Error:", str(error))
29
30  ## 打开文件，读取一个数据集
31  #  @param filename 包含数据文件的文件名
32  #  @return 一个包含文件中数据的列表
33  #
34  def readFile(filename) :
35      infile = open(filename, "r")
36      try :
37          return readData(infile)
38      finally :
39          infile.close()
```

```
40
41   ## 读取一个数据集
42   #    @param infile  包含数据的文件
43   #    @return 存储数据集的列表
44   #
45   def readData(infile) :
46       line = infile.readline()
47       numberOfValues = int(line)    # 可能会引发一个 ValueError 异常
48       data = []
49
50       for i in range(numberOfValues) :
51           line = infile.readline()
52           value = float(line)              # 可能会引发一个 ValueError 异常
53           data.append(value)
54
55       # 确保文件中不再有更多的值
56       line = infile.readline()
57       if line != "" :
58           raise RuntimeError("End of file expected.")
59
60       return data
61
62   # 启动程序
63   main()
```

工具箱 7.4   统计分析

Python 常用于数据分析，而且提供了许多统计函数。Python 标准库包含计算平均值、中位数和标准偏差的函数。此外，`scipy.stats` 模块还有许多用于检验统计变量之间关系的函数。在这个工具箱中，我们将演示几个有关这些函数的有趣的示例应用程序。（如果尚未安装 SciPy 库，请参阅 2.6.3 节的"工具箱 2.1"。）

基本统计度量

标准库中的 `statistics` 统计（模块）包含计算值列表的平均值、中位数和标准偏差的功能：

```
mean = statistics.mean(data)
median = statistics.median(data)
stdev = statistics.stdev(data)
```

例如，当变量 data 包含全世界的人口数量时，平均值约为 3000 万，而中位数约为 460 万。少数人口众多的国家大大提升了平均值水平。在这种情况下，标准偏差（约 1.22 亿）没有什么意义。

为了查看标准偏差的更有用的示例，可以考虑遵循正态分布或"钟形曲线"分布的数据。正态分布的常见例子是一个物种中的个体数量。对于呈现正态分布的数据，有人预计大约 68% 的生物族群在平均值的一个标准偏差内，约 96% 的生物族群在两个标准偏差内。正如本书配套代码中的示例程序所示，美国总统的身高平均为 180 厘米，标准偏差约为 7 厘米。因此，白宫居住者的身高低于 166 厘米或者高于 194 厘米的概率小于 4%。

示例代码：示例程序请参见本书配套代码中的 toolbox_4/basic/stats.py。

卡方检验

统计学的一个常用方法是检测两个变量之间是否存在显著差异。例如，我们可能想知道考试成绩是否因男女性别而有所不同，或者是否受到家庭收入的影响。统计数据包括分类变量（categorical variable）和连续变量（continuous variable）。分类变量的取值范围有限，例如男性/女性、种族分类。连续变量（例如考试成绩、收入或者身高）的取值范围为一个连续的数值范围。

卡方检验用于分析分类变量之间的关系。例如，美国人口普查局公布了按人种和西班牙裔划分的多胞胎生育数据，见表7。

表7　2008 年生育数据

	白人	黑人	西班牙裔
单胞胎	2 184 914	599 536	1 017 139
双胞胎	82 903	22 924	23 266
多胞胎	4 493	569	834

直觉上，双胞胎和三胞胎的出生率似乎不应取决于父母的人种或者民族。但奇怪的是，西班牙裔和黑人双胞胎的数量大致相同，尽管西班牙裔儿童的数量要多70%。当然，在任何观测中，都会出现随机波动。卡方检验在给定一个特定的值矩阵时度量两个变量不相关的概率。

对于这种统计分析，我们需要使用scipy库中的scipy.stats模块。导入scipy.stats模块并调用chi2_contingency函数。函数返回一个由多个值组成的元组，其中只有第二个值对基本分析有意义，该值是个别数据偶然发生差异的概率。

```
data = [
    [ 2184914, 599536,  1017139 ],
    [ 82903, 22924, 23266 ],
    [ 4493, 569, 834 ]
]

p = scipy.stats.chi2_contingency(data)[1] # 结果为 0
```

在这种情况下，p为0，这表明这种差异不是偶然的，应该否定多胞胎与人种无关的假设。除了西班牙裔双胞胎不太常见的可能性外，肯定还有其他原因。

另一个统计数字（如表8所示）按人种和西班牙裔列出了自然分娩和剖腹产的统计数据。人们可能会怀疑，由于剖腹产手术的费用，在弱势群体中剖腹产是否不那么常见。然而，在这种情况下，卡方检验报告了这种分布可能是偶然发生的概率为0.68，因此我们不能得出两组之间存在差异的结论。

表8　2008 年按人种和西班牙裔统计的出生方式生育数据（单位：千）

	白人	黑人	西班牙裔
顺产	1 527	406	717
剖腹产	733	214	322
未知	8	2	3

示例代码：分析生育数据的完整程序请参见本书配套代码中的 toolbox_4/chi2/chi2.py。

方差分析

方差分析（Analysis Of VAriance，ANOVA）用于确定分类变量和连续变量之间的相关性。例如，可以使用 ANOVA 来确定不同学生组的考试成绩是否存在显著差异。

国际学生能力评量计划（Programme for International Student Assessment，PISA）每三年在 70 多个国家实施一次，以评估 15 岁学生的表现。（具体测试描述请参见 http://www.oecd.org/pisa/aboutpisa/。）这项计划可以获得许多国家的原始数据文件。我们将分析 2012 年来自美国的学生数据。该数据集为参加测试的近 5000 名学生提供匿名记录，包括人口统计数据和主观问题的答案。

一组问题询问学生每周的英语教学量。（包括两个问题，一个问题是每节课多少分钟，另一个问题是每星期多少节课。）假设我们想检查不同种族群体是否接受过同样课时量的教育。

虽然数据文件非常庞大，但使用本章的工具很容易处理。每位学生的记录占一行。文档说明中规定了每个字段的偏移量和长度，因此很容易提取性别、种族和授课时间。

以下代码片段用于提取授课时间，并将其添加到相应组别中。

```
white = []
black = []
asian = []

infile = open("US_ST12.TXT")
for line in infile :
    race = line[2331 : 2332]
    minPerPeriod = int(line[248 : 252])
    periodsPerWeek = int(line[260 : 264])

    if minPerPeriod > 0 and minPerPeriod < 1000 and \
       periodsPerWeek > 0 and periodsPerWeek < 1000 :
       hours = minPerPeriod * periodsPerWeek / 60
       if race == "1" :
          white.append(hours)
       elif race == "2" :
          black.append(hours)
       elif race == "3" :
          asian.append(hours)
infile.close()
```

然后打印每组的统计人数和均值。

```
White: 1589 responses, mean 4.463184
Black: 379 responses, mean 4.168162
Asian: 699 responses, mean 4.231354
```

结果表明，不同人群的平均授课时间不同，黑人的平均授课时间比白人少了近 30 分钟。差异是显著还是随机发生的？这就是方差分析的目标所在。stats.f_oneway 函数从传递给它的列表中计算数据分布可能是偶然结果的概率。函数返回一个元组，其中第二个元素为概率。在我们的应用程序中，采用以下代码进行计算：

```
p = scipy.stats.f_oneway(white,black,asian)[1]
```

在我们的示例中，p 为 0.027 774，即小于 3%。因此可以得出结论，数据分布的结果是偶然发生的概率不大。

作为对比，我们也按性别分组统计英语教学时间。程序将生成以下信息：

```
Boys: 1500 responses, mean 4.397800
Girls: 1532 responses, mean 4.339001
p = 0.500792
```

　　平均值基本相同，方差分析表明，有超过 50% 的概率数据的分布是相同的。这并不奇怪，因为在美国学校，男孩和女孩通常不会分开上英语课。

　　示例代码： 完整的程序请参见本书配套代码中的 toolbox_4/anova/anova.py。

线性回归

　　前面，我们分析了分类变量和连续变量之间的关系。当两个变量都是连续的时候，我们可以使用另一种称为线性回归（linear regression）的测试来测试变量之间是否存在线性相关性。

　　我们从经合组织事实手册（OECD Factbook，http://www.oecd-ilibrary.org/economics/oecd-factbook_18147364）中提取了各个工业化国家的统计指标，并将其保存为 CSV 格式。

　　每行显示一个特定国家的数据指标：

```
Country,Per capita income,Life expectancy,% tertiary education,Health
    expenditures,Per capita GDP,GINI
Australia,43372,82.0,38.3,8.9,44407,0.33
Austria,43869,81.1,19.3,10.8,44141,0.27
...
```

　　让我们研究健康医疗支出（health expenditure）与预期寿命（life expectancy）之间的关系。更高的健康医疗支出能让一个国家的公民更长寿吗？

　　我们使用 CSV 读取器读取数据，并分别将预期寿命和健康医疗支出作为两列附加到两个列表中。

```
lifeexp = []
healthex = []

reader = csv.reader(open("oecd.csv"))
next(reader) # 跳过标题行
for row in reader :
    lifeexp.append(float(row[2]))
    healthex.append(float(row[4]))
```

　　接下来计算线性相关系数（linear correlation coefficient）。线性相关系数是一个介于 $-1 \sim 1$ 之间的值，它表示数据遵循线性关系的程度（参见图 5）。接近 +1 或者 -1 的相关性表示相应的数据点沿直线上升或者下降。相关系数为 0，表示这些点形成的形状根本不是线性的。

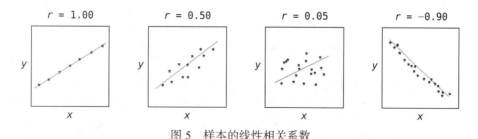

图 5　样本的线性相关系数

　　函数 scipy.stats.linregression 用于计算线性相关系数，以及回归直线的斜率和 x 截距。回归线是最拟合数据点的直线。同样，结果是一个元组，斜率、截距和相关系数是元组的前 3 个元素。

```
r = scipy.stats.linregress(healthex, lifeexp)
slope = r[0]
intercept = r[1]
correlation = r[2]
```

在我们的示例中，相关系数是 0.358864，这意味着很弱的相关性。让我们绘制数据点和回归线：

```
matplotlib.pyplot.scatter(healthex, lifeexp)

x1 = min(healthex)
y1 = intercept + slope * x1
x2 = max(healthex)
y2 = intercept + slope * x2
matplotlib.pyplot.plot([x1,x2],[y1,y2])
matplotlib.pyplot.show()
```

结果如图 6 所示。

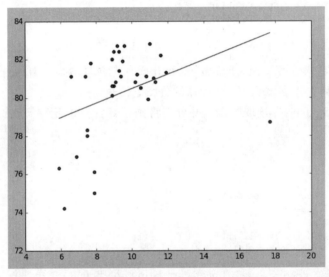

图 6　健康医疗支出与预期寿命之间的相关性

似乎存在一个例外，一个国家在医疗保健上的花费远远超过其他所有国家，却没有获得相应的长寿回报。是的，那就是美国。去掉外围数据点，相关系数约为 0.61（请参见编程题 P7.40）。

示例代码：完整的程序请参见本书配套代码中的 toolbox_4/regression/regression.py。

至此，我们已经讨论了几个使用统计函数分析实际数据的示例。Python 包含许多这样的函数，建议读者选修一门统计课程，以便了解不用函数的应用场景。我们认为，当你使用 Python 处理分析所研究领域的数据时，一定会大受启发。

实训案例 7.3　创建气泡图

气泡图用于描述三维数据之间的关系，即每个数据点由 3 个值 (x, y, z) 组成。各个数据点以圆或者"气泡"的形式绘制。气泡的中心基于 x 和 y 值，水平和垂直地定位在图形上；z 值指定气泡的大小。

问题描述　我们的任务是使用 matplotlib 库创建一个气泡图，描述一个国家每年的教育支出与学生数学和科学考试成绩之间的关系。（如果尚未安装 matplotlib 库，请参见"工具箱 2.1"。）数据存储在一个文本文件中。

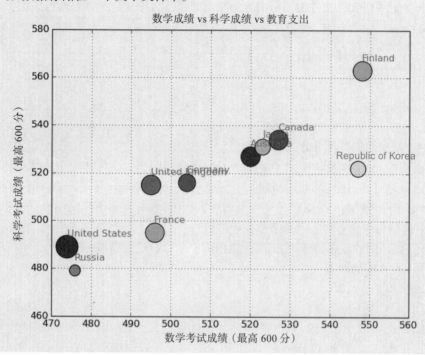

步骤 1　把任务分解成不同的步骤。

该问题可以分解为以下步骤：

从文本文件中载入数据
绘制数据
改善图表的外观

步骤 2　理解需要处理的任务。

为了从文件中加载数据，我们需要了解存储数据的格式。education.txt 文件的内容如下所示：

```
Australia
5766 520 527
Canada
5749 527 534
Germany
4682 504 516
...
```

每个记录有 4 条信息，分布在两行上。第一行表示国家名称。第二行是该国人均教育支出（美元），其次是该国完成中等教育的学生的数学成绩平均分和科学成绩平均分。这两个分数的最高分均为 600 分。

为了获得国家名称，只需读取第一行文本内容。为了获取与每个国家相关联的 3 个值，可以拆分第二行文本并将 3 个字符串分别转换为各自的类型。

```
parts = line.split()
dollars = int(parts[0])
```

```
math = int(parts[1])
science = int(parts[2])
```

➡️ **步骤 3** 选择遍历文件或者读取单独的行。

由于每个记录包含在文件的两行内容中，因此需要为每个记录读取两行文本。

```
done = False
while not done :
    country = infile.readline()
    if country == "" :
        done = True
    else :
        line = infile.readline()
        . . .
```

➡️ **步骤 4** 确定数据存储的方式。

我们将使用 pyplot 模块中的 scatter 函数构建气泡图。因为该函数将数据作为 3 个列表参数，分别对应于每个数据点关联的 3 个值。所以我们想把 x 值（数学成绩）存储在一个列表中，y 值（科学成绩）存储在另一个列表中，z 值（教育支出）存储在第三个列表中。因此，每个列表的相应元素将包含单个数据点的值。

我们还想给每个气泡贴上标签，因此将把国家名称存储在第四个列表中。

➡️ **步骤 5** 载入图形数据。

载入数据的算法如下：

创建用于存储数据的空列表
打开文件
当文件中还有记录时，重复以下操作：
　　　　读取记录的第一行
　　　　附加到国家列表中
　　　　读取记录的第二行
　　　　把文本拆分为 3 个部分
　　　　把这 3 个部分分别存储到数学成绩列表、科学成绩列表、教育支出列表中

➡️ **步骤 6** 绘制数据。

pyplot 模块中的 scatter 函数需要 4 个参数：x 值的列表、y 值的列表、z 值的列表和颜色。

在这个例子中，我们不关心气泡的颜色，只希望每个气泡都有不同的颜色。Python 将分配一个随机颜色，但是我们将传递一个不同整数的列表（它们是默认颜色列表的索引），以确保每个颜色整数都各不相同。

```
pyplot.scatter(mathScores, sciScores, spending, range(0, len(countries)))
```

我们还想给每个气泡标记标签。可以通过遍历国家（countries）列表，并在对应气泡的位置标记国家名称来实现。

```
for i in range(len(countries)) :
    pyplot.text(mathScores[i], sciScores[i], countries[i], color="gray")
```

➡️ **步骤 7** 改善图形的外观。

最后一步是通过添加图标标题和坐标轴标题来改善图形的外观。为了便于查看，我们还可以显示网格。完整的程序如下所示。

sec01/total.py

```
1  ##
2  # 本程序创建一个气泡图
3  # 描述年度教育支出与数学成绩和科学成绩之间的关系
4  #
5
6  from matplotlib import pyplot
7
8  # 从文本文件中载入数据
9  infile = open("education.txt")
10 countries = []
11 mathScores = []
12 sciScores = []
13 spending = []
14
15 done = False
16 while not done :
17     country = infile.readline()
18     if country == "" :
19         done = True
20     else :
21         line = infile.readline()
22         countries.append(country)
23         parts = line.split()
24
25         dollars = int(parts[0])
26         math = int(parts[1])
27         science = int(parts[2])
28
29         spending.append(dollars / 10)   # 调整气泡大小以使它们互不重叠
30         mathScores.append(math)
31         sciScores.append(science)
32
33 infile.close()
34
35 # 创建气泡图
36 pyplot.scatter(mathScores, sciScores, spending,
37     range(0, len(countries)))
38
39 # 标记每个气泡
40 for i in range(len(countries)) :
41     pyplot.text(mathScores[i], sciScores[i],
42         countries[i], color="gray")
43
44 pyplot.grid("on")
45 pyplot.xlabel("Math Test Scores (600 possible)")
46 pyplot.ylabel("Science Test Scores (600 possible)")
47 pyplot.title("Math Scores vs Science Scores vs Education Spending")
48
49 pyplot.show()
```

计算机与社会 7.2　阿丽亚娜火箭事件

欧洲太空总署（European Space Agency, ESA，又称欧洲航天局、欧洲空间局、欧空局）是欧洲与美国国家航空航天局（NASA，又称美国宇航局、美国太空总署）相对应的机构，已成功地向太空发射了许多通信卫星和科学实验卫星。然而，1996

年 6 月 4 日从欧洲太空总署位于法属圭亚那库鲁的发射场发射新型火箭"阿丽亚娜 5 号"时,火箭在升空约 40 秒后偏离了轨道。它以偏离垂直方向 20º 的角度飞行,施加的空气动力使助推器分离,从而触发自动自毁机制。火箭自爆了。

这次事故的根本原因是一个未经处理的异常!火箭包含两个相同的装置(称为惯性参考系统),它们处理来自测量装置的飞行数据,并将数据转换为火箭位置信息。机载计算机利用位置信息控制助推器。同样的惯性参考系统和计算机软件在阿丽亚娜 4 号上运行良好。

然而,由于火箭的设计变化,使其中一个传感器测得的加速度比在阿丽亚娜 4 号中的要大。该值以浮点数表示,存储在 16 位整数中。用于设备软件的 Ada 程序设计语言在浮点数太大而无法转换为整数时将产生异常。不幸的是,该设备的程序员认为这种情况永远不会发生,并且没有提供异常处理程序。

当发生溢出时,异常被触发,并且由于没有处理程序,设备会自动关闭。车载计算机检测到故障并切换到备用设备。然而,由于同样的原因,这个备用设备也被关闭,这是火箭设计者所没有预料到的。他们认为这些设备可能会由于机械原因而失效,而两个设备发生相同机械故障的可能性被认为是微乎其微的。当时,火箭没有可靠的位置信息,从而偏离了轨道。

如果软件没有这么严格,结果会不会更好?如果软件忽略溢出,设备就不会被关闭。这样会计算出错误的数据,并且之后设备会报告不正确的位置数据,其后果可能同样致命。相反,正确的实现方法是捕获溢出异常,并提出一些策略来重新计算飞行数据。显然,在这种情况下,放弃不是一个合理的选择。

异常处理机制的优点是,它使程序员能够清楚地查看问题所在。

© AP/Wide World Photos.

阿丽亚娜火箭的爆炸

本章小结

开发用于读取和写入文件的程序。
- 打开文件时,需要提供存储在磁盘上的文件名称和打开文件的模式。
- 文件处理完成后,请务必关闭所有文件。
- 使用 readline 方法从文件中读取文本行。
- 使用 write 方法或者 print 函数写入文件。

能够处理文件中的文本。
- 我们可以通过遍历文件对象来读取文件中的文本行。
- 使用 rstrip 方法从文本行中删除换行符。

- 使用 split 方法将字符串拆分为单个单词。
- 使用 read 方法读取一个或者多个字符。

处理程序中的命令行参数。

- 从命令行启动的程序接收命令行参数，并将命令行参数保存在 sys 模块定义的 argv 列表中。

开发用于读取和写入二进制文件的程序。

- 为了打开二进制文件进行读取，可以使用模式字符串 "rb"；为了打开二进制文件进行写入，可以使用模式字符串 "wb"。
- 通过在读取或者写入操作之前移动文件标记，可以随机访问文件中的任何位置。
- 不同类型的图像文件使用不同的格式存储图像信息和像素值。
- 可以对打开的文件同时进行读取和写入操作。

使用异常处理将控制权从错误位置传输到异常处理程序。

- 为了在异常情况下发出的信号，可以使用 raise 语句引发一个异常对象。
- 当引发异常时，将在异常处理程序中继续进行相关处理。
- 将可能导致异常的语句放在 try 语句块中，将异常处理程序放在 except 子句中。
- 一旦进入 try 语句块，无论是否引发了异常，其 finally 子句中的语句一定会被执行。
- 检测到问题后立即引发异常。只有在问题可以解决的时候才处理异常。

在处理输入的程序中使用异常处理。

- 在设计一个程序时，请思考会发生什么样的异常。
- 对于每个异常，我们需要决定程序的哪个部分能够有效地处理该异常。

复习题

- ■■ R7.1   如果我们试图打开一个不存在的文件用于读取操作，会发生什么？如果我们试图打开一个不存在的文件用于写入操作，会发生什么？
- ■■ R7.2   如果试图打开一个文件用于写入操作，但该文件或者设备是写保护（有时称为只读）状态，请问会发生什么情况？请编写一个简短的测试程序来试试看。
- ■ R7.3   如果要打开的文件中包含反斜杠，例如文件名为 c:\temp\output.dat，请问如何操作？
- ■ R7.4   如果使用以下命令启动程序 Woozle：

  python woozle.py -Dname=piglet -Ieeyore -v heff.txt a.txt lump.txt

  则 argv[0]、argv[1] 等的值分别是什么？
- ■ R7.5   请问引发异常和处理异常有什么区别？
- ■■ R7.6   当程序执行 raise 语句时，下一步执行哪条语句？
- ■■ R7.7   如果异常没有相匹配的 except 子句，会发生什么情况？
- ■■ R7.8   对于 except 子句接收到的异常对象，程序应如何处理？
- ■ R7.9   顺序存取和随机存取有什么区别？
- ■ R7.10   文本文件和二进制文件有什么区别？
- ■ R7.11   文件标记是什么？如何移动文件标记？如何确定文件标记当前的位置？
- ■■ R7.12   如果试图将文件标记移到文件末尾，会发生什么情况？试试看并报告测试结果。
- ■ R7.13   给出一条输出语句，以 ISO 8601 格式输出日期和时间，例如：

  2018-03-01 09:35

  假设日期和时间由 5 个整数变量（year、month、day、hour、minute）来指定。
- ■ R7.14   给出一条输出语句来编写表格中的一行，其中包含产品描述、数量、单价以及总价（单价和总价均以美元和美分为单位）。要求按列对齐，如下所示：

Item	Qty	Price	Total
Toaster	3	$29.95	$89.85
Hair Dryer	1	$24.95	$24.95
Car Vacuum	2	$19.99	$39.98

- R7.15 什么是命令行？程序如何读取其命令行参数？
- R7.16 finally 子句与 try/except 语句块一起使用的目的是什么？举例说明如何使用这些语句块。
- R7.17 "编程技巧 7.2" 建议使用 try/except 语句块处理异常，使用单独的 try/finally 语句块关闭文件。如果将二者合并为一个单独的语句块（如下所示），并且 open 函数引发异常，请问会发生什么情况？

```
try :
    outfile = open(filename, "w")
    写入文件操作
except IOError :
    处理异常
finally :
    outfile.close()
```

我们可以通过将 open 函数的调用语句移动到 try 语句块外来解决此问题。请问这又会导致什么问题？

- R7.18 当引发异常，执行 finally 子句中的代码，并且该代码引发了与原始异常不同类型的异常时，会发生什么情况？哪一个异常可以被上一级语句捕获？编写一个示例程序来验证结论。
- R7.19 假设 7.6 节中的程序读取包含以下值的文件：

      1
      2
      3
      4

结果如何？如何改进程序以给出更准确的错误报告？

- 工具箱应用 R7.20 本书配套代码中的 exercises/declendations.csv 文件（来自网站 http://www.irs.gov/uac/Tax-Stats-2）包含许多减税的信息。编写一个 Python 程序来分析住房抵押贷款利息的扣除方式。文件所列出的各收入群体中纳税人的平均扣除额是多少？如果前 n 个群体的扣除额被取消，财政部能额外征收多少税额？
- 工具箱应用 R7.21 如何仅打印当前目录中扩展名为 .txt 的文件的名称？
- 工具箱应用 R7.22 当前工作目录的父目录由包含两个句点 ".."的字符串指定。如何列出父目录（不包括当前工作目录）中的内容？
- 工具箱应用 R7.23 如何计算文件中所有单词长度的平均值和标准偏差？
- 工具箱应用 R7.24 假设表 7 中的行和列被翻转，请问对卡方检验的结果有什么影响？
- 工具箱应用 R7.25 当 "工具箱 7.4" 中的方差分析仅限于黑人和亚裔学生时，将报告概率为 0.725968。这意味着什么？
- 工具箱应用 R7.26 删除 "工具箱 7.4" 中线性回归示例中的异常值对回归直线的斜率有什么影响？
- 工具箱应用 R7.27 删除 "工具箱 7.4" 中线性回归示例中的异常值后，为什么线性相关系数不等于 1？

编程题

- P7.1 编写程序，执行以下任务：

  打开名为 *hello.txt* 的文件

把信息"*Hello, World!*"存储到文件中
关闭文件
再次打开同一个文件
从文件中读取消息并存储到一个变量中然后打印输出

■ P7.2　编写一个程序，读取一个包含文本的文件。依次读取各行内容，并写入一个输出文件，每行前面添加行号。如果输入文件包括以下内容：

```
Mary had a little lamb
Whose fleece was white as snow.
And everywhere that Mary went,
The lamb was sure to go!
```

则程序生成的输出文件包含以下内容：

```
/* 1 */ Mary had a little lamb
/* 2 */ Whose fleece was white as snow.
/* 3 */ And everywhere that Mary went,
/* 4 */ The lamb was sure to go!
```

提示用户输入所输入和输出的文件名。

■ P7.3　重新实现上一题，但允许用户通过命令行参数的形式指定文件名。如果用户没有通过命令行参数的形式指定任何文件名，则提示用户输入文件名。

■ P7.4　编写一个程序，读取包含两列浮点数的文件。提示用户输入文件名。打印每列的平均值。

■■ P7.5　编写一个程序，要求用户输入文件名，并打印该文件中的字符数、单词数和行数。

■■ P7.6　编写程序 find.py 以搜索命令行参数中指定的所有文件，并打印出包含指定单词的所有行。例如，如果通过以下命令行运行程序：

```
python find.py ring report.txt address.txt homework.py
```

则程序可能打印：

```
report.txt: has broken up an international ring of DVD bootleggers that
address.txt: Kris Kringle, North Pole
address.txt: Homer Simpson, Springfield
homework.py: string = "text"
```

指定要查找的单词必须是第一个命令行参数。

■■ P7.7　编写一个程序，检查文件中的所有单词是否有拼写错误。程序应该读取文件中的每个单词，并检查该单词是否包含在单词列表中。在大多数 Linux 系统上，都可以在 /usr/share/dict/words 文件中找到一个单词列表。（如果没有访问 Linux 系统的权限，可以使用本书配套代码中的 ch08/sec01/words。）该程序应该打印出在单词列表中不存在的所有单词。

■■ P7.8　编写一个程序，用每一行的反转来替换各行内容。例如，如果通过以下命令行运行程序：

```
python reverse.py hello.py
```

则 hello.py 的内容被替换为：

```
.margorp nohtyP tsrif yM #
)"!dlroW ,olleH"(tnirp
```

当然，如果对同一个文件运行两次反转程序，则结果为原始文件。

■■ P7.9　编写一个程序，读取文件中的文本行，然后反转行的顺序，并将结果写入另一个文件。例如，如果文件 input.txt 包含以下内容：

```
Mary had a little lamb
Its fleece was white as snow
```

```
And everywhere that Mary went
The lamb was sure to go.
```

则通过以下命令行运行程序：

```
reverse input.txt output.txt
```

结果 output.txt 中包含以下内容：

```
The lamb was sure to go.
And everywhere that Mary went
Its fleece was white as snow
Mary had a little lamb
```

■■ **P7.10** 从美国社保局的官网上获取前几年婴儿名字的数据。将表格数据分别复制粘贴到名为 babynames2010.txt、babynames2011.txt 之类的文件中。修改 babynames.py 程序，以便提示用户输入文件名。请问读者可以找出频率的变化趋势吗？

■■ **P7.11** 编写一个程序，读取文件 worked_example_1/babynames.txt 中的内容，并生成两个文件 boynames.txt 和 girlnames.txt，将男孩和女孩的数据分开保存。

■■■ **P7.12** 编写一个程序以读取一个文件，该文件与 worked_example_1/babynames.txt 的格式相同，并打印所有既可以作为男孩名字和又可以作为女孩名字（例如 Alexis 或者 Morgan）的名字。

■■ **P7.13** 编写一个程序，要求用户输入一组浮点数。当用户输入的值不是数值时，为用户提供第二次输入的机会。两次机会之后，停止读取输入。累加所有正确输入的值，并在用户输入完数据后打印累计总和。使用异常处理来检测不正确的输入。

■■ **工具箱应用 P7.14** 使用"工具箱 7.3"中描述的机制，编写一个程序以便从网页上读取所有数据并将其写入文件。提示用户输入网页 URL 和输出文件的名称。

■■ **工具箱应用 P7.15** 使用"工具箱 7.3"中描述的机制，编写一个程序以便从网页读取所有数据，并以以下格式打印出所有的超链接：

<a href="*link*">*link text*</a>

更完美的程序设计是：程序可以跟踪它找到的链接并在这些网页中找到链接。（这是谷歌等搜索引擎用来查找网站的方法。）

■■■ **工具箱应用 P7.16** 为了读取网页（具体请参见"工具箱 7.3"），我们需要知道其字符编码（具体请参见"专题讨论 7.3"）。编写一个程序，将网页的 URL 作为命令行参数，并以正确的编码获取网页内容。确定编码的方法如下：

1. 调用 urlopen 之后，调用 input.headers["content-type"]。这可能会得到一个字符串，例如 "text/html; charset=windows-1251"。如果是，请使用 charset 属性的值作为编码。

2. 使用 "latin_1" 编码读取第一行。如果文件的前两个字节是 254 255 或者 255 254，则编码为 "utf-16"。如果文件的前 3 个字节是 239 187 191，则编码为 "utf-8"。

3. 继续使用"latin_1"编码读取网页内容，并查找以下格式的字符串：

   encoding=...

   或者

   charset=...

如果找到匹配项，请提取字符编码（舍弃字符串前后所有的引号），然后用该编码重新读取文档。如果这些编码都不适用，请打印"无法确定编码"之类的错误提示消息。

■■ **P7.17** 编写一个程序，读取 how_to_1/worldpop.txt 文件中的国家数据。请不要编辑文件。使用以下算法处理每一行：将一个非空白字符添加到国家名称中。当遇到空白字符时，请定位到下一个非空白字符。如果不是数字字符，请在国家名称中添加一个空格和该字符。否则，将数字字符的其余部分作为字符串来读取，添加第一个数字字符，然后转换为数字。打印所有国家的人口总数（不包括关于"European Union"的数据项）。

■ P7.18 编写一个程序，将一个文件的内容复制到另一个文件中。文件名通过命令行参数指定。例如：

```
copyfile report.txt report.sav
```

■■ P7.19 编写一个程序，将几个文件中的内容合并到一个文件中。例如：

```
catfiles chapter1.txt chapter2.txt chapter3.txt book.txt
```

结果将生成一个大文件 book.txt，它包含文件 chapter1.txt、chapter2.txt 和 chapter3.txt 中的内容。目标文件名必须是命令行参数指定的最后一个文件名。

■■ P7.20 随机单字母加密算法（random monoalphabet cipher）。凯撒加密算法把所有的字母都偏移一个固定的量，因而十分容易被破解。这里有一个改进的加密算法：密钥关键字不使用数值，而是一个单词。假设密钥关键字是 FEATHER。首先删除密钥关键字中重复的字母，结果为 FEATHR，并把字母表中的其他字母按相反顺序附加在密钥关键字的后面：

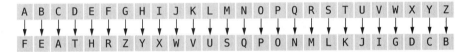

接下来按以下方式加密字母：

```
A B C D E F G H I J K L M N O P Q R S T U V W X Y Z
↓ ↓ ↓ ↓ ↓ ↓ ↓ ↓ ↓ ↓ ↓ ↓ ↓ ↓ ↓ ↓ ↓ ↓ ↓ ↓ ↓ ↓ ↓ ↓ ↓ ↓
F E A T H R Z Y X W V U S Q P O N M L K J I G D C B
```

编写一个程序，使用这个加密算法来加密或者解密文件。例如：

```
crypt -d -kFEATHER encrypt.txt output.txt
```

上述命令使用密钥关键字 FEATHER 来解密文件。如果不提供密钥关键字，则报错。

■ P7.21 字母频率加密算法（letter frequency cipher）。如果使用上一题中的加密算法加密一个文件，结果会把所有的字母都弄乱，似乎如果不知道密钥关键字，则根本无法进行解密。猜测密钥关键字也似乎没什么希望，因为可能的密钥关键字太多了。然而，一个受过解密训练的人很快就能破解这个加密算法。英语字母的平均出现频率是众所周知的。最常见的字母是 E，大约有 13%的出现频率。英语字母的平均出现频率如下所示：

A	8%	F	3%	K	<1%	P	3%	U	3%	X	<1%
B	<1%	G	2%	L	4%	Q	<1%	V	1%	Y	2%
C	3%	H	4%	M	3%	R	8%	W	2%	Z	<1%
D	4%	I	7%	N	8%	S	6%				
E	13%	J	<1%	O	7%	T	9%				

编写一个程序，读取一个输入文件并显示该文件中的字母出现频率。这样的工具将有助于破译密码。如果一个加密文件中最常见的字母是 H 和 K，那么它们很有可能是字母 E 和 T 的加密内容。

将结果显示在一个表格（例如上面的表格）中，并确保列对齐。

■■ P7.22 维吉尼亚加密算法（Vigenère cipher）。为了避免简单的字母频率分析，维吉尼亚加密算法根据字母在输入文档中的位置，将其编码为若干密码字母中的一个。选择一个密钥关键字，例如 TIGER。然后对输入文本的第一个字母进行如下编码：

```
A B C D E F G H I J K L M N O P Q R S T U V W X Y Z
↓ ↓ ↓ ↓ ↓ ↓ ↓ ↓ ↓ ↓ ↓ ↓ ↓ ↓ ↓ ↓ ↓ ↓ ↓ ↓ ↓ ↓ ↓ ↓ ↓ ↓
T U V W X Y Z A B C D E F G H I J K L M N O P Q R S
```

编码的字母表只是从 T 开始的普通字母表，T 是密钥关键字 TIGER 的第一个字母。第二个字母根据下面的映射进行加密。

```
A B C D E F G H I J K L M N O P Q R S T U V W X Y Z
↓ ↓ ↓ ↓ ↓ ↓ ↓ ↓ ↓ ↓ ↓ ↓ ↓ ↓ ↓ ↓ ↓ ↓ ↓ ↓ ↓ ↓ ↓ ↓ ↓ ↓
I J K L M N O P Q R S T U V W X Y Z A B C D E F G H
```

输入文本中的第三、第四和第五个字母使用以字符 G、E 和 R 开头的字母表序列进行加密，以此类推。因为密钥关键字只有 5 个字母长，所以输入文本的第六个字母的加密方式与第一个相同。编写一个程序，根据该加密算法对输入文本进行加密或者解密。

■■ P7.23 普莱费尔加密算法（Playfair cipher）。另一种阻止对加密文本进行简单的字母频率分析的方法是将成对的字母一起加密。一个简单的方案就是普莱费尔加密算法。选择一个密钥关键字并从中删除重复的字母。然后将密钥关键字和字母表中的其余字母填充到 5×5 的正方形中。（因为只有 25 个正方形，所以 I 和 J 被认为是同一个字母。）

以下是当密钥关键字为 PLAYFAIR 时的排列方式。

```
P L A Y F
I R B C D
E G H K M
N O Q S T
U V W X Z
```

为了加密字母对，例如 AM，请查看对角为 A 和 M 的矩形：

```
P L A Y F
I R B C D
E G H K M
N O Q S T
U V W X Z
```

该字母对的编码是通过查看矩形的其他两个对角形成的字母对来实现的，在本例中是 FH。如果两个字母碰巧在同一行或者同一列中，例如 GO，则只需交换这两个字母。解密是采用同样的方法完成的。

编写一个程序，根据该加密算法对输入文本进行加密或者解密。

■ P7.24 使用 7.4 节中的技术编写一个程序以编辑一个图像文件，并将蓝色和绿色值减少 30%，使其具有"日落"效果。

■ P7.25 使用 7.4 节中的技术编写一个编辑图像文件的程序，并将其转换为灰度图像。

将每个像素替换为对其蓝色、绿色和红色分量使用相同灰度值的像素。像素的灰度值是通过将像素的 30% 的红色分量、59% 的绿色分量和 11% 的蓝色分量相加来计算的。（人眼中的颜色感应锥细胞对红光、绿光和蓝光的敏感度不同。）

■■ P7.26 垃圾邮件（junk mail）。编写一个读取两个文件的程序：一个模板（template）文件和一个数据库（database）文件。模板文件包含文本和标记。标记的格式为 |1| |2| |3|…，需要将其替换为当前数据库记录中的第一个字段、第二个字段、第三个字段等。

典型的数据库如下所示：

```
Mr.|Harry|Morgan|1105 Torre Ave.|Cupertino|CA|95014
Dr.|John|Lee|702 Ninth Street Apt. 4|San Jose|CA|95109
Miss|Evelyn|Garcia|1101 S. University Place|Ann Arbor|MI|48105
```

下面是一封典型的邮件形式：

```
To:
|1|  |2|  |3|
|4|
|5|, |6| |7|

Dear |1| |3|:

You and the |3| family may be the lucky winners of $10,000,000 in the Python
clearinghouse sweepstakes! ...
```

■■ **P7.27** 编写一个从 3 个文件中查询信息的程序。第一个文件包含一组人的姓名和电话号码,第二个文件包含一组人的姓名和社会安全号码,第三个文件包含一组人的社会安全号码和年收入。这三组人群可能会重叠,但不必完全相同。要求程序提示用户输入一个电话号码,然后打印出其姓名、社会安全号码和年收入(如果根据电话号码可以确定这些信息的话)。

■■ **P7.28** 编写一个程序,打印学生成绩报告。假设有一个文件 classes.txt,其中包含一所大学教授的所有课程名称,例如:

```
classes.txt
CSC1
CSC2
CSC46
CSC151
MTH121
. . .
```

每门课对应一个文件,其中包含学生的学号和成绩:

```
CSC2.txt
11234 A-
12547 B
16753 B+
21886 C
. . .
```

编写一个程序,提示输入一个学生的学号,通过搜索所有的课程成绩文件,打印出该学生的成绩报告。以下是一份样本报告:

```
Student ID 16753
CSC2 B+
MTH121 C+
CHN1 A
PHY50 A-
```

■■ **商业应用 P7.29** 酒店销售人员在文本文件中输入销售信息。每行包含以下内容(使用分号分隔):客户名称、销售的服务(例如晚餐、会议、住宿等)、销售金额和活动日期。编写一个程序,读取这样的文件并显示每个服务类别的总金额。如果文件不存在或者格式不正确,则显示错误信息。

■■ **商业应用 P7.30** 编写一个程序,读取上一题中描述的文本文件,并为每个服务类别分别创建一个单独的文件,其中包含该类别的所有条目。将输出文件命名为 Dinner.txt、Conference.txt 等。

■■ **商业应用 P7.31** 商店店主在文本文件中记录每天的现金交易。每行包含 3 个数据项:发票号、现金金额和字母 P(如果已付款)或者 R(如果金额已收到)。各数据项使用空格分隔。编写一个程序,提示店主在一天的开始和结束时输入现金金额以及文件名。要求程序检查一天结束时的实际现金金额是否等于预期值。

■■■ **科学应用 P7.32** 在右图所示的开关闭合后,电容器上的电压(单位:V)由以下公式计算:

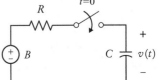

$$v(t) = B(1 - e^{-t/(RC)})$$

假设电路的参数为 $B = 12V$、$R = 500\,\Omega$、$C = 0.25\mu F$。因此：

$$v(t)=12(1-e^{-0.008t})$$

其中，t 的单位为 μs。读取 exercises/params.txt 文件（可以在本书的配套代码中找到），其中包含 B、R、C 的值以及 t 的起始值和结束值。创建一个文件 rc.txt，包含时间 t 和相应的电容电压 $v(t)$，其中 t 从给定的起始值经过 100 步后到给定的结束值。在我们的示例中，如果 t 从 0 到 1000μs，输出文件中的第 12 数据项将是：

110   7.02261

■■■ **科学应用 P7.33**   右图显示了上一题中所示电路的电容电压图。电容电压从 0 增加到 BV。"上升时间"定义为电容电压从 $v_1 = 0.05B$ 变为 $v_2 = 0.95B$ 所需的时间。

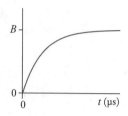

本书配套代码中的 exercises/rc.txt 文件包含时间 t 和相应电容电压 $v(t)$ 的值列表。以 μs 为单位的时间和以 V 为单位的相应电压位于同一行中。例如：

110   7.02261

表示当时间为 110μs 时，电容器的电压为 7.02261V。在数据文件中，时间是逐渐递增的。

编写一个程序，读取文件 rc.txt 并使用数据计算"上升时间"。用文件最后一行的电压作为近似 B 值，找出最接近 $0.05B$ 和 $0.95B$ 的数据点。

■■■ **科学应用 P7.34**   假设一个文件包含共价键的键能（bond energy）和键长（bond length），格式如下：

单价、双价或 三价共键	键能 （kJ/mol）	键长 （nm）
C|C	370	0.154
C||C	680	0.13
C|||C	890	0.12
C|H	435	0.11
C|N	305	0.15
C|O	360	0.14
C|F	450	0.14
C|Cl	340	0.18
O|H	500	0.10
O|O	220	0.15
O|Si	375	0.16
N|H	430	0.10
N|O	250	0.12
F|F	160	0.14
H|H	435	0.074

© Chris Dascher/iStockphoto.

编写一个程序，接收一列的数据，并从存储文件的其他列中返回相应的数据。如果输入数据与不同的行匹配，则返回所有匹配的行数据。例如，如果输入键长 0.12，则返回三价共键 C|||C 和键能 890 kJ/mol，以及单价键 N|O 和键能 250 kJ/mol。

■ **工具箱应用 P7.35**   本书配套代码的 exercises/planets.csv 文件中包含有关太阳系行星的数据。

编写一个程序，从该文件中读取电子表格中的数据并绘制行星质量图。

■■ **工具箱应用 P7.36**　本书配套代码中的 `exercises/census.csv` 文件（来自网站 https://www.census.gov/programs-surveys/popest/data/data-sets.html）包含上一次美国所有各州人口普查获取的人口数据集，以及大量附加信息。编写一个程序，读取 CSV 文件并生成一个只包含各州州名和各州人口的文件。

■■ **工具箱应用 P7.37**　修改"工具箱 7.4"中的程序，分析 PISA 数据中的数学和科学教学课时数。

■■ **工具箱应用 P7.38**　在"工具箱 7.4"中，PISA 问卷调查中的 5 个问题与"数学焦虑"有关。这些问题的题号分别为 147、149、151、154 和 156，回答值从 1（不焦虑）到 5（非常焦虑）。通过对所有的回答值进行平均，形成一个焦虑分数，并分析数学焦虑是否取决于人种或者性别。只考虑回答这 5 个问题的学生。

■■■ **工具箱应用 P7.39**　在"工具箱 7.4"中，PISA 问卷调查中的一个问题是：你家有多少本书？

每英尺书架上通常有 15 本书。不要包括杂志、报纸或者教科书。

1. 0 ～ 10 本书

2. 11 ～ 25 本书

3. 26 ～ 100 本书

4. 101 ～ 200 本书

5. 201 ～ 500 本书

6. 超过 500 本书

修改"工具箱 7.4"中的程序，按人种分析对这个问题的回答（在输入的第 124 列）。请注意，不能使用方差分析测试，因为没有图书的实际数量，只有 6 个图书类别。

■ **工具箱应用 P7.40**　修改"工具箱 7.4"中的 `regression.py` 程序，删除美国的数据点。绘制回归直线并打印相关系数。

■■ **工具箱应用 P7.41**　使用"工具箱 7.4"中经合组织（OECD）的数据集，确定人均收入与其他指标之间的相关性。

■■ **工具箱应用 P7.42**　使用"操作指南 7.1"中的数据和"工具箱 7.4"中的工具，确定国家大小与人口之间的相关性。

■■■ **工具箱应用 P7.43**　国家不明飞行物报告中心在线数据库（National UFO Reporting Center Online Database）在网址 http://www.nuforc.org/webreports.html 中提供不明飞行物目击报告。美国每个州的目击人数与各州的人口有多大相关性？

■■■ **工具箱应用 P7.44**　可以在 http://lib.stat.cmu.edu/datasets/fl2000.txt 上找到 2000 年佛罗里达州总统选举的计票数据。当时，人们怀疑不同的投票机技术可能会让选民错误地投票给意向之外的候选人。在其他一些左翼地区，布坎南先生（Mr. Buchanan）获得了惊人的票数。此外，还存在有过多选票或者没有选票的情况。调查两对候选人"拉尔夫·纳德：阿尔·戈尔"（Nader:Gore）和"帕特·布坎南：乔治·布什"（Buchanan:Bush）的得票率以及过高和过低的得票率是否取决于所用投票机的类型。

■ **工具箱应用 P7.45**　保存文件时，许多程序在写入新内容之前会对现有文件进行备份。编写一个名为 `backup` 的函数，该函数将通过在文件名后面附加扩展名 `.bak` 来创建备份文件。注意，如果备份文件已经存在，则先删除它。

■■■ **工具箱应用 P7.46**　编写一个名为 `saveWithBackup(data, file)` 函数，将字符串 `data` 写入文件（替换以前的内容），但如果旧文件具有不同的内容，则首先备份旧文件。

■■ **工具箱应用 P7.47**　编写一个程序，对目录中尚未备份的所有文件进行备份。将扩展名 `.bak` 追加到所有备份文件。备份文件时要确保跳过目录。

■■■ **工具箱应用 P7.48**　编写一个程序，检查两个目录是否包含完全相同的文件。请注意，文件的排列顺序可能不同。

■ **工具箱应用 P7.49**　改进"工具箱 7.3"中的超链接搜索程序。单词 href 可能是大写的，检查该单词前面是否有空格、后面是否有一个 = 符号，前后都有可能包含空格。链接可以使用单引号或者双引号括起来，也可以完全不使用引号（在这种情况下，它会扩展到下一个空格或者 > 符号）。

■ **工具箱应用 P7.50**　在 ezgraphics 画布上绘制形状时，可以使用的颜色名称列表包含在 http://ezgraphics.org/data/colornames.txt 的一个文本文件中。每行包含一种颜色的名称和相应的 RGB 值，用空格分隔。文件的前 6 行如下所示：

```
alice blue 240 248 255
AliceBlue 240 248 255
antique white 250 235 215
AntiqueWhite 250 235 215
AntiqueWhite1 255 239 219
AntiqueWhite2 238 223 204
```

"工具箱应用 7.3"中的 urllib 模块可以从存储于 Web 上的文件中读取数据。利用语句 dataFile=urllib.request.urlopen(address) 返回的响应（response）对象的使用方式与文本文件对象相同：

```
dataFile = urllib.request.urlopen(address)
for line in dataFile :
    处理文本行
```

使用 urllib 模块编写一个程序，提示用户输入一个字符串（例如"yellow"），并打印文件中包含该字符串的所有行。

■ **工具箱应用 P7.51**　与上一题一样，读取 colornames.txt 文件，但本题搜索"接近"用户指定颜色的所有颜色。要求程序提示用户输入红色、绿色和蓝色值，并打印红色、绿色和蓝色值与用户提供的值相差小于 10 的所有行。

■ **工具箱应用 P7.52**　设计并实现一个程序，打印从包含数千个国际机场信息的远程数据文件中获得的机场名称列表。文件位于 https://github.com/jpatokal/openflights/blob/master/data/airlines.dat 中。

■ **工具箱应用 P7.53**　文件 exerces/google.csv 包含谷歌公司 2014 年的每日股票数据。

	A	B	C	D	E	F
1	Google Stock Data					
2						
3	Date	Open	Maximum	Minimum	Closing	Shares
4	2014-12-31	531.25	532.6	525.8	526.4	1364500
5	2014-12-30	528.37	531.07	527.3	530.39	30100
6	2014-12-29	532.19	535.48	530.01	530.33	2272300
7	2014-12-26	528.77	534.25	527.31	534.03	1033200
8	2014-12-24	530.51	531.76	527.02	528.77	704000
9	2014-12-23	527	534.56	526.29	530.59	2145800
10	2014-12-22	516.08	526.46	516.08	524.87	2716300
11	2014-12-19	511.51	517.72	506.91	516.35	3566200

编写一个程序，从 CSV 文件中读取数据，并将除 maximum 和 minimum 列之外的所有数据写入新的 CSV 文件。

■ **工具箱应用 P7.54**　编写一个程序，从一个文本文件（exercises/grades.txt）中读取多名学生的考试成绩，其格式如下：

```
Luigi
80 69 75
Spiny
85 89 92
Gumby
78 87 82
Arthur
89 94 91
```

创建一个 CSV 文件，该文件可以用于创建如下所示的电子表格。

	A	B	C	D	E
1	Basket Weaving 101				
2					
3	Student	Exam 1	Exam 2	Exam 3	Average
4	Luigi	80	69	75	74.67
5	Spiny	85	89	92	88.67
6	Gumby	78	87	82	82.33
7	Arthur	89	94	91	91.33

集合和字典

本章目标

- 创建和使用集合容器
- 学习处理数据的常用集合运算
- 创建和使用字典容器
- 使用字典查找表格
- 使用复杂的数据结构

当我们需要在程序中组织多个值时，可以将这些值放入容器中。前面介绍的列表容器是 Python 提供的容器之一。在本章中，我们将讨论另外两个内置容器：集合（set）和字典（dictionary），然后我们将阐述如何结合容器来构建复杂的数据结构。

8.1 集合

集合是存储一系列不重复值的容器。与列表元素不同，集合的元素或者成员并不按照任何特定的顺序来存储，并且不能按位置访问。在本节中，我们将探讨可以用于集合的运算，这些运算与在数学中对集合执行的运算相同。因为集合不需要保持特定的顺序，所以集合操作比等价的列表操作快得多（具体请参见"编程技巧 8.1"）。

图 1 显示了英国、加拿大和意大利国旗的三种颜色。在每一组中，顺序无关紧要，颜色也不重复。

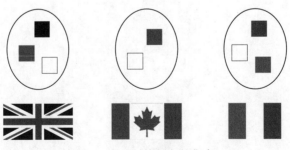

图 1　表示国旗颜色的集合

8.1.1　创建和使用集合

为了创建包含初始元素的集合，我们可以指定元素，这些元素包含在大括号中，就像在数学中的表示方法一样。

```
cast = { "Luigi", "Gumbys", "Spiny" }
```

或者，我们可以使用 set 函数将任何序列转换为集合。

```
names = ["Luigi", "Gumbys", "Spiny"]
cast = set(names)
vowels = set("AEIOU")
```

由于历史原因，在 Python 中不能使用字面量 {} 生成空集合。但是，可以使用不带参数的 set 函数创建空集合。

```
cast = set()
```

与任何容器一样，我们可以使用 len 函数获取集合中的元素个数。

```
numberOfCharacters = len(cast)
```

为了确定元素是否包含在集合中，可以使用 in 运算符或者其逆运算符 not in：

```
if "Luigi" in cast :
    print("Luigi is a character in Monty Python's Flying Circus.")
else :
    print("Luigi is not a character in the show.")
```

因为集合是无序的，所以不能像使用列表那样按位置访问集合中的元素。可以使用 for 循环来遍历各个元素。

```
print("The cast of characters includes:")
for character in cast :
    print(character)
```

请注意，访问集合元素的顺序取决于它们在内部的存储方式。例如，上面的循环显示以下内容：

```
The cast of characters includes:
Gumbys
Spiny
Luigi
```

请注意，输出内容中元素的顺序与创建集合的顺序不同。（有关集合所用的排序详细信息，请参见"专题讨论 8.1"。）

当使用集合时，集合不保留初始顺序这一事实不是个问题。事实上，由于没有顺序，因此可以非常高效地实现集合运算。

但是，通常希望按排序顺序显示元素，这可以使用 sorted 函数来实现，它返回按顺序排列的元素的列表（而不是集合）。以下循环按顺序打印演员表中每个角色的名单。

```
for character in sorted(cast) :
    print(character)
```

8.1.2　添加和删除元素

与列表一样，集合也是可变的容器，因此可以添加和删除元素。

假设我们需要向上一节创建的演员集合 cast 中添加更多角色，可以使用 add 方法添加元素。

```
cast = {"Luigi", "Gumbys", "Spiny"} ❶
cast.add("Arthur") ❷
```

如果要添加的元素尚未包含在集合中，则该元素将被添加到集合中，并且集合的大小将增加 1。但是请记住，集合不能包含重复的元素。如果试图添加一个已经在集合中的元素，则不会产生任何效果，集合也不会更改（请参见图 2）。

```
cast.add("Spiny") ❸
```

有两种方法可以从集合中移除单个元素。如果要移除的元素存在，则使用 discard 方法可以移除该元素（参见图 2）：

```
cast.discard("Arthur") ❹
```

但是如果给定元素不是集合中的成员，则没有任何效果。

```
cast.discard("The Colonel")    # 没有任何效果
```

另一方面，如果给定元素在集合中存在，则 remove 方法移除该元素；但是如果给定元素不是集合中的成员，则引发异常。

```
cast.remove("The Colonel")    # 引发一个异常
```

最后，clear 方法删除集合中的所有元素，结果为空集合。

```
cast.clear()    # 结果 cast 的大小为 0
```

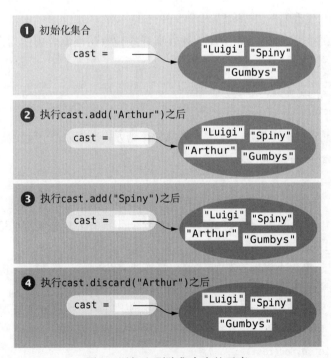

图 2　添加和删除集合中的元素

8.1.3　子集

当且仅当一个集合的所有元素都是另一个集合的元素时，该集合才是另一个集合的子集。例如，在图 3 中，加拿大国旗颜色集合是英国国旗颜色集合的子集，而意大利国旗颜色集合不是英国国旗颜色集合的子集。(英国国旗颜色集合中不包含绿色。)

issubset 方法用于测试一个集合是否是另一个集合的子集，结果返回 True 或者 False。

```
canadian = { "Red", "White" }
british = { "Red", "Blue", "White" }
italian = { "Red", "White", "Green" }

if canadian.issubset(british) :
    print("All Canadian flag colors occur in the British flag.")
if not italian.issubset(british) :
    print("At least one of the colors in the Italian flag does not.")
```

还可以使用运算符 == 和 != 测试两个集合之间的相等性。当且仅当两个集合具有完全相同的元素时，它们才相等。

```
french = { "Red", "White", "Blue" }
if british == french :
    print("The British and French flags use the same colors.")
```

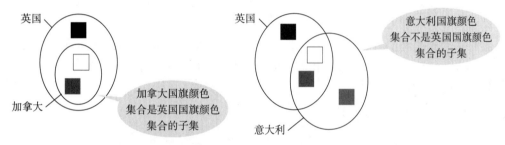

图 3　当且仅当一个集合的所有元素都是另一个集合的元素时，该集合才是另一个集合的子集

8.1.4　并集、交集和差集

两个集合的并集包含两个集合的所有元素，并删除重复项(参见图 4)。

在 Python 中，使用集合对象的 union 方法创建两个集合的并集。例如：

```
inEither = british.union(italian)    # 集合为 {"Blue", "Green", "White", "Red"}
```

英国和意大利的国旗颜色集合都包含 "Red" 和 "White" 这两种颜色，但并集是一个集合，因此每个颜色只包含一个实例。

注意，union 方法返回一个新的集合。它不会修改调用中的任何一个集合。

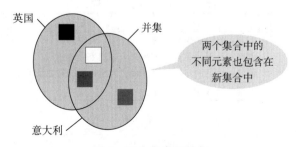

图 4　两个集合的并集

两个集合的交集包含两个集合的共同元素（参见图 5）。

为了创建两个 Python 集合的交集，可以使用集合对象的 intersection 方法。

```
inBoth = british.intersection(italian))  # 集合为 {"White", "Red"}
```

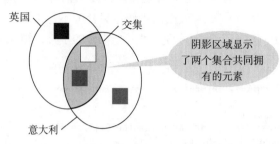

图 5　两个集合的交集

最后，两个集合的差集会产生一个新集合，其中的元素包含在第一个集合中但是不在第二个集合中。例如，意大利和英国国旗颜色集合之间的差集是一个只包含 "Green" 的集合（参见图 6）。

使用集合对象的 difference 方法，返回两个集合的差集。

```
print("Colors that are in the Italian flag but not the British:")
print(italian.difference(british))  # 打印 {'Green'}
```

在形成两个集合的并集或者交集时，顺序无关紧要。例如，british.union(italian) 与 italian.union(british) 结果相同。但是使用 difference 方法时，顺序十分重要。以下语句返回集合 {"Blue"}：

```
british.difference(italian)
```

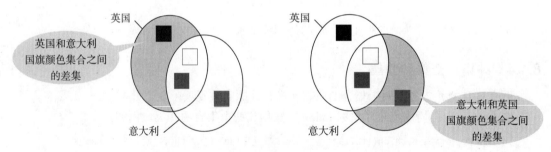

图 6　两个集合的差集

表 1 中给出了常用的集合操作。

表 1　常用的集合运算操作

运算操作	描述
s = set()	创建一个新的集合，该集合为空
s = set(seq)	创建一个新的集合，该集合为序列 seq 的副本
s = {e_1, e_2, ..., e_n}	创建一个新的集合，该集合包含所提供的初始元素
len(s)	返回集合 s 中的元素个数
element in s element not in s	确定元素 element 是否在集合 s 中
s.add($element$)	把一个新元素添加到集合中。如果该元素已经在集合中，则什么也不执行

（续）

运算操作	描述
s.discard(*element*) s.remove(*element*)	从集合中移除元素。如果元素不是集合的成员，则 discard 方法没有任何执行效果，但 remove 方法将引发异常
s.clear()	清空集合中的元素
s.issubset(*t*)	返回一个布尔值，指示集合 s 是否是集合 t 的子集
s == t s != t	返回一个布尔值，指示集合 s 是否等于集合 t 返回一个布尔值，指示集合 s 是否不等于集合 t
s.union(*t*)	返回包含集合 s 和集合 t 中所有元素的新集合
s.intersection(*t*)	返回包含集合 s 和集合 t 中共同元素的新集合
s.difference(*t*)	返回一个新的集合，该集合包含在集合 s 中但不在集合 t 中的元素

　　下面的程序展示了集合的实际应用。程序读取包含正确拼写单词的文件，并将这些单词放在一个集合中。然后，程序读取一个文档（本示例采用的是《爱丽丝梦游仙境》（*Alice in Wonderland*）一书）中的所有单词并将它们存储到第二个集合。最后，程序将打印文档中不在正确拼写单词集合中的所有单词。这些单词都有潜在的拼写错误。（结果表明，我们使用了一个美国单词列表，带有英国拼写的单词（如 clamour）被标记为有潜在错误。）

　　因为书籍文件有一个很长的头用于描述版权信息，所以我们将跳过这部分。readWords 函数带一个参数，该参数为标记文件头最后一行的字符串。如果没有任何需要跳过的内容，则传递一个空字符串。

sec01/spellcheck.py

```
 1  ##
 2  #    本程序检查哪些单词不存在于正确拼写的单词列表中
 3  #
 4  #
 5
 6  #    从 re 正则表达式模块中导入 split 函数
 7  from re import split
 8
 9  def main() :
10      # 从文档中读取单词列表
11      correctlySpelledWords = readWords("words", "")
12      documentWords = readWords("alice30.txt", "*END*")   # 跳过前缀
13
14      # 打印文档中不存在于正确拼写的单词列表中的单词
15      misspellings = documentWords.difference(correctlySpelledWords)
16      for word in sorted(misspellings) :
17          print(word)
18
19  ## 从文件中读取所有的单词
20  #   @param filename 文件名
21  #   @param skipUntil 跳过若干行，直到以该字符串开始的行
22  #   @return 文件中所有单词的小写版本的集合
23  #   单词是一个既有大写字母也有小写字母的序列
24  #
25  def readWords(filename, skipUntil) :
26      wordSet = set()
27      inputFile = open(filename, "r")
28      skip = True
29
30      for line in inputFile :
```

```
31          line = line.strip()
32          if not skip :
33              # 使用任何 a ~ z 或 A ~ Z 以外的字母作为单词分隔符
34              parts = split("[^a-zA-Z]+", line)
35              for word in parts :
36                  if len(word) > 0 :
37                      wordSet.add(word.lower())
38          elif line.find(skipUntil) >= 0 :
39              skip = False
40
41      inputFile.close()
42      return wordSet
43
44  # 启动程序
45  main()
```

程序运行结果如下：

```
...
centre
chatte
clamour
comfits
conger
croqueted
croqueting
daresay
dinn
draggled
dutchess
...
```

实训案例 8.1　统计不重复单词

问题描述　确定文本文档中包含的不重复单词的数量。例如，童谣 " Mary had a little lamb" 包含 57 个不重复的单词。我们的任务是编写一个程序，读取文本文档，并确定其中不重复单词的数量。

➡ **步骤 1**　理解需要处理的任务。

为了统计文本文档中不重复单词的数量，我们需要处理每个单词并确定该单词是否在文档的前面出现过。只有当一个单词第一次出现时才加以统计。

解决此任务的最简单方法是从文件中读取每个单词并将其添加到集合中。由于集合不能包含重复项，add 方法防止将先前遇到的单词添加到集合中。处理完文档中的每个单词后，集合的大小将是文档中包含的不重复单词的数量。

➡ **步骤 2**　把任务分解成多个步骤。

该问题可以分解成几个简单的步骤：

```
创建一个空的集合
对于文本文档中的每一个单词：
        把该单词添加到集合中
不重复单词的数量 = 集合的大小
```

创建空集合、向集合中添加元素以及在添加单词后确定集合大小，这些都是标准的集合操作。读取文件中的单词的处理过程可以作为单独的任务。

➡ **步骤 3**　创建一个不重复单词的集合。

为了创建一个不重复单词的集合，我们必须从文件中读取各单词。为了简单起见，我们使用一个字面量文件名。但是，为了使程序更加通用，应该提示用户输入并获得文件名。

```
inputFile = open("nurseryrhyme.txt", "r")
for line in inputFile :
    theWords = line.split()
    for word in theWords :
        处理单词
```

这里，处理一个单词意味着需要将它添加到一个单词集合中。然而，在统计不重复单词的数量时，单词不能包含任何非字母字符。此外，单词的大写版本必须被视为与非大写版本相同。为了处理这些特殊情况，我们设计了一个单独的函数，它可以在将单词添加到集合之前"清理"这些单词。

➡ **步骤 4**　"清理"单词。

为了去掉所有不是字母的字符，我们可以遍历字符串，逐个字符进行处理，并使用该字符的小写版本生成一个新的干净单词。

```
def clean(string) :
    result = ""
    for char in string :
        if char.isalpha() :
            result = result + char.lower()

    return result
```

➡ **步骤 5**　将这些函数组合成一个程序。

实现 main 函数并将其与其他函数定义合并到一个文件中。

完整的程序如下所示。

worked_example_1/countwords.py

```
 1  ##
 2  #  本程序统计在一个文本文档中不重复单词的数量
 3  #
 4
 5  def main() :
 6      uniqueWords = set()
 7
 8      filename = input("Enter filename (default: nurseryrhyme.txt): ")
 9      if len(filename) == 0 :
10          filename = "nurseryrhyme.txt"
11      inputFile = open(filename, "r")
12
13      for line in inputFile :
14          theWords = line.split()
15          for word in theWords :
16              cleaned = clean(word)
17              if cleaned != "" :
18                  uniqueWords.add(cleaned)
19
20      print("The document contains", len(uniqueWords), "unique words.")
21
22  ## "清理"一个字符串，把大写字母转换为小写字母，移除非字母字符
23  #
24  #  @param string 要"清理"的字符串
25  #  @return "清理"后的字符串
```

```
26  #
27  def clean(string) :
28      result = ""
29      for char in string :
30          if char.isalpha() :
31              result = result + char.lower()
32
33      return result
34
35  # 启动程序
36  main()
```

程序运行结果如下：

```
Enter filename (default: nurseryrhyme.txt):
The document contains 57 unique words.
```

编程技巧 8.1   使用 Python 集合（而不是列表）进行有效的集合操作

当编写程序来管理一组不重复数据项时，集合的效率远远高于列表。有些程序员喜欢使用熟悉的列表，即把以下的集合操作：

```
itemSet.add(item)
```

替换为下面的列表操作：

```
if (item not in itemList) :
    itemList.append(item)
```

但是，生成的程序要慢很多。

示例代码： 在本书的配套代码中，使用 war-and-peace.txt 文件尝试运行 programming_tip_1/countwords2.py（这是“实训案例 8.1”中程序的列表版本）。在我们的测试计算机上，运行时间为 45 秒，而集合版本的程序的运行时间为 4 秒。

专题讨论 8.1   散列表

为了检查列表是否包含特定值，我们需要遍历列表，直到找到匹配项或者到达列表结尾。如果列表很长，则这是一个非常耗时的操作。集合可以更快地找到元素，因为它们不需要维护元素的顺序。在内部，Python 集合使用称为散列表的数据结构。

散列表的基本思想非常简单。集合元素被分组到共享相同特征的较小元素集合中。我们可以将书籍的散列表想象为每种颜色都有一个组，这样相同颜色的书籍就在同一组中。为了找出一本书籍是否已经存在，不必将它与所有的书籍进行比较，只需要与同一颜色组的书籍进行比较。

实际上，散列表并不使用颜色，而是使用可以根据元素进行计算的整数值（称为散列码，hash code）。在 Python 中，hash 函数用于计算散列码。下面是一个交互式会话，它显示了几个散列码。

```
>>> hash(42)
42
>>> hash(4.2)
```

461168601842739204
```
>>> hash("Gumby")
```
1811778348220604920

　　为了检查某个值是否在集合中，需要计算散列值，然后将该值与具有相同散列值的元素进行比较。可能有多个元素具有相同的散列值，但不会有太多。

　　在 Python 中，我们只能创建由可散列的值形成的集合，数值和字符串可以包含在集合中，但不能散列可变值（例如列表或者集合）。因此，不能在 Python 中创建集合的集合。如果需要收集序列，可以使用元组的集合（具体请参阅"专题讨论 6.5"）。

计算机与社会 8.1　标准化

　　日常生活的方方面面都受益于标准化。在商店购买一个电灯泡时，我们可以确信电灯泡肯定适用于家中的插座，而不必测量家中的插座尺寸和商店灯泡的尺寸。事实上，如果我们曾经购买过带有非标准灯泡的手电筒，就可能经历过缺乏统一标准的痛苦。更换这种手电筒的灯泡可能很困难，而且价格昂贵。

　　同样，程序员也渴望标准化。当编写一个 Python 程序时，非常希望该程序可以在执行 Python 代码的每台计算机上以相同的方式工作。到底是谁编写了 Python 代码并不重要。例如，有一个版本的 Python 程序要在 Java 虚拟机上运行，人们希望该程序能正常工作。为此，必须严格定义 Python 语言的行为，并且所有相关方都需要就该定义达成一致。对技术产品行为的正式定义（必须足够详细以确保互操作性）称为标准（standard）。

　　是谁创造了标准？一些最成功的标准是由志愿者团体创建的，例如国际互联网工程任务组（Internet Engineering Task Force，IETF）和万维网联盟（World Wide Web Consortium，W3C）。IETF 标准化了互联网中使用的协议，例如用于交换电子邮件的协议。W3C 标准化了超文本标记语言（HTML），即网页的格式。这些标准有助于将万维网打造成一个不受任何一家公司控制的开放平台。

　　许多程序设计语言（例如 C++ 和 Scheme），已经被独立的标准组织（例如美国国家标准协会（American National Standards Institute，ANSI）和国际标准化组织（International Organization for Standardization，ISO，不是缩写词；具体请参见 http://www.iso.org/about-us.html）标准化了。ANSI 和 ISO 是业内专业人士的协会，他们为从汽车轮胎到信用卡形状再到程序设计语言的所有方面制订标准。

　　新技术的发明者往往对其发明成为一种标准感兴趣，以便其他供应商生产与该发明一起协作的工具，从而增加其成功的可能性。但在另一方面，若将发明移交给标准委员会，发明人可能会失去对标准的控制。

　　Python 语言从未被一个独立的标准组织标准化，而是依赖于它的创始人被戏称为"仁慈的生活独裁者"（benevolent dictator for life）的吉多·范罗苏姆（Guido van Rossum）领导的非正式社区。标准的缺乏限制了语言的吸引力。例如，一个政府可能不想在一个持续 20 年的项目中使用 Python。毕竟，仁慈的独裁者可能并不总在场，也可能不再仁慈。政府和大公司经常坚持使用标准化产品。

　　不幸的是，并非所有的标准都是平

等的。大多数标准委员都会试图编纂最佳实现方案，并创建长期有用的标准。有时，流程会崩溃，一个自私自利的供应商会设法使他们的产品（甚至包括有缺陷在内的所有产品）标准化。这种情况发生在面向办公文档的 OOXML 标准中，该标准以 5000 多页的篇幅列出了微软办公格式中通常任意且不一致的细节。理论上，一个非常勤勉的供应商应该能够开发出可互操作的产品，但是在该产品发布几年之后，甚至连微软都没有做到一直保持严谨和完美。

作为一名计算机专业人士，在我们的职业生涯中，将有很多时候需要我们决定是否支持某个特定的标准。例如，当生成文档时，可能需要在 HTML 或者 OOXML 之间进行选择。在本章中，我们将学习 Python 库中的容器类，可以更有效地实现这些容器。我们应该在代码中使用库容器，还是应该自己实现更好的容器？大多数软件工程师只在有非常重要的原因时，才会"自己动手"，并选择偏离标准实现。

8.2 字典

字典（dictionary）是保存键（key）和值（value）之间关联的容器。字典中的每个键都有一个关联的值。键是唯一的，但一个值可能与多个键关联。图 7 给出了典型的例子：一个将名字和颜色关联起来的字典用于描述每个人最喜欢的颜色。字典数据结构也称为映射（map），因为它将唯一的键映射到值。字典存储键、值以及它们之间的关联。

语法 8.1 集合和字典字面量

集合。

集合和字典元素都在大括号内。

```
colors = { "Red", "Green", "Blue" }
```

键   值

```
favoriteColors = { "Romeo": "Green", "Adam": "Red" }
```

字典包含键 / 值对。

```
emptyDict = {}
```

一对空的大括号表示空字典。

在图 7 中，我们显示了数据项集合的字典对象，其中键和值之间的映射用一个箭头表示。

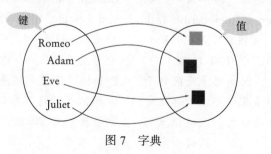

图 7 字典

8.2.1　创建字典

假设需要编写一个程序来查找手机联系人列表中某个人的电话号码。我们可以使用一个字典，其中姓名是键，电话号码是值。字典还允许我们将多个人与同一个给定的电话号码关联起来。

在这里，我们为包含 4 个数据项的联系人列表创建一个小字典（参见图 8）。

```
contacts = { "Fred": 7235591, "Mary": 3841212, "Bob": 3841212, "Sarah": 2213278 }
```

每个键 / 值对由冒号分隔。将键 / 值对用大括号括起来，这与创建集合类似。当大括号包含键 / 值对时，它们表示字典，而不是集合。唯一需要说明的情况是，空的大括号 {}，按照惯例，它表示一个空字典，而不是一个空集合。

我们可以使用 dict 函数创建一个字典的副本。

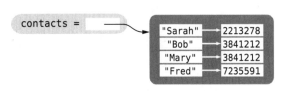

图 8　具有 4 个数据项的字典

```
oldContacts = dict(contacts)
```

8.2.2　访问字典的值

下标运算符 [] 用于返回与键关联的值。以下语句打印结果：7235591。

```
print("Fred's number is", contacts["Fred"])
```

请注意，字典不像列表那样是序列类型容器。即使下标运算符与字典一起使用，也无法按索引或者位置访问数据项，只能使用关联的键访问值。

提供下标运算符的键必须是字典中的有效键，否则将引发 KeyError 异常。为了确定字典中是否存在给定的键，可以使用 in（或者 not in）运算符。

```
if "John" in contacts :
    print("John's number is", contacts["John"])
else :
    print("John is not in my contact list.")
```

通常，如果键不存在，则需要使用默认值。例如，如果没有 Fred 的号码，则改为拨打查号服务台的号码。不必使用 in 运算符，只需调用 get 方法并传递键和默认值即可。如果没有匹配的键，则返回默认值。

```
number = contacts.get("Fred", 411)
print("Dial " + number)
```

8.2.3　添加和修改数据项

字典是可变的容器。也就是说，在创建字典后，可以更改其内容。我们可以使用下标运算符 [] 添加新的数据项，就像使用列表一样（参见图 9）。

```
contacts["John"] = 4578102  ❶
```

若要更改与给定键相关联的值，可以使用运算符 [] 将现有键设置为新值。

```
contacts["John"] = 2228102  ❷
```

有时，在创建字典时，可能事先并不知道哪些数据项将包含在字典中。因此，可以先创建一个空字典，如下所示：

```
favoriteColors = {}
```

当需要时，添加新的数据项。

```
favoriteColors["Juliet"] = "Blue"
favoriteColors["Adam"] = "Red"
favoriteColors["Eve"] = "Blue"
favoriteColors["Romeo"] = "Green"
```

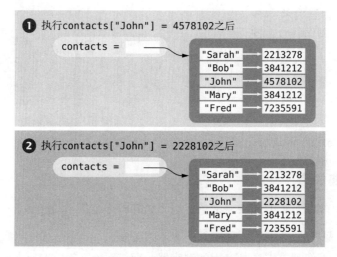

图 9　添加和删除字典数据项

8.2.4　删除数据项

为了从字典中删除一个数据项，可以调用 pop 方法，它使用键作为参数。

```
contacts.pop("Fred")
```

结果将删除整个数据项，包括键及其关联值（参见图 10）。pop 方法返回被删除的数据项的值，因此可以使用该值，或者将该值存储在变量中。

```
fredsNumber = contacts.pop("Fred")
```

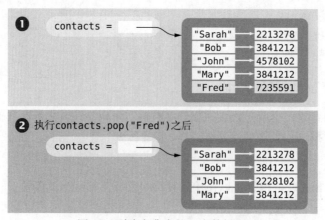

图 10　删除字典中的一个数据项

如果键不在字典中，pop 方法会引发一个 KeyError 异常。为了避免引发异常，可以先测试键是否在字典中。

```
if "Fred" in contacts :
    contacts.pop("Fred")
```

8.2.5 遍历字典

使用 for 循环可以依次遍历字典中的每个键。

```
print("My Contacts:")
for key in contacts :
    print(key)
```

上述代码片段的运行结果如下所示：

```
My Contacts:
Sarah
Bob
John
Mary
Fred
```

请注意，字典将数据项以一种为提高效率而优化的顺序进行存储，因此可能与其添加的顺序不同。（与集合类似，字典使用散列表，具体请参见"专题讨论 8.1"。）

为了访问与循环主体中的键相关联的值，可以将循环变量与下标运算符一起使用。例如，以下代码片段同时打印联系人的姓名和电话号码。

```
print("My Contacts:")
for key in contacts :
    print("%-10s %d" % (key, contacts[key]))
```

输入格式如下：

```
My Contacts:
Sarah      2213278
Bob        3841212
John       4578102
Mary       3841212
Fred       7235591
```

访问键的顺序基于数据项在内存中的顺序。为了按顺序遍历键，可以在 for 循环中使用 sorted 函数。

```
print("My Contacts:")
for key in sorted(contacts) :
    print("%-10s %d" % (key, contacts[key]))
```

现在，联系人列表将按姓名顺序打印。

```
My Contacts:
Bob        3841212
Fred       7235591
John       4578102
Mary       3841212
Sarah      2213278
```

还可以使用 values 方法迭代数据项的值，而不是键。这有利于为字典中的所有电话号码创建一个列表。常用的字典操作如表 2 所示。

```
phoneNumbers = []    # 创建一个空列表
for number in contacts.values() :
    phoneNumbers.append(number)
```

表 2   常用的字典运算操作

运算操作	说明
d = dict() d = dict(c)	创建一个空字典，或创建字典 c 的副本
d = {} d = {k_1: v_1, k_2: v_2, ..., k_n: v_n}	创建一个空字典，或创建一个包含所提供的初始数据项的字典。每个数据项由一个键和一个值组成，用冒号分隔
len(d)	返回字典 d 中数据项的数量
key in d key not in d	确定键是否在字典 d 中，或确定键是否不在字典 d 中
d[key] = $value$	如果 key 不存在，则将新的 key/value 数据项添加到字典中。如果 key 已经存在，则将修改与该键相关联的值
x = d[key]	返回与给定键相关联的值。给定键必须存在，否则会引发异常
d.get(key, $default$)	返回与给定键相关联的值。如果给定键不存在，则返回默认值
d.pop(key)	从字典中移除键及其相关联的值，并返回该值。如果键不存在，则引发异常
d.values()	返回包含在字典中的所有值的序列

或者，我们可以将 values 方法的结果传递给 list 函数以创建相应的列表：

```
phoneNumbers = list(contacts.values())
```

下面是一个简单的示例，它用于演示如何使用字典构建一个电话号码数据库，其中的姓名与电话号码相关联。在下面的示例程序中，findNames 函数在字典中搜索与给定电话号码相关联的所有姓名。printAll 函数生成一个包含所有数据项的按字典排序的列表。

sec01/spellcheck.py

```
 1  ##
 2  #  本程序用于维护一个姓名 / 电话号码对的字典
 3  #
 4
 5  def main() :
 6      myContacts = {"Fred": 7235591, "Mary": 3841212,
 7                    "Bob": 3841212, "Sarah": 2213278 }
 8
 9      # 检查 Fred 是否在联系人列表中
10      if "Fred" in myContacts :
11          print("Number for Fred:", myContacts["Fred"])
12      else :
13          print("Fred is not in my contact list.")
14
15      # 获取并打印给定电话号码的所有联系人姓名的列表
16      nameList = findNames(myContacts, 3841212)
17      print("Names for 384-1212: ", end="")
18      for name in nameList :
19          print(name, end=" ")
20      print()
21
22      # 打印包含所有姓名和电话号码的列表
23      printAll(myContacts)
```

```
24
25  ## 给定一个电话号码，查找所有相关联的姓名
26  # @param contacts 字典
27  # @param number 要查找的电话号码
28  # @return 姓名列表
29  #
30  def findNames(contacts, number) :
31     nameList = []
32     for name in contacts :
33        if contacts[name] == number :
34           nameList.append(name)
35
36     return nameList
37
38  ## 按字典顺序打印所有的数据项
39  # @param contacts 字典
40  #
41  def printAll(contacts) :
42     print("All names and numbers:")
43     for key in sorted(contacts) :
44        print("%-10s %d" % (key, contacts[key]))
45
46  # 启动程序
47  main()
```

程序运行结果如下：

```
Number for Fred: 7235591
Names for 384-1212: Bob Mary
All names and numbers:
Bob        3841212
Fred       7235591
Mary       3841212
Sarah      2213278
```

专题讨论 8.2　遍历字典中的数据项

在 Python 中，使用 items 方法可以遍历字典中的数据项。这比遍历键然后使用每个键查找值的方法效率更高。

items 方法返回包含所有数据项的元组（包含键和值）系列。（有关元组的更多信息，请参见"专题讨论 6.5"。）例如：

```
for item in contacts.items() :
   print(item[0], item[1])
```

其中，循环变量 item 被赋值为一个元组，该元组包含第一个位置中的键和第二个位置中的值。

我们也可以使用元组赋值语句。

```
for (key, value) in contacts.items() :
   print(key, value)
```

专题讨论 8.3　存储数据记录

数据记录非常常见，其中每个记录由多个字段组成。在第 7 章中，我们学习了如何使

用不同的文件格式从文本文件中提取数据记录。在某些情况下，记录的各个字段存储在列表中以简化存储，但这需要记住每个字段存储在列表的哪个元素中。如果在处理记录时使用了错误的列表元素，则会在程序中引入运行时错误。

在 Python 中，通常使用字典来存储数据记录。为每个数据记录创建一个数据项，其中键是字段名，值是该字段的数据值。例如，以下名为 record 的字典存储一个学生记录，其中包含 ID、name、class 和 GPA 这 4 个字段：

```python
record = { "id": 100, "name": "Sally Roberts", "class": 2, "gpa": 3.78 }
```

为了从文件中提取记录，我们可以定义一个函数，该函数读取单个记录并将其作为字典返回。在本例中，要读取的文件包含由国家名称和人口数据组成的记录，这些记录用冒号分隔。

```python
def extractRecord(infile) :
    record = {}
    line = infile.readline()
    if line != "" :
        fields = line.split(":")
        record["country"] = fields[0]
        record["population"] = int(fields[1])
    return record
```

返回的字典 record 包含两个数据项，一个数据项的键为 "country"，另一个数据项的键为 "population"。此函数的结果可以将所有记录打印到终端。使用字典，我们可以按名称访问数据字段（而不是按位置访问列表）。

```python
infile = open("populations.txt", "r")
record = extractRecord(infile)
while len(record) > 0 :
    print("%-20s %10d" % (record["country"], record["population"]))
    record = extractRecord(infile)
```

实训案例 8.2　翻译文本消息

问题描述　便携式设备上的即时通讯（Instant Messaging，IM）和短信导致出现了一组常用的缩写，它们可以用于发送简短信息。但是，有些人可能不理解这些缩写。编写一个程序，读取包含常用缩写的单行文本消息，并使用存储在文件中的一组翻译对照表将该消息翻译为英语。例如，如果用户输入文本消息：

```
y r u l8?
```

则程序输出：

```
why are you late?
```

➡ **步骤 1**　把任务分解为多个步骤。

该问题可以分解为多个简单的步骤：

载入标准翻译对照表到一个字典对象
通过用户输入获取消息
把消息拆分为不同部分

把每个部分翻译成对应的单词
打印翻译后的消息

我们知道如何读取消息并使用 split 函数将其分割为多个部分。打印翻译后的消息也很容易。以下步骤将探讨如何加载翻译对照表和翻译消息的各部分。

→ **步骤 2** 加载翻译对照表。

标准翻译对照表存储在文本文件中，每个缩写/译文对位于各自的行上，并用冒号分隔。

```
r:are
y:why
u:you
ttyl:talk to you later
l8:late
...
```

为了读取文件项并构建字典，我们为 transMap 字典中的每个缩写添加一个数据项。缩写是键，译文是值。

```
transMap = {}
infile = open(filename, "r")
for line in infile :
    parts = line.split(":")
    transMap[parts[0]] = parts[1].rstrip()
```

→ **步骤 3** 翻译单个缩写。

由于处理过程比较复杂，因此我们将单个缩写的翻译分离成函数 translateAbbrv。

如果缩写以标点符号（.?!,;:）结束，则必须先删除标点符号，然后翻译缩写，最后再添加标点符号。

如果不知道缩写所对应的译文，则直接使用原文作为译文。

```
If abbrv ends in punctuation
    lastChar = punctuation
    abbrv = abbrv with punctuation removed
Else
    lastChar = ""
If abbrv in dictionary
    translated = translation[abbrv]
Else
    translated = abbrv
translated = translated + lastChar
```

→ **步骤 4** 合并各部分的翻译。

在收到用户的消息后，我们把消息分成了几个缩写词，然后一次只翻译一个缩写，并构建一个包含最终译文的字符串。

```
theParts = message.split()
translation = ""
for abbrv in theParts :
    translation = translation + translateAbbrv(transMap, abbrv) + " "
```

→ **步骤 5** 将这些函数组合成一个程序。

下面的程序显示了在一个文件中实现 main 函数和所有的辅助函数。

worked_example_2/translate.py

```
 1  ##
 2  #   本程序把单行缩写的文本消息翻译成英语
 3  #
 4  #
 5
 6  def main() :
 7      transMap = buildMapping("textabbv.txt")
 8
 9      print("Enter a message to be translated:")
10      message = input("")
11      theParts = message.split()
12
13      translation = ""
14      for abbrv in theParts :
15          translation = translation + translateAbbrv(transMap, abbrv) + " "
16
17      print("The translated text is:")
18      print(translation)
19
20  ## 从文件中读取缩写及其对应的英语短语
21  #   并构建一个翻译对照映射表字典
22  #   @param filename 包含翻译对照表的文件名
23  #   @return 包含关联缩写及其对应翻译短语的字典
24  #
25  def buildMapping(filename) :
26      transMap = {}
27      infile = open(filename, "r")
28      for line in infile :
29          parts = line.split(":")
30          transMap[parts[0]] = parts[1].rstrip()
31
32      infile.close()
33      return transMap
34
35  ## 使用翻译对照表字典，翻译单个缩写
36  #   如果缩写以标点符号结尾，标点符号将保留在翻译后的文本中
37  #   @param transMap 包含常用翻译对照表的字典
38  #   @param abbrv 包含要翻译的缩写字符串
39  #   @return 对应于缩写的单词或短语
40  #   如果无法翻译该缩写，则保持原文不变
41  #
42  def translateAbbrv(transMap, abbrv) :
43      # 确定单词是否以标点符号结尾
44      lastChar = abbrv[len(abbrv) - 1]
45      if lastChar in ".?!,;:" :
46          abbrv = abbrv.rstrip(lastChar)
47      else :
48          lastChar = ""
49
50      # 翻译该缩写
51      if abbrv in transMap :
52          word = transMap[abbrv]
53      else :
54          word = abbrv
55
56      # 返回翻译后的单词和原始标点符号
57      return word + lastChar
58
59  # 启动程序
60  main()
```

程序运行结果如下：

```
Enter a message to be translated:
y r u l8?
The translated text is:
why are you late?
```

8.3　复杂的数据结构

容器对于存储数值的集合非常有用，然而，有些数据集合可能需要更复杂的数据结构。在第 6 章中，我们使用列表的列表来创建一个二维结构，该结构可以存储表格数据。在 Python 中，列表和字典容器可以包含任何类型的数据，包括其他容器。在本节中，我们将探讨需要使用复杂数据结构的问题。

8.3.1　包含集合的字典

一本书的索引用于指定每一个术语出现在哪一页上。假设我们的任务是根据文本文件中包含的页码和术语创建教科书的索引，格式如下：

```
6:type
7:example
7:index
7:program
8:type
10:example
11:program
20:set
...
```

该文件包括包含在索引中的每个术语的每次出现，以及该术语出现的页面。在构建索引时，如果一个术语在同一页上出现多次，则索引只包含一次该页码。

要求程序的输出是一个按字母顺序排列的术语列表，后跟术语出现的页码，用逗号分隔，如下所示：

```
example 7, 10
index 7
program 7, 11
set 20
type 6, 8
```

什么类型的容器或者数据结构适合解决这个问题呢？

一个最实用的可能是包含集合的字典。每个键是一个术语，其对应值是一组该键所出现的页码（参见图 11）。

使用此结构应确保满足以下几项要求：

- 索引中的术语必须是唯一的。通过将每个术语设置为字典键，每个术语将只有一个实例。
- 索引列表必须按字母顺序逐项列出。我们可以按顺序迭代字典的键以生成列表。
- 一个术语的重复页码只应罗列一次。通过将每个页码添加到一个集合，可以确保不会添加重复的页码。

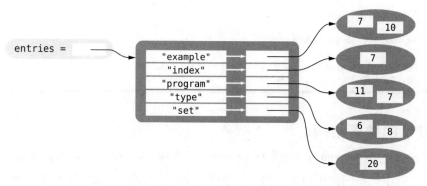

图 11   使用集合字典创建索引

该问题的完整解决方案如下所示。

sec03_01/buildindex.py

```
 1  ##
 2  #   本程序基于术语和页码构建一本书的索引
 3  #
 4
 5  def main() :
 6     # 创建一个空字典
 7     indexEntries = {}
 8
 9     # 从文本文件中提取数据
10     infile = open("indexdata.txt", "r")
11     fields = extractRecord(infile)
12     while len(fields) > 0 :
13        addWord(indexEntries, fields[1], fields[0])
14        fields = extractRecord(infile)
15
16     infile.close()
17
18     # 打印所有列表
19     printIndex(indexEntries)
20
21  ## 从输入文件中提取单个记录
22  #   @param infile 输入文件对象
23  #   @return 包含页码和术语的列表
24  #   如果到达文件末尾，则返回空列表
25  #
26  def extractRecord(infile) :
27     line = infile.readline()
28     if line != "" :
29        fields = line.split(":")
30        page = int(fields[0])
31        term = fields[1].rstrip()
32        return [page, term]
33     else :
34        return []
35
36  ## 添加一个单词及其页码到索引中
37  #   @param entries 包含索引项的字典
38  #   @param term 需要添加到索引中的术语
39  #   @param page 该术语出现的页码
40  #
41  def addWord(entries, term, page) :
```

```
42      # 如果该术语已经存在于字典中，则添加页码到对应的集合中
43      if term in entries :
44         pageSet = entries[term]
45         pageSet.add(page)
46
47      # 否则，创建一个新的包含页码的集合，并添加一个数据项
48      else :
49         pageSet = set([page])
50         entries[term] = pageSet
51
52   ## 打印索引列表
53   # @param entries 包含索引项的字典
54   #
55   def printIndex(entries) :
56      for key in sorted(entries) :
57         print(key, end=" ")
58         pageSet = entries[key]
59         first = True
60         for page in sorted(pageSet) :
61            if first :
62               print(page, end="")
63               first = False
64            else :
65               print(",", page, end="")
66
67         print()
68
69   # 启动程序
70   main()
```

8.3.2　包含列表的字典

如上所述，与唯一键关联的字典值可以是任何数据类型，包括容器。Python 中字典的一个常见用法是存储一个列表集合，其中每个列表都与一个唯一的名称或者键相关联。例如，考虑从一个文本文件中提取数据的问题，该文本文件表示在一家冰淇淋零售公司的多个商店中不同冰淇淋口味的年销售额。

```
vanilla:8580.0:7201.25:8900.0
chocolate:10225.25:9025.0:9505.0
rocky road:6700.1:5012.45:6011.0
strawberry:9285.15:8276.1:8705.0
cookie dough:7901.25:4267.0:7056.5
```

可以对数据进行处理，以生成类似于以下内容的报表。

```
chocolate       10225.25    9025.00     9505.00      28755.25
cookie dough     7901.25    4267.00     7056.50      19224.75
rocky road       6700.10    5012.45     6011.00      17723.55
strawberry       9285.15    8276.10     8705.00      26266.25
vanilla          8580.00    7201.25     8900.00      24681.25
                42691.75   33781.80    40177.50
```

这份报表包括每家商店中每种口味冰淇淋的销售情况，按字母顺序排列，还包括按不同口味和按不同商店分类的总销售额。

由于报表的记录必须按不同口味的字母顺序列出，因此在生成报表之前，我们必须读取所有记录。

此销售数据是由行和列组成的表格数据。在第 6 章中，我们创建了一个列表的列表来存

储表格数据。但这种结构并不是最好的选择，因为数据项由字符串和浮点数组成，并且结果还必须按口味名称排序。

我们仍然可以以表格形式存储数据，但是将使用包含列表的字典（参见图 12），而不是使用列表的列表。使用这种结构，表格的每一行都是字典中的一个数据项。冰淇淋口味的名称是用于标识表格中特定行的键。每个键的值都是一个列表，其中按商店列出了冰淇淋的销售情况。

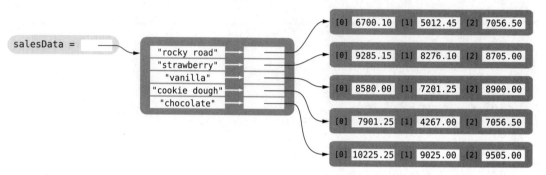

图 12　使用列表字典处理表格数据

以上述表格形式打印数据的完整解决方案如下所示。

sec03_02/icecreamsales.py

```
 1  ##
 2  #  本程序处理一系列不同口味冰淇淋的销售数据
 3  #  并打印按不同冰淇淋口味排序的报表
 4  #
 5
 6  def main() :
 7      salesData = readData("icecream.txt")
 8      printReport(salesData)
 9
10  ## 读取表格数据
11  #  @param filename 输入文件名
12  #  @return 一个字典，其键是冰淇淋口味
13  #  其值是各种冰淇淋口味相对应的销售数据列表
14  #
15  def readData(filename) :
16      # 创建一个空字典
17      salesData = {}
18
19      infile = open(filename, "r")
20
21      # 从文件中读取每个记录
22      for line in infile :
23          fields = line.split(":")
24          flavor = fields[0]
25          salesData[flavor] = buildList(fields)
26
27      infile.close()
28      return salesData
29
30  ## 构建一个商店销售数据列表，包含从一个字符串中拆分的字段
31  #  @param fields 一个包含记录字段的字符串列表
32  #  @return 一个浮点数列表
```

```
33  #
34  def buildList(fields) :
35      storeSales = []
36      for i in range(1, len(fields)) :
37          sales = float(fields[i])
38          storeSales.append(sales)
39
40      return storeSales
41
42  ## 打印销售报表
43  #  @param salesData 包含一个列表字典的表格
44  #
45  def printReport(salesData) :
46      # 找到商店数量作为最长商店销售列表的长度
47      numStores = 0
48      for storeSales in salesData.values() :
49          if len(storeSales) > numStores :
50              numStores = len(storeSales)
51
52      # 创建一个商店总计的列表
53      storeTotals = [0.0] * numStores
54
55      # 打印不同口味冰淇淋的销售额
56      for flavor in sorted(salesData) :
57          print("%-15s" % flavor, end="")
58
59          flavorTotal = 0.0
60          storeSales = salesData[flavor]
61          for i in range(len(storeSales)) :
62              sales = storeSales[i]
63              flavorTotal = flavorTotal + sales
64              storeTotals[i] = storeTotals[i] + sales
65              print("%10.2f" % sales, end="")
66
67          print("%15.2f" % flavorTotal)
68
69      # 打印不同商店各自的总销售额
70      print("%15s" % " ", end="")
71      for i in range(numStores) :
72          print("%10.2f" % storeTotals[i], end="")
73      print()
74
75  # 启动程序
76  main()
```

专题讨论8.4 用户模块

当编写小程序时，可以将所有代码保存在一个源文件中。随着程序规模的增大，或者团队协作开发程序时，情况会有所不同。我们希望将代码拆分为不同的源文件来构造代码。

代码拆分之所以越来越迫在眉睫，原因有二：首先，如果大型程序都在一个源文件中，则可能会包含数百个难以管理和调试的函数。通过将函数分布到多个源文件上并将相关函数组合在一起，可以更容易地测试和调试各种函数。当我们与团队中的其他程序员一起工作时，代码需要拆分的第二个原因就显而易见了。多个程序员很难同时编辑一个源文件。因此，程序代码被分解，以便每个程序员单独负责一组文件。

大型 Python 程序通常由一个**驱动程序模块**（driver module）以及一个或者多个补充模块组成。驱动程序模块包含 main 函数，如果没有使用 main 函数，则包含第一条可执行语句。补充模块包含支持函数和常量变量。

例如，我们可以将 8.3.2 节中的程序分成两个模块。tabulardata.py 模块包含从文件中读取数据和打印包含行和列总计的列表字典的函数。salesreport.py 模块是包含 main 函数的驱动程序（或者主）模块。通过将程序分成两个模块，tabulardata.py 模块中的函数可以在需要处理命名列表的另一个程序中重用。

为了调用函数或者使用在用户模块中定义的常量变量，首先导入模块，这与导入标准库模块的方式相同。

```
from tabulardata import readData, printReport
```

但是，如果一个模块定义了许多函数，则使用以下方式更简单：

```
import tabulardata
```

使用这种形式时，调用函数时必须在函数名前加上模块名。

```
tabulardata.printReport(salesData)
```

在本书的配套代码中提供了这两个模块。为了运行程序，可以从命令行执行驱动程序模块：

```
python salesreport.py
```

或者使用集成开发环境来运行。

示例代码：这两个模块的代码请参见本书配套代码中的 special_topic_4/salesreport.py 和 tabulardata.py。

实训案例 8.3   图形应用：饼图

饼图常常用于以图形方式演示数据在不同类别之间的分布。圆形饼图被分成几片，每片的大小代表整个饼图的一部分。作为图表的一部分，通常会显示对类别和每个切片比例的简要描述；还会显示图例以使用切片颜色将信息映射到特定切片。

问题描述   设计并实现一个程序，该程序绘制一个饼图及其相应的图例，描述一个人在多个类别中的投资分布情况。

我们将使用模块化设计，并将解决方案分为三部分：绘制饼图、创建图表数据和绘制图例。

饼图和图例

饼图可以通过绘制一个圆的多个圆弧来构造，每个圆弧对应于图表类别中的一个切片。我们可以使用 ezgraphics 模块中的画布对象方法 drawArc 绘制圆弧。

```
canvas.drawArc(x, y, diameter, startAngle, extent)
```

若要绘制圆弧，必须指定边界正方形框的 x 和 y 坐标（和绘制椭圆形一样），后跟圆的直径。还必须以度数（0 ~ 360）表示圆弧在圆上开始的角度，以及圆弧的角度范围或者大小。

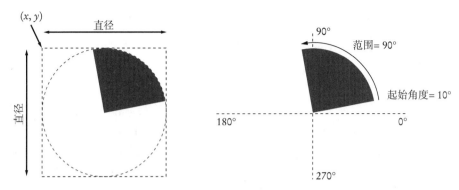

为了绘制饼图，我们可以实现一个通用绘图函数，该函数可以为任何类型的数据绘制图表。绘制饼图所需的信息包括：饼图（或者圆）的大小、圆的边界正方形框左上角的 (x, y) 坐标、绘制图表的画布、每个切片占整个图形的比例（百分比）以及每个切片的颜色。

因为每个切片需要多个数据值，所以我们可以将此信息保存在字典列表中。列表中的每个字典都将包含 3 个项，即每个切片的"大小（size）""颜色（color）"和"标签（label）"。我们使用数据字段名作为字典中的键，以便可以按名称访问字段。这样，就不必像使用列表一样记住每个字段所占的位置。

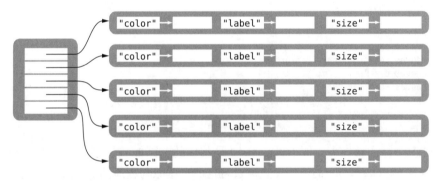

饼图的每一个切片都被绘制成单独的圆弧。因为每个切片的数据都存储在一个单独的字典中，所以我们可以遍历字典列表并依次绘制每个切片。

圆弧的大小将是切片与整个饼图的比例。圆的角度为 360°，因此单个切片范围的计算公式如下：

$$切片范围 = 360 × 切片占比$$

其中切片占比为百分比。为了简单起见，我们以 0°（正 x 轴方向）开始第一个切片。每个后续切片开始的角度是上一个切片结束的角度。一个切片的结束角度为开始角度加上切片范围。在绘制一个切片之前，必须将轮廓颜色和填充颜色设置为该切片指定的颜色。实现这项任务的代码如下：

```
## 在画布中不可见的边界框内绘制一个饼图
# @param x 边界框左上角的 x 坐标
# @param y 边界框左上角的 y 坐标
# @param diameter 边界正方形框的直径
# @param slices 字典列表，指定每个切片的"大小"和"颜色"
# @param canvas 绘制饼图的画布对象
#
def drawPieChart(x, y, diameter, slices, canvas) :
```

```
startAngle = 0
for piece in slices :
    extent = 360 * piece["size"]
    canvas.setColor(piece["color"])
    canvas.drawArc(x, y, diameter, startAngle, extent)
    startAngle = startAngle + extent
```

我们还希望在饼图中包含一个图例，以指示每个切片的类别和所占比例。图例为每个切片提供一个小的彩色框和一个简短的标签。将图例项排列在一起，以提供整洁的组织视图。

为了在画布上绘制图例，我们再次实现了一个可以用于任何图表类型的通用函数。对于此函数，我们需要边界框左上角的 (x, y) 坐标、绘制图例的画布以及每个切片的颜色、标签和大小。因为图例很可能与饼图一起使用，所以我们将切片信息作为字典列表传递给 drawLegend 函数。这允许我们对两个绘图函数使用相同的数据结构。为了绘制图例，每个字典需要 3 个数据项，"size（大小）""color（颜色）"和"label（标签）"。drawLegend 函数的实现如下：

```
## 在画布上绘制图例，包括颜色框和说明文本
#  @param x 数据项开始位置的 x 坐标
#  @param y 数据项开始位置的 y 坐标
#  @param entries 指定各数据信息的字典列表的项
#  每个数据项的信息包括: "color""label""size"
#  @param canvas 绘制图例的画布对象
#
def drawLegend(x, y, entries, canvas) :
    for entry in entries :
        canvas.setColor(entry["color"])
        canvas.drawRect(x, y, 10, 10)
        canvas.setColor("black")
        text = entry["label"] + " (%.1f%%)" % (entry["size"] * 100)
        canvas.drawText(x + 15, y, text)
        y = y + 20
```

由于函数 drawPieChart 和 drawLegend 是相关的，因此我们可以将这两个函数的实现放在一个名为 piechart.py 的模块中。通过将这两个函数与程序的其余部分分离，我们可以很容易地在另一个需要绘制饼图或者图例的程序中重用其中一个或者两个函数。

股票投资组合

这个程序的第二个模块将包含从文本文件中提取股票投资组合和构建两个绘图函数所需的字典列表。为了简单起见，我们假设一个文本文件包含以下格式的股票配置信息。

```
PETS small 8250.0
BBY mid 6535.0
NVDA mid 5500.0
LXK mid 2825.0
LOW large 5800.0
COP large 9745.0
TGT large 6200.0
VZ large 12185.0
bonds misc 18500.0
cash cash 10000.0
```

每一行包含一个记录，一个记录由三个字段组成：股票代号、股票类别和该股票拥有的美元量。

为了展示按股票类别划分的股票分布，需要累计每一类股票的总拥有量。我们将使用一个字典，其中每个键都是一个股票类别，对应的值是该股票类别中的总拥有量。因为每个记录都是从文件中提取的，所以我们检查字典以查看股票类别是否已经在字典中。如果没有，

我们将添加一个新的数据项以及当前记录中的金额。如果股票类别在字典中，那么我们将根据该记录的数量增加其金额值。提取完所有记录后，函数返回字典。

```
## 从股票投资组合文件中载入按股票类别投资配额的数据
# @param filename 包含股票投资组合的文件名
# @return 字典，包含股票类别代码和对应的投资总额
#
def loadAllocations(filename) :
    # 打开股票投资组合文件
    infile = open("stocks.txt", "r")

    # 提取股票投资信息，并按股票类别累计投资总额
    allocations = {}
    for line in infile :
        fields = line.split()
        cat = fields[1]
        amount = float(fields[2])
        if cat in allocations :
            allocations[cat] = allocations[cat] + amount
        else :
            allocations[cat] = amount

    infile.close()
    return allocations
```

为了绘制饼图和图例，我们必须获取 loadAllocations 函数返回的按股票类别投资配额的数据，并构建 drawPieChart 和 drawLegend 函数所需的字典列表。此任务中的函数需要按股票类别计算股票投资配额百分比，但每个股票类别的颜色和说明可以硬编码。

实现此任务的函数如下。

```
## 构建一个字典列表
# 包含股票类别、股票配额、百分比和切片颜色信息
# @param allocations 包含按类别分类的股票投资配额数据的一个字典
# @return 一个字典列表，包含用于绘制饼图和图例的信息
#
def buildChartData(allocations) :
    categories = [
        {"cat": "small", "color": "blue", "text": "Small Cap"},
        {"cat": "mid", "color": "red", "text": "Mid Cap"},
        {"cat": "large", "color": "green", "text": "Large Cap"},
        {"cat": "misc", "color": "magenta", "text": "Other"},
        {"cat": "cash", "color": "yellow", "text": "Cash"}
    ]

    # 计算总股票配额
    total = sum(allocations.values())

    # 计算各类别的百分比，并构建所有类别的列表
    slices = []
    for info in categories :
        category = info["cat"]
        info["size"] = allocations[category] / total
        slices.append(info)

    return slices
```

驱动程序模块

驱动程序模块除了导入 ezgraphics 模块外，还导入了两个用户自定义的模块 piechart 和 portfolio，并提供了 main 函数。

加载股票配额
构建用于绘制函数的数据结构
创建图形窗口
在画布上绘制饼图和图例

实现这些简单步骤的 Python 代码如下所示。为了允许绘制任意大小的饼图，我们为其宽度定义了一个常量。此常量用于计算窗口的大小和图例的位置。

```python
from ezgraphics import GraphicsWindow
from piechart import drawPieChart, drawLegend
from portfolio import loadAllocations, buildChartData
PIE_SIZE = 150

# 载入股票投资配额，并计算百分比
allocations = loadAllocations("stocks.txt")
slices = buildChartData(allocations)

# 创建图形窗口对象，并绘制饼图和图例
height = PIE_SIZE + 75 + len(slices) * 20

win = GraphicsWindow(PIE_SIZE + 100, height)
canvas = win.canvas()
drawPieChart(50, 25, PIE_SIZE, slices, canvas)
drawLegend(50, PIE_SIZE + 50, slices, canvas)
win.wait()
```

示例代码：完整的股票投资配额程序请参见本书配套代码中的 worked_example_3。

工具箱 8.1　从 Web 上获取 JSON 数据

许多 Web 应用程序提供了可以用于其他程序的数据。Web 应用程序是指在与指定 URL 建立连接时由 Web 服务器执行的程序。一些 Web 应用程序构建一个 Web 页面以在浏览器中显示，其他的 Web 应用程序则可以返回数据。为了从 Web 应用程序中获取数据，我们可以通过**应用程序编程接口**（Application Programming Interface，API）访问其 Web 站点。API 指定 Web 地址和必须提供的参数，以便产生所需的结果。

为了共享或者交换数据，Web 应用程序通常使用 JSON（JavaScript Object Notation，JavaScript 对象表示法）格式。JSON 是一种标准的数据格式，允许在应用程序之间交换纯文本数据。JSON 特别适用于具有多个数据字段的大型记录中的数据。

在本模块中，我们将学习如何使用 Python 的 json 模块处理 JSON 格式的 Web 数据。

假设想知道伦敦目前的天气状况。我们可以编写一个程序，从打开的 weathermap.org 网站下载这些信息。若要获取数据，可以使用以下网址：

```python
address = "http://api.openweathermap.org/data/2.5/weather"
```

并在打开 Web 连接之前，附加城市名称和度量单位作为参数。

```python
url = address + "?" + "q=London,UK&units=imperial"
webData = urllib.request.urlopen(url)
```

然后将数据读入一个大数据块中，并转换为一个字符串：

```python
results = webData.read().decode()
```

字符串包含以 JSON 格式存储的数据（为了便于阅读，以下数据进行了格式化处理）。

```
{
    "coord": {"lon": -0.13,"lat": 51.51},
    "sys": {
        "type": 3,
        "id": 186527,
        "message": 1.2806,
        "country": "GB",
        "sunrise": 1427348916,
        "sunset": 1427394217
    },
    "weather": [
        {   "id": 800,
            "main: "Clear",
            "description": "Sky is Clear",
            "icon": "01d"
        }
    ],
    "base": "stations",
    "main": {
        "temp": 50.77,
        "humidity": 59,
        "pressure": 999.658,
        "temp_min": 48.99,
        "temp_max": 53.01
    },
    "wind": {"speed": 13.63, "deg": 308},
    "rain": {"3h": 0},
    "clouds": {"all": 0},
    "dt": 1427392093,
    "id": 2643743,
    "name": "London",
    "cod": 200
}
```

如上所述，在 JSON 中，列表和字典使用与 Python 相同的符号。

为了在程序中使用 JSON 格式的数据，必须将其从 JSON 格式转换为字典。使用 json 模块中的 loads 函数进行转换。

```
data = json.loads(results)
```

作为转换的一部分，每个数据值都根据 JSON 格式的定义转换为相应的数据类型（字符串必须用双引号括起来，数字遵循与 Python 中相同的规则）。因此，无须进一步转换任何数据字段，即可使用数据。

```
current = data["main"]
degreeSym = chr(176)
print("Temperature: %d%sF" % (current["temp"], degreeSym))  # F 表示华氏度
print("Humidity: %d%%" % current["humidity"])
print("Pressure: %d" % current["pressure"])
```

如前所述，在打开连接时，我们可能需要在 URL 中以参数的形式向 Web 应用程序提供参数。Web 应用程序 openweathermap.org 至少需要一个参数：城市名。但是我们也提供了温度和风力数据的单位。

有时，作为参数传递的数据可能包含空格或者特殊字符，但是一个有效的 URL 不能包含此类字符。为了帮助生成有效的 URL，我们可以使用 urllib.parse 模块中的

urlencode 函数，让 Python 为我们实现编码工作。

首先，创建一个字典，其中每个形式参数存储为键，实际参数存储为键的值：

```
params = {"q": "London, UK", "units": "imperial" }
```

然后，基于字典创建一个 URL 编码的字符串，并将其附加到由 "?" 分隔的网址中。

```
arguments = urllib.parse.urlencode(params)
url = address + "?" + arguments
```

获取用户指定位置的当前天气信息的完整程序如下所示。

toolbox_1/weather.py

```
1  ##
2  #   本程序打印用户选择的城市的当前天气信息
3  #
4
5  import urllib.request
6  import urllib.parse
7  import json
8
9  # 通过提示用户输入获取位置信息
10 city = input("Enter the location: ")
11
12 # 构建并编码 URL 参数
13 params = {"q": city, "units": "imperial" }
14 arguments = urllib.parse.urlencode(params)
15
16 # 获取天气信息
17 address = "http://api.openweathermap.org/data/2.5/weather"
18 url = address + "?" + arguments
19
20 webData = urllib.request.urlopen(url)
21 results = webData.read().decode
22 webData.close()
23
24 # 把 json 结果转换为字典
25 data = json.loads(results)
26
27 # 打印结果
28 current = data["main"]
29 degreeSym = chr(176)
30 print("Temperature: %d%sF" % (current["temp"], degreeSym))
31 print("Humidity: %d%%" % current["humidity"])
32 print("Pressure: %d" % current["pressure"])
```

本章小结

了解如何将集合理论中的操作用于 Python 集合。

- 集合（set）是存储一系列没有重复值的容器。
- 可以使用集合字面量或者 set 函数创建集合。
- in 运算符用于测试一个元素是否是某个集合的成员。
- 可以使用 add 方法向集合中添加新元素。
- 使用 discard 方法从集合中移除元素。
- 使用 issubset 方法测试一个集合是否是另一个集合的子集。

- 使用 union 方法生成一个新的集合，该集合包含两个集合中的所有元素。
- 使用 intersection 方法生成一个新集合，该集合包含两个集合中的共同元素。
- 使用 difference 方法生成一个新集合，该集合包含属于第一个集合但不属于第二个集合的元素。
- 集合的实现使用散列表排列元素，以便快速定位元素。

使用 Python 字典。

- 字典用于保存键和值之间的关联。
- 使用 [] 运算符访问与键关联的值。
- in 运算符用于测试键是否在字典中。
- 可以使用 [] 运算符添加新的数据项或者修改已有的数据项。
- 使用 pop 方法删除字典中的一个数据项。

将容器组合到具有复杂结构的数据模型中。

- 复杂的数据结构有助于更好地组织数据以进行处理。
- 复杂程序的代码应分布在多个文件中。

复习题

- ■ R8.1　学校网站上保存着一个禁止在学生计算机上访问的网站集合。请问检查禁止网站的程序是否应该使用列表、集合或者字典来存储网站地址？请说明理由。
- ■ R8.2　图书馆想追踪哪些书借出给哪些读者。请问为图书馆设计的程序应该使用哪种类型的容器？
- ■ R8.3　集合和列表有什么区别？
- ■ R8.4　列表和字典有什么区别？
- ■ R8.5　一张发票包含所购买商品的清单。该清单应该实现为列表、集合还是字典？请说明理由。
- ■ R8.6　考虑一个管理课程表的程序。请问该程序应该将会议信息存放在列表、集合还是字典中？请说明理由。
- ■ R8.7　实现日历的一种方法是将日期映射到事件描述的字典中。但是，只在给定日期只有一个对应的事件时，这种实现才有效。请问我们可以使用哪种类型的复杂数据结构，以允许在给定日期中发生多个事件？
- ■ R8.8　通常将一年中的一个月表示为整数值。假设我们需要编写一个程序来打印一组日期的月份名称，而不是月份编号。为了不采用冗长的 if/elif/else 语句来选择给定月份的名称，我们将名称存储在数据结构中。这些月份名称应该存储在列表、集合还是字典中？请说明理由。

　　假设我们经常需要执行相反的转换，即将月份名称转换为整数。那么我们应该使用列表、集合还是字典？请说明理由。
- ■ R8.9　假设 Python 没有提供集合容器，但是我们的程序中需要一个这样的容器，那么可以使用哪种类型的容器作为替代？请说明理由。
- ■ R8.10　假设 Python 不提供集合容器，请使用上一题中设计的容器，实现一个执行交集运算操作的函数。
- ■ R8.11　在字典中，允许两个不同的键拥有相同的值吗？允许同一个键拥有两个不同的值吗？
- ■ R8.12　定义一个将月份名称的缩写映射到月份名称的字典。
- ■ R8.13　定义一个包含 5 个数据项的字典，将学生学号映射到学生的姓名。
- ■ R8.14　定义一个字典，将当前所学课程的课程编号映射到相应的课程名称。
- ■ R8.15　定义一个字典，将教科书的 ISBN 编号映射到相应的书名。
- ■ R8.16　编写一个函数，接收一个字符串参数，并返回以下内容：

a. 字符串中最常见的字母。

b. 一个不包含在字符串中的由小写字母组成的集合。

c. 一个包含每个字母在字符串中出现次数的字典。

■ R8.17　编写一个函数，接收两个字符串参数，并返回以下内容：

a. 一个同时在两个字符串中出现的大小写字母的集合。

b. 一个由大小写字母组成的集合，它不包含在两个字符串中。

c. 一个同时在两个字符串中出现的由所有非字母字符组成的集合。

■ R8.18　给定一个字典：

```
gradeCounts = { "A": 8, "D": 3, "B": 15, "F": 2, "C": 6 }
```

编写 Python 语句，打印以下内容：

a. 所有的键。

b. 所有的值。

c. 所有的键 / 值对。

d. 按键顺序排列的所有键 / 值对。

e. 平均值。

f. 一种类似于下面的图表，其中每一行包含一个键，后跟一连串的星号，星号的数量等于键的
   数值。要求行信息按键顺序打印，如下所示。

```
A: ********
B: ***************
C: ******
D: ***
F: **
```

■ R8.19　给定以下集合的定义，回答以下问题：

```
set1 = { 1, 2, 3, 4, 5 }
set2 = { 2, 4, 6, 8 }
set3 = { 1, 5, 9, 13, 17 }
```

a. set1 是 set2 的子集吗？

b. set1 和 set3 的交集是空集吗？

c. set1 和 set2 的并集是什么？

d. set2 和 set3 的交集是什么？

e. 所有 3 个集合的交集是什么？

f. set1 和 set2 的差集（set1-set2）是什么？

g. 语句 set1.discard(5) 的结果是什么？

h. 语句 set2.discard(5) 的结果是什么？

■■ R8.20　给定 3 个集合 set1、set2 和 set3，编写 Python 语句来执行以下操作：

a. 创建一个新集合，包含 set1 或 set2 中的所有元素，但不能包含这两个集合中的共同元素。

b. 创建一个新集合，其元素只在 set1、set2 和 set3 这 3 个集合中的一个中存在。

c. 创建一个新集合，其元素正好位于 set1、set2 和 set3 的任意两个集合中。

d. 创建一个新集合，包含 1 ～ 25 内所有不在 set1 中的整数元素。

e. 创建一个新集合，包含 1 ～ 25 内所有不在 3 个集合（set1、set2 或者 set3）任何一个集
   合中的整数元素。

f. 创建一个新集合，包含 1 ～ 25 内所有不同时在 set1、set2 和 set3 这 3 个集合中的整数
   元素。

编程题

- **P8.1** 实现第 5 章中的程序 intname.py 的一个新版本，要求使用字典而不是 if 语句。
- **P8.2** 编写一个程序，统计一个文本文件中每个单词出现的频率。
- **P8.3** 改进上一题的程序，打印 100 个出现次数最多的单词。
- **P8.4** 实现埃拉托色尼筛选算法（sieve of Eratosthenes）：一个起源于古希腊的计算素数的函数。选择一个整数 n，该函数将计算小于或者等于 n 的所有素数。首先将从 1 到 n 的所有数字插入到一个集合中。然后删除 2 的所有倍数（2 除外），即 4，6，8，10，12…；接着删除 3 的所有倍数（3 除外），即 6，9，12，15，…；以此类推，直到 $\sqrt{n}$ 的所有倍数。剩下的数字都是素数。
- **P8.5** 编写一个程序，保存一个字典，其中的键和值都是字符串，分别表示学生的姓名和他们的课程成绩。程序提示用户添加学生、删除学生、修改成绩或者打印所有的成绩。打印输出结果按照学生的姓名排序，格式如下：

```
Carl: B+
Joe: C
Sarah: A
Francine: A
```

- **P8.6** 编写一个程序，读取 Python 源文件并生成该文件中所有标识符的索引。对于每个标识符，打印其所在的所有行。为了简单起见，只考虑仅由字母、数字和下划线组成的字符串标识符。
- **P8.7** 编写一个程序，可以采用数据项的列表形式存储如下的多项式。

$$p(x) = 5x^{10} + 9x^7 - x - 10$$

每一个数据项包含 x 的系数和幂。例如，可以将上述 $p(x)$ 存储为：

$$(5,10),(9,7),(-1,1),(-10,0)$$

编写函数，实现多项式的加法、乘法以及打印多项式的功能。编写一个利用单个数据项生成一个多项式的函数。例如，多项式 p 可以构造为：

```
p = newPolynomial(-10, 0)
addTerm(p, -1, 1)
addTerm(p, 9, 7)
addTerm(p, 5, 10)
```

然后计算 $p(x) \times p(x)$：

```
q = multiply(p, p)
printPolynomial(q)
```

为多项式函数提供一个模块并将其导入驱动程序模块。

- **P8.8** 重新实现上一题，但为了提高效率，本题使用字典。
- **P8.9** 编写一个程序，要求用户输入两个字符串，然后打印以下内容：
  - 同时出现在两个字符串中的字符。
  - 出现在一个字符串但是没有出现在另一个字符串中的字符。
  - 两个字符串中都没有出现的字母。

  使用 set 函数将字符串转换为一个字符集合。
- **P8.10** 编写一个程序，读入两个文本文件，并按顺序打印出两个文本文件共有的所有单词。
- **P8.11** 编写一个程序，读入一个文本文件，将所有单词转换为小写，并打印出文件中包含字母 a 的所有单词、包含字母 b 的所有单词，以此类推。构建一个字典，其键是小写字母，其值是包含给定字母的单词集。
- **P8.12** 编写一个程序，读入文本文件并构建一个如上一题所示的字典。然后提示用户输入一个单词，并打印文件中包含该单词所有字符的全部单词。例如，如果程序读取一个英语字典（例如 UNIX-like 系统上的 /usr/share/dict/words，或者本书配套代码中的 ch08/sec01/words），并且用户输入单词 hat，那么程序应该打印包含这 3 个字母的所有单词：hat、that、heat、theater 等。

P8.13 多重集合（multiset）是一个集合，其中每个数据项都以一个频率出现若干次。例如，我们可能有一个包含两个香蕉和三个苹果的多重集合。多重集合可以实现为一个字典，其中键是数据项，值是频率。编写 Python 函数 union、intersection 和 difference，接收两个这样的字典并返回一个表示多重集合的并集、交集和差集的字典。在并集中，数据项的频率是两个集合频率的总和。在交集中，数据项的频率是两个集合频率的最小值。在差集中，数据项的频率是两个集合频率的差，但不小于零。

P8.14 编写一个"审查程序"，首先读取一个包含"敏感词"的文件，比如"sex""drugs""C++"，等等，将它们存放在一个集合中，然后读取一个任意的文本文件。要求程序将该文本写入一个新的文本文件，用星号替换文本中所有"敏感词"的每个字母。

P8.15 修改"实训案例 8.2"中的程序，使其不读取具有特定缩写的文件，而是读取具有以下模式的文件：

```
8:ate
2:to
2:too
4:for
@:at
&:and
```

把这些模式放在字典里。读取一个文本，将右边的单词替换为左边的单词。例如，"fortunate" 变成 "4tun8"，"tattoo" 变成 "t@2"。

P8.16 修改 8.3.2 节中的程序，使输入文件的第一行包含一系列列标题，使用冒号分隔，例如：

```
Downtown Store:Pleasantville Mall:College Corner
```

P8.17 编写一个程序，从 https://www.cia.gov/library/publications/the-world-factbook/rankorder/rawdata_2004.txt 中读取数据到一个字典，字典的键是国家名称，其值是人均收入。要求程序提示用户输入国家名称，并打印相应的人均收入。当用户输入 quit 时，程序停止。

P8.18 上一题不太方便用户使用，因为它要求用户知道国家名称的准确拼写。作为改进，每当用户输入一个字母时，打印以该字母开头的所有国家。使用一个键为字母、值为国家名称集合的字典。

P8.19 字典的一个应用是保存或者缓存以前获得的结果，以便在重新请求时可以从缓存中检索这些结果。修改编程题 P8.2 中的单词计数程序，以便用户可以重复输入文件名。如果用户多次输入相同的文件名，则从字典中查找答案，而不是再次统计该文件中单词的出现频率。

P8.20 编写一个程序，读取包含迷宫图像的文本文件，例如：

```
* *******
*   * * *
* ***** *
* * *   *
* * *** *
*   *   *
***** * *
*   *   *
******* *
```

其中，符号 * 表示墙，空白符表示走廊。创建一个字典，其键是走廊位置的元组 (row, column)，其值是相邻走廊位置的集合。在上面的例子中，(1, 1) 有邻居 { (1, 2), (0, 1), (2, 1) }。

打印该字典。

■■■ P8.21 继续上一题中的程序，从迷宫中的任何一点找到一条逃生路径。创建一个新字典，其键是走廊的位置，其值是字符串"?"。然后遍历键。对于迷宫边界处的任何键，请将"?"值替换为"N""E""S""W"以表示逃逸路径的指南针方向。现在重复遍历值为"?"的键，查看其邻居是否为"?"，使用第一个字典查找邻居。每当我们找到了这样的一个邻居后，就把"?"替换为指向邻居的指南针方向。如果在给定的遍历中无法执行任何此类替换，程序停止。最后，打印迷宫，用指南针指向每个走廊位置的下一个逃生地点。例如：

```
*N*******
*NWW*?*S*
*N*****S*
*N*S*EES*
*N*S***S*
*NWW*EES*
*****N*S*
*EEEEN*S*
*******S*
```

■■ P8.22 稀疏数组是大多数数据项为零的数字序列。存储稀疏数组的一种有效方法是字典，其中键是具有非零值的位置，值是序列中对应的值。例如，序列 0 0 0 0 0 4 0 0 0 2 9 使用字典表示为：{5:4, 9:2, 10:9}。编写一个函数 sparseArraySum，它的参数是两个表示稀疏数组的字典 a 和 b，该函数生成两个稀疏数组的向量和（vector sum），即在位置 i 处的结果值是字典 a 在位置 i 处的值与字典 b 在位置 i 处的值之和。

■ **工具箱应用 P8.23** 网站 http://openweathermap.org 允许用户获取由纬度和经度指定的地理位置的当前天气信息（URL 参数为 lat=#&lon=#）。修改 toolbox_1/weather.py 程序以允许用户提供某个位置的纬度和经度，而不是其名称。

■ **工具箱应用 P8.24** 调用以下语句连接到 Web 服务器时（如"工具箱 7.3"中所述）：

response = urllib.request.urlopen(*url*)

我们可以通过以下语句调用并查询"响应头"：

dict = response.getheaders()

其结果是一个字典，包含 Web 服务器、上次修改文档的日期、存储在该 URL 上的资源的内容类型，以及其他信息。

编写一个程序，为一个给定的 URL 打印这个字典内容，并使用不同的 URL 测试这个程序。

■■ **工具箱应用 P8.25** 大多数 CSV 文件（请参见"工具箱 7.1"）的第一行内容为列标题名称，例如：

```
id,name,score,grade
1729,"Harry Smith",48,F
2358,"Susan Lee",99,A
4928,"Sammy Davis, Jr",78,C
```

如果我们有这样一个文件，可以使用 csv 模块中的 DictReader 读取每一行作为字典，将列名称映射到值。这比通过列的整数索引访问列更方便。下面是代码框架：

```
reader = csv.DictReader(open(文件名))
for row in reader :
    处理字典行
```

编写一个程序，使用此技术读取 CSV 文件（例如上面的示例文件）。显示得分最高和最低的学生 ID（学号）和姓名。

对 象 和 类

本章目标

- 理解类、对象和封装的概念
- 实现实例变量、实例方法和构造函数
- 能够设计、实现和测试自己的类
- 了解对象引用的行为

本章介绍面向对象的程序设计，这是编写复杂程序的一项重要技术。在一个面向对象的程序中，我们不只是简单地操作数值和字符串，还要处理对应用程序有意义的对象。具有相同行为的对象被分组到类中。程序员通过指定和实现这些类的方法来提供所需的行为。在本章中，我们将学习如何发现、设计和实现用户自定义类，以及如何在程序中使用这些类。

9.1 面向对象的程序设计

我们已经学习了如何通过将任务分解为函数来构造程序。这是一个很好的实践，但经验表明，这还远远不够。由大量函数组成的程序通常很难理解和更新。

为了解决这个问题，计算机科学家发明了**面向对象的程序设计**（object-oriented programming），这是一种通过对象协作来解决任务的程序设计方式。每个对象都有自己的一组数据，以及一组作用于操作数据的方法。

在使用字符串、列表和文件对象时，我们已经体验过这种程序设计风格。每个对象都有一组方法。例如，可以使用 insert 或者 remove 方法对列表对象进行操作。

当开发面向对象的程序时，可以创建自定义对象来描述应用程序中的重要内容。例如，在学生数据库中，我们可以使用 Student（学生）对象和 Course（课程）对象。当然，必须为这些对象提供方法。

在 Python 语言中，**类**（class）用于描述具有相同行为的一组对象。例如，str 类描述所有字符串的行为。该类指定字符串如何存储字符，哪些方法可以与字符串一起使用，以及如何实现这些方法。

与之对比，list 类描述用于存储值集合的对象的行为。我们已经在第 6 章中讨论了如何创建和使用列表。

在每个类中，都定义了一组可以用于其对象的特定方法。例如，如果创建了一个 str 对象，则可以调用其 upper 方法：

```
"Hello, World".upper()
```

即 upper 方法是 str 类的一个方法。list 类有一组不同的方法。例如，以下调用语句是非法的

```
["Hello", "World"].upper()
```

因为 list 类没有 upper 方法，然而，list 类有一个 pop 方法。因此以下调用语句合法：

```
["Hello", "World"].pop()
```

类提供的所有方法的集合以及它们的行为描述，称为类的**公共接口**（public interface）。

使用类的对象时，我们并不知道该对象如何存储数据，也不知道如何实现方法。我们不需要知道 str 对象是如何组织字符序列的，也不需要知道列表如何存储元素。我们只需要知道公共接口，通过公共接口可以应用哪些方法，以及这些方法的作用。在隐藏实现细节的同时提供公共接口的过程称为**封装**（encapsulation）。

可以使用封装来设计自定义类。也就是说，我们将提供一组公共方法并隐藏实现的详细信息。团队中的其他程序员就可以直接使用我们定义的类而不必知道类的具体实现，就像我们可以使用 str 类和 list 类一样。

如果我们参与一个长期开发的项目，实现细节通常会发生更改，一般是为了提升对象的效率或者增加对象的功能。封装对于这些更改至关重要。当具体的实现细节被隐藏时，这些改进不会影响使用对象的程序员。

9.2　实现一个简单的类

在本节中，将介绍一个非常简单的类的实现。我们将讨论对象如何存储数据，以及方法如何访问对象中的数据。了解非常简单的类的操作过程，将有助于我们在本章后面设计和实现更复杂的类。

第一个例子是模拟按键式计数器（tally counter）的类。按键式计数器是一个用于统计人数的机械设备，例如，用来统计有多少人参加音乐会或者登上公共汽车（参见图 1）。

© Jasmin Awad/iStockphoto.

图 1　按键式计数器

每当操作员按下一个按钮时，计数值就递增一个数。我们用 click 方法来模拟这个操作。物理计数器有一个显示当前值的显示器。在我们的模拟中，使用了 getValue 方法。

下面是一个使用 Counter 类的示例。首先，构造一个类的对象：

```
tally = Counter()
```

我们将在 9.5 节详细讨论对象的构造方法。

接下来，调用对象中的方法。首先，通过调用 reset 方法将计数器重置为 0。然后调用 click 方法两次，模拟两次按钮按下的行为。最后，调用 getValue 方法来检查按钮被按下的次数。

```
tally.reset()
tally.click()
tally.click()
result = tally.getValue()    # 设置 result 为 2
```

我们可以再次调用该对象的方法，结果将发生变化。

```
tally.click()
result = tally.getValue()    # 设置 result 为 3
```

如上所述，tally 对象会记住先前方法调用的效果。

在实现 Counter 类时，我们需要指定每个 Counter 对象如何存储数据。在这个简单的例子中，这非常易于实现。每个计数器都需要一个变量来跟踪计数器计数了多少次。

对象将其数据存储在**实例变量**（instance variable）中。类的实例是类的对象。因此，实例变量是存在于类的每个对象中的存储位置。在我们的示例中，每个 Counter 对象都有一个名为 _value 的实例变量。按照惯例，Python 中的实例变量以下划线开头，表示它是私有的。实例变量是实现详细信息的一部分，是对类的用户隐藏的。实例变量只能由其自身类的方法访问。Python 语言不强制执行此限制。但是，下划线向类用户表明，用户不应该直接访问此实例变量。

类的每个对象都有一组自己的实例变量。例如，如果 concertCounter 和 boardingCounter 是 Counter 类的两个对象，那么每个对象都有自己的 _value 变量（参见图 2）。

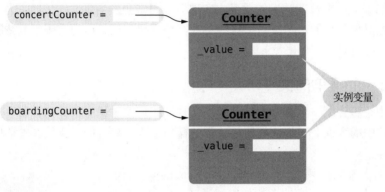

图 2　实例变量

接下来，我们将简单讨论一下 Counter 类的实现。类是使用 class 语句实现的。

```
class Counter :
    . . .
```

类提供的方法将定义在类的主体中。

click 方法将实例变量 _value 的值递增 1。

```
def click(self) :
    self._value = self._value + 1
```

方法定义与函数非常相似，但有以下区别：

- 方法定义为类定义的一部分。
- 方法的第一个参数变量为 self。

我们将在下面的内容中介绍方法头的语法和特殊参数变量 self 的使用方法。现在，只要注意实例变量必须在使用 self 参数（self._value）的方法中引用就可以了。

注意，click 方法如何递增实例变量 _value 的值？具体是哪个实例变量呢？这个 _value 是方法被调用的对象的实例变量。例如，考虑以下调用：

```
concertCounter.click()
```

此调用递增 concertCounter 对象的变量 _value。即使函数定义包含参数变量 self，也没有为 click 方法提供实际参数。在本例中，参数变量 self 引用在其上调用方法 concertCounter 的对象。

让我们看看 Counter 类的其他方法。getValue 方法返回变量 _value 当前的值。

```
def getValue(self) :
    return self._value
```

此方法的目的是让 Counter 类的用户能够查询某个特定计数器被单击了多少次。类用户不应直接访问任何实例变量。限制对实例变量的访问是封装的重要内容。这允许程序员向类用户隐藏类的实现。

reset 方法重置计数器。

```
def reset(self) :
    self._value = 0
```

在 Python 中，我们并不显式声明实例变量。相反，当第一次为实例变量赋值时，将创建实例变量。在我们的示例程序中，会在调用任何其他方法之前调用 reset 方法，以便创建并初始化实例变量 _value。（我们将在 9.5 节中讨论一种更方便、更受欢迎的创建实例变量的方法。）

计数器类和驱动程序模块的完整实现如下所示。

sec02/counterdemo.py

```
 1  ##
 2  # 本程序演示 Counter 类的使用
 3  #
 4
 5  # 从 counter 模块中导入 Counter 类
 6  from counter import Counter
 7
 8  tally = Counter()
 9  tally.reset()
10  tally.click()
11  tally.click()
12
13  result = tally.getValue()
14  print("Value:", result)
15
16  tally.click()
17  result = tally.getValue()
18  print("Value:", result)
```

sec02/counter.py

```
 1  ##
 2  # 本模块定义 Counter 类
 3  #
 4
 5  ## 模拟一个按键式计数器，它可以递增值、查看值、重置值
 6  #
 7  class Counter :
 8      ## 获取计数器的当前值
 9      #  @return 当前值
10      #
11      def getValue(self) :
12          return self._value
13
14      ## 递增计数器的值
15      #
```

```
16    def click(self) :
17        self._value = self._value + 1
18
19    ## 重置计数器的值为 0
20    #
21    def reset(self) :
22        self._value = 0
```

程序运行结果如下：

```
Value: 2
Value: 3
```

9.3 指定类的公共接口

当设计类时，首先要指定其**公共接口**（public interface）。类的公共接口由类的用户可能希望应用于其对象的所有方法组成。

讨论一个简单的例子。我们希望使用模拟收银机这个对象。收银员按一个键开始销售，然后将每笔已售商品记入收银机中。显示器显示了应收的金额以及购买的商品总数量。

在我们的模拟中，希望对收银机对象调用以下方法：

- 添加商品的金额。
- 获取应收的总金额和购买的商品总数量。
- 清空收银机，开始新的销售。

`CashRegister` 类的框架如下所示。我们提供所有方法的注释文档，以记录这些方法的用途。

```
## 模拟收银机，跟踪商品数量和应收总金额
#
class CashRegister :
    ## 添加一个商品信息到收银机
    #  @param price 商品的金额
    #
    def addItem(self, price) :
        实现——具体请参见 9.6 节

    ## 获取当前销售的所有商品的总金额
    #  @return 商品总金额
    #
    def getTotal(self) :
        实现——具体请参见 9.6 节

    ## 获取当前销售额的商品数量
    #  @return 商品数量
    #
    def getCount(self) :
        实现——具体请参见 9.6 节

    ## 清除商品计数和总金额
    #
    def clear(self) :
        实现——具体请参见 9.6 节
```

方法定义和文档注释构成类的公共接口（public interface）。数据和方法体构成类的私有实现（private implementation）。

为了使用这些方法，首先需要构造一个对象。

```
register1 = CashRegister()
    # 构造一个 CashRegi ster 对象
```

该语句定义了变量 register1，并使用对新的 CashRegister 对象的引用进行初始化（具体请参见图 3）。（我们将在 9.5 节讨论对象构造的过程，在 9.10 节讨论对象引用的过程。）

图 3 一个对象引用和一个对象的关系

一旦构造了对象，就可以调用其方法。

```
register1.addItem(1.95)    # 调用方法
```

对于类的公共接口，将其方法分为更改器（mutator）和访问器（accessor）两类方法将非常有用。**更改器**（mutator）方法修改其操作的对象。CashRegister 类有两个更改器方法：addItem 和 clear。调用这些方法时，将会更改对象。通过调用 getTotal 或者 getCount 方法，可以观察到这种变化。

访问器（accessor）方法在不更改对象的情况下查询该对象，以获取某些信息。CashRegister 类有两个访问器方法：getTotal 和 getCount。将这两个方法中的任何一个应用于 CashRegister 对象，只会返回一个值，而不会修改该对象。例如，以下语句将打印当前总金额和商品计数：

```
print(register1.getTotal(), register1.getCount())
```

现在我们知道了收银机对象可以做什么，但并不知道它是如何做的。当然，为了在程序中使用收银机对象，我们不需要知道其具体的实现方法。

在接下来的内容中，我们将讨论 CashRe-gister 类是如何实现的。

9.4 设计数据表示

对象将其数据存储在**实例变量**（instance variable）中。实例变量是在类中声明的变量。

实现类时，我们必须确定每个对象需要存储哪些数据。对象需要保存执行任何方法调用所需的所有信息。

检查所有方法并考虑它们的数据需求。最好从访问器方法开始。例如，对于 CashRegister 对象，必须能够返回 getTotal 方法的正确值。这意味着 getTotal 方法必须在方法调用中存储所有输入的金额并计算总金额，或者存储总金额。

接下来，对 getCount 方法应用相同的原则。如果收银机存储所有输入的金额，则可以使用 getCount 方法对其进行计数。否则，需要有一个保存计数的变量。

addItem 方法接收一个金额作为参数，它必须记录金额。如果 CashRegister 对象存储输入金额的列表，则 addItem 方法将追加金额。另一方面，如果我们决定只存储商品的总金额和计数，那么 addItem 方法将更新这两个变量。

最后，clear 方法必须为下一次销售准备收银机，方法是清空金额列表或者将总金额和商品计数设置为 0。

至此，这里发现了两种表示对象所需数据的方法。这两种方法都适用，我们必须做出选择。这里将选择更简单的一种：实例变量 _totalPrice 和 _itemCount，分别表示总金额和商品计数。（编程题 P9.19 和 P9.20 中探讨了其他方法。）

请注意，方法调用可以按任何顺序进行，例如，考虑类 CashRegister。在调用以下语句之后：

```
register1.getTotal()
```

程序可以调用另一个语句：

```
register1.addItem(1.95)
```

我们不应该假设以在调用 getTotal 时可以清除总和。类的数据表示应该允许以任意顺序进行方法调用，就像小汽车中的乘客可以按他们选择的任意顺序按下各种按钮和操作杆一样。

编程技巧 9.1   将所有实例变量设为私有，将大多数方法设为公共

所有实例变量都应该是私有的，大多数方法都应该是公共的。尽管大多数面向对象的语言提供了一种机制来显式地隐藏或者保护私有成员不受外部访问，但 Python 语言没有提供类似的机制。相反，设计人员必须指明哪些实例变量和方法应该是私有的。然后，使用类的用户有责任不直接访问私有成员。

Python 程序员按惯例使用以单个下划线开头的名称作为私有实例变量和方法。单个下划线向所有类的使用者表明，以下划线开始的变量是私有的。我们必须相信类的使用者不会尝试直接访问这些私有成员。文档生成器工具可以识别这种技术，这些工具在文档中标记私有实例变量和方法。

我们应该恪守类的封装原则，其中所有的实例变量都是私有的，并且只使用方法对实例变量进行操作。

通常，方法是公共的。但是，有时某些方法只作为被其他方法调用的辅助方法。在这种情况下，应该使用以单个下划线开头的名称使辅助方法成为私有方法。

9.5   构造函数

构造函数（constructor）定义并初始化对象的实例变量。每当创建对象时，都会自动调用构造函数。

为了创建类的实例，我们可以使用类的名称，就好像在使用一个函数，并传递所需的参数。为了创建 CashRegister 类的实例，我们使用以下命令：

```
register = CashRegister()
```

语法 9.1 构造函数

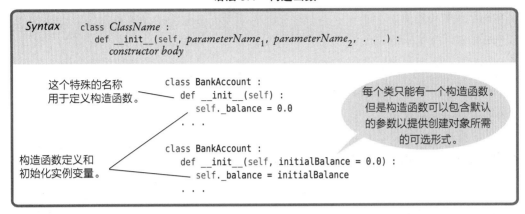

本例创建了一个对象以自动调用 CashRegister 类的构造函数。这个特定的构造函数不需要参数。

构造函数负责定义和初始化包含在对象中的所有实例变量。构造函数完成定义和初始化任务后,将返回对新创建和初始化的对象的引用。引用保存在一个变量中,以便我们以后调用对象的方法。

在 Python 语言中,构造函数使用特殊的名称 __init__,因为其目的是初始化类的实例。

```
def __init__(self) :
    self._itemCount = 0
    self._totalPrice = 0.0
```

注意构造函数定义中的参数变量 self。每个构造函数的第一个参数变量必须是 self。当调用构造函数来构造一个新对象时,会将参数变量 self 设置为正在初始化的对象。

第一次在构造函数中引用实例变量时,将创建该实例变量。例如:

```
self._itemCount = 0
```

将在新创建的对象中创建一个实例变量 _itemCount,并将其初始化为 0。

有时,允许以不同的方式创建对象会大有裨益。例如,我们可以使用以下形式的 list 构造函数创建一个空列表。

```
empty = list()
```

或者,使用 list 构造函数的另一个版本创建现有列表的一个副本。

```
duplicate = list(values)
```

在 Python 语言中,只允许每个类定义一个构造函数。但是,我们可以使用默认参数值(具体请参见"专题讨论 9.1"),模拟定义多个构造函数。例如,考虑 BankAccount 类,它需要两种形式的构造函数:一种构造函数接受初始余额这个参数,另一种构造函数使用默认的初始余额 0。这可以通过包含 initialBalance 参数变量的默认参数来实现。

```
class BankAccount :
    def __init__(self, initialBalance = 0.0) :
        self._balance = initialBalance
```

在创建对象时，可以选择使用哪种形式的构造函数。如果在创建 BankAccount 对象时没有向构造函数传递值。

```
joesAccount = BankAccount()
```

将使用默认值。如果传递一个值给构造函数：

```
joesAccount = BankAccount(499.95)
```

则将使用该值代替默认值。

常见错误 9.1　尝试调用构造函数

创建对象时会自动调用构造函数：

```
register1 = CashRegister()
```

构造对象后，不应再次直接调用该对象的构造函数。

```
register1.__init__()    # 错误的方式
```

虽然构造函数可以将新的 CashRegister 对象设置为已清除状态，但不应调用当前对象上的构造函数。相反，需要使用新对象替换该对象。

```
register1 = CashRegister()    # 正确
```

通常，不应该调用以双下划线开头的 Python 方法，所有这些方法都用于特定的内部用途（在本例中，用于初始化新创建的对象）。

专题讨论 9.1　默认参数和命名参数

在前面，我们讨论了如何使用默认参数来实现以多种方式初始化对象。此功能不仅仅限于构造函数，在 Python 中，可以为任何函数或者方法的参数变量指定默认值。例如：

```
def readIntBetween(prompt, low = 0, high = 100) :
```

当以 readIntBetween("Temperature:") 的形式调用该函数时，将自动提供默认参数，即等同于调用了 readIntBetween("Temperature:", 0, 100)。我们可以覆盖部分或者全部默认值。例如，readIntBetween("Percent:", 10) 等同于 readIntBetween("Percent", 10, 100)。

在函数或者方法调用中，指定的参数将按指定的顺序传递给函数或者方法的参数变量。但是如果使用命名参数，则可以按照任何顺序传递参数，如下所示：

```
temp = readIntBetween(low=-50, high=50, prompt="Temperature:")
```

我们已经讨论过命名参数的示例：print 函数的 end 参数。

当使用命名参数时，不必为每个参数命名，只有不按顺序指定的参数变量的参数才需要命名。例如：

```
temp = readIntBetween("Price:", high=1000)
```

其中，prompt 参数变量设置为 "Price:"，low 设置为默认值，high 设置为 1000。

9.6 实现方法

当实现一个类时，需要为其所有方法提供主体语句。实现一个方法与实现一个函数非常相似，但有一个本质的区别：我们可以访问方法体中对象的实例变量。

例如，下面是 CashRegister 类的 addItem 方法的实现。（其他的实现方法参见本节末尾的源代码。）

```
def addItem(self, price) :
    self._itemCount = self._itemCount + 1
    self._totalPrice = self._totalPrice + price
```

与构造函数一样，每个方法都必须包含特殊的参数变量 self，并且它必须是方法的第一个参数变量。当调用一个方法时：

```
register1.addItem(2.95)
```

对调用方法的对象（register1）的引用将自动传递给 self 参数变量（具体请参见图 4）。其余的参数变量必须作为方法调用的参数来提供。在前面的示例中，price 参数变量设置为 2.95。

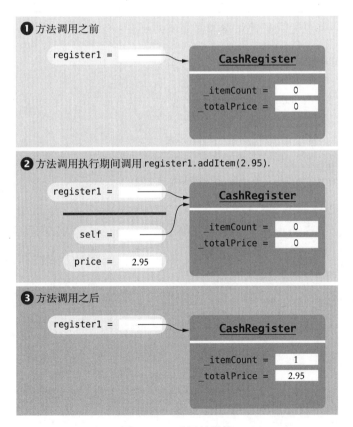

图 4 self 引用的赋值

为了在方法中访问实例变量（例如 _itemCount 或者 _totalPrice），我们必须通过 self 引用访问变量名。这表示我们希望访问调用该方法的对象的实例变量，而不是其他 CashRegister 对象的实例变量。

addItem 方法中的第一条语句是：

```
self._itemCount = self._itemCount + 1
```

请问哪个 _itemCount 被递增？在这个调用中，是 register1 对象的 _itemCount 被递增（参见图 4）。

当一个方法需要调用同一个对象的另一个方法时，可以对 self 参数调用该方法。假设我们想提供一个 CashRegister 方法，添加同一商品的多个实例。实现此方法的一个简单办法是重复调用 addItem 方法：

```
def addItems(self, quantity, price) :
    for i in range(quantity) :
        self.addItem(price)
```

其中，addItem 方法是在 self 引用的对象上调用的，这是调用 addItems 方法的对象。例如，调用语句

```
register1.addItems(6, 0.95)
```

在 register1 对象上，addItem 方法被调用了 6 次。

到目前为止，我们已经讨论了实现 CashRegister 类所需的全部概念。类的完整实现代码如下所示。在下一节中，我们将讨论如何测试类。

sec06/cashregister.py

```
 1  ##
 2  #   本模块定义 CashRegister 类
 3  #
 4
 5  ## 一个模拟收银机，跟踪商品数量和应收总金额
 6  #
 7  class CashRegister :
 8      ##   构造一个收银机对象，清空商品数量和总金额
 9      #
10      def __init__(self) :
11          self._itemCount = 0
12          self._totalPrice = 0.0
13
14      ## 添加一个商品到收银机
15      #  @param price 商品金额
16      #
17      def addItem(self, price) :
18          self._itemCount = self._itemCount + 1
19          self._totalPrice = self._totalPrice + price
20
21      ## 获取当前销售的所有商品的总金额
22      #  @return 总金额
23      #
24      def getTotal(self) :
25          return self._totalPrice
26
27      ## 获取当前销售的商品数量
28      #  @return 商品数量
29      #
30      def getCount(self) :
31          return self._itemCount
32
33      ## 清除商品计数和总金额
```

```
34      #
35      def clear(self) :
36          self._itemCount = 0
37          self._totalPrice = 0.0
```

语法 9.2　方法定义

```
Syntax        class ClassName :
                  . . .
                  def methodName(self, parameterName₁, parameterName₂, . . .) :
                      method body
                  . . .
```

```
              class CashRegister :
                  . . .
                  def addItem(self, price) :
                      self._itemCount = self._itemCount + 1
                      self._totalPrice = self._totalPrice + price
                  . . .
```

每个方法必须包含特殊参数变量 self。
当方法被调用时将自动赋值。

通过使用 self
参数引用实例变量。

局部变量

编程技巧 9.2　仅在构造函数中定义实例变量

Python 是一种动态语言，其中所有变量（包括实例变量）都是在运行时创建的。因此，我们可以在类的任何方法中创建实例变量。例如，在 9.2 节中，可以调用 reset 方法来创建实例变量 _value。这只是一个临时的解决方案，因为当时还没有开始讨论构造函数。

我们知道，在调用任何方法之前都会调用构造函数，因此在构造函数中创建的任何实例变量在所有方法中都是可用的。相反，在方法中创建实例变量则是危险的。考虑 9.2 节中的代码。如果程序员调用新创建对象上的 click 方法，而不调用 reset 方法，则当 click 方法试图递增不存在的变量 _value 时，将会出现运行时错误。

因此，我们应该养成在构造函数中创建所有实例变量的好习惯。

专题讨论 9.2　类变量

有时，一个值属于一个类，而不是该类的任何对象。为此，我们可以使用**类变量**。类变量通常被称为"静态变量"——一个起源于 C++ 语言的术语。

下面是一个典型的例子：我们希望按顺序分配银行账号。也就是说，我们希望银行账户这个构造函数构造第一个编号为 1001 的账户，下一个编号为 1002 的账户，以此类推。为了解决这个问题，我们需要有一个唯一的值 _lastAssignedNumber，它是类的属性，而不是类的任何对象的属性。类变量与方法在同一级别声明。（相反，实例变量则是在构造函数中创建的。）

```
class BankAccount :
    _lastAssignedNumber = 1000    # 一个类变量
```

```
    def __init__(self) :
        self._balance = 0.0
        BankAccount._lastAssignedNumber = BankAccount._lastAssignedNumber + 1
        self._accountNumber = BankAccount._lastAssignedNumber

    . . .
```

每个 BankAccount 对象都有自己的 _balance 和 _accountNumber 实例变量，但只有 _lastAssignedNumber 变量一个副本。该变量存储在任何 BankAccount 对象之外的单独位置。

请注意，引用类变量应采用如下形式：BankAccount._lastAssignedNumber。

与实例变量一样，类变量应该保持私有，以确保其他类的方法不会更改其值。但是，类常量可以是公共的。例如，BankAccount 类可以定义公共常量值，例如：

```
class BankAccount :
    OVERDRAFT_FEE = 29.95
    . . .
```

任何类的方法都可以引用 BankAccount.OVERDRAFT_FEE 这样的常量。

9.7 测试类

在前面的内容中，我们完成了 CashRegister 类的实现。接下来应该如何使用 CashRegister 类呢？从长远来看，CashRegister 类可能成为与用户交互、在文件中存储数据等大型程序的一部分。但是，在将一个类集成到程序之前，建议最好单独测试该类。在一个完整的程序之外进行的独立测试，称为**单元测试**。

为了测试一个类，我们可以使用两种方式。一些交互式开发环境提供了对 Python shell 的访问（参见“编程技巧 1.1”），可以在其中执行单个语句。我们可以通过构造对象、调用方法和验证是否获得预期的返回值来测试类。一个测试 CashRegister 类的交互式会话示例如下所示：

```
>>> from cashregister import CashRegister
>>> reg = CashRegister()
>>> reg.addItem(1.95)
>>> reg.addItem(0.95)
>>> reg.addItem(2.50)
>>> print(reg.getCount())
3
>>> print(reg.getTotal())
5.4
>>>
```

交互式测试快速方便，但也有缺点。当我们发现并修复错误时，需要再次键入测试数据。

当类比较复杂时，应该编写测试程序。测试程序是一个驱动模块，它导入类并包含运行类方法的语句。测试程序通常执行以下步骤：

1. 构造正在测试的类的一个或者多个对象。

2. 调用一个或者多个方法。

3. 打印出一个或者多个结果。

4. 打印预期结果。

下面是一个运行 CashRegister 类方法的程序。它构造了一个 CashRegister 类的对象，调用 addItem 方法 3 次，并显示 getCount 和 getTotal 方法的结果。

sec07/registertester.py

```
1  ##
2  # 本程序测试 CashRegister 类
3  #
4
5  from cashregister import CashRegister
6
7  register1 = CashRegister()
8  register1.addItem(1.95)
9  register1.addItem(0.95)
10 register1.addItem(2.50)
11 print(register1.getCount())
12 print("Expected: 3")
13 print("%.2f" % register1.getTotal())
14 print("Expected: 5.40")
```

程序运行结果如下：

```
3
Expected: 3
5.40
Expected: 5.40
```

在示例程序中，我们添加了 3 个商品，总金额为 5.40 美元。在显示方法结果时，我们还显示了已描述的消息，这是我们期望的结果值。

这是非常重要的一步。在运行测试程序之前，需要花一些时间考虑预期的结果。这个思考过程将帮助我们理解程序应该如何运行，并帮助我们在早期阶段跟踪错误。

需要将正在测试的类（这里是 CashRegister 类）导入驱动模块。

```
from cashregister import CashRegister
```

运行程序的具体细节取决于开发环境，但在大多数环境中，两个模块必须位于同一目录中。

操作指南 9.1　实现一个类

十分常见的任务是实现一个类，该类的对象可以执行一组指定的操作。本操作指南引导我们完成必要的步骤。

例如，考虑一个 Menu 类。此类的对象可以显示如下菜单：

1）Open new account（开立新账户）

2）Log into existing account（登录现有账户）

3）Help（帮助）

4）Quit（退出）

然后菜单等待用户输入一个值。如果用户未提供有效值，则重新显示菜单，用户可以重试。

➡️ **步骤 1** 列出对象的非正式任务表。

请注意，本示例将任务限制为问题中实际需要的功能。对于现实世界中的项目（例如收银机或者银行账户），可能有许多功能需要实现。但我们的工作不是忠实地模拟现实世界，只需要确定那些解决具体问题的任务。

在本示例中，我们只需要以下功能：

显示菜单
获取用户输入

现在确认不属于问题描述的其他任务。如何创建对象？必须完成哪些日常行为，例如在每笔销售开始前使收银机清零？

在菜单示例中，考虑如何生成菜单。程序员创建一个空的菜单对象，然后添加"Open new account"（开立新账户）、"Help"（帮助）等选项。这是另一项任务：

添加一个菜单选项

➡️ **步骤 2** 指定公共接口。

将步骤 1 中的列表转换为一组具有特定参数变量和返回值的方法。许多程序员发现，如果写出应用于示例对象的方法调用，则此步骤会更简单，例如：

```
mainMenu = Menu()
mainMenu.addOption("Open new account")
# 添加更多菜单选项
input = mainMenu.getInput()
```

现在，我们有以下具体的方法列表：

- addOption(option)
- getInput()

如何显示菜单？在不要求用户输入的情况下显示菜单是没有意义的。但是，如果用户提供了错误的输入，`getInput` 可能需要多次显示菜单。因此，建议将 `display` 定义为辅助方法。在我们的示例中，显示的内容非常简单，因此不需要辅助函数。

为了完成公共接口，需要指定构造函数。思考一下，为了构造类的对象，我们都需要什么信息。如果需要用户提供值，则构造函数必须指定一个或者多个参数变量。

在菜单示例中，我们可以使用不需要参数的构造函数。

公共接口如下所示：

```
class Menu :
    def __init__(self) :
        . . .
    def addOption(self, option) :
        . . .
    def getInput(self) :
        . . .
```

➡️ **步骤 3** 编写公共接口的文档注释。

提供类的文档注释，然后对每个方法进行注释。

```
## 显示在终端窗口中的菜单
#
class Menu :
```

```
## 构造一个没有选项的菜单
#
def __init__(self) :

## 添加一个选项到菜单末尾
# @param option 需要添加的菜单选项
#
def addOption(self, option) :

## 显示菜单，各选项从 1 开始编号
# 提示用户输入选项。重复提示用户输入直到输入正确值为止
# @return 用户提供的值
#
def getInput(self) :
```

➡ **步骤 4**　确定实例变量。

思考一下，对象需要存储什么信息来完成它的工作。对象应该能够使用其实例变量和方法参数来处理每个方法。

仔细研究每种方法，从简单的方法或者有趣的方法开始，然后问问自己，为了执行方法的任务。对象需要什么内容。除了方法参数外，还需要哪些数据项？为这些数据项创建实例变量。

在我们的示例中，先从 addOption 方法开始。很显然需要存储已添加的菜单选项，以便在以后作为菜单的一部分。应该如何存储菜单选项？是以一个字符串列表形式存储？还是以一个长字符串形式存储？两种方法都可以。我们选择使用一个列表。编程题 P9.3 要求读者实现另一种方法，即使用一个长字符串来存储菜单选项。

现在考虑 getInput 方法，该方法显示存储的选项并读取一个整数。当检查输入是否有效时，需要知道菜单项的数量。因为我们将菜单项存储在一个列表中，所以菜单项的数量就是列表的大小。如果将菜单项存储在一个长字符串中，则可能需要保留另一个实例变量来存储菜单选项的计数值。

➡ **步骤 5**　实现构造函数。

实现类的构造函数，定义并初始化实例变量。在这种情况下，_options 被设置为空列表。

```
def __init__(self) :
    self._options = []
```

➡ **步骤 6**　实现方法。

在类中依次实现各方法，从最简单的方法开始。例如，下面是 addOption 方法的实现：

```
def addOption(self, option) :
    self._options.append(option)
```

接着是 getInput 方法的实现，该方法要稍微复杂一些。程序执行循环直到获得有效输入，在读取输入之前显示菜单选项。

```
def getInput(self) :
    done = False
    while not done :
        for i in range(len(self._options)) :
            print("%d %s" % (i + 1, self._options[i]))
```

```
userChoice = int(input())
if userChoice >= 1 and userChoice < len(self._options) :
    done = True

return userChoice
```

如果发现某些方法的实现有问题，可能需要重新考虑实例变量的选择。初学者通常从一组无法准确描述对象状态的实例变量开始。不要犹豫，我们可以及时返回并重新考虑实施策略。

➡ **步骤 7** 测试类。

编写并执行一个简短的测试程序。测试程序应该调用在步骤 2 中设计的方法。

how_to_1/menutester.py

```
 1  ##
 2  # 本程序测试 Menu 类
 3  #
 4
 5  from menu import Menu
 6
 7  mainMenu = Menu()
 8  mainMenu.addOption("Open new account")
 9  mainMenu.addOption("Log into existing account")
10  mainMenu.addOption("Help")
11  mainMenu.addOption("Quit")
12  choice = mainMenu.getInput()
13  print("Input:", choice)
```

程序运行结果如下：

```
1) Open new account
2) Log into existing account
3) Help
4) Quit
5
1) Open new account
2) Log into existing account
3) Help
4) Quit
1
Input: 1
```

完整的 Menu 类如下所示。

how_to_1/menu.py

```
 1  ##
 2  # 本模块定义 Menu 类
 3  #
 4
 5  ## 显示在终端窗口中的菜单
 6  #
 7  class Menu :
 8      ## 构造一个没有选项的菜单
 9      #
10      def __init__(self) :
11          self._options = []
12
13      ## 添加一个选项到菜单末尾
```

```
14      #   @param option 需要添加的菜单选项
15      #
16      def addOption(self, option) :
17        self._options.append(option)
18
19      ## 显示菜单，各选项从 1 开始编号
20      #   提示用户输入选择。重复直到输入一个正确值为止
21      #   @return 用户提供的值
22      #
23      def getInput(self) :
24        done = False
25        while not done :
26          for i in range(len(self._options)) :
27            print("%d %s" % (i + 1, self._options[i]))
28
29          userChoice = int(input())
30          if userChoice >= 1 and userChoice < len(self._options) :
31            done = True
32
33        return userChoice
```

实训案例 9.1　创建一个银行账户类

问题描述　我们的任务是编写一个模拟银行账户的类。客户可以存入和取出资金。如果没有足够的资金以供支取，将收取 10 美元的透支费用。到月底时，将利息加到账户上。利率每个月都会有变化。

➡ **步骤 1**　列出对象的非正式任务表。

在问题描述中提出以下任务：

资金存款操作
资金取款操作
计算并累加利息

还存在一个隐藏的任务，即我们需要查询银行账户的余额。

查询账户余额

➡ **步骤 2**　指定公共接口。

我们需要提供参数变量并确定哪些方法是访问器方法和更改器方法。

为了存款或者取款，需要知道存款或者取款的金额。

```
def deposit(self, amount) :
def withdraw(self, amount) :
```

为了计算利息，必须知道具体的利率。

```
def addInterest(self, rate) :
```

很显然，这些方法都是更改器方法，因为这些方法都将修改账户余额。

最后，我们定义一个访问器方法：

```
def getBalance(self) :
```

因为该方法查询但不修改账户余额。

现在我们讨论构造函数。构造函数应接收最初的账户余额。但是，使用默认参数允许初始余额为 0（请参阅"专题讨论 9.1"）。

完整的公共接口定义如下所示：

- 构造函数

```
def __init__(self, initialBalance = 0.0) :
```

- 更改器方法

```
def deposit(self, amount) :
def withdraw(self, amount) :
def addInterest(self, rate) :
```

- 访问器方法

```
def getBalance(self) :
```

➡ **步骤 3** 编写公共接口的文档注释。

```
## 一个银行账户，包含可以通过存款或者取款操作修改的账户余额
#
class BankAccount :
    ## 基于给定余额，构造一个银行账户对象
    #  @param initialBalance 初始账户余额（默认值 =0.0）
    #
    def __init__(self, initialBalance = 0.0) :

    ## 把钱存入该银行账户
    #  @param amount 需要存款的金额
    #
    def deposit(self, amount) :

    ## 从银行账户取款
    #  如果余额不足，则收取透支费用
    #  @param amount 取款的金额
    #
    def withdraw(self, amount) :

    ## 计算银行账户的利率
    #  @param rate 按百分比的利率
    #
    def addInterest(self, rate) :

    ## 获取该银行账户的当前余额
    #  @return 当前余额
    #
    def getBalance(self) :
```

➡ **步骤 4** 确定实例变量。

很显然，我们需要存储银行账户余额。

```
self._balance = initialBalance
```

请问是否需要存储银行利率？由于利率每个月都有变化，因此不需要存储，而是作为 addInterest 的参数来提供。是否需要存储透支费用？问题描述指出透支费用是固定的 10 美元，所以我们不需要存储它。如果透支费用随着时间的推移而发生变化，就像大多数真实的银行账户一样，则需要将其存储在某个地方（可能存储在 Bank 对象中），但我们的工作不是模拟真实世界的方方面面。

➡️ **步骤5** 实现构造函数和其他方法。

让我们先实现简单的函数。

```python
def getBalance(self) :
    return self._balance
```

deposit 方法则更有趣一些。

```python
def deposit(self, amount) :
    self._balance = self._balance + amount
```

如果账户余额不足，则取款要收取一笔透支费用。

```python
def withdraw(self, amount) :
    PENALTY = 10.0
    if amount > self._balance :
        self._balance = self._balance - PENALTY
    else :
        self._balance = self._balance - amount
```

最后，`addInterest` 方法的实现如下所示。先计算利息，然后将其加到余额中。

```python
def addInterest(self, rate) :
    amount = self._balance * rate / 100.0
    self._balance = self._balance + amount
```

同样，构造函数非常简单。

```python
def __init__(self, initialBalance = 0.0) :
    self._balance = initialBalance
```

至此，我们完成了所有方法的实现。

➡️ **步骤6** 测试类。

下面是一个简单的测试程序，调用执行所有的方法。

```python
from bankaccount import BankAccount

harrysAccount = BankAccount(1000.0)
harrysAccount.deposit(500.0)      # 目前账户余额为 1500 美元
harrysAccount.withdraw(2000.0)    # 目前账户余额为 1490 美元
harrysAccount.addInterest(1.0)    # 目前账户余额为 1490 美元 +14.90 美元
print("%.2f" % harrysAccount.getBalance())
print("Expected: 1504.90")
```

程序运行结果如下：

```
1504.90
Expected: 1504.90
```

示例代码： 完整的类请参见本书配套代码中的 worked_example_1/bankaccount.py。

9.8 问题求解：跟踪对象

我们已经讨论了手工跟踪技术对于理解程序的工作原理至关重要。当程序包含对象时，可以使用跟踪技术，以便更好地理解对象数据和封装。

为每个对象使用索引卡或者便条。在卡片的正面，编写对象可以执行的方法。在卡片的背面，为实例变量的值创建一个表。

`CashRegister` 对象的跟踪卡如下所示：

从某种程度上，这给我们一种封装的感觉。对象通过其公共接口（在卡片的正面）进行操作，实例变量隐藏在后面。（这里，我们不在变量名中添加下划线。这是 Python 中的一个实现细节。）

当构造好一个对象后，填写实例变量的初始值。

每当执行一个更改器方法后，划掉旧值并在下面写入新值。下面是调用 addItem 方法后发生的情况。

如果程序中有多个对象，则将有多张卡片，每个对象一张卡片。

这些图表在设计类时也很有用。假设我们需要改进 CashRegister 类以便能计算销售税。在卡片的正面添加 getSalesTax 方法，然后把卡片翻过来，检查一下实例变量，问问自己该对象是否有足够的信息来计算答案。记住，每个对象都是一个自治单元。任何可以在计算中使用的数据值都必须是：

- 一个实例变量
- 一个方法参数

为了计算销售税，我们需要知道税率和纳税项目的总金额。(在许多州，食品不征收销售税。)我们没有这方面的信息，为税率和应纳税总额引入额外的实例变量。可以在构造函数中设置税率(假设在该对象的生命周期内税率保持不变)。添加某项商品时，我们需要被告知该商品是否应该纳税。如果需要纳税的话，把该商品的价格加在应纳税总额上。

例如，考虑以下语句。

```
register2 = CashRegister(7.5)    # 7.5% 的销售税
register2.addItem(3.95, False)   # 不纳税
register2.addItem(19.95, True)   # 纳税
```

把上述内容记录在卡片上后，其结果如下所示。

itemCount	totalPrice	taxableTotal	taxRate
0	0	0	7.5
1	3.95		
2	23.90	19.95	

有了这些信息，计算税款就非常简单了。计算公式为：应纳税总额 × 税率/100。跟踪对象有助于我们理解对其他实例变量的需求。下面提供了一个计算纳税额的增强版 CashRegister 类。

sec08/cashregister2.py

```
 1  ##
 2  # 本模块定义一个增强版款 CashRegister 类
 3  #
 4
 5  ## 一个模拟收银机，跟踪商品数量和应收总金额
 6  #
 7  class CashRegister :
 8     ## 构造一个收银机对象，清空商品数量和总金额
 9     #  @param taxRate 该收银机对象的销售税率
10     #
11     def __init__(self, taxRate) :
12        self._itemCount = 0
13        self._totalPrice = 0.0
14        self._taxableTotal = 0.0
15        self._taxRate = taxRate
16
17     ## 添加一个商品到收银机
18     #  @param price 商品的金额
19     #  @param taxable 如果应纳税，则为 True
20     #
21     def addItem(self, price, taxable) :
22        self._itemCount = self._itemCount + 1
23        self._totalPrice = self._totalPrice + price
24        if taxable :
25           self._taxableTotal = self._taxableTotal + price
26
27     ## 获取当前销售的所有商品的总金额
28     #  @return
```

```
29      #
30      def getTotal(self) :
31          return self._totalPrice + self._taxableTotal * self._taxRate / 100
32
33      ## 获取当前销售的商品数量
34      #  @return 商品数量
35      #
36      def getCount(self) :
37          return self._itemCount
38
39      ## 清除商品计数和总金额
40      #
41      def clear(self) :
42          self._itemCount = 0
43          self._totalPrice = 0.0
44          self._taxableTotal = 0.0
```

sec08/registertester2.py

```
 1  ##
 2  # 本程序测试增强版 CashRegister 类
 3  #
 4
 5  from cashregister2 import CashRegister
 6
 7  register1 = CashRegister(7.5)
 8  register1.addItem(3.95, False)
 9  register1.addItem(19.95, True)
10  print(register1.getCount())
11  print("Expected: 2")
12  print("%.2f" % register1.getTotal())
13  print("Expected: 25.40")
```

9.9 问题求解：对象数据的模式

当设计类时，首先要考虑使用该类的程序员的需求。我们需要为类的用户提供他们在操作对象时将调用的方法。当实现类时，需要为类提供实例变量。具体的实现方法往往并不明确。幸运的是，在设计自己的类时，可以采用若干种可重复的模式。在以下的内容中，我们将讨论这些模式。

9.9.1 使用总计

在调用某些方法时，许多类需要跟踪可以增加或者减少的数量。例如：
* 银行账户的余额因存款而增加，因取款而减少。
* 收银机的总金额在添加销售商品时增加，在销售结束后清零。
* 汽车油箱中有汽油，当添加燃油时，汽油会增加，当汽车行驶时，汽油会减少。

在所有这些情况下，实施的策略都相似。使用一个表示当前总计的实例变量，例如，对于收银机，定义了 _totalPrice 实例变量。

找到影响总计的方法。通常有一种方法可以将其增加给定的数量。

```
def addItem(self, price) :
    self._totalPrice = self._totalPrice + price
```

根据类的性质，可能存在一个减少或者清除总计的方法。对于收银机类，存在一个 clear 方法。

```
def clear(self) :
    self._totalPrice = 0.0
```

通常，还存在一种可以获取当前总计的方法。实现过程很简单。

```
def getTotal(self) :
    return self._totalPrice
```

所有管理总计的类都遵循相同的基本模式。找出影响总计的方法，并提供适当的代码来增加或者减少总计。找到报表或者使用总计的方法，并让这些方法读取当前总计。

9.9.2　统计事件

我们常常需要统计某些事件在一个对象生命周期中发生的频率。例如：
- 在收银机对象中，我们想知道一笔销售中添加了多少商品。
- 在银行账户对象中，会对每笔交易收取费用，我们需要对交易次数进行统计。

使用一个计数器，例如 _itemCount。

在需要计数的对应事件方法中递增计数器。

```
def addItem(self, price) :
    self._totalPrice = self._totalPrice + price
    self._itemCount = self._itemCount + 1
```

我们还有可能需要对计数器清零，例如在一笔销售结束时或者账期结算时。

```
def clear(self) :
    self._totalPrice = 0.0
    self._itemCount = 0
```

可能还需要（也可能不需要）向类的用户报告计数的方法。计数可能仅用于计算费用或者平均值。找出类中哪些方法使用了计数，并读取这些方法中的当前值。

9.9.3　收集值

有些对象会收集数字、字符串或者其他对象。例如，每道选择题都有多个选项；收银机可能需要存储当前销售商品的所有价格。

使用列表可以存储多个值。在构造函数中，定义实例变量并将其初始化为空容器：

```
def __init__(self) :
    self._choices = []    # 一个空的列表
```

我们需要提供一些添加值的机制。提供将值附加到集合的方法十分常见，例如：

```
def addChoice(self, choice) :
    self._choices.append(choice)
```

选择题对象的用户可以多次调用此方法来添加各种选项。

9.9.4　管理对象的属性

属性是对象的值，使用该对象的用户可以设置和检索该值。例如，Student 对象可以有姓名和 ID 属性。

我们可以提供一个实例变量来存储属性的值，并编写方法来获取和设置属性的值。

```
class Student :
    def __init__(self) :
        self._name = ""

    def getName(self) :
        return self._name

    def setName(self, newName) :
        self._name = newName
```

通常会在设置方法中添加错误检查的代码。例如，我们可能需要拒绝空姓名。

```
def setName(self, newName) :
    if len(newName) > 0 :
        self._name = newName
```

某些属性在构造函数中被设置后，就不应再更改。例如，学生的 ID 可能是固定的（与学生的姓名不同，学生的姓名可能会改变）。在这种情况下，不要提供设置方法。

```
class Student :
    def __init__(self, anId) :
        self._id = anId

    def getId(self) :
        return self._id

    # 无 setId 方法
    . . .
```

9.9.5 使用不同的状态建模对象

有些对象的行为因过去发生的事情而不同。例如，一个 fish 对象可能在饥饿时寻找食物，而在进餐后则忽略食物。这样的对象需要记住它最近是否吃过东西。

提供一个对状态进行建模的实例变量，以及状态值的一些常量。

```
class Fish :
    # 常量状态值
    NOT_HUNGRY = 0
    SOMEWHAT_HUNGRY = 1
    VERY_HUNGRY = 2

    def __init__(self) :
        self._hungry = Fish.NOT_HUNGRY
    . . .
```

确定哪些方法更改状态。在这个例子中，刚进餐后的鱼不会饿。但随着鱼的游动，它会越来越饿。

```
def eat(self) :
    self._hungry = Fish.NOT_HUNGRY
    . . .

def move(self) :
    . . .
    if self._hungry < Fish.VERY_HUNGRY :
        self._hungry = self._hungry + 1
```

最后，确定状态是否会影响行为。一条非常饿的鱼会想先去找寻食物。

```
def move(self) :
    if self._hungry == Fish.VERY_HUNGRY :
        寻找食物
    . . .
```

9.9.6　描述对象的位置

有些对象在它们的生命周期中会移动,同时会记住其当前的位置。例如:

- 列车沿着轨道行驶,并保持与终点站的距离。
- 生活在网格上的模拟虫从一个网格位置爬行到下一个网格位置,或者向左或者向右旋转 $90°$ 。
- 炮弹被发射到空中,在重力的作用下开始下降。

需要存储这些对象的位置。根据这些对象的运动性质,可能还需要存储其方向或者速度。

如果对象沿直线移动,则可以将位置表示为距固定点的距离。

```
self._distanceFromTerminus = 0.0
```

如果对象在网格中移动,则记住其在网格中的当前位置和方向。

```
self._row = 0
self._column = 0
self._direction = "N"
```

当我们对一个物理对象(比如炮弹)建模时,需要同时跟踪该对象的位置和速度,这可能是在二维或者三维空间。在这里,我们模拟了一个炮弹,它是垂直向上向空中发射的,所以我们只需要跟踪炮弹的高度,而不是炮弹的 x 或者 y 位置。(请务必不要在家里尝试发射炮弹。)

```
self._zPosition = 0.0
self._zVelocity = 0.0
```

存在更新位置的方法。在最简单的情况下,我们可以通过对象移动的距离来实现。

```
def move(self, distanceMoved) :
    self._distanceFromTerminus = self._distanceFromTerminus + distanceMoved
```

如果移动发生在网格中,则需要根据当前方向更新行或者列。

```
def moveOneUnit(self) :
    if self._direction == "N" :
        self._row = self._row - 1

    elif self._direction == "E" :
        self._column = self._column + 1
    . . .
```

编程题 P9.28 演示了如何用已知速度更新一个物理对象的位置。

记住,当存在一个移动的对象时,程序会以某种方式模拟实际的运动。找出模拟的规则(例如沿直线或者在具有整数坐标的网格中移动),这些规则决定了如何表示当前的位置。然后定位移动对象的方法,并根据模拟的规则更新位置。

9.10　对象引用

在 Python 中,变量实际上并不包含对象,它只保存对象的内存位置。对象本身存储在其他地方（参见图 5）。

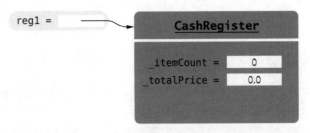

图 5 一个包含对象引用的对象变量

我们使用技术术语**对象引用**（object reference）来表示对象的内存位置。当变量包含对象的内存位置时，我们说变量引用了一个对象。例如，执行以下语句之后：

```
reg1 = CashRegister()
```

变量 reg1 引用了被构造的 CashRegister 对象。从技术上讲，构造函数返回对新对象的引用，该引用存储在 reg1 变量中。

9.10.1 共享引用

两个（或者多个）变量可以存储对同一对象的引用，例如，如下语句将一个变量赋值给另一个变量的语句：

```
reg2 = reg1
```

现在可以使用 reg1 和 reg2 访问相同的 CashRegister 对象，如图 6 所示。

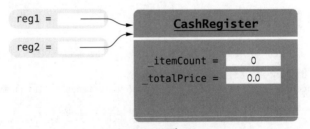

图 6 两个对象变量引用同一个对象

当复制对象引用时，原始对象引用和副本对象引用都是对同一对象的引用（参见图 7）。

```
reg1 = CashRegister()   ❶
reg2 = reg1   ❷
reg2.addItem(2.95)   ❸
```

因为在步骤 ❷ 之后，reg1 和 reg2 引用同一个收银机对象，所以这两个变量现在都引用商品计数为 1、总金额为 2.95 的收银机对象。引用同一对象的两个变量称为别名（aliases）。

我们可以使用 is（或者其反操作 is not）运算符测试两个变量是否互为别名。

```
if reg1 is reg2 :
    print("The variables are aliases.")

if reg1 is not reg2 :
    print("The variables refer to different objects.")
```

　　is 和 is not 运算符并不检查对象中包含的数据是否相等，而是检查两个变量是否引用了同一对象。包含相同数据的对象可能被同一变量引用，也可能没有被同一变量引用。

　　例如，如果我们创建第三个收银机对象并在其中添加一个商品：

```
reg3 = CashRegister()
reg3.addItem(2.95)
```

则 reg3 对象的数据和 reg1 对象的数据相同，但它们不是别名，因为它们引用不同的对象。

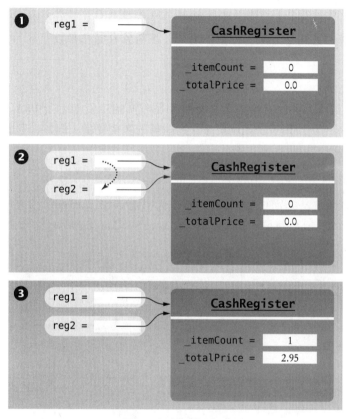

图 7　复制对象引用

9.10.2　None 引用

　　如果对象引用不引用任何对象，则它具有特殊值 None。通常使用 None 值表示从未设置过值。例如：

```
middleInitial = None    # 无中间名的缩写
```

　　使用 is 运算符（而不是 ==）测试对象引用是否为 None。

```
if middleInitial is None :
   print(firstName, lastName)
else :
   print(firstName, middleInitial + ".", lastName)
```

请注意，None 引用与空字符串 "" 不同。空字符串是长度为 0 的有效字符串，而 None 表示变量完全不引用任何东西。

对 None 引用调用方法是错误的。例如：

```
reg = None
print(reg.getTotal())    # 错误，不能对 None 引用调用方法
```

在运行时，上述代码会导致 AttributeError。

```
AttributeError:  'NoneType' object has no attribute 'getTotal'.
```

9.10.3　self 引用

每个方法都有对调用该方法的对象的引用，该对象存储在参数变量 self 中。例如，考虑以下方法调用：

```
reg1.addItem(2.95) ：
```

当调用该方法时，参数变量 self 引用与 reg1 引用相同的对象（参见图 8）。

如上所述，self 引用用于访问调用方法的对象的实例变量。例如，考虑方法：

```
def addItem(self, price) :
    self._itemCount = self._itemCount + 1
    self._totalPrice = self._totalPrice + price
```

在调用 reg1.addItem(2.95) 时，self 被初始化为引用 reg1，price 被初始化为 2.95。因此，self._itemCount 和 self._totalPrice 与 reg1._itemCount 和 reg1._totalPrice 相同。

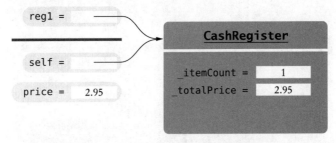

图 8　一个方法调用的 self 参数变量

我们还可以调用 self 上的方法。例如，可以将构造函数实现为：

```
def __init__(self) :
    self.clear()
```

在这个构造函数中，self 是对正在构造的对象的引用，在该对象上调用 clear 方法。

有时会把 self 传递给另一个方法。例如，假设我们有一个 Person 类，该类具有一个方法 likes(self, other)，该方法检查一个人是否喜欢另一个人（这些人可能来自社交网络）。然后可以定义一个方法：

```
def isFriend(self, other) :
    return self.likes(other) and other.likes(self)
```

注意，在上述方法调用中，请读者仔细观察 self 是如何传递给 likes 方法的。

9.10.4　对象的生命周期

使用构造函数构造对象时，将创建该对象，并将构造函数的变量 self 设置为对象的内存位置。最初，对象不包含实例变量。当构造函数执行如下语句时：

```
self._itemCount = 0
```

实例变量被添加到对象中。当退出构造函数时，返回对该对象的引用，该引用通常保存在一个变量中。

```
reg1 = CashRegister()
```

只要存在对该对象的引用，该对象及其所有实例变量都将保持活动状态。当不再引用一个对象时，它最终会被虚拟机中名为"垃圾收集器"的程序删除。

计算机与社会 9.1　电子投票

在 2000 年的美国总统选举中，选票是由各种机器统计的。一些机器处理硬纸板选票，选民在上面打洞表示他们的选择。有时选民们不小心，使那些现在臭名昭著的"纸屑"——纸片的残余部分卡在打孔卡上，导致选票被错误计算。人工重新计票是必要的，但由于时间限制和过程上的繁杂，没有任何地方会这么做。选举结果非常接近，许多人仍然怀疑，如果投票机计算准确，选举结果可能会有所不同。

随后，投票机制造商辩称，电子投票机将避免穿孔卡片或者光学扫描表格造成的问题。在电子投票机中，选民通过按下按钮或者触摸计算机屏幕上的图标来表示他们的选择。通常，在投票前，每个选民都会看到屏幕上有一个摘要以供审查。这个过程与使用银行的自动取款机非常相似。

这些机器似乎使投票更有可能按照选民的意愿来计票。然而，围绕某些类型的电子投票机，存在着重大争议。如果一台机器只是在选举结束后记录选票并报告总数，那么我们怎么知道机器工作正常呢？机器内部是一台执行程序的计算机，根据我们的经验，程序可能会出错。

事实上，一些电子投票机确实存在漏洞。人们也越来越担心这些机器会受到远程攻击。当一台机器报告的选票数量远远多于或者远远少于选民人数时，很明显投票机出现了故障。不幸的是，我们无法查找出实际的选票。更隐晦的是，如果结果看起来可信，则没有人会去调查。

许多计算机科学家就这一问题发表了意见并证实，以当今的技术，不可能断定软件是毫无错误的，且结果没有被窜改过。他们中的许多人建议电子投票机应该使用可由选民验证的审计跟踪。（一个很好的信息来源是 http://verifiedvoting.org。）通常情况下，voterverifiable 机器会打印出选票。选民们都有机会查看打印出来的选票，然后将其存放在老式的投票箱中。如果电子设备出了问题，可以手动扫描或者人工统计打印出来的选票。

有些州要求随机抽查手工审计，其中一小部分选票是手工统计的，并与电子结果进行比较。当然，这一过程是安全专家推荐的最佳做法，只有存在纸质选票的情况下才有意义。在互联网上举行的选举存在很多安全问题，因此大多数专家强烈建议不要这样做。

请问你是怎么认为的呢？读者可能会使用自动银行的出纳机从银行账户中取钱。请问你查看过那台机器打印出来的文件记录了吗？你检查过银行对账单了吗？即使你不这样做，你是否相信其他人会重复检查他们的余额？这样银行就不会逃避越来越普遍的欺骗行为。

银行设备的完整性是否比投票机更重要，或者相对没那么重要？难道不是每个投票过程都有错误和欺诈的空间吗？设备、纸张和员工时间的额外成本是否合理，以应对潜在的轻微故障和欺诈风险？计算机科学家无法回答这些问题，一个知情的社会必须执行这些决策。但是，和所有专业人士一样，他们有义务就计算机设备的能力和局限性发表意见并提供准确的证词。

9.11　应用案例：实现一个 Fraction 类

在本书中，我们一直在研究浮点数。但计算机存储的是二进制值，所以并非所有实数都能被精确表示。在对实数精度要求比较高的应用程序中，我们可以使用有理数（rational number）来存储精确值。这有助于减少或者消除执行算术运算时可能出现的舍入错误。

有理数是一个可以表示为两个整数之比的数，例如 7/8，其中上面的值称为分子（numerator），下面的值称为分母（denominator），分母不能为 0。在本节中，我们将介绍对有理数建模的 Fraction（分数）类的设计和实现。

9.11.1　Fraction 类的设计

正如我们在 9.3 节中讨论的，设计类的第一步是指定公共接口。像使用整数和浮点数一样使用有理数。因此，我们的 Fraction 类必须能执行以下操作：

- 创建一个有理数。
- 分别访问分子和分母。
- 确定有理数是负数还是零。
- 对两个有理数执行常规的数学运算（加、减、乘、除、指数）。
- 逻辑上比较两个有理数。
- 生成有理数的字符串表示。

Fraction 类的对象将是不可变的，因为没有任何操作能修改对象的实例变量。这类似于 Python 使用的不可变的 int 和 float 数据类型。

在指定操作之后，我们需要确定 Fraction 对象应该存储哪些数据。因为有理数由两个整数组成，所以我们需要两个实例变量来存储这些值。

```
self._numerator = 0
self._denominator = 1
```

任何时候都不应该将有理数转换为浮点数，否则我们将失去使用有理数所获得的精度。所有操作都可以使用具有整数值的分子和分母来执行。

一个等于 0 的有理数可以有许多不同的分数表示形式，即任何分子为 0、分母为非 0 的有理数。为了简化 Fraction 类中的一些运算，我们将把分子设置为 0，将分母设置为 1 表示零值。

负有理数和正有理数各有两种形式，可以用于指定相应的值。正值可以表示为 1/2 或者 -1/-2，负值可以表示为 -2/5 或者 2/-5。当执行算术运算或者逻辑比较两个有理数时，采用单一的方法表示负值会更加方便。为了简单起见，当有理数为负时，我们选择只将分子设为负值，当有理数为正时，分子和分母都是正整数。

最后，一个有理数可以用许多不同的形式来表达。例如，1/4 可以写成 1/4、2/8、16/64 或者 123/492。在逻辑上比较两个有理数或者生成一个有理数的字符串表示时，如果该数以简化形式存储，则执行该操作会容易得多。

9.11.2　构造函数

为了实现 Fraction 类，我们将从构造函数开始。因为分数对象是不可变的，所以在创建时必须设置分数对象的值，这就需要分子和分母两个参数变量。

```
def __init__(self, numerator, denominator) :
```

假设类的用户将向构造函数传递整数参数。如果传递的分母为 0，怎么办呢？记住，有理数的分母不能为 0。为了防止这种情况发生，我们可以检查该参数值，并在必要时引发 ZeroDivisionError 错误。

在验证分母不是 0 之后，我们需要检查有理数是 0 还是负数。如果有理数为 0，则必须将其分子存储为 0、分母为 1。

负有理数将分子设置为负整数。对于一个非 0 有理数，它必须以尽可能简化的形式存储。为了化简有理数，必须找到分子和分母的最大公约数。

为了计算最大公约数，我们使用欧几里得在公元前 300 年左右发表的一个算法。给定两个大于 0 的正整数 a 和 b，用较小的数去除较大数以获得一个余数，然后用较小的数和余数重复上述过程，直到其中一个数为 0，另一个数就是 a 和 b 的最大公约数。

Fraction 类构造函数的实现如下所示：

```
class Fraction :
    ## 构造一个有理数，初始化为 0 或者用户指定的值
    # @param numerator 分数的分子（默认为 0）
    # @param denominator 分数的分母（不能为 0）
    #
    def __init__(self, numerator = 0, denominator = 1) :
        # 分母不能为 0
        if denominator == 0 :
            raise ZeroDivisionError("Denominator cannot be zero.")

        # 如果有理数为 0，则设置分母为 1
        if numerator == 0 :
            self._numerator = 0
            self._denominator = 1

        # 否则，存储有理数的化简形式
        else :
            # 确定符号
            if (numerator < 0 and denominator >= 0 or
                numerator >= 0 and denominator < 0) :
                sign = -1
            else :
                sign = 1

            # 化简为最简形式
            a = abs(numerator)
            b = abs(denominator)
            while a % b != 0 :
                tempA = a
                tempB = b
                a = tempB
                b = tempA % tempB

            self._numerator = abs(numerator) // b * sign
            self._denominator = abs(denominator) // b
```

为了演示 Fraction 类的用法，以下代码片段创建了几个具有不同分子和分母的 Fraction 对象。

```
frac1 = Fraction(1, 8)    # 存储为 1/8
frac2 = Fraction(-2, -4)  # 存储为 1/2
frac3 = Fraction(-2, 4)   # 存储为 −1/2
frac4 = Fraction(3, -7)   # 存储为 −3/7
frac5 = Fraction(0, 15)   # 存储为 0/1
frac6 = Fraction(8, 0)    # 错误! 引发异常
```

9.11.3 特殊方法

在 Python 语言中，当标准 Python 运算符（例如 +、*、=、<）应用于类的实例时，我们可以定义和实现自动调用的方法。相比于按名称调用的方法，这种方法可以更自然地使用对象。例如，为了测试两个分数是否相等，我们可以实现一个 isequal 方法，并按如下方式使用该方法：

```
if frac1.isequal(frac2) :
    print("The fractions are equal.")
```

当然，我们更希望使用运算符 ==。这是通过定义特殊方法 __eq__ 来实现的。

```
def __eq__(self, rhsValue) :  # rhs = right-hand side
    return (self._numerator == rhsValue._numerator and
            self._denominator == rhsValue._denominator)
```

当我们使用 == 运算符比较两个 Fraction 对象时，将自动调用此方法。

```
if frac1 == frac2 :  # 调用  frac1.__eq__(frac2)
    print("The fractions are equal.")
```

表 1 所示为常用的特殊方法。

表 1 常用的特殊方法

表达式	方法名	返回值	描述
$x + y$	__add__(self, y)	对象	加法运算
$x - y$	__sub__(self, y)	对象	减法运算
$x * y$	__mul__(self, y)	对象	乘法运算
x / y	__truediv__(self, y)	对象	除法运算
$x // y$	__floordiv__(self, y)	对象	整除运算
$x \% y$	__mod__(self, y)	对象	取余数运算
$x ** y$	__pow__(self, y)	对象	乘幂运算
$x == y$	__eq__(self, y)	布尔值	等于
$x != y$	__ne__(self, y)	布尔值	不等于
$x < y$	__lt__(self, y)	布尔值	小于
$x <= y$	__le__(self, y)	布尔值	小于或等于
$x > y$	__gt__(self, y)	布尔值	大于
$x >= y$	__ge__(self, y)	布尔值	大于或等于
$-x$	__neg__(self)	对象	一元负号
abs(x)	__abs__(self)	对象	绝对值
float(x)	__float__(self)	浮点数	转换为浮点数
int(x)	__int__(self)	整数	转换为整数

（续）

表达式	方法名	返回值	描述
str(*x*) print(*x*)	__repr__(self)	字符串	转换为可读字符串
x = *ClassName*()	__init__(self)	对象	构造函数

当类的实例传递给内置函数时，会调用一些特殊方法。例如，假设尝试使用 float 函数将分数对象转换为浮点数：

```
x = float(frac1)
```

将调用特殊方法 __float__。该方法的定义如下所示：

```
def __float__(self) :
    return self._numerator / self._denominator
```

类似地，当打印对象或者将对象转换为字符串时，Python 将自动调用对象上的特殊方法 __repr__，此方法应该生成并返回对象值有意义的字符串表示形式。对于 Fraction 类，我们可以让方法返回一个字符串，该字符串包含形式为 "#/#" 的有理数。

```
def __repr__(self) :
    return str(self._numerator) + "/" + str(self._denominator)
```

可以为所有的 Python 运算符定义特殊方法（参见表 1）。特殊方法以两个下划线开头和结尾的名称来表示。不应该直接调用特殊方法，而应该使用相应的运算符或者函数，让 Python 为我们调用该方法。

为自己创建的每个类定义操作符是很有诱惑力的，但是应该只在运算符有意义时才建议这样做。对于 Fraction 类，可以为算术运算（+、-、*、/、**）和逻辑运算（==、!=、<、<=、>、>=）定义特殊方法。在下面的内容中，我们将实现其中的一些特殊方法，并将其他特殊方法留作课后练习。

9.11.4　算术运算

可以对 Fraction 对象执行所有算术操作，结果都返回一个新的 Fraction 对象。例如，执行语句

```
newFrac = frac1 + frac2
```

frac1 应该加到 frac2 中，结果为赋值给 newFrac 变量的新 Fraction 对象。

让我们从加法运算开始，它要求我们实现特殊方法 __add__：

```
def __add__(self, rhsValue) :
```

在基本算术运算中，知道两个分数必须分母相同才能相加。如果它们的分母不同，我们仍然可以使用公式将它们相加：

$$\frac{a}{b} + \frac{c}{d} = \frac{d \cdot c + b \cdot c}{b \cdot d}$$

在 Python 代码中，使用由 self 和 rhsValue 引用的两个对象的实例变量计算分子和分母。

```
    num = (self._numerator * rhsValue._denominator +
           self._denominator * rhsValue._numerator)
    den = self._denominator * rhsValue._denominator
```

在计算好分子和分母之后，必须根据这些值创建并返回一个新的 Fraction 对象。

```
    return Fraction(num, den)
```

我们不必担心如何将加法运算得到的有理数转换为简化形式，因为在创建新对象时，构造函数会处理这个问题。

加法运算方法的完整实现如下所示：

```
## 把一个分数加上该分数
# @param rhsValue 作为右值的分数对象
# @return Fravtion 加法运算的结果作为一个新的 Fraction 对象
#
def __add__(self, rhsValue) :
    num = (self._numerator * rhsValue._denominator +
           self._denominator * rhsValue._numerator)
    den = self._denominator * rhsValue._denominator
    return Fraction(num, den)
```

两个有理数的减法运算与加法非常相似。

```
## 从该分数中减去一个分数
#  @param rhsValue 作为右值的分数对象
#  @return a new Fraction 减法运算的结果作为一个新的 Fraction 对象
#
def __sub__(self, rhsValue) :
    num = (self._numerator * rhsValue._denominator -
           self._denominator * rhsValue._numerator)
    den = self._denominator * rhsValue._denominator
    return Fraction(num, den)
```

其他算术运算的实现留作课后练习。

9.11.5 逻辑运算

在 Python 语言中，如果一个类实现了比较运算符（==、!=、<、<=、>、>=），则可以运用逻辑运算比较这个类的两个对象。在此之前，我们实现了特殊方法 __eq__ 以检验两个有理数是否相等。

接下来，让我们确定如何判断一个有理数是否小于另一个有理数。注意，当 $d \cdot a < b \cdot c$ 时，$a/b < c/d$（两边同时乘以 $b \cdot d$）。

根据这一观察结果，使用如下特殊方法 __lt__ 实现小于操作。

```
## 判断该分数是否小于另一个分数
#  @param rhsValue 作为右值的分数对象
#  @return 如果该分数小于另一个分数，则返回 True
#
def __lt__(self, rhsValue) :
    return (self._numerator * rhsValue._denominator <
            self._denominator * rhsValue._numerator)
```

从这两个逻辑关系中，我们可以进一步定义另外四个逻辑关系，因为：

- 当 $y < x$ 时，$x > y$
- 当 x 不小于 y 时，$x \geq y$

- 当 y 不小于 x 时，$x \leqslant y$
- 当 x 不等于 y 时，$x \neq y$

Fraction 类的实现如下所示。

sec11/fraction.py

```
 1  ##
 2  # 本模块定义 Fraction 类
 3  #
 4
 5  ## 定义一个不可变的有理数对象，包括常用的算术运算
 6  #
 7  class Fraction :
 8      ## 构造一个有理数，初始化为 0 或者用户指定的值
 9      #   @param numerator 分数的分子（默认为 0）
10      #   @param denominator 分数的分母（不能为 0）
11      #
12      def __init__(self, numerator = 0, denominator = 1) :
13          # 分母不能为 0
14          if denominator == 0 :
15              raise ZeroDivisionError("Denominator cannot be zero.")
16
17          # 如果有理数为 0，则设置分母为 1
18          if numerator == 0 :
19              self._numerator = 0
20              self._denominator = 1
21
22          # 否则，存储有理数的化简形式
23          else :
24              #确定符号
25              if (numerator < 0 and denominator >= 0 or
26                  numerator >= 0 and denominator < 0) :
27                  sign = -1
28              else :
29                  sign = 1
30
31              #化简为最简形式
32              a = abs(numerator)
33              b = abs(denominator)
34              while a % b != 0 :
35                  tempA = a
36                  tempB = b
37                  a = tempB
38                  b = tempA % tempB
39
40              self._numerator = abs(numerator) // b * sign
41              self._denominator = abs(denominator) // b
42
43      ## 把一个分数加上该分数
44      #   @param rhsValue 作为右值的分数对象
45      #   @return 加法运算的结果作为一个新的 Fraction 对象
46      #
47      def __add__(self, rhsValue) :
48          num = (self._numerator * rhsValue._denominator +
49                  self._denominator * rhsValue._numerator)
50          den = self._denominator * rhsValue._denominator
51          return Fraction(num, den)
52
```

```
53      ## 从该分数中减去一个分数
54      #  @param rhsValue 作为右值的分数对象
55      #  @return 减法运算的结果作为一个新的 Fraction 对象
56      #
57      def __sub__(self, rhsValue) :
58          num = (self._numerator * rhsValue._denominator -
59                  self._denominator * rhsValue._numerator)
60          den = self._denominator * rhsValue._denominator
61          return Fraction(num, den)
62
63      ## 判断该分数是否等于另一个分数
64      #  @param rhsValue 作为右值的分数对象
65      #  @return 如果两个分数相等，则返回 True
66      #
67      def __eq__(self, rhsValue) :
68          return (self._numerator == rhsValue._numerator and
69                  self._denominator == rhsValue._denominator)
70
71      ##判断该分数是否小于另一个分数
72      #  @param rhsValue 作为右值的分数对象
73      #  @return 如果该分数小于另一个分数，则返回 True
74      #
75      def __lt__(self, rhsValue) :
76          return (self._numerator * rhsValue._denominator <
77                  self._denominator * rhsValue._numerator)
78
79      ## 判断该分数是否不等于另一个分数
80      #  @param rhsValue 作为右值的分数对象
81      #  @return 如果两个分数不相等，则返回 True
82      #
83      def __ne__(self, rhsValue) :
84          return not self == rhsValue
85
86      ##判断该分数是否小于或者等于另一个分数
87      #  @param rhsValue 作为右值的分数对象
88      #  @return 如果该分数小于或者等于另一个分数，则返回 True
89      #
90      def __le__(self, rhsValue) :
91          return not rhsValue < self
92
93      ##判断该分数是否大于另一个分数
94      #  @param rhsValue 作为右值的分数对象
95      #  @return 如果该分数大于另一个分数，则返回 True
96      #
97      def __gt__(self, rhsValue) :
98          return rhsValue < self
99
100     ##判断该分数是否大于或者等于另一个分数
101     #  @param rhsValue 作为右值的分数对象
102     #  @return 如果该分数大于或者等于另一个分数，则返回 True
103     #
104     def __ge__(self, rhsValue) :
105         return not self < rhsValue
106
107     ##把一个分数对象转换为一个浮点数
108     #  @return 该分数对象的浮点数
109     #
110     def __float__(self) :
111         return self._numerator / self._denominator
112
```

```
113    ## 获取该分数对象的字符串表示
114    #    @return 返回 #/# 格式的字符串
115    #
116    def __repr__(self) :
117        return str(self._numerator) + "/" + str(self._denominator)
```

专题讨论 9.3　对象类型和对象实例

前面我们在定义函数或者方法时，假设用户将提供有正确数据类型的参数。为了确保用户提供正确数据类型的参数，Python 提供了内置的 isinstance 函数，该函数可以检查变量引用的对象类型。例如，9.11.2 节中 Fraction 类的构造函数需要两个整数。我们可以使用 isinstance 函数检查类型，并在必要时引发异常。

```
class Fraction :
    def __init__(self, numerator, denominator) :
        if (not isinstance(numerator, int) or
            not isinstance(denominator, int)) :
            raise TypeError("The numerator and denominator must be integers.")
```

如果第一个参数（numerator）引用的对象是第二个参数（int）指示的数据类型的实例，则 isinstance 函数返回 True。如果对象的类型不同，则函数返回 False。第二个参数的数据类型可以是任何内置的数据类型（int、float、str、list、dict、set）或者用户自定义类的名称。

isinstance 函数也可以用于函数或者方法中，以便允许不同的操作，这取决于参数传递的数据类型。例如，在下面的代码中，我们要向一个有理数添加一个整数。

```
frac = Fraction(2, 3)
newFrac = frac + 5
```

当使用一个运算符时，Python 会为左侧的对象调用与该操作符相关联的特殊方法。在本例中，frac 引用的 Fraction 对象将调用 __add__ 方法。运算符右侧的值或者对象作为参数来传递。我们对 __add__ 方法的实现假定右边的参数也是一个 Fraction 对象。为了允许将整数添加到有理数中，可以使用 isinstance 函数检查参数的类型，并根据类型采取适当的操作。

```
class Fraction :
    . . .
    def __add__(self, rhsValue) :
        if isinstance(rhsValue, int) :
            rhsFrac = Fraction(rhsValue, 1)
        elif isinstance(rhsValue, Fraction) :
            rhsFrac = rhsValue
        else :
            raise TypeError("Argument must be an int or Fraction object.")

        num = (self._numerator * rhsFrac._denominator +
               self._denominator * rhsFrac._numerator)
        den = self._denominator * rhsFrac._denominator
        return Fraction(num, den)
```

实训案例 9.2   图形应用：Die 类

在"实训案例 5.4"中，我们开发了一个图形程序来模拟投掷 5 个骰子。在该程序中，我们使用了自顶向下的设计，并将每个任务划分为不同的函数。程序的一部分也可以作为类实现的主要候选对象。

问题描述   对于一个可以在画布上投掷和绘制的六面骰子，我们定义并实现一个类来对这个六面骰子进行建模。这个类可以用于其他需要投掷或者绘制骰子的程序中。

类的设计   常见的骰子是一个有六面的对象，每个面（或者边）包含 1~6 个点，这个点数表示骰子的面值。当投掷骰子时，6 个面中的一个向上，这个面上的点数就是投掷骰子后的点数。

我们要设计一个类，它模拟六面骰子，当投掷骰子时，可以在画布上显示顶部那个面的图形表示。为了以这种方式使用一个 Die 的实例，并与"实训案例 5.4"中开发的 rolldice 程序中类似，类必须定义以下操作：

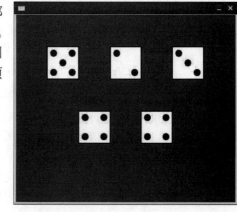

- 创建一个由用户指定位置和尺寸的骰子。
- 访问骰子的位置和尺寸。
- 投掷骰子。
- 访问骰子顶部显示的点数。
- 设置用于绘制骰子的颜色。
- 在画布上绘制骰子。

在指定操作之后，我们需要确定在 Die 对象中存储哪些数据。为了在画布上绘制骰子，需要获取骰子左上角的 x 和 y 坐标以及骰子的大小。在早期的程序中，需要 3 种颜色来绘制骰子：面的填充颜色和轮廓颜色以及点的颜色。当投掷骰子时，顶面将具有 6 个值之一。此面值（点数）必须存储为实例变量。因此我们一共需要 7 个实例变量：_x、_y、_size、_value、_fillColor、_outlineColor、_dotColor。

类的实现

我们从构造函数开始 Die 类的实现。为了提高其实用性，我们允许用户指定骰子的尺寸和骰子左上角的坐标。我们指定其默认大小为 60 像素，以匹配先前程序中使用的尺寸。默认情况下，骰子将使用白色表面、黑色边框和黑色圆点来绘制。

```
## 一个可以投掷并在画布上绘制的模拟六面骰子
#
class Die :
    ## 构建一个骰子对象
    #  @param x 骰子左上角的 x 坐标
    #  @param y 骰子左上角的 y 坐标
    #  @param size 骰子的大小
    #
    def __init__(self, x, y, size = 60) :
        self._x = x
        self._y = y
        self._size = size
        self._value = 1
```

```
        self._fillColor = "white"
        self._outlineColor = "black"
        self._dotColor = "black"
```

为 Die 类指定的几个基本操作是访问器方法。它们只返回实例变量的值。

```
## 获取骰子表面的点数
#  @return 表面的点数
#
def faceValue(self) :
    return self._value

## 获取骰子左上角的 x 坐标
#  @return x 坐标
#
def getX(self) :
    return self._x

## 获取骰子左上角的 y 坐标
#  @return y 坐标
#
def getY(self) :
    return self._y

## 获取骰子的大小
#  @return 骰子的大小
#
def getSize(self) :
    return self._size
```

创建 Die 对象时，其默认颜色由构造函数设置。但我们希望用户能够更改骰子的颜色，因此我们创建了两个更改器方法。

```
## 设置骰子表面的填充色和边框色
#  @param fill 填充色
#  @param outline 边框色
#
def setFaceColor(self, fill, outline) :
    self._fillColor = fill
    self._outlineColor = outline

## 设置用于绘制骰子表面上的点的颜色
#  @param color 点的颜色
#
def setDotColor(self, color) :
    self._dotColor = color
```

为了模拟投掷骰子，我们再次使用随机数生成器生成一个 1~6 的数字，该数字被分配给 _value 实例变量。

```
## 使用随机数生成器模拟投掷骰子
#
def roll(self) :
    self._value = randint(1, 6)
```

最后，使用与“实训案例 5.4”中相同的方法，在画布上绘制骰子的面。唯一的区别是，用于指定位置、大小和颜色的参数可以从实例变量中提取。

```
## 在画布上绘制骰子
#  @param canvas 用于绘制骰子的图形画布
#
#
def draw(self, canvas) :
    # 点的大小和位置依赖于骰子的大小
    dotSize = self._size // 5
    offset1 = dotSize // 2
    offset2 = dotSize // 2 * 4
    offset3 = dotSize // 2 * 7

    # 绘制骰子的矩形框
    canvas.setFill(self._fillColor)
    canvas.setOutline(self._outlineColor)
    canvas.setLineWidth(2)
    canvas.drawRect(self._x, self._y, self._size, self._size)

    # 设置绘制点的颜色
    canvas.setColor(self._dotColor)
    canvas.setLineWidth(1)

    # 如果需要，绘制中央点或者中间行的点
    if self._value == 1 or self._value == 3 or self._value == 5 :
        canvas.drawOval(self._x + offset2, self._y + offset2, dotSize, dotSize)
    elif self._value == 6 :
        canvas.drawOval(self._x + offset1, self._y + offset2, dotSize, dotSize)
        canvas.drawOval(self._x + offset3, self._y + offset2, dotSize, dotSize)

    # 如果需要，绘制左上角和右下角的点
    if self._value >= 2 :
        canvas.drawOval(self._x + offset1, self._y + offset1, dotSize, dotSize)
        canvas.drawOval(self._x + offset3, self._y + offset3, dotSize, dotSize)

    # 如果需要，绘制左下角和右上角的点
    if self._value >= 4 :
        canvas.drawOval(self._x + offset1, self._y + offset3, dotSize, dotSize)
        canvas.drawOval(self._x + offset3, self._y + offset1, dotSize, dotSize)
```

示例代码：类 Die 的完整实现请参见本书配套代码中的 worked_example_2/die.py。使用 Die 类模拟投掷 5 个骰子的程序请参见 rolldice.py。

计算机与社会 9.2   开源软件和免费软件

大多数生产软件的公司都将源代码视为商业机密。毕竟，如果客户或者竞争对手都有权访问源代码的话，那么他们可以研究这些源代码并创建类似的程序，而无须向原始供应商付费。出于同样的原因，客户不喜欢源代码保密的程序。如果一家公司停业或者决定停止对某个计算机程序的支持，其用户就会陷入困境。他们无法修复错误或者使程序适应新的操作系统。幸运的是，许多软件包都是作为"开源软件"发布的，这样用户就有权查看、修改和重新发布程序的源代码。

访问源代码不足以确保软件满足用户的需求，一些公司已经开发了软件以监视用户或者限制用户访问以前购买的书籍、音乐或者视频。如果该软件在服务器或者嵌入式设备上运行，则用户无法更改其行为。在一篇文章（参见 http://www.gnu.org/philosophy/free-software-even-more-important）中，著名的计算机科学家、麦克阿瑟"天才"奖获得者理查德·斯托曼（Richard Stallman）描述了"自由软件运动"，他支持用户控制软件功能的权利。这是一种道德立场，超越了为了方便或者节省成本而使用开源软件这个问题。

斯托曼是 GNU 项目（http://gnu.org/gnu/thegnuproject.html）的发起人，该项目生成了一个完全免费的与 UNIX 兼容的操作系统版本：GNU 操作系统。GNU 项目的所有程序都是根据 GNU 通用公共许可证（GNU GPL）授权的。该许可证允许用户制作副本，对源代码进行修改，并重新分发源代码和修改过的程序，但不收取任何费用或者市场将承担的所有费用。作为回报，用户必须同意其修改也属于 GNU GPL 许可范围。用户必须分发有任何更改的源代码，同时，其他任何人也都可以在相同的条件下发布这些更改。GNU GPL 形成了一个社会契约。软件用户享有使用和修改软件的自由，作为回报，他们有义务分享他们提供的任何改进。

一些商业软件供应商攻击 GPL 为"病毒"并且"破坏了商业软件部门"。其他公司则采取一个更微妙的战略，生产免费或者开源软件，但对售后支持或者专有扩展收取费用。例如，在 GPL 下可以使用 Java 开发工具包，但是如果一个公司需要对旧版本进行安全更新或者其他支持，则必须向 Oracle 公司支付费用。

开源软件有时缺乏商业软件的完美性，因为许多程序员都是志愿者，他们只对解决自己的问题感兴趣，而不是制作一个易于每个人使用的产品。开源软件在程序员感兴趣的领域特别成功，比如 Linux 内核、Web 服务器和编程工具。

开源软件社区可以非常有竞争力和创造性。很常见的一种情况是，几个相互竞争的项目会从对方那里汲取灵感，所有这些项目都迅速变得更强大。许多程序员一起参与进来，所有人都在阅读源代码，这通常意味着错误往往会很快被消除。埃里克·雷蒙德（Eric Raymond）在他的著名文章《大教堂与市集》（*The Cathedral and the Bazaar*）（http://catb.org/~esr/writings/cathedral-bazaar/cathedralbazaar/ index.html）中描述了开源软件的开发过程。在文章中他写道："Given enough eyeballs, all bugs are shallow"（只要有足够多的人关注，所有的错误都无所遁形）。

本章小结

理解类、对象和封装的概念。
- 类用于描述具有相同行为的一组对象。
- 每个类都有一个公共接口：一组可以操作类对象的方法。
- 封装是提供公共接口并隐藏实现细节的行为。
- 封装允许修改类的实现而不影响类的用户。

理解一个简单类的实例变量和方法实现。
- 对象的实例变量存储执行其方法所需的数据。
- 类的每个对象都有一组自己的实例变量。
- 方法可以访问其作用对象的实例变量。

编写描述类的公共接口的方法头。
- 我们可以使用方法头和方法文档注释来指定类的公共接口。
- 更改器（mutator）方法修改其操作的对象。

- 访问器（accessor）方法不会更改其操作的对象。

为类选择合适的数据表示。

- 对于每个访问器方法，对象必须存储结果或者计算结果所需的数据。
- 通常，表示对象数据的方法不止一种，我们必须做出选择。
- 确保我们的数据表示支持任何顺序的方法调用。

设计和实现构造函数。

- 构造函数用于初始化对象的实例变量。
- 创建对象时会自动调用构造函数。
- 构造函数是使用特殊的方法名 __init__ 定义的方法。
- 可以在构造函数中使用默认参数，以提供创建对象的不同方式。

为类提供实例方法的实现。

- 调用方法的对象自动将对象本身传递给该方法的参数变量 self。
- 在方法中，我们可以通过参数变量 self 访问实例变量。
- 类变量属于类，但不属于类的任何实例。

编写用于验证类的正确性的测试程序。

- 单元测试验证一个类在一个完整的程序之外能否独立正确地工作。
- 为了测试类，可以使用交互式测试环境，或者编写测试程序来执行测试指令。
- 事先确定预期结果是测试的一个重要部分。

使用对象跟踪技术可以可视化对象的行为。

- 将方法写在卡片的正面，实例变量写在卡片的背面。
- 调用更改器方法时，更新实例变量的值。

使用模式为类设计数据表示。

- 用于总计的实例变量在增加或者减少总计量的方法中被更新。
- 对事件进行统计的计数器在与事件相对应的方法中递增。
- 一个对象可以在列表中存储其他多个对象。
- 可以使用获取方法访问对象属性，也可以使用设置方法更改对象属性。
- 如果对象具有影响行为的一个状态，则可以为当前状态提供一个实例变量。
- 为了对一个移动的对象建模，我们存储和更新其位置。

描述类引用的行为。

- 对象引用指定对象的位置。
- 多个对象变量可以包含对同一对象的引用。
- 使用 is 和 is not 运算符测试两个变量是否互为别名。
- None 引用不引用任何对象。
- 参数变量 self 引用调用方法的对象。

定义特殊方法，以允许类用户使用运算符操作对象。

- 为了对对象使用标准运算符，可以定义相应的特殊方法。
- 定义特殊的 __repr__ 方法可以创建对象的字符串表示。

复习题

- R9.1　什么是封装？为什么封装非常有用？
- R9.2　执行以下语句之后，调用 reg1.getCount()、reg1.getTotal()、reg2.getCount() 和 reg2.getTotal() 的结果分别是什么？

```
reg1 = CashRegister()
reg1.addItem(3.25)
reg1.addItem(1.95)
reg2 = CashRegister()
reg2.addItem(3.25)
reg2.clear()
```

- **R9.3** 考虑"操作指南 9.1"中的 Menu 类。执行以下调用的显示结果是什么？

```
simpleMenu = Menu()
simpleMenu.addOption("Ok")
simpleMenu.addOption("Cancel")
response = simpleMenu.getInput()
```

- **R9.4** 什么是类的公共接口？类的公共接口与类的实现有什么区别？

- **R9.5** 考虑 9.8 节中跟踪销售税的收银机类的数据表示，不是跟踪应纳税总额，而是跟踪销售税总额。使用此更改重新实现程序。

- **R9.6** 假设 CashRegister 需要支持一个 undo() 方法，该方法撤销对前一项销售商品的添加。这使得收银员能够快速纠正错误。为了支持此修改操作，应该将哪些实例变量添加到 CashRegister 类？

- **R9.7** 什么是更改器方法？什么是访问器方法？

- **R9.8** 什么是构造函数？

- **R9.9** 一个类可以包含多少个构造函数？可以定义一个没有构造函数的类吗？

- **R9.10** 使用 9.8 节中描述的对象跟踪技术，跟踪 9.7 节中最后的程序。

- **R9.11** 使用 9.8 节中描述的对象跟踪技术，跟踪"实训案例 9.1"。

- **R9.12** 改进"实训案例 9.1"中的 BankAccount 类，每个月的前五笔交易免费，超出的每笔交易收取 1 美元费用。提供在月末扣除费用的方法。请问需要添加哪些实例变量？使用 9.8 节中描述的对象跟踪技术，跟踪显示两个月内如何计算费用的场景。

- **R9.13** 要求通过使用下划线作为其名称的第一个字符来"隐藏"实例变量，但它们并没有真正被隐藏。当我们尝试从类方法以外的其他地方访问类的实例变量时，Python 中会发生什么？

- **R9.14** 我们可以通过 CashRegister 类中的 getCount 方法读取 _itemCount 实例变量。是否应该添加一个更改器方法 setCount 来修改该实例变量？请说明理由。

- **R9.15** 什么是 self 引用？为什么要使用 self 引用？

- **R9.16** 数值 0、None 引用、值 False 和空字符串之间的区别是什么？

编程题

- **P9.1** 我们想要在 9.2 节描述的按键式计数器中添加一个按钮，允许操作员撤销意外的按钮点击。提供方法

  ```
  def undo(self)
  ```

  来模拟取消按钮。作为附加的预防措施，请确保操作员单击"撤销"按钮的频率不能超过"点击"按钮的次数。

- **P9.2** 模拟一个可以容纳有限人数的按键式计数器。首先，通过调用如下语句设置人数限制数量：

  ```
  def setLimit(self, maximum)
  ```

  如果单击"点击"按钮的次数超过了限制数量，则通过打印" Limit exceeded"（超出限制）消息来模拟报警。

- **P9.3** 重新实现"操作指南 9.1"中的 Menu 类，要求将所有菜单项存储在一个长字符串中。提示：为

选项的数量保留一个单独的计数器。添加新选项时，追加选项计数、选项和换行符。

■■ P9.4　实现一个类 Address（地址）。地址有门牌号、街道、可选单元号、城市、州和邮政编码。定义一个构造函数以便可以通过以下两种方式之一创建对象：使用单元号或者不使用单元号。提供一个 print 方法，在一行上打印街道地址，在下一行打印城市、州和邮政编码。提供一个方法 def comesBefore(self, other)，用于测试根据邮政编码进行比较时，此地址是否在 other 之前。

■ P9.5　实现一个类 SodaCan（汽水罐），并使用方法 getSurfaceArea() 和 getVolume()。在构造函数中，提供汽水罐的高度和半径参数。

■■ P9.6　实现一个类 Car，并包含以下属性。汽车有一定的燃油效率（单位为英里 / 加仑），油箱中有一定数量的燃油。燃油效率在构造函数中指定，初始燃油油位为 0。提供一个方法 drive，模拟在一定距离内驾驶汽车，降低油箱中的燃油油位，提供方法 getGasLevel 以返回当前燃油油位，提供方法 addGas 以添加燃油。示例用法如下：

```
myHybrid = Car(50)        # 50 英里每加仑
myHybrid.addGas(20)       # 添加 20 加仑燃油
myHybrid.drive(100)       # 行驶 100 英里
print(myHybrid.getGasLevel())   # 打印剩余燃油油位
```

■■ P9.7　实现一个类 Student（学生）。在本练习中，学生的属性包括姓名和测验总分。提供适当的构造函数和方法 getName()、addQuiz(score)、getTotalScore() 和 getAverageScore()。为了计算最后一个方法（平均分），还需要存储学生参加的测验次数。

■■ P9.8　修改上一题中的 Student 类，计算平均绩点成绩。方法需要添加一个等级并获取当前的 GPA。将等级成绩指定为类 Grade 的元素。提供一个利用字符串（例如 "B+"）构造等级的构造函数。我们还需要一种将成绩转换为数值（例如，"B+" 转换为 3.3）的方法。

■■■ P9.9　实现一个类 ComboLock（组合锁），其工作方式类似于健身房储物柜中的组合锁，如图所示。组合锁通过由范围为 0~39 的三个数字来构造。reset 方法重置拨号，使其指向 0。"turnLeft"（向左旋转）和 "turnRight"（向右旋转）方法将刻度盘向左或者向右旋转一定数量的刻度。open 方法试图打开锁。如果用户首先将锁向右转到组合数字中的第一个数字，然后向左转到第二个数字，之后向右转到第三个数字，则锁就会打开。

```
class ComboLock :
    def ComboLock(self, secret1, secret2, secret3) :
        . . .
    def reset(self) :
        . . .
    def turnLeft(self, ticks) :
        . . .
    def turnRight(self, ticks) :
        . . .
    def open(self) :
        . . .
```

■■ P9.10　实现一个可以用于简单选举的类 VotingMachine（投票机）。提供以下方法：清除投票机的状态、投票给民主党人、投票给共和党人、统计两党的计票结果。

■■ P9.11　实现一个书写一封简单信件的类 Letter。在构造函数中，提供发件人和收件人的姓名参数。

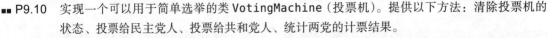

```
def __init__(self, letterFrom, letterTo)
```

提供添加一行文本到邮件主体的方法。

```
def addLine(self, line)
```

提供一个返回整封邮件内容的方法。

```
def getText(self)
```

邮件内容的格式如下：

Dear recipient name:
blank line
first line of the body
second line of the body
...
last line of the body
blank line
Sincerely,
blank line
sender name

另外，提供一个驱动程序，打印以下内容。

```
Dear John:

I am sorry we must part.
I wish you all the best.

Sincerely,

Mary
```

构造一个 Letter 类的对象，并调用 addLine 两次。

■■ P9.12 编写一个类 Bug（虫子），模拟一只虫子沿水平线移动。虫子要么向左移动，要么向右移动。开始时，虫子向右移动，但它可以调转方向。在每次移动中，其位置在当前方向上改变一个单元距离。提供以下构造函数：

```
def __init__(self, initialPosition)
```

定义以下几个方法：

- def turn(self)

- def move(self)

- def getPosition(self)

示例用法如下：

```
bugsy = Bug(10)
bugsy.move()    # 当前位置为 11
bugsy.turn()
bugsy.move()    # 当前位置为 10
```

编写驱动程序来构造一个 Bug 对象，移动和调转方向若干次，并打印实际和期望的位置。

■■ P9.13 实现一个类 Moth（飞蛾），模拟飞蛾在直线上飞行。飞蛾对象有一个位置以及其与固定原点之间的距离。当飞蛾向一个光点移动时，其新位置在原来位置和光源位置之间的某个位置。提供一个构造函数：

```
def __init__(self, initialPosition)
```

定义以下几个方法：

- def moveToLight(self, lightPosition)

- def getPosition(self)

编写一个驱动程序，构造一个飞蛾对象，让它向几个光源移动，并检查飞蛾的位置是否符合预期。

■■■ **P9.14** 编写以下函数:

- def sphereVolume(r)
- def sphereSurface(r)
- def cylinderVolume(r, h)
- def cylinderSurface(r, h)
- def coneVolume(r, h)
- def coneSurface(r, h)

计算半径为 r 的球体、半径为 r 且高度为 h 的圆柱体和半径为 r 且高度为 h 的圆锥体的体积和表面积。将它们放入一个模块 geometry 中。然后编写一个程序,提示用户输入 r 和 h 的值,调用这六个函数,并打印结果。

■■ **P9.15** 通过实现类 Sphere、Cylinder 和 Cone 来求解上一题。请问哪一种方法更面向对象?

■ **P9.16** 实现 9.11.5 节中 Fraction 类的乘法运算和除法运算。

■ **P9.17** 在 9.11.5 节的 Fraction 类中,添加一个一元负号运算符。重新实现二元减法运算符以调用 self + (−rhsValue)。

■ **P9.18** 在 9.11.5 节的 Fraction 类中,重新实现 __eq__ 方法,并基于以下事实:如果两个数中,任意一个数都不小于另外一个数,则这两个数相等。

■■ **商业应用 P9.19** 重新实现 CashRegister 类,以便跟踪每个添加到列表中的商品价格。删除 _itemCount 和 _totalPrice 实例变量。重新实现 clear、addItem、getTotal 和 getCount 方法。添加一个显示当前销售中所有商品金额的方法 displayAll。

■■ **商业应用 P9.20** 重新实现 CashRegister 类,以便以整数形式跟踪总金额,即以美分为单位的总金额。例如,不是存储 17.29,而是存储整数 1729。这种实现方法常常被采用,因为这种方法避免了四舍五入带来的累积误差。不要更改类的公共接口。

■■ **商业应用 P9.21** 每天营业结束后,店长想知道一天的成交金额。修改 CashRegister 类以启用此功能。提供方法 getSalesTotal 和 getSalesCount 以获取所有销售的总金额和销售数量。提供一个 resetSales 方法,重置所有计数器和总数,以便第二天的销售额从零开始。

■■ **商业应用 P9.22** 实现一个类 Portfolio。这个类有两个对象:checking 和 savings,其类型是在"实训案例 9.1"中开发的 BankAccount(参见本书配套代码 worked_example_1/bankaccount.py)。实现如下 4 种方法:

- def deposit(self, amount, account)
- def withdraw(self, amount, account)
- def transfer(self, amount, account)
- def getBalance(self, account)

其中,参数 account 为字符串"S"或者"C"。对于存款或者取款,"S"或者"C"指示金额变化的账户。对于转账,它表示从哪个账户取钱;钱会自动转到另一个账户。

■■ **商业应用 P9.23** 设计并实现一个类 Country,存储国家名称、人口和面积。然后编写一个程序,读取一组国家的数据,并打印以下内容:

- 面积最大的国家。
- 人口最多的国家。
- 人口密度最大的国家(每平方公里(或者英里)的人口数)。

■■ **商业应用 P9.24** 设计一个类 Message 以模拟电子邮件。邮件包含收件人、发件人和邮件正文。支持以下方法:

- 接收发送者和接收者的构造函数。

- 向消息正文追加一行文本的方法 append。
- 一种将信息生成一个长字符串的方法 toString，例如 "From: Harry Morgan\nTo: Rudolf Reindeer\n . . ."。

编写一个程序，使用这个类来生成消息并打印消息。

■■ **商业应用 P9.25**　设计一个类 Mailbox 以使用上一题中的 Message 类，实现以下方法：

- def addMessage(self, message)
- def getMessage(self, index)
- def removeMessage(self, index)

■■ **商业应用 P9.26**　设计一个类 Customer 来处理客户忠诚度营销活动。在累计购买 100 美元的产品后，客户的下一笔购买可以享受 10 美元的折扣。提供以下方法：

```
def makePurchase(self, amount)

def discountReached(self)
```

提供一个测试程序并测试一个场景：客户获得了折扣，然后购买了超过 90 美元但少于 100 美元的商品。这种情况并不会导致第二次折扣。然后再加上另一个导致第二次折扣的购买。

■■■ **商业应用 P9.27**　市中心营销协会希望通过类似于上一题中的顾客忠诚度计划促进销售。商店由 1~20 的数字标识。向 makePurchase 方法添加一个新的参数变量，该变量指示商店的编号。如果顾客在至少 3 个不同的商店购物，且总共花费了 100 美元或更多，则奖励促销券。

■■■ **科学应用 P9.28**　设计一个类 Cannonball，模拟向空中发射炮弹。一个炮弹有以下属性：

- x 和 y 位置。
- x 和 y 速度。

提供以下方法：

- 带 x 位置的构造函数（y 位置最初为 0）。
- 将炮弹移动到下一个位置的方法 move(sec)。（首先使用当前速度计算以秒为单位的移动距离，然后更新 x 和 y 位置；之后通过考虑 -9.81 m/s^2 的重力加速度更新 y 速度；x 速度不变。）
- 获取炮弹当前位置的方法 getX 和 getY。
- 方法 shoot，其参数是角度 $α$ 和初始速度 v。（计算水平方向的速度 x 为 $v\cos α$，计算垂直方向的速度 y 为 $v\sin α$；然后循环调用 move 方法，时间间隔为 0.1 秒，直到 y 位置大约为 0；每次移动后调用 getX 和 getY 并显示位置。）

在程序中使用这个类，提示用户输入起始角度和初始速度，然后调用方法 shoot。

■■ **科学应用 P9.29**　电阻上的彩色带表示电阻值为 6.2kΩ ± 5%。± 5% 的电阻容许偏差表示电阻的可接受误差。6.2kΩ ± 5% 的电阻可以小到 5.89kΩ 也可以大到 6.51kΩ。我们说 6.2kΩ 是电阻的标称值，电阻的实际值可以是 5.89kΩ~6.51kΩ 之间的任何值。

编写一个将电阻表示为类的程序。提供一个单独的构造函数以接收电阻的标称值和容许偏差，然后随机确定其实际值。该类应该提供获取电阻的标称值、容许偏差和实际电阻值的公共方法。为程序编写一个 main 函数，通过显示 10 个 330Ω ± 10% 电阻的实际电阻值来演示该类是否正常工作。

■■ **科学应用 P9.30**　在上一题的电阻类中，提供一种返回电阻和容许偏差的"色带"描述方法。电阻器有 4 个色带：

- 第一个色带是电阻值的第一个有效数字。
- 第二个色带是电阻值的第二个有效数字。
- 第三个色带是十进制倍乘。
- 第四个色带表示容许偏差。

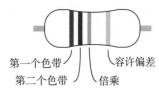

第一个色带　　容许偏差
第二个色带　　倍乘

颜色	数字	倍乘	容许偏差
黑	0	$\times 10^0$	—
棕	1	$\times 10^1$	$\pm 1\%$
红	2	$\times 10^2$	$\pm 2\%$
橘	3	$\times 10^3$	—
黄	4	$\times 10^4$	—
绿	5	$\times 10^5$	$\pm 0.5\%$
蓝	6	$\times 10^6$	$\pm 0.25\%$
紫	7	$\times 10^7$	$\pm 0.1\%$
灰	8	$\times 10^8$	$\pm 0.05\%$
白	9	$\times 10^9$	—
金	—	$\times 10^{-1}$	$\pm 5\%$
银	—	$\times 10^{-2}$	$\pm 10\%$
无	—	—	$\pm 20\%$

例如（使用表中的值作为键），带有红色、紫色、绿色和金色带（从左到右）的电阻的第一位数字为 2、第二位数字为 7、倍乘为 10^5，对于一个标称值为 2700 kΩ 的电阻，误差为 ±5%。

■■■ **科学应用 P9.31**　右图显示了一种常用的电路，称为"分压器"。电路的输入是电压 v_i，输出是电压 v_o。分压器的输出与输入成比例，比例常数称为电路的"增益"。分压器由方程式表示：

$$G = \frac{v_o}{v_i} = \frac{R_2}{R_1 + R_2}$$

其中，G 是增益，R_1 和 R_2 是构成分压器的两个电阻器的电阻。

制造差异会导致实际电阻值偏离标称值（如编程题 P9.29 中所述）。反过来，电阻值的变化导致分压器增益值发生变化。我们使用标称电阻值计算增益的标称值，使用实际电阻值计算增益的实际值。

编写一个包含两个类（VoltageDivider 和 Resistor）的程序。类 Resistor 参见编程题 **科学应用 P9.29。类 VoltageDivider 应该包含两个实例变量，它们是类 Resistor 的对象。提供一个构造函数以接受两个 Resistor 对象、它们的电阻标称值和容许偏差。该类应该提供公共方法来获取分压器增益的标称值和实际值。

编写一个驱动程序，通过显示 10 个分压器的标称值和实际增益，证明该类工作正常，每个分压器由容差为 5%、标称值分别为 R_1=250Ω 和 R_2=750Ω 的电阻组成。

继　承

本章目标

- 理解继承的概念
- 实现可以继承和重写超类方法的子类
- 理解多态性的概念

来自相互关联的类的对象通常具有共同的特性和行为，例如，小汽车、公共汽车和摩托车都有车轮，都需要燃料源，并且都可以载人。在本章中，我们将学习继承的概念，学习继承如何表示专用类和通用类之间的关系。通过使用继承，我们能够在类之间共享代码，并提供可供多个类使用的服务。

10.1　继承的层次结构

在面向对象的程序设计中，**继承**（inheritance）是更一般的类（称为**超类**（superclass））与更专门的类（称为**子类**（subclass））之间的一种关系。子类从超类中继承数据和行为。例如，考虑图 1 中描述的不同类型的车辆之间的关系。

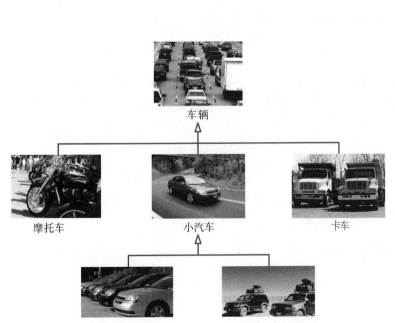

车辆

摩托车　　　　　小汽车　　　　　卡车

图 1　Vehicle（车辆）类的继承层次结构

每辆小汽车都是一个车辆。小汽车具有所有车辆的共同特点，例如可以把人从一个地方运送到另一个地方。我们称类 Car 继承了类 Vehicle。在这种关系中，类 Vehicle 是超类，类 Car 是子类。在图 2 中，超类和子类通过一个指向超类的箭头连接起来。

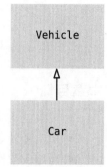

假设我们有一个操作 Vehicle（车辆）对象的算法。由于小汽车是一种特殊的车辆，因此在这种算法中我们可以使用 Car（汽车）对象，并且它可以正常工作。**替换原则**（substitution principle）指出，当需要超类对象时，我们可以使用子类对象来代替。例如，考虑一个接受 Vehicle 类型参数的函数。

```
processVehicle(vehicle)
```

因为 Car 是 Vehicle 的一个子类，所以可以使用 Car 对象调用该函数。

```
myCar = Car(. . .)
processVehicle(myCar)
```

图 2 继承图

为什么需要提供处理 Vehicle 对象而不是 Car 对象的函数？因为该函数更通用，它可以处理任何类型的车辆（包括 Truck（卡车）和 Motorcycle（摩托车）对象）。一般而言，当将类分组到继承层次结构中时，我们可以在类之间共享公共代码。

在本章中，我们将讨论表示题型类的简单层次结构。也许读者参加过计算机等级考试，考试由题目组成，并且包含不同题型的考试题目：
- 填空题
- 选择题（单选题或者多选题）
- 数值题（允许近似解答。例如，当实际答案为 4/3 时，允许答案为 1.33）
- 自由简答题

图 3 显示了这些题型的继承层次结构。

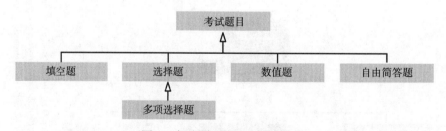

图 3 考试题型的继承层次结构

这个层次结构的根是类型 Question（考试题目）。一道考试题目可以显示题目描述，并且可以检查给定的回答是否正确。

sec01/questions.py

```
1  ##
2  #  本模块定义一个类，用于建模考试题目
3  #
4
5  ## 包含题目描述和答案的考试题目
6  #
7  class Question :
8      ## 构建一个考试题目对象，题目描述和答案都为空
```

```
 9        #
10        def __init__(self) :
11            self._text = ""
12            self._answer = ""
13
14        ## 设置考试题目的题目描述文本
15        #   @param questionText 该考试题目的题目描述文本
16        #
17        def setText(self, questionText) :
18            self._text = questionText
19
20        ## 设置考试题目的答案
21        #   @param correctResponse 答案
22        #
23        def setAnswer(self, correctResponse) :
24            self._answer = correctResponse
25
26        ## 检查给定回答的正确性
27        #   @param response 需要检查的回答
28        #   @return 如果回答正确，则返回 True，否则返回 False
29        #
30        def checkAnswer(self, response) :
31            return response == self._answer
32
33        ## 显示考试题目的描述文本
34        #
35        def display(self) :
36            print(self._text)
```

这个 Question（考试题目）类非常基础。它不处理多项选择题、数字计算题等。在下面的内容中，我们将讨论如何创建 Question 类的子类。

下面是一个简单的 Question 类的测试程序。

sec01/questiondemo1.py

```
 1    ##
 2    #   本程序演示一个包含一道考试题目的简单测验
 3    #
 4
 5    from questions import Question
 6
 7    # 创建一道考试题目，并设置预期答案
 8    q = Question()
 9    q.setText("Who is the inventor of Python?")
10    q.setAnswer("Guido van Rossum")
11
12    # 显示考试题目的描述文本，并获取用户响应
13    q.display()
14    response = input("Your answer: ")
15    print(q.checkAnswer(response))
```

程序运行结果如下：

```
Who was the inventor of Python?
Your answer: Guido van Rossum
True
```

编程技巧 10.1　使用单个类来建模值的变化，使用继承来建模行为的变化

继承的目的是为具有不同行为的对象建模。当学生第一次学习继承时，他们有一种滥用继承的倾向，即使可以使用一个简单的实例变量来表示问题，也会创建多个类。

考虑一个程序，通过记录行驶距离和加油量来跟踪车队的燃油效率，车队中有些车是混合动力汽车。请问我们应该构建一个子类 HybridCar 吗？在此应用程序中答案是否定的。在行驶距离和加油量方面，混合动力汽车的表现与其他汽车并没有任何不同。混合动力汽车只是有更好的燃油效率。单个 Car 类，如果带有以下存储浮点数的实例变量：

```
milesPerGallon
```

则完全满足要求。

然而，如果编写一个程序来说明如何修理不同类型的车辆，那么设计一个单独的类 HybridCar 是有意义的。在维修方面，混合动力汽车的行为与其他汽车不同。

专题讨论 10.1　超级超类：Object

在 Python 语言中，没有显式声明超类的类都会自动继承类 object。也就是说，object 类是 Python 中所有类的直接或者间接超类（参见图 4）。object 类定义了几个非常通用的方法（包括 __repr__ 方法）。

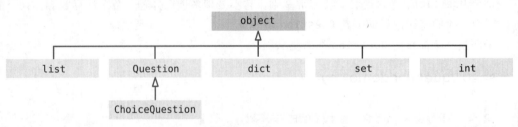

图 4　object 类是每个 Python 类的超类

__repr__ 方法返回对象的字符串表示形式。默认情况下，这包括创建对象的类名称和定义类的模块名称。例如，我们可以创建两个 Question 对象并打印每个问题的字符串表示。

```
first = Question()
second = Question()
print(first)
print(second)
```

则输出结果为：

```
<questions.Question object at 0xb7498d2c>
<questions.Question object at 0xb7498d4c>
```

如 9.11.3 节中所述，我们可以在用户自定义类中重写 __repr__ 方法，以提供对象更有意义的表示。例如，在 Fraction 类中，我们定义了 __repr__ 方法以返回形式为 #/# 的有理数的字符串表示形式。

通常在子类中重写 `__repr__` 方法以用于调试。例如，我们可以重写 Question 类中的 `__repr__` 方法以返回考试题目的描述文本和正确答案。

```
class Question :
  . . .
  def __repr__(self) :
    return "Question[%s, %s]" % (self._text, self._answer)
```

在测试我们实现的 Question 类时，可以创建并打印测试对象以验证它们是否包含正确的数据。

```
q = Question()
print("Created object:", q)
q.setText("Who was the inventor of Python?")
print("Added the text:", q)
q.setAnswer("Guido van Rossum")
print("Added the answer:", q)
```

输出以下结果：

```
Created object: Question[, ]
Added the text: Question[Who was the inventor of Python?, ]
Added the answer: Question[Who was the inventor of Python?, Guido van Rossum]
```

当调试代码时，在执行操作后，了解对象的状态或者内容比简单地知道对象的模块和类名更有意义。

10.2　实现子类

在本节中，我们将讨论如何创建子类，以及子类如何自动从超类中继承功能。

假设我们需要编写一个程序来处理以下问题：

下列哪个国家发明了 Python？
1．澳大利亚
2．加拿大
3．荷兰
4．美国

我们可以从头开始编写 ChoiceQuestion 类，使用方法设置问题、显示问题并检查答案。但是不必重复这些工作，相反可以使用继承来实现 ChoiceQuestion 为 Question 类的子类（参见图 5）。这将允许 ChoiceQuestion 子类继承两者共享的 Question 类的特性和行为。

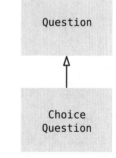

图 5　ChoiceQuestion 类是 Question 类的子类

在 Python 中，通过指定使子类不同于其超类来创建子类。

子类对象自动拥有在超类中声明的实例变量，因此只需要声明不属于超类对象的实例变量。

子类继承超类中的所有方法。我们可以在子类中定义新方法。如果继承的行为不合适，还可以更改继承方法的实现。当我们为继承的方法提供新的实现时，将**重写**（override）该方法。

与 Question 对象相比，ChoiceQuestion 对象有 3 个不同之处：

- ChoiceQuestion 对象存储题目答案的各种选项。
- 有一种添加答案选项的方法。

- ChoiceQuestion 类的 display 方法显示这些题目的答案选项，以便应答者可以选择其中一个选项。

当 ChoiceQuestion 类继承自 Question 类时，它需要表达与 Question 的 3 个不同之处：

```
class ChoiceQuestion(Question) :
    # 子类有自己的构造函数
    def __init__(self) :
        . . .
        # 在子类中添加该实例变量
        self._choices = []

    # 在子类中添加该方法
    def addChoice(self, choice, correct) :
        . . .

    # 该方法重写从超类中继承的方法
    def display(self) :
        . . .
```

在类的头部，括号内的类名表示继承。

图 6 显示了 ChoiceQuestion 对象的布局。它包含从 Question 超类中声明的 _text 和 _answer 实例变量，并添加了一个额外的实例变量 _choices。

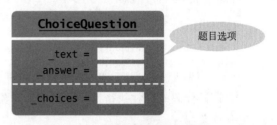

图 6　子类对象的数据布局

addChoice 方法特定于 ChoiceQuestion 类。我们只能将其应用于 ChoiceQuestion 对象，而不能应用于一般的 Question 对象。

与之对比，display 方法是在超类中已经存在的一种方法。子类重写此方法，以便正确显示答案选项。

Question 类的所有其他方法都是从 ChoiceQuestion 类中自动继承的。

我们可以对子类对象调用继承的方法。

```
choiceQuestion.setAnswer("2")
```

但是，超类的实例变量是该类的私有变量，只有超类的方法才能访问其实例变量。请注意，虽然 Python 没有提供保护超类的实例变量的方法，但良好的编程习惯要求程序员严格遵守此规则。

特别是，ChoiceQuestion 方法不应该直接访问实例变量 _answer。这些方法必须使用 Question 类的公共接口来访问其私有数据，就像其他函数或者方法一样。

为了说明这一点，让我们实现 addChoice 方法。该方法有两个参数：需要添加的答案选项（被添加到答案选项列表中）和一个布尔值（用于指示此答案选项是否正确）。例如：

```
question.addChoice("Canada", True)
```

第一个参数被添加到 _choices 实例变量中。如果第二个参数为 True，则 _answer 实例变量将成为当前答案选项的编号。例如，如果 len(self._choices) 为 2，则将 _answer 设置为字符串 "2"。

```
def addChoice(self, choice, correct) :
    self._choices.append(choice)
    if correct :
        # 把列表的长度转换为字符串
        choiceString = str(len(self._choices))
        self.setAnswer(choiceString)
```

我们不应该访问超类中的 _answer 变量。幸运的是，Question 类有一个 setAnswer 方法，我们可以调用这个方法。应该在哪个对象上调用该方法呢？答案是在当前正在修改的问题上，调用 addChoice 方法的对象。正如在第 9 章中所讨论的，对调用方法的对象的引用将自动传递给该方法的参数变量 self。因此，为了在该对象上调用 setAnswer 方法，可以使用 self 引用。

```
self.setAnswer(choiceString)
```

语法 10.1　子类

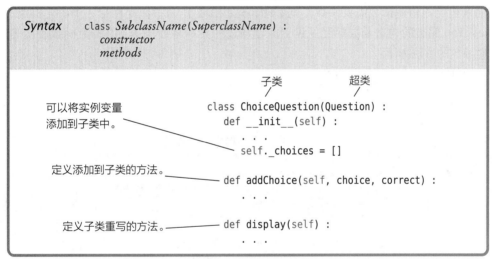

常见错误 10.1　混淆超类和子类

如果我们比较 ChoiceQuestion 类型的对象与 Question 类型的对象，可以发现二者存在以下区别：

- ChoiceQuestion 对象更大。它包含一个附加的实例变量，即 _choices。
- ChoiceQuestion 对象的功能更多。它包含一个 addChoice 方法。

从各方面来看，ChoiceQuestion 似乎都是一个高级对象，那么为什么 ChoiceQuestion 被称为子类，而 Question 被称为超类呢？

超类／子类（super/sub）的术语来源于集合论。分析一系列的考试题目可知，不是所有的考试题目都是 ChoiceQuestion 对象，有些是其他题型的考试题目，因此，ChoiceQuestion 对象集是所有 Question 对象集的子集，而 Question 对象集是 ChoiceQuestion 对象集的超集。子集中更专用的对象具有更丰富的状态和更多的功能。

10.3 调用超类的构造函数

考虑构造子类对象的过程。子类的构造函数只能定义子类的实例变量，但也需要定义超类的实例变量。

超类负责定义自己的实例变量。因为这是在其构造函数中完成的，所以子类的构造函数必须显式地调用超类的构造函数。为了调用超类构造函数，可以使用特殊方法 __init__。但这两个类的构造函数具有相同的名称。为了区分超类的构造函数和子类的构造函数，调用构造函数时必须使用 super 函数代替 self 引用。

```
class ChoiceQuestion(Question) :
    def __init__(self) :
        super().__init__()
        self._choices = []
```

在子类定义自己的实例变量之前，应该调用超类构造函数。注意，还需要使用 self 引用定义子类的实例变量。

如果超类的构造函数需要参数，则必须将这些参数作为参数提供给 __init__ 方法。假设 Question 超类的构造函数接受了设置问题描述的文本参数，则子类构造函数中调用该超类构造函数的方法如下：

```
class ChoiceQuestion(Question) :
    def __init__(self, questionText) :
        super().__init__(questionText)
        self._choices = []
```

语法 10.2   子类的构造函数

Syntax   class *SubclassName*(*SuperclassName*) :
        def __init__(self, *parameterName*$_1$, *parameterName*$_2$, . . .) :
          super().__init__(*arguments*)
          constructor body

```
                      class ChoiceQuestion(Question) :
                          def __init__(self, questionText) :
super 函数用于
引用超类。                    super().__init__(questionText)       首先调用超类
                                                              构造函数。

                          self._choices = []
子类构造函数体可以
包含额外的信息。
```

举另外一个例子，假设我们定义了一个 Vehicle 类，它包含一个需要参数的构造函数。

```
class Vehicle :
    def __init__(self, numberOfTires) :
        self._numberOfTires = numberOfTires
    . . .
```

我们可以定义继承 Vehicle 类的子类 Car。

```
class Car(Vehicle) :
    def __init__(self) :                      ❶
        # 调用超类构造函数以定义其实例变量
        super().__init__(4)                   ❷

        # 这个实例变量由子类设置
        self._plateNumber = "??????"          ❸
    . . .
```

当构造一个 Car 对象时：

```
aPlainCar = Car()
```

子类 Car 的构造函数将调用其超类的构造函数，并传递参数值 4（因为标准的汽车有 4 个轮胎）。超类 Vehicle 使用该值初始化其实例变量 _numberOfTires。图 7 描述了在构造一个 Car 对象时所涉及的步骤。

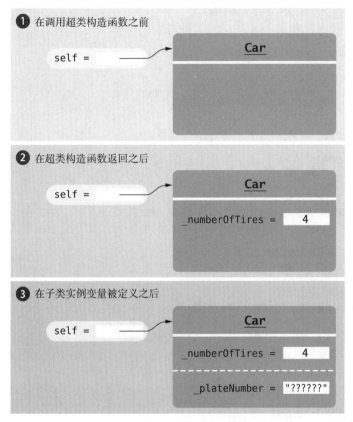

图 7　创建一个子类的对象

Vehicle 类和 Car 类完整的实现代码，以及简单的测试程序如下所示。

sec03/car.py

```
 1  ##
 2  #  本模块定义类，建模车辆类
 3  #
 4
 5  ## 通用的车辆超类
 6  #
 7  class Vehicle :
 8     ## 构造一个车辆对象，使用给定数量的轮胎数
 9     #  @param numberOfTires 车辆的轮胎数
10     #
11     def __init__(self, numberOfTires) :
12        self._numberOfTires = numberOfTires
13
14     ## 获取车辆的轮胎数
```

```
15      #  @return 轮胎数
16      #
17      def getNumberOfTires(self) :
18          return self._numberOfTires
19
20      ## 更改车辆的轮胎数
21      #  @param newValue 轮胎数
22      #
23      def setNumberOfTires(self, newValue) :
24          self._numberOfTires = newValue
25
26      ## 获取车辆的描述
27      #  @return 包含车辆描述的字符串
28      #
29      def getDescription(self) :
30          return "A vehicle with " + self._numberOfTires + " tires"
31
32
33  ## 具体的车辆: 小汽车
34  #
35  class Car(Vehicle) :
36      ## 构造小汽车对象
37      #
38      def __init__(self) :
39          # 调用超类的构造函数来定义其实例变量
40          super().__init__(4)
41
42          # 这是子类设置的实例变量
43          self._plateNumber = "??????"
44
45      ## 设置小汽车的车牌号
46      #  @param newValue 包含车牌号的字符串
47      #
48      def setLicensePlateNumber(self, newValue) :
49          self._plateNumber = newValue
50
51      ## 获取小汽车的描述
52      #  @return 包含小汽车描述的字符串
53      #
54      def getDescription(self) :
55          return "A car with license plate " + self._plateNumber
```

sec03/cardemo.py

```
 1  ##
 2  # 本程序简单地测试 Car 类
 3  #
 4
 5  from car import Car
 6
 7  def main() :
 8      aPlainCar = Car()
 9      printInfo(aPlainCar)
10
11      aLimo = Car()
12      aLimo.setLicensePlateNumber("W00H00")
13      aLimo.setNumberOfTires(8)
14      printInfo(aLimo)
15
```

```
16  def printInfo(car) :
17      print(car.getDescription())
18      print("Tires:", car.getNumberOfTires())
19
20  # 启动程序
21  main()
```

程序运行结果如下：

```
A car with license plate ??????
Tires: 4
A car with license plate W00H00
Tires: 8
```

10.4　重写方法

　　子类继承超类中的方法。如果需要修改继承方法的行为，可以通过在子类中指定新的实现来重写该方法。

　　考虑 ChoiceQuestion 类的 display 方法。它重写了超类的 display 方法以显示答案的选项，此方法扩展了超类版本的功能。这意味着子类方法执行超类方法的操作（在我们的例子中，显示题目的描述文本），并且还执行一些额外的工作（在我们的例子中，显示答案的选项）。在其他情况下，子类方法替换超类方法的功能，实现完全不同的行为。

　　让我们来看看 ChoiceQuestion 类的 display 方法的实现。该方法需要实现以下功能：

- 显示考试题目的描述文本。
- 显示答案选项。

第二个功能很简单，因为答案选项是子类的一个实例变量。

```
class ChoiceQuestion(Question) :
    . . .
    def display(self) :
        # 显示考试题目的描述文本
        . . .
        # 显示答案选项
        for i in range(len(self._choices)) :
            choiceNumber = i + 1
            print("%d: %s" % (choiceNumber, self._choices[i]))
```

然而，如何获得考试题目的描述文本呢？不能直接访问超类的变量 text，因为它是私有的。

　　然而我们可以使用 super 函数调用超类的 display 方法。

```
def display(self) :
    # 显示考试题目的描述文本
    super().display()   # 正确
    # 显示答案选项
    . . .
```

如果使用 self 引用替代 super 函数，则该方法不能按预期工作。

```
def display(self) :
    # 显示考试题目的描述文本
    self.display()   # 错误：调用 ChoiceQuestion 类的 ChoiceQuestion() 方法
    . . .
```

由于 self 参数引用 ChoiceQuestion 类型的对象，并且 ChoiceQuestion 类中有一个名为 display 的方法，因此将调用该方法，但这是当前正在编写的方法！结果是方法会一遍又一遍地调用自己。

这里有一个程序，让我们进行一个由两个 ChoiceQuestion 对象组成的测验。构造两个对象并依次将其传递给函数 presentQuestion。该函数向用户显示测验题目的描述并检查用户的响应是否正确。（questions.py 与 10.1 节的程序相同，保持不变。）

sec04/questiondemo2.py

```
1  ##
2  #   本程序演示一个简单的测验，包含两道选择题
3  #
4
5  from choicequestions import ChoiceQuestion
6
7  def main() :
8     first = ChoiceQuestion()
9     first.setText("In what year was the Python language first released?")
10    first.addChoice("1991", True)
11    first.addChoice("1995", False)
12    first.addChoice("1998", False)
13    first.addChoice("2000", False)
14
15    second = ChoiceQuestion()
16    second.setText("In which country was the inventor of Python born?")
17    second.addChoice("Australia", False)
18    second.addChoice("Canada", False)
19    second.addChoice("Netherlands", True)
20    second.addChoice("United States", False)
21
22    presentQuestion(first)
23    presentQuestion(second)
24
25  ## 向用户提出测验题目的描述并检查回答的正确性
26  #   @param q 问题描述
27  #
28  def presentQuestion(q) :
29    q.display()
30    response = input("Your answer: ")
31    print(q.checkAnswer(response))
32
33  # 启动程序
34  main()
```

sec04/choicequestions.py

```
1  ##
2  #   本模块定义一个集成 Question 类的子类
3  #
4
5  from questions import Question
6
7  ## 带多个选项的测验题目
8  #
9  class ChoiceQuestion(Question) :
10    # 构建一个测验题目，没有任何选项
```

```
11    def __init__(self) :
12        super().__init__()
13        self._choices = []
14
15    ## 添加一个选项到问题中
16    #  @param choice 需要添加的选项
17    #  @param correct 如果是正确选项，则返回 True；否则返回 False
18    #
19    def addChoice(self, choice, correct) :
20        self._choices.append(choice)
21        if correct :
22            # 将 len(choices) 转换为 string
23            choiceString = str(len(self._choices))
24            self.setAnswer(choiceString)
25
26    # 重写 Question.display()
27    def display(self) :
28        # 显示测试题目的描述文本
29        super().display()
30
31        # 显示答案选项
32        for i in range(len(self._choices)) :
33            choiceNumber = i + 1
34            print("%d: %s" % (choiceNumber, self._choices[i]))
```

程序运行结果如下：

```
In what year was the Python language first released?
1: 1991
2: 1995
3: 1998
4: 2000
Your answer: 2
False
In which country was the inventor of Python born?
1: Australia
2: Canada
3: Netherlands
4: United States
Your answer: 3
True
```

常见错误 10.2　调用超类方法时忘记使用 super 函数

在扩展超类方法的功能时，一个常见的错误是忘记使用 super 函数。例如，为了计算经理的薪资，可以获取基本 Employee 对象的薪资并加上奖金。

```
class Manager(Employee) :
    . . .
    def getSalary(self) :
        base = self.getSalary()    # 错误：应该为 super().getSalary()
        return base + self._bonus
```

这里 self 引用 Manager 类型的对象，Manager 类中有一个 getSalary 方法。该方法是一个递归调用，它永远不会停止。相反，必须显式调用超类的方法。

```
class Manager(Employee) :
    . . .
    def getSalary(self) :
        base = super().getSalary()
        return base + self._bonus
```

每当从同名的子类方法中调用超类方法时，请确保使用 super 函数代替 self 引用。

10.5　多态

在本节中，我们将学习如何使用继承来处理同一程序中不同类型的对象。

考虑我们的第一个示例程序。该程序向用户呈现了两个 Question 对象，第二个示例程序呈现了两个 ChoiceQuestion 对象。请问我们是否能够编写一个程序以同时展示这两种问题类型呢？

使用继承很容易实现这个目标。为了向用户提出问题，不需要知道问题的确切类型。我们只显示问题并检查用户是否提供了正确的答案。超类 Question 包含的方法可以用于此目的。因此，可以定义 presentQuestion 函数，其参数为 Question 类型对象：

```
def presentQuestion(q) :
    q.display()
    response = input("Your answer: ")
    print(q.checkAnswer(response))
```

也就是说，针对定义为 Question 类的参数变量 q，我们可以调用任何方法。

如 10.1 节所述，我们可以在需要超类对象时将其替换为子类对象。

```
second = ChoiceQuestion()
presentQuestion(second)    #正确，可以传递一个 ChoiceQuestion 对象
```

但当需要一个子类对象时，却不能将其替换为父类对象。例如，假设定义函数 addAllChoices，将列表中的字符串添加到 ChoiceQuestion 对象中以作为要从中选择的选项：

```
def addAllChoices(q, choices, correct) :
    for i in range(len(choices)) :
        if i == correct :
            q.addChoice(choices[i], True)
        else :
            q.addChoice(choices[i], False)
```

如果将 ChoiceQuestion 对象作为第一个参数来传递，则此函数可以正常工作。

```
text = "In which year was Python first released?"
answers = ["1991", "1995", "1998", "2000"]
correct = 1

first = ChoiceQuestion()
first.setText(text)
addAllChoices(first, answers, correct)
```

当 addAllChoices 函数执行时，参数变量 q 引用 ChoiceQuestion 对象。但是如果我们创建一个 Question 对象并将其传递给 addAllChoices 函数：

```
. . .
first = Question()
first.setText(text)
addAllChoices(first, answers, correct)
```

结果将引发 AttributeError 异常。参数变量 q 引用 Question 对象，但 Question 类没有定义 addChoice 方法。对于一个尚未被类定义的对象，我们不能对该对象调用方法。

接下来进一步讨论 presentQuestion 函数。该函数从调用以下函数开始：

```
q.display()   # 请问是调用 Question.display，还是调用 ChoiceQuestion.display?
```

请问调用哪个 display 方法呢？如果查看下面程序的输出，我们将发现调用的方法取决于参数变量 q 中的内容。在第一种情况下，q 引用一个 Question 对象，因此调用 Question.display 方法。但在第二种情况下，q 引用一个 ChoiceQuestion 对象，因此调用 ChoiceQuestion.display 方法，显示答案选项列表。

方法调用始终根据实际对象的类型在运行时确定，这称为**动态方法查找**（dynamic method lookup）。动态方法查找允许我们以统一的方式处理不同类的对象。这个特性叫作**多态性**（polymorphism）。我们要求多个对象执行一个任务，每个对象都以自己的方式执行该任务。

多态性使程序易于扩展。假设我们希望包含一种新的计算题型，并允许接受近似的答案。我们需要做的就是定义一个新类 NumericQuestion，使用自己的 checkAnswer 方法来扩展 Question。然后，调用 presentQuestion 函数，它包含一般问题、选择题和数值计算题。presentQuestion 函数根本不需要更改！由于使用了动态方法查找，因此对 display 和 checkAnswer 方法的调用会自动选择正确类的方法。

sec05/questiondemo3.py

```
 1  ##
 2  #   本程序演示一个简单的测试，包含两种题型
 3  #
 4
 5  from questions import Question
 6  from choicequestions import ChoiceQuestion
 7
 8  def main() :
 9     first = Question()
10     first.setText("Who was the inventor of Python?")
11     first.setAnswer("Guido van Rossum")
12
13     second = ChoiceQuestion()
14     second.setText("In which country was the inventor of Python born?")
15     second.addChoice("Australia", False)
16     second.addChoice("Canada", False)
17     second.addChoice("Netherlands", True)
18     second.addChoice("United States", False)
19
20     presentQuestion(first)
21     presentQuestion(second)
22
23  ## 向用户提出问题并检查回答的正确性响应
24  #   @param q 问题
25  #
26  def presentQuestion(q) :
27     q.display()   # 使用动态方法查找
28     response = input("Your answer: ")
29     print(q.checkAnswer(response))   # checkAnswer uses dynamic method lookup.
30
31  # 启动程序
32  main()
```

程序运行结果如下：

```
Who was the inventor of Python?
Your answer: Bjarne Stroustrup
False
In which country was the inventor of Python born?
1: Australia
2: Canada
3: Netherlands
4: United States
Your answer: 3
True
```

专题讨论 10.2　子类和实例

在"专题讨论 9.3"中，我们了解到可以使用 isinstance 函数来确定对象是否是特定类的实例。isinstance 函数也可以用来确定对象是否是子类的实例，例如，以下函数调用：

```
isinstance(q, Question)
```

如果 q 是 Question 或者任何扩展 Question 类的子类的实例，则结果为 True；否则结果为 False。

isinstance 函数的一个常见用法是验证传递给函数或者方法的参数类型是否正确。考虑 presentQuestion 函数，它需要一个对象，该对象是 Question 类或者其子类的实例。为了验证所提供对象的正确类型，我们可以使用 isinstance 函数。

```
def presentQuestion(q) :
    if not isinstance(q, Question) :
        raise TypeError("The argument is not a Question or one of its subclasses.")
    q.display()
    response = input("Your answer: ")
    print(q.checkAnswer(response))
```

当调用函数时，我们检查参数的类型。如果传递给函数的对象类型无效，则会引发 TypeError 异常。

```
first = Question()
second = ChoiceQuestion()
. . .
presentQuestion(first)    # 正确
presentQuestion(second)   # 正确：Question 类的子类
presentQuestion(5)    #错误：整数不是 Question 类的子类
```

专题讨论 10.3　动态方法查找

假设我们添加 presentQuestion 作为 Question 类本身的一种方法。

```
class Question :
    . . .
    def presentQuestion(self) :
        self.display()
        response = input("Your answer: ")
        print(self.checkAnswer(response))
```

接下来考虑以下调用：

```
cq = ChoiceQuestion()
cq.setText("In which country was the inventor of Python born?")
. . .
cq.presentQuestion()
```

presentQuestion 方法将调用哪个 display 方法和 checkAnswer 方法？如果查看关于 presentQuestion 方法的代码，可以看到这些方法是在 self 引用参数上执行的。

记住，self 引用参数是对调用该方法的对象的引用。在本例中，self 引用 ChoiceQuestion 类型的对象。由于使用了动态方法查找，因此自动调用 display 和 checkAnswer 方法的 ChoiceQuestion 版本。即使 presentQuestion 方法是在 Question 类中声明的，但它却不知道 ChoiceQuestion 类的存在。

如上所述，多态性是一种非常强大的机制。Question 类提供一个 presentQuestion 方法，该方法指定呈现问题的公共性质，即显示问题并检查回答的正确性。如何执行显示和检查由子类决定。

专题讨论 10.4　抽象类

当扩展现有的类时，我们可以选择是否重写超类的方法。有时，可能需要强制程序员重写方法。当超类没有合适的默认实现，并且只有子类程序员知道如何正确地实现该方法时，就会出现这种情况。下面是一个例子：假设第一家 Python 国家银行决定每个账户类型都必须有月费用。因此，应该在 Account 类中添加一个方法 deductFees（扣减费用）。

```
class Account :
    . . .
    def deductFees(self) :
        . . .
```

然而，应该如何实施该方法呢？当然，我们可以让这个方法什么都不做。但是，实现新子类的程序员可能会忘记实现 deductFees 方法，从而新账户将继承父类什么都不做的方法。有一种更好的策略是指定 deductFees 方法，它是一种**抽象方法**（abstract method）。抽象方法没有具体的实现。这迫使子类的实现者必须指定此方法的具体实现。（当然，一些子类可能会决定实现一个什么都不做的方法，但这是子类自己的选择，而不是继承的默认值。）

包含至少一个抽象方法的类称为**抽象类**（abstract class），不包含抽象方法的类有时称为**具体类**（concrete class）。

在 Python 语言中，没有明确的语法能指定一个方法是抽象方法。因此，Python 程序员的常见做法是让方法引发 NotImplementedError 异常作为其唯一语句。

```
class Account :
    . . .
    def deductFees(self) :
        raise NotImplementedError
```

这样，如果类的用户试图调用超类的方法，则将引发异常以标记缺失的实现。

尽管这允许我们创建超类或者子类的对象，但对实现进行全面测试时应该会发现任何未正确实现的抽象方法。在其他面向对象的程序设计语言中，缺少实现的错误是在编译时发现的，因为不允许创建包含抽象方法的类实例。

使用抽象类的原因是强制程序员创建子类。通过将某些方法指定为抽象方法，可以避免产生无用的默认方法的麻烦，而其他人可能会意外继承这些方法。

常见错误 10.3　不要使用类型测试

有些程序员使用特定的类型测试来实现随类而异的行为。

```
if isinstance(q, ChoiceQuestion) :   # 不要使用这种测试
    # 按 ChoiceQuestion 方式执行任务
elif isinstance(q, Question) :
    # 按 Question 方式执行任务
```

这是一个糟糕的策略。如果添加了新类（如 NumericQuestion），则需要修改程序中进行类型测试的所有部分，添加另一个案例。

```
elif isinstance(q, NumericQuestion) :
    # 按 NumericQuestion 方式执行任务
```

相比之下，请考虑在我们的测试程序中增加一个 NumericQuestion 类。该程序不需要更改任何内容，因为它使用多态性，而不是类型测试。

每当发现自己试图在类的层次结构中使用类型测试时，就可以重新考虑并使用多态性。在超类中声明方法 doTheTask，在子类中重写该方法，然后调用它。

```
q.doTheTask()
```

操作指南 10.1　开发一个继承层次结构

当我们使用一组类（其中一些类更通用，另一些则更具体）时，我们希望将这些类组织成一个继承层次结构，以便能够以统一的方式处理不同类的对象。

问题描述　模拟一个向客户提供以下账户类型的银行：
- 赚取利息的储蓄账户。利息按月复利，并按每月最低余额计算。
- 一个没有利息的支票账户，允许每月三次免费提款，额外的提款每次收取 1 美元的交易费。

该程序将管理两种类型的一组账户，设计一个继承层次结构，以允许添加其他账户类型而不影响主处理循环。提供以下菜单：

```
D)eposit  W)ithdraw  M)onth end  Q)uit
```

用于存款（deposit）、取款（withdraw）、查询账号和余额。打印每笔交易后的账户余额。

在 "Month end"（月末）命令中，根据银行账户的类型，累积利息或者清除交易计数器，然后打印所有账户的余额。

→ **步骤 1**　列出继承层次结构中包含的类。

在我们的例子中，问题描述产生两个类：SavingsAccount（储蓄账户）和 CheckingAccount

（支票账户）。当然，我们可以分别实现这两个类。但这并不是一个好主意，因为这两个类会重复出现常见的功能（例如更新账户余额）。我们需要另一个类来负责共同的功能。在问题描述中并没有明确提到这样的类。因此，我们需要去发现这个类。当然，在这种情况下，解决方法很简单。储蓄账户和支票账户是银行账户的特例。因此，我们将引入一个通用的超类 BankAccount（银行账户）。

➡ **步骤 2**　将类组织到一个继承层次结构中。

绘制一个显示超级和子类的继承关系图。如下图所示：

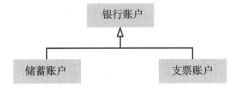

➡ **步骤 3**　确定类的共同职责。

在步骤 2 中，我们在层次结构的基础上找到了一个类，要求该类完成共同的任务。要了解这些任务是什么，可以编写处理对象的伪代码。

> 循环执行用户的每条命令：
> 　　如果命令是存款（*deposit*）或者取款（*withdrawal*）
> 　　　　在指定账户上执行存款或者取款操作
> 　　　　打印账户余额
> 　　如果命令是月末（*month end*）处理
> 　　　　对于每个账户执行以下操作：
> 　　　　　　调用月末处理
> 　　　　　　打印账户余额

从伪代码中可以看出，每个银行账户必须执行的共同任务如下。

> 存款
> 取款
> 获取账户余额
> 执行月末处理

➡ **步骤 4**　确定在子类中重写哪些方法。

对于每个子类和每个共同任务，决定哪些行为是可以继承的，哪些是需要重写的。请确保在层次结构基础部分定义需要继承或者重写的所有方法。

```
## 一个银行账户，具有账户余额以及提供在月底计算利息或者费用的机制
#
#
class BankAccount :
    ## 构造一个银行账户对象，账户余额为 0
    #
    def __init__(self) :
        . . .

    ## 向该银行账户对象中存款
    #  @param amount 存款的金额
    #
    def deposit(self, amount) :
        . . .
```

```
## 从银行账户对象中取款，如果账户余额不足则收取手续费
#
#   @param amount 取款的金额
#
def withdraw(self, amount) :
    . . .

## 执行该银行账户对应的月末处理逻辑
#
#
def monthEnd(self) :
    . . .

## 获取银行账户对象的当前余额
#   @return 当前账户余额
#
def getBalance(self) :
    . . .
```

SavingsAccount 和 CheckingAccount 类都重写 monthEnd 方法。SavingsAccount 类还必须重写 withdraw 方法以跟踪最低余额。CheckingAccount 类必须重写 withdraw 方法，以更新交易的次数。

➡ **步骤 5** 定义每个子类的公共接口。

通常，需要在子类中列出父类并未提供的功能，同时列出子类中需要重写的方法，并指定如何构造子类的对象。

在这个例子中，我们需要一个为储蓄账户设置利率的方法。此外，还需要指定构造函数和重写方法。

```
## 储蓄账户，基于最低余额及计算利息
#
class SavingsAccount(BankAccount) :
    ## 构造一个储蓄账户，账户余额为 0
    #
    def __init__(self) :
        . . .

    ## 设置该储蓄账户对象的利率
    #   @param rate 按月利率的百分比
    #
    def setInterestRate(self, rate) :
        . . .

    # 重写超类的方法
    def withdraw(self, amount) :
        . . .
    def monthEnd(self) :
        . . .

## 支票账户，包含有限的免费交易次数
#
class CheckingAccount(BankAccount) :
    ## 构造一个支票账户，账户余额为 0
    #
    def __init__(self) :
        . . .

    # 重写超类的方法
    def withdraw(self, amount) :
        . . .
```

```
def monthEnd(self) :
    . . .
```

步骤 6　确定实例变量。

列出每个类的实例变量。如果一个实例变量属于所有类，则在层次结构的基类中定义该实例变量。

由于所有账户都有余额，因此在 BankAccount 超类中定义一个实例变量 _balance，并将该值存储为浮点数。

SavingsAccount 类需要存储利率。它还需要存储每月最低账户余额，该值在每次执行取款操作时被更新。这些都将作为浮点数存储在实例变量 _interestRate 和 _minBalance 中。

CheckingAccount 类需要对取款进行计数，以便在达到免费取款限制后收取额外的费用。我们在 CheckingAccount 子类中为该值定义实例变量 _withdrawals。

步骤 7　实现构造函数和方法。

BankAccount 类的方法用于更新和返回账户余额。

```
class BankAccount :
    def __init__(self) :
        self._balance = 0.0

    def deposit(self, amount) :
        self._balance = self._balance + amount

    def withdraw(self, amount) :
        self._balance = self._balance - amount

    def getBalance(self) :
        return self._balance
```

在 BankAccount 超类的级别上，我们不能实现月末处理功能，由于月末处理取决于账户的类型。因此，此方法必须由每个子类实现，才能执行适合该类型账户的月末处理。我们选择让这种方法什么也不执行：

```
def monthEnd(self) :
    return
```

也可以让这个方法引发 NotImplementedError 异常。这将表明该方法是抽象的（具体请参见"专题讨论 10.4"），应该在子类中重写该方法。

```
def monthEnd(self) :
    raise NotImplementedError
```

在 SavingsAccount 类的 withdraw 方法中，更新最低账户余额。注意调用超类的方法。

```
def withdraw(self, amount) :
    super().withdraw(amount)
    balance = self.getBalance()
    if balance < self._minBalance :
        self._minBalance = balance
```

在 SavingsAccount 类的 monthEnd 方法中，利息被存入账户。必须调用 deposit 方法，因为我们无法直接访问账户余额这个实例变量。下个月的最低账户余额将被重置。

```
def monthEnd(self) :
    interest = self._minBalance * self._interestRate / 100
    self.deposit(interest)
    self._minBalance = self.getBalance()
```

CheckingAccount 类的 withdraw 方法检查取款次数。如果取款次数过多，就要收取额外的费用。同样，请注意该方法如何调用超类方法。

```python
def withdraw(self, amount) :
    FREE_WITHDRAWALS = 3
    WITHDRAWAL_FEE = 1

    super().withdraw(amount)
    self._withdrawals = self._withdrawals + 1
    if self._withdrawals > FREE_WITHDRAWALS :
        super().withdraw(WITHDRAWAL_FEE)
```

月末处理支票账户只需重置取款计数。

```python
def monthEnd(self) :
    self._withdrawals = 0
```

➡ **步骤 8** 构造不同子类的对象并对其进行处理。

在我们的示例程序中，创建了 5 个支票账户和 5 个储蓄账户，并将它们的地址存储在银行账户列表中。然后我们接受用户命令并执行存款、取款和每月处理操作。

```python
# 创建账户
accounts = []
. . .

# 执行命令
done = False
while not done :
    action = input("D)eposit W)ithdraw M)onth end Q)uit: ")
    action = action.upper()
    if action == "D" or action == "W" :    # 存款或者取款
        num = int(input("Enter account number: "))
        amount = float(input("Enter amount: "))

        if action == "D" :
            accounts[num].deposit(amount)
        else :
            accounts[num].withdraw(amount)

        print("Balance:", accounts[num].getBalance())
    elif action == "M" :   # 月末处理
        for n in range(len(accounts)) :
            accounts[n].monthEnd()
            print(n, accounts[n].getBalance())
    elif action == "Q" :
        done = True
```

示例代码：完整的程序请参见本书的配套代码，其中包含测试程序（how_to_1/accountdemo. py）和类定义模块（how_to_1/accounts.py）。

实训案例 10.1　实现用于工资单处理的员工层次结构

问题描述　我们的任务是为不同类型的员工实现工资单处理。

- 小时工按小时计薪，但如果每周工作超过 40 小时，则超出部分按 1.5 倍计薪。
- 受薪员工（salaried employee）按工资计薪，无论工作多少小时。
- 经理的薪酬包括两个部分：工资和奖金。

要求程序计算一组员工的工资。对于每个员工，询问给定周内的工作小时数，然后显示所赚取的工资。

➡ **步骤 1**　列出继承层次结构中包含的类。

在我们的例子中，问题描述中列出了 3 个类：HourlyEmployee、SalariedEmployee 和 Manager。我们需要用一个类 Employee 来表达它们之间的共性。

➡ **步骤 2**　将类组织到继承层次结构中。

类的继承关系图如下所示。

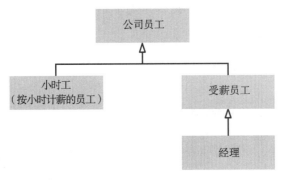

➡ **步骤 3**　确定类的共同职责。

为了找出类的共同职责，编写处理对象的伪代码。

```
对于每一个员工执行以下操作：
    打印员工的姓名
    读取工作的小时数
    计算给定小时数的工资
```

因此可以得出结论，Employee 超类具有以下职责：

```
获取姓名
计算给定小时数的工资
```

➡ **步骤 4**　确定在子类中重写哪些方法。

在我们的示例中，在获取员工的姓名方面没有变化，但是在每个子类中工资的计算方式不同，因此在每个子类中将重写 weeklyPay 方法。

```
## 员工有姓名和计算周薪的方法
#
class Employee :
    . . .

    ## 获取员工的姓名
    #  @return 姓名
    #
    def getName(self) :
        . . .

    ## 计算一周的薪水
    #  @param hoursWorked 一周工作的小时数
    #  @return 给定小时数的工资
    #
    def weeklyPay(self, hoursWorked) :
        . . .
```

步骤 5 声明每个类的公共接口。

通过提供员工的姓名和工资信息来构建员工对象。

```
class HourlyEmployee(Employee) :
    ## 构建一个小时工对象，使用给定的姓名和每小时的工资
    #  @param name 员工的姓名
    #  @param wage 每小时的工作
    #
    def __init__(self, name, wage) :
        . . .

class SalariedEmployee(Employee) :
    ## 构建一个受薪员工对象，使用给定的姓名和年薪
    #  @param name 员工的姓名
    #  @param salary 年薪
    #
    def __init__(self, name, salary) :
        . . .

class Manager(SalariedEmployee) :
    ## 构造一个经理对象，使用给定的姓名、年薪和周奖金
    #  @param name 员工的姓名
    #  @param salary 年薪
    #  @param bonus 周奖金
    #
    def __init__(self, name, salary, bonus) :
        . . .
```

这些构造函数需要设置 Employee 对象的名称。我们将定义 Employee 类的构造函数，要求将名称指定为参数。

```
class Employee :
    ## 构建员工对象，使用给定的姓名
    #  @param name 员工的姓名
    #
    def __init__(self, name) :
        self._name = name
```

当然，每个子类都需要一种计算周工资的方法。

```
# 该方法重写超类的方法
def weeklyPay(self, hoursWorked) :
    . . .
```

在这个简单的例子中，不需要其他的方法。

步骤 6 确定实例变量。

所有员工都有姓名，因此，Employee 类应该有一个实例变量 _name。(请参见下面修订的继承层次结构。)

那么薪水呢？小时工有小时工资，而受薪员工有年薪。虽然可以将这些值存储在超类的实例变量中，但这不是一个好主意。生成的代码需要理解这个数字的含义，复杂并且容易出错。

因此，HourlyEmployee 对象将存储小时工资，而 SalariedEmployee 对象将存储年薪，Manager 对象需要存储每周奖金。

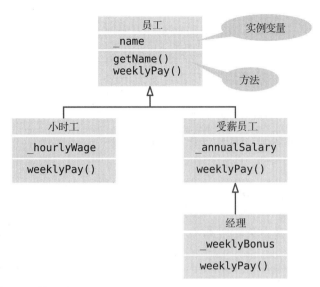

步骤 7　实现构造函数和方法。

在子类构造函数中，需要记住去设置超类的实例变量。因为超类负责初始化自己的实例变量，所以我们将员工姓名传递给超类构造函数。

```
class HourlyEmployee(Employee) :
   def __init__(self, name, wage) :
      super().__init__(name)
      self._hourlyWage = wage
   . . .
class SalariedEmployee(Employee) :
   def __init__(self, name, salary) :
      super().__init__(name)
      self._annualSalary = salary
   . . .
class Manager(SalariedEmployee) :
   def __init__(self, name, salary, bonus) :
      super().__init__(name, salary)
      self._weeklyBonus = bonus
   . . .
```

每周工资需要按照问题描述中的规定进行计算。

```
class HourlyEmployee(Employee) :
   . . .
   def weeklyPay(self, hoursWorked) :
      pay = hoursWorked * self._hourlyWage
      if hoursWorked > 40 :
         # 计算加班工资
         pay = pay + ((hoursWorked - 40) * 0.5) * self._hourlyWage
      return pay

class SalariedEmployee(Employee) :
   . . .
   def weeklyPay(self, hoursWorked) :
      WEEKS_PER_YEAR = 52
      return self._annualSalary / WEEKS_PER_YEAR
```

对于 Manager，我们需要调用 SalariedEmployee 超类版本的方法。

```
class Manager(SalariedEmployee) :
   . . .
```

```
def weeklyPay(self, hoursWorked) :
    return super().weeklyPay(hoursWorked) + self._weeklyBonus
```

➡ **步骤 8**　构造不同子类的对象并对其进行处理。

在我们的示例程序中，创建了一个员工列表，填充一系列员工对象，并计算周工资：

```
staff = []
staff.append(HourlyEmployee("Morgan, Harry", 30.0))
staff.append(SalariedEmployee("Lin, Sally", 52000.0))
staff.append(Manager("Smith, Mary", 104000.0, 50.0))

for employee in staff :
    hours = int(input("Hours worked by " + employee.getName() + ": "))
    pay = employee.weeklyPay(hours)
    print("Salary: %.2f" % pay)
```

示例代码：完整的程序请参见本书的配套代码：worked_example_1/salarydemo.py 和 worked_example_1/employees.py。

10.6　应用案例：几何图形类的层次结构

在第 2 章中，我们学习了如何使用 ezgraphics 模块绘制几何图形，也可以使用 Canvas 类的方法来绘制各种形状。然而，为了创建复杂的场景，可能需要大量不同颜色、不同大小或者不同位置上的形状。与其一次又一次地调用各种方法，不如使用类来建模各种几何图形。然后，用户可以通过创建和操作适当的对象来设计场景。

在本节中，我们将设计并实现几何图形的类层次结构。使用形状类，程序员可以创建具有特定特征的形状对象，然后只需稍做更改，就可以使用同一对象绘制形状的多个实例。例如，我们可以定义一个红色矩形对象，其左上角位于位置（0,0）处。为了在位置（100,200）处绘制另一个相同大小的红色矩形，我们可以更改矩形对象的位置并重新绘制该矩形。

形状类层次结构的基类将定义和管理对所有形状均通用的特征和操作。每个子类将定义和管理特定于单个形状的特征和操作。

类层次结构的设计包括所有形状类，如图 8 所示。我们将讨论其中一些类的设计和实现，剩余类的实现将留作课后练习。

10.6.1　基类

我们从层次结构的基类开始进行设计和实现。GeometricShape 类应该提供各种子类之间通用的功能。

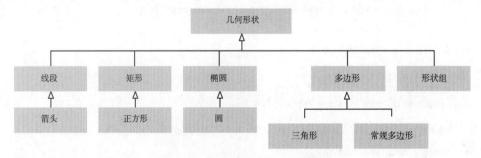

图 8　GeometricShape 类的继承图

这些通用功能包括：

- 设置用于绘制形状的颜色。
- 获取和设置边界框左上角的坐标。
- 计算形状的宽度和高度（或者用于定义形状的边界框）。
- 在画布上绘制形状。

所有子类都必须重写 draw 方法。基类不可能知道如何绘制每个对象的形状，必须依赖子类来处理此操作。类似地，计算宽度和高度的方法必须在子类中提供。

在确定公共操作以及需要重写的操作之后，需要确定基类的实例变量。我们需要存储形状使用的填充颜色和轮廓颜色的实例变量 _fill 和 _outline，还需要为边界框的左上角提供实例变量 _x 和 _y。

GeometricShape 基类的构造函数需要定义公用的实例变量。我们将 _x 和 _y 坐标作为参数传递给构造函数。

```
class GeometricShape :
    ## 构建一个基本的几何形状
    #  @param x 形状的 x 坐标
    #  @param y 形状的 y 坐标
    #
    def __init__(self, x, y) :
        self._x = x
        self._y = y
        self._fill = None
        self._outline = "black"
```

接下来，实现访问器方法。访问器方法返回存储在实例变量中的值。

```
## 获取形状最左端的 x 位置
#  @return x 坐标
#
def getX(self) :
    return self._x

## 获取形状最上部的 y 位置
#  @return y 坐标
#
def getY(self) :
    return self._y
```

getWidth 和 getHeight 方法返回 0。这两个方法应该被子类重写。

```
## 获取形状的宽度
#  @return宽度
#
def getWidth(self) :
    return 0

## 获取形状的高度
#  @return 高度
#
def getHeight(self) :
    return 0
```

我们定义了 3 种改变颜色的方法。前两种方法分别设置轮廓或者填充颜色，第三种方法将两者设置为同一颜色。

```
## 设置填充色
#  @param 填充色
#
def setFill(self, color = None) :
   self._fill = color

## 设置轮廓色
#  @param 轮廓色
#
def setOutline(self, color = None) :
   self._outline = color

## 把填充色和轮廓色设置为同一种颜色
#  @param 新颜色
#
def setColor(self, color) :
   self._fill = color
   self._outline = color
```

注意，`setFill` 和 `setOutline` 方法中默认参数的使用。如果不指定颜色，则使用 `None` 值。这些方法的使用方式与相应的 `GraphicsCanvas` 方法相同；调用 `canvas.setFillColor()`（不带参数）将设置颜色为 `None`。

以下方法根据给定的位移量来移动形状。

```
## 通过调整形状的 (x，y) 坐标，移动形状到新的位置
#  @param dx 在 x 方向移动的位移量
#  @param dy 在 y 方向移动的位移量
#
def moveBy(self, dx, dy) :
   self._x = self._x + dx
   self._y = self._y + dy
```

最后，我们定义了用于绘制单个形状的方法 `draw`。如前所述，必须为每个子类的特定形状重写此方法。但在绘制之前，所有子类都必须执行一个常见的操作：设置绘制颜色。因此，我们定义基类的 `draw` 方法来设置颜色。我们将在下一节的每个子类中看到 `draw` 方法如何调用并设置颜色。

```
## 在画布上绘制形状
#  @param canvas 用于绘制形状的图形画布
#
def draw(self, canvas) :
   canvas.setFill(self._fill)
   canvas.setOutline(self._outline)
```

10.6.2 基本形状

类的层次结构包含许多用于绘制形状的子类。在本节中，我们只讨论其中的 3 种形状：矩形、正方形和直线。

矩形是由其左上角坐标、宽度和高度指定的几何图形。矩形类继承自 `GeometricShape`。构造函数将左上角坐标传递给超类，并存储宽度和高度。

```
class Rectangle(GeometricShape) :
   ## 构造一个 width × height 的矩形框，左上角位于 (x, y) 处
   #  @param x 左上角的 x 坐标
   #  @param y 左上角的 y 坐标
   #  @param width 水平大小
```

```
    #   @param height 垂直大小
    #
    def __init__(self, x, y, width, height) :
        super().__init__(x, y)
        self._width = width
        self._height = height
```

重写 Rectangle 子类中的 draw 方法，包括调用 canvas 的相应方法。

```
    # 重写超类的方法，绘制一个矩形框
    def draw(self, canvas) :
        super().draw(canvas)
        canvas.drawRect(self.getX(), self.getY(), self._width, self._height)
```

注意，调用 GeometricShape 超类的 draw 方法来设置矩形的颜色。

我们还需要提供计算宽度和高度的方法，以重写返回 0 的超类方法。

```
    def getWidth(self) :
        return self._width

    def getHeight(self) :
        return self._height
```

Square（正方形）子类是**包装类**（wrapper class）的一个例子。包装类包装或者封装另一个类的功能，以提供更方便的接口。例如，我们可以使用 Rectangle 子类绘制一个正方形，但要求同时提供宽度和高度。因为正方形是矩形的特例，我们可以定义一个扩展或者包装矩形类的 Square 子类，只需要一个值，即边的长度。

```
    class Square(Rectangle) :
        ## 构造一个给定大小的正方形，左上角位于 (x, y) 处
        #   @param x 左上角的 x 坐标
        #   @param y 左上角的 y 坐标
        #   @param size 边的长度
        #
        def __init__(self, x, y, size) :
            super().__init__(x, y, size, size)
```

接下来，继续实现 Line 类。直线由起点和终点指定，如图 9 所示，这两个点都可能不是边界框的左上角。

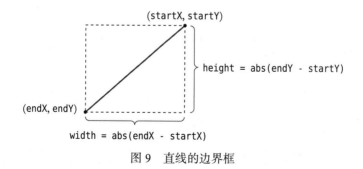

(startX, startY)

height = abs(endY - startY)

(endX, endY)

width = abs(endX - startX)

图 9　直线的边界框

因此，需要计算 x 和 y 坐标中较小值，并将这些值传递给超类构造函数。还需要将起点和终点存储在实例变量中，因为我们需要这些值来绘制直线。

```
    class Line(GeometricShape) :
        ## 构造一个线段
        #   @param x1 线段起点的 x 坐标
```

```
    #   @param y1 线段起点的 y 坐标
    #   @param x2 线段终点的 x 坐标
    #   @param y2 线段终点的 y 坐标
    #
    def __init__(self, x1, y1, x2, y2) :
        super().__init__(min(x1, x2), min(y1, y2))
        self._startX = x1
        self._startY = y1
        self._endX = x2
        self._endY = y2
```

同样，我们需要重写 draw 方法。

```
    def draw(self, canvas) :
        super().draw(canvas)
        canvas.drawLine(self._startX, self._startY, self._endX, self._endY)
```

宽度和高度是 x 和 y 坐标的起点和终点之间的差值。如果直线没有向下倾斜，我们需要取差值的绝对值（参见图 9）。

```
    def getWidth(self) :
        return abs(self._endX - self._startX)

    def getHeight(self) :
        return abs(self._endY - self._startY)
```

最后，需要重写 moveBy 方法，以便除了左上角之外，它还可以调整起点和终点。

```
    def moveBy(self, dx, dy) :
        super().moveBy(dx, dy)
        self._startX = self._startX + dx
        self._startY = self._startY + dy
        self._endX = self._endX + dx
        self._endY = self._endY + dy
```

示例代码： 下面的程序显示了几何形状类的使用方法。有关几何形状类的实现，请参见本书配套代码中的 sec06/shapes.py 模块。

sec01/questions.py

```
 1  ##
 2  #   本程序测试若干个几何形状类
 3  #
 4
 5  from ezgraphics import GraphicsWindow
 6  from shapes import Rectangle, Line
 7
 8  # 创建图形窗口对象
 9  win = GraphicsWindow()
10  canvas = win.canvas()
11
12  # 绘制一个矩形
13  rect = Rectangle(10, 10, 90, 60)
14  rect.setFill("light yellow")
15  rect.draw(canvas)
16
17  # 绘制另一个矩形
18  rect.moveBy(rect.getWidth(), rect.getHeight())
19  rect.draw(canvas)
20
21  # 绘制 6 条不同颜色的线段
```

```
22  colors = ["red", "green", "blue", "yellow", "magenta", "cyan"]
23
24  line = Line(10, 150, 300, 150)
25
26  for i in range(6) :
27      line.setColor(colors[i])
28      line.draw(canvas)
29      line.moveBy(10, 10)
30
31  win.wait()
```

10.6.3　形状组

在图 8 所示的层次结构图中，Group 子类实际上并没有绘制几何图形，相反，它是一个形状的容器。Group 类可以将基本几何图形组合起来以创建复杂形状。例如，假设我们使用一个矩形、两个圆形（一个用于表示门把手，另一个用于表示窥视孔）来构造一扇门。这三个组件可以存储在一个形状组中，在该形状组中，各个形状是相对于形状组的位置定义的。这样就允许将整个形状组移动到不同的位置，而不必移动每个单独的形状。整个形状组一旦被创建，就可以通过调用其 draw 方法来绘制形状。此外，一个 Group 类还能存储其他组，因此可以用于创建更复杂的场景。

将新形状添加到一个 Group 对象中时，边界框的宽度和高度将展开以包围新形状。图 10 显示了由三个形状组成的形状组的边界框。

为了创建 Group，可以提供其边界框左上角的坐标。类定义了一个实例变量，该变量将形状存储在列表中。

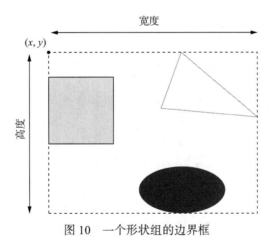

图 10　一个形状组的边界框

```
class Group(GeometricShape) :
    ## 构建一个形状组对象，其边界框位于 (x, y) 处
    #  @param x 边界框左上角的 x 坐标
    #  @param y 边界框左上角的 y 坐标
    #
    def __init__(self, x = 0, y = 0) :
        super().__init__(x, y)
        self._shapeList = []
```

向形状组中添加形状需要几个步骤。首先，形状必须附加到列表中。

```
## 将一个形状添加到形状组中
#   @param shape 要添加的形状
#
def add(self, shape) :
    self._shapeList.append(shape)
```

确定单个形状相对于形状组边界框的左上角的位置。我们必须确保每个形状都位于这一点的下方和右侧。如果不是，就必须移动。

```
# 保持形状位于边界框的下方和右侧
if shape.getX() < 0 :
    shape.moveBy(-shape.getX(), 0)
if shape.getY() < 0 :
    shape.moveBy(0, -shape.getY())
```

add 方法的完整实现包括三个步骤，如下所示：

```
## 把一个形状添加到形状组中
#   @param 要添加的形状
#
def add(self, shape) :
    self._shapeList.append(shape)

    # 保持形状位于边界框的下方和右侧
    if shape.getX() < 0 :
        shape.moveBy(-shape.getX(), 0)
    if shape.getY() < 0 :
        shape.moveBy(0, -shape.getY())
```

形状组的宽度由其成员的最右侧范围确定。形状的最右边是 shape.getX() + shape.getWidth()。下面的方法计算这些范围的最大值。

```
def getWidth(self) :
    width = 0
    for shape in self._shapeList :
        width = max(width, shape.getX() + shape.getWidth())
    return width
```

形状组的高度（最底部的范围）以相同的方式来计算。

```
def getHeight(self) :
    height = 0
    for shape in self._shapeList :
        height = max(height, shape.getY() + shape.getHeight())
    return height
```

最后，可以在画布上绘制整个形状组。形状组中包含的形状是相对于其边界框的左上角定义的。在绘制形状之前，必须将其移动到相对于形状组边界框左上角的位置。例如，如果矩形位于 (10, 5) 处，形状组位于 (100, 25) 处，则必须在其左上角位于 (110, 30) 处的位置绘制矩形。绘制形状后，必须返回其相对位置。

```
## 在画布上绘制所有的形状
#   @param canvas 要绘制形状的图形画布对象
#
def draw(self, canvas) :
    for shape in self._shapeList :
        shape.moveBy(self.getX(), self.getY())
        shape.draw(canvas)
        shape.moveBy(-self.getX(), -self.getY())
```

为了演示 Group 子类的使用方法，我们重新设计了在"操作指南 2.2"中开发的程序
italianflag.py。

sec06/italianflag.py

```
 1  ##
 2  #   本程序使用形状组类绘制两面意大利国旗
 3  #
 4
 5  from ezgraphics import GraphicsWindow
 6  from shapes import Rectangle, Line, Group
 7
 8  # 定义旗帜大小的常量
 9  FLAG_WIDTH = 150
10  FLAG_HEIGHT = FLAG_WIDTH * 2 // 3
11  PART_WIDTH = FLAG_WIDTH // 3
12
13  # 创建图形窗口对象
14  win = GraphicsWindow(300, 300)
15  canvas = win.canvas()
16
17  # 创建作为形状组的旗帜
18  flag = Group()
19
20  part = Rectangle(0, 0, PART_WIDTH, FLAG_HEIGHT)
21  part.setColor("green")
22  flag.add(part)
23
24  part = Rectangle(PART_WIDTH * 2, 0, PART_WIDTH, FLAG_HEIGHT)
25  part.setColor("red")
26  flag.add(part)
27
28  flag.add(Line(PART_WIDTH, 0, PART_WIDTH * 2, 0))
29  flag.add(Line(PART_WIDTH, FLAG_HEIGHT, PART_WIDTH * 2, FLAG_HEIGHT))
30
31  # 在画布的左上角绘制第一面旗帜
32  flag.moveBy(10, 10)
33  flag.draw(canvas)
34
35  # 在右下角绘制第二面旗帜
36  flag.moveBy(130, 180)
37  flag.draw(canvas)
38
39  win.wait()
```

工具箱 10.1　游戏编程

计算机程序可以划分为几种常见的类别，例如购物应用程序，或者计算机游戏。通常，具有该类别专业知识的程序员会开发一个代码库以提供特定类别中所有程序通用的机制。这样的库使用继承来建模共享行为。

在本工具箱中，将讨论如何使用 pygame 包来设计视频游戏。我们将讨论视频游戏的特殊之处，并继承所有游戏的常见行为。（如果尚未安装"工具箱 2.1"中所述的库，则需要先安装 pygame 包。）

事件循环

pygame 包的目的是设计一个在二维网格上操纵形状的游戏。它非常适合实现经典的

街机游戏（arcade game）。

当编写一个游戏程序时，我们需要在用户点击鼠标或者按下按键时更新游戏状态。还需要更新各种形状的位置，以便它们在屏幕上移动。最后，当有趣的事情发生时（例如两个形状碰撞），我们需要更新游戏状态，例如播放声音、显示视觉效果，或者添加、删除一个或多个形状。

按键和鼠标点击称为事件（event）。另一个事件是"退出游戏"，当用户关闭显示游戏的窗口时，它会发生。在 pygame 包中，使用一个循环监听事件，并对事件做出反应。

```
while 游戏仍在进行状态：
for event in pygame.event.get() :
    if event.type == pygame.QUIT :
        保存游戏并退出
    elif event.type == pygame.MOUSEBUTTONDOWN :
        处理在 event.pos 位置的鼠标单击操作
    elif event.type == pygame.KEYDOWN :
        处理代码为 event.key 的按键操作
```

调用 pygame.event.get()，将一直等到下一个事件发生。然后返回一个描述事件的对象。我们可以检查实例变量 event.type 以查找事件类型以及有关事件的其他详细信息。

在第 9 章中，我们建议不要直接访问对象的实例变量。然而，在 pygame 包中，很少有类使用访问器方法。我们直接读取实例变量，并且需要知道何时可以安全地更新这些实例变量。

鼠标事件有一个实例变量 pos，它被设置为一个元组 (x, y)，该元组包含鼠标的 x 和 y 位置。键事件有一个实例变量 key，它包含描述键的整数键代码。键盘上的每个键都对应一个常量，例如 pygame.K_LEFT 和 pygame.K_a。

当事件发生时，需要更新游戏的某些部分，然后绘制更改。

游戏是在一个显示对象上绘制的，我们可以通过以下代码获取显示对象：

```
display = pygame.display.set_mode((width, height))
```

请注意，传递的参数是一个元组，表示以像素为单位的宽度和高度。稍后我们将讨论如何在显示对象上绘制图像。

pygame 库提供了几种策略来重新有效地绘制游戏的更改。这是制作高性能游戏的关键，特别是在功能较弱的计算机上。在本例中，我们将使用一个简单的策略，该策略速度不快，但易于编程。

先删除显示，然后重新绘制所有内容。绘图实际上是在屏幕外执行的，这样屏幕就不会出现令人讨厌的闪烁了。当完成所有绘图操作时，我们将通知 pygame 用像素来更新屏幕显示。

```
display.fill(WHITE)
绘制所有内容
pygame.display.update()
```

一台现代计算机可以很快地更新和显示游戏状态。我们需要降低事件循环的速度，以便用户有时间在显示被再次更改之前观察到显示内容。为了使人眼能够感知平滑的运动，每秒更新显示 30 次就足够了。这是用时钟对象完成的。

```
clock = pygame.time.Clock()
framesPerSecond = 30
```
while 游戏仍在进行的状态：
    处理事件
    更新游戏状态
    绘制游戏状态

```
    clock.tick(framesPerSecond)
```

在本例中，tick 方法的等待时间为从上一次对 tick 的调用开始之后的 1/30 秒。这样可以确保循环每秒执行 30 次迭代。

精灵和组

精灵（sprite）是一种可以高效显示的图像，有时需要图形硬件的特殊支持。在 pygame 中，图像可以来自图像文件，也可以在几何图形中绘制。在本工具箱中，我们只查看从图像文件中生成的精灵。

一些 pygame 实现只处理 BMP 格式的陈旧版本图像，这些图像不支持透明像素。作为一种解决方法，使用特定颜色（例如洋红色）为那些不希望包含在图像中的任何像素上色。然后按照以下方法加载图像：

```
img = pygame.image.load(filename).convert()
MAGENTA = (255, 0, 255)
img.set_colorkey(MAGENTA)
self.image = img
self.rect = self.image.get_rect()
self.rect.x = x
self.rect.y = y - self.rect.height
```

当加载图像时，pygame 包使用给定的颜色键（在我们的示例中是洋红色）替换所有像素。

接下来，使用图像构造一个 Sprite 对象，并通过设置精灵边界框的 *x* 和 *y* 坐标将图像放置在所需位置。

```
sprite = pygame.sprite.Sprite()
sprite.image = img
sprite.rect = self.image.get_rect()
sprite.rect.x = x
sprite.rect.y = y - self.rect.height    # y 是图像的底部
```

再次注意，代码中直接使用了公共实例变量。

一个精灵可以放在一个或者多个组中，这对于检测碰撞很有用。假设我们有一个球，若想知道它击中的是哪个游戏元素，将所有候选项放在一个形状组中，并使用 spritecollideany 函数。

```
if pygame.sprite.spritecollideany(ball, group) : ...
```

函数返回与球碰撞的精灵，如果没有，则返回无。

组也有助于批量绘制和更新精灵。以下调用在显示对象上绘制所有的精灵，把精灵的图像放置在其边界框内。

```
group.draw(display)
```

如果使用 Group 类的子类 LayeredUpdates，则可以控制每个精灵将在哪个层上绘制，上层的精灵绘制在下层之上。我们可以通过设置实例变量 _layer 来控制图层。（这里有点不一致，这个实例变量有一个下划线，尽管它是用于公共访问的。）

以下代码会调用每个精灵对象的 update 方法。

```
group.update()
```

默认情况下，该方法不执行任何操作，具体操作由继承的子类完成。当编写一个游戏程序时，需要提供 Sprite 类的子类，并且实现 update 方法来重新计算精灵的状态。

例如，我们将实现一辆汽车在车道上行驶的游戏。以下是将汽车向右或者向左移动一个像素的 update 方法。

```
class Car(pygame.sprite.Sprite) :
    . . .
    def update(self) :
        if self._lane == 0 :
            self.rect.x = self.rect.x + 1
        else :
            self.rect.x = self.rect.x - 1
```

游戏框架

pygame 软件包适用于各种类型的游戏，不需要编写如前所述的事件循环。然而，对于简单的游戏，建议遵循既定的最佳编程实践。我们提供了一个基类，用户的游戏可以继承该基类。基类的 run 方法实现事件循环并调用 mouseButtonDown、keyDown、update 和 quit 方法，这些方法可以被重写以实现特定于游戏的行为。

GameBase 类管理一组精灵。与 pygame 实现不同，我们提供了访问 GameBase 类内部状态的方法。调用 add 方法来添加精灵，然后将更新和绘制这些精灵。

我们还提供了 tick 方法，该方法生成计时器所经历的滴答计时。如果要在特定时间点执行操作，可以使用此方法，例如，定期添加新的精灵。

GameBase 类的代码如下所示。

```
class GameBase:
    def __init__(self, width, height) :
        pygame.init()
        self._width = width
        self._height = height

        self._display = pygame.display.set_mode((self._width, self._height))
        self._clock = pygame.time.Clock()
        self._framesPerSecond = 30
        self._sprites = pygame.sprite.LayeredUpdates()
        self._ticks = 0
        pygame.key.set_repeat(1, 120)

    def mouseButtonDown(self, x, y) :
        return

    def keyDown(self, key) :
        return
    def update(self) :
        self._sprites.update()

    def draw(self) :
        self._sprites.draw(self._display)

    def add(self, sprite) :
        self._sprites.add(sprite)

    def getTicks(self) :
```

```
            return self._ticks

    def quit(self) :
        pygame.quit()

    def run(self) :
        while True :
            for event in pygame.event.get() :
                if event.type == pygame.QUIT :
                    self.quit()
                elif event.type == pygame.MOUSEBUTTONDOWN :
                    self.mouseButtonDown(event.pos[0], event.pos[1])
                elif event.type == pygame.KEYDOWN :
                    self.keyDown(event.key)

            self.update()
            WHITE = (255, 255, 255)
            self._display.fill(WHITE)
            self.draw()
            pygame.display.update()
            self._clock.tick(self._framesPerSecond)
            self._ticks = self._ticks + 1
```

我们还提供了 ImageSprite 类来处理加载图像的烦琐工作。在构造函数中指定一个图像，然后可以再次调用其 loadImage 方法来更改图像（例如，反映一个游戏角色的不同状态）。moveBy 方法按给定位移量移动精灵。

```
class ImageSprite(
        pygame.sprite.Sprite) :
    def __init__(self, x, y, filename) :
        super().__init__()
        self.loadImage(x, y, filename)

    def loadImage(self, x, y, filename) :
        img = pygame.image.load(filename).convert()
        MAGENTA = (255, 0, 255)
        img.set_colorkey(MAGENTA)
        self.image = img
        self.rect = self.image.get_rect()
        self.rect.x = x
        self.rect.y = y - self.rect.height

    def moveBy(self, dx, dy) :
        self.rect.x = self.rect.x + dx
        self.rect.y = self.rect.y + dy
```

一个示例游戏

在 20 世纪 80 年代，Frogger 是一种流行的街机游戏。玩家控制一只青蛙，青蛙必须穿过一条繁忙的高速公路，然后通过趴在原木、海龟或者鳄鱼的背上游泳，才能到达睡莲垫。我们将实现这个游戏的一部分，即高速公路交叉口部分。为了避免版权问题，本着 Pythonic（Python 范儿）的精神，一条蛇如果能够穿过这个繁忙的高速公路交叉口到达公路的另一边的话，就给蛇奖赏一只美味的青蛙。

Snake 类是 ImageSprite 类的一个子类。如果蛇是活着的，玩家可以选择通过方向键或者 WASD 键，向上、向左、向下或者向右移动蛇。如果这条蛇死了，我们就水平和垂直地翻转它的图像。

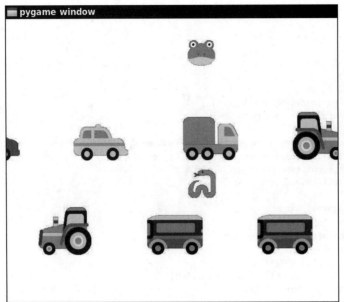

```
class Snake(ImageSprite) :
    def __init__(self, x, y) :
        super().__init__(x, y, "snake.bmp")
        self._alive = True
        self._layer = 2

    def keyDown(self, key) :
        if self._alive :
            distance = 20
            if key == pygame.K_w or key == pygame.K_UP :
                self.moveBy(0, -distance)
            elif key == pygame.K_a  or key == pygame.K_LEFT :
                self.moveBy(-distance, 0)
            elif key == pygame.K_s  or key == pygame.K_DOWN :
                self.moveBy(0, distance)
            elif key == pygame.K_d  or key == pygame.K_RIGHT :
                self.moveBy(distance, 0)

    def die(self) :
        if self._alive :
            self.image = pygame.transform.flip(self.image, True, True)
            self._alive = False
```

另一个精灵类是 Car 类，我们在前面讨论了其 update 方法。在这里，我们将超类更改为 ImageSprite。汽车图像是从 10 幅面向左边的汽车图像中随机选取的。如果汽车向右行驶，图像将水平翻转。

```
class Car(ImageSprite) :
    def __init__(self, x, lane) :
        self._lane = lane
        y = 300 + 200 * lane
        super().__init__(x, y, "car" + str(randint(0, 9)) + ".bmp")

        if lane == 0 :
            self.image = pygame.transform.flip(self.image, True, False)
        self._layer = 1
    . . .
```

游戏的 SnakeGame 类继承自 GameBase 类。SnakeGame 类有蛇、青蛙和汽车的实例变量（在精灵组中，我们将用于碰撞测试）。addCar 辅助方法将新车添加到给定车道。通过调用汽车的 add 方法，汽车被添加到超类的精灵组 _cars 和精灵组 _sprites 中。

```
class SnakeGame(GameBase) :
    def __init__(self) :
        super().__init__(800, 600)
        self._snake = Snake(400, 600)
        self._frog = ImageSprite(400, 100, "frog.bmp")
        self._cars = pygame.sprite.Group()

    def addCar(self, lane) :
        if lane == 0 :
            x = -100
        else:
            x = self._width
        newCar = Car(x, lane)
        self._cars.add(newCar)
        self.add(newCar)
```

当用户按下一个键时，GameBase 超类的事件循环调用 keyDown 方法。我们重写该方法以将按键代码发送到 _snake 对象。

```
class SnakeGame(GameBase) :
    . . .
    def keyDown(self, key) :
        self._snake.keyDown(key)
    . . .
```

SnakeGame 类的 update 方法包含了大部分的游戏逻辑。每过 240 个时钟滴答（ticks），每条车道就会增加一辆新车。一旦有足够数量的车，蛇和青蛙就会出现。

如果蛇与汽车相撞，蛇会死。如果蛇与青蛙相撞，青蛙就死了。（Sprite 类中的 kill 方法从所有组中移除精灵。）

```
class SnakeGame(GameBase) :
    . . .
    def update(self) :
        super().update()

        if self.getTicks() % 240 == 0 : # 在每条车道增加一辆新车
            self.addCar(0)
            self.addCar(1)

        if self.getTicks() == 480 :
            self.add(self._snake)
            self.add(self._frog)

        if pygame.sprite.spritecollideany(self._snake, self._cars) :
            self._snake.die()

        if (pygame.sprite.collide_rect(self._snake, self._frog)) :
            self._frog.kill()
```

注意，update 方法调用超类的方法。否则，汽车不会移动。

至此，我们已经了解了如何实现一个非常简单的游戏，并能控制游戏角色的行为。当然，为了与实际的电脑游戏竞争，我们需要增加游戏的趣味性。编程题 P10.28 ～ P10.32 中，提供了一些改进建议。

示例代码：游戏示例程序的源代码请参见本书配套代码中的 toolbox_1。

本章小结

解释继承、超类和子类的概念。

- 子类从超类中继承数据和行为。
- 我们可以使用子类对象来代替超类对象。

在 Python 中实现子类。

- 子类从超类中继承它没有重写的所有方法。
- 子类可以通过提供新的实现来重写（override）超类的方法。
- 在类的头部中，括号中的类表示该类要继承的超类。

理解如何以及何时调用超类构造函数。

- 超类负责定义自己的实例变量。
- 子类的构造函数必须显式地调用超类的构造函数。
- 使用 super() 函数调用超类的构造函数。

实现方法以重写从超类中继承的方法。

- 重写方法可以扩展或者替换超类方法的功能。
- 使用 super 函数调用超类的方法。

使用多态性处理相关类型的对象。

- 当需要超类引用时，可以使用子类引用。
- 多态性（"具有多个形态"）允许我们操作共享一组任务的对象，即使任务以不同的方式来执行。
- 抽象方法是尚未指定其实现的方法。

使用继承来设计形状的层次结构。

- GeometricShape 类提供对所有形状均通用的方法。
- GeometricShape 的每个子类都必须重写 draw 方法。
- 形状类的构造函数必须调用 super 来初始化其左上角的坐标。
- 每个形状子类必须重写用于计算宽度和高度的方法。
- 形状组包含一组一起绘制和移动的形状。

复习题

- ■ R10.1 标识以下每对类中的超类和子类。

    a. Employee, Manager
    b. GraduateStudent, Student
    c. Person, Student
    d. Employee, Professor
    e. BankAccount, CheckingAccount
    f. Vehicle, Car
    g. Vehicle, Minivan
    h. Car, Minivan
    i. Truck, Vehicle

- ■ R10.2 考虑一个小家电商店的库存管理程序。为什么设计一个超类（SmallAppliance）和若干个子类（Toaster、CarVacuum、TravelIron 等）没有什么意义？

- ■ R10.3 ChoiceQuestion 类从其超类中继承了哪些方法？重写了哪些方法？增加了哪些方法？

- ■ R10.4 "操作指南 10.1"中的 SavingsAccount 类从其超类中继承哪些方法？重写了哪些方法？增加了哪些方法？

- R10.5 列举"操作指南 10.1"中 CheckingAccount 对象的实例变量。
- R10.6 绘制一个显示以下类之间继承关系的继承层次结构图。

  - Person
  - Employee
  - Student

  - Instructor
  - Classroom
  - object

- R10.7 在面向对象的交通仿真系统中，我们有下面列出的类。绘制一个显示这些类之间关系的继承层次结构图。

  - Vehicle
  - Car
  - Truck
  - Sedan
  - Coupe

  - PickupTruck
  - SportUtilityVehicle
  - Minivan
  - Bicycle
  - Motorcycle

- R10.8 在下列类之间，可以建立哪些继承关系？

  - Student
  - Professor
  - TeachingAssistant
  - Employee
  - Secretary
  - DepartmentChair
  - Janitor

  - SeminarSpeaker
  - Person
  - Course
  - Seminar
  - Lecture
  - ComputerLab

- R10.9 在图 8 所示类的层次结构中，Rectangle 类被定义为超类 GeometricShape 的一个子类，但是矩形只是多边形的一种特殊形式。将矩形类定义并实现为类 Polygon 的子类，而不是超类 GeometricShape 的子类。假设类 Polygon 是按照编程题 P10.11 实现的。
- 图形应用 R10.10　解释多态性在 Group 类 draw 方法中的作用（参见 10.6.3 节）。
- 图形应用 R10.11　请问可以将一个 Group 对象添加到另一个 Group 对象中吗？请说明理由。
- 图形应用 R10.12　如果将一个 Group 对象添加到其自身，会发生什么情况？
- 图形应用 R10.13　将两个访问器方法 getStartPoint 和 getEndPoint 添加到 Line 类（参见 10.6.2 节）中，该类返回一个元组，该元组包含直线的起点或者终点的 x 和 y 坐标。
- 图形应用 R10.14　GeometricShape 类（参见 10.6.1 节）定义了用于指定绘制形状的颜色的实例变量 _fill 和 _outline，但是没有定义访问这些值的方法。根据需要在 GeometricShape 层次结构中定义访问器方法 getFill 和 getOutline。提示：如果一个形状类不使用一种或者两种颜色，则不应该返回该类实例的填充值或者轮廓值。

编程题

- P10.1 在 10.1 节的关于层次结构的问题中，添加一个类 NumericQuestion（数值问题）。如果答案与预期答案相差不超过 0.01，则接受答案为正确答案。
- P10.2 将类 FillInQuestion 添加到 10.1 节的层次结构问题中。填空题是由一个包含答案的字符串构造而成的，该字符串被 _ _ 包围，例如，"The inventor of Python was _Guido van Rossum_"。这个问题应该显示为：

  The inventor of Python was _____

- **P10.3** 修改 Question 类的 checkAnswer 方法，使其不考虑不同的空格或者大小写字符。例如，回答 "GUIDO van Rossum" 应该与答案 "Guido van Rossum" 是匹配的。

- ■■ **P10.4** 将类 AnyCorrectChoiceQuestion 添加到 10.1 节的层次结构问题中，该层次结构允许有多个正确的选择。答题者可以提供任何一个正确的选择。答案字符串应该包含所有正确的选项，并用空格分隔。在问题描述文本中提供说明。

- ■■ **P10.5** 将类 MultiChoiceQuestion 添加到 10.1 节的层次结构问题中，该层次结构允许有多个正确的选择。答题者应该提供所有正确的选择，并用空格隔开。在问题描述文本中提供说明。

- ■■ **P10.6** 向超类 Question 中添加 addText 方法，并提供 ChoiceQuestion 的不同实现，调用 addText 方法而不是存储选项列表。

- ■ **P10.7** 为类 Question 和 ChoiceQuestion 提供 __repr__ 方法。

- ■■ **P10.8** 实现一个超类 Person。设计两个继承 Person 类的子类：Student 和 Instructor。Person 具有姓名和出生年份；Student 具有专业；Instructor 具有薪水。为所有类编写类声明、构造函数和 __repr__ 方法。提供测试这些类和方法的测试程序。

- ■■ **P10.9** 设计一个类 Employee，包含姓名和薪水。设计一个继承 Employee 类的子类 Manager，添加实例变量 _department，该变量存储字符串。提供一个方法 __repr__ 来打印经理姓名、部门和工资。设计一个继承 Manager 类的子类 Executive，为所有的类提供合适的 __repr__ 方法。提供测试这些类和方法的测试程序。

- ■■ **图形应用 P10.10** 有标签的点包含 x 和 y 坐标以及字符串标签。提供 GeometricShape 的子类 LabeledPoint，它应带有构造函数 LabeledPoint(x, y, label)，以及绘制小圆点和标签文本的 draw 方法。

- ■■ **图形应用 P10.11** 实现 GeometricShape 类的子类 Polygon。提供一个构造函数 __init__(self, vertexList)，其中顶点列表包含一个点列表（每个点都是带有 x 和 y 坐标的列表），具体请参见 "实训案例 6.4"。

- ■■ **图形应用 P10.12** 实现 GeometricShape 类的子类 Polygon 以包含构造函数 __init__(self) 和方法 addVertex(self, x, y)。

- ■ **图形应用 P10.13** 在编程题 P10.11 中，实现 Polygon 类的 RegularPolygon 子类。

- ■ **图形应用 P10.14** 在编程题 P10.13 中，实现 RegularPolygon 类的 Diamond 子类。

- ■ **图形应用 P10.15** 在编程题 P10.11 中，实现 Polygon 类的 Triangle 子类。

- ■■ **图形应用 P10.16** Group 对象由其边界框的左上角来构造。但是，如果添加某个形状时，该形状没有触碰到边界框的左边缘或者上边缘，则真正的边界框可能会更小。重新实现类 Group 以便构造函数获得一个定位点（不必是边界框的左上角）。所有添加的形状都相对于此定位点。重新实现 add 方法以更新边界框的左上角。请注意，不需要在 add 方法中移动形状。

- ■■ **图形应用 P10.17** 重新实现 10.6 节中形状层次结构中的类，以便左上角不存储在基类中，而是在每个子类中计算。

- ■■ **图形应用 P10.18** 实现 10.6.2 节中类 Line 的子类 Arrow。draw 方法应该在终点绘制由一条直线和两条短线（箭头的尖）构成的箭头。

- ■■■ **图形应用 P10.19** 实现类 Line 的子类 DashedLine（具体请参见 10.6.2 节）。在构造函数中，提供关于虚线长度和虚线之间间隙长度的参数。

- ■■■ **图形应用 P10.20** 向 GeometricShape 类添加一个方法 scale(factor)，并为每个子类实现该方法。该方法按给定的因子缩放形状。如果调用 shape.scale(0.5)，则边界框的大小减半，并将左上角移到画布左上角当中的位置。

- ■■ **商业应用 P10.21** 修改 "操作指南 10.1" 中的 CheckingAccount 类，以便对超过每月免费交易次数

（3次）的存款或者取款操作收取1美元的费用。将计算费用的代码放入一个单独的方法中，这样我们就可以从存款和取款方法中调用该方法。

■■ **商业应用 P10.22**　实现超类 Appointment 和子类 Onetime、Daily 和 Monthly。预约（appointment）包含以下属性：描述（例如，"看牙医"）和日期。编写方法 occursOn(year, month, day)，检查指定日期是否有预约。例如，对于每月预约，必须检查每月的日期是否匹配。然后创建一个 Appointment 对象列表，填充不同的预约对象。让用户输入日期并打印出该日期的所有预约。

■■ **商业应用 P10.23**　改进编程题 P10.22 中的预约登记程序，为用户提供添加新预约的选项。用户必须指定预约的类型、说明和日期。

■■■ **商业应用 P10.24**　改进编程题 P10.22 和 P10.23 中的预约登记程序。允许用户将预约数据保存到文件，并从文件中重新加载数据。保存文件的实现很简单：设计一个方法 save，将类型、说明和日期保存到文件中。加载数据的实现稍微有些复杂，首先确定要加载的预约类型，并创建该类型的对象，然后调用方法 load 来加载数据。

■■■ **科学应用 P10.25**　在本题中，我们将模拟一个由任意电阻组成的电路。设计一个超类 Circuit 并且提供一个方法 getResistance。设计一个子类 Resistor 来表示一个电阻；设计 Resistor 的子类 Serial 和 Parallel 各包含一个 Circuit 对象列表。串联电路模拟一系列电路，每个电路可以是一个电阻器或者另一个电路。类似地，用一个 Parallel 对一组并联电路建模。例如，以下电路是包含一个电阻器和一个串联电路的并联电路。

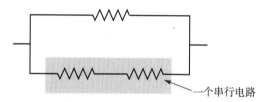

一个串行电路

使用欧姆定律计算电路的总电阻。

■■ **科学应用 P10.26**　下图 a 显示了一个称为放大器（amplifier）的简化电路图。放大器的输入是电压 v_i，输出是电压 v_o。放大器的输出电压与输入电压成正比，比例常数称为放大器的"增益"。

图 b、c 和 d 显示了 3 种特定类型放大器的原理图：反相放大器（inverting amplifier）、同相放大器（noninverting amplifier）和分压放大器（voltage divider amplifier）。这 3 种放大器电路都由两个电阻器和一个运算放大器组成。每个放大器的增益值取决于其电阻值。特别地，反相放大器的增益 g 的计算公式为 $g = -\dfrac{R_2}{R_1}$。同样，同相放大器和分压放大器的增益的计算公式分别为 $g = 1 + \dfrac{R_2}{R_1}$ 和 $g = \dfrac{R_2}{R_1 + R_2}$。

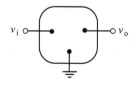

a）放大器

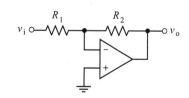

b）反相放大器

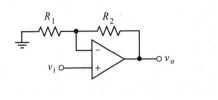 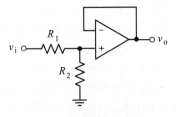

c）同相放大器　　　　　　　　d）分压放大器

编写一个 Python 程序，将放大器表示为一个超类，并将反相放大器、同相放大器和分压放大器分别表示为子类。为超类提供两个方法：getGain 和 getDescription（返回一个标识放大器的字符串）。要求每个子类都有一个带两个参数（即放大器的电阻）的构造函数。

子类需要重写超类的 getGain 和 getDescription 方法。

提供一个类以验证对于所有的示例电阻值，所有子类都能正常工作。

■■■ 科学应用 P10.27　谐振电路用于从其他竞争信号中选择信号（例如，电台或者电视频道）。谐振电路的特点是频率响应，如下图所示。谐振频率响应完全由 3 个参数来描述：谐振频率 ω_0、带宽 B 和谐振频率的增益 k。

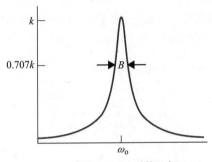

频率　（rad/s, 对数尺度）

两个简单的谐振电路如下图所示。图 a 中的电路称为并联谐振电路，图 b 中的电路称为串联谐振电路。两个谐振电路都由电阻 R、电容 C 和电感 L 组成。

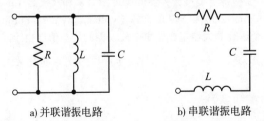

a）并联谐振电路　　　　b）串联谐振电路

这些电路是通过选择 R、C 和 L 的值来设计的，这些值使得谐振频率响应使用 ω_0、B 和 k 的指定值来描述。并联谐振电路的设计公式为：

$$R = k, \quad C = \frac{1}{BR}, \quad L = \frac{1}{\omega_0^2 C}$$

同样，串联谐振电路的设计公式为：

$$R = \frac{1}{k}, \quad L = \frac{R}{B}, \quad C = \frac{1}{\omega_0^2 L}$$

编写一个 Python 程序，将 ResonantCircuit（谐振电路）表示为一个超类，并将 SeriesResonantCircuit（串联谐振电路）和 ParallelResonantCircuit（并联谐振电路）

表示为子类。给出超类的 3 个实例变量 ω_0、B 和 k，分别表示谐振频率响应的参数。超类应该提供公共方法来获取和设置各实例变量。超类还应提供一个方法 display 以打印谐振频率响应的描述。

每个子类都应该提供一种设计相应谐振电路的方法。子类还应重写超类的 display 方法，以打印谐振频率响应参数（ω_0、B 和 k）的值和电路（R、C 和 L）的值的具体描述信息。

所有类都应该提供适当的构造函数。

编写一个程序来验证所有子类都正常工作。

- **工具箱应用 P10.28**　"工具箱 10.1"中的游戏的一个缺点是游戏结束后，玩家仍然可以用键盘移动蛇。为蛇添加一个 win(获胜) 方法，在蛇获胜后给它戴上一个王冠或者桂冠，并且使它不能再移动。

- **工具箱应用 P10.29**　增强"工具箱 10.1"中的蛇游戏功能，使玩家可以多次玩游戏。

- **工具箱应用 P10.30**　为"工具箱 10.1"增强版（见编程题 P10.29）中的游戏提供一个记分板，显示得分排行榜（打钩表示胜利），同时也为用户提供了一种输入姓名首字母缩写的方法。在 pygame 文档中搜索绘制文本所需的步骤。

- **工具箱应用 P10.31**　得分排行榜（参见编程题 P10.30）适用于所有的游戏，将此功能添加到 GameBase 类中。当游戏程序退出时，将前十名的分数和姓名首字母缩写保存到一个文件中，并在游戏重新启动时还原这些信息。

- **工具箱应用 P10.32**　在一个通常被称为"贪吃蛇"的游戏中，玩家使用箭头键将一条由多段组成的蛇转向食物（通常是苹果）。当蛇吃到食物时，它就会增长一段。当蛇撞到墙上时，它就死了。使用"工具箱 10.1"中的游戏框架来实现这个游戏。

递　　归

本章目标

- 学会"递归思维"
- 能够使用递归辅助函数
- 理解递归和迭代之间的关系
- 理解何时使用递归会影响算法的效率
- 分析与迭代方法相比，使用递归更容易解决的问题
- 使用相互递归处理具有递归结构的数据

递归方法是一种将复杂的计算问题分解为更简单、规模更小的问题的强大技术。术语"递归"是指在解决问题时相同的计算递归或者重复发生。递归通常是思考问题的最自然的方式，而且有些计算在没有递归的情况下很难执行。本章将同时展示递归的简单示例以及复杂示例，并教会读者如何"递归地思考问题"。

11.1　三角形数字之再探讨

第 5 章简单介绍了如何编写递归函数，这些函数使用更简单的输入调用自己。在第 5 章中，我们讨论了如何打印三角形图案，例如：

```
[]
[][]
[][][]
[][][][]
```

这里的关键之处在于，只要知道如何打印较小的三角形图案，就可以打印任意给定边长的三角形图案。

在本节中，我们将稍微修改示例，并使用递归计算边长为 n 的三角形的面积，假设每个 [] 的面积为 1，这个值有时被称为第 n 个三角形数（nth triangle number）。例如，从上面的三角形可以看出，第 3 个三角形数是 6，第 4 个三角形数是 10。

如果三角形的边长为 1，则三角形由一个正方形组成，其面积为 1。我们先来处理这种情况：

```python
def triangleArea(sideLength) :
    if sideLength == 1 :
        return 1
    . . .
```

为了处理一般情况，假设我们知道较小三角形的面积，这样很容易计算出大三角形的面积：

```python
area = smallerArea + sideLength
```

如何计算较小三角形的面积？可以调用 triangleArea 函数：

```
smallerSideLength = sideLength - 1
smallerArea = triangleArea(smallerSideLength)
```

至此，我们可以完整地实现 triangleArea 函数：

```
def triangleArea(sideLength) :
    if sideLength == 1 :
        return 1
    smallerSideLength = sideLength - 1
    smallerArea = triangleArea(smallerSideLength)
    area = smallerArea + sideLength
    return area
```

计算边长为 4 的三角形面积的过程如下所示：

1. 调用 triangleArea 函数，参数变量 sideLength 设置为 4。

2. 设置 smallerSideLength 为 3，并使用参数 smallerSideLength 调用 triangleArea 函数。

    1）函数调用包含自己的参数和局部变量。其 sideLength 参数变量为 3，并设置 smallerSideLength 为 2。

    2）再次调用 triangleArea 函数，这次使用参数 2。

        a. 在该函数调用中，sideLength 参数变量为 2，并设置 smallerSideLength 为 1。

        b. 调用 triangleArea 函数，使用参数 2。该函数调用返回值 1。

        c. 返回值存储在 smallerArea 中，函数返回 smallerArea+sideLength=1+2=3。

    3）在该调用层级，smallerArea 被设置为 3，函数返回 smallerArea+side-Length=3+3=6。

3. 函数设置 smallerArea 为 6，并返回 smallerArea+sideLength=6+4=10。

如上所述，函数使用依次递减的参数值多次调用自身，直到达到最简单的情况。然后递归函数依次调用各返回值。

虽然理解递归调用的模式没有问题，但是大多数人发现在设计或者理解递归解决方案时，考虑调用模式帮助并不大。相反，重新思考 triangleArea 函数。第一部分很容易理解：如果边长是 1，那么面积当然是 1。下一部分同样合理：计算较小三角形的面积，不要担心其计算方法，把函数当作一个黑匣子，这种简单的假设会得到正确的答案；那么稍大三角形的面积显然是较小三角形面积和边长的总和。

当一个函数不断地调用自己时，我们需要知道调用最终是否会结束。递归需要满足两个条件：

- 每个递归调用都必须以某种方式简化计算。
- 必须存在特殊情况（有时称为基本情况），以直接处理最简单的计算。

triangleArea 函数使用逐渐减小的边长值不断地调用自己，最终边长会减少到 1，存在边长为 1 时计算三角形面积的特殊情况。因此，triangleArea 函数可以成功执行。

实际上，我们必须仔细考虑。假设边长为 −1，会发生什么情况？函数将计算边长为 −2、−3 等的三角形面积。为了避免这种错误，我们可以在 triangleArea 函数中添加一个条件判断。

```
if sideLength <= 0 :
    return 0
```

计算三角形数并不一定需要使用递归方法。三角形的面积等于以下公式：

```
1 + 2 + 3 + . . . + sideLength
```

因此，我们可以编写一个简单的循环语句。

```
area = 0.0
for i in range(1, sideLength + 1) :
    area = area + i
```

许多简单的递归可以使用循环来计算。然而，更复杂的递归等价循环语句（例如在实训案例 11.1 和 11.5 节中的等价循环语句）则可能很难理解。

实际上，在这种情况下，我们甚至不需要使用循环来计算答案。前 n 个整数的计算公式如下：
$$1 + 2 + \cdots + n = n \times (n + 1)/2$$
因此，可以简单地使用以下语句计算三角形的面积。

```
area = sideLength * (sideLength + 1) / 2
```

因此，求解该问题既不需要递归也不需要循环。递归解决方案旨在为后面的部分进行"预热"。

sec01/trianglenumbers.py

```
 1  ##
 2  #  本程序使用递归方法计算三角形数量
 3  #
 4
 5  def main() :
 6      area = triangleArea(10)
 7      print("Area:", area)
 8      print("Expected: 55")
 9
10  ## 计算给定边长的三角形面积
11  #  @param sideLength 三角形底边的边长
12  #  @return 面积
13  #
14  def triangleArea(sideLength) :
15      if sideLength <= 0 :
16          return 0
17      if sideLength == 1 :
18          return 1
19      smallerSideLength = sideLength - 1
20      smallerArea = triangleArea(smallerSideLength)
21      area = smallerArea + sideLength
22      return area
23
24  # 启动程序
25  main()
```

程序运行结果如下：

```
Area: 55
Expected: 55
```

常见错误 11.1　无限递归

　　一个常见的编程错误是无限递归：一个函数一遍又一遍地调用自己，没有尽头。每次函数调用，计算机都需要一定的内存来记录调用信息。经过一定次数的调用后，可用内存将被耗尽。程序关闭并报告"堆栈溢出"。

无限递归的发生有两个原因：第一个是参数没有递减到最简单情况，第二个是缺少特殊的终止情况。例如，假设允许 triangleArea 函数计算边长为 0 的三角形的面积。如果不是特殊的测试，函数将构造边长为 -1、-2、-3 的三角形，以此类推。

专题讨论 11.1　带对象的递归

如果我们对函数可以调用自身感到困惑，则对于以下面向对象的变体可能更容易理解。让我们实现一个类 Triangle，提供一个 getArea 方法：

```
class Triangle
    def __init__(self, sideLength) :
        self._sideLength = sideLength

    def getArea(self) :
        . . .
```

我们先处理基本情况：

```
def getArea(self) :
    if self._sideLength == 1 :
        return 1
    . . .
```

现在处理一般情况。假设较小三角形的面积已知，这样就很容易计算出稍大三角形的面积为 smallerArea + self._sideLength。

我们怎样才能得到较小的面积呢？只要调用较小三角形对象的方法就行了！

```
smallerTriangle = Triangle(self._sideLength - 1)
smallerArea = smallerTriangle.getArea()
area = smallerArea + self._sideLength
```

在这里，我们对另一个对象调用 getArea 方法。对许多人来说，这种类型的递归更容易理解。

示例代码：有关面向对象的变体，请参见本书配套代码中的 special_topic_1/triangle.py 和 triangletester.py。

11.2　问题求解：递归思维

在第 5 章的"操作指南 5.2"中，我们讨论了如何通过假设"其他人"会通过简单的输入来解决问题，并通过关注如何将简单的解决方案转化为整个问题的解决方案来递归地解决问题。

在本节中，我们将通过一个更复杂的问题来完成这些步骤：测试一个句子是否是回文（palindrome，当反转回文的所有字符时，这个字符串就等于它本身）。典型的回文示例如下：

- A man, a plan, a canal—Panama!

- Go hang a salami, I'm a lasagna hog

当然，还有最古老的回文：

- Madam, I'm Adam

在测试回文时，我们将忽略大小写字母以及空格和标点符号之间的区别。

以下我们要实现 isPalindrome 函数。

```
## 测试一个字符串是否为回文
#   @param text 要检查的字符串
#   @return 如果 text 为回文，则返回 True；否则返回 False
#
def isPalindrome(text) :
    . . .
```

➡️ **步骤 1** 考虑各种简化输入的方法。

首先我们要专注于亟待解决问题的一个或者一组特定的输入。思考如何简化输入，使同一问题可以应用于更简单的输入。

当我们考虑更简单的输入时，可能想从原始输入中删除一部分，可能想从字符串中删除一个或者两个字符，或者删除几何图形的一小部分。但有时，将输入分成两部分，然后看看如何分别解决这两部分问题会更有帮助。

在回文测试问题中，输入是需要测试的字符串。如何简化输入？存在以下几种可能性：

- 删除第一个字符。

- 删除最后一个字符。

- 删除第一个和最后一个字符。

- 从中间移除一个字符。

- 把字符串拆分成两部分。

这些简单的输入都是回文测试的潜在输入。

➡️ **步骤 2** 将简单输入的解决方案组合成原问题的解决方案。

思考在步骤 1 中发现的更简单输入的解决方案。别担心这些解决方案是如何得到的，只要假设解决方案是现成的即可。只要对自己说：这些都是简单的输入，所以别人会帮我们解决。

现在思考如何将简单输入的解决方案转换为当前正在考虑的输入的解决方案。这也许需要增加一个小的数量，也许与我们为了得到更简单的输入而削减的数量有关。也许我们把原始输入分成两部分后，每一部分都有解决方案。然后，可能需要添加这两个解决方案，以得出整体解决方案。

考虑简化回文测试输入的方法。把字符串拆分成两部分似乎不是个好主意。如果把以下字符串拆分成两部分：

```
"Madam, I'm Adam"
```

则拆分结果为：

```
"Madam, I"
```

和

```
"'m Adam"
```

第一个字符串不是回文。把输入拆分成两部分，测试前后两部分是否是回文似乎是个死胡同。

最有希望的简化是删除第一个和最后一个字符。去掉前面的 M 和后面的 m：

`"adam, I'm Ada"`

假设我们可以验证较短的字符串是回文，则原来的字符串自然也是回文（只要把同一个字母放在较短字符串的前面和后面）。这种方法可行性非常高。如果一个单词是回文，则满足以下条件：

- 第一个和最后一个字母匹配（忽略字母大小写）。
- 删除第一个和最后一个字母得到的单词是回文。

同样，不要担心如何测试较短的字符串是否为回文，只要假设可以测试即可。

还需要考虑另外一个情况。如果单词的第一个字符或者最后一个字符不是字母怎么办？例如字符串

`"A man, a plan, a canal, Panama!"`

该字符串以字符！结尾，与前面的字母 A 不匹配。在测试回文时，我们应该忽略非字母字符。因此，当最后一个字符不是字母而第一个字符是字母时，删除第一个和最后一个字符是没有意义的。这不是问题，只需删除最后一个字符。如果较短的字符串是回文，则在附加非字母时它依旧是回文。

如果第一个字符不是字母，则应用相同的方法。现在我们考虑了所有的情况。

- 如果第一个字符和最后一个字符都是字母，则检查它们是否匹配。如果匹配的话，则移除这两个字母，并测试较短的字符串。
- 如果最后一个字符不是字母，则将其删除并测试较短的字符串。
- 如果第一个字符不是字母，则将其删除并测试较短的字符串。

在这 3 种情况下，我们都可以使用更简单问题的解决方案来获得问题的解决方案。

➡ **步骤 3**　找到最简单输入的解决方案。

递归计算不断简化其输入，最终将得到最简单的输入。为了确保递归停止，我们必须分别处理最简单的输入情况，设计出特别的解决方案（这通常很简单）。

然而，有时我们会陷入处理"退化"输入这个哲学问题：空字符串、没有面积的形状等。我们可能需要研究一个稍微大一点的输入，逐渐减少到很小的输入，并查看应该将什么值附加到退化的输入中，以便根据在步骤 2 中发现的规则来使用更简单的值，从而得到正确的答案。

让我们看看回文测试的最简单的字符串：

- 两个字符的字符串
- 单字符的字符串
- 空字符串

我们不必为两个字符的字符串想出特殊的解决方案，步骤 2 仍然适用于两个字符的字符串，删除其中一个或者两个字符。然而，我们确实需要考虑长度为 0 和 1 的字符串。在这些情况下，步骤 2 不适用，因为没有两个字符需要移除。

空字符串是回文——字符串无论正序还是反序对应的都是同一个字符串。如果我们觉得这个解释有点牵强，就考虑字符串"mm"。根据在步骤 2 中发现的规则，如果第一个和最

后一个字符相匹配,并且其余的字符(此处为空字符串)也是回文,则此字符串是回文。因此,将空字符串看作回文是有意义的。

只有一个字母的字符串(例如"I")是回文。如果字符不是字母,比如"!",则移除"!"字符后得到一个空字符串,而空字符串是回文。因此,我们得出结论,长度为 0 或者 1 的所有字符串都是回文。

➡ **步骤 4** 通过结合简单案例和简化步骤来实现解决方案。

现在我们已经准备好实现解决方案了,为在步骤 3 中考虑的简单输入创建单独的情况。如果输入不是最简单的情况之一,则实现在步骤 2 中发现的逻辑。

isPalindrome 函数的实现如下所示:

```python
def isPalindrome(text) :
    length = len(text)

    # 最简单字符串的特殊情况
    if length <= 1 :
        return True
    else :
        # 获取最后一个字符, 并转换为小写
        first = text[0].lower()
        last = text[length - 1].lower()

        if first.isalpha() and last.isalpha() :
            # 都是字母
            if first == last :
                # 移除第一个字符和最后一个字符
                shorter = text[1 : length - 1]
                return isPalindrome(shorter)
            else :
                return False
        elif not last.isalpha() :
            # 移除最后一个字符
            shorter = text[0 : length - 1]
            return isPalindrome(shorter)
        else :
            # 移除第一个字符
            shorter = text[1 : length]
            return isPalindrome(shorter)
```

示例代码: 完整的程序请参见本书配套代码中的 sec02/palindromes.py。

实训案例 11.1　查找文件

问题描述　我们的任务是打印目录树中所有具有给定扩展名的文件名。

目录树的顶层称为根目录,根目录可以包含文件或者子目录。每个子目录的子目录也可以包含文件或者子目录。我们需要打印根目录和所有子目录中具有给定扩展名的所有文件。

因为这些子目录中的一些内容本身可以是目录,所以我们自然会选择使用递归算法。

➡ **步骤 1**　考虑各种简化输入的方法。

我们的问题有两种输入:目录名和扩展名。显然,处理扩展名没有任何意义。然而,有一种明显的方法可以处理目录树：

- 考虑根目录级别下的所有文件或者子目录。
- 如果根目录的下级是一个目录，则以相同的方式检查该目录。
- 如果根目录的下级是一个文件，则检查该文件是否具有给定的扩展名。

➡ **步骤 2**　将简单输入的解决方案组合成原问题的解决方案。

由于要求只打印找到的文件，因此没有任何结果需要合并。如果要求生成一个已找到文件的列表，则可以把根目录中的所有匹配项放入一个列表中，并将子目录中的所有结果添加到同一列表中。

➡ **步骤 3**　找到最简单输入的解决方案。

最简单的输入是一个不是目录的文件。在这种情况下，我们只需检查该文件是否以给定的扩展名结尾，如果是，则打印该文件。

➡ **步骤 4**　通过结合简单案例和简化步骤来实现解决方案。

在我们的例子中，简化步骤只是查看文件和子目录：

```
对于目录下一级的文件或子目录
    如果其为目录
        递归地查找下一级中具有给定扩展名的文件
    如果其以给定扩展名结尾
        打印该文件名
```

为了完成此任务，我们需要使用“工具箱 7.2”中引入的 os 模块中的几个函数。listdir 函数获取目录的路径（例如 /home/myname/pythonforeveryone），并返回给定目录中每个文件和目录的名称列表。它们的名称很简单，例如 ch01 或者 hello.py。

为了将简单的名称转换为完整的路径名，我们使用 join 函数并将该名称与父路径相结合。结果是一个完整的路径，例如 /home/myname/pythonforeveryone/ch01。最后，isdir 函数接收这样的路径字符串，并确定它是否为目录名。

以下是 Python 中 find 函数的实现代码：

```python
## 打印给定扩展名的所有文件名
# @param dir 起始目录
# @param extension 文件扩展名（例如".py"）
#
def find(dir, extension) :
    for f in listdir(dir) :
        child = join(dir, f)
        if isdir(child) :
            find(child, extension)
        elif child.endswith(extension) :
            print(child)
```

示例代码： 完整的解决方案请参见本书配套代码中的 worked_example_1/filefinder.py。

11.3　递归辅助函数

有时，如果稍微更改一下原始问题，就更容易找到递归解决方案。然后通过调用递归辅助函数来解决原始问题。

下面是一个典型的例子：考虑 11.2 节的回文测试。在每个步骤中构造新的字符串对象会降低处理效率。与其测试整个句子是否为回文，不如检查子字符串是否为回文。

```
## 递归测试一个子字符串是否为回文
# @param text 要检查的字符串
# @param start 子字符串的第一个字符的索引
# @param end 子字符串的最后一个字符的索引
# @return 如果子字符串为回文，则返回 True
#
def substringIsPalindrome(text, start, end) :
    . . .
```

这个函数比原来的测试更容易实现。在递归调用中，只需调整 start 和 end 参数变量即可跳过匹配的字母对和非字母字符。不需要构造新字符串来表示较短的字符串。

```
def substringIsPalindrome(text, start, end) :
    # 长度为 0 和 1 的子字符串的特殊情况
    if start >= end :
        return True
    else :
        # 获取第一个字符和最后一个字符，并转换为小写
        first = text[start].lower()
        last = text[end].lower()
        if first.isalpha() and last.isalpha() :
            if first == last :
                # 测试不包含前后匹配字符的子字符串是否为回文
                return substringIsPalindrome(text, start + 1, end - 1)
            else :
                return False
        elif not last.isalpha() :
            # 测试不包含最后一个字符的子字符串是否为回文
            return substringIsPalindrome(text, start, end - 1)
        else :
            # 测试不包含第一个字符的子字符串是否为回文
            return substringIsPalindrome(text, start + 1, end)
```

我们仍然需要一个函数来解决整个问题，使用函数的用户不必了解子字符串位置这些细节，只需使用位置来调用测试整个字符串的辅助函数。

```
def isPalindrome(text) :
    return substringIsPalindrome(text, 0, len(text) − 1)
```

请注意，此调用不是递归函数调用。isPalindrome 函数调用辅助函数 substringIsPalindrome。当递归问题与原问题等价但更易于使用递归解决时，可以使用递归辅助函数这项技术。

示例代码： 使用子字符串版本的回文检测函数的完整程序请参见本书配套代码中的 sec03/palindromes2.py。

11.4 递归的效率

如本章前面所述，递归是一个实现复杂算法的强大工具。另一方面，递归会导致算法性能不佳。在本节中，我们将分析递归什么时候高效、什么时候效率低下。

考虑斐波那契（Fibonacci）序列，它是由以下公式定义的一个数字序列：

$$f_1 = 1$$
$$f_2 = 1$$
$$f_n = f_{n-1} + f_{n-2}$$

也就是说，序列的每个值是前面两个值的总和。序列的前 10 项是：

$$1, 1, 2, 3, 5, 8, 13, 21, 34, 55$$

很容易无限地扩展这个序列，只需继续求序列最后两个值的总和。例如，下一项是 34 +
55 = 89。

我们想编写一个函数，计算任意 n 的 f_n。将定义直接转换为递归函数的实现如下所示：

sec04/recursivefib.py

```
1  ##
2  #   本程序使用递归函数计算斐波那契数
3  #
4
5  def main() :
6      n = int(input("Enter n: "))
7      for i in range(1, n + 1) :
8          f = fib(i)
9          print("fib(%d) = %d" % (i, f))
10
11 ## 计算斐波那契数
12 #  @param n 一个整数
13 #  @return 返回第 n 个斐波那契数
14 #
15 def fib(n) :
16     if n <= 2 :
17         return 1
18     else :
19         return fib(n - 1) + fib(n - 2)
20
21 # 启动程序
22 main()
```

程序运行结果如下：

```
Enter n: 35
fib(1) = 1
fib(2) = 1
fib(3) = 2
fib(4) = 3
fib(5) = 5
fib(6) = 8
fib(7) = 13
. . .
fib(35) = 9227465
```

实现程序相当简单，而且函数正确运行。但是，如果在运行测试程序时仔细观察输出就
会发现，对 fib 函数的前几次调用非常快。不过，对于较大的值，程序会在两个输出之间暂
停令人惊讶的较长时间。

这好像没道理。我们使用铅笔、纸和袖珍计算器也可以很快计算出这些数字，所以计算
机不应该耗费那么长的时间。

为了查看问题所在，让我们在函数中插入跟踪消息。

sec04/recursivefibtracer.py

```
1  ##
2  #   本程序打印跟踪消息
```

```
 3  #   显示计算斐波那契数的函数调用自己的次数
 4  #
 5
 6  def main() :
 7      n = int(input("Enter n: "))
 8      f = fib(n)
 9      print("fib(%d) = %d" % (n, f))
10
11  ## 计算斐波那契数
12  #   @param n 一个整数
13  #   @return 第 n 个斐波那契数
14  #
15  def fib(n) :
16      print("Entering fib: n =", n)
17      if n <= 2 :
18          f = 1
19      else :
20          f = fib(n - 1) + fib(n - 2)
21      print("Exiting fib: n =", n, "return value =", f)
22      return f
23
24  # 启动程序
25  main()
```

程序运行结果如下：

```
Enter n: 6
Entering fib: n = 6
Entering fib: n = 5
Entering fib: n = 4
Entering fib: n = 3
Entering fib: n = 2
Exiting fib: n = 2 return value = 1
Entering fib: n = 1
Exiting fib: n = 1 return value = 1
Exiting fib: n = 3 return value = 2
Entering fib: n = 2
Exiting fib: n = 2 return value = 1
Exiting fib: n = 4 return value = 3
Entering fib: n = 3
Entering fib: n = 2
Exiting fib: n = 2 return value = 1
Entering fib: n = 1
Exiting fib: n = 1 return value = 1
Exiting fib: n = 3 return value = 2
Exiting fib: n = 5 return value = 5
Entering fib: n = 4
Entering fib: n = 3
Entering fib: n = 2
Exiting fib: n = 2 return value = 1
Entering fib: n = 1
Exiting fib: n = 1 return value = 1
Exiting fib: n = 3 return value = 2
Entering fib: n = 2
Exiting fib: n = 2 return value = 1
Exiting fib: n = 4 return value = 3
Exiting fib: n = 6 return value = 8
fib(6) = 8
```

图 1 显示了计算 fib(6) 的递归调用模式。图中显示了该函数耗时的原因，它一遍又一遍地计算相同的值。例如，fib(6) 的计算调用 fib(4) 两次、fib(3) 三次。这与我们用铅笔和纸

进行计算大不相同。在这里，我们只需在计算时写下值，然后将最后两个值相加得到下一个值，直到达到所需的项；任何序列值都不会计算两次。

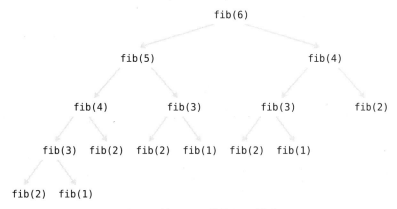

图 1　递归 fib 函数的调用模式

如果模仿使用铅笔和纸进行手工计算的过程，那么我们得到以下程序。

sec04/loopfib.py

```
 1  ##
 2  #   本程序使用迭代函数计算斐波那契函数
 3  #
 4
 5  def main() :
 6      n = int(input("Enter n: "))
 7      for i in range(1, n + 1) :
 8          f = fib(i)
 9          print("fib(%d) = %d" % (i, f))
10
11  ## 计算斐波那契数
12  #  @param n 一个整数
13  #  @return 第 n 个斐波那契数
14  #
15  def fib(n) :
16      if n <= 2 :
17          return 1
18      else :
19          olderValue = 1
20          oldValue = 1
21          newValue = 1
22          for i in range(3, n + 1) :
23              newValue = oldValue + olderValue
24              olderValue = oldValue
25              oldValue = newValue
26
27          return newValue
28
29  # 启动程序
30  main()
```

程序运行结果如下：

```
Enter n: 50
fib(1) = 1
fib(2) = 1
```

```
fib(3) = 2
fib(4) = 3
fib(5) = 5
fib(6) = 8
fib(7) = 13
. . .
fib(50) = 12586269025
```

这个函数比递归版本的函数运行速度要快很多。

在 fib 函数的例子中，递归解决方案很容易编程，它完全遵循数学定义，但递归解决方案的运行速度远比迭代解决方案慢，因为递归方法多次计算许多中间结果。

把递归解决方案变成一个循环是否可以加快程序的运行速度？通常情况下，迭代解决方案和递归解决方案的性能基本相同。例如，下面是回文测试的迭代解决方案：

```
def isPalindrome(text) :
    start = 0
    end = len(text) - 1
    while start < end :
        first = text[start].lower()
        last = text[end].lower()
        if first.isalpha() and last.isalpha() :
            # 第一个和最后一个字符都是字母
            if first == last :
                start = start + 1
                end = end - 1
            else :
                return False

        if not last.isalpha() :
            end = end - 1

        if not first.isalpha() :
            start = start + 1

    return True
```

此解决方案保留两个索引变量：start 和 end。第一个索引从字符串的开头开始，当字母被匹配或者非字母被忽略时，该索引将进行正向移动。第二个索引从字符串的末尾开始，并反向移动。当两个索引变量相遇时，迭代停止。

迭代和递归的运行速度相差不多。如果回文中有 n 个字符，则迭代将执行 $n/2 \sim n$ 次循环，具体取决于有多少字符是字母，因为在每个步骤中会移动一个或者两个索引变量。类似地，递归解决方案调用自己的次数在 $n/2 \sim n$ 次之间，因为在每个步骤中删除一个或者两个字符。

在这种情况下，迭代解决方案往往稍快一点，因为每次递归函数调用都需要一定的处理器时间。原则上，如果遵循简单的模式，智能编译器可以避免递归函数调用，但 Python 的编译器不会这样做。从这个角度来看，迭代解决方案是比较可取的。

示例代码：迭代版本的回文检测程序请参见本书配套代码中的 sec04/looppalindromes. py。

然而，许多问题的递归解决方案比迭代解决方案更容易理解和正确实现。有时根本没有明显的迭代解，请参见下一节中的示例。递归解决方案具有一定的优雅性和经济性，使它们更具吸引力。正如计算机科学家（同时也是 PostScript 图形描述语言中 GhostScript 解释器的创造者）劳伦斯·彼得·多伊奇（L. Peter Deutsch）所说："迭代者为人，递归者为神。"

11.5　排列

在本节中，我们将研究一个更复杂的递归示例，它很难用简单的循环来编程。（正如编程题 P11.15 所示，虽然可以不使用递归实现，但得到的解决方案会相当复杂，而且并不会更快。）

我们将设计一个列出字符串所有排列的函数。排列只是字符串中字母的重新组织。

例如，字符串 "eat" 有 6 种排列（包括原始字符串本身）：

```
"eat"
"eta"
"aet"
"ate"
"tea"
"tae"
```

现在我们需要一种递归地生成排列的方法。考虑字符串 "eat"，让我们简化问题。首先，将生成所有以字母“e”开头的排列，然后是以“a”开头的排列，最后是以“t”开头的排列。如何产生以“e”开头的排列？我们需要知道子字符串“at”的排列。但是，用一个更简单的输入（即较短的字符串“at”）生成所有排列也是可以的。因此，我们可以使用递归。生成子字符串“at”的排列结果为：

```
"at"
"ta"
```

对于该子字符串的每一个排列，在前面加上字母“e”，得到以“e”开头的“eat”的排列，即：

```
"eat"
"eta"
```

现在让我们把注意力转移到“eat”中以“a”开头的所有排列上。我们需要产生其余字母“et”的排列，结果为：

```
"et"
"te"
```

把字母“a”添加到这些字符串的前面，结果为：

```
"aet"
"ate"
```

以同样的方式，可以生成以“t”开头的排列。

这就是递归的基本思想，而且实现也非常简单。在 permutations 函数中，我们循环遍历要排列的单词中的所有位置。对于其中的每一个，我们计算通过删除第 i 个字母得到的较短单词：

```
shorter = word[ : i] + word[i + 1 : ]
```

然后，计算较短单词的排列：

```
shorterPermutations = permutations(shorter)
```

最后，把移除的字母附加到较短单词的所有排列的前面：

```
for s in shorterPermutations :
    result.append(word[i] + s)
```

按惯例，我们必须为最简单的字符串提供一种特殊情况。最简单的字符串是空字符串，它只有一种排列——就是它自己。

完整的程序如下所示。

sec05/permutations.py

```
1  ##
2  #   本程序计算字符串的排列
3  #
4
5  def main() :
6      for string in permutations("eat") :
7          print(string)
8
9  ## 获取给定单词的所有排列
10 #   @param word 需要排列的字符串
11 #   @return 包含所有排列的列表
12 #
13 def permutations(word) :
14     result = []
15
16     # 空字符串的排列: 其本身
17     if len(word) == 0 :
18         result.append(word)
19         return result
20     else :
21         # 循环遍历所有位置的字符
22         for i in range(len(word)) :
23             # 通过移除第 i 个字符，形成更短的单词
24             shorter = word[ : i] + word[i + 1 : ]
25
26             # 生成稍短单词的所有排列
27             shorterPermutations = permutations(shorter)
28
29             # 把移除的字母添加到稍短单词的
30             # 所有排列的前面
31             for string in shorterPermutations :
32                 result.append(word[i] + string)
33
34         # 返回所有的排列
35         return result
36
37 # 启动程序
38 main()
```

程序运行结果如下：

```
eat
eta
aet
ate
tea
tae
```

比较程序 permutations.py 和 triangle.py。二者的工作原理一致。当它们处理一个更复杂的输入时，首先要解决一个更简单的输入问题。然后，将简单输入的结果与额外的工作结合起来，为更复杂的输入提供结果。在这个过程背后，没有什么特别的复杂性，只要考虑这个层面上的解决方案。然而，在幕后，较简单的输入会创建更简单的输入，从而创建另一个简化的问题，以此类推，直到一个输入如此简单以至于无须进一步的辅助任务就可以获得结果。思考这个过程很有趣，但也可能会让人困惑。重要的是，我们可以把注意力放在一个重要的层面上，把一个稍微简单的问题的解决方案放在一起，而忽略这个简单的问题也使用递归来获得结果的事实。

计算机与社会 11.1 计算的局限性

你是否考虑过老师或者助教如何批改学生的编程作业？他们很可能会检查学生的解决方案，并使用一些输入来测试和运行解决方案。但通常只有一个正确的解决方案，因此可能存在一种更简单的方法：使用"程序比较器"（一个分析两个程序并确定它们通过计算是否得到相同结果的计算机程序）来比较学生的程序和正确的程序。当然，学生的解决方案和已知正确的程序不必完全相同，重点在于在给定相同的输入时，它们是否会产生相同的输出结果。

"程序比较器"的工作原理是什么呢？事实上，Python解释器很清楚如何读取程序并理解类、函数和语句。因此，似乎有人可以通过一些努力以编写一个程序来读取两个Python程序，分析其工作过程，并确定它们是否解决了相同的问题。当然，对于老师而言，类似的程序非常具有吸引力，因为程序可以自动实现评分过程。所以，尽管目前还没有这样的项目，但尝试开发一个项目并将其出售给世界各地的大学可能非常有前景。

然而，在开始为这样的努力筹集风险资金之前，我们应该知道理论计算机科学家已经证明，无论我们多么努力，开发这样的程序都是不可能的。

存在许多类似的无法求解的问题。第一个被称为停机问题（halting problem），是由英国研究员艾伦·图灵（Alan Turing）于1936年发现的。由于他的研究发生在第一台真正的计算机被构造之前，因此图灵不得不设计一种理论装置——图灵机（Turing machine）来解释计算机是如何工作的。图灵机由一个长磁带、一个读/写磁头和一个程序组成。程序包含一系列按顺序编号的指令，其形式如下所示："如果磁头下的当前符号是x，则将其用y替换，将磁头

向左或者向右移动一个单位，然后继续执行指令n"（见下图）。有趣的是，仅使用这些指令，我们就可以像使用Python一样编写程序，尽管这样做非常乏味。理论计算机科学家喜欢图灵机，因为它可以使用数学定律来描述。

如果使用Python语言中的术语，"停机问题"可以表示为："不可能编写出来接受两个输入参数（即任意Python程序P的源代码和字符串I）的一个程序，该程序可以确定使用输入I执行程序P时会停机，即在给定输入I时程序P不会进入无限循环。"当然，对于某些类型的程序和输入，可以决定程序是否在给定的输入下停机。停机问题认为，不可能想出一个能处理所有程序和输入的单一决策算法。注意，我们不能简单地通过使用输入I运行程序P来解决这个问题。也许程序运行了1000天，也无法确认程序是否处于一个无限循环中。也许再运行一天，程序会停止。

如果可以编写一个类似的"停机检查器"（halt checker），则有可能将其用于批改作业系统。老师可以使用它来筛选学生提交的编程作业，使用特定输入检查学生的编程是否进入了一个无限循环，然后停止检查这些编程作业。然而，正如图灵所证明的，这样的程序是无法实现的。他的论点巧妙而简单。

假设存在一个"停机检查器"程序，我们称为H。从H开始，我们将开发另一个名为"杀手"（killer）的程序K。K执行以下计算：其输入是一个字符串，其中包含程序R的源代码。然后，对输入程序R和输入字符串R应用"停机检查器"程序。也就是说，程序R的输入是它自己的源代码，然后检查程序R是否停止。把一个程序提供给自己听起来很奇怪，但这并非不

可能，例如，单词计数程序可以对其源代码中的单词进行计数。

当 K 从 H 得到 R 应用于自身时停机的答案时，则编程进入一个无限循环；否则 K 退出。在 Python 中，程序可能如下所示：

```
r = Read program input
if check(r, r) :
    done = False
    while not done :
        done = False  # 无限循环
else :
    return
```

请仔细思考以下问题：当被问及给定的 K 作为输入 K 是否会停机时，check 函数会回答什么？也许它会发现 K 在这样的输入下进入了一个无限循环。稍加思考，就会知道那是不可能的。这意味着 check(r,r) 在知道 r 是 K 的程序代码时返回 False。我们可以清楚地看到，在这种情况下，"杀手"程序退出，所以 K 并没有进入一个无限循环。这表明 K 在分析自身时必须停机，check(r,r) 应该返回 True。但是，"杀手"程序并没有终止，而是进入了一个无限循环。这表明，逻辑上不可能实现这样的程序——该程序可以检查每个程序是否在特定输入上停止。

我们必须清醒地意识到

计算存在局限性，存在一些任何计算机程序（无论多么巧妙）都无法解决的问题。

理论计算机科学家正在从事其他涉及计算本质的研究。一个至今仍未解决的重要问题涉及在实践中非常耗时的问题。可能这些问题本质上很难解决，在这种情况下，试图寻找更好的算法是没有意义的。这种理论研究具有重要的实际应用价值。例如，到目前为止，还没有人知道今天使用的最常见的加密方案是否可以通过发现新算法而被破解。知道不存在破解特定代码的快速算法，可以让我们对加密的安全性更有信心。

程序

指令编号	如果磁带符号为	替换为	然后移动磁头	然后跳转到指令
1	0	2	右	2
	1	2	左	4
2	0	1	右	2
	1	1	左	2
	2	1	右	2
3	0	0	左	3
	1	1	左	3
	2	2	左	3
4	1	1	右	1
	2	0	左	4

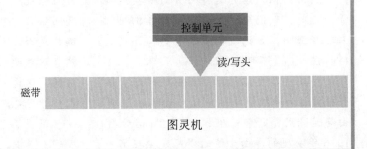

控制单元

读/写头

磁带

图灵机

11.6　回溯

回溯（backtracking）是一种解决问题的技术，可以建立越来越接近目标的部分解决方案。如果某个部分解决方案不能完成，则放弃该部分解决方案并返回检查其他候选解决方案。

回溯可以用来解决纵横填字游戏、逃离迷宫，或者找到受规则约束的系统的解决方案。为了对一个特定的问题进行回溯，该问题需要有两个特征性质。

1. 检验部分解决方案并确定下面的操作：
- 接受部分解决方案作为实际解决方案。
- 放弃部分解决方案（要么是因为它违反了某些规则，要么是因为它永远不会产生有效的解决方案）。
- 继续扩展部分解决方案。
2. 扩展部分解决方案，产生一个或者多个接近目标的解决方案。
回溯可以用以下递归算法表示：

Solve(partialSolution)
　　Examine(partialSolution).
　　　如果接受
　　　　　将 *partialSolution* 添加到解决方案列表中
　　　如果未被放弃
　　　　　对于 *extend(partialSolution)* 中的每个 *p*
　　　　　　Solve(p)

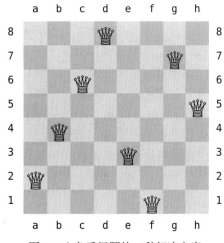

图 2　八皇后问题的一种解决方案

当然，检查和扩展部分解决方案的过程取决于问题的性质。

例如，我们将开发一个程序，找到八皇后问题的所有解决方案：在棋盘上定位八皇后的任务，根据国际象棋规则确保这 8 个皇后之间不会相互攻击。换而言之，没有两个皇后位于同一行、同一列或者同一对角线上。图 2 显示了一个解决方案。

在这个问题中，很容易检验部分解决方案。如果两个皇后互相攻击，则拒绝这种排位方案。如果棋盘上有 8 个皇后，就接受这种排位方案。否则，继续检查。

扩展部分解决方案也很容易，只需在一个空位置上再加一个皇后。

我们将部分解决方案表示为字符串列表，其中每个字符串在传统的国际象棋符号中指定一个皇后位置。例如：

```
["a1", "e2", "h3", "f4"]
```

examine 函数检查部分解决方案中两个皇后是否相互攻击。

```
def examine(partialSolution) :
    for i in range(0, len(partialSolution)) :
        for j in range(i + 1, len(partialSolution)) :
            if attacks(partialSolution[i], partialSolution[j]) :
                return ABANDON
    if len(partialSolution) == NQUEENS :
        return ACCEPT
    else :
        return CONTINUE
```

extend 函数接受一个部分解决方案，并生成该方案的 8 个副本。每一副本都有一个新的皇后在不同的列。

```
def extend(partialSolution) :
    results = []
    row = len(partialSolution) + 1
    for column in "abcdefgh" :
        newSolution = list(partialSolution)
        newSolution.append(column + str(row))
        results.append(newSolution)
    return results
```

唯一剩下的挑战是确定两个皇后何时以对角方式攻击对方。下面是一个简单的检查方法，计算斜率并检查其是否为 ±1。

这个条件可以简化如下：

$$(\text{row}_2 - \text{row}_1) / (\text{column}_2 - \text{column}_1) = \pm 1$$
$$\text{row}_2 - \text{row}_1 = \pm(\text{column}_2 - \text{column}_1)$$
$$|\text{row}_2 - \text{row}_1| = |\text{column}_2 - \text{column}_1|$$

仔细阅读下面 queens.py 程序中的 solve 函数，该函数是用于回溯的伪代码的直接翻译。注意，这个函数中的八皇后问题没有什么特别之处，它适用于任何带有 examine 函数和 extend 函数的部分解决方案（参见编程题 P11.19）。

图 3 显示了四皇后问题的 solve 函数。从一个空白棋盘开始，在第一行有一个皇后的情况下，存在 4 个部分解决方案❶。当皇后位于第 1 列时，在第二行有一个皇后的情况下存在 4 个部分解决方案❷，其中两个解决方案被立即抛弃。而另外两个解决方案则导致了 3 个皇后的部分解决方案❸ 和❹，除了一个解决方案外，其余的解决方案都被抛弃了。一个三皇后的部分解决方案被扩展到 4 个皇后，但所有这些解决方案都被抛弃了❺。然后算法回溯，放弃位于 a1 位置的皇后，而将解决方案扩展到位于 b1 位置的皇后（未显示）。

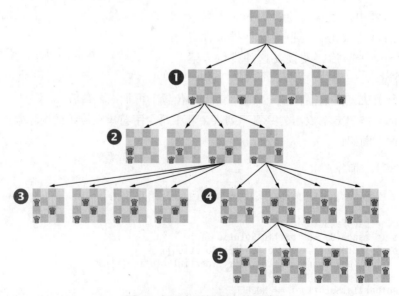

图 3　在四皇后问题中的回溯

我们的示例程序解决了 8 个皇后的问题。当运行该程序后，程序列出了 92 个解决方案，包括图 2 中的解决方案。编程题 P11.21 要求读者删除那些是其他解决方案的旋转或者反射的解决方案。

sec06/queens.py

```
 1  ##
 2  #  本程序使用回溯算法求解八皇后问题
 3  #
 4
 5  def main() :
 6      solve([])
 7
 8  COLUMNS = "abcdefgh"
 9  NQUEENS = len(COLUMNS)
10  ACCEPT = 1
11  CONTINUE = 2
12  ABANDON = 3
13
14  ## 打印可以从给定的部分解决方案扩展的所有问题的解决方案
15  #
16  #  @param partialSolution 部分解决方案
17  #
18  def solve(partialSolution) :
19      exam = examine(partialSolution)
20      if exam == ACCEPT :
21          print(partialSolution)
22      elif exam != ABANDON :
23          for p in extend(partialSolution) :
24              solve(p)
25
26  ## 检查一个部分解决方案
27  #  @param partialSolution 部分解决方案
28  #  @return 如果是完全解决方案，则返回 ACCEPT；如果是无效解决方案，则返回 ABANDON
29  #  否则返回 CONTINUE
30  #
31  def examine(partialSolution) :
32      for i in range(0, len(partialSolution)) :
33          for j in range(i + 1, len(partialSolution)) :
34              if attacks(partialSolution[i], partialSolution[j]) :
35                  return ABANDON
36      if len(partialSolution) == NQUEENS :
37          return ACCEPT
38      else :
39          return CONTINUE
40
41  ## 检查一个位置是否攻击另一个位置
42  #  位置用字符串表示，使用字母表示列，使用数字表示行
43  #  @param p1 一个位置
44  #  @param p2 另一个位置
45  #  @return 如果两个位置位于同一行、同一列或者对角线上，则返回 True
46  #
47  def attacks(p1, p2) :
48      column1 = COLUMNS.index(p1[0]) + 1
49      row1 = int(p1[1])
50      column2 = COLUMNS.index(p2[0]) + 1
51      row2 = int(p2[1])
52      return (row1 == row2 or column1 == column2 or
53          abs(row1 - row2) == abs(column1 - column2))
54
55  ## 扩展部分解决方案到下一列
56  #  @param partialSolution 部分解决方案
57  #  @return 一个列表，包含在下一列放置一个皇后的所有部分解决方案
58  #
59  #
```

```
60  def extend(partialSolution) :
61      results = []
62      row = len(partialSolution) + 1
63      for column in COLUMNS :
64          newSolution = list(partialSolution)
65          newSolution.append(column + str(row))
66          results.append(newSolution)
67      return results
68
69  # 启动程序
70  main()
```

程序运行结果如下：

```
['a1', 'e2', 'h3', 'f4', 'c5', 'g6', 'b7', 'd8']
['a1', 'f2', 'h3', 'c4', 'g5', 'd6', 'b7', 'e8']
['a1', 'g2', 'd3', 'f4', 'h5', 'b6', 'e7', 'c8']
   . . .
['f1', 'a2', 'e3', 'b4', 'h5', 'c6', 'g7', 'd8']
['h1', 'c2', 'a3', 'f4', 'b5', 'e6', 'g7', 'd8']
['h1', 'd2', 'a3', 'c4', 'f5', 'b6', 'g7', 'e8']'
```

（92 个解决方案）

实训案例 11.2   汉诺塔

在"汉诺塔"难题中，有一块木板上面有 3 根柱子（peg）和一堆尺寸逐渐减小的圆盘（disk）。最初所有圆盘都在第一根柱子上（参见图 4）。

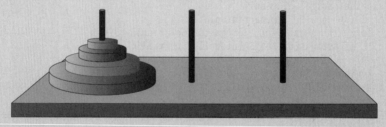

图 4   汉诺塔

目标是将第一根柱子上的所有圆盘移动到第三根柱子上。一次只能把一个圆盘从一根柱子上移动到另一根柱子上，并且只能把较小的圆盘放在较大圆盘的上面，即较大圆盘不能放在较小圆盘的上面。

传说一座寺庙（大概在汉诺）中有这样一套装置，里面有 64 个金盘，祭司们按照规定的方式移动。当他们把所有的金盘都放在第三根柱子上时，世界的末日就到了。

问题描述   编写一个程序打印移动圆盘的指令。

考虑将 d 个圆盘从柱子 p_1 移动到柱子 p_2 的问题，其中 p_1 和 p_2 是 1、2 或者 3，$p_1 \neq p_2$。因为 $1 + 2 + 3 = 6$，所以我们可以得到剩余柱子的索引编号为 $p_3 = 6 - p_1 - p_2$。

接下来，可以按照以下方式移动圆盘：

- 将顶部的 $d-1$ 个圆盘从柱子 p_1 移动到柱子 p_3。
- 将一个圆盘（d 个圆盘堆最底部的圆盘）从柱子 p_1 移动到柱子 p_2。

- 将柱子 p_3 上的 $d-1$ 个圆盘移到柱子 p_2。

第一步和第三步需要递归地处理，但是因为我们少移动一个圆盘，所以递归最终将终止。

将算法转换为 Python 非常简单。在第二步中，我们只需打印出移动的指令，比如：

```
Move disk from peg 1 to 3
```

worked_example_2/towersofhanoimoves.py

```
 1  ##
 2  #   本程序打印解决汉诺塔难题的移动指令
 3  #
 4
 5  def main() :
 6      move(5, 1, 3)
 7
 8  ## 打印从一根柱子上移动一堆圆盘到另一根柱子上的指令
 9  #  @param disks 要移动的圆盘数量
10  #  @param fromPeg 要移动的源柱子
11  #  @param toPeg 要移动的目标柱子
12  #
13  def move(disks, fromPeg, toPeg) :
14      if disks > 0 :
15          other = 6 - fromPeg - toPeg
16          move(disks - 1, fromPeg, other)
17          print("Move disk from peg", fromPeg, "to", toPeg)
18          move(disks - 1, other, toPeg)
19
20  # 启动程序
21  main()
```

程序运行结果如下：

```
Move disk from peg 1 to 3
Move disk from peg 1 to 2
Move disk from peg 3 to 2
Move disk from peg 1 to 3
Move disk from peg 2 to 1
Move disk from peg 2 to 3
Move disk from peg 1 to 3
Move disk from peg 1 to 2
Move disk from peg 3 to 2
Move disk from peg 3 to 1
Move disk from peg 2 to 1
Move disk from peg 3 to 2
Move disk from peg 1 to 3
Move disk from peg 1 to 2
Move disk from peg 3 to 2
Move disk from peg 1 to 3
Move disk from peg 2 to 1
Move disk from peg 2 to 3
Move disk from peg 1 to 3
Move disk from peg 2 to 1
Move disk from peg 3 to 2
Move disk from peg 3 to 1
Move disk from peg 2 to 1
Move disk from peg 2 to 3
Move disk from peg 1 to 3
Move disk from peg 1 to 2
Move disk from peg 3 to 2
Move disk from peg 1 to 3
```

```
Move disk from peg 2 to 1
Move disk from peg 2 to 3
Move disk from peg 1 to 3
```

这些指示对祭司们而言也许足够了，但遗憾的是，我们不容易直观地看到发生了什么。改进一下这个程序，使得在每次移动后不仅可以实际执行指令又可以显示塔的内容。

我们将每个塔表示为圆盘列表。每个圆盘都表示为一个整数，其大小从 1 到 n，即表示"汉诺塔"难题中的圆盘数量。因为有 3 个塔，所以汉诺塔难题的配置是一个由 3 个列表组成的列表，例如：

[[5, 2], [4, 1], [3]]

move 函数首先执行移动，然后打印汉诺塔的内容。

```
def move(towers, disks, fromPeg, toPeg) :
   if disks > 0 :
      other = 3 - fromPeg - toPeg
      move(towers, disks - 1, fromPeg, other)
      diskToMove = towers[fromPeg].pop()
      towers[toPeg].append(diskToMove)
      print(towers)
      move(towers, disks - 1, other, toPeg)
```

其中，索引值是 0、1、2。因此，另一根柱子的索引编号为 3 - fromPeg - toPeg。

main 函数的实现如下所示：

```
def main() :
   NDISKS = 5
   disks = []
   for i in range(NDISKS, 0, -1) :
      disks.append(i)
   towers = [disks, [], []]
   move(towers, NDISKS, 0, 2)
```

程序的输出结果如下：

```
[[5, 4, 3, 2], [], [1]]
[[5, 4, 3], [2], [1]]
[[5, 4, 3], [2, 1], []]
[[5, 4], [2, 1], [3]]
[[5, 4, 1], [2], [3]]
[[5, 4, 1], [], [3, 2]]
[[5, 4], [], [3, 2, 1]]
[[5], [4], [3, 2, 1]]
[[5], [4, 1], [3, 2]]
[[5, 2], [4, 1], [3]]
[[5, 2, 1], [4], [3]]
[[5, 2, 1], [4, 3], []]
[[5, 2], [4, 3], [1]]
[[5], [4, 3, 2], [1]]
[[5], [4, 3, 2, 1], []]
[[], [4, 3, 2, 1], [5]]
[[1], [4, 3, 2], [5]]
[[1], [4, 3], [5, 2]]
[[], [4, 3], [5, 2, 1]]
[[3], [4], [5, 2, 1]]
[[3], [4, 1], [5, 2]]
[[3, 2], [4, 1], [5]]
[[3, 2, 1], [4], [5]]
[[3, 2, 1], [], [5, 4]]
```

```
[[3, 2], [], [5, 4, 1]]
[[3], [2], [5, 4, 1]]
[[3], [2, 1], [5, 4]]
[[], [2, 1], [5, 4, 3]]
[[1], [2], [5, 4, 3]]
[[1], [], [5, 4, 3, 2]]
[[], [], [5, 4, 3, 2, 1]]
```

结果有了改进。现在我们可以看到圆盘是如何移动的，同时可以检查所有移动是否合法（小圆盘必须总是位于大圆盘之上）。

示例代码： 完整的程序请参见本书配套代码中的 worked_example_2/towersofhanoi.py。

结果表明，解决 5 个圆盘的汉诺塔难题需要 $31 = 2^5 - 1$ 步。对于 64 个圆盘，则需要 $2^{64} - 1 = 18\ 446\ 744\ 073\ 709\ 551\ 615$ 次移动。如果祭司们每秒可以移动一个圆盘，完成这项工作大约需要 5850 亿年。因为本书写完的时候地球已经有 45 亿年的历史了，所以我们不必太担心完成汉诺塔难题时世界末日是否真的会到来！

11.7　相互递归

在前面的例子中，一个函数通过调用自己来解决一个更简单的问题。有时，一组协作函数或者方法以递归方式相互调用。在本节中，我们将探讨这种**相互递归**（mutual recursion）。这项技术比我们在前面几节讨论的简单递归要先进得多。

我们将开发一个程序，计算算术表达式的值，例如：

```
3+4*5
(3+4)*5
1-(2-(3-(4-5)))
```

计算这样的表达式很复杂，因为 * 和 / 的优先级比 + 和 − 高，而且括号可以用于对子表达式进行分组。

图 5 显示了一组描述这些表达式语法的**语法图**（syntax diagram）。

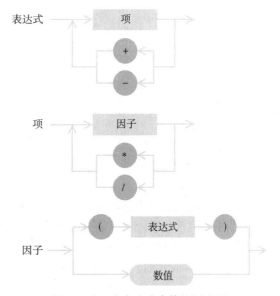

图 5　对一个表达式求值的语法图

为了查看语法图的工作方式，可以考虑表达式 3+4*5：

- 进入表达式（expression）语法图。箭头直接指向项（term），没有其他选择。
- 进入项（term）语法图。箭头指向因子（factor），同样别无其他选择。
- 进入因子（factor）语法图。我们有两个选择：跟随顶部的分支或者底部的分支。由于第一个输入标记是数字 3 而不是（，因此跟随底部的分支。
- 接受输入标记，因为它与数字匹配。未处理的输入现在是 +4*5。
- 按数字（number）中的箭头至因子末尾。与函数调用一样，现在可以返回，返回到语法图中因子元素的末尾。
- 现在，有另一个选择在循环图中循环，或者退出。下一个输入标记是 +，它既不匹配 *

也不匹配 /（它们是循环所需的条件），所以退出，返回到表达式。

● 再次，我们可以选择循环或者退出。现在 + 匹配循环中的一个选项。接受输入中的 +
并移回项元素。剩余的输入是 4*5。

按这种方式，一个表达式被分解成一系列由 + 或者 − 分隔的项，每个项被分解成一系列
由 * 或者 / 分隔的因子，并且每个因子要么是带圆括号的表达式，要么是数字。我们可以把
这个细分过程画成一棵树。图 6 显示了如何从语法图中派生出表达式 3+4*5 和（3+4）*5。

为什么语法图可以帮助我们计算树的值呢？如果查看语法树，我们将发现语法树准确地
表示了应该首先执行的操作。在第一棵树中，4 和 5 应该相乘，然后将结果加到 3。在第二
棵树中，应该把 3 和 4 相加，结果应该乘以 5。

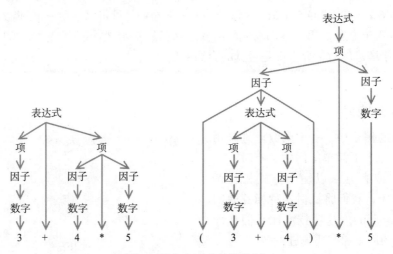

图 6　两个表达式的语法树

在本节的末尾包含了一个计算这些表达式的程序。该程序使用 tokenize 函数将输入字
符串分解为标记（数字、运算符和括号）。（为了简单起见，我们只接受正整数作为参数，并
且不允许在输入中使用空格。）

为了计算表达式的值，我们实现了 3 个函数：expression、term 和 factor。expression
（表达式）函数首先调用 term 以获取表达式的第一个 term 的值。然后检查下一个输入标记
是 + 或是 −。如果是，expression（表达式）函数会再次调用 term 并对其执行加或者减
运算。

```python
def expression(tokens) :
    value = term(tokens)
    done = False
    while not done and len(tokens) > 0 :
        nextToken = tokens[0]
        if nextToken == "+" or nextToken == "-" :
            tokens.pop(0)    # Discard "+" or "-"
            value2 = term(tokens)
            if nextToken == "+" :
                value = value + value2
            else :
                value = value - value2
        else :
            done = True

    return value
```

term 函数以同样的方式调用 factor，将 factor 值相乘或者相除。

最后，factor 函数检查下一个标记是否是（。如果不是，则标记必须是一个数字，并且值仅为该数字。但是，如果下一个标记是（，则 factor 函数对表达式进行递归调用。因此，这三种方法是相互递归的。

```python
def factor(tokens) :
   nextToken = tokens.pop(0)
   if nextToken == "(" :
      value = expression(tokens)
      tokens.pop(0)    # Discard ")"
   else :
      value = nextToken

   return value
```

为了清楚地观察相互递归的过程，我们对表达式（3+4）*5 进行跟踪。

- expression 调用 term
  - term 调用 factor
    - factor 处理输入 (
    - factor 调用 expression
      - expression 最终返回值 7，处理完 $3 + 4$。这是递归调用
    - factor 处理输入)
    - factor 返回 7
  - term 处理输入 * 和 5，并返回 35
- expression 返回 35

与递归解决方案一样，我们需要确保递归终止。在这种情况下，当考虑表达式调用自身的情况时，很容易看到这一点。第二个调用处理的子表达式比原始表达式短。每次递归调用时，至少会处理一些标记，因此递归最终必定结束。

sec07/evaluator.py

```python
 1  ##
 2  #  本程序对算术表达式进行求值
 3  #
 4
 5  def main() :
 6     expr = input("Enter an expression: ")
 7     tokens = tokenize(expr)
 8     value = expression(tokens)
 9     print(expr + "=" + str(value))
10
11  ## 把字符串拆分为标记
12  #  @param inputLine 包含数字和符号的字符串
13  #  @return 一个列表，包含数值（由输入的数字组成）和符号
14  #
15  def tokenize(inputLine) :
16     result = []
17     i = 0
18     while i < len(inputLine) :
19        if inputLine[i].isdigit() :
20           j = i + 1
21           while j < len(inputLine) and inputLine[j].isdigit() :
22              j = j + 1
```

```
23              result.append(int(inputLine[i : j]))
24              i = j
25          else :
26              result.append(inputLine[i])
27              i = i + 1
28      return result
29
30  ## 对表达式进行求值
31  #   @param tokens 需要处理的标记列表
32  #   @return 表达式的值
33  #
34  def expression(tokens) :
35      value = term(tokens)
36      done = False
37      while not done and len(tokens) > 0 :
38          nextToken = tokens[0]
39          if nextToken == "+" or nextToken == "-" :
40              tokens.pop(0)    # Discard "+" or "-"
41              value2 = term(tokens)
42              if nextToken == "+" :
43                  value = value + value2
44              else :
45                  value = value - value2
46          else :
47              done = True
48
49      return value
50
51  ## 对表达式中的下一个项进行求值
52  #   @param tokens 需要处理的标记列表
53  #   @return 项的值
54  #
55  def term(tokens) :
56      value = factor(tokens)
57      done = False
58      while not done and len(tokens) > 0 :
59          nextToken = tokens[0]
60          if nextToken == "*" or nextToken == "/" :
61              tokens.pop(0)
62              value2 = factor(tokens)
63              if nextToken == "*" :
64                  value = value * value2
65              else :
66                  value = value / value2
67          else :
68              done = True
69
70      return value
71
72  ## 对表达式中的下一个因子进行求值
73  #   @param tokens 需要处理的标记列表
74  #   @return 因子的值
75  #
76  def factor(tokens) :
77      nextToken = tokens.pop(0)
78      if nextToken == "(" :
79          value = expression(tokens)
80          tokens.pop(0)    # Discard ")"
81      else :
82          value = nextToken
83
```

```
84     return value
85
86  # 启动程序
87  main()
```

程序运行结果如下：

```
Enter an expression: 3+4*5
3+4*5=23
```

工具箱 11.1　使用 Beautiful Soup 分析网页

　　网页是用超文本标记语言（HTML）编写的文档。HTML 页面由元素（element）组成，元素由包含在一对匹配标签（tag）中的内容组成，这些标签告诉浏览器如何显示内容。不幸的是，并不是所有的 HTML 网页都是正确的格式，常常会缺失元素标签或者元素标签不匹配。浏览器可以容忍小错误并尽可能地显示页面，但是对于需要分析网页的程序员来说，标签错误会造成大麻烦。

　　在本工具箱中，我们将学习一个名为 Beautiful Soup 的 Python 库的基础知识，该库可以将标签大杂烩（tag soup）转换为正确的嵌套结构。（如果还没有安装 Beautiful Soup 库，请参阅"工具箱 2.1"中的步骤进行安装。）

网页基础知识

　　HTML 页面以根元素（root element）开头，每个元素都可以有子元素。根元素有两个子元素，名为 head 和 body，子元素本身也有子元素。下面是一个网页代码示例：

```
<html>  # 根元素
  <head>
    <title>First Presidents</title>
  </head>
  <body>
    <p>The first three presidents of the United States were</p>
    <ol>
      <li><a href="en.wikipedia.org/wiki/George_Washington">
        George Washington</a></li>
      <li><a href="en.wikipedia.org/wiki/John_Adams"> </a>
        John Adams</li>
      <li><a href="en.wikipedia.org/wiki/Thomas_Jefferson">
        Thomas Jefferson</a></li>
    </ol>
  </body>
</html>
```

在本例中，body 元素有两个子元素：一个段落和一个有序列表（标签名为 p 和 ol）。有序列表中有 3 个子列表项（标签名为 li）。

　　在将包含 HTML 的字符串（例如网页）传递给 Beautiful Soup 时，会得到一个表示 HTML 文档的对象。

```
import bs4
doc = bs4.BeautifulSoup(html)
```

　　一般来说，当 e 是一个标签时，e.contents 是其子元素的列表。例如：

```
root = doc.contents[0]
```

将页面的 html 元素存储在根目录中。接下来可以检查其子元素。但是，root.contents

是一个包含 5 个子元素（包括 head 和 body 元素）的列表，以及其周围的文本，文本完全
由空格组成。

```
firstChildren = root.contents   # blank space, head, blank space, body, blank space
```

我们将在编程题 P11.27 中学习如何清除空格。Beautiful Soup 在默认情况下不会清除
空格，因为无法区分空格是文档的文本内容还是分隔标记。

元素的子元素可以是标签和文本的混合体。区分标签和文本的方法如下所示：

```
if type(child) == bs4.element.Tag :
    child is a tag with name child.name
else :
    child is a text element with contents str(child)
```

如果 child 是标签，则获取其名称 child.name。如果是文本元素，则 str(child)
作为 Python 字符串的内容。

为了访问标签的属性（例如，超链接标签 a 的 href 属性），可以使用 [] 运算符，就像
使用字典一样：

```
if child.name == "a" :
    link = child["href"]
```

通过访问子元素，并递归地访问它们的子元素，我们可以遍历一个 HTML 文档，找到感
兴趣的元素和属性，具体请参见编程题 P11.28。

因为查找元素是一个非常常见的操作，所以 Beautiful Soup 库提供了一个用于此目的
的函数。以下调用语句：

```
elements = doc.find_all("a")
```

将返回开始标签名为 a 的所有元素。

编写网络爬虫

我们可以使用 Beautiful Soup 库编写一个 Web 爬虫程序，该程序浏览万维网，从访问
的网页中收集信息。谷歌等搜索引擎使用网络爬虫来收集和索引网页内容，以方便快速搜
索。网络爬虫还用于收集网页地址和网页之间的链接，以便映射网页。

在这里，我们将编写一个 Web 爬虫程序，它可以浏览 Web 来收集所有网页的地址，
这些地址都可以在三个步骤之内从给定页面的超链接上到达。

为了做到这一点，首先需要读取网页的全部内容，并搜索该网页上指向其他网页的
所有超链接。同样的过程必须在每一个页面上重复，直到从最初的页面上访问最多 3 个链
接。这自然会引出一个递归算法：

```
打开网页并且对网页进行分析
对于网页上的每一条超链接
    获取超链接的 URL 地址
    如果 URL 引用了某个网页，并且该网页尚未被访问
        将 URL 添加到已访问页面的列表中
        继续递归搜索新页面
```

为了跟踪搜索的距离或者深度，我们可以维护一个计数器，该计数器从初始页面开始
的每一步都会减少。当计数器达到 0 时，正向搜索结束。

爬虫函数将包含 3 个输入参数：网页的地址、从该页面搜索的步骤数，以及在爬取过

程中遇到的已经访问过的网页地址列表。

```
def crawl(address, depth, visited) :
```

在对递归函数的第一次调用中，main 函数创建一个列表，将网页地址添加到其中。crawl 函数填充列表后，将打印其内容以显示爬取过程中遇到的 URL。

```
def main() :
    url = input("Start with URL: ")
    visited = []
    crawl(url, 3, visited)
    print(visited)
```

在"工具箱 7.3"中，我们学习了如何打开网页并获取响应对象：

```
response = urllib.request.urlopen(address)
```

为了解析网页并找到所有超链接，我们可以使用 Beautiful Soup 工具包提供的工具。

为了使用该工具包，可以创建一个 BeautifulGroup 类的实例（在 bs4 模块中定义），并将在打开网页后产生的响应对象传递给这个实例。

```
doc = bs4.BeautifulSoup(response)
```

网页被自动读取和解码。如果连接到服务器或者分析响应时出现任何问题（例如，如果 URL 指向图像），则将引发异常。可以使用 try/except 语句块跳过此类 URL。

为了查找网页上的所有超链接，我们可以使用 find_all 方法，该方法返回一个链接列表，列表中每个项对应一个网页上的 <a> 标签。

```
links = doc.find_all("a")
```

可以使用上述工具，实现递归的 crawl 函数。程序如下所示。

toolbox_1/webcrawler.py

```
 1  ##
 2  #  本程序浏览 Web
 3  #  收集可以从初始网页最多经过 3 个超链接就可以到达页面的所有网址
 4  #
 5
 6  import bs4
 7  import urllib.request
 8
 9  def main() :
10      url = input("Start with URL: ")
11      visited = []
12      crawl(url, 3, visited)
13      print(visited)
14
15  def crawl(address, depth, visited) :
16      if depth == 0 :
17          return
18      try :
19          response = urllib.request.urlopen(address)
20          doc = bs4.BeautifulSoup(response)
21          print("Visiting " + address)
22          for link in doc.find_all("a") :
23              href = link["href"]
24              if href[0:4] == "http" and href not in visited :
25                  visited.append(href)
```

```
26                crawl(href, depth - 1, visited)
27      except :
28          return
29
30 main()
```

本章小结

理解递归计算中的控制流。

- 递归计算通过使用同一问题的更简单输入的解决方案来求解问题。
- 为了保证递归一定会终止，必须存在一个最简单输入的特殊情况。

设计问题的递归解决方案。

识别解决问题的递归辅助函数。

- 有时，如果对原始问题稍做更改，就更容易找到递归解决方案。

比较递归算法和非递归算法的效率。

- 有时，递归解决方案的运行速度比迭代解决方案慢得多。然而，在大多数情况下，递归解决方案只是稍微慢一点。
- 在许多情况下，递归解决方案比迭代解决方案更容易理解和正确实现。

讨论一个不能用简单循环解决的复杂递归示例。

- 与循环相比，通过递归可以更自然地获得字符串的排列。

使用回溯来解决需要尝试多条路径的问题。

- 回溯检查部分解决方案，放弃不合适的解决方案，并考虑其他候选解决方案。

识别表达式求值器中的相互递归现象。

- 在相互递归中，相互协作的函数或者方法重复调用对方。

复习题

- **R11.1** 定义以下术语：

    a. 递归

    b. 迭代

    c. 无限递归

    d. 递归辅助函数

- **R11.2** 设计一个（但不需要实现）递归解决方案，用于查找列表中的最小值。

- **R11.3** 设计一个（但不需要实现）递归解决方案，对数字列表进行排序。提示：首先在列表中找到最小的值。

- **R11.4** 设计一个（但不需要实现）递归解决方案，生成集合 $\{1, 2, \cdots, n\}$ 的所有子集。

- **R11.5** 编程题 P11.15 演示了一种生成序列 $(0, 1, \cdots, n-1)$ 的所有排列的迭代方法。解释为什么该算法可以产生正确的结果。

- **R11.6** 编写 x^n 的递归定义，其中 $n \geq 0$。提示：如何利用 x^{n-1} 计算 x^n？递归如何终止？

- **R11.7** 改进复习题 R11.6，如果 n 为偶数，则 x^n 为 $(x^{n/2})^2$。为什么该方法会快很多？提示：使用两种方法分别计算 x^{1023} 和 x^{1024}。

- **R11.8** 写出 $n! = 1 \times 2 \times \cdots \times n$ 的递归定义。提示：如何利用 $(n-1)!$ 计算 $n!$？这个递归是如何终止的？

- **R11.9** 找出 fib 函数调用自身次数的递归版本。使用一个全局变量 fibCount，并在每次调用 fib 时递增一次。Fib(n) 和 fibCount 之间的关系是什么?

■■■ R11.10 设 moves(n) 为求解汉诺塔问题所需的移动次数(参见"实训案例 11.2")。找到一个公式,使用 move(n-1) 表示 move(n)。然后证明 move(n) = 2^n-1。

■■ R11.11 使用输入 3 – 4 + 5、3 – (4 + 5)、(3 – 4) * 5 和 3 * 4 + 5 * 6,跟踪 11.7 节中的表达式求值程序。

编程题

■ P11.1 给定一个具有实例变量 width 和 height 的类 Rectangle,提供一个递归方法 getArea 以构造一个宽度小于原始宽度的矩形,并调用其 getArea 方法。

■■ P11.2 给定一个具有实例变量 width 的类 Square,提供递归方法 getArea 以构造一个宽度比原始正方形小 1 的正方形,并调用其 getArea 方法。

■ P11.3 编写一个递归函数 reverse(text) 来反转字符串。例如,reverse("Hello!") 返回字符串 "!olleH"。通过删除第一个字符、反转其余文本、最后将两者合并来实现递归解决方案。

■■ P11.4 重新实现编程题 P11.3,使用递归辅助函数来反转消息文本中的子字符串。

■ P11.5 使用迭代方法,实现编程题 P11.3 中的 reverse 函数。

■■ P11.6 使用递归来实现函数 def find(text, string) 以测试一个字符串是否包含一个给定的子字符串。例如,find("Mississippi", "sip") 返回 True。

提示:如果文本以要匹配的子字符串开头,则测试完成。如果不是,则测试通过删除第一个字符获得的文本。

■■ P11.7 使用递归来实现函数 def indexOf(text, string) 以返回与字符串相匹配的文本中第一个子字符串的起始位置。如果给定的子字符串不是文本的子字符串,则返回 –1。例如,s.indexOf("Mississippi", "sip") 返回 6。

提示:本题比编程题 P11.6 稍难一点,因为必须记录匹配项距离文本开始处的位置信息,使该值成为辅助函数的参数变量。

■ P11.8 使用递归,查找列表中最大的元素。

提示:在包含除最后一个元素以外的所有元素的子序列中查找最大的元素,然后将最大值与最后一个元素的值进行比较。

■ P11.9 使用递归,计算列表中所有值的累加和。

■■ P11.10 使用递归计算多边形的面积。切掉一个三角形,使用以下公式计算三角形的面积:顶点分别为 (x_1, y_1)、(x_2, y_2) 和 (x_3, y_3) 的三角形的面积的计算公式为:

$$\frac{|x_1 y_2 + x_2 y_3 + x_3 y_1 - y_1 x_2 - y_2 x_3 - y_3 x_1|}{2}$$

■■ P11.11 一种源于古希腊的计算平方根的方法如下:给定值 $x > 0$ 和平方根的猜测值 g,更好的猜测值是 $(g + x / g)/2$。编写一个递归辅助函数 squareRootGuess(x, g),如果 g^2 近似等于 x,则返回 g,否则将更好的猜测值返回给 squareRootGuess。然后编写一个使用辅助函数的函数 def squareRoot(x)。

■■■ P11.12 实现一个函数 substrings 以返回一个字符串的所有子字符串的列表。例如,字符串"rum"的子字符串包含如下 7 个字符串:

"r", "ru", "rum", "u", "um", "m", ""

提示:首先生成以第一个字符开头的所有子字符串。如果字符串的长度为 n,则有 n 个子字符串。然后通过删除第一个字符生成字符串的子字符串。

■■■ P11.13 实现一个返回字符串中所有字符子集的列表函数 subsets。例如，字符串"rum"的字符子集包含如下 8 个字符串：

```
"rum", "ru", "rm", "r", "um", "u", "m", ""
```

注意，子集不必是子字符串。例如，"rm"不是"rum"的子字符串。

■■■ P11.14 在本题中，我们把 11.5 节中的函数 permutations（一次计算所有排列）更改为 PermutationIterator（一次计算一个排列）。

```
class PermutationIterator :
    def __init__(self, s) :
        . . .
    def nextPermutation(self) :
        . . .
    def hasMorePermutations(self) :
```

打印字符串"eat"的所有排列的调用方法如下所示：

```
iter = PermutationIterator("eat")
while iter.hasMorePermutations() :
    print(iter.nextPermutation()
```

现在我们需要一种递归地遍历排列的方法。考虑字符串"eat"，如前所述，我们将生成所有以字母"e"开头的排列，然后是以"a"开头的排列，最后是以"t"开头的排列。如何生成以"e"开头的排列？创建另一个 PermutationIterator 对象（称为 tailIterator），在子字符串"at"的排列中迭代。在 nextPermutation 方法中，只需询问 tailIterator 的下一个排列是什么，然后在前面添加"e"。

然而，有一个特殊情况。当尾部生成器遍历完所有的排列后，所有以当前字母开头的排列都已被枚举。然后，

- 增加当前位置。
- 计算包含除当前字母以外的所有字母的尾字符串。
- 为尾字符串创建一个新的排列迭代器。

如果当前位置到达字符串末尾，则程序完成。

■■■ P11.15 下面的程序生成数字 $0, 1, 2, \ldots, n-1$ 的所有排列，但不使用递归方法。

```
def main() :
    NUM_ELEMENTS = 4
    a = list(range(1, NUM_ELEMENTS + 1))
    print(a)
    while nextPermutation(a) :
        print(a)

def nextPermutation(a) :
    i = len(a) - 1
    while i > 0 :
        if a[i - 1] < a[i] :
            j = len(a) - 1
            while a[i - 1] > a[j] :
                j = j - 1
            swap(a, i - 1, j)
            reverse(a, i, len(a) - 1)
            return True
        i = i - 1
    return False
```

```
def reverse(a, i, j) :
    while i < j :
        swap(a, i, j)
        i = i + 1
        j = j - 1

def swap(a, i, j) :
    temp = a[i]
    a[i] = a[j]
    a[j] = temp

main()
```

该算法利用了要排列的集合由不同的数字组成这一事实。因此，我们不能使用相同的算法计算字符串中字符的排列。但是，可以使用此程序获取字符位置的所有排列，然后计算第 i 个字符为 word[a[i]] 的字符串。使用此方法重新实现 11.5 节中的函数 permutations，而不使用递归方法。

■■ P11.16 扩展 11.7 节中的表达式求值器，以便它可以处理 % 运算符和"乘幂"运算符 ^。例如，2^3 的求值结果应该为 8。在数学中，乘幂运算符的优先级高于乘法运算符，因此 5*2^3 等于 40。

■■■ P11.17 实现一个 DiskMover 类，该类为"实训案例 11.2"中描述的汉诺塔难题生成移动步骤。提供方法 hasMoreMoves 和 nextMove，要求 nextMove 方法产生一个描述下一步的字符串。例如，以下代码打印将 5 个圆盘从柱子 1 移动到柱子 3 所需的所有移动：

```
mover = DiskMover(5, 1, 3)
while mover.hasMoreMoves() :
    print(mover.nextMove())
```

提示：将单个圆盘从一根柱子移动到另一根柱子的 DiskMover 只有一个 nextMove 方法，该方法返回字符串：

Move disk from peg *source* to *target*

需要移动多个圆盘的 DiskMover 必须完成更复杂的操作步骤。它需要另一个 DiskMover 来帮助它移动上面的 d-1 个圆盘。nextMove 方法要求 DiskMover 进行下一步移动，直到完成所有的圆盘移动为止。然后 nextMove 发出一条移动第 d 个圆盘的命令。最后，DiskMover 构造另一条 DiskMover 命令，以生成剩下的所有移动操作。

跟踪 DiskMover 的状态有助于理解，以下操作。

- BEFORE_LARGEST：辅助函数 DiskMover 将稍小的圆盘堆移动到另一根柱子。
- LARGEST：将最大的圆盘从源柱子移动到目标柱子。
- AFTER_LARGEST：辅助函数 DiskMover 将稍小的圆盘堆从另一根柱子移动到目标柱子。
- DONE：所有的移动已经完成。

■■■ P11.18 逃离迷宫（escaping a maze）。假设我们现在在迷宫里，迷宫的墙壁用星号（*）表示。

```
* *******
*     * *
* ***** *
* * *   *
* * *** *
*   *   *

*** * * *
*     * *
******* *
```

使用下面的递归方法检查我们是否可以从迷宫中逃离：如果到达出口，返回 True。递归地检查是否可以在不访问当前位置的情况下从一个空的相邻位置逃离。这个函数只测试是否存在一条走出迷宫的路径。更完美的程序设计是：打印出一条通向出口的路径。

■■■ P11.19　回溯算法适用于任何部分解决方案可以被检验和扩展的问题。设计一个 Partial-Solution 类来提供方法 examine、extend 和 solve，并设计一个子类 EightQueens-PartialSolution 来提供 examine 方法和 extend 方法的具体实现。

■■■ P11.20　使用编程题 P11.19 中的 PartialSolution 类的 solve 方法，设计一个类 MazePartial-Solution，求解编程题 P11.18 中的逃离迷宫游戏。

■■■ P11.21　优化用于解决八皇后问题的程序，以便不显示先前解决方案的旋转和反射。程序的结果应该显示 12 个独特的解决方案。

■■■ P11.22　优化用于解决八皇后问题的程序，将解决方案写入一个 HTML 文件中，使用黑白背景颜色的表格作为棋盘，Unicode 字符 "\u2655" 作为皇后。

■■ P11.23　将用于解决八皇后问题的程序推广到 n 皇后问题。程序应该提示输入 n 的值并显示解决方案。

■■ P11.24　使用回溯，编写一个程序来解决求和难题，其中每个字母都应该被一个数字替换，例如：

send + more = money

程序应该找到解决方案：9567 + 1085 = 10652。其他例子包含：

base + ball = games 和 kyoto + osaka = tokyo.

提示：在部分解决方案中，一些字母已被数字替换。在第三个例子中，我们会考虑所有的部分解决方案，其中 k 被 0、1、…、9 替换：0yoto + osa0a = to0yo、1yoto + osa1a = to1yo，以此类推。为了扩展部分解决方案，可以查找第一个字母，并使用部分解决方案中尚未出现的数字替换所有实例。如果部分解决方案中没有更多的字母，则检查累加和是否正确。

■■ P11.25　通过跟踪已计算的值，可以显著加快斐波那契数的递归计算。提供一个使用此策略的 fib 函数的实现。每当返回新值时，也将其存储在辅助列表中。但是，在开始计算之前，请查阅列表以确定之前是否已计算过该值。比较改进后的实现与原始递归实现以及循环实现的运行时间。

■■■ 图形应用 P11.26　科赫雪花（the Koch snowflake）。科赫雪花的形状递归定义如下。从等边三角形开始：

接下来，将大小增加 3 倍，并将每条直线替换为四条线段。

重复上述步骤：

编写一个程序，绘制科赫雪花形状的迭代。提示用户按下 Enter 键，然后生成下一次迭代。

■■■ 工具箱应用 P11.27　编写一个函数，从使用 Beautiful Soup（请参阅"工具箱 11.1"）读取的 HTML 文档中删除可忽略的空白字符。忽略两个元素之间出现的空白，除非它出现在以下元素旁边：

```
b, big, i, small, tt
abbr, acronym, cite, code, dfn, em, kbd, strong, samp, var
a, bdo, br, img, map, object, q, script, span, sub, sup
button, input, label, select, textarea
```

（这些元素在 HTML 中称为"内联元素"，因为它们可以包含在文本内容中。）

■■■ 工具箱应用 P11.28　重新实现 Beautiful Soup 的 find_all 方法。编写一个函数，接收一个 HTML 标签作为字符串参数，生成一个列表，包含该给定标签名下的所有后代标签。在解决方案中使用递归方法。

排序和查找

本章目标

- 研究几种排序和查找算法
- 理解同一任务的不同算法在性能上的巨大差异
- 理解大 O 符号
- 评估和比较算法的性能
- 编写代码以测量程序的运行时间

数据处理中最常见的任务之一是排序，例如，员工列表通常需要按字母顺序显示或者按工资排序。在本章中，我们将学习几种排序方法，以及用于比较排序性能的技术。这些技术不仅对排序算法有用，而且对分析其他算法也很有用。

一旦元素列表排好序，就可以快速定位单个元素。我们将学习执行此快速查找的二分查找算法。

12.1 选择排序算法

在本节中，我们将讨论第一种常用的排序算法。排序算法（sorting algorithm）重新排列一个集合中的元素，以便按排序顺序存储这些元素。为了简化示例，我们先讨论对整数列表进行的排序，然后再讨论对字符串或者更复杂的数据进行排序。请考虑以下列表 values：

[0] [1] [2] [3] [4]
11 9 17 5 12

很明显，第一步是查找最小的元素。在这种情况下，最小的元素是 5，存储在 values[3] 中。应该把值 5 移动到列表的开头。当然，已经有一个元素存储在 values[0] 中了，即 11。因此，在还不知道应该将值 11 移到什么地方之前，我们不能简单地将 values[3] 中的值移动到 values[0] 中。虽然我们还不知道值 11 应该位于何处，但是它肯定不应该位于 values[0] 处。因此，只需将值 11 与 values[3] 交换即可：

[0] [1] [2] [3] [4]
5 9 17 11 12

至此，第一个元素处在正确的位置。图中较深的颜色表示列表中已排序的部分。

接下来，我们查找剩余项 values[1]，…，values[4] 中的最小值。最小值 9 已经处在正确的位置。在这种情况下，不需要做任何事情，只需将排序区域向右扩展一个。

[0] [1] [2] [3] [4]
5 9 17 11 12

重复这个过程。未排序区域的最小值为 11，需要与未排序区域的第一个值 17 交换。

现在，未排序区域只有两个元素，因此重复前面的过程。最小值是 12，我们将其与第一个未排序的值 17 交换。

结果剩下一个长度为 1 的未处理的区域，但长度为 1 的区域已处于排序状态，因此算法结束。

此算法可以对任何整数列表进行排序。如果速度不是问题，或者根本没有更好的排序方法，我们可以在这里停止对排序的讨论。然而，正如下一节所示，该算法虽然完全正确，但在大型数据集上运行时其性能却非常糟糕。

"专题讨论 12.2" 将介绍另一种简单的排序算法：插入排序算法。

sec01/selectionsort.py

```
 1  ##
 2  # selectionSort 函数，使用选择排序算法对一个列表进行排序
 3  #
 4
 5  ## 使用选择排序算法对一个列表进行排序
 6  #  @param values 需要排序的列表
 7  #
 8  def selectionSort(values) :
 9     for i in range(len(values)) :
10        minPos = minimumPosition(values, i)
11        temp = values[minPos]   # 交换两个元素
12        values[minPos] = values[i]
13        values[i] = temp
14
15  ## 在一个列表的区域范围内查找最小元素
16  #  @param values 需要排序的列表
17  #  @param start 需要排列的列表中要比较的第一个位置
18  #  @return 区域 values[start] . . . values[len(values) - 1]
19  #  中的最小值
20  #
21  def minimumPosition(values, start) :
22     minPos = start
23     for i in range(start + 1, len(values)) :
24        if values[i] < values[minPos] :
25           minPos = i
26
27     return minPos
```

sec01/selectiondemo.py

```
 1  ##
 2  # 本程序演示选择排序算法的用法
 3  # 对一个使用由随机数填充的列表进行排序
```

```
 4
 5  from random import randint
 6  from selectionsort import selectionSort
 7
 8  n = 20
 9  values = []
10  for i in range(n) :
11      values.append(randint(1, 100))
12  print(values)
13  selectionSort(values)
14  print(values)
```

程序运行结果如下：

```
[65, 46, 14, 52, 38, 2, 96, 39, 14, 33, 13, 4, 24, 99, 89, 77, 73, 87, 36, 81]
[2, 4, 13, 14, 14, 24, 33, 36, 38, 39, 46, 52, 65, 73, 77, 81, 87, 89, 96, 99]
```

12.2 选择排序算法的性能测量

为了测量程序的性能，我们可以简单地使用秒表来测量其运行需要多长时间。然而，大多数程序运行得很快，用这种方法精确计时并不容易。此外，当一个程序的运行时间较长时，其中一部分时间可能是将程序从磁盘加载到内存中并显示结果（这部分时间不应该归责于运行性能）。

为了更准确地测量算法的运行时间，我们将使用 time 模块中的 time() 库函数。它返回自 1970 年 1 月 1 日午夜开始以来经过的秒数（以浮点数返回）。当然，我们并不关心这个历史时刻以来的绝对秒数，但是两个这样的计数值之差就是给定时间间隔内的秒数。

测量选择排序算法性能的程序如下所示：

sec02/selectiontimer.py

```
 1  ##
 2  #   本程序测量使用选择排序算法
 3  #   对用户给定大小的列表进行排序所需的时间
 4  #
 5
 6  from random import randint
 7  from selectionsort import selectionSort
 8  from time import time
 9
10  firstSize = int(input("Enter first list size: "))
11  numberOfLists = int(input("Enter number of lists: "))
12
13  for k in range(1, numberOfLists + 1) :
14      size = firstSize * k
15      values = []
16      # 构造一个随机列表
17      for i in range(size) :
18          values.append(randint(1, 100))
19
20      startTime = time()
21      selectionSort(values)
22      endTime = time()
23
24      print("Size: %d Elapsed time: %.3f seconds" % (size, endTime - startTime))
```

程序运行结果如下：

```
Enter first list size: 1000
Enter number of lists: 6
Size: 1000 Elapsed time: 0.042 seconds
Size: 2000 Elapsed time: 0.166 seconds
Size: 3000 Elapsed time: 0.376 seconds
Size: 4000 Elapsed time: 0.659 seconds
Size: 5000 Elapsed time: 1.035 seconds
Size: 6000 Elapsed time: 1.506 seconds
```

通过在排序之前开始测量时间,然后在排序之后停止计时,我们就可以得到排序过程所需的时间,而不必计算输入和输出的时间。

图 1 中的表显示了一些示例运行的结果。这些测量值是在时钟频率为 3.2GHz 的英特尔双核处理器的 Linux 操作系统上运行 Python 3.2 的结果。在另一台计算机上,实际的测量值可能有差别,但数字之间的关系是相同的。

图 1 显示了测量结果的一个图表。结果表明,当数据集的大小增大一倍时,排序所需的时间大约为原来的四倍。

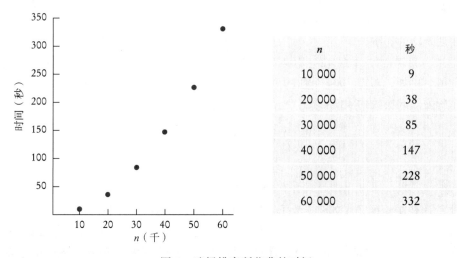

n	秒
10 000	9
20 000	38
30 000	85
40 000	147
50 000	228
60 000	332

图 1　选择排序所花费的时间

12.3　选择排序算法的性能分析

让我们统计一下程序使用选择排序算法对列表进行排序必须执行的操作步骤数。实际上我们并不知道每条 Python 指令生成了多少条机器操作指令,也不知道哪些指令比其他指令更耗时,但我们可以进行简化。只需计算访问列表元素的频率。每次访问所需的工作量与其他操作大致相同,例如递增索引和比较值。

设 n 为列表的大小。首先,必须找到 n 个数字中的最小值。为了实现这一点,我们必须访问 n 个元素。然后交换元素,这需要两次访问。(读者可能会辩解说,存在一定的可能性,我们不需要交换这些值。这是事实,我们可以改进计算以反映观察结果。但很快就会发现,这样做不会影响整体结论。)在下一步中,我们只需要访问 $n-1$ 个元素来找到最小值,然后访问其中两个元素来交换这两个值。接着在下一步中,访问 $n-2$ 个元素以找到最小值。最后一次访问两个元素以找到最小值,并且需要两次访问来交换元素。因此,访问的总次数为:

$$n+2+(n-1)+2+\cdots+2+2=(n+(n-1)+\cdots+2)+(n-1)\cdot 2$$
$$=(2+\cdots+(n-1)+n)+(n-1)\cdot 2$$
$$=\frac{n(n+1)}{2}-1+(n-1)\cdot 2$$

因为：

$$1+2+\cdots+(n-1)+n=\frac{n(n+1)}{2}$$

将 n 的项相乘并合并后，结果表明，访问的次数为：

$$\frac{1}{2}n^2+\frac{5}{2}n-3$$

这是 n 的二次方程，这解释了为什么图 1 的曲线看起来很像抛物线。

现在进一步简化分析。当我们代入较大的 n 值（例如 1000 或者 2000）时，那么（1/2）n^2 是 500 000 或者 200 0000。较低的项（5/2）$n-3$ 对总和的贡献微乎其微，其值只是 2497 或者 4997，与（1/2）n^2 项的几十万甚至数百万数量级相比，只是沧海一粟而已。因此，可以忽略这些低阶项的影响。

接下来，忽略常数因子 1/2。不必对单个 n 的实际访问计数感兴趣，只需要比较不同 n^2 的计数比值。例如，对有 2000 个数的列表进行排序所需的访问次数是对有 1000 个数的列表进行排序所需访问次数的 4 倍：

$$\frac{\left(\frac{1}{2}\cdot 2000^2\right)}{\left(\frac{1}{2}\cdot 1000^2\right)}=4$$

在这种比较中，因子 1/2 被抵消了。因此可以直接陈述："访问次数是 n^2 量级"。这样，我们可以很容易地看到，当列表的大小加倍时，比较的数量增加了 4 倍，因为 $(2n)^2=4n^2$。

为了表明访问次数是 n^2 的量级，计算机科学家经常使用**大 O 符号**（big-Oh notation）：访问次数是 $O(n^2)$。这是一个便捷的速记法。（正式定义请参见"专题讨论 12.1"。）

为了将以下多项式表达式转换为大 O 符号：

$$\frac{1}{2}n^2+\frac{5}{2}n-3$$

只需找到增长最快的项 n^2，忽略它的常数系数 1/2，在这种情况下，不管其大小如何。

在了解计算机的实际操作数量和计算机花费的实际时间量之前，我们观察到程序的运行时间与访问元素的次数成正比。每个元素访问可能有 10 个机器操作（递增、比较、内存加载和存储）。机器操作的数量大约是 $10\times n^2/2$ 次。如前所述，我们可以忽略系数，因此，机器操作的次数以及在排序上花费的时间是 n^2 或者 $O(n^2)$ 的量级。

令人遗憾的事实仍然是，将列表的大小增加 1 倍会导致排序所需的时间增加为原来的 4 倍。当列表的大小增加为 100 倍时，排序时间增加为原来的 10 000 倍。为了对一个包含 100 万个数据项的列表（例如，为了创建一个电话号码簿）进行排序，所需时间是对 10 000 个数据项进行排序的 10 000 倍。如果 10 000 个数据项可以在大约 9 秒钟内排好序（如我们的示例所示），那么对 100 万个数据项进行排序需要一天以上的时间。在下一节中，我们将讨论如何通过选择更复杂的算法来显著提高排序过程的性能。

专题讨论 12.1   Oh（O）、Omega（Ω）和 Theta（Θ）

在本章中，我们使用了大 O 符号来描述函数的增长行为。大 O 符号的正式定义如下：假设我们有一个函数 $T(n)$，通常它表示给定输入大小 n 的算法的处理时间，但也可以是任何函数。假设有另一个函数 $f(n)$，这通常为一个简单的函数，例如 $f(n) = n^k$ 或者 $f(n) = \log(n)$，但也可以是任何函数。记作：

$$T(n) = O(f(n))$$

如果 $T(n)$ 以 $f(n)$ 为上限的速率进行增长。更正式地，对于大于某一阈值的所有 n，比值 $T(n) / f(n) \leq C$，其中 C 为某个常量。

如果 $T(n)$ 是 n 的 k 次多项式，则可以证明 $T(n) = O(n^k)$。在本章的后面，我们将涉及增长量级为 $O(\log(n))$ 或者 $O(n\log(n))$ 的函数。有些算法运行所需的时间更长。例如，对一个序列进行排序的一种方法是计算其所有排列直到找到一个按递增顺序排序的排列。这样的算法需要 $O(n!)$ 的运行时间，性能非常糟糕。

表 1 显示了常见的大 O 符号表达式（按增长量级排序）。

表 1   常见的大 O 增长量级

大 O 表达式	名称	大 O 表达式	名称
$O(1)$	常量型（constant）	$O(n^2)$	二次型（quadratic）
$O(\log(n))$	对数型（logarithmic）	$O(n^3)$	三次型（cubic）
$O(n)$	线性（linear）	$O(2^n)$	指数型（exponential）
$O(n \log(n))$	对数 – 线性（log-linear）	$O(n!)$	阶乘型（factorial）

严格意义上，$T(n) = O(f(n))$ 表示 T 的增长不比 f 快，但允许 T 增长得更慢。因此，从技术上来讲，$T(n) = n^2 + 5n - 3$ 可以是 $O(n^3)$ 甚至 $O(n^{10})$。

计算机科学家发明了另外的符号来更精确地描述增长行为。以下表达方式表示 T 至少和 f 增长速度一样快：

$$T(n) = \Omega(f(n))$$

或者更正式地，对于大于某个阈值的 n，比值 $T(n) / f(n) \geq C$，其中 C 为某个常量值。（Ω 符号是大写希腊字母 omega。）例如，$T(n) = n^2 + 5n - 3$ 是 $\Omega(n^2)$ 甚至 $\Omega(n)$。

以下表达式表示 T 和 f 的增长速度一样快，即 $T(n) = O(f(n))$ 和 $T(n) = \Omega(f(n))$ 同时成立。（Θ 符号是大写希腊字母 theta。）

$$T(n) = \Theta(f(n))$$

Θ 符号给出了增长行为的最精确描述，例如，$T(n) = n^2 + 5n - 3$ 是 $\Theta(n^2)$，但不是 $\Theta(n)$ 或者 $\Theta(n^3)$。

这些符号对于算法的精确分析非常重要。然而，在一般的讨论中，通常使用大 O 符号。大 O 符号可以给出一个尽可能好的估计。

专题讨论 12.2 插入排序算法

插入排序是另一种简单的排序算法。在这个算法中，假设给定一个已经排好序的初始序列：

```
values[0] values[1] . . . values[k]
```

（当算法开始时，将 k 设置为 0。）我们通过在适当的位置插入下一个列表元素 values[k+1] 来扩展初始序列。当到达列表的末尾时，排序过程就完成了。

假设我们从以下列表开始：

11 9 16 5 7

当然，长度为 1 的初始序列已经排序。现在加上 values[1]，它的值是 9。需要在元素 11 之前插入元素 9。结果是：

9 11 16 5 7

下一步加上 values[2]，它的值是 16。该元素的位置不需要移动。

9 11 16 5 7

重复上述过程，把 values[3] 的值 5 插入到初始序列的最前面。

5 9 11 16 7

最后，values[4] 的值 7 被插入到正确位置，排序算法完成。

实现插入排序算法的函数如下所示：

```python
## 使用插入排序算法对一个列表进行排序
#  @param values 需要排序的列表
#
def insertionSort(values) :
    for i in range(1, len(values)) :
        nextValue = values[i]

        # 将所有较大的元素向后移动
        j = i
        while j > 0 and values[j - 1] > nextValue :
            values[j] = values[j - 1]
            j = j - 1

        # 插入元素
        values[j] = nextValue
```

该算法的性能如何？假设 n 表示列表的大小，算法执行了 $n-1$ 次迭代。在第 k 次迭代中，有一个已经排序的序列（有 k 个元素）需要在其中插入一个新元素。对于每次插入，都需要访问初始序列中的元素，直到找到可以插入新元素的位置。然后我们需要向后移动序列中的其余元素。如果需要访问 $k+1$ 个列表元素，则访问的总次数为：

$$2 + 3 + \cdots + n = \frac{n(n+1)}{2} - 1$$

结果表明，插入排序算法是一个 $O(n^2)$ 算法，其效率与选择排序算法相同。

插入排序有一个理想的特性：如果列表已经排好序，则其性能为 $O(n)$（参见复习题 R12.17）。在实际应用中，这是一个有用的特性，其中数据集通常是部分排好序的。

示例代码： 使用插入排序算法进行排序的程序请参见本书配套代码中的 special_topic_2/insertiondemo.py。

12.4　合并排序算法

在本节中，我们将学习合并排序算法，这是一种比选择排序更有效的算法。合并排序背后的基本思想非常简单。

假设有一个包括 10 个整数的列表。让我们抱着一厢情愿的想法，希望列表的前半部分已经排好序，并且列表的后半部分也已经排好序，如下所示：

> 5　9　10　12　17　　1　8　11　20　32

现在很容易将两个已排序的列表合并到一个排序列表中，方法是从第一个子列表或者第二个子列表中获取一个新元素，并且每次选择较小的元素。

事实上，如果你和朋友要整理一堆文件，那么你可能已经使用过这种合并方法。你和朋友把这堆东西分成两半，每个人分别对一半东西进行分类，然后你和朋友把各自的结果合并在一起。

这看起来很完美，但对于计算机而言似乎并没有解决问题。计算机仍然必须对列表的前半部分和后半部分进行排序，因为计算机不可能找几个朋友来帮忙。事实证明，如果计算机继续将列表分成越来越小的子列表，并对每半个列表进行排序之后将它们合并在一起，那么它执行的步骤就比选择排序算法所需的步骤要少得多。

让我们编写一个 mergesort.py 程序来实现这个思想。当 mergeSort 函数对列表进行排序时，它将生成两个列表，每个列表的大小为原始列表的一半，并递归地对左右每个子列表进行排序。然后将两个已排序的子列表合并在一起。

```python
def mergeSort(values) :
    if len(values) <= 1 : return
    mid = len(values) // 2
    first = values[ : mid]
    second = values[mid : ]
```

```
        mergeSort(first)
        mergeSort(second)
        mergeLists(first, second, values)
```

mergeLists 函数虽然平淡无奇但是非常简单明了。可以在下面的代码中找到 mergeLists 函数的实现。

sec04/mergesort.py

```
 1  ##
 2  #  mergeSort 函数，使用合并排序算法对一个列表进行排序
 3  #
 4
 5  ## 使用合并排序算法对一个列表进行排序
 6  #  @param values 需要排序的列表
 7  #
 8  def mergeSort(values) :
 9     if len(values) <= 1 : return
10     mid = len(values) // 2
11     first = values[ : mid]
12     second = values[mid : ]
13     mergeSort(first)
14     mergeSort(second)
15     mergeLists(first, second, values)
16
17  ## 合并两个已排好序的列表到第 3 个列表中
18  #  @param first 第一个已排序的列表
19  #  @param second 第二个已排序的列表
20  #  @param values 把 first 和 second 合并到该列表中
21  #
22  def mergeLists(first, second, values) :
23     iFirst = 0      # 第一个列表中下一个待处理的元素
24     iSecond = 0     # 第二个列表中下一个待处理的元素
25     j = 0           # 列表 values 中下一个空余的位置
26
27     # 当列表 iFirst 和 iSecond 都不为空时
28     # 把较小的元素移动到列表 values 中
29     while iFirst < len(first) and iSecond < len(second) :
30        if first[iFirst] < second[iSecond] :
31           values[j] = first[iFirst]
32           iFirst = iFirst + 1
33        else :
34           values[j] = second[iSecond]
35           iSecond = iSecond + 1
36
37        j = j + 1
38
39     # 注意，在下面两个循环中只有一个复制项
40     # 复制第一个列表中的剩余数据项
41     while iFirst < len(first) :
42        values[j] = first[iFirst]
43        iFirst = iFirst + 1
44        j = j + 1
45
46     # 复制第二个列表中的剩余数据项
47     while iSecond < len(second) :
48        values[j] = second[iSecond]
49        iSecond = iSecond + 1
50        j = j + 1
```

sec04/mergedemo.py

```
 1  ##
 2  #   本程序演示合并算法的用法
 3  #   对随机填充的列表进行排序
 4  #
 5
 6  from random import randint
 7  from mergesort import mergeSort
 8
 9  n = 20
10  values = []
11  for i in range(n) :
12      values.append(randint(1, 100))
13  print(values)
14  mergeSort(values)
15  print(values)
```

程序运行结果如下：

```
[8, 81, 48, 53, 46, 70, 98, 42, 27, 76, 33, 24, 2, 76, 62, 89, 90, 5, 13, 21]
[2, 5, 8, 13, 21, 24, 27, 33, 42, 46, 48, 53, 62, 70, 76, 76, 81, 89, 90, 98]
```

12.5 分析合并排序算法

合并排序算法似乎比选择排序算法复杂得多，看起来执行这些重复的细分过程可能需要更长的时间。但是，合并排序算法的耗时比选择排序算法的耗时少得多。

图 2 所示为比较两组性能数据的表和图。如图所示，合并排序有了巨大的改进。为了理解原因，让我们估计使用合并排序算法对列表进行排序所需访问列表元素的次数。首先，处理左半部分和右半部分排序后发生的合并过程。

合并过程中每个步骤都会向列表 values 中添加一个元素。这个元素可能来自左半部分也可能来自右半部分，在大多数情况下，必须比较左右两部分中的元素，以确定需要选取哪一个元素。我们假设每个元素需要 3 次访问（1 次访问列表 values、1 次访问列表 first、1 次访问列表 second），因此总共有 $3n$ 次访问，其中 n 表示列表 values 的长度。此外，在一开始的时候，我们必须将列表 values 复制到列表 first 和 second 中，产生另外 $2n$ 次访问，总共 $5n$ 次访问。

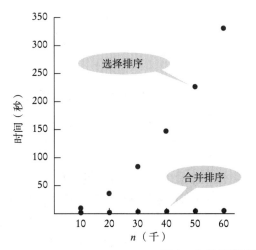

n	合并排序 （秒）	选择排序 （秒）
10 000	0.105	9
20 000	0.223	38
30 000	0.344	85
40 000	0.470	147
50 000	0.599	228
60 000	0.729	332

图 2   合并排序和选择排序所需时间的比较

假设 $T(n)$ 表示通过合并排序过程对一系列 n 个元素排序所需的访问次数，则：

$$T(n) = T\left(\frac{n}{2}\right) + T\left(\frac{n}{2}\right) + 5n$$

每一半列表的排序需要 $T(n/2)$ 次访问。实际上，如果 n 不是偶数，那么一个子列表的大小为 $(n-1)/2$，另一个子列表的大小为 $(n+1)/2$。虽然这个细节并不影响计算的结果，但可以假设 n 是 2 的幂，比如 $n = 2^m$，这样，所有的子列表可以被均匀地分成两部分。

不幸的是，公式：

$$T(n) = 2T\left(\frac{n}{2}\right) + 5n$$

并不能清楚地表明 n 和 $T(n)$ 之间的关系。为了理解这种关系，使用相同的公式计算 $T(n/2)$：

$$T\left(\frac{n}{2}\right) = 2T\left(\frac{n}{4}\right) + 5\frac{n}{2}$$

因此，

$$T(n) = 2 \times 2T\left(\frac{n}{4}\right) + 5n + 5n$$

再次同样处理，

$$T\left(\frac{n}{4}\right) = 2T\left(\frac{n}{8}\right) + 5\frac{n}{4}$$

因此，

$$T(n) = 2 \times 2 \times 2T\left(\frac{n}{8}\right) + 5n + 5n + 5n$$

这将从 2、4、8 推广到 2 的 k 次方：

$$T(n) = 2^k T\left(\frac{n}{2^k}\right) + 5nk$$

回想一下，假设 $n = 2^m$，因此对于 $k = m$，

$$T(n) = 2^m T\left(\frac{n}{2^m}\right) + 5nm$$
$$= nT(1) + 5nm$$
$$= n + 5n\log_2(n)$$

因为 $n = 2^m$，所以 $m = \log_2(n)$。

为了确定增长量级，舍去低阶项 n，结果剩下 $5n\log_2(n)$。舍去常数因子 5。因为所有对数都是与一个常数因子关联的，所以通常也会舍去对数的底。例如，

$$\log_2(x) = \log_{10}(x)/\log_{10}(2) \approx \log_{10}(x) \times 3.321\,93$$

因此合并排序算法是一个 $O(n\log(n))$ 算法。

$O(n\log(n))$ 合并排序算法是否优于 $O(n^2)$ 选择排序算法呢？结果是肯定的。回想一下，使用 $O(n^2)$ 算法，对于 100 万条记录的排序时间，是 10 000 条记录排序时间的 $100^2 = 10\,000$ 倍。使用 $O(n\log(n))$ 算法，比值为：

$$\frac{1\,000\,000\log(1\,000\,000)}{10\,000\log(10\,000)} = 100\left(\frac{6}{4}\right) = 150$$

假设使用合并排序算法和选择排序算法对有 10 000 个整数的列表进行排序所用的时间相同，也就是说，在作者的测试计算机上大约耗时 9 秒。（实际上，合并排序算法要快得多。）那么，使用合并排序算法对 100 万个整数列表进行排序，大约耗时 9 × 150 秒，或者大约 23 分钟。而使用选择排序算法对 100 万个整数列表进行排序，则大约耗时一天。如上所述，尽管花了几个小时去学习一个更好的算法，但磨刀不误砍柴工。

在这一章中，我们稍稍触及了这个有趣的主题。当然还有很多排序算法，有些甚至比合并排序性能更好，对这些算法进行分析是相当有挑战性的。这些重要问题在以后的计算机科学课程中经常会被讨论。

示例代码：测试合并排序算法性能的程序请参见本书配套代码中的 sec05/mergetimer.py。

专题讨论 12.3　快速排序算法

快速排序算法是一种常用的排序算法。与合并排序算法相比，快速排序算法的优点是不需要临时列表来排序，也不需要合并部分排序结果。

和合并排序算法一样，快速排序算法也是基于分而治之（divide and conquer）的策略的。为了对列表 values 的一个数据范围 values[start], ..., values[to] 进行排序，首先重新排列范围内的元素，使数据范围 values[start], ..., values[p] 内没有元素值大于数据范围 values[p + 1], ..., values[to] 内的任何元素。这个步骤称为分区。

假设我们从一个数据范围开始：

5	3	2	6	4	1	3	7

下面是一个分区。请注意，每个分区均未排序。

3	3	2	1	4		6	5	7

稍后我们将讨论如何进行分区。在下一步，通过递归地对各分区应用相同的算法，对各分区进行排序，从而完成对全部数据的排序，因为第一个分区中最大的元素最多与第二个分区中最小的元素一样大。

1	2	3	3	4		5	6	7

快速排序算法的递归实现如下所示：

```
def quickSort(values, start, to) :
    if start >= to : return
    p = partition(values, start, to)
    quickSort(values, start, p)
    quickSort(values, p + 1, to)
```

让我们回到分区的问题。从数据所在区域中选择一个元素并将其称为分割点（pivot）。快速排序算法有几种变体。在最简单的方法中，我们将选择数据范围内的第一个元素 values[start] 作为分割点。

现在形成两个数据区域: values[start], ..., values[i] 和 values[j], ..., values[to], 前一个数据区域内的值不大于后一个数据区域内的值。values[i + 1], ..., values[j - 1] 由尚未分析的值组成。一开始时,左数据区域和右数据区域都是空的, 即 i = start - 1, j = to + 1。

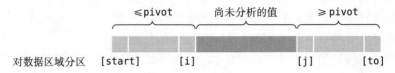

对数据区域分区

然后当 values[i] < pivot 时继续递增 i, 当 values[j] > pivot 时继续递减 j。下图显示了当处理停止时的 i 和 j。

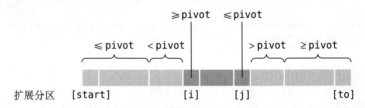

扩展分区

现在交换位置 i 和 j 中的值, 再次增大这两个数据区域。在 i < j 的时候继续该处理过程。下面是分区函数的代码:

```
def partition(values, start, to) :
    pivot = values[start]
    i = start - 1
    j = to + 1
    while i < j :
        i = i + 1
        while values[i] < pivot :
            i = i + 1
        j = j - 1
        while values[j] > pivot :
            j = j - 1
        if i < j :
            temp = values[i]    # 交换这两个元素
            values[i] = values[j]
            values[j] = temp
    return j
```

平均而言, 快速排序算法是一个 $O(n\log(n))$ 算法。快速排序算法在最坏的情况下其运行时间是 $O(n^2)$。如果选择数据区域内的第一个元素作为分割点, 则在输入集已经排好序时会发生这种最坏情况, 这在实践中是很常见的。通过更巧妙地选择分割点元素, 我们可以使最坏情况下的行为不大可能发生。这种"微调"的快速排序算法通常会被使用, 因为它们的性能通常非常优异。

在实践中另一个常见的改进是在列表较短时切换到插入排序算法。因为对于短列表, 使用插入排序的操作总次数较低。

示例代码: 快速排序算法的程序请参见本书配套代码中的 special_topic_3/quickdemo. py。

计算机与社会 12.1   第一个程序员

在袖珍计算器和个人计算机出现之前，航海家和工程师使用机械加法机、滑动尺、对数表和三角函数表来加快计算速度。不幸的是，那些必须手工计算值的表格出了名的不准确。数学家查尔斯·巴贝奇（Charles Babbage，1791—1871）观察到，如果一台机器能够自动生成打印好的表格，那么就可以避免计算和排版错误。巴贝奇着手开发一种用于此目的的机器，他称之为差分机（difference engine），因为它使用连续的差分来计算多项式。

例如，考虑函数 $f(x) = x^3$。记下 $f(1)$、$f(2)$、$f(3)$ 等的值。然后记录相邻值之间的差值：

```
1
        7
8
        19
27
        37
64
        61
125
        91
216
```

重复该过程，取第二列中相邻值之间的差值，然后再次重复。

```
1
        7
8               12
        19              6
27              18
        37              6
64              24
        61              6
125             30
        91
216
```

至此，所有的差值是相同。我们可以采用一个加法模式来检索函数值，这时需要知道模式边缘的值和常数差。我们可以自己尝试一下：把突出显示的数字写在一张纸上，然后把其他的数字加在北方和西北方向的位置上。

这种方法很有吸引力，因为机械加法机已经发明了一段时间。它们包括齿轮（每个齿轮有 10 个轮齿，用来表示数字），以及处理从一个数字到另一个数字进位的机构。另一方面，机械乘法机则比较脆弱和不可靠。巴贝奇制造了一个成功的差分机原型，并用自己的钱以及政府的拨款着手制造了台式印刷机。然而，由于资金问题和难以将机器制造到所需的精度，最终没有完成。

在研究差分机时，巴贝奇构思了一个更宏大的愿景，他称之为分析机（analytical engine）。差分机的设计目的是执行有限的一组计算——它并不比现在的袖珍计算器更聪明。但是巴贝奇意识到可以研制这样一台机器，通过存储程序和数据进行编程。分析机的内部存储器由 1000 个寄存器组成，每个寄存器有 50 个十进制数字。程序和常量存储在穿孔卡片上，这是当时织机上常用的一种制造花纹织物的技术。

艾达·奥古斯塔（Ada Augusta，1815—1852）是洛夫莱斯伯爵夫人，拜伦勋爵的独生女，也是查尔斯·巴贝奇的朋友和赞助人。艾达·奥古斯塔是最早意识到这种机器潜力的人之一，这种机器不仅可以用于计算数学表，而且可以用于处理非数字的数据。艾达·奥古斯塔被许多人认为是世界上第一个程序员。

12.6   查找算法

在列表中搜索元素是一项非常常见的任务。与排序一样，查找算法的正确选择在执行效率方面会有很大差异。

12.6.1　线性查找

假设需要找到朋友的电话号码。我们在电话簿里查找朋友的名字，自然很快就能找到，因为电话簿是按字母顺序排列的。现在假设有一个电话号码，我们想知道该电话号码是谁的。当然我们可以拨打那个电话号码，但假设另一端没人接听。我们可以翻阅电话簿，一次查阅一个号码，直到找到该电话号码为止。这显然是一项巨大的工作，我们必须不辞辛劳地去尝试。

上述查找电话号码的实验过程显示了通过未排序的数据集进行搜索和通过排序的数据集进行搜索之间的区别。下面将正式分析这种差异。

如果要在无序的值序列中查找数值，则无法加快搜索速度。我们必须逐一检查所有元素，直到找到一个匹配项或者到达终点。这种搜索称为**线性查找**（linear search）或者**顺序搜索**（sequential search）。这是 Python 的 in 运算符在确定给定元素是否包含在列表中时所使用的算法。

线性查找需要多长时间？假设目标元素在 values 列表中，那么平均搜索访问 $n/2$ 个元素，其中 n 是列表的长度。如果不存在，则必须检查所有 n 个元素以验证是否存在。不管怎样，线性查找都是 $O(n)$ 算法。

下面的程序中的函数通过 values（整数列表）执行线性查找。搜索目标时，search 函数返回匹配的第一个索引；如果目标未出现在 values 中，则返回 -1。

sec06_1/linearsearch.py

```
1  ##
2  #  本模块实现一个用于线性查找列表的函数
3  #
4
5  ## 使用线性查找算法，在一个列表中查找给定值
6  #  @param values 需要查找的列表
7  #  @param target 需要查找的值
8  #  @return 目标出现的位置索引
9  #  如果目标在列表中不存在，则返回 -1
10 #
11 def linearSearch(values, target) :
12     for i in range(len(values)) :
13         if values[i] == target :
14             return i
15
16     return -1
```

sec06_1/lineardemo.py

```
1  ##
2  #  本程序演示线性查找算法的用法
3  #
4
5  from random import randint
6  from linearsearch import linearSearch
7
8  # 构建一个随机列表
9  n = 20
10 values = []
11 for i in range(n) :
12     values.append(randint(1, 20))
13 print(values)
```

```
14
15  done = False
16  while not done :
17      target = int(input("Enter number to search for, -1 to quit: "))
18      if target == -1 :
19          done = True
20      else :
21          pos = linearSearch(values, target)
22          if pos == -1 :
23              print("Not found")
24          else :
25              print("Found in position", pos)
```

程序运行结果如下：

```
[18, 5, 12, 4, 11, 12, 19, 1, 13, 14, 12, 18, 8, 10, 15, 20, 1, 6, 20, 3
Enter number to search for, -1 to quit: 2
Not found
Enter number to search for, -1 to quit: 3
Found in position 19
Enter number to search for, -1 to quit: 5
Found in position 1
Enter number to search for, -1 to quit: 7
Not found
Enter number to search for, -1 to quit: 11
Found in position 4
Enter number to search for, -1 to quit: 13
Found in position 8
Enter number to search for, -1 to quit: 17
Not found
Enter number to search for, -1 to quit: 19
Found in position 6
Enter number to search for, -1 to quit: -1
```

12.6.2　二分查找

现在让我们在已排序的数据序列中搜索目标。当然，仍然可以执行线性查找，但事实证明我们可以做得更好。考虑下面的有序列表值。

```
[0] [1] [2] [3] [4] [5] [6] [7] [8] [9]
 1   4   5   8   9  12  17  20  24  32
```

想查找目标 15 是否在数据集中。让我们缩小搜索范围，找出目标是在列表的左半部分还是右半部分。左半部分的最后一个值 values[4] 是 9，小于目标值。因此，应该在右半部分查找匹配项，即在以下序列中查找：

```
[0] [1] [2] [3] [4] [5] [6] [7] [8] [9]
 1   4   5   8   9  12  17  20  24  32
```

此序列的中间元素是 20，因此，目标必定位于以下序列中：

```
[0] [1] [2] [3] [4] [5] [6] [7] [8] [9]
 1   4   5   8   9  12  17  20  24  32
```

这个短序列的左半部分的最后一个值是 12，比目标值小，所以我们必须在右半部分中查找。

```
[0] [1] [2] [3] [4] [5] [6] [7] [8] [9]
 1   4   5   8   9  12  17  20  24  32
```

很容易发现没有查找到匹配项，因为 15 ≠ 17。如果想在序列中插入 15，我们需要在 values[6] 之前插入。

这个搜索过程称为**二分查找**（binary search）算法，因为我们在每个步骤中将搜索范围减半。由于值序列是按顺序排列的，因此可以将序列一分为二。

以下函数在已排序的整数列表中实现二分查找算法。如果搜索成功，binarySearch 函数返回匹配的位置；如果在 values 中找不到目标，则返回 –1。下面是二分查找算法的递归版本。

sec06_2/binarysearch.py

```
1  ##
2  #  本模块实现一个在列表中执行二分查找算法的函数
3  #
4
5  ## 使用二分查找算法，在一个有序列表中查找给定值
6  #  @param values  需要查找的列表
7  #  @param low 数据范围内的最小索引
8  #  @param high 数据范围内的最大索引
9  #  @param target 需要查找的值
10 #  @return 目标值出现的位置索引
11 #  如果目标值在列表中不存在，则返回 -1
12 #
13 def binarySearch(values, low, high, target) :
14    if low <= high :
15       mid = (low + high) // 2
16
17       if values[mid] == target :
18          return mid
19       elif values[mid] < target :
20          return binarySearch(values, mid + 1, high, target)
21       else :
22          return binarySearch(values, low, mid - 1, target)
23
24    else :
25       return -1
```

示例代码：演示使用二分查找算法的程序请参见本书配套代码中的 sec06_2/binarydemo.py。

接下来确定执行二分查找算法所需访问列表元素的次数。可以使用与分析合并排序算法性能相同的技术。因为要查看中间元素（执行一次比较），然后搜索左子列表或者右子列表，所以有：

$$T(n) = T\left(\frac{n}{2}\right) + 1$$

使用相同的公式：

$$T\left(\frac{n}{2}\right) = T\left(\frac{n}{4}\right) + 1$$

将这个结果代入到原始公式中，结果如下：

$$T(n) = T\left(\frac{n}{4}\right) + 2$$

推广到 2 的 k 次方：

$$T(n) + T\left(\frac{n}{2^k}\right) + k$$

在合并排序算法的性能分析中，我们做了一个简化的假设：n 是 2 的幂，即 $n = 2^m$，其中 $m = \log_2(n)$。所以可以得出

$$T(n) = T(1) + \log_2(n)$$

因此，二分查找算法是一个 $O(\log(n))$ 算法。

这个结果非常直观。假设 $n = 100$。在每次搜索之后，搜索范围的大小被减半，分别为 50、25、12、6、3 和 1。经过 7 次比较，完成查找算法。这与我们的公式一致，因为 $\log_2(100) \approx 6.64386$，下一个更大的 2 次方是 $2^7 = 128$。

因为二分查找算法比线性查找算法要快得多，所以先对列表排序，然后使用二分查找算法，这种方法是否可取？答案是具体情况具体对待。如果只搜索一次列表，则代价为 $O(n)$ 的线性查找算法比代价为 $O(n\log(n))$ 的排序和代价为 $O(n\log(n))$ 的二分查找算法更有效。但是如果要在同一个列表中进行多次搜索，那么先进行排序绝对可以提高总体效率。

12.7　问题求解：估计算法的运行时间

在本章前面，我们学习了如何估计排序算法的运行时间。如前所述，能够区分 $O(n\log(n))$ 和 $O(n^2)$ 运行时间具有很大的实际意义，估计其他算法的运行时间也是一项重要的技能。在本节中，我们将练习估计列表算法的运行时间。

12.7.1　线性时间

让我们从简单的例子开始，一个统计包含多少个特定值元素的算法如下：

```
count = 0
for i in range(len(values)) :
    if values[i] == searchedValue :
        count = count + 1
```

假设列表的长度为 n，运行时间是多少？

先查看列表元素访问的模式。在这里，我们访问每个元素一次。为了形象化这种模式，可以把列表想象成一系列灯泡。当第 i 个元素被访问时，想象第 i 个灯泡亮起。

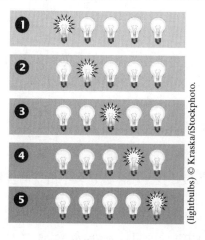

(lightbulbs) © Kraska/iStockphoto.

现在观察每次访问的工作。每次访问是否涉及固定数量的操作，与 n 无关吗？在这种情况下，确实如此。只有几个操作：读取元素、比较元素，然后可能会将计数器值加一。

因此，运行时间是 n 乘以常数，即 $O(n)$。

如果并不需要每次检查所有的列表数据项呢？例如，假设我们要检查该值是否出现在列表中，而不是统计个数。

```
found = False
i = 0
while not found and i < len(values) :
    if values[i] == searchedValue :
        found = True
    else :
        i = i + 1
```

循环在中间位置停止。

这个算法仍然是 $O(n)$ 吗？答案是肯定的，因为在某些情况下，匹配项可能在列表的最后。此外，如果没有匹配项，则必须遍历整个列表。

12.7.2　二次时间

现在我们来讨论一个更有趣的案例。如果每次访问都需要做很多工作呢？在下面的例子中，我们想在列表中找到出现次数最多的元素。

假设列表的内容如下：

|8|7|5|7|7|5|4|

通过观察列表中的值可知，7 是出现次数最多的一个。但是，如果有一个包含数千个值的列表呢？

|8|7|5|7|7|5|4|1|2|3|3|4|9|12|3|2|5| ··· |11|9|2|3|7|8|

可以统计值 8 出现的次数，然后继续统计 7 出现的次数，以此类推。例如，在第一个列表中，8 出现一次，7 出现三次。我们把计数结果放在哪里？可以把它们放到另一个等长的列表中。

values: |8|7|5|7|7|5|4|

counts: |1|3|2|3|3|2|1|

然后取最大值，结果是 3。然后查找 3 在计数列表中出现的位置，并找到相应的值。因此，最常见的值是 7。让我们先估计一下统计计数需要多长时间。

```
for i in range(len(values)) :
    counts[i] = Count how often values[i] occurs in values
```

我们仍然会访问每个列表元素一次，但是现在每次访问的工作量要大得多。如上一节所述，每个计数操作都是 $O(n)$。当每一步执行 $O(n)$ 操作时，总运行时间是 $O(n^2)$。

该算法分为 3 个阶段：

1. 计算所有计数。

2. 计算最大值。

3. 在计数器列表中查找最大值。

如上所述，第一阶段的时间复杂度是 $O(n^2)$。第二阶段计算最大值的时间复杂度为 $O(n)$（参见 6.3.4 节中的算法，并注意每个步骤涉及固定数量的操作）。最后阶段查找一个值的时间复杂度是 $O(n)$。

如何根据每个阶段的估计值来估计总的运行时间呢？当然，总的时间是各阶段时间的总和，但是对于大 O 估计，我们取最大的估计。为了说明原因，假设有每段时间的实际公式：

$$T_1(n) = an^2 + bn + c$$
$$T_2(n) = dn + e$$
$$T_3(n) = fn + g$$

因此，其总和为：

$$T(n) = T_1(n) + T_2(n) + T_3(n) = an^2 + (b + d + f)n + c + e + g$$

但只有最高次项才起决定作用，所以 $T(n)$ 是 $O(n^2)$。

因此，我们发现查找出现次数最多的元素的算法的时间复杂度是 $O(n^2)$。

12.7.3　三角形模式

让我们看看能否提升上一节所述算法的速度。如果已经统计过某个元素的出现次数，那么再次统计就是浪费时间。可以通过消除对同一个元素的重复统计来节省时间吗？也就是说，在对 values[i] 进行计数之前，是否应该首先检查它是否出现在 values[0]，...，values[i - 1] 中？

让我们估算一下这些额外检查的开销。在第 i 步中，工作量与 i 成正比，这与前面的部分不太一样。在前面的章节中，对于有 n 次迭代的循环，每次迭代需要 $O(n)$ 时间，结果是 $O(n^2)$。现在每一步只需要 $O(i)$ 的时间。

为了直观感受这种情况，请再次查看点亮的灯泡。在第二次迭代中，我们再次访问 values[0]。在第三次迭代中，我们再次访问 values[0] 和 values[1]，以此类推。点亮灯泡的模式如下图所示：

如果有 n 个灯泡，则上图方形区域中大约一半以上的灯泡（或者说其中的 $n^2/2$）被点亮。不幸的是，结果仍然是 $O(n^2)$。

节省时间的另一个思想如下：当我们对 values[i] 进行计数时，不需要计算 values[0], ..., values[i - 1]。如果以前从未出现过 values[i]，只需查看 values[i], ..., values[n - 1] 就可以得到准确的计数。如果以前出现过 values[i]，则已经有了一个准确的计数。这对我们有帮助吗？不完全有帮助，这也是三角形模式，但这次是另一个方向。

这并不意味着这些改进没有意义。如果一个 $O(n^2)$ 算法是求解特定问题的最佳选择，我们仍然可以使它尽可能快。但是，不会继续执行这个计划，因为事实证明我们可以做得更好。

12.7.4 对数时间

对数时间估计源自某种类型的算法，这些算法在每一步中将工作减半。我们已经在二分查找算法和合并排序算法中进行了讨论。

特别是，当在算法的某个阶段使用排序或者二分查找算法时，我们会在大 O 估计中遇到对数。

使用这种思想，尝试改进查找出现次数最多的元素的算法。假设我们首先对列表进行排序。

| 8 | 7 | 5 | 7 | 7 | 5 | 4 | → | 4 | 5 | 5 | 7 | 7 | 7 | 8 |

排序消耗的时间为 $O(n\log(n))$。如果能在 $O(n)$ 时间甚至 $O(n\log(n))$ 时间内完成算法，我们将发现一个比前面的 $O(n^2)$ 算法更好的算法。

为了证明其可能性，想象一下遍历一个已排序的列表。只要找到一个与前一个值相等的值，就将计数器值加一。当我们发现不同的值时，则保存计数器，并重新开始计数。

values: | 4 | 5 | 5 | 7 | 7 | 7 | 8 |

counts: | 1 | 1 | 2 | 1 | 2 | 3 | 1 |

实现代码如下：

```
count = 0
for i in range(len(values)) :
    count = count + 1
    if i == len(values) - 1 or values[i] != values[i + 1] :
        counts[i] = count
        count = 0
```

每次迭代的工作量是恒定的，即使它访问了两个元素。$2n$ 仍然是 $O(n)$。因此，对于一个已排序的列表，我们可以在 $O(n)$ 时间内统计计数。整个算法现在是 $O(n\log(n))$。

请注意，实际上不需要保留所有计数，只需要保留到目前为止遇到的最高计数（参见编程题 P12.7）。这是一个值得改进的地方，但它并没有改变大 O 符号运行时间的估算值。

编程技巧 12.1　查找和排序

编写 Python 程序时，不必实现自己的排序算法。list 类提供了一种 sort 方法，可以用于对列表中的元素进行排序。

```
values = [ . . . ]
values.sort()
```

在早期版本的 Python 中，sort 方法使用快速排序算法。在当前版本中，sort 使用一种混合算法，该算法结合了插入排序算法和合并排序算法。

我们也可以使用 in 运算符搜索列表。由于这个运算符可以同时用于已排序和未排序的列表，因此它使用线性查找算法来确定元素是否在列表中。若要对已排序的列表执行二分查找算法，必须提供自己的算法实现，并使用其代替 in 运算符。

专题讨论 12.4　比较对象

在应用程序中，通常需要将对象集合进行排序或者搜索。为 list 类定义的 sort 方法可以对任何类型的数据进行排序，包括来自用户自定义类的对象。但是，该方法不知道如何比较任意对象。例如，假设我们有一个 Country 对象列表，对这些国家应该如何排序并不明确。请问应该按名称还是按地区排序呢？ sort 方法无法为我们做出决定。相反，排序操作要求使用 < 运算符比较对象。

我们可以为自己的类定义 < 运算符（参见 9.11 节）。例如，为了对国家集合进行排序，Country 类需要实现 __lt__ 方法：

```
class Country :
    . . .
    def __lt__(self, otherCountry) :
        return self._area < otherCountry._area
```

这种方法确定一个国家的面积是否小于另一个国家的面积。在对列表进行排序时，每次需要比较两个对象以确定哪个对象先于另一个对象，都会调用此方法。现在我们可以使用 sort 方法对包含 Country 对象的列表进行排序。

实训案例 12.1　改进的插入排序算法

问题描述　实现一个称为希尔（Shell）排序的算法（以发明者 Donald Shell 命名），它改进了"专题讨论 12.2"中的插入排序算法。

希尔排序的改进基于以下事实：如果列表已经排好序，则插入排序算法是一种 $O(n)$ 算法。希尔排序将列表的一部分按顺序排序，然后对整个列表执行插入排序，这样最后的排序就不会有太多的工作。

希尔排序的一个关键步骤是将序列排列成行和列，然后分别对每列进行排序。例如，假设列表的内容如下：

| 65 | 46 | 14 | 52 | 38 | 2 | 96 | 39 | 14 | 33 | 13 | 4 | 24 | 99 | 89 | 77 | 73 | 87 | 36 | 81 |

把它分成 4 列：

```
65 46 14 52
38  2 96 39
14 33 13  4
24 99 89 77
73 87 36 81
```

接下来对每一列进行排序：

```
14  2 13  5
24 33 14 39
38 46 36 52
65 87 89 77
73 99 96 81
```

再组合成一个列表，结果为：

```
14 2 13 5 24 33 14 39 38 46 36 52 65 87 89 77 73 99 96 81
```

请注意，列表没有完全排好序，但是许多小数字现在位于列表前面，而许多大数字位于列表后面。

我们将重复这个过程，直到列表完全排好序。每次我们使用不同数量的列。希尔排序最初使用 2 的幂来计算列数。例如，在一个包含 20 个元素的列表中，希尔排序建议使用 16、8、4、2，最后使用一列。对于一列，使用一个简单的插入排序算法，所以我们知道列表将被排序。令人惊讶的是，前面的排序大大加快了这个过程。

然而，已经发现了更好的序列。我们将使用具有以下列数量的序列：

$$c_1 = 1$$
$$c_2 = 4$$
$$c_3 = 13$$
$$c_4 = 40$$
$$\cdots$$
$$c_{i+1} = 3c_{i+1}$$

也就是说，对于一个包含 20 个元素的列表，我们首先执行一个 13 列的排序，然后执行一个 4 列的排序，最后执行一个 1 列的排序。这个序列几乎和最著名的序列一样好，而且很容易计算。

我们实际上不会重新排列列表，而是计算每列元素的位置。例如，如果列 c 的数目为 4，则列表中有 4 列，如下所示：

```
65       38       14       24       73
   46        2        33       99       87
      14        96       13       89       36
         52       39        4        77       81
```

注意，连续的列元素与另一个元素之间的距离为 c。第 k 列由 values[k]、values[k + c]、values[k + 2 * c] 等组成。

现在让我们调整插入排序算法来排序这样的列。原始算法将外部循环重写为 while 循环，即：

```
i = 1
while i < len(values) :
   nextValue = values[i]

   # 将较大数据往下（往右）移
   j = i
   while j > 0 and values[j - 1] > nextValue :
      values[j] = values[j - 1]
      j = j - 1

   # 插入元素
   values[j] = nextValue
   i = i + 1
```

外部循环访问元素 values[1]、values[2] 等。在第 k 列中，对应的序列是 values[k+c]、values[k+2*c] 等。也就是说，外部循环变成：

```
i = k + c
while i < len(values) :
   . . .
   i = i + c
```

在内部循环中，最初访问了 values[j]、values[j-1] 等。我们需要将其改为 values[j]，values[j - c] 等。内部循环变成：

```
while j >= c and values[j - c] > nextValue :
   values[j] = values[j - c]
   j = j - c
```

综上所述，可以实现以下函数：

```
## 使用插入排序对一列数据进行排序
#  @param 需要排序的列表
#  @param k 该列第一个元素的索引
#  @param c 列中元素之间的间距
#
def insertionSort(values, k, c) :
   i = k + c
   while i < len(values) :
      nextValue = values[i]
      # 将较大数据往下（往右）移
      j = i
      while j >= c and values[j - c] > nextValue :
         values[j] = values[j - c]
         j = j - c

      # 插入元素
      values[j] = nextValue
      i = i + c
```

至此，已经准备好实现希尔排序算法了。首先，需要从列计数序列中找出需要多少个元素。我们生成序列值，直到它们超过需要排序的列表大小。

```
columns = []
c = 1
while c < len(values) :
   columns.append(c)
   c = 3 * c + 1
```

对于每个列计数，我们对所有列进行排序。

```
s = len(columns) - 1
while s >= 0 :
   c = columns[s]
   for k in range(c) :
      insertionSort(values, k, c)
   s = s - 1
```

希尔排序算法的性能如何？我们将其与快速排序算法和插入排序算法进行比较。

```
firstSize = int(input("Enter first list size: "))
numberOfLists = int(input("Enter number of lists: "))

for k in range(1, numberOfLists + 1) :
   size = firstSize * k
   values = []
   # 构造随机列表
   for i in range(size) :
      values.append(randint(1, 100))
   values2 = list(values)
   values3 = list(values)

   startTime = time()
   shellSort(values)
   endTime = time()
   shellTime = endTime -startTime

   startTime = time()
   quickSort(values2, 0, size - 1)
   endTime = time()
   quickTime = endTime -startTime

   for i in range(size) :
      if values[i] != values2[i] :
         raise RuntimeError("Incorrect sort result.")

   startTime = time()
   insertionSort(values3)
   endTime = time()
   insertionTime = endTime -startTime

   print("Size: %d Shell sort: %.3f Quicksort: %.3f Insertion sort: %.3f seconds"
         % (size, shellTime, quickTime, insertionTime))
```

我们确保使用这 3 种算法对同一个列表进行排序。此外，通过将希尔排序算法的结果与快速排序算法的结果进行比较，来检查希尔排序算法结果的正确性。

最后，希尔排序算法与插入排序算法进行了比较。

结果表明，与插入排序算法相比，希尔排序算法有了显著的改进。

```
Enter first list size: 1000
Enter number of lists: 6
Size: 1000 Shell sort: 0.004 Quicksort: 0.002 Insertion sort: 0.049 seconds
Size: 2000 Shell sort: 0.007 Quicksort: 0.004 Insertion sort: 0.198 seconds
Size: 3000 Shell sort: 0.011 Quicksort: 0.007 Insertion sort: 0.456 seconds
Size: 4000 Shell sort: 0.015 Quicksort: 0.009 Insertion sort: 1.067 seconds
Size: 5000 Shell sort: 0.021 Quicksort: 0.012 Insertion sort: 1.313 seconds
Size: 6000 Shell sort: 0.023 Quicksort: 0.015 Insertion sort: 1.873 seconds
```

　　然而，快速排序算法的性能优于希尔排序算法。由于这个原因，希尔排序并没有在实际中使用，但它仍然是一个有趣的算法，非常有效。

　　我们还可能会发现尝试希尔排序算法的原始列的大小很有趣。在 shellSort 函数中，只需将 c = 3 * c + 1 替换为 c = 2 * c，我们就会发现改进序列的希尔排序算法比该算法的速度大约快三倍。但该算法仍然比普通的插入排序算法要快很多。

　　示例代码：将希尔排序算法与快速排序算法和插入排序算法进行比较的程序请参见本书配套代码中的 worked_example_1/shelltimer.py。

本章小结

描述选择排序算法。

- 选择排序算法通过反复查找未排序尾部区域内的最小元素并将其移动到前面来对列表进行排序。

测量一个函数的运行时间。

- 测量函数的运行时间，可以获取函数调用前后的当前时间。

使用大 O 符号描述一个算法的运行时间。

- 计算机科学家用大 O 符号来描述一个函数的增长速度。
- 选择排序是一个 $O(n^2)$ 算法。将数据集增加 1 倍，则处理时间增加为原来的 4 倍。
- 插入排序算法是一个 $O(n^2)$ 算法。

描述合并排序算法。

- 合并排序算法通过将列表拆分成两半，递归地对每一半进行排序，然后合并已排序的两半来对列表进行排序。

比较合并排序算法和选择排序算法的运行时间。

- 合并排序算法是一个 $O(n \log(n))$ 算法。$n \log(n)$ 函数的增长速度比 n^2 慢得多。

描述线性查找算法和二分查找算法的运行时间。

- 线性查找算法检查列表中的所有值，直到找到匹配项或者到达列表末尾。
- 线性查找算法搜索列表中的值需要 $O(n)$ 步。
- 二分查找算法通过确定值是出现在左半部分还是右半部分，然后在其中一个部分中重复查找来定位排序列表中的值。
- 二分查找算法在排序列表中查找值需要 $O(\log(n))$ 步。

练习估计算法的大 O 运行时间。

- 如果每个步骤包含固定数量的操作，则 n 次迭代循环的运行时间为 $O(n)$。
- 如果每个步骤消耗 $O(n)$ 的时间，则 n 次迭代循环的运行时间为 $O(n^2)$。
- 若干连续步骤的大 O 运行时间是每个步骤的大 O 时间的最大值。
- 如果第 i 步消耗 $O(i)$ 的时间，则 n 次迭代循环的运行时间为 $O(n^2)$。
- 在每一步中将工作量减半的算法的运行时间为 $O(\log(n))$。

复习题

- ■R12.1　查找和排序有什么区别？
- ■■R12.2　检查差一错误（checking against off-by-one errors）。在对 12.1 节的选择排序算法进行编程时，程序员常常需要在 < 和 <=、len(values) 和 len(values)-1、from 和 from + 1 之间选择，而这是经常容易出现差一错误的地方。使用长度为 0、1、2 和 3 的列表跟踪算法代码的运行，并仔细检查所有索引值是否正确。

■■ R12.3 以下各表达式的增长量级分别是什么？

　　　a. $n^2 + 2n + 1$

　　　b. $n^{10} + 9n^9 + 20n^8 + 145n^7$

　　　c. $(n + 1)^4$

　　　d. $(n^2 + n)^2$

　　　e. $n + 0.001n^3$

　　　f. $n^3 - 1000n^2 + 10^9$

　　　g. $n + \log(n)$

　　　h. $n^2 + n \log(n)$

　　　i. $2^n + n^2$

　　　j. $\dfrac{n^3 + 2n}{n^2 + 0.75}$

■ R12.4 我们确定在选择排序算法中实际的访问次数是：

$$T(n) = \frac{1}{2}n^2 + \frac{5}{2}n - 3$$

然后我们将此函数描述为具有 $O(n^2)$ 增长量级。计算实际比值：

$$T(2{,}000)/T(1{,}000)$$
$$T(5{,}000)/T(1{,}000)$$
$$T(10{,}000)/T(1{,}000)$$

然后比较

$$f(2{,}000)/f(1{,}000)$$
$$f(5{,}000)/f(1{,}000)$$
$$f(10{,}000)/f(1{,}000)$$

其中 $f(n) = n^2$。

■■ R12.5 将以下增长量级按从小到大递增的顺序排序。

$$O(n) \quad O(\log(n)) \quad O(2^n) \quad O(n\sqrt{n})$$
$$O(n^3) \quad O(n^2\log(n)) \quad O(\sqrt{n}) \quad O(n^{\log(n)})$$
$$O(n^n) \quad O(n\log(n))$$

■ R12.6 假设算法 A 处理有 1000 条记录的数据集需要 5 秒钟。如果算法 A 的运行时间是 $O(n)$，那么处理有 2000 个记录的数据集大约需要多长时间？处理 10 000 个记录的数据集大约需要多长时间？

■■ R12.7 假设一个算法处理有 1000 条记录的数据集需要 5 秒钟。填写下表，根据算法的复杂度显示执行时间的近似增长。

	$O(n)$	$O(n^2)$	$O(n^3)$	$O(n \log(n))$	$O(2^n)$
1 000	5	5	5	5	5
2 000					
3 000		45			
10 000					

例如，由于 $3000^2 / 1000^2 = 9$，因此 $O(n^2)$ 算法将花费 9 倍的时间（即 45 秒）来处理包含 3000 条记录的数据集。

■ R12.8 查找列表最小值的标准算法的增长量级是多少？如果同时查找最小值和最大值呢？

■ R12.9 以下函数的大 O 时间的估计值是多少（values 的长度是 n）？使用 12.7 节中的"灯泡模式"将结果可视化。

```
def swap(values) :
    i = 0
    j = len(values) - 1
    while i < j :
        temp = values[i]
        values[i] = j[i]
        j[i] = temp
        i = i + 1
        j = j - 1
```

■ R12.10 使用以下列表跟踪选择排序算法的执行过程：

　　　a. 4　7　11　4　9　5　11　7　3　5

　　　b. –7　6　8　7　5　9　0　11　10　5　8

■ R12.11 使用以下列表跟踪合并排序算法的执行过程：

　　　a. 5　11　7　3　5　4　7　11　4　9

　　　b. 9　0　11　10　5　8　–7　6　8　7　5

■■ R12.12 跟踪以下执行过程：

　　　a. 使用线性查找算法，在列表 –7　1　3　3　4　7　11　13 中查找 7。

　　　b. 使用二分查找算法，在列表 –7　2　2　3　4　7　　8　11　13 中查找 8。

　　　c. 使用二分查找算法，在列表 –7　1　2　3　5　7　10　13 中查找 8。

■■ R12.13 我们的任务是从列表中删除所有重复项。例如，假设列表的内容如下：

　　　4　7　11　4　9　5　11　7　3　5

则列表应该更改为：

　　　4　7　11　9　5　3

一个简单的算法如下：检查 values[i]，统计它在 values 中出现的次数。如果计数大于 1，则将其移除。这个算法所需的运行时间增长量级是多少？

■■ R12.14 修改合并排序算法，在合并步骤中删除重复项以获得从列表中删除重复项的算法。请注意，结果列表的顺序可能与原始列表不同。这个算法的效率是多少？

■■ R12.15 考虑从列表中删除所有重复项的算法。对列表进行排序后，对于列表中的每个元素，查看它的下一个邻居，以确定它是否多次出现。如果是，则删除它。这个算法比复习题 R12.13 中的算法快吗？

■■■ R12.16 开发一个删除列表中重复项的 $O(n\log(n))$ 算法，要求结果列表的顺序必须与原始列表的顺序相同。当一个值多次出现时，除第一次出现外，应将其余重复的元素删除。

■■■ R12.17 如果列表已经排好序，为什么插入排序算法的性能要比选择排序算法好得多？

■■■ R12.18 考虑改进"专题讨论 12.2"中的插入排序算法。对于每个元素，使用编程题 P12.15 中描述的改进二分查找算法，该算法生成缺失元素的插入位置。这种改进对算法的效率有显著影响吗？

■■■ R12.19 考虑以下称为冒泡排序的算法：

　　　当列表未完全排好序时

　　　　　对于列表中每一组相邻的元素对

　　　　　　　如果这一组元素对没有排好序，则

　　　　　　　　　交换这两个元素对的值

这个算法的大 O 效率是什么?

■■ R12.20 基数(radix)排序算法使用 10 个辅助列表对 n 个包含 d 位数的整数进行排序。首先将每个值 v 放入辅助列表中,索引对应于 v 的最后一个数字,然后将所有值移回到原始列表中,保持它们的顺序。重复这个过程,现在使用倒数第二个数字(也就是十位数),然后是百位数,以此类推。这个算法基于 n 和 d 的大 O 时间是多少? 这种算法什么时候比合并排序算法更可取?

■■ R12.21 稳定排序算法(stable sort)不会更改具有相同值的元素顺序。在许多应用中,这是一个理想的特性。考虑一系列电子邮件信息。如果先按日期排序,然后按发件人排序,希望第二个排序保留第一个排序的相对顺序,以便可以按日期顺序查看来自同一发件人的所有邮件信息。选择排序算法是否稳定? 插入排序算法呢? 请说明理由。

■■ R12.22 给出一个 $O(n)$ 算法来对 n 个字节(介于 $-128 \sim 127$ 的数字)的列表进行排序。提示:使用计数器列表。

■■ R12.23 给定一个单词列表序列,用于表示一本书中的页码。我们的任务是构建一个索引(一个排好序的单词列表),其中的每个元素都有一个排好序的数字列表以表示单词出现的页码。描述一种建立索引的算法,并以单词的数量表示索引的运行时间。

■■ R12.24 给出两个分别包含 n 个整数的列表,描述一个 $O(n\log(n))$ 算法来确定它们是否包含一个共同的元素。

■■■ R12.25 给定一个包含 n 个整数的列表和一个值 v,描述一个 $O(n\log(n))$ 算法来查找列表中是否有两个值 x 和 y,其和为 v。

■■ R12.26 给出两个分别包含 n 个整数的列表,描述一个 $O(n\log(n))$ 算法来查找它们包含的所有共同元素。

■■ R12.27 假设我们修改了"专题讨论 12.3"中的快速排序算法,选择中间元素而不是第一个元素作为分割点(pivot)。在已经排好序的列表上的运行时间是多少?

■■ R12.28 假设我们修改了"专题讨论 12.3"中的快速排序算法,选择中间元素而不是第一个元素作为分割点。请找到一个值序列,使得此算法的运行时间为 $O(n^2)$。

编程题

■ P12.1 修改选择排序算法以按降序对整数列表进行排序。

■■ P12.2 编写一个程序,自动生成选择排序算法的样本运行时间表。程序应该要求提供最小的 n 值、最大的 n 值和测试次数,然后运行所有的样本。

■ P12.3 修改合并排序算法以按降序对列表进行排序。

■ P12.4 编写一个电话查询程序。从包含随机顺序的电话号码文件中读取 1000 个姓名和电话号码的数据集。分别按照姓名处理查找,以及按照电话号码反向查找。对两个查找使用二分查找算法。

■■ P12.5 实现一个程序,测试"专题讨论 12.2"中描述的插入排序算法的性能。

■ P12.6 实现复习题 R12.19 中描述的冒泡排序算法。

■ P12.7 实现 12.7.4 节中描述的算法,但只记录迄今为止出现次数最多的值。

```
mostFrequent = 0
highestFrequency = -1
n = len(values)
for i in range(n) :
    统计 values[i] 出现在 values[i + 1] ... values[n - 1] 中的次数
    if 它比 highestFrequency 出现次数多:
        highestFrequency = 其出现次数
        mostFrequent = values[i]
```

■■ P12.8 实现以下快速排序的改进算法(归功于 Bentley 和 McIlroy):使用近似中值代替第一个元素作

为分割点。(按实际中值进行分区会产生一个 $O(n\log(n))$ 算法，但我们不知道如何快速计算。)
如果 $n \le 7$，使用中间元素。如果 $n \le 40$，则使用第一个元素、中间元素和最后一个元素的
中值。否则，计算 9 个元素 values[i * (n - 1) // 8] 的"伪中值"，其中 i 的范围是
$0 \sim 8$。9 个值的伪中值是 med(med(v0, v1, v2), med(v3, v4, v5), med(v6, v7,
v8))。

在几乎排好序或者反向排好序的序列以及在具有许多相同元素的序列上，比较该改进算法与原
始算法的运行时间。请问观察到的结果什么？

- ■■ P12.9 当处理包含许多重复元素的数据集时，Bentley 和 McIlroy 建议对快速排序算法进行以下修改。
  不采用以下分区：

$$\boxed{\le}\quad\boxed{\ge}$$

  (其中 ≤ 表示小于分割点的元素)，建议采用以下分区：

$$\boxed{<}\quad\boxed{=}\quad\boxed{>}$$

  然而，如果直接实现可能有些单调乏味。因此他们建议分区为：

$$\boxed{=}\quad\boxed{<}\quad\boxed{>}\quad\boxed{=}$$

  然后将两个 = 数据区域交换到中间。实现此修改并检查该算法是否提高了具有多个重复元素
  的数据集的性能。

- ■ P12.10 实现复习题 R12.20 中描述的基数排序算法，对 $0 \sim 999$ 的数值列表进行排序。
- ■ P12.11 实现复习题 R12.20 中描述的基数排序算法，对 $0 \sim 999$ 的数值列表进行排序。要求只使用一
  个辅助列表，而不是 10 个辅助列表。
- ■■ P12.12 实现复习题 R12.20 中描述的基数排序算法，对随机整数值（可以是正数也可以是负数）列表
  进行排序。
- ■■■ P12.13 编写一个程序，按降序对 Country 对象列表进行排序，以便人口最多的国家位于列表的
  开头。
- ■ P12.14 实现 12.6.2 节中的 binarySearch 函数，但不使用递归方法。
- ■■ P12.15 考虑 12.6.2 节中的二分查找算法。如果未找到匹配项，则 binarySearch 函数返回 −1。修
  改该函数，以便找不到目标时，该函数返回 $-k-1$，其中 k 是在其前面插入元素的位置。
- ■■ P12.16 实现无递归的合并排序算法，其中列表的长度是 2 的乘幂。首先合并大小为 1 的相邻数据区
  域，然后合并大小为 2 的相邻数据区域，然后合并大小为 4 的相邻数据区域，以此类推。
- ■■■ P12.17 实现无递归的合并排序算法，其中列表的长度是任意数。继续合并大小为 2 的乘幂的相邻数
  据区域，请特别注意最后一个长度较小的数据区域。
- ■■■ P12.18 使用编程题 P12.15 中的插入排序函数和二分查找函数，对类似于复习题 R12.18 中所描述的
  列表进行排序。实现该算法并测试其性能。
- ■ P12.19 设计一个类 Person，实现比较运算符。按姓名比较，要求用户输入 10 个姓名并生成 10 个
  Person 对象。确定其中的第一个和最后一个 Person 对象并打印出来。
- ■■ P12.20 按字符串长度递增的顺序对字符串列表进行排序。
- ■■■ P12.21 按字符串长度递增的顺序对字符串列表进行排序，相同长度的字符串按字典顺序排序。

Python学习手册（原书第5版）

作者：Mark Lutz ISBN：978-7-111-60366-5 定价：219.00元

Python 3标准库

作者：Doug Hellmann ISBN：978-7-111-60895-0 定价：199.00元

Effective Python：编写高质量Python代码的59个有效方法

作者：Brett Slatkin ISBN：978-7-111-52355-0 定价：59.00元

Python数据整理

作者：Tirthajyoti Sarkar 等 ISBN：978-7-111-65578-7 定价：99.00元

推荐阅读

Python程序设计与算法思维

作者：[美] 斯图尔特·里杰斯 马蒂·斯特普 艾利森·奥伯恩
译者：苏小红 袁永峰 叶麟 等 书号：978-7-111-65514-5

　　本书基于"回归基础"的方法讲解Python编程基础知识及实践，侧重于过程式编程和程序分解，这也被称为"对象在后"方法。书中不仅详尽地解释了Python语言的新概念和语法细节，还注重问题求解，强调算法实践，并且新增了函数式编程内容，使初学者可以应对未来高并发实时多核处理的程序设计。

推 荐 阅 读

2020年图灵奖揭晓！
经典著作"龙书"两位作者Aho和Ullman共获大奖

编译原理（第2版）

作者：Alfred V. Aho Monica S.Lam Ravi Sethi Jeffrey D. Ullman 译者：赵建华 郑滔 戴新宇
ISBN：7-111-25121-7 定价：89.00元

编译原理（第2版 本科教学版）

作者：Alfred V. Aho Monica S. Lam Ravi Sethi Jeffrey D. Ullman 译者：赵建华 郑滔 戴新宇
ISBN：7-111-26929-8 定价：55.00元

编译领域无可替代的经典著作，被广大计算机专业人士誉为"龙书"。本书已被世界各地的著名高等院校和研究机构（包括美国哥伦比亚大学、斯坦福大学、哈佛大学、普林斯顿大学、贝尔实验室）作为本科生和研究生的编译原理课程的教材。该书对我国高等计算机教育领域也产生了重大影响。

本书全面介绍了编译器的设计，并强调编译技术在软件设计和开发中的广泛应用。每章中都包含大量的习题和丰富的参考文献。